绿色照明工程
实施手册

GREENLIGHTS IMPLEMENTATION MANUAL

国家经贸委/UNDP/GEF中国绿色照明工程项目办公室
中 国 建 筑 科 学 研 究 院 编

中国建筑工业出版社

绿色照明 节约电能

保护环境 造福子孙

王忠禹

九六年九月

“绿色照明，节约电能。保护环境，造福子孙”

全国政协常务副主席　王忠禹

一九九六年九月　题

绿色照明
耀我中华

周光召

二〇〇二年四月

“绿色照明，耀我中华”

全国人大常委副委员长、

中国科学技术协会主席、

中国科学院院士　周光召

二〇〇二年四月　题

图 4—4—1　北京八达岭长城用泛光照明方法形成的夜景效果

图 4—4—2　北京天安门城楼的泛光照明和夜景效果

图 4—4—3　北京天安门广场和人民英雄纪念碑、毛主席纪念堂的泛光照明与夜景

图 4—4—4　俄罗斯莫斯科红场及周边建筑的泛光照明和夜景效果

图 4—4—5　俄罗斯莫斯科大学的泛光照明和夜景效果

图 4-4-6　上海城市规划展览馆的泛光照明和夜景效果

图 4-4-7　北京王府井教堂的泛光照明和夜景效果

图 4-4-8　上海外滩建筑群和纪念碑的泛光照明和夜景效果

图 4-4-9　北京纺织大厦的轮廓灯照明和效果

图 4-4-10　广州丽江明珠的轮廓灯照明

图 4-4-11　北京天文馆穹顶的轮廓灯照明

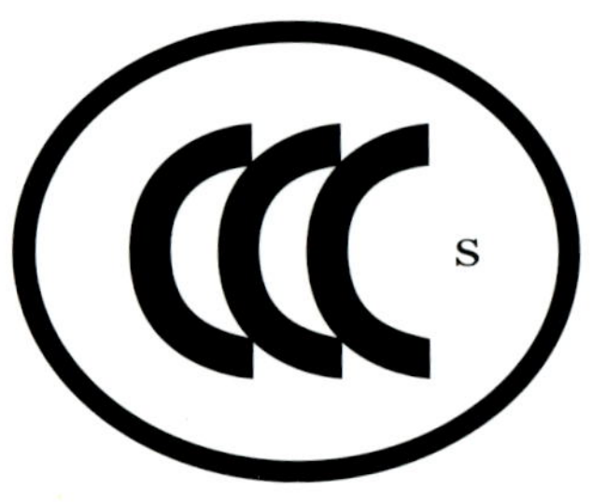

图 6-2-1　强制性产品认证标志

图 6-2-2　节能产品认证标志

图 6-3-1　能源之星

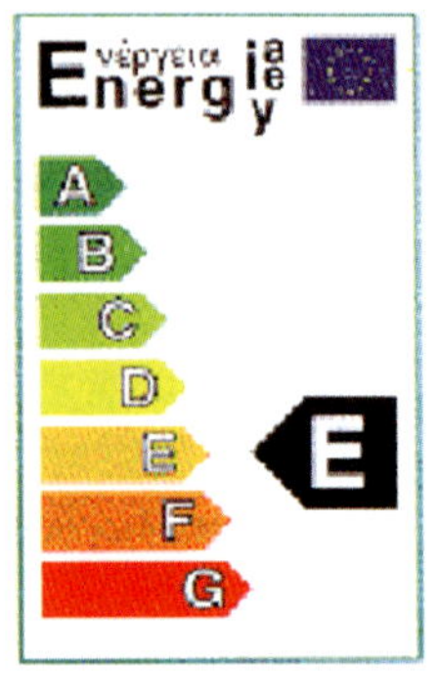

图 6-3-2　欧盟能效标识

图 6-3-3　ELI 绿叶标志

图 6-3-4　UL 标志

图 6-3-5　CE 标志

图 6-3-6　IEC 标志

A 型

B 型

图 6-3-7　JIS 标志

图 6-3-8　JET 标志

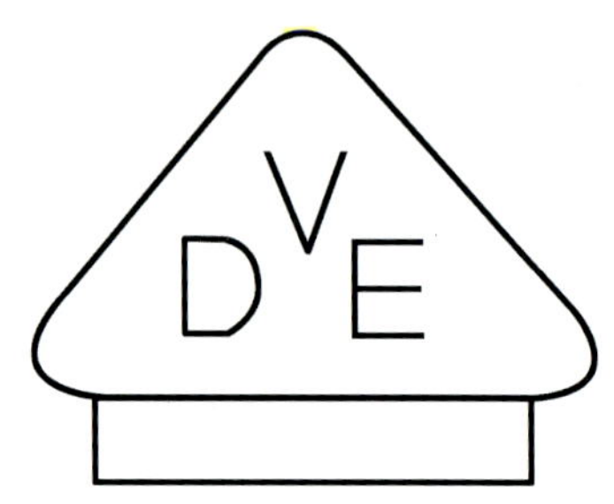

图 6-3-9　VDE 标志

图 6-3-10　GS 标志

《绿色照明工程实施手册》编委会名单

前　言

人口、资源和环境是世界各国普遍关注的重大问题，它对人类经济社会的可持续发展有深远的影响。绿色照明的宗旨是提高照明质量，节约资源，保护生态环境，以获得显著的经济效益、社会效益和环境效益。1996年国家经贸委、国家计委、科技部、建设部等13个部委和单位，共同组织实施了“中国绿色照明工程”，并将其作为节能领域的重大示范工程。为了进一步推动中国绿色照明工程的开展，2001年国家经贸委与联合国开发计划署（UNDP）和全球环境基金（GEF）共同实施了“中国绿色照明工程促进项目”，目的是通过发展和推广效率高、寿命长、安全和性能稳定的照明电器产品，逐步代替传统的低效照明电器产品，节约照明用电，改善人们的工作、学习、生活条件和质量，建立一个优质高效、经济、舒适、安全，并充分体现现代文明的照明环境。

“中国绿色照明工程”实施多年来，得到社会各界和国外有关组织、专家的广泛关注和支持，实施效果显著，绿色照明的内涵和外延也在实践中不断充实和扩展。目前，我国照明设计部门和照明用户的照明节电意识普遍增强，照明电器行业产业规模不断扩大，产品结构不断优化，新材料、新工艺、新设备、新光源不断涌现，已出现了一批在国内外有一定知名度的高效照明电器品牌和绿色照明工程项目。

为了进一步深入推动和引导绿色照明工程的进展，为各地区、各部门实施绿色照明工程提供可靠的技术资讯，加强信息交流，受国家经贸委中国绿色照明工程项目办公室委托，中国建筑科学研究院组织有关学者和专家编写了这本《绿色照明工程实施手册》，供照明节能相关管理人员，照明电器生产厂家的技术人员和管理人员，照明科研、设计和教学人员使用，也可供照明用户的管理人员和工程人员参考使用。

本书主要有以下特点：

（1）内容全面，覆盖面广。全书共分8篇24章。包括技术基础、标准规范、节能设计与应用、技术经济分析、检测与认证标识、国家有关法规政策、国内外绿色照明实践经验等。知识性与信息性兼备，较全面地涉及了绿色照明这一系统工程的各个方面。

（2）内容新颖，富权威性。本书由行业内拥有较高技术水平和丰富实践经验的专家编撰，在编写中采用了国内外最新标准和国内外的先进经验。

（3）简明扼要，注重实用。全书图表规范，图文并茂，使用方便，资料较全。全书以节约能源为核心，结合实例介绍大量信息资料，具有实用价值。

本手册编委负责编写的篇章如下：

张绍纲编写第1篇第1、3章，第3篇第1、2章；

路绍泉编写第1篇第2章；

屈素辉编写第2篇第1章；

赵建平编写第2篇第2章，第5篇第1章；

赵跃进编写第2篇第3章，第6篇第2、3章；

任元会编写第3篇第3章，第4篇第2章；

肖辉乾编写第3篇第4章，第4篇第4章；

汪猛编写第4篇第1章；

李景色编写第4篇第3章，第6篇第1章2；

刘虹编写第5篇第2章，第7篇第1、2章，第8篇第1、2章；

华树明编写第6篇第1章。

本手册的编写和出版得到了国家经贸委、联合国开发计划署和全球环境基金会的指导和资助，同时也得到了有关部、委和各省市的大力支持，在此，我们一并向他们表示衷心的感谢和敬意。

由于时间仓促，书稿篇幅较大，更限于技术水平，不妥甚至错误之处在所难免，恳请广大读者指正，使本手册日臻完善。

本手册编委会

2003年3月

目　录

第1篇 技术基础篇

第1章 照明术语

1 基础术语

1.1 绿色照明术语

(1) 绿色照明 green lights

绿色照明是指通过科学的照明设计，采用效率高、寿命长、安全和性能稳定的照明电器产品（电光源、灯用电器附件、灯具、配线器材以及调光控制设备和控光器件），充分利用天然光，改善提高人们工作、学习、生活条件和质量，从而创造一个高效、舒适、安全、经济、有益的环境并充分体现现代文明的照明。

(2) 光效能 efficacy

用光输出与能耗来度量，光效能用流明每瓦计量。

(3) 光污染 light pollution

光污染是干扰光引起的光害，干扰光是逸散光的逸散量或其方向性以及两者共同作用对人的活动和生产产生不良影响的光。

(4) 无线电频率干扰 radio frequency interference (RFI)

由其他高频设备或元器件引起的对其最接近区域产生的无线电频率干扰。

(5) 电磁干扰 electromagnetic interference (EMI)

由电子元器件或荧光灯所引起的高频干扰（电噪声），它们干扰电子元器件的运行。EMI 用微伏（μV）来度量。

(6) 谐波畸变 harmonic distortion

谐波是一个周期波的正弦波形包含有基波频率的次数（倍数量），由镇流器产生的谐波畸变可影响电器和电网的运行。总谐波畸变（THD）通常用基波电流的百分数表示。

1.2 辐射和光的量

(1) 可见辐射，光 visible radiation

能直接引起视感觉的光学辐射，通常将波长范围限定在 380nm 和 780nm 之间。

(2) 红外辐射 infrared radiation

波长比可见辐射长的光学辐射。通常将波长范围在 780nm 和 1mm 之间的红外辐射细分为：

IR—A　　780～1400nm

IR—B　　1.4～3μm

IR—C　　3μm～1mm

(3) 紫外辐射　ultraviolet radiation

波长比可见辐射短的光学辐射。通常将波长范围在100nm和400nm之间的紫外辐射细分为：

UV—A　　315～400nm

UV—B　　280～315nm

UV—C　　100～280nm

(4) 相对光谱分布　relative spectral distribution

辐射量或光度量 $X(\lambda)$ 的光谱分布 $X_\lambda(\lambda)$ 与固定参考值 R 之比。R 可以是光谱分布的平均值、最大值或任意选定值。

$$S(\lambda)=\frac{X_\lambda(\lambda)}{R} \tag{1-1-1}$$

该量的符号为 $S(\lambda)$，单位为1。

(5) 辐射通量　radiant flux

发射、传输或接收的某一辐射形式的功率。该量的符号为 Φ_e。

(6) 光谱光视效率　spectral luminous efficiency

波长为 λ_m 与波长为 λ 的两束辐射，在特定光度条件下产生相同光亮度感觉时，该两束辐射的辐射通量之比。其最大比值为1时的 λ_m 分别为555nm（明视觉）或507nm（暗视觉）。明视觉或暗视觉的光谱光（视）效率分别以 $V(\lambda)$ 或 $V'(\lambda)$ 表示。

(7) 光通量，光输出　luminous flux

根据辐射对标准光度观察者的作用导出的光度量。对于明视觉，有

$$\Phi=K_m\int_0^\infty\frac{d\Phi_e(\lambda)}{d\lambda}\cdot V(\lambda)\cdot d\lambda \tag{1-1-2}$$

式中　$d\Phi_e(\lambda)/d\lambda$——辐射通量的光谱分布；

$V(\lambda)$——光谱光（视）效率；

K_m——辐射的光谱（视）效能的最大值，单位为流明每瓦特（$lm\cdot W^{-1}$）。在单色辐射时，明视觉条件下的 K_m 值为683lm/W（λ_m=555nm时）。

该量的符号为 Φ，单位为流明（lm），1 lm等于由一个具有均匀发光强度1cd的点光源在1sr单位立体角内发射的光通量。

(8) 发光强度　luminous intensity

光源在给定方向上的发光强度是该光源在该方向的立体角元 $d\Omega$ 内传输的光通量 $d\Phi$ 除以该立体角元之商，即

$$I=\frac{d\Phi}{d\Omega} \tag{1-1-3}$$

该量的符号为 I，单位为坎德拉（cd），1cd=1lm/1sr。

(9) 亮度　luminance

由公式 $\mathrm{d}\Phi/(\mathrm{d}A\cdot\cos\theta\cdot\mathrm{d}\Omega)$ 定义的量。

式中 $\mathrm{d}\Phi$——通过给定点的束元传输的并包含给定方向立体角 $\mathrm{d}\Omega$ 内传播的光通量；

$\mathrm{d}A$——包括给定点的辐射束截面积；

θ——辐射束截面积与辐射束方向的夹角。

该量的符号为 L，单位为坎德拉每平方米（$\mathrm{cd\cdot m^{-2}=lm\cdot m^{-2}\cdot sr^{-1}}$）。

（10）照度 illuminance

表面上一点的照度是入射在包含该点面元上的光通量 $\mathrm{d}\Phi$ 除以该面元面积 $\mathrm{d}A$ 之商，即

$$E=\frac{\mathrm{d}\Phi}{\mathrm{d}A} \tag{1-1-4}$$

该量的符号为 E，单位为勒克斯（lx），$1\mathrm{lx}=1\mathrm{lm}/1\mathrm{m}^2$。

1.3 视觉

（1）视觉 vision

由进入人眼的辐射所产生的光感觉而获得的对外界的认识。

（2）亮度对比 luminance contrast

视野中目标和背景的亮度差与背景亮度之比，即

$$C=\frac{L_{\mathrm{t}}-L_{\mathrm{b}}}{L_{\mathrm{b}}} \tag{1-1-5}$$

式中 C——亮度对比；

L_{t}——目标亮度；

L_{b}——背景亮度。

（3）可见度 visibility

人眼辨认物体存在或形状的难易程度。在室内应用时，以标准观察条件下恰可感知的标准视标的对比或大小定义。在室外应用时，以人眼恰可看到标准目标的距离定义。

（4）光环境 luminous environment

从生理和心理效果来评价的照明环境。

（5）闪烁 flicker

因亮度或光谱分布随时间波动所引起的不稳定的视觉印象。

（6）频闪效应 stroboscopic effect

在以一定频率变化的光的照射下，观察到物体运动显现出不同于其实际运动的现象。

（7）眩光 glare

由于视野中的亮度分布或亮度范围的不适宜，或存在极端的对比，以致引起不舒适感觉或降低观察细部或目标的能力的视觉现象。

（8）直接眩光 direct glare

由视野中，特别是在靠近视线方向存在的发光体所产生的眩光。

（9）反射眩光 glare by reflection

由视野中的反射所引起的眩光，特别是在靠近视线方向看见反射像所产生的眩光。

（10）光幕反射 veiling reflection

视觉对象的镜面反射，它使视觉对象的对比降低，以致部分地或全部地难以看清细部。

(11) 不舒适眩光　discomfort glare

产生不舒适感觉，但并不一定降低视觉对象的可见度的眩光。

(12) 失能眩光　disability glare

降低视觉对象的可见度，但并不一定产生不舒适感觉的眩光。

1.4　颜色

(1)(知觉)色，颜色　(perceived) colour

由有彩色成分或无彩色成分任意组成的视知觉属性。该属性可由黄、橙、棕、红、粉红、绿、蓝、紫等彩色名或由白、灰、黑等无彩色名表征，并且以明亮、亮、微暗、暗及其色名的组合来定量。

(2) 物体色　object colour

被人知觉为属于物体的颜色。

(3) 表面色　surface colour

由漫反射光的表面或由此表面发射的光所呈现的知觉色。

(4) 光源色　colour of light source

由光源发出的色刺激。

(5) 色调，色相　hue

相似于红、黄、绿、蓝的一种或两种知觉色成分有关的表面视觉属性。

(6) 视亮度　brightness

人眼知觉一个区域所发射光的多寡的视觉属性。

(7) 明度　lightness

在同样照明条件下，依据表观为白色或高透射比的表面的视亮度来判断的某一表面的视亮度。

(8) 彩度　chroma

在同样照明条件下，一区域根据表观为白色或高透射比的另一区域的视亮度比例来判断的颜色丰富程度。

(9) 色品，色度　chromaticity

用CIE1931标准色度系统所表示的颜色性质。

(10) 色温(度)　colour temperature

当某一种光源的色品与某一温度下的完全辐射体（黑体）的色品完全相同时完全辐射（黑体）的温度。其符号为T_c，单位为开（K）。

(11) 色表　colour appearance

与色刺激和材料质地有关的颜色的主观表现。

(12) 暖色　warm colour

光源色的色温小于3300K时的颜色。

(13) 中间色　intermediate colour

介于冷色和暖色之间的颜色。光源色的色温介于5300～3300K时为中间色。

(14) 冷色 cool colour

光源色的色温大于5300K时的颜色。

(15) 显色指数 colour rendering

在被测光源和标准光源照明下，在适当考虑色适应状态下，物体的心理物理色符合程度的度量。

(16) 一般显色指数 general colour rendering index

特定的八个一组的色试样的CIE1974特殊显色指数的平均值。

2 照明技术

2.1 照明方式和种类

(1) 一般照明 general lighting

为照亮整个场所而设置的均匀照明。

(2) 局部照明 local lighting

特定视觉工作用的、为照亮某个局部而设置的照明。

(3) 混合照明 mixed lighting

由一般照明与局部照明组成的照明。

(4) 常设辅助人工照明 permanent supplementary artificial lighting

当天然光不足和不适宜时，为补充室内天然光而日常固定使用的人工照明。

(5) 直接照明 direct lighting

由灯具发射的光通量的90%～100%部分，直接投射到假定工作面上的照明。

(6) 半直接照明 semi-direct lighting

由灯具发射的光通量的60%～90%部分，直接投射到假定工作面上的照明。

(7) 一般漫射照明 general diffused lighting

由灯具发射的光通量的40%～60%部分，直接投射到假定工作面上的照明。

(8) 半间接照明 semi-indirect lighting

由灯具发射光通量的10%～40%部分，直接投射到假定工作面上的照明。

(9) 间接照明 indirect lighting

由灯具发射光通量的10%以下部分，直接投射到假定工作面上的照明。

2.2 照明计算

(1) 总光通量 total flux

光源在4π球面立体角内的光通量总和。

(2) 下半球光通量 downward flux

光源或灯具在水平面下的2π立体角内的总光通量。

(3) 上半球光通量 upward flux

光源或灯具在水平面上的2π立体角内的总光通量。

(4) 直接光通量 direct flux

表面上直接得到来自照明装置的光通量。

(5) 间接光通量 indirect flux

表面上由其他表面反射之后所得到的光通量。

(6) 参考平面　reference surface

测量或规定照度的平面。

(7) 工作面　working plane

在其表面上进行工作的参考平面。

(8) 利用系数　utilization factor

投射到参考平面上的光通量与照明装置中的光源的额定光通量之比。

(9) 室空间比　room cavity ratio

表征空间几何形状的数值。其计算公式为:

$$RCR = \frac{5h\ (a+b)}{a \cdot b} \tag{1-1-6}$$

式中　RCR——室空间比;

a——房间宽度;

b——房间进深;

h——灯具计算高度。

(10) 维护系数　maintenance factor

照明装置在使用一定周期后，在规定表面上的平均照度或平均亮度与该装置在相同条件下新装时在规定表面上所得到的平均照度或平均亮度之比。

(11) 维持平均照度　maintained average illuminance

规定表面上的平均照度不得低于此数值。它是在照明装置必须进行维护的时刻，在规定表面上的平均照度。

(12) 照度均匀度　uniformity ratio of illuminance

规定表面上的最小照度与平均照度之比。

(13) 利用系数法　method of utilization factor

根据房间的几何形状、灯具的数量和类型确定工作面平均照度的计算法。

(14) 逐点法　point method

利用灯具的光度数据，算出面上各点照度的计算方法。

(15) 照明功率密度　lighting power density

单位被照面积上所安装的照明功率，单位为 W/m^2。

3　电光源及其附件

3.1　电光源

(1) 白炽灯　incandescent lamp

用通电的方法加热玻壳内的灯丝，导致灯丝产生热辐射而发光的光源。

(2) 卤钨灯　tungsten halogen lamp

填充气体内含有部分卤族元素或卤化物的充气白炽灯。

(3) 荧光灯　fluorescent lamp

主要由放电产生的紫外辐射激发荧光粉层而发光的放电灯。

(4) 高频荧光灯 high-frequency fluorescent lamp

利用高频电子镇流器产生的20～100kHz高频电流使灯管工作的荧光灯。

(5) 三基色荧光灯 three-band fluorescent lamp

由蓝、绿、红谱带区域发光的三种稀土荧光粉制成的荧光灯。

(6) 紧凑型荧光灯 compact fluorescent lamp

将放电管弯曲或拼结成一定形状，以缩小放电管线形长度的荧光灯，它包括单端和自镇流荧光灯。

(7) 高频无极感应灯 high-frequency induction lamp

不需要电极，利用在气体放电管内建立的高频（频率达几兆赫）电磁场，使管内气体发生电离而产生紫外辐射激发玻壳内荧光粉层而发光的气体放电灯。

(8) 低压钠灯 low pressure sodium lamp

放电稳定时，灯内钠蒸气的分压强为0.1～1.5Pa的钠灯。

(9) 高压汞灯 high pressure mercury lamp

放电稳定时，汞蒸气的分压强达到或大于10^5Pa的汞灯。

(10) 高压钠灯 high pressure sodium lamp

放电稳定时，灯内钠蒸气的分压强达到10^4Pa的钠灯。

(11) 金属卤化物灯 metal halide lamp

由金属蒸气与金属卤化物分解物的混合物的放电而发光的放电灯。

(12) 微波硫灯 microwave sulphur lamp

利用微波能量直接耦合到无电极的等离子体放电空间，激发硫或硒等非金属元素产生分子发光机理所制成的光源。

(13) 发光二极管（LED） light emitting diode（LED）

发光二极管是一种场效发光光源，是将电能直接转换成光能的半导体器件。

(14) 霓虹灯 neon tubing

主要指利用惰性气体辉光放电的正柱区发光的管形放电灯，也包括同样形式的氮和汞蒸气的辉光放电灯。

3.2 附件

(1) 镇流器 ballast

为使放电稳定而与放电灯一起使用的器件。镇流器可以是电感式、电容式、电阻式或这些的组合方式，也可以是电子式的。

(2) 电感镇流器 magnet ballast

电感、电容或电阻，单个或组合成的一种器件，接入电源或一个或多个灯之间，主要用于将光源的电流限制在所规定的数值。

(3) 节能型电感镇流器 energy saving ballast

是电感镇流器的一种类型，它比普通电感镇流器效率高、温升低且尺寸较长。

(4) 电子镇流器 electronic ballast

用电子器件组成，将50～60Hz变换成20～100kHz高频电流供给放电灯的镇流器。它同时兼有启动器和补偿电容器的作用。

(5) 镇流器能效因数(BEF) ballast efficiency factor (BEF)

BEF是镇流器的流明系数除以镇流器输入功率。

(6) 电子调光镇流器 electronic dimming ballast

一种能变化荧光灯电子镇流器光输出的镇流器。

(7) 镇流器功率因数 ballast power factor

通过镇流器的交流电压(V)与电流(A)的乘积除以镇流器功率(W)的比值。

(8) 人体感应传感器 occupancy senser

当人不占用此空间时就关掉的控制器件,可以是超声的、红外的或其他型式的。

(9) 触发器 ignitor

产生脉冲高压(或脉冲高频高压)使放电灯启动的附件。

(10) 启动器 starter

启动放电灯的附件。它使灯的阴极得到必须的预热,并与串联的镇流器一起产生脉冲电压使灯启动。

3.3 光源特性参数

(1) 瓦 watt (W)

瓦是测量电力的单位,它确定运行时的电气装置的能耗率。单相时,用伏特(V)×安培(A)×功率因数(PF)来计算。

(2) (灯的)额定功率 rated power (of a type of lamp)

灯泡(管)的设计功率值,单位为W。

(3) (灯的)全功率 total power (of a type of lamp)

给定某种气体放电灯的额定功率与其镇流器损耗功率之和。

(4) (灯的)额定光通量 rated luminous flux (of a type of lamp)

由制造厂给定的某种灯泡在规定条件下工作的初始光通量值,单位为lm。

(5) (灯的)寿命 life (of a lamp)

灯泡点燃到失效,或者根据某种规定标准,点到不能再使用的状态时的累计燃点时间。

(6) 平均寿命 average life

在规定条件下,同批寿命试验灯所测得寿命的算术平均值。

(7) 光通量维持率 luminous flux maintenance factor

灯在给定点燃时间后的光通量与其初始光通量之比,通常用百分比表示。

(8) (灯的)发光效率 luminous efficiency (of a lamp)

灯的光通量与灯消耗电功率的商,单位为lm/W。

(9) 光的流明衰减因数 lamp lumen depreciation factor (LLDF)

表示流明输出随时间减少的系数,此系数通常在照度计算时作为额定初始流明的一个乘数,它用于补偿流明的衰减,LLDF在0~1之间。

(10) 镇流器的流明系数 lumen factor of ballast

灯与在额定电源电压下的被测镇流器配套工作时的光通量同该灯在额定电源电压和额定电源频率下的基准镇流器配套工作时的光通量比值。

(11) 高功率因数　high power factor

借助电容器使镇流器具有0.85以上额定功率的功率因数。

(12) 低功率因数　low power factor

本质上是小于0.85的未校正的镇流器的功率因数。

(13) 灯的波峰系数　lamp current crest factor (LCCF)

灯电流峰值与RMS（平均）灯电流值的比值。为得到灯的最好寿命，灯制造厂商要求其值<1.70。

4　灯具

4.1　灯具

(1) 灯具　luminaire

能透光、分配和改变光源光分布的器具，包括除光源外所有用于固定和保护光源所需的全部零、部件，以及与电源连接所必需的线路附件。

(2) 普通灯具　ordinary luminaire

无特殊的防尘或防潮等要求的灯具。

(3) 防护型灯具　protected luminaire

有专门防护构造外壳，以防止尘埃、水气和水进入灯罩内的灯具。表示防护等级的代号通常由特征字母IP和两个特征数字组成。

(4) 直接型灯具　direct luminaire

能向灯具下部发射90%～100%直接光通量的灯具。

(5) 半直接型灯具　semi-direct luminaire

能向灯具下部发射60%～90%直接光通量的灯具。

(6) 漫射型灯具　diffused luminaire

能向灯具下部发射40%～60%光通量的灯具。

(7) 半间接型灯具　semi-indirect luminaire

能向灯具下部发射10%～40%直接光通量的灯具。

(8) 间接型灯具　indirect luminaire

能向灯具下部发射10%以下的直接光通量的灯具。

(9) 广照型灯具　wide angle luminaire

使光在比较大的立体角内分布的灯具。

(10) 中照型灯具　middle angle luminaire

使光在中等立体角内分布的灯具。

(11) 深照型灯具　narrow angle luminaire

使光在较小立体角内分布的灯具。

(12) 悬吊式灯具　pendant luminaire

用吊绳、吊链、吊管等悬吊在顶棚上或墙支架上的灯具。

(13) 嵌入式灯具　recessed luminaire

全部或部分地嵌入安装表面内的灯具。

(14) 吸顶灯具 ceiling luminaire, surface mounted luminaire

直接安装在顶棚表面上的灯具。

(15) 投光灯 projector

利用反射器和折射器在限定的立体角内获得高光强的灯具。

(16) 探照灯 searchlight

通常具有直径大于0.2m的出光口并产生近似平行光束的高光强投光灯。

(17) 泛光灯 floodlight

光束发散角（光束宽度）大于10°的投光灯，通常可转动并指向任意方向。

(18) 聚光灯，射灯 spotlight

通常具有直径小于0.2m的出光口并形成一般不大于0.35rad（20°）发散角的集中光束的投光灯。

(19) 截光型灯具 full cut-off luminaire

最大光强方向在0°～65°，其90°和80°角度方向上的光强最大允许值分别为10cd/1000lm和30cd/1000lm的灯具。

(20) 半截光型灯具 semi-cut-off luminaire

最大光强方向在0°～75°，其90°和80°角度方向上的光强最大允许值分别为50cd/1000lm和100cd/1000lm的灯具。

(21) 非截光型灯具 non-cut-off luminaire

其在90°角方向上的光强最大允许值为1000cd的灯具。

4.2 附件

(1) 折射器 refractor

利用折射现象来改变光源的光通量空间分布的装置。

(2) 反射器 reflector

利用反射现象来改变光源的光通量空间分布的装置。

(3) 遮光格栅 louvre, louver

由半透明或不透明组件构成的遮光体，组件的几何布置应使在给定的角度内看不见灯光。

4.3 灯具特性参数

(1) 光强分布（配光曲线） distribution of luminous intensity

用曲线或表格表示光源或灯具在空间各方向的发光强度值。

(2) 截光 cut-off

为遮挡人眼直接看到高亮度的发光体，以减少眩目作用的技术。

(3) 截光角 cut-off angle

在灯具垂直轴与刚好看不见高亮度的发光体的视线之间的夹角。

(4) 遮光角 shielding angle

截光角的余角。

(5) 灯具效率 luminaire efficiency

在相同的使用条件下，灯具发出的总光通量与灯具内所有光源发出的总光通量之比。

(6) 光束角　beam angle

在给定平面上，以极坐标表示的发光强度曲线的两矢径间所夹的角度。该矢径的发光强度值通常等于10%或50%的最大发光强度值。

5　采光技术

(1) 采光系数　daylight factor

在室内给定平面上的一点上，由直接或间接地接收来自假定和已知天空亮度分布的天空漫射光而产生的照度与同一时刻该天空半球在室外无遮挡水平面上产生的天空漫射光照度之比。

(2) 窗地面积比　ratio of glazing to floor area

窗洞口面积与地面面积之比。

(3) 采光均匀度　uniformity of daylighting

假定工作面上的采光系数的最低值与平均值之比。

(4) 光气候系数　daylight climate coefficient

根据光气候特点，按年平均总照度值确定的分区系数。

(5) 晴天方向系数　orientation coefficient of clear day

计算采光系数时，考虑因晴天时不同纬度地区和不同朝向的窗使室内采光系数增加的系数。

(6) 日照时间　sunshine duration

在一定的时间段内（时、日、月、年），投射到与太阳光线垂直平面上的直接日辐射量超过120W/m^2 的累计时间。

(7) 可照时间（某一特定地点）　possible sunshine duration (at a particular location)

在一定的时间段内，太阳光照射在建筑物上的累计时间。

(8) 日照率　relative sunshine duration

在同一时间段内，日照时间与可照时间之比。

(9) 日照间距　sunshine spacing

两平行建筑间的相对的两墙面之间，由前栋建筑物计算高度、太阳高度角和后栋建筑物墙面法线与太阳方位所夹的角确定的距离。

(10) 最小日照间距　minimum sunshine spacing

为保证得到规定的日照时间，前后两栋建筑物间的最小间距。

(11) 日照间距系数　coefficient of sunshine spacing

日照间距与前栋建筑物计算高度之比值。

6　材料的光学特性和照明测量

(1) 反射比　reflectance

在入射辐射的光谱组成、偏振状态和几何分布给定条件下，反射的辐射通量或光通量与入射通量之比，符号为 ρ，单位为1。

(2) 透射比　transmittance

在入射辐射的光谱组成、偏振状态和几何分布给定条件下，透射的辐射通量或光通量与入射通量之比，符号为τ，单位为1。

(3) 漫射体 diffuser

主要靠漫射现象改变辐射的空间分布的器件。如果漫射体所反射或透射的全部辐射是漫射的，则可称为全漫射体，它与反射和透射是否各向同性无关。

(4) 照度计 illuminance meter

测量照度的仪器。

(5) 光谱光度计，分光光度计 spectro photometer

在相同波长上，测量一种辐射量的两个值之比的仪器。

(6) 亮度计 luminance meter

测量亮度的仪器。

(7) 反射计 reflectometer

有关光反射量的测量仪器。

(8) 色度计 colorimeter

测量色三刺激值和色度坐标等色度量的仪器。

(9) 光电池 photocell

吸收光辐射而产生电动势的光电探测器。

第 2 章　照明光源及其附件

1　热辐射光源

1.1　白炽灯

1.1.1　白炽灯泡发展简史

美国发明家托马斯·爱迪生（Tomas Alva Edison）于 1879 年制造成功第一只实用的白炽电灯泡，开创人类电气照明的新纪元。

早期的白炽灯泡是炭丝灯泡，曾经使用过炭化纸片、炭化竹丝和炭化纤维，灯泡发光效率从 1.4 lm/W 提高到 3.4 lm/W，寿命从 45h 提高到 400～600h。

1897 年伦斯特（W. Nernst）把氧化镁、氧化钙、氧化锆和其他稀土金属氧化物配制成膏状混合物，然后通过拉丝模拉伸成白炽灯泡发光体。伦斯特灯泡的发光效率达到 5lm/W，寿命 800h。

后来研究用高熔点金属丝制造白炽灯泡。1898 年威尔斯巴赫（C.A. Von Welsbach）发明锇丝灯泡，发光效率 5.5 lm/W，寿命 1000h，光通维持率和耐电压波动性能都很好，但是锇的电阻率较小，制成灯泡灯丝太长，而且价格昂贵。

钨丝白炽灯泡的发明是一个重要的里程碑，1905 年奥地利人优斯特（A. Just）和哈纳曼（F. Hanaman）采用挤压绕结方法第一次制造成功钨丝白炽灯泡，发光效率 7.85 lm/W。1910 年研究成功拉制钨丝的白炽灯泡，发光效率达到 10 lm/W，寿命 1000h。

早期白炽灯都是真空灯泡，美国科学家朗谬尔（I. Langmuir）发现在真空灯泡中充入氮气可以抑制钨在高温下的蒸发，减少灯泡玻壳发黑延长灯泡寿命，而且发现充气白炽灯炮的热损失与灯丝长度成正比。在此基础上 1913 年研制成功充氮气单螺旋白炽灯泡，1971 年出现充氩气单螺旋白炽灯泡，1936 年进一步开发成功充氩气双螺旋白炽灯泡，发光效率达到 13.8 lm/W。

表 1-2-1 是白炽灯泡发展简史，也是白炽灯泡发光效率提高与能源消耗下降的历史。

白炽灯泡发展简史　　**表 1-2-1**

年	灯丝	真空或充气	发光效率（lm/W）	寿命（h）
1879	炭化纸	真空	1.4	45
1881	炭化竹	真空	2.25	600
1884	纤维素	真空	3.4	400
1897	伦斯特灯泡	真空	5.0	800（直流）
1898	锇丝	真空	5.5	1000
1902	钽丝	真空	5.0	300（直流）
1904	压制钨丝	真空	7.85	800
1910	拉制钨丝	真空	10	1000

续表

年	灯丝	真空或充气	发光效率（lm/W）	寿命（h）
1913	单螺旋	充氮气	11	1000
1917	单螺旋	充氩气	12.5	1000
1936	双螺旋	充氩气	13.8	1000
1936	双螺旋	充氪气	15	1000

随着灯丝、充气技术的日臻完善，白炽灯泡质量提高，品种增加，除普通照明白炽灯泡之外，陆续开发成功多种特殊用途的白炽灯泡。白炽灯泡结构简单，使用方便，易于调光，色调温暖，显色性好，能够满足多种照明环境的需要，而且价格低廉，因此是照明工程中最重要的一类电光源。

1.1.2 白炽灯泡的原理和构造

自然界中任何物体只要其温度高于绝对零度（0K＝－273.16℃）都会向四周辐射电磁波。低温状态下电磁辐射的波长非常长，属于人眼看不见的红外射线。物体的温度升高电磁辐射的波长缩短，当物体的温度达到600～700℃时开始辐射暗红色光，随着温度继续升高，辐射光的颜色变成亮红色、橙色、黄色…… 直至物体达到白炽状态而辐射强烈的白光。基于此热辐射原理而制成的灯泡称为白炽灯泡。

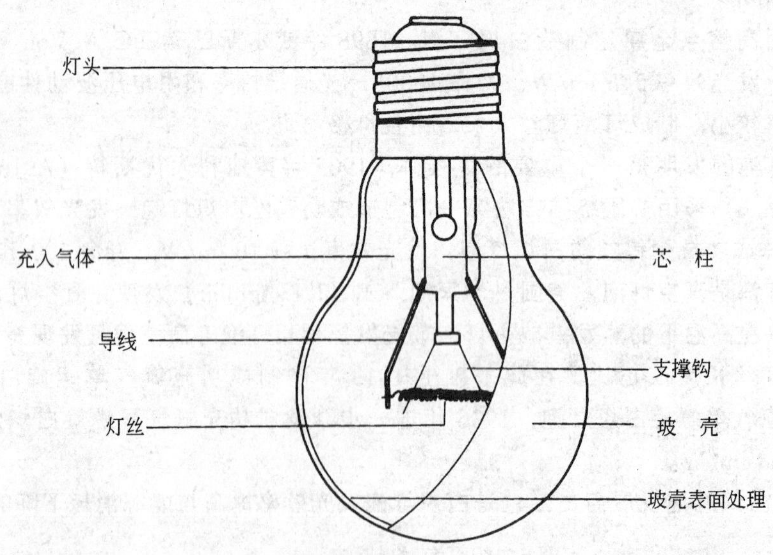

图1-2-1 白炽灯泡构造图

图1-2-1是典型的白炽灯泡构造图。白炽灯泡由灯头、芯柱、导线、支撑钩、灯丝、灯内充入气体成分、玻璃壳和玻璃壳表面处理材料等部分构成。现择要介绍如下：

(1) 灯丝 灯丝是白炽灯泡的发光体。为了提高白炽灯泡发光效率并延长其燃点寿命，要求灯丝材料具备下列性能：①熔点高；②蒸气压强低；③延展性好；④机构强度高；⑤良好的辐射特性和电阻特性。钨是地球上熔点最高的金属（钨熔点：3655K），蒸气压强很低，易于拉制成直径均匀的细丝。在钨中加入某些微量金属或氧化物还可以提高其高温性能和机械性能，因此现代白炽灯泡无一例外地均采用钨丝作为发光体。

实际生产中将钨丝绕制成螺旋形灯丝，包括单螺旋灯丝和双螺旋灯丝。螺旋形灯丝不仅可以缩短长度，便于安装到灯泡中而且可以减少热损失，提高灯泡的发光效率。

(2) 玻壳　白炽灯泡的玻壳采是用玻璃吹制或压制而成，要求所选用的玻璃透明度高、可见光损失小，而且在近红外区域具有比较高的透过率，否则白炽灯丝辐射的大量近红外射线会使玻壳温度变的太高。

普通照明白炽灯泡的玻壳常采用价格低廉的钠钙玻璃，温度较高的大功率灯泡的玻壳采用硼硅玻璃、铝硅玻璃或透明石英玻璃制成。

(3) 灯头　灯头的功能是固定灯泡和接通电源。一般根据灯泡大小、功率、工作温度和使用方式配用合适的灯头。普通照明白炽灯泡通常采用小螺口灯头或卡口灯头，用特制的焊泥把灯头和灯泡粘接为一体。大功率白炽灯泡的灯头工作温度很高，胶粘剂容易老化而松动，因而常采用机械夹紧方式把灯头固定在玻壳上。体积大、功率大的白炽灯泡可采用直径比较粗的双金属插脚式灯头以便支撑沉重的灯泡，这种灯头机械强度高，耐震动，易于散热。

(4) 灯内成分　在空气中白炽状态的钨丝将迅速氧化而烧毁。为了防止钨丝氧化，早期的白炽灯泡都制成真空灯泡，但是炽热的钨丝在真空中容易蒸发致使钨丝慢慢变细，并且蒸发出来的钨原子沉积到玻壳内壁上，造成玻壳发黑而降低灯泡的光输出。这两个因素都将缩短灯泡的寿命。因此真空白炽灯泡的灯丝工作温度设计在2600K以下，发光效率比较低。实验证明将白炽灯泡玻壳内的空气抽净再充入不与钨产生化学反应的氮气或其他惰性气体，可以有效地抑制钨的蒸发，充入惰性气体的分子量越大抑制作用越明显。早期的充气灯泡充入氮气，现在采用氩氮混合气体，特别强调发光效率的灯泡，例如矿工头盔灯泡、海洋信号灯泡及高光效蘑菇形普通照明灯泡充入氪气。充气灯泡灯丝温度比真空灯泡高，因此发光效率更高，而且由于充入气体对钨蒸发的抑制作用，充气灯泡的寿命也比较长。

(5) 玻壳表面处理　如上所述白炽灯泡的玻壳由透明玻璃制成，但是对于不同用途的灯泡的玻壳表面往往做不同的处理。为了减少眩光提高照明舒适度，普通照明白炽灯泡的玻壳经过磨砂，制成磨砂灯泡，或者玻壳内表面静电涂白，制成柔白灯泡。反射型灯泡的反光镜部位制成铝反射面或介质膜反射面，介质膜可以反射90%以上的可见光，滤除65%以上的红外线。装饰照明使用的彩色白炽灯泡玻壳内表面或外表面涂彩色颜料，或者涂上磁釉材料后烘烤而成。

1.1.3 白炽灯泡的特性

(1) 电压特性　白炽灯泡的电参数、光参数和寿命与供电电压的关系如图1-2-2所示。也可以表述为下列方程式，诸方程式中的指数是测试大量灯泡后获得的经验数据，适用于发光效率10～25 lm/W的白炽灯泡，电压变动范围为额定电压的90%～100%。

$$\frac{\text{光通量 (lm)}}{\text{额定光通量 (lm)}}=\left[\frac{\text{电压 (V)}}{\text{额定电压 (V)}}\right]^{3.4} \tag{1-2-1}$$

$$\frac{\text{发光效率 (lm/W)}}{\text{额定发光效率 (lm/W)}}=\left[\frac{\text{电压 (V)}}{\text{额定电压 (V)}}\right]^{1.9} \tag{1-2-2}$$

$$\frac{\text{功率 (W)}}{\text{额定功率 (W)}}=\left[\frac{\text{电压 (V)}}{\text{额定电压 (V)}}\right]^{1.6} \tag{1-2-3}$$

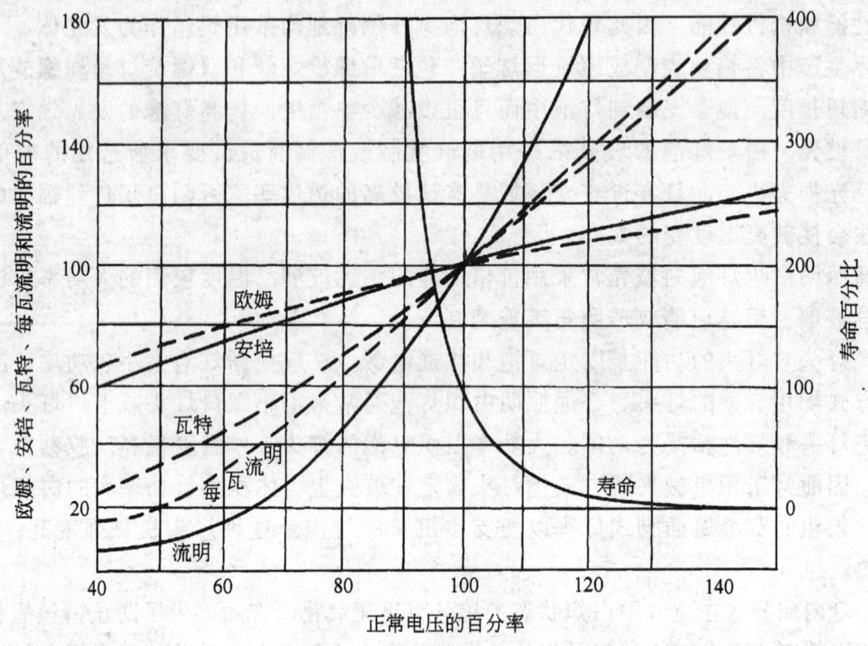

图 1-2-2　白炽灯泡的电压特性

$$\frac{\text{电阻（}\Omega\text{）}}{\text{额定电阻（}\Omega\text{）}}=\left[\frac{\text{电压（V）}}{\text{额定电压（V）}}\right]^{0.4} \tag{1-2-4}$$

$$\frac{\text{电流（A）}}{\text{额定电流（A）}}=\left[\frac{\text{电压（V）}}{\text{额定电压（V）}}\right]^{0.6} \tag{1-2-5}$$

$$\frac{\text{寿命（h）}}{\text{额定寿命（h）}}=\left[\frac{\text{电压（V）}}{\text{额定电压（V）}}\right]^{13} \tag{1-2-6}$$

（2）寿命特性　白炽灯泡从开始燃点至钨丝烧毁而不能继续使用为止的累计点灯小时数称为全寿命；灯泡从开始燃点至所发出的光通量下降至初始光通量的一定百分数时的累计点灯小时数称为有效寿命。影响白炽灯泡寿命的主要原因是钨的蒸发，蒸发出的钨原子沉积到玻壳内壁使之发黑而降低灯泡辐射出来的光通量，同时钨丝逐渐变细而烧断。由于钨丝的不均匀性，例如某些部位直径较小，钨局部缺陷，部分段落电阻不均匀，辐射特性不均匀或者螺旋稀密不均匀等等原因在钨丝上形成局部温度比较高的“热点”，热点处蒸发速度较大而变得更细，越细温度越高蒸发越快……直到烧断为止，此乃“热点”理论。近年来发现钨丝晶体“错位”现象也是影响灯泡寿命的一个突出原因。经过相当时间的燃点之后，钨丝局部表面生成锯齿形不规则错位现象，在某些情况下，特别是直径较小的细钨丝，这种晶体错位可能贯穿到钨丝全部直径。错位造成某些部位直径减少而形成热点，错位也大大地降低了钨丝的机械强度，一旦遇到振动与冲击产生机械性断丝。

（3）玻壳和灯头温度　灯泡的工作温度涉及照明安全。玻壳与灯头粘结部位的温度不应超过170℃，否则粘结材料焦化而造成灯头松动。机械式联结的灯头温度不应超过200℃。室外照明或可能有液体溅滴环境的照明应当考虑灯泡玻璃的热稳定性。灯泡配用灯具时应当注意温升造成灯具材料的变形、焦化甚至着火燃烧问题。

(4) 开灯关灯瞬间的过渡特性 由于钨丝常温时电阻较小而高温时电阻较大，因此白炽灯泡开灯瞬间产生冲击电流，一段时间间隔之后电流下降到稳定的设计值。关灯瞬间也有一个熄灭过程。表1-2-2为钨丝白炽灯泡的点灯特性。

(5) 调光特性 白炽灯泡调光方便，其光通量可以在0～100％范围内即时连续均匀反复调节。白炽灯泡的光通量决定于供电电压的均方根值，可以通过调节电压幅度或每半周中的导通时间达到调光的目的。调节电压可以选用可调压变压器或可变电阻，调节半周中的导通时间可以选用闸流管、饱和电抗器、磁放大器或可控硅整流器。

钨丝白炽灯泡（120V）点灯特性 **表1-2-2**

额定功率（W）	玻壳型号	灯丝型号	冲击电流		达到白炽时间（ms）	熄灭时间（ms）	近似色温（K）	近似初始光通量（lm）	发光效率（lm/W）
			峰值电流（A）	下降时间（ms）					
6	S14	C9	0.57	25	50	15	2370	40	6.7
10	S14	C9	0.96	40	85	30	2450	80	8.0
25	A19	C9	3.8	75	140	55	2550	235	9.4
40	A19	C9	6.4	50	90	35	2770	460	11.5
60	A19	CC8	9.8	60	110	50	2800	890	14.8
100	A19	CC8	17	80	150	60	2870	1740	17.4
150	A21	CC8	25	110	190	80	2900	2885	19.2
200	A23	CC8	35	120	220	95	2930	3940	19.7
300	PS30	C9	54	150	280	120	2940	5960	19.9
500	PS35	CC8	90	210	400	160	2960	10445	20.9
1000	PS52	CC8	180	270	570	240	3030	23100	23.1
1500	PS55	C7A	270	360	680	300	3070	33620	22.4

注：1. 额定功率中6W、10W、25W是真空灯泡，其余是充气灯泡。

2. 峰值电流是基于冷热电阻的理论值。因为存在电源感抗实际值较小。电流峰值于电源电压第一个峰值时形成，因此可能于开灯数毫秒后达到。

3. 下降时间是指冲击电流峰值降至正常电流的110％所需时间。

4. 达到白炽时间是指达到90％光通量的加热时间。

5. 熄灭时间是指降至10％光通量的冷却时间。

6. 灯丝实际温度与近似色温通常相差在100K之内。

1.1.4 白炽灯泡的种类

(1) 普通照明白炽灯泡 普通照明白炽灯泡主要用于家庭、宾馆、餐厅、商店等场所，是白炽灯泡中消费量最大的一类光源。普通照明白炽灯泡色温较低，色调温暖，显色性好，给人以温馨舒适的感觉。近年来逐渐采用内磨砂灯泡和静电涂白灯泡代替透明玻壳灯泡，磨砂或涂白灯泡可以减少眩光，提高照明环境的舒适性。磨砂灯泡的生产制造过程中可能会造成环境污染，而玻壳内壁静电喷涂硅粉的柔白灯泡漫射性能优良，吸光较少，其透光率达到透明灯泡的95％，眩光也比磨砂灯泡少。

在一些更换灯泡困难、换灯费用比较高的场所可采用长寿命白炽灯泡，这种灯泡发光效率下降约15％，而寿命从1000h增加到2000h。

(2) 反射型白炽灯泡　反射型灯泡通过玻壳内表面的铝反射镜面将光线集中于一定的方向，用于商店橱窗照明，物品展示照明。反射型灯泡分为 R 型和 PAR 型，R 型反射灯泡的玻壳为一次性吹制成型。PAR 反射型灯泡的玻壳分为反射器和透镜两部分，分别由玻璃模具压制成型，然后熔封成一体，PAR 型灯泡的光束角精确，可以制成宽光束、中光束、窄光束反射灯泡以满足不同的照明要求。

(3) 聚光灯泡、泛光灯泡　灯泡的灯丝结构紧凑、位置精确，发光强度高。当灯泡与灯具配合使用时，发光体准确地处于反射器或透镜的焦点，从而获得精确的定向光束，适用于舞台演出、电视录像、电影拍摄、体育比赛及广告照明。

此外还有照相、放映、其他特种白炽灯泡以及以产生红外辐射为主要目的的红外线灯泡，由于波长为 5μm 以上的红外辐射会被玻璃或石英吸收，所以白炽红外线灯泡是一种近红外和中红外波段的红外光源。小功率红外灯泡多制成反射型灯泡，中功率大功率红外灯多制成细管形。红外光源用于加热、保温、孵化、干燥、医疗等目的。

1.2　卤钨灯

1.2.1　卤钨循环

卤钨灯泡可视为一种充入卤素和惰性气体的充气灯泡。如图 1-2-3 所示，从钨灯丝蒸发出来的钨原子在管壁附近的低温区域和卤素产生化学反应生成卤钨化合物。卤化钨的蒸气压强比较高，通过对流或扩散迁移到灯丝附近。卤化钨在灯丝附近的高温区域分解为钨原子和卤素，钨原子沉积到钨丝表面，卤素再扩散到管壁区域与钨原子化合……这样的循环过程称为卤钨循环。卤钨循环的化学反应式为 1-2-7 和 1-2-8：

$$W + nX \rightleftharpoons WX_n \tag{1-2-7}$$

$$W + \frac{n}{2}X_2 \rightleftharpoons WX_n \tag{1-2-8}$$

式中 W 为钨原子，X 为卤素原子，X_2 为卤素分子。

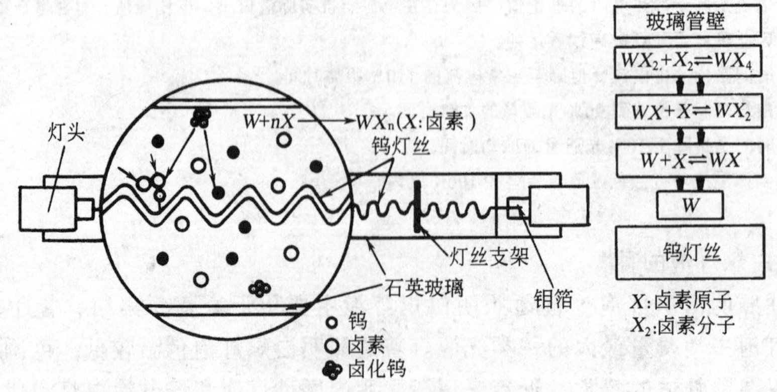

图 1-2-3　卤钨灯的结构和卤钨循环模型

温度较低时化学反应趋向于化合方向，温度较高时化学反应趋向于分解方向。在一定条件下反应达到平衡状态，管壁附近的钨原子同卤素生成稳定的气态化合物，没有足够浓度的钨原子沉积到玻壳上，因此玻壳不致发黑。

1.2.2 卤钨灯泡的结构

(1) 玻壳 为了满足卤钨循环的化学反应条件，要求卤钨灯泡的玻壳温度足够高，因此玻壳尺寸比较小，一般为细管形或小球形。卤钨灯泡玻壳工作温度高，灯内气体压强高，因此要求玻壳机械强度高，一般采用耐高温的透明石英玻璃或硬质玻璃制造。石英玻璃熔点1650℃，制成的灯泡管壁可以承受1100℃高温，是最常用的卤钨灯玻壳材料。硅铝玻璃工作温度可以达到400℃，可制作50W以下的小功率卤钨灯泡。

(2) 灯内充入成分 卤钨灯泡是一种充气灯泡，充入气体可以是氮、氩、氪或氩/氮、氩/氪混合气体。充气压强高达数个大气压强，有效地抑制了钨的蒸发，延长灯泡泡寿命。同时卤钨灯内添加0.1%～1%的卤素作为卤钨循环剂。发光效率比较低的长寿命卤钨灯泡采用碘或碘化合物作为循环剂。发光效率高（灯丝温度高）管壁负载大而寿命比较短的卤钨灯泡采用化学性更活泼的溴、氯或它们的化合物作循环剂。表1-2-3列出各种卤素和卤化物的常用范围，根据灯泡的类型和寿命适当选择使用。

卤钨灯泡管壁负荷和卤化物 **表1-2-3**

管壁负荷（W/cm^2）	寿 命（h）	卤素及卤化物
15～25	2000	I_2、HI、BBr_3
15～25	500～2000	CH_3Br、CH_2Br_2、IBr、ICl_2、BBr_3
15～30	25～500	CH_3Br、HBr、BBr_3、$(PNBr_2)_{3\cdot 4}$
30～60	5～500	CH_2Br_2、CH_3Br、$CHCl_3$、CH_2Cl_2、HBr
60～120	1～100	Br_2、Cl_2

(3) 封接部位和灯头 卤钨灯泡的玻壳用透明石英玻璃制成，为了保证封接部位的气密性，采用钼箔封接技术。灯内钨丝焊接在钼箔一端，灯外导线焊接在钼箔另一端，钼箔熔封在石英玻璃之中。钼箔封接部位的最高工作温度不可超过350℃，以防止灯泡过早损坏。碘钨化学循环要求玻壳温度不低于250℃，溴钨化学循环要求玻壳温度不低于200℃。卤钨灯泡玻壳温度如此之高，又要保证钼箔封接部位的温度不超过350℃，所以使用卤钨灯泡照明时必须保证灯头与灯座电气接触可靠，而且散热良好。

1.2.3 卤钨灯泡的种类

(1) 普通照明管形卤钨灯 如图1-2-4*a*所示为普通照明管形卤钨灯，灯管两端各有一个灯头，故又称为双端管型卤钨灯。使用时灯管应当水平安装，倾斜度不大于±4°，否则灯内卤素可能分层而造成灯管局部发黑。双端管形卤钨灯多用于泛光照明。

(2) 紧凑型双端卤钨灯 如图1-2-4 *b*，灯丝和玻管长度都比较短，玻壳直径相对较大，功率45～2000W。短小的 灯丝便于与灯具光学系统配合，点灯位置可以任意。

(3) 单端卤钨灯 如图1-2-4 *c*，功率50～10kW，单端供电，结构紧凑，便于配光，用于聚光或泛光照明，特别适用于电影、电视、舞台、剧场照明及展示照明。

(4) PAR型卤钨灯 如图1-2-4 *d*，把紧凑型双端或单端卤钨灯泡安装在PAR反射型玻壳内，并充入氮气密封而成。功率500～1000W。PAR型灯泡可以设计为窄光束、中光束或宽光束以满足不同的照明目的，PAR型灯泡的前透镜可以涂复介质膜以校正色温（例如校正为5000K)。PAR型卤钨灯泡寿命长，发光效率高，光通维持率高，光束角精确。

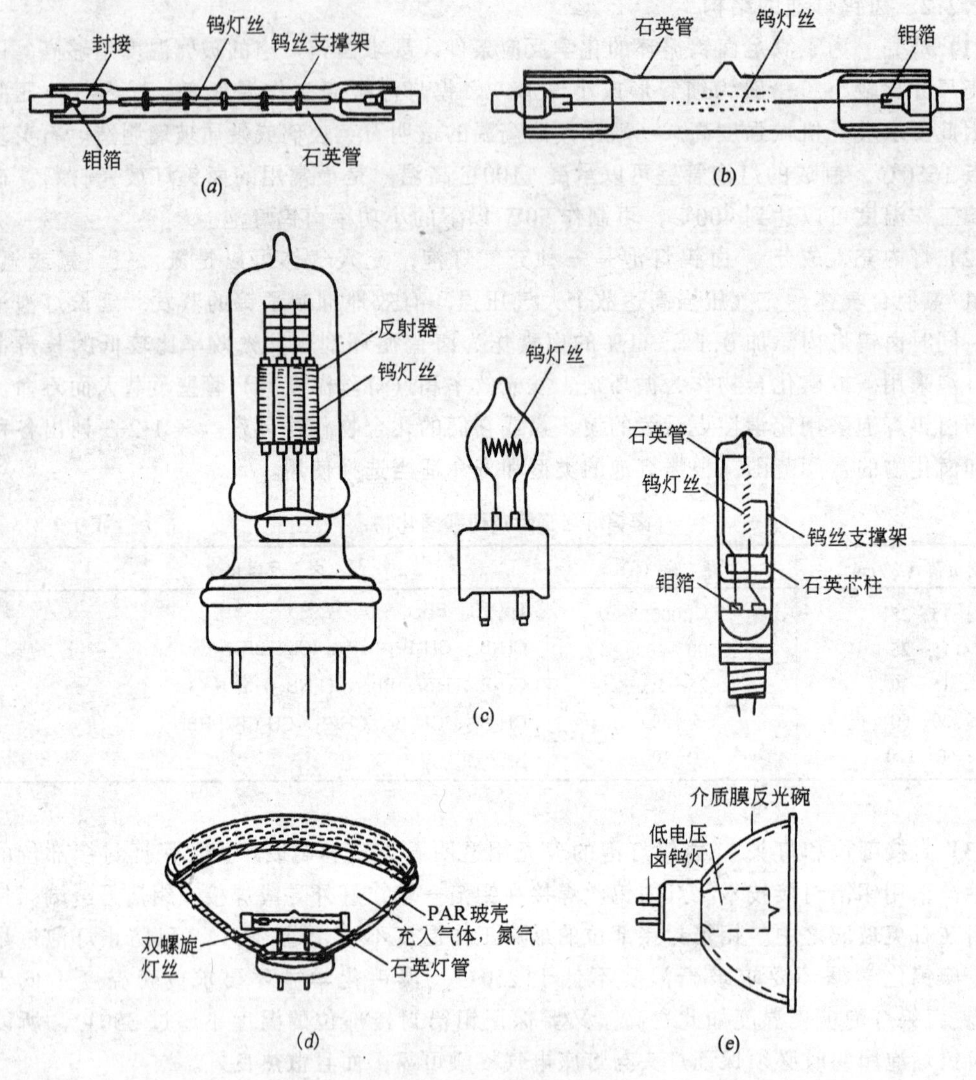

图 1-2-4 卤钨灯泡分类图

(a) 普通照明管形卤钨灯；(b) 紧凑型双端卤钨灯；

(c) 单端卤钨灯；(d) PAP 型卤钨灯；(e) 介质膜冷反光卤钨灯

(5) 介质膜冷反光杯卤钨灯 如图 1-2-4 e，发光体是一个花生米大小的单端卤钨灯泡，电压 12V，功率 20～75W。反射杯用玻璃压制而成，表面由许多四方形或六角形小平面组成，再用真空镀膜技术涂复介质反射膜。介质反射膜可以反射 90％以上的可见光，而滤除 65％以上的红外线，因此灯的前方光强高而温度低，故称冷反光杯卤钨灯。普通照明用冷反光杯灯的直径分为 ϕ50mm（MR-16 灯泡）和 ϕ35mm（MR-11 灯泡）两种，广泛地用于商业照明、艺术画廊照明、博物馆照明。为了防止紫外射线对被照物品的损伤（褪色或老化），MR-16、MR-11 灯泡的内胆采用防紫外线石英管制造，并且还可以在反光杯前面增加玻璃盖进一步滤除残留的紫外射线。

(6) 硬质玻璃卤钨灯 用高硅玻璃、高铝玻璃管可以制造小功率卤钨灯（100W 以下)，优点是不必使用昂贵的透明石英管，不必采用复杂的钼箔封接工艺，因此灯泡价格低廉，便于推广应用。

1.2.4 卤钨灯泡的特性

(1) 电源电压变化的影响　电源电压变化对卤钨灯的电阻、电流、功率、光通量和发光效率的影响与普通白炽灯泡相似，设计照明工程时可以参照图1-2-2和相应的计算方程式。应当强调电压波动还会影响卤钨灯泡的色温，电压变化1V色温变化约10K。

(2) 调光性能　卤钨灯泡可以在相当大的电压范围内调光。当灯泡的光通量调节下来后，玻壳温度下降可能造成卤钨循环失效，但是与此同时灯丝温度也大大降低，钨蒸发速率下降，所以不至于造成灯泡玻壳明显发黑，而且轻微的黑化在电压恢复到额定值后很快被卤钨循环“清扫”干净。频繁调光使用时应当考虑灯具的热学特性，力求保证卤钨灯泡管壁温度处于黑化范围之上。

(3) 寿命特性　影响普通白炽灯泡寿命的主要因素是钨的蒸发速率（取决于灯丝工作温度)。而影响卤钨灯泡寿命的因素比较多：钨的蒸发速率、灯内气体压强、玻壳和封接部位的温度、灯内卤素充入量和它的活性、卤素对灯丝、支架的腐蚀等等。从使用卤钨灯的角度来讲应当特别注意以下几点：1）按说明书要求安装灯泡，水平燃点的灯管，倾斜角度不应超过±4°；2）灯头与灯座联结可靠，导热良好，保证封接部位温度不高于350℃，某些发光效率很高，寿命比较短的灯泡封接部位温度可以略高，但仍应低于450℃；3）灯具设计合理，散热良好，保证石英玻壳温度不高于1000℃，高硅玻璃玻壳温度不高于600℃，硅铝玻璃玻壳温度不高于400℃；4）保持灯泡清洁，不可用裸手和油污物接触石英管，否则将引起石英管高温结晶、失透、裂纹而损坏灯泡。点灯前用酒精擦拭灯泡玻壳。

2 低强度气体放电灯

2.1 荧光灯

2.1.1 直管形荧光灯

2.1.1.1 荧光灯发展简史

荧光灯的历史应当追溯到1910年克劳德（A.Claude）发明的氖气放电灯。1907年克劳德和林德（Linde）把空气液化，从中分馏出氖、氦、氩等稀有气体。三年之后克劳德制成氖气放电灯。这种灯发出鲜艳而清晰的红色光辉，俗称霓虹信号灯。1915年氖气放电正柱发光的霓虹灯获得专利。为了获得多种颜色的信号灯，在霓虹信号灯中充入汞，制成放射蓝光的灯管，后来又在充汞信号灯管内壁涂荧光粉制成发射白光的放电灯管。1936年欧洲出现发光效率超过白炽灯泡的该类灯管，并且用于一般照明。

1938年美国工程师茵曼（Inman）在纽约博览会上展出热阴极荧光放电灯。荧光灯与上述采用荧光粉把紫外线变为白光的信号灯管的基本区别在于：荧光灯是一种热阴极弧光放电灯，而早期的白色光信号灯管是一种冷阴极正柱辉光放电灯。荧光灯的发明是继爱迪生发明白炽灯泡之后电光源工业的另一项重要的成果。

初期荧光灯使用的荧光粉是硫化物，后来使用一些简单的含氧酸盐，例如硅酸锌铍、钨酸镁、硼酸镉等。1942年发明卤磷酸钙荧光粉，由于它无毒、价廉、发光稳定、发光效率高、制备工艺稳定，至今仍然是荧光灯用的主要发光材料。卤磷酸钙荧光粉的光谱能量分布可以做得与日光十分接近，相关色温 6500K 的荧光灯光色近似日光，所以荧光灯常常被称为日光灯。纺织、染料、印刷、绘画和工艺美术等许多需要分辨颜色的工作，以前无法在白炽灯下进行，而在日光灯下则可继续进行。但是卤磷酸钙荧光粉在波长 650nm 以上的辐射大大下降，缺少红光，而蓝色区域辐射又太多，所以被照物体的颜色失真，换句话讲荧光灯显色指数比较低，不能适应工业发展和生活水平提高后提出的辨色和测色的要求。

如果要求荧光灯将物体的各种色彩真实地再现出来，传统的观点是设法让灯管像太阳一样发射出从紫色一端至红色一端的全部可见光光谱成分。1951 年通过在卤磷酸钙荧光粉中添加发红光的荧光粉（锡激活的磷酸锌锶或锰激活的氟锗酸镁、砷酸镁）和发绿光的荧光粉（硅酸锌锰）制成高显色性 deLuxe 荧光灯。由于人眼对红光的视觉灵敏度非常低，这种高显色荧光灯的发光效率比普通荧光灯低 20%～30%，仅 50 lm/W 左右。

1971 年荷兰工程师库单姆（Koodam）发明三基色荧光灯，解决了显色性与发光效率的矛盾。视觉生理学实验证明人眼在红色、绿色和蓝色光区域存在三个视觉响应峰值，我们称其为三原色或三基色，三种基色光可以混合成任何颜色的光，包括普通照明所需的白色光。因此采用分别发射红光、绿光和蓝光的三种荧光粉即可在非均衡连续光谱通量分布的情况下获得白色光，也就是说可以消耗较少电能获得更好的光色。这种荧光灯称为三基色荧光灯。例如使用铕激活的氧化钇红光荧光粉（峰值波长 611nm）、铈铽激活的铝酸镁绿色荧光粉（峰值波长 543nm）和铕激活的铝酸钡镁蓝光荧光粉（峰值波长 451nm）制成的三基色荧光灯的一般显色指数 Ra 超过 90，发光效率超过 90lm/W。与普通卤磷酸钙荧光灯比较，三基色荧光灯在相同照度下产生更明亮更清晰更舒适的视觉效果。三基色荧光粉的开发成功使荧光灯的管壁负载得以提高，因此荧光灯管径可以减小。早期的荧光灯大多采用 T12（ϕ38mm）玻管，20 世纪后期陆续开发成功 T10（ϕ32mm）、T8（ϕ26mm）和 T5（ϕ16mm）直管形荧光灯。细管径荧光灯的发光效率更高，而且制造过程的材料消耗也大大下降，因此 T8、T5 荧光灯是绿色照明产品。

2.1.1.2 荧光灯工作原理

(1) 紫外线产生过程　图 1-2-5 是荧光灯发光原理图。从荧光灯阴极发射出来的自由电子受到阳极正电位的吸引而飞向阳极，电子在向阳极的运动途中被电场加速而获得动能。当电子与汞原子碰撞时，电子的一部分动能转移给汞原子的外层价电子，汞原子从基态跃迁到能量比较高的激发态。当自由电子的动能达到 4.88eV 时可能把汞原子激发到 6^3P_1 状态，当自由电子的动能达到 6.67eV 时可能把汞原子激发到 6^1P_1 状态。当自由电子的动能为 4.67eV 时可能把汞原子激发到 6^3P_0 的亚稳态。自由电子的动能低于 4.67eV 时碰撞不足以引起汞原子的激发，这种碰撞称为弹性碰撞。而当自由电子的动能超过 10.43eV 碰撞时可能把价电子击出汞原子的控制范围而形成一个新的自由电子，汞原子变成带正电荷的汞离子，这个过程称为电离。

自由电子每经过一次碰撞失去一部分动能，电子速度降低而且改变运动方向，但是它可以被电场加速重新获得动能，一次又一次地与汞原子碰撞而造成汞原子的激发或电离，直至它撞到玻壳内壁同那里的正离子复合而消失，或者飞到阳极而被吸收。从阴极源源不

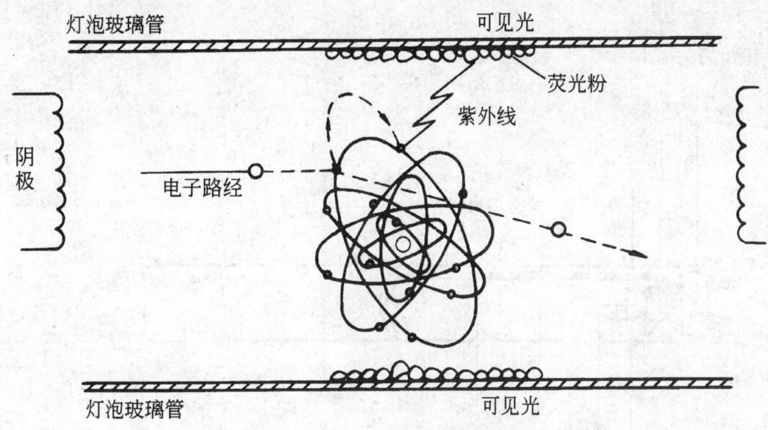

图 1-2-5　荧光灯发光原理图

断发射出来的电子和电离过程不断产生的自由电子维持荧光灯的稳定工作。

处于激发状态的汞原子不稳定，极短时间之内（$10^{-8} \sim 10^{-9}$s）返回到能量比较低的基态 6^1S_0，同时以电磁辐射的形式释放它在激发过程中获得的能量。从 6^3P_1、6^1P_1 激发态返回 6^1S_0 基态时的辐射波长为 253.7nm 和 185.0nm。我们称这种从激发态直接返回基态的辐射为共振辐射，相应的谱线称为共振谱线。汞原子的这两条共振谱线都是紫外线。

处于激发状态和亚稳态的汞原子还可能因为自由电子的碰撞而被激发到更高能量的激发态，然后在这些能级之间跃迁而产生许多不同波长的谱线。不过在荧光灯低气压汞蒸气放电过程中，这些谱线的强度非常微弱。

波长 185.0nm 的共振谱线自吸收现象（汞原子吸收）严重，难以到达管壁，而且荧光粉对它的灵敏度很低，它激发荧光粉而发出的可见光不足荧光灯发光的 10%。波长 253.7nm 的共振谱线激发荧光粉而发出的可见光达到 90% 以上，它是荧光灯中低气压汞蒸气放电的最重要的一条谱线。

(2) 可见光产生过程　荧光灯中低气压汞蒸气放电产生的紫外线照射到玻管内壁的荧光粉涂层被其吸收而转变为可见光。荧光粉是一些化学纯度非常高的无机化合物，渗入严格定量控制的添加成分——激活剂，然后高温烧结成晶体结构。当紫外光子撞击到某一个荧光粉晶粒，紫外光子的能量通过晶体传送到激活剂离子，如果紫外光子对应波长位于荧光粉的激发带内，荧光粉将吸收该紫外光子并且转换为另一个对应波长更长的可见光光子，从而发出可见光。荧光粉化学成分和激活剂成分决定了可见光的颜色。

某些荧光粉含有两种激活剂，主激活剂决定荧光粉的吸收特性而且可以独立产生可见光辐射。第二种激活剂从晶格中的邻近主激活剂获得激发能量，它的辐射波长比主激活剂的辐射波长长一些。调整两种激活剂的浓度可以改变光色。现在荧光灯中广泛使用的荧光粉是锑和锰作激活剂的卤磷酸钙，锑是主激活剂，锰是第二激活剂。改变锰含量可以配成 2900K，3500K，4500K 至 6500K 各种色温的荧光粉。

2.1.1.3　荧光灯的结构

图 1-2-6 是直管形荧光灯结构图。管形荧光灯由玻管、荧光粉、电极、灯头及充入灯

内的汞和惰性气体等主要部件和材料构成。

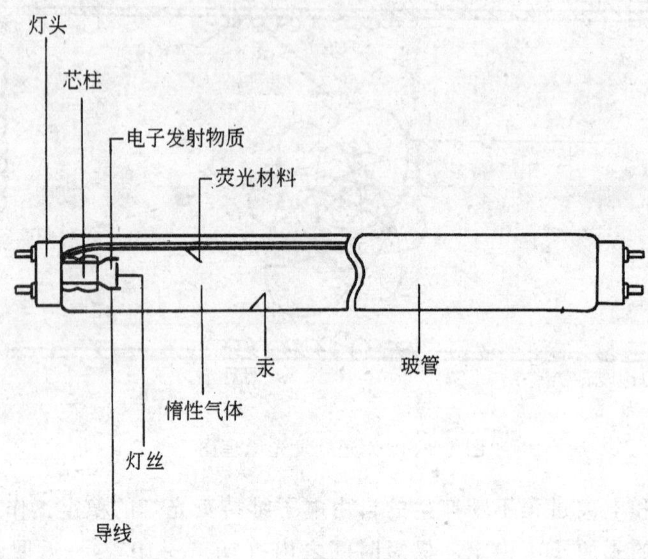

图 1-2-6 直管形荧光灯构造图

(1) 玻管 由于低气压汞蒸气放电的特点，荧光灯是一种细长的管形灯泡。早期的荧光灯采用 T12 玻管，长度约为每英尺 10W，因此 20W 荧光灯的玻管长度为 2 英尺（约 600mm），40W 荧灯光灯玻管长度为 4 英尺（约 1200mm），以此类推。T12（ϕ38mm）表示玻壳为管形，近年来管径逐渐减小，从 T12 减小为 T10（ϕ32mm），T8（ϕ26mm），T5（ϕ16mm）。

某些型号荧光灯的玻管要做特殊处理，例如对于快速启动荧光灯和瞬时启动荧光灯，为了帮助启动灯管，在玻管内壁涂敷透明导电薄膜、在玻管内壁或外壁涂导电带，或在玻管外壁涂防水硅树脂薄膜。前两种方法可以降低玻管表面电阻，后一种方法可以提高玻管表面电阻。荧光灯玻管表面电阻很小或很大的状况下均易于启动。反射型荧光灯玻管内表面涂敷二氧化钛反射层。

(2) 荧光粉 荧光灯中低气压汞蒸气放电直接产生的可见光微乎其微，汞蒸气放电产生的 253.7nm 紫外线激发玻管内壁涂敷的荧光粉而发射的可见光占荧光灯发光的 90% 以上，因此荧光灯的光度特性（光通量、发光效率、光通维持率）和色度特性（色温、色坐标、显色指数）主要取决于荧光粉。现在普通照明荧光灯所用的荧光粉采用锑、锰激活的卤磷酸钙荧光粉或稀土金属三基色荧光粉。

荧光粉的颗粒度应当控制在 5～10μm 范围，与溶剂和胶粘剂充分混合后制成浆液，然后采用喷涂方法或真空吸涂方法均匀地涂复在玻管内壁。制灯过程中经过焙烤而除去胶粘剂和溶剂，玻管内壁剩下纯净的白色荧光粉层。

(3) 电极 荧光灯两端各有一个电极。阴极的功用是热电子发射，同时吸收正离子，阳极的功用是吸收电子。由于荧光灯通常用于交流电源中，两端的电极交替地充当阴极和阳极，所以两端电极结构完全相同。电极由细钨丝绕制成双螺形或三螺旋形状，螺旋之间充满发射电子的物质。

荧光灯电子发射物质是碱土金属钡、锶、钙的氧化物，这种物质的逸出功比较低，工作温度约 1100℃。为了降低电子发射物质的蒸发和溅散，减少荧光灯端部发黑，延长灯管寿命，电子发射材料中加入抗离子轰击的二氧化锆和氧化镁。此外在电极四周加上一个镍金属环也可减少灯管端部发黑，该金属环称之为阳极罩。

(4) 汞和惰性气体　荧光灯玻管内抽成真空后再充入若干毫克的汞和 1～3 托的惰性气体。汞蒸气是荧光灯中的放电介质，工作压强约为 5×10^{-3}托。以前的制灯工艺采用液态汞，现在多用汞齐形式充入汞。采用汞齐可以减少生产过程中的环境污染，便于精确控制灯内的汞量，而且可以减少荧光灯废弃后对大自然的二次污染。此外汞齐有助于保持灯管内最佳汞蒸气压强。大功率荧光灯或高温环境使用的荧光灯的玻管温度比较高，如用液态汞管内汞蒸气压强太高，灯管发光效率将大大下降，采用铟汞齐或铟锡汞齐则可保证 5×10^{-3}托 的最佳汞蒸气压强，紧凑型荧光灯玻管细小而且弯曲集中，工作时玻管温度也比较高，可以选用铋铟汞齐。

荧光灯中的惰性气体通常是氩，节能型荧光灯用氪氩混合气，也可以用氖氩、氖氙氩混合气体。惰性气体的主要功用有三：1）帮助灯管启动，未充惰性气体时汞蒸气压强仅 10^{-3}托，电子平均自由路程长达 50mm，而玻管直径仅 10～30mm，电子很难与汞原子碰撞使之电离而建立起放电。充入 1 托氩气之后电子平均自由路程缩短为 0.01～0.1cm，电子与汞原子碰撞几率大大增加，因此灯管易于启动，而且氩气和汞蒸气形成潘宁效应，进一步降低荧光灯启动电压。2）惰性气体作为缓冲气体，它与电子的弹性碰撞调节了电子的能量，利于引起汞原子的激发和电离，而且减少电子与管壁碰撞之损失，提高辐射效率。3）惰性气体还可以抑制电极上电子发射材料的蒸发与溅散，延长荧光灯的寿命。

(5) 灯头　荧光灯灯头的功用是接通电源和固定灯管。灯头的形式视荧光灯品种而定，普通直管形预热式和快速启动式荧光灯每端各有一个灯头，每个灯头有两个电极，瞬时启动荧光灯的电极单线引出，每个灯头上只有一个电极。环形荧光灯和紧凑型荧光灯单端供电，只有一个灯头，故又称单端荧光灯。

2.1.1.4　荧光灯点灯电路

(1) 预热式荧光灯　图 1-2-7 为预热式荧光灯点灯电路图。启动器 S 是一个氖气辉光放电管，管中有一个固定电极和一个双金属片制成的可动电极，两电极相距 1～2mm。荧光灯开灯瞬间由于其电极温度很低（室温）尚不具备热电子发射能力，电源电压（220V）不足以使荧光灯启动。此时电源电压全部施加在启动器两个电极之间，形成氖气辉光放电。辉光放电电流加热双金属片，使之变形而与固定电极接触，辉光放电停止。这时启动器处于闭合状态，荧光灯两电极和镇流器串联从电源获得预热电流，预热时间约 0.5～2s。与此同时启动器的双金属片因温度下降再次变形而与固定电极断开。断离瞬间电感性镇流器 B 产生高压感应电动势，施加在已经过预热而具备热电子发射能力的两端电极，荧光灯立即启动。如果因为某种原因（例如室温太低），荧光灯未能启动，启动器将重复上述过程直到灯管启动为止。荧光灯一经启动之后，启动器两端电压从电源电压下降为灯

注：1 托 = 1mmHg = 133.32Pa。

管管压降（约110V），该电压不足以形成启动器的辉光放电，启动器自动失效，直至关闭荧光灯后下一次再开灯时重复上述动作。辉光启动器两电极间常并联一只小电容器（约0.006μF）用以减少开关时的无线电干扰。图中镇流器的主要功能是限制电流保证荧光灯正常工作。

（2）快速启动式荧光灯　如图1-2-8*a*所示快速启动式荧光灯的镇流器是一只带漏磁的升压变压器。两个次级低压绕组给荧光灯电极提供加热电流，使之形成热电子发射。次级高压绕组的开路电压高于荧光灯启动电压。因为该电路同时给荧光灯施加电极预热电流和启动高电压，所以可以快速启动荧光灯管。荧光灯一经启动之后，由于变压器初次级间的漏磁作用，次级电压下降至荧光灯的灯管电压，次级低压绕组电压也相应下降。快速启动式点灯电路有利于荧光灯的长寿命使用。

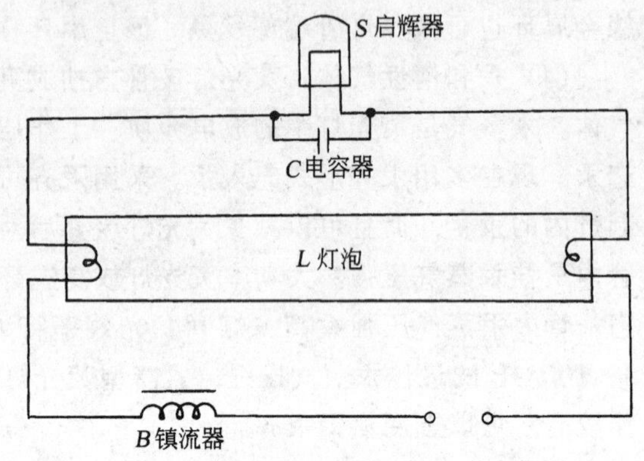

图1-2-7　预热式荧光灯点灯电路图

以上采用升压漏磁变压器的快速启动式荧光灯点灯电路适用于电源电压为100～120V的国家和地区，对于电源电压为220～240V的国家和地区可以采用图1-2-8*b*电路。灯管未启动时变压器*T*主线圈中的电流很小，镇流器*B*上的电压降很低，这时灯管两端之间的电压较高。当阴极在短时间内加热至热电子发射温度，发射出大量电子，灯管在高电压下点燃。灯管一经点燃之后，线路中电流急剧增加，因而镇流器上的电压降上升，灯管两端的电压下降至比较低的工作电压。变压器主线圈上的电压下降，变压器副线圈上的阴极加热电压也相应降低。

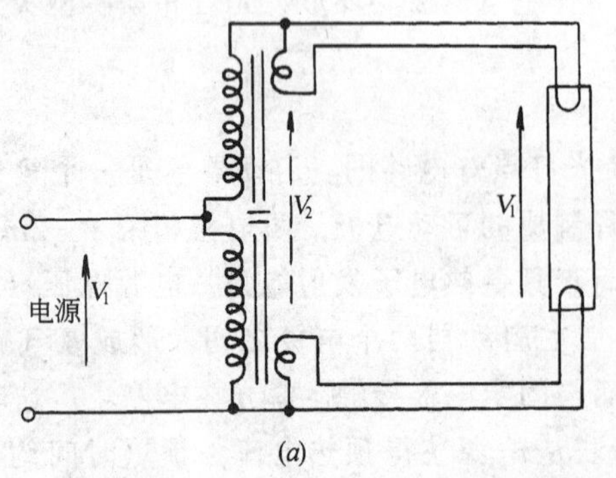

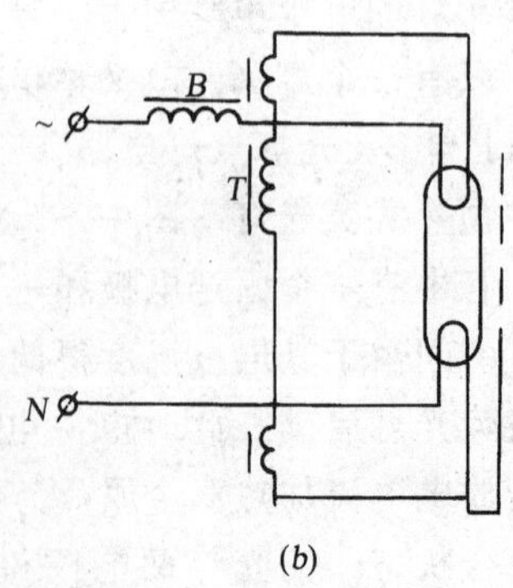

图1-2-8　快速启动式荧光灯点灯电路图

（3）瞬时启动式荧光灯　瞬时启动式荧光灯不经过电极预热，在两端电极之间施加高电压而立即启动。因为电极未经预热不具备热电子发射能力，仅依靠高压电场形成场致发射而产生电子，电子引起气体电离建立弧光放电而把灯管点燃。弧光放电建立之后放电电流加热电极而维持正常工作。

瞬时启动式荧光灯的电极无预热电流回路，一般每个电极只有一条引出线，故采用单脚灯头。为了降低启动电压，瞬时启动荧光灯的玻管多涂敷导电带或防水涂层。

瞬时启动式荧光灯的镇流器比预热式和快速启动式镇流器笨重，灯座绝缘要求高，而且灯管寿命较短，所以仅在某些特殊照明环境使用。瞬时启动荧光点灯电路如图 1-2-9 所示。

2.1.1.5　荧光灯的使用特性

(1) 电压特性　电源电压变化时荧光灯的各项参数随之变化，电源电压上升，灯管功率增加，光通量上升。但是同时灯管电流增加，引起电极过热而加速电子发射材料的溅散和灯管端头发黑，灯管寿命将会缩短。反之电源电压下降将引起灯管电流减少，电极温度不足也将促使电极电子发射材料的溅散而缩短灯管寿命。因此标准规定荧光灯电源电压应当满足于额定电压的 90%～105%。

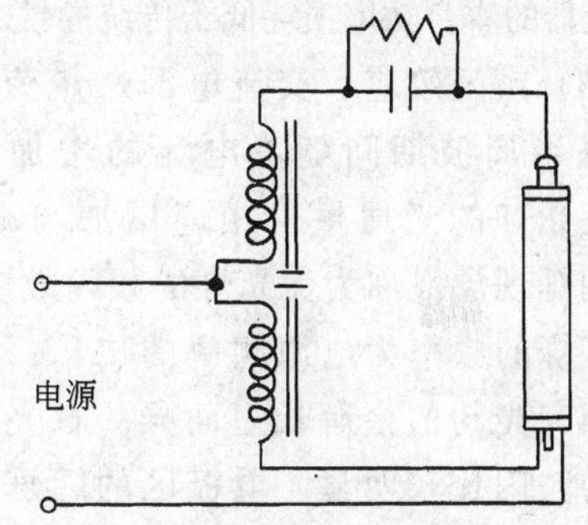

图 1-2-9　瞬时启动式荧光灯点灯电路图

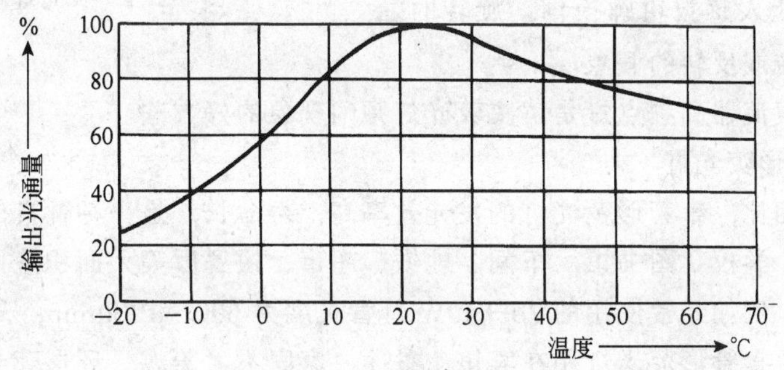

图 1-2-10　荧光灯的温度性能

(2) 温度特性　荧光灯的发光特性与灯管内汞蒸气压强的关系非常密切，而汞蒸气压强受环境温度的影响。荧光灯中充入过量的汞，汞蒸气压强取决于蒸发的汞量，而蒸发汞量的多寡决定于荧光灯玻管最冷部位的温度高低。直管形荧光灯的最佳冷端温度为 40～42℃，其相应的最佳点灯环境温度为 20～30℃（图 1-2-10 为直管形荧光的温度特性）。

近年来采用汞齐形式给荧光灯注入汞，汞齐荧光灯的温度特性平缓，可在更大的温度范围内获得最佳光通量输出。

(3) 启动特性　如上所述热阴极荧光灯的寿命决定于电极上电子发射物质的损失速率，当电极上电子发射物质损失尽了，或者残留部分已失去电子发射能力，荧光灯的寿命也就终了。荧光灯每启动一次将损失一部分电子发射物质，因此启动越频繁，荧光灯的寿命越短。图 1-2-11 显示荧光灯寿命与启动周期的关系。荧光灯标准

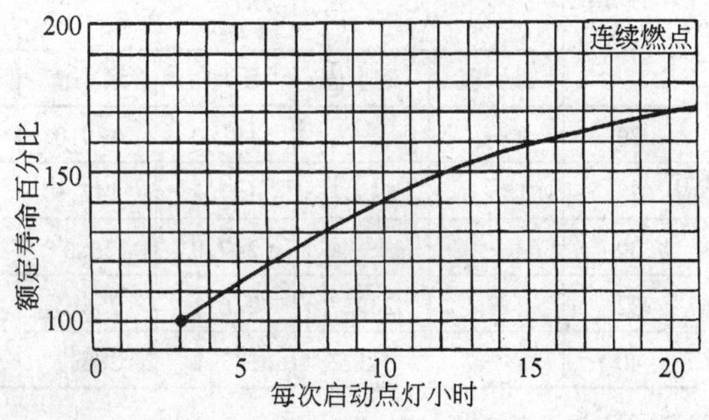

图 1-2-11　荧光灯启动次数与寿命关系

规定额定寿命是每次启动点灯3h的寿命数值。

(4) 高频特性 通常荧光灯在频率为50Hz或60Hz的交流电源中使用。实验证明电源的频率提高后荧光灯的发光效率可以提高10%（见图1-2-12）。20世纪后期发展起来的荧光灯电子镇流器的工作频率为20kHz以上，采用这样的电子镇流器荧光灯的发光效率得以提高，而且电子镇流器的本身功率损耗低于传统的铁芯电感式镇流器，符合绿色照明的要求。

(5) 频闪效应 交流电源燃点荧光灯时在每半周波期间随着电流的增加与减小，荧光灯的光通量也相应增加与减少，形成闪烁现象，称为荧光灯的频闪效应。

闪烁的频率为电源频率的二倍，闪烁程度因荧光粉的余辉长短而异，日光色荧光灯的频闪比较明显，电极区的闪烁现象比灯管中部的正柱放电发光区更易被人觉察。由于存在频闪效应在荧光灯照明下高速运动的物体让人感觉轮廓模糊，旋转的物体给人以停转或反转的假象。

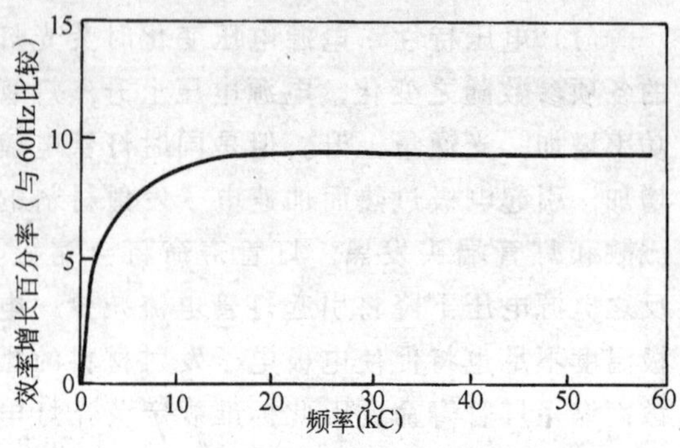

图1-2-12 荧光灯高频特性

采用电子镇流器高频点灯是解决荧光灯频闪现象的好方法。

2.1.2 环形荧光灯

与白炽灯相比，直管形荧光灯的发光效率高，寿命长，是一种优良的节能光源，广泛应用于办公室、学校、图书馆、车间、地铁、超市、快餐厅等大面积室内照明。但是直管形荧光灯太长，例如经常使用的20～40W灯管长度为600～1200mm，只能配用荧光灯支架或格栅灯具。直管形荧光灯用在宾馆、餐厅、家庭不太美观。环形荧光灯的几何尺寸大大缩小，可以配用比较美观时尚的灯具。

2.1.2.1 环形荧光灯的外形尺寸

环形荧光灯的外形尺寸及灯头型号见图1-2-13和表1-2-4。

环形荧光灯的外形尺寸与灯头型号 **表1-2-4**

灯的功率(W)	外形尺寸(mm)								灯头型号
	A		B		C和D		D_1		
	最大值	最小值	最大值	最小值	最大值	最小值	最大值	最小值	
20	—	—	151.0	139.0	216.0	—	36.0	26.0	G10q
22	155.6	149.1	157.2	147.6	215.9	203.2	30.9	26.2	G10q
30	—	—	247.0	235.0①	307.0	—	33.0	25.0	G10q
32	246.1	239.7	246.1	236.5	311.2	298.5	34.1	29.4	G10q
40	347.7	341.2	347.2	388.1	412.8	409.0	34.1	29.4	G10q

①此项不考核。

2.1.2.2 环形荧光灯的特点

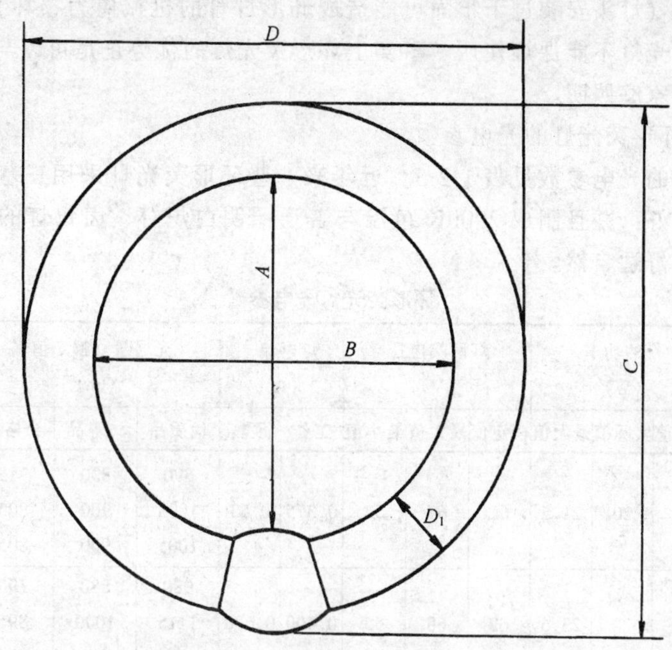

图 1-2-13　环形荧光灯的主要尺寸

(1) 玻管　在环形荧光灯的生产过程中首先制成直管形玻璃管，内壁涂敷荧光粉，两端封接电极之后在加热炉中将直管形玻管加温至 550～650℃ 接近软化状态时再用力把玻管弯成环形。弯管时外半圆部位玻璃被拉伸，内半圆部位玻璃被压缩。拉伸和压缩的程度与弯曲半径和玻管直径有关，弯曲半径越小，玻管直径越大，外圆拉伸内圆压缩的程度越大。拉伸部位玻璃变薄，压缩部位玻璃增厚，环形玻管的机械强度下降。因此环形荧光灯多采用比较细的 T10（ϕ32mm）或 T9（ϕ28mm）玻璃管，而且玻璃厚度从直管形荧光灯的 0.7～0.9mm 增加到 1.1～1.3mm。

(2) 荧光粉涂层　环形荧光灯弯管时荧光粉层同时受到拉伸和挤压，荧光粉容易脱落。为此减小荧光粉的平均粒度，提高粉层的附着力，必要时加入适量的磷酸三乙酯、磷酸氢二铵等胶粘剂。采取上述措施之后环形荧光灯的掉粉现象大大减少，但是发光效率和流明维持率略有下降。

(3) 灯头　环形荧光灯采用 G10q 型专用灯头。灯头由两个半圆形截面的环形塑料件组成，装上该灯头之后灯头与环形玻璃管构成一个完整的圆周，美观而且比较坚固。两片塑料件与玻管固定处不用焊泥而是用螺丝钉联结。灯头上有四个电极，分别连接灯管两端电极的四条引线。

(4) 点灯电路　环形荧光灯多采用预热式点灯电路，灯头上的两个电极连接起辉器，另外两个电极串联电感镇流器后接入市电电源（参看图 1-2-7）。环形荧光灯也可以采用快速启动式点灯电路（参看图 1-2-8）。环形荧光灯的两端电极引线非常接近，绝缘强度比较低，因此不宜使用瞬时启动式点灯电路。

(5) 配用灯具，环形荧光灯灯头与玻管连接比较宽松，机构强度比较低，不具备支持固定灯管的力量（灯头安装过于牢固可能造成环形灯管的机械应力损坏），而且防潮性能低，因此环形荧光灯不能裸灯使用。事实上环形荧光灯的优势正是可以与多种美观的灯具配合使用而进入家庭照明。

2.1.2.3　环形荧光灯的光电参数

环形荧光灯的光电参数见表1-2-5。近年来一些环形荧光灯采用三基色荧光粉，发光效率高，显色性好，并且制成2900K色温与普通照明白炽灯、卤钨灯的光色匹配，用在家庭照明中更加舒适自然。

环形荧光灯光电参数　　**表1-2-5**

灯头型号	灯的功率（W）			灯两端电压（V）			灯电流[①]（A）		光通量（额定值）（lm）			色坐标（目标值）	
	额定值	实际值	最大值	额定值	最大值	最小值	工作	预热	优质品	一等品	合格品	X	Y
YH20RR	20	20	21.5	61	67	53	0.375	0.53	890	800	715	0.313	0.337
YH20RL									1005	900	805	0.372	0.375
YH20RN									1005	900	805	0.440	0.403
YH22RR	22	22	23.6	62	68	55	0.400	0.600	980	880	790	0.313	0.337
YH22RL									1115	1000	895	0.372	0.375
YH22RN									1115	1000	895	0.440	0.403
YH30RR	30	30	32.0	81	91	71	0.425	0.61	1560	1400	1255	0.313	0.337
YH30RL									1835	1650	1480	0.372	0.375
YH30RN									1835	1650	1480	0.440	0.403
YH32RR	32	32	34.1	81	91	71	0.450	0.675	1560	1400	1255	0.313	0.337
YH32RL									1835	1650	1480	0.372	0.375
YH32RN									1835	1650	1480	0.440	0.403
YH40RR	40	40	42.5	110	120	100	0.42	0.63	2225	2000	1795	0.313	0.337
YH40RL									2560	2300	2070	0.372	0.375
YH40RN									2580	2320	2085	0.440	0.403

注：①此项不考核。

1. 灯的型号中，字母和数字代表的意义：Y— 荧光灯；H— 环形；RR—发光颜色为日光色；RN—发光颜色为暖白色；RL—发光颜色为冷白色；表示发光颜色字母前面的数字—灯的额定功率（W）。
2. 光通量的最小值是额定值的90%。
3. 灯经过100h正常燃点后的光电参数应符合表中之规定。

2.1.3　紧凑型荧光灯

紧凑型荧光灯又称紧凑型节能荧光灯，在相同光输出时消耗的电能仅为白炽灯泡的20%，而寿命是白炽灯泡的10倍以上，是一种十分重要的绿色照明光源产品。在许许多多照明工程中紧凑型荧光灯已经逐渐取代白炽灯泡。紧凑型荧光灯是当今发展最快的照明光源。

2.1.3.1　紧凑型荧光灯的特点

(1) 结构紧凑　管型荧光灯的发展趋势是缩小玻管直径、提高发光效率、改善显色能力。管型荧光灯的玻管直径由T12（ϕ38mm）减小为T10（ϕ32mm）、T8（ϕ26mm）和T5（ϕ16mm）。如果进一步把荧光灯管的玻管直径减小为T4（ϕ12mm）和T3（ϕ9mm），并且再从玻管中部弯曲过来呈U形，或者再弯曲一次成双U形，则原来细长的直管形荧光灯就变成一只短小紧凑与白炽灯泡大小差不多的一类新型光源，这就是紧凑型荧光灯。

紧凑型荧光灯一方面发挥了管型荧光灯发光效率高、寿命长的优点，同时又兼备白炽灯泡体积小巧便于与各种灯具配合的优势，可以取代部分白炽灯泡，节约照明消耗的电能。

(2) 三基色荧光粉　大部分直管型荧光灯使用锑锰激活的卤磷酸钙荧光粉，这种荧光粉的工作温度比较低，而且不能承受高密度的185.0nm紫外线的轰击，T8荧光灯管还可以使用这种荧光粉，玻壳直径再小就不能使用了。近年来开发成功三基色荧光粉，这种荧光粉的温度范围很宽，可以用在T8、T5、T4、T3玻管荧光灯中。三基色荧光粉的发光效率更高，显色指数达到85以上，而且在寿命过程中光通量的衰减率也更小。紧凑型荧光灯只能使用三基色荧光粉。三基色荧光粉是稀土金属荧光粉，我国稀土金属资源丰富，因此我国发展紧凑型荧光灯具有极大的优势。

(3) 冷端效应　荧光灯是一种低气压汞蒸气弧光放电灯，最佳汞蒸气压强为5×10^{-3}托（1托=1mmHg=133.32Pa，下同），过高与过低的汞蒸气压强均会降低放电时253.7nm紫外线的效率，从而降低荧光灯的发光效率。汞蒸气压强的高低决定于灯管内汞蒸发的多寡，而汞蒸发量决定于玻管最冷区域的温度。最佳汞蒸气压强5×10^{-3}托对应于最佳玻管冷区温度为42～45℃。

紧凑型荧光灯玻管直径很细，管壁负载（单位玻管面积的功率）很高，因此管壁温度很高，又经过多次弯曲成单U、双U、三U甚至四U形状，玻管集中在一起难以散热，温度进一步升高，大大超过所需的最佳冷区温度。为此在紧凑型荧光灯中人为地设置冷区，例如将弯曲部位圆滑的U型顶部改为H型或M型，放电电弧走最短路径，在H型、M型的两个顶端则形成温度比较低的区域，称为冷端。

使用紧凑型荧光灯时仍应注意灯具的通风散热，防止过高温度对灯管性能的影响。

(4) 汞齐技术　紧凑荧光灯发展很快，品种日新月异，体积越来越小，功率越来越大，即使采用冷端技术仍难以保证灯内最佳汞蒸气压强。近来引入汞齐技术，汞齐是一种汞和其他金属的合金，放入灯管可以代替液态汞。汞齐在更宽温度范围提供更稳定的汞蒸气压强。图1-2-14是汞齐灯与液态汞灯的性能比较图。采用汞齐的紧凑型荧光灯的优点如下：1）在－5～65℃温度范围内光输出稳定；2）流明输出不受点灯位置影响；3）低温启动性好；4）在寿命期流明维持率高；5）不含液态汞，减少环境污染。

汞齐灯管开灯时，光通量随汞蒸发而慢慢升高，一般在1min内达到80%的光输出，而且启动时电极部位存在暗区，完全启动之后灯管才能全部明亮起来。

(5) 调光性能　紧凑型荧光灯可以代替白炽灯，但是调光不如白炽灯泡方便。紧凑型荧光灯的灯头有两针与四针之分，即灯头有两个或四个电极引出线。两针灯管的灯头内含起动器适宜于预热式点灯电路，不能调光。如需调光应选用四针式灯管，配合可调光电子镇流器。

2.1.3.2　紧凑型荧光灯的分类

(1) 插拔式紧凑型荧光灯　作为气体放电灯紧凑型荧光灯必须加上镇流器才能使用。插拔式灯的灯管与镇流器分别安装在灯具上，使用一定时间之后如果灯管坏了，可以把坏

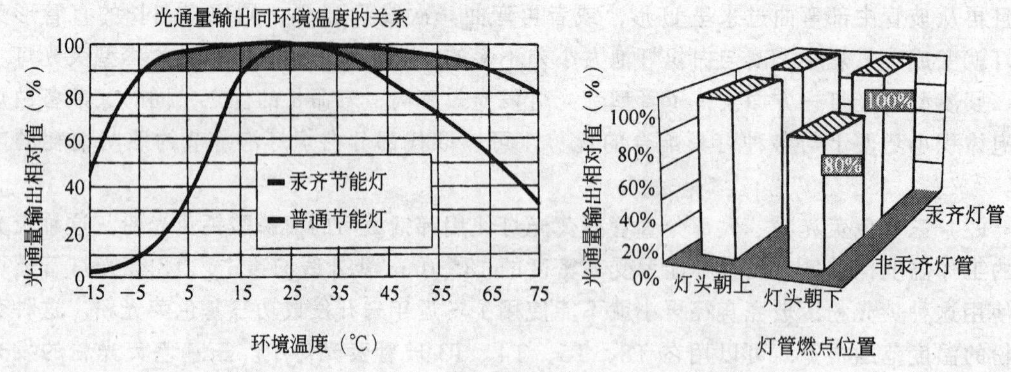

图 1-2-14　紧凑型荧光灯的汞齐技术

灯管拔下来插上一支新灯管继续使用。因为一般而言镇流器的寿命远长于灯管的寿命，这样可以充分发挥镇流器寿命长的优点。图 1-2-15 是插拔式紧凑型荧光灯的照片，包括：1）单 U 形 7W、9W、11W。2）双 U 形 10W、13W、18W、26W。3）三 U 形 13W、18W、26W、32W、42W。4）长 U 形 18W、24W、34W、36W、40W、55W。5）2D 形 16W、28W、38W、55W 等型号灯泡。

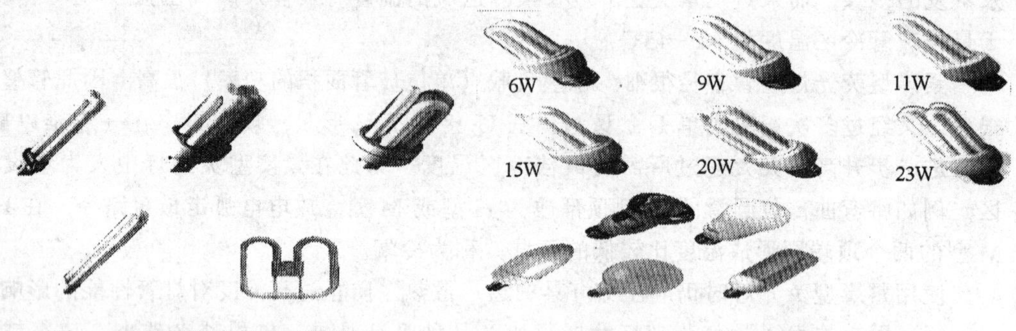

图 1-2-15　插拔式紧凑型荧光灯　　图 1-2-16　一体式紧凑型荧光灯

（2）一体式紧凑型荧光灯　一体式紧凑型荧光灯把荧光灯管和镇流器制成为一个整体，配上 E27 螺口灯头，使用十分方便，可以立即替换白炽灯泡，便于家庭、餐厅选用。

图 1-2-16 是一体式紧凑型节能荧光灯的照片，包括：1）双 U 形 6W、9W、11W。2）三 U 形 15W、18W、20W。3）四 U 形 23W。4）梨形、烛形、球形、子弹头形、螺旋形、反射形等型号灯泡。

（3）高光通量紧凑型荧光灯　紧凑型荧光灯向大功率方向发展，陆续开发成功 50W、60W、70W 四 U 八管插拔式紧凑型节能荧光灯。例如 70W 节能灯，初始光通量 5000lm，额定寿命 12000h，色温 2700K、3500K、4000K，显色指数 82，－15℃时的启动电压不大于 670V，可以在－5～＋50℃温度环境中正常工作，全长仅 200mm，可以代替 350W 白炽灯泡。高光通量紧凑型荧光灯可以应用在办公室、商场、学校，医院、宾馆、车间、仓库、体育馆照明及部分地区的室外照明。

（4）电源匹配器　电源匹配器是一种紧凑型荧光灯的电子镇流器，一端是 E27 螺口灯头，另一端是插拔式节能灯的专用灯头，可以将插拔式节能灯方便地接入普通白炽灯泡的灯具。紧凑型荧光灯与电源匹配器配合兼备插拔式和一体式紧凑型荧光灯的优点。

2.1.3.3　紧凑型荧光灯的经济性能

(1) 紧凑型荧光灯与白炽灯的替代关系　紧凑型荧光灯与白炽灯泡比较在相同光输出的情况下节约电能80%，换句话讲紧凑型荧光灯可以替代五倍于它的功率的白炽灯泡，替代关系见表1-2-6。

紧凑型荧光灯替代白炽灯关系　表1-2-6

紧凑型荧光灯功率（W）	替代白炽灯功率（W）
6	25
9	40
11	60
13	60
15	75
18	75
20	100
23	120

(2) 紧凑型荧光灯的照明成本　如图1-2-17所示，照明成本由灯泡费用、电费和替换灯泡及擦拭灯具的劳动力费用三部分构成，一般灯泡费用仅占4.4%，电费占94.6%，劳动力成本占1%。因此尽管高质量节能荧光灯比白炽灯泡昂贵许多倍，但长期使用中节约的电费却更多，因此采用节能荧光灯既节能又省钱。

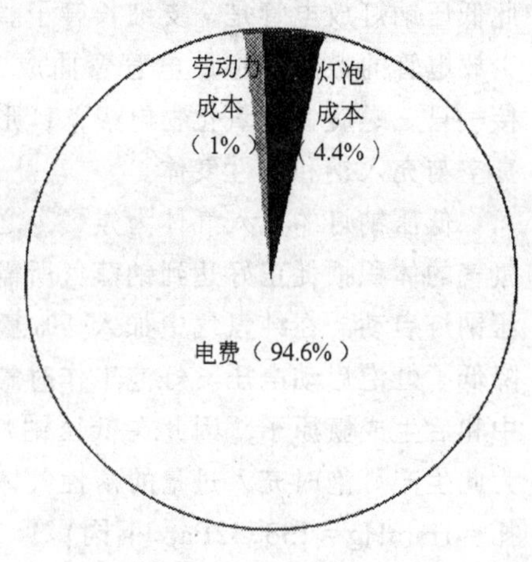

图1-2-17　紧凑型荧光灯的照明成本

试计算用六只11W紧凑型荧光灯替换一盏使用六只60W白炽灯泡的吊灯在10000h期间能节约多少照明费用？假设白炽灯泡售价为1.50元，而紧凑型荧光灯售价为25.00元，白炽灯泡寿命为1000h，节能荧光灯寿命为10000h，假设电费每度（kW·h）1.00元，计算见表1-2-7。

节　电　费　用　表　表1-2-7

所用灯泡	灯泡购置费（元）	10000h电费（元）	总计照明电费（元）
11W紧凑型荧光灯	25.00×6 =150.00	11W×6×10000×1.00/kW·h =660.00	810.00
60W白炽灯泡	1.50×6×10 =90.00	60W×6×10000×1.00/kW·h=3600.00	3690.00

因此采用紧凑型节能荧光灯替代白炽灯泡，尽管灯泡单价高达16倍之多，但是在节

能灯的一个寿命周期（10000h）其总计照明成本可以节约 2880.00 元之多。节能荧光灯的节约效果显而易见。

2.2 低压钠灯

2.2.1 低压钠灯的结构

图 1-2-18 为常用的单端低压钠灯结构图。金属钠的化学性质非常活泼，即使在室温 20℃时也会与玻璃中的二氧化硅发生化学反应，使玻璃变色、失透而损坏。因此直到 1923 年康普顿（Compton）发明抗钠玻璃之后才制造成功第一只低压钠灯。低压钠灯的放电管用能够抗钠侵蚀的硼玻璃制造，由于抗钠玻璃加工性能很差，实际生产中使用双层复合玻璃管或者套料抗钠玻璃管，即外层是普通玻璃，内壁衬上一层厚度约 50μm 的高硼抗钠玻璃管。

钠蒸气放电时钠原子被激发至能量为 2.1 eV 第一激发态，从该激发态跃迁回基态时产生钠共振辐射谱线，即波长 589nm 和 589.6nm 的钠 D 线。由于钠共振辐射自吸收几率比较大，为了降低其自吸收损失，低压钠灯放电管直径约为低压汞蒸气放电灯（荧光灯）放电管直径的一半，最佳直径为 14～18mm，此外放电电弧越长电极损耗所占的比例越小，放电辐射效率越高，因此低压钠灯放电管是一支细长管子。为了缩小灯泡尺寸，并且减少放电管的散热，将放电管弯曲成 U 形。U 形放电管两端各封接一只三螺旋钨丝氧化物电极，U 形管的弯曲处接排气管用以抽真空与充入钠和惰性气体。

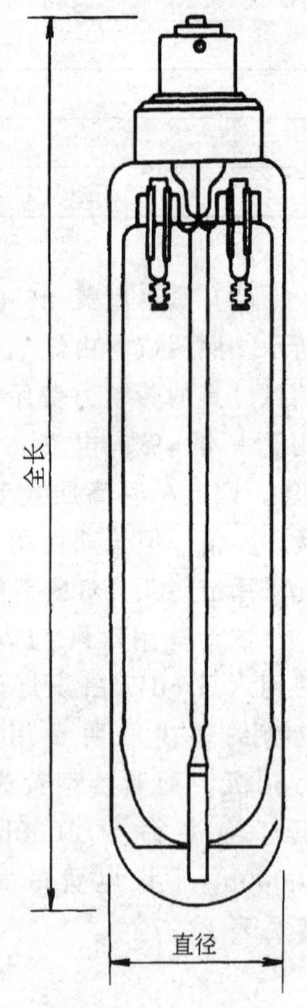

图 1-2-18 低压钠灯构造图

低压钠灯的充入气体为氖气，之所以选用氖气是因为放电时氖气的体积损耗正好达到钠蒸气所需要的管壁温度。为了便于低压钠灯启动，在纯氖气中加入 1% 氩气，两种气体形成潘宁效应降低了灯泡启动电压。灯泡工作时氩正离子进入玻璃，在玻璃中中和后生成氩原子，因此在低压钠灯寿命过程中氩气渐渐减少，为此生产灯泡时充入过量的惰性气体，初始充气量可达 20 托（1 托＝1mmHg＝133.32Pa，下同）。

低压钠灯放电管中充入过量的纯金属钠。为了防止点灯过程中钠向冷端迁移，维持钠在放电管内的均匀分布，在放电管外侧每隔一定距离制作一个隆起的贮存金属钠的小窝（俗称钠窝）。

低压钠灯中工作时最佳钠蒸气压强为 3×10^{-3}托，相当于放电管管壁温度 260℃。为了维持如此高的管壁温度，灯泡制成双层玻壳结构，外玻壳内抽成高度真空以减少气体传导与对流造成放电管的热损失。为防止灯泡寿命过程中真空度下降，在外玻壳内表面接近灯头部位蒸散一层钡消气剂镜面涂层，消气剂不断吸收夹层中的气体维持其高度真空状态。

低压钠灯的内放电管之保温如此之重要，除上述措施之外还要在外玻壳内表面涂复一层透明红外线反射膜，把放电管辐射出的红外线反射回去以维持其温度。透明红外线反射膜由氧化铟、氧化锡构成。制造外壳时将氯化铟、氯化锡溶液雾状喷到加热的外玻壳内壁，溶液一经接触热的玻璃立即生成氧化铟和氧化锡薄膜。

2.2.2 低压钠灯的工作特性

(1) 光电特性 低压钠蒸气放电发出的光主要是钠 D 线，即波长为 589nm 和 589.6nm 两条谐振谱线，这是单纯的黄色光，因此低压钠灯的色温很低，而且显色性非常差。低压钠灯只能用在辨色要求不高的地方。但是正因为低压钠灯所发光的单色性，在潮湿多雾情况下的色散现象很少，透视性能良好，能够比较清晰分辨潮湿地区被照明物体的轮廓，灯的光电参数见表 1-2-8。

低压钠灯的两条光谱线位于人眼视觉灵敏度曲线的峰值近旁，换句话讲人眼对低压钠灯所发的黄色光非常敏感，所以低压钠灯的发光效率非常高，迄今仍是发光效率最高的一种照明光源。

低压钠灯多用于它的发明地欧洲，特别是那里的海岸、码头、公路、隧道照明，以及景观照明，此外低压钠灯也是一种科学仪器光源。

低压钠灯的光电参数 **表 1-2-8**

功率（W）	色温（K）	长度（mm）	灯头	初始光通量（lm）	灯泡安装位置
18	1800	216	BU22d	1800	水平 ± 20°
35	1800	311	BU22d	4600	水平 ± 20°
55	1800	425	BU22d	7650	水平 ± 20°
90	1800	528	BU22d	12750	水平 ± 20°
135	1800	775	BU22d	22000	水平 ± 20°

(2) 启动特性 低压钠灯的启动电压比较高，点灯时采用次级电压较高的漏磁变压器作为镇流器。钠的蒸气压强很低，灯泡工作时放电管温度应当达到 260℃，因此低压钠灯的启动是一个十分漫长的过程（放电管热平衡建立过程）。如图 1-2-19 所示，低压钠灯于接通电源 10～13min 之后灯泡的光电参数才能稳定下来。

(3) 点灯位置 低压钠灯工作时应当保持水平位置，如果灯泡垂直，或者倾斜太大，灯泡下部温度较低，钠易于在那里冷凝下来，加上重力作用灯泡中的钠逐渐集中沉积在灯泡底部，上半部分缺钠，光色变红，光效下降。对于放电管上设置钠窝的低压钠灯也应水平位置点灯，正负偏差不得超过 20°，低压钠灯采用带定位功能的双电极卡口灯头。

3 高强度气体放电灯

3.1 高压汞灯

3.1.1 概述

1901 年库泊·赫威特（P. Cooper Hewitt）发明的汞灯（汞阴极）开创了汞蒸气放电灯的历史，曾用于晒制工程蓝图。1906 年奎希（Küch）发明石英汞灯（汞阴极），曾用作紫外线医疗目的。20 世纪 30 年代 GE、Philips、Osram、GEC 等公司相继开发成功照明高压汞灯，特点是单条引线不用外部电源加热的自热式阴极，阴极采用三元氧化物电子发射物质。放电管内充入惰性气体，降低了灯泡启动电压，使用方便。放电管内定量充汞，双层玻壳，灯泡工作时充入的汞全部蒸发，灯泡工作稳定可靠。缺点是光色青蓝，用于道路照明尚可被人接受，用于其他普通照明感到红光不足，显色性太差。20世纪50年代发明适宜于高压汞灯使用的红光荧光粉，高压汞灯的外波壳内壁涂复该荧光粉后称为荧光高压汞灯，显色性有所改善。1965年采用稀土红光荧光粉，荧光高压汞灯显色性进一步提高，灯泡的发光效率也得到较大改进。可以把白炽灯泡灯丝放在荧光高压汞灯的外玻壳内，与放电管串联，制成自镇流荧光高压汞灯，这种灯泡红光丰富，而且可省去外接镇流器，使用方便，但是发光效率较低。高压汞灯、荧光高压汞灯、自镇流荧光高压汞灯曾经是街道、公路、广场、车站、码头等室外照明和厂房、仓库等大面室内照明的主要照明光源。20世纪60年代后开发成功金属卤化物灯，显色指数大大提高，不仅逐步替代了高压汞灯，而且扩大了高强度气体放电灯的使用范围。

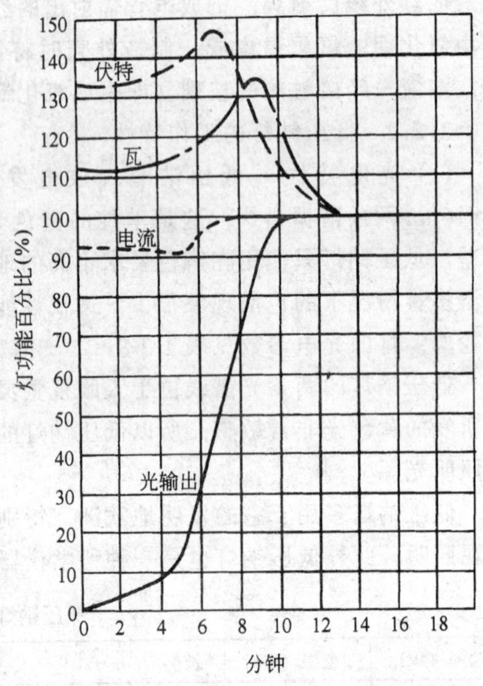

图 1-2-19 低压钠灯启动特性

3.1.2 高压汞灯工作原理

图1-2-20是高压汞灯点灯电路图。电源接通之后通过镇流器 B 在放电管两端主电极之间加上电源电压，该电压同时通过启动电阻 R 施加在一端主电极和邻近启动电极之间。放电管内充有少量氩气，启动电极与邻近主电极之间的间距很小，所以首先在该间隙之间建立起氩气放电，放电电流被电阻限制在若干毫安的程度。氩气放电给放电管中提供充分的带电粒子，放电电弧过渡到放电管两端主电极之间，随着主电极受热温度升高形成热电子发射能力，电弧电压下降，汞蒸气压强上升，灯泡逐渐过渡到稳定的高压汞蒸气弧光放电。

普通照明高压汞灯的汞蒸气压强约为0.2～0.4MPa，发光效率约为50 lm/W。如上所述荧光灯中低气压汞蒸气放电的辐射谱线为253.7nm和185.0nm的紫外线，前者占辐射总量的85%以上，而高压强汞蒸气放电的辐射谱线将发生一系列变化：1）辐射谱线加宽；2）辐射谱线的连续背景加强；3）产生明显的谱线的自吸收现象，自吸收首先出现在185.0nm和253.7nm紫外线，随着汞蒸气压强上升也出现在一些波长较长的谱线。因此高压汞灯所发之光主要是可见光辐射。

高压汞灯的可见光谱线包括404.7nm、435.8nm、546.1nm、579.0nm和579.0nm，缺少590～760nm范围的橙红色光谱。所以高压汞灯光色青蓝，显色性较差，一般显色指数Ra仅25左右。高压汞蒸气放电同时辐射一部分紫外线（主要是波长为365.0nm长波紫外线)。在高压汞灯外玻壳内壁涂复磷酸锌锶、氟锗酸镁或钒酸钇等荧光粉，可以将365.0nm紫外线转变为红色光，这样的荧光高压汞灯的一般显色指数Ra可以达到40～45，同时发光效率可以提高10%。

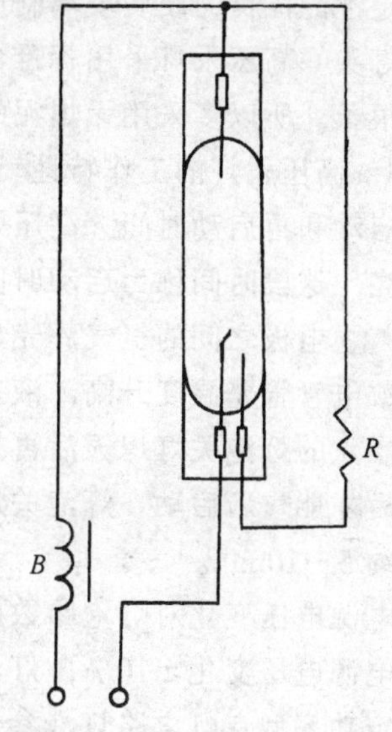

图1-2-20　高压汞灯点灯电路

3.1.3　高压汞灯的构造

图1-2-21为高压汞灯构造图，由放电管、电极、外玻壳和灯头等主要零部件构成。

(1) 放电管　高压汞灯工作时放电管管壁温度达到1000K，内部汞蒸气压强高达0.2～0.4MPa，而且要求放电管能够透射紫外线以激发外玻壳内壁荧光粉发射红光，以改善灯泡光色，所以高压汞灯的放电管由耐高温的透明石英管制造。放电管内注入定量液态汞，工作时液体汞全部蒸发为汞蒸气。放电管内还充入2666.44Pa左右的高纯氩气。氩气的用途是降低灯泡启动电压，并且保护电极，减缓电子发射物质的溅散。

(2) 电极　放电管两端各有一个放电电极（主电极），其结构是在顶端磨尖的钨杆外面套上双层钨丝螺旋，螺旋间涂覆钡、锶、钙氧化物电子发射材料。内层螺旋间隙绕制，螺旋之间可以充填尽可能多的电子发射物质，外层螺旋密绕防止电子发射物质脱落，同时减少离子轰击。

近年来研制成功粉末压制成形的锆酸钡电极，结构简单，性能可靠。

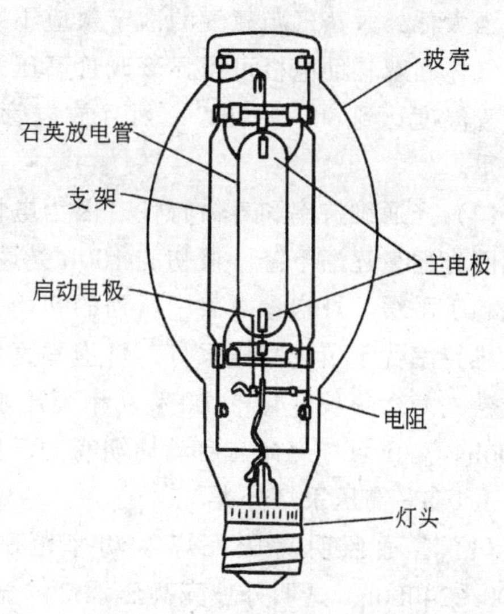

图1-2-21　高压汞灯构造图

为了帮助灯泡启动，放电管之一端设置一个启动电极（辅助电极），它是一段细钨丝，距离主电极仅2～3mm。辅助电极串联一只40～60hΩ的电阻与放电管另一端主电极相联结。寒冷地区户外使用的高压汞灯低温启动更加困难，可以在放电管两端各设置一个辅助电极，通过电阻分别与对方主电极联结，以改善其低温启动性能。

高压汞灯的放电管用透明石英管制造，所有的电极均采用钼箔封接工艺熔封在石英管内。

(3) 外玻壳　高压汞灯是一种双层玻壳灯泡，石英放电管外面另有一个椭球形外玻壳。外玻壳中充入数百托（1托=133.32Pa）氮气，氮气防止钼箔和金属零部件氧化，并且保持放电管温度稳定。外玻壳还可以截断石英放电管的紫外线保证照明安全，荧光高压汞灯的外玻壳内壁的荧光粉把紫外线转变为红色光，改善显色性，提高发光效率。外玻壳多用热稳定性能优良的硬质玻璃制成，避免室外使用时雨雪淋溅引起炸裂。

(4) 灯头　高压汞灯采用标准的E40螺口灯头便于安装使用。由于灯泡工作温度很高，寿命很长，所以多采用无焊泥的机械式夹紧灯头。

3.1.4　高压汞灯的工作特性

(1) 启动和再启动时间　高压汞灯接通电源后不能立即点亮，需要等待3～4min灯泡才完全点亮，这段时间称为启动时间。启动时间首先花费在建立辅助电极与主电极之间以及主电极与主电极之间的氩气辉光放电，然后过渡至两端主电极之间的汞蒸气弧光放电，而且随着放电管管壁温度升高，液态汞逐渐蒸发也需要足够的时间。

正常燃点的灯泡关灯熄灭后再接通电源必须等待高温的放电管冷却，管内汞蒸气压强降下来之后才能重新启动。灯泡关灯熄灭至再开灯点燃并且稳定下来的时间称为再启动时间，一般约5～10min。

(2) 电源电压变化对灯泡参数的影响　高压汞灯多采用扼流圈电感镇流器，在这种点灯电路中电源电压变化±10%，灯泡电流、功率、光通量的变化高达±20%。采用电感电容串联的定功率型点灯电路灯泡参数变化比较小，当电源电压波动±10%，灯泡功率变化小于±5%。

(3) 环境温度的影响　环境温度影响高压汞灯的启动性能。低温环境中放电管内汞蒸气压强太低，汞蒸气与氩气的潘宁效应不明显，启动电压升高，灯泡启动困难。采用氩氖混合气体和双辅助电极可以显著改善高压汞灯的低温启动性能。灯泡一经启动点燃之后，放电管温度达到600～700℃，而且放电管内汞已全部变为蒸气，这时环境温度的影响无足轻重。

(4) 光通维持率和寿命特性　因为电极上的发射物质和钨蒸发沉积到放电管内壁，寿命期间光通量逐渐下降。最初的100h光通量下降显著，下降达到10%左右，以后光通量衰减趋于平缓。灯泡参数表中所列的初始光通量是指燃点100h后的光通量。透明灯泡的光通维持率优于荧光高压汞灯，灯泡垂直燃点时的光通维持率优于水平燃点。高压汞灯工艺成熟，寿命很长，40～100W功率高压汞灯寿命达到16000h，大功率高压汞灯寿命达到24000h。高压汞灯寿命与启动周期有关，频繁开灯灭灯将缩短高压汞灯的使用寿命。

3.1.5　高压汞灯分类

(1) 普通照明高压汞灯　功率范围40～1000W，发光效率30～60lm/W，寿命16000～24000h。透明外玻壳高压汞灯的显色指数Ra为25，荧光高压汞灯的显色指数Ra为40～45。普通照明高压汞灯管曾经广泛用于道路、广场、码头、园林照明。

(2) 反射型高压汞灯　区分为R型和PAR型反射型高压汞灯，功率范围100～400W。反射面有三种：1) 金属膜反射面；2) 荧光粉涂层反射面；3) 金属膜加荧光粉涂层反射面。荧光粉反射面可以改善灯光光色，它可以把2/3的光反射到灯泡前面。金属面反射率高但灯泡光色差，二者结合效果最好。反射型高压汞灯用于聚光或泛光照明。

(3) 自镇流高压汞灯　在外玻壳中围绕石英放电管安装一条螺旋形钨灯丝，灯丝与放电管串联，它既担当放电管的镇流器，又像白炽灯泡的灯丝一样发光（发出相当比例的红色光）。这种灯泡无需外加镇流器，故称自镇流高压汞灯。自镇流高压灯使用方便、价格便宜、光色好、启动时间短，但是发光效率很低，能耗高，寿命较短。

(4) 管型高压汞灯　一部分管型高压汞灯是非照明目的高压汞灯，用于光化学催化、油漆油墨紫外线固化、重氮复印、医疗保健。

3.2　金属卤化物灯

3.2.1　概述

金属卤化物灯是在高压汞灯基础上开发成功的一种新型高强度气体放电灯。高压汞灯辐射为数很少的几条光谱线，一半以上的可见光集中在波长为404.7nm、435.8nm、546.1nm和578.0nm的四条汞特征谱线，因此光色青蓝，缺乏橙红色光，一般显色指数Ra仅有20～30。虽然可以采用外玻壳内壁涂覆荧光粉（荧光高压汞灯）或放电管与外玻壳之间放置白炽灯泡钨丝（自镇流高压汞灯）的方法补充红色光以改善光色，但是效果仍不理想。荧光高压汞灯的一般显色指数Ra也仅能达到40～50，不能进行彩色电视转播，因此不能用于体育场照明及其他要求显示与区分色彩的场所的照明。自镇流高压汞灯的发光效率太低，仅20～30 lm/W，不符合绿色照明的节能要求。

光谱学原理证明不同金属蒸气放电时产生波长不同的特征光谱谱线，因此人们设想在高压汞灯放电管中加入某些金属元素，利用它们的蒸气放电时产生的谱线填补汞谱线的空白区域，从而改善高压汞灯的光色。但是实验证明大多数金属元素在高压汞灯放电管工作温度（约1000K）下的蒸气压强太低，其辐射强度微不足道，只有少数几种金属元素的蒸气压强能够达到1托以上，（锶Sr 1托、镁Mg 10托、锌Zn 100托、镉Cd 300托、铯Cs 1000托）。而且在这些蒸气压强较高的几种金属元素中镁、锶、铯蒸气将与高温石英管产生化学变化，损坏放电管。此外锌对灯泡光色没有改进，镉虽然能增加一部分红光，但它的其余光谱线位于蓝色区域，光谱视觉灵敏度极低，因此制成的灯泡发光效率较低。

长期的研究发现金属卤化物的蒸气压强一般都比金属元素本身的蒸气压强高的多(钠除外)，几乎所有金属卤化物在温度1000K时的蒸气压强都大于1托，而且除金属氟化物外，其他卤化物不与石英玻璃产生明显的化学变化。因此我们可以以金属卤化物形式向高压汞灯放电管中充入所需的金属元素，制成显色性好，发光效率又高的高强度气体放电灯灯泡。这种灯泡即是1961年美国瑞林（G.H.Reiling）开发成功的金属卤化物灯。

金属卤化物灯不仅是一种性能优良的照明光源，也是一种大功率光化学反应光源。它包含催化化学反应的最佳光谱谱线，发光效率高，寿命长，适用于大型高分子化学合成工厂。此外利用卤化锡分子发光的连续光谱可以制成性能优于氙灯的相关色温为5000K的D50太阳模拟光源。

3.2.2　金属卤化物灯的光色特性

为了寻找合适的金属卤化物，几乎试遍了周期表中所有金属元素的碘化物。铍、砷、硒的蒸气剧毒；铂、钯、铜、金、银的碘化物在放电管管壁温度下不稳定；钙、锶、钡和部分稀土元素的碘化物蒸气压强太低；碘化硼等在室温下蒸气压强太高，灯泡启动困难。这些卤化物不适宜制灯。除此之外还剩下50余种金属元素可供选择，如果从中任意选取两种或几种金属元素加以组合，可以制成成千上万种灯。事实上我们测量了这些金属元素在不同波长区域（即不同颜色区域）的辐射效率，然后按照灯泡光色需求来选择少数几种金属卤化物的组合。

实用的组合可以分为下列四类：

(1) 由几种金属原子发出的线状光谱叠加而获得高光效和高显色性。典型的例子是钠—铊—铟灯，钠共振谱线为589.0nm、589.6nm（黄色），铊535nm（绿色），铟451.1nm（蓝色）。这类灯的发光效率75～80lm/W，相关色温5500K，一般显色指数Ra为60～65。

(2) 利用在可见光区域发射大量密集光谱线的稀土金属卤化物制成近似日光的灯泡。典型例子是镝—钬灯和钪—钠灯。镝—钬灯的颜色坐标为 $x=0.32$，$y=0.38$，相关色温6000K，一般显色指数Ra为85。钪—钠灯的发光效率90lm/W，相关色温4000K，一般显色指数Ra为65。

(3) 利用金属卤化物分子辐射产生强烈的连续光谱，提高灯泡显色性。典型例子是卤化锡灯，发光效率50～60 lm/W，颜色坐标 $x=0.33$，$y=0.36$，相关色温5000K，一般显色指数Ra为92～94。

(4) 利用某些金属的高强度共振谱线制成色纯度很高的单色灯，如碘化铊灯，535nm谱线，绿色；碘化铟灯，451.1nm谱线，蓝色；碘化锂灯，690nm谱线，红色。

金属卤化物灯的分类见表1-2-9。

金属卤化物灯的分类表 **表1-2-9**

序号	光谱特点	充入物	发光效率（lm/W）	相关色温（K）	显色指数（Ra）
1	几条谱线	NaI、TlI、InI、Hg	75～85	5500	65～70
2	密集谱线	(1) NaI、ScI、Hg	85～90	4000	65～70
		(2) DyI、HoI、Hg	75	6000	85～90
3	连续谱线	SnI_2、$SnCl_2$	50～60	5000	90～95

3.2.3 金属卤化物灯的构造

金属卤化物灯的构造见图1-2-22。

(1) 石英放电管 金属卤化物灯的放电管用熔融石英管制成，与相同功率的高压汞灯放电管相似，但几何尺寸略小。放电管内充入氩、汞和金属卤化物（一般为金属碘化物）。为了减少放电管端头部位的热损失，维持端部温度，两端涂复白色保温涂层。

(2) 电极 与高压汞灯一样放电管两端封接有工作电极和启动电极。金属卤化物灯的电极专期处在化学性质活泼的金属和碘蒸气气氛之中，不能采用锆酸钡等含钡阴极，因为碘将与钡化合生成 BaI_2，使阴极失去电子发射能力。金属卤化物灯常采用钍—钨或氧化钍—钨阴极。

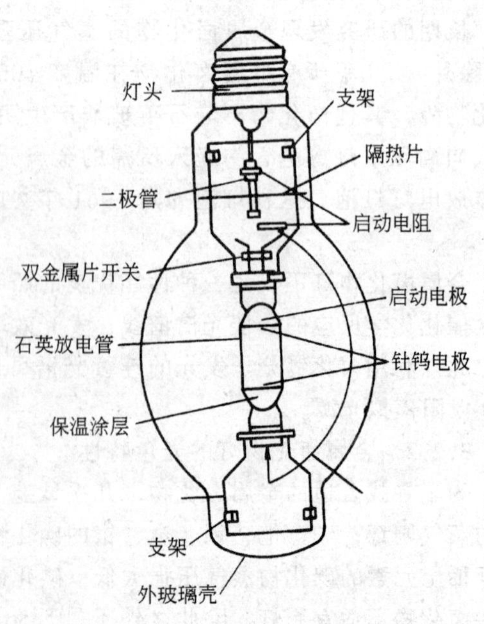

图1-2-22 金属卤化物灯结构图

金属卤化物灯工作时启动电极相对于邻近的工作电极处于负电位状态。在此负电位作用下，金属卤化物出现电解现象，大量金属正离子向启动电极移动，使其封接部位腐蚀而损坏。为了克服此电解现象在工作电极和启动电极之间安装双金属片开关，灯泡冷却时双金属片开关断开，灯泡启动 30s 内双金属片开关闭合短路而消除引起金属卤化物电解的直流电位。在工作电极和启动电极之间接一固态二极管，二极管负极接启动电极，正电极接相邻的主电极，也可以消除启动电极上的负电位。1000W、1500W 以上的大功率金属卤化物灯常常同时采用上述两项措施以增强保护效果。

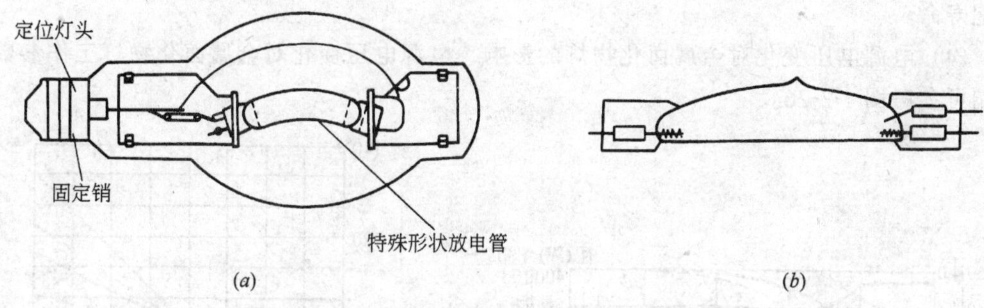

图 1-2-23 水平位置点灯的金属卤化物灯

(3) 外玻壳 金属卤化物灯外玻壳由硼硅硬质玻璃吹制而成。为了进一步改善灯泡的显色性可以在外玻壳内壁涂覆适当的荧光粉。

(4) 灯头 照明用金属卤化物灯配用标准螺口灯头。因为金属卤化物灯工作温度高，寿命长，灯头与外玻壳联结不能采用胶粘剂而使用机械紧固式灯头。

以上是标准金属卤化物灯的构造，此外对于不同燃点位置的金属卤化物灯灯泡还有一些特殊的构造问题：

(1) 水平燃点金属卤化物灯泡 图 1-2-23 为水平位置点灯的金属卤化物灯泡构造图。因为放电管内放电电弧向上拱形弯曲，如果水平点灯时仍然使用直管形放电管，则放电管上部温度高于下部，金属卤化物将沉积在下面，电弧中的金属原子减少而降低灯泡发光效率，并且破坏了灯泡光色的均匀性。实验证明采用图 1-2-23 中的弯曲放电管灯泡效率提高 25%，图中（*b*）图是（*a*）图的一种简化设计。

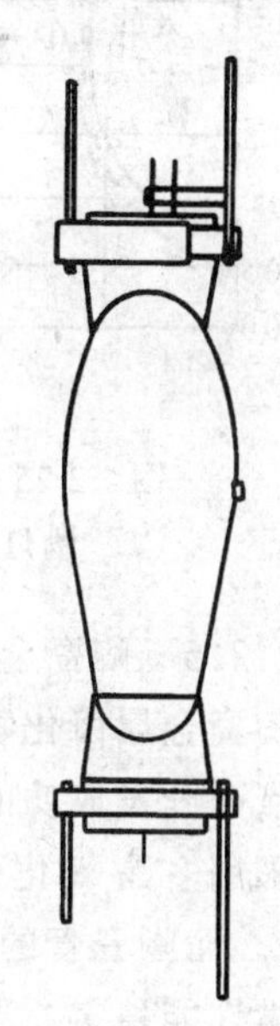

图 1-2-24 垂直位置点灯的金属卤化物灯

水平燃点灯泡的灯头和灯座上设有定位装置，以保证拱形放电管位置偏差不大于 15°。

(2) 垂直燃点金属卤化物灯的构造 普通直管形放电管垂直燃点时，由于对流作用，金属卤化物将分为上下两层，下层浓度较大。采用图 1-2-24 所示的放电管设计则可防止分裂为上下两个对流层，灯泡光色均匀，发光效率可提高 25%。

3.2.4 金属卤化物灯的工作特性

(1) 启动和再启动特性　如图1-2-25所示金属卤化物灯启动时有一个光电参数的建立过程，主要是弧光放电建立和放电管热平衡过程，启动时间约为4～5min。灯泡点燃之后如果关灯或者断电而熄灭，重新通电不能立即点燃，要等待放电管冷却，内部压强降低后才能重新启动，再启动时间约为10～15min。

(2) 温度特性　环境温度降低金属卤化物灯的启动电压升高，灯泡启动困难。灯泡工作时外壳温度不应超过400℃，灯头温度不应超过210℃

(3) 寿命特性　金属卤化物灯的寿命与启动频繁程度关系密切，频繁启动将显著缩短灯泡寿命。

(4) 电源电压变化对金属卤化物灯的影响　电源电压变化对金属卤化物灯工作参数的影响可参考图1-2-26。

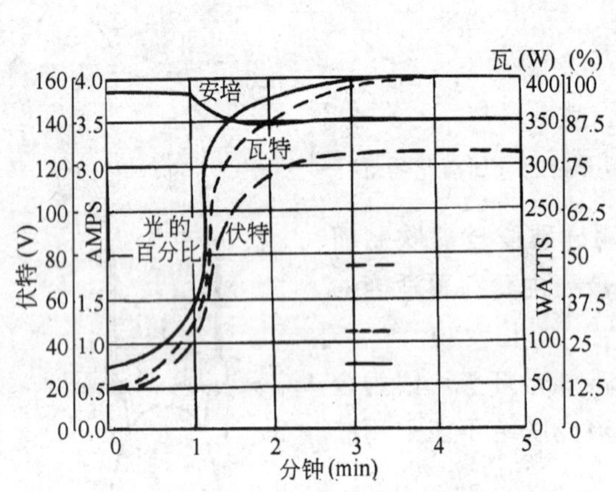

图1-2-25　400W金属卤化物灯的启动过程

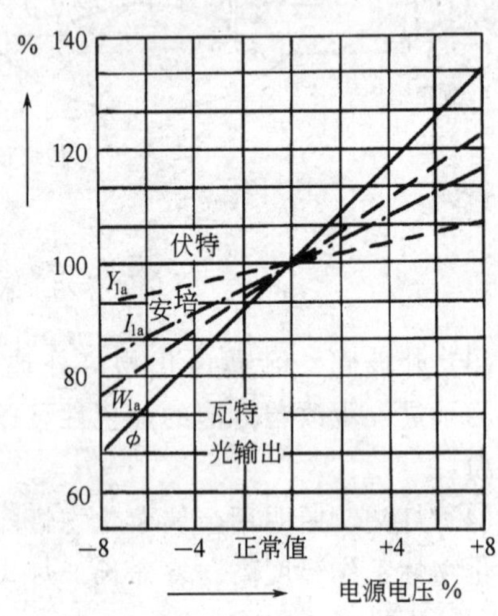

图1-2-26　电源电压变化对金属卤化物灯泡工作参数的影响

3.2.5　陶瓷金属卤化物灯

陶瓷金属卤化物灯是基于石英金属卤化物灯的发光原理和高压钠灯放电管的材料与工艺优点而开发成功的一种新型高强度气体放电灯。如图1-2-27所示陶瓷金属卤化物灯放电管采用多晶氧化铝陶瓷管制造。陶瓷管比石英管更耐高温，石英管的极限温度为950℃，而陶瓷管的极限温度高达1150℃，放电管管壁的设计温度也可达到1050℃。陶瓷管化学性能稳定，更耐腐蚀，高温时也不与钠产生化学反应。陶瓷放电管制作精度更高，几何尺寸偏差极小。

陶瓷金属卤化物灯的发光效率比石英金属卤化物灯提高20%，而且光色更好，色温3000K陶瓷金属卤化物灯的显色指数Ra达到80以上，色温4200K灯泡的显色指数Ra达到90以上。优异的显色性能使得陶瓷金属卤化物灯不仅可以用于室外照明而且可以用于室内照明。现代室内商业照明的首要任务就是高质量地、真实地展示商品的颜色、质地等特性，营造一个明亮、舒适、宜人的购物环境，陶瓷金属卤化物灯是一种理想的室内商业照明光源。

金属卤化物灯是由多种金属元素的蒸气放电光谱混合而成白光，制造放电管时的任何偏差（充入卤化物比例，放电管尺寸、放电管几何形状等等）均可导致灯泡光色的偏差。陶瓷放电管金属卤化物灯的灯与灯之间光色一致性优于石英放电管金属卤化物灯，而且寿命期间陶瓷金属卤化物灯的颜色漂移小，不必担心替换上去的新灯光色与旧灯不一致，给替换灯泡带来极大的方便。图 1-2-28 说明石英金属卤化物灯新灯泡的色温差异为±300K，而陶瓷金属卤化物灯新灯泡的色温差异仅±150K，寿命终结时石英金属卤化灯的色温差异为±600K，而陶瓷金属卤化物灯的色温差异仅±200K。最新出品的高端陶瓷金属卤化物灯可以保证在全寿命过程中色温差异在±75K之内。

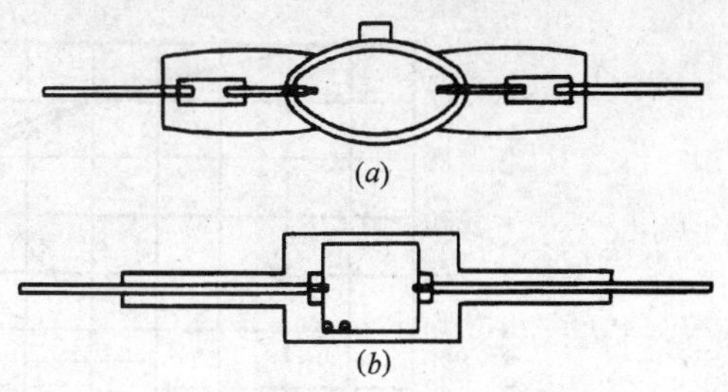

图 1-2-27　陶瓷金属卤化物灯放电管
(a) 石英金卤灯放电管；(b) 陶瓷金卤灯放电管

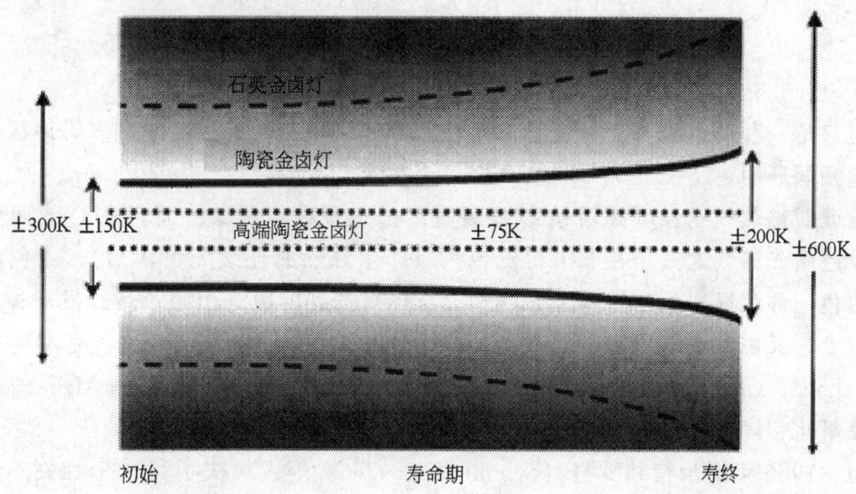

图 1-2-28　陶瓷金属卤化物灯色温漂移优于石英金属卤化物灯

图 1-2-29 为陶瓷金属卤化物灯的寿命曲线，单端陶瓷金属卤化物灯的寿命为 12000h，双端陶瓷金属卤化物灯的寿命为 15000h。

3.3　高压钠灯

3.3.1　概述

早在 1860 年克希霍夫（Kirchhoff）证明太阳光谱中的 D 线就是钠火焰的 D 线（波长 589.0、589.6nm）。钠 D 线位于人眼视觉灵敏度曲线的峰值近旁，于是人们联想到研制钠蒸气放电灯的可能性。1920 年建立了约 0.5Pa 的低压钠蒸气放电，但要制成灯泡必须找到一种能够抗钠蒸气侵蚀的玻璃。1923～1931 年康普顿和弗尔希斯（Compton 和 Von Voorhis）研制成功抗钠玻璃。1932 年荷兰首先把低压钠灯用于道路照明，同年英国伦敦也安装了低压钠灯。经过长期的发展低压钠灯发光效率从 50 lm/W 提高到 180 lm/W（实验室样品达到 200 lm/W），是世界上发光效率最高的人造光源。低压钠灯的发光效率虽然

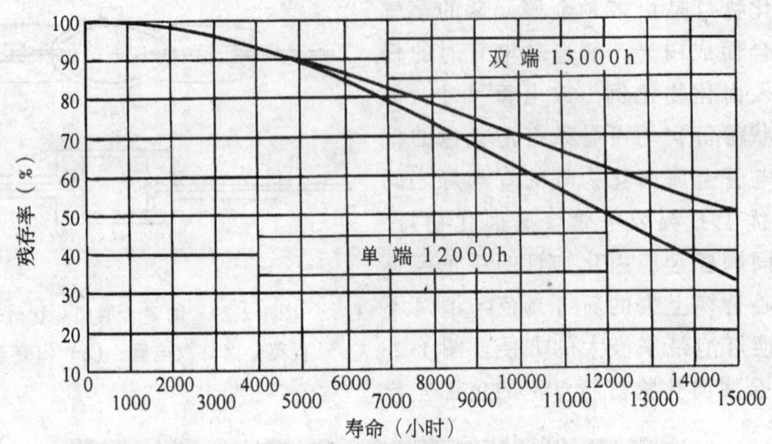

图 1-2-29 陶瓷金属卤化物灯的寿命曲线

很高，但它是一种单色光源，显色性非常差，因此应用范围局限于潮湿多雾地区的公路照明和隧道涵洞照明。

实验证明钠蒸气压强增高后钠D线展宽，出现自吸收现象，而且在D线两旁出现附加谱线及连续光谱（尤其是在长波橙红色区域产生强烈的连续光谱辐射），光色从纯黄色变成金白色，显色性得到改善。但是制造高压钠灯遇到的第一个困难是开发一种又耐高温(700℃以上）又耐钠蒸气腐蚀的透明放电管材料。1955～1962年卡洪、克瑞斯腾森和科贝尔（Cahoon、Christensen和Coble）等人制成含99.9%Al_2O_3和0.1%MgO的高温烧结透明多晶氧化铝陶瓷管。

1961～1966年斯米特和罗登（Schmit和Louden）等人解决了另一个难关，金属和氧化铝陶瓷管的真空气密性封接工艺，从而给制造高压钠灯奠定了技术基础。

1965年，几乎同时在美国、英国、荷兰研制成功商业性高压钠灯产品，灯泡功率400W，发光效率100 lm/W。现在高压钠灯的发光效率达到150 lm/W，平均寿命28500h以上，流明维持率90%，是一种非常重要的节能光源，广泛地用于街道、公路、车站、码头、机场、工厂、仓库照明及建筑景观照明。

3.3.2 高压钠灯的工作原理

图1-2-30显示 低压钠灯、标准高压钠灯和高显色性高压钠灯的光谱能量分布曲线，对应的钠蒸气压强分别为1Pa，15kPa和65kPa。随着钠蒸气压强升高，钠光谱线逐渐展宽，连续光谱成分逐渐丰富，同时出现钠D线的自吸现象。

增加钠D线自吸引宽度$\Delta\lambda$可以改进高压钠灯的光色，提高其显色性。为此可以增加放电管内钠蒸气压强和放电管的直径，或者增加管内氙气压强（氙气压强300托、放电管内径8mm相当于氙气压强20托、放电管内径12mm）。当采取以上措施将自吸收宽度$\Delta\lambda$扩大至45nm时，高压钠灯灯的色温从2000K～2100K提高到2400K，显色指数Ra从15～30提高到80。这种灯泡称为高显色性高压钠灯，但是此时灯泡发光效率下降一半左右，仅60 lm/W。高显色高压钠灯是以牺牲效率为代价，使用范围有限。

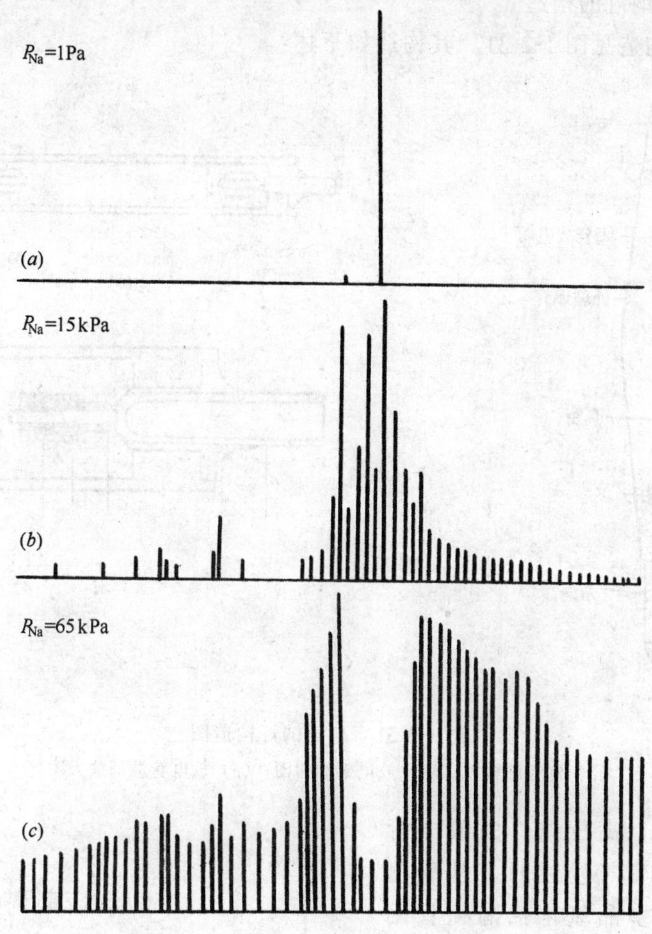

图 1-2-30　光谱能量分布曲线

（a）低压钠灯；（b）标准型高压钠灯；（c）颜色改进型高压钠灯

高压钠灯的放电管内除钠外还必须充入适量汞，汞基本上不参与发光，但是具有以下重要作用：

(1) 提高电位梯度　钠蒸气放电的电位梯度很低，一只 400W 高压钠灯的如果不充汞，管压降只有 40～44V，工作电流约 10A。充入汞后，由于汞蒸气压强比钠蒸气压强高的多，减少了电子迁移率，电位梯度提高至 10 V/cm，这样 400W 高压钠灯的管压降上升到 110V，工作电流下降到 3.7A。管压降提高后不仅改进了放电管发光效率，而且可以提高功率因数，缩小镇流器的体积和重量。

(2) 减小热导率，降低电弧热损耗，提高发光效率。

(3) 汞原子影响钠原子的共振能级，使展宽了的钠谱线向长波方向移动，一定程度上改善了灯的显色性。

此外高压钠灯放电管中充入帮助启动的惰性气体，一般充入 10～30 托氩或氙，氙气热导率低，灯泡发光效率比较高，但启动电压比较高。

3.3.3 高压钠灯的构造

高压钠灯的构造见图 1-2-31。其构造如下述：

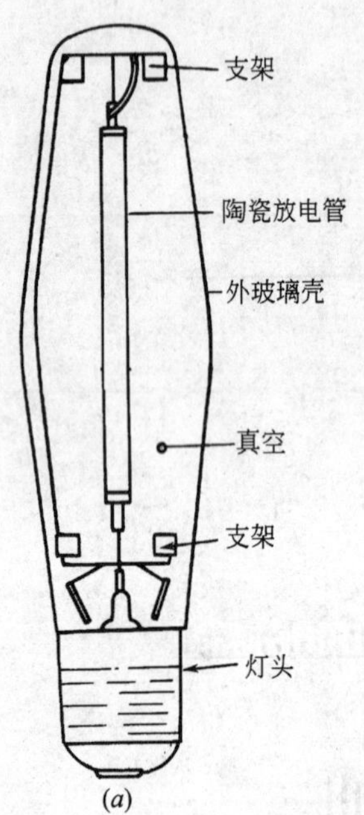

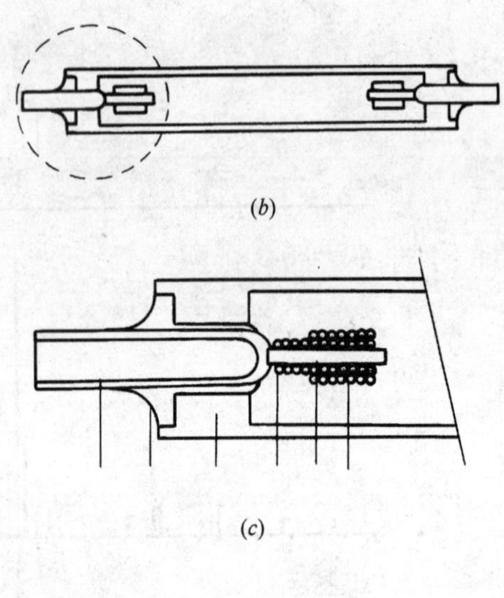

图 1-2-31 高压钠灯构造图

（a）灯泡结构图；（b）放电管结构图；（c）放电管端部放大图

（1）放电管 高压钠灯的放电管用耐高温、抗钠蒸气侵蚀的多晶氧化铝陶瓷管制成。多晶氧化铝陶瓷管用氧化铝粉经模具成型后再以 2100K 高温烧结而成，严格控制氧化铝粉的纯度和粒度，管子的透明度可以达 90%～97%。加入氧化镁可进一步提高透明度。为了减少钠谱线的自吸收，放电管管径直径仅 7～8mm。放电管两端各封一只电极，抽真空之后充入钠、汞（以钠汞齐形式定量充入），并且充入惰性气体。

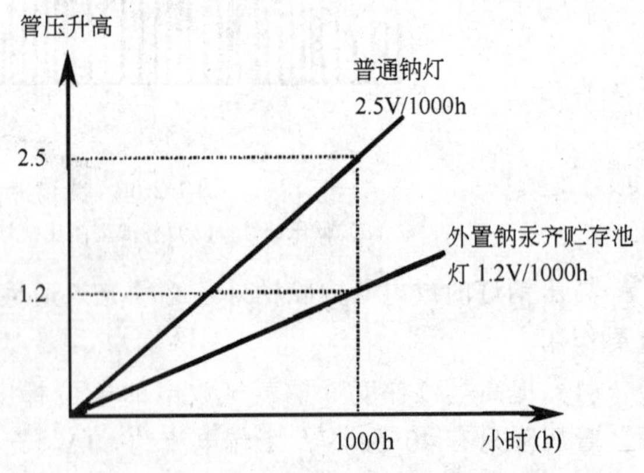

图 1-2-32 高压钠灯寿命期间管电压升高情况

（2）电极 高压钠灯采用锆酸钡或钨酸钡作为电子发射物质，发射材料涂覆在钨丝螺旋的内层，外螺旋保护发射材料。

钨电极与氧化铝管的封接采用金属铌过渡，铌化学性质稳定，热膨胀系数与多晶氧化铝陶瓷管的热膨胀系数非常接近。钨杆与铌管焊接，铌管再通过陶瓷塞与陶瓷封接。铌管、陶瓷塞、陶瓷管之间的空隙用玻璃态焊料熔封。另一种方法是铌管与铌帽焊接，铌帽与陶瓷管之间用玻璃焊接熔封。

(3) 外玻壳 为了减少放电管的热损失，保证放电管温度从而保证放电管内的钠蒸气压强，外玻壳与放电管之间抽成高真空，并且使用消气剂维持其真空度。大部分高压钠灯外玻壳是透明的，少部分灯泡外玻壳内壁涂覆二氧化钛或荧光粉，涂层对光色没有影响，而且光通量减少5%～7%，但可以减少眩光，获得比较柔和的光线。

(4) 外置钠汞贮藏池 如图1-2-32所示，高压钠灯寿命期间放电管电压逐渐升高，一般每点灯1000h，放电管电压升高2.5V。当放电管电压上升一定幅度后，镇流器供给的电压不足以维持放电电弧，灯管熄灭。放电管电压升高的原因是寿命期间放电管内的钠渗漏，钠减少后管电压升高。钠渗漏是影响高压钠灯寿命的主要因素。

图1-2-33 高压钠灯放电管外置钠汞齐贮藏池

为此，通用电气公司设计了一种放电管外置钠汞齐贮存池（如图1-2-33）。放电管内钠损失后，外置钠汞齐贮存池内的过量钠可以源源不断地向放电管内补充，这种灯泡每点灯1000h放电管电压升高仅1.2V，从而延长了寿命。采用外置钠汞齐的高压钠灯平均寿命达到25500h以上。

4 其他照明光源

4.1 无极荧光灯

4.1.1 工作原理

无极荧光灯利用高频电磁场激发放电腔内的低气压汞蒸气和惰性气体放电产生紫外线，紫外线再激发放电腔内壁上的荧光粉而发出可见光。这种灯泡的基本发光机制与荧光灯相似，但是无极荧光灯的放电腔内不需要电极。无极灯可以瞬时启动，关灯后可以立即重新启动。荧光灯的寿命主要决定于电极的寿命，电极上电子发射物质用尽，荧光灯的寿命即终了，无极灯的寿命主要取决于高频电路的寿命，因此无极荧光灯寿命非常长。此外无极荧光灯工作频率很高，不会产生频闪现象。无极荧光灯放电腔的形状无需制成细长的管形，可设计为白炽灯泡一样的球形，也可设计为反射形。

4.1.2 工作频率的选择

高频无极荧光灯的工作频率太低时，开放式铁氧体磁芯线圈的耦合效率太低，实验证明当频率达到1.5 MHz时耦合效率上升至90%，之后耦合效率随频率上升缓慢。因此无极荧光灯的工作频率下限为1.5 MHz，至于选取什么频率应当严格控制灯泡对无线电广播接收的电磁干扰（EMI）。国际电工委员会通过无线电干扰国际专门协定（CISPR）来管理，国际标准CISPR 15允许照明器件使用的频段有两个：（1）工业、科技和医疗（ISM）波段，对于高频无极荧光灯可以采用13.56 MHz附近的工作频率，带宽为14kHz。选用该频率还有一个优点，即 13.56 MHz 的二倍频处还有另一个工业、科技和医疗（ISM）波段，因此对于无极灯的二次谐波无需十分严格的屏蔽。(2) 介于 2.2～3 MHz 的非通讯波段，2.2～3 MHz 介于中波和短波广播之间，很少无线电广播，但是 CISPR 15 对采用此频率无极灯的电磁场屏蔽有严格限制。

另一个非通讯波段是 2400～2500 MHz，这是划给微波炉使用的波段，可以用于光源。下一节介绍的微波硫灯正是工作在此频率。

4.1.3 无极荧光灯的构造

(1) 美国 GE Genura 无极荧光灯

美国通用电气公司于 1994 年推出了一款商业实用型紧凑型无极荧光灯，如图 1-2-34 所示，这是一种一体式反射型 R80 23W 灯泡，采用标准 E27 螺口灯头，使用方便，可以立即代替白炽灯泡。灯头与放电腔之间为高频发生器，首先将 220V 或 110V 交流电整流为直流电，然后驱动一个固体高频发生器，工作频率为 2.6 MHz。高频电流输出到开放式铁氧体磁芯上绕制的电感值为 10μH 的 10 匝线圈中，铁芯线圈四周形成高频电磁场，激发反射型放电腔中的汞蒸气和氪气放电产生 253nm 紫外线，激发腔壁三基色荧光粉而发出强烈可见光。显色指数 Ra 为 82，颜色温度有 2700K 和 3000K 两种，光通量为 1100 lm。该灯泡的寿命主要决定于高频电子元件的寿命，因为集成度高，温升比较高，目前标称寿命为 15000h。

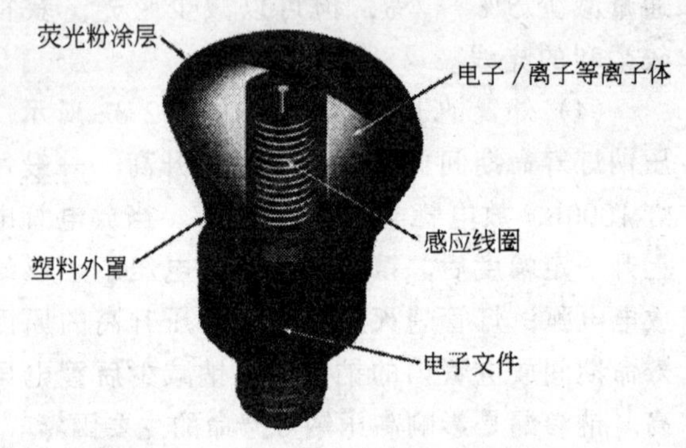

图 1-2-34 美国 GE Genura 无极荧光灯

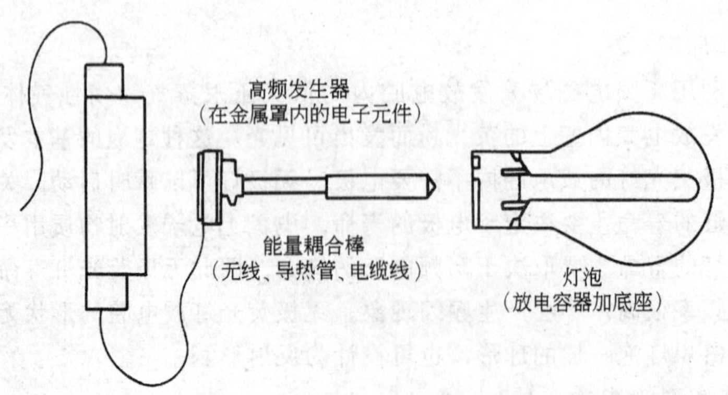

图 1-2-35 荷兰 Philips QL 无极荧光灯

(2) 荷兰 Philips QL 无极荧光灯 图 1-2-35 为荷兰 Philip 公司的 QL 无极荧光灯，工作频率 2.6 MHz，不同之处在于高频发生器、能量耦合棒（铁氧体高频线圈）和放电腔三者各自独立，使用时将能量耦合棒放入放电腔之中。QL 灯可用于 230V 或 120V 电源，功率 55W、85W 光通量分别为 3500 lm、6000 lm，显色指数 Ra 大于 80，色温 3000K 或

4000K，标称寿命60000h。

（3）日本Matsushita无极荧光灯　松下无极荧光灯的工作频率为13.56 MHz，高频线圈绕在放电腔的外面，这样提高了耦合效率，但是需要更完善的电磁屏蔽。使用时把这种无极荧光灯与灯具制成整体，灯具屏蔽了高频电磁场。灯泡电源电压100V，功率27W，光通量1000 lm，寿命40000h（流明维持率为初始100h的50%）。

4.2 微波硫灯

4.2.1 发光原理

微波硫灯的基本原理是利用频率为（2450±50）MHz微波电磁场激发硫分子而发光。（2450±50）MHz微波是国际电工委员会通过管理无线电干扰的专门国际标准CISPR15划给电光源使用的频段之一，实际上这是微波炉的工作频率，上亿台的家用微波炉早已安全地普及到世界各地的家庭、餐厅、超市。磁控管产生2450 MHz微波，通过波导管或同轴电缆输送给微波谐振腔，内含纯硫元素和惰性气体氩或氙的封闭石英球置于谐振腔中央，启动时微波电磁场首先激发惰性气体放电，放电能量加热石英玻壳，硫蒸发为蒸气并形成硫分子放电发光。微波硫灯是一种无电极放电灯，避免了电极引起的诸多缺点，因此启动迅速，寿命长，光通维持率高。

微波硫灯是硫分子（S_2）放电发光。通常分子由2个或2个以上原子构成，作为双原子的硫分子有两个原子核及32个核外电子，分子的能量E由电子能量E_e、原子核的振动能量E_v和原子核的转动能量E_r三部分构成，见式1-2-9：

$$E = E_e + E_v + E_r \qquad (1\text{-}2\text{-}9)$$

当分子内的电子跃迁时不但电子能量发生变化，分子的振动能量和转动能量也要发生变化，因此能级之间跃迁而发出的辐射频率按式1-2-10计算：

$$V = \frac{\Delta E}{h} = \frac{\Delta E_e + \Delta E_v + \Delta E_r}{h} \qquad (1\text{-}2\text{-}10)$$

式中h为普朗克系数。

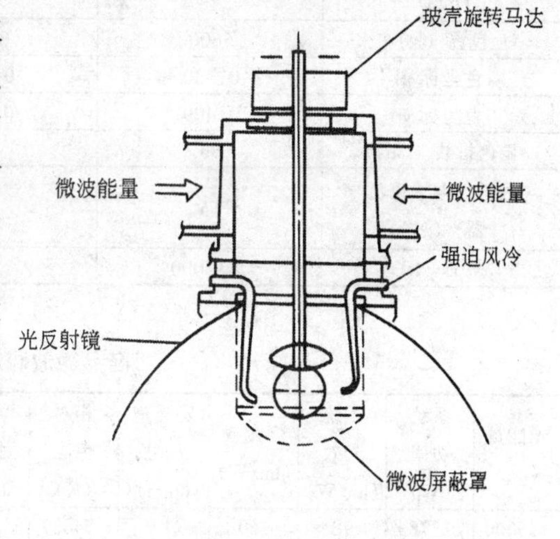

图1-2-36　微波硫灯结构图

分子光谱是谱线非常丰富的密集或者连续的光谱。事实上硫分子光谱是波长300～800nm的十分近似日光光谱的连续光谱，所以微波硫灯的显色指数Ra高达86以上，色温6500K。而且微波硫灯的辐射能量之85%以上集中于可见光范围，几乎不含紫外线，很少红外线，其发光效率仅次于钠灯，高于其他各种实用照明电光源。

4.2.2 微波硫灯的构造

微波硫灯由微波发生器、谐振腔和放电管三部分构成。微波发生器核心是一只微波炉中使用的磁控管，磁控管产生的2450 MHz微波能量通过波导管耦合至微波谐振腔。放电管是一个直径25～40mm的透明石英泡，内充3～5托（1托=133.32Pa）氩气或氙气及定量纯硫元素，工作时硫蒸气压力达到 1MPa，对应石英玻壳温度为 640℃。放电管的硫蒸气压强和温度如此之高，因此工作时必须强制风冷，而且还需要一个传动机构让放电管不断旋转。此外灯前方设有金属丝屏蔽网，以防止微波外泄。图 1-2-36 是微波硫灯发光部分的结构图。

4.2.3 微波硫灯的性能与应用

表 1-2-10 为微波硫灯与高强度气体放电灯性能比较表，表 1-2-11 为近期商品微波硫灯的参数表。

微波硫灯与 HID 灯的比较 **表 1-2-10**

	微波硫灯	金卤灯	高压钠灯	荧光高压汞灯
初始光通（lm）	131000	110000	140000	52000
微波功率（W）	800	—	—	—
微波光效（lm/W）	164	—	—	—
系统功率（W）	1320	1080	1080	1080
系统光效（lm/W）	99	102	130	48
发光体尺寸（mm）	29	91	222	250
色温（K）	5600	3800	2100	3800
色坐标 x	0.330	0.396	0.519	—
色坐标 y	0.409	0.390	0.418	—
显色指数（CRI）	80	65	26	48
闪烁（电感镇流器）（%）	15	34	95	95
寿命（h）	>15000	12000	24000	10000

商品微波硫灯的性能参数 **表 1-2-11**

光能量（lm）	系统功率（W）	系统光效（lm/W）	灯光效（lm/W）	发光泡尺寸（mm）	相对色温（K）	显色指数（Ra）	启动时间（s）	重复热启动时间（s）	灯泡寿命（h）	磁控管寿命（h）	燃点方向
135000	1378	98	160	40	5400	80	<25	<300	60000	15000	任意

上一节介绍的无极荧光灯是与传统荧光灯、紧凑型节能荧光灯和白炽灯竞争的产品。而微波硫灯是与传统高强度气体放电灯（高压汞灯、高压钠灯、金属卤化物灯）竞争的产品，最早的微波硫灯曾用于美国华盛顿宇航博物馆空间大厅及美国能源部大楼的照明。改进后的微波硫灯降低了灯泡功率密度，取消了强制风冷和机械转动，结构简单，使用方便，预计可以应用于街道、公路、厂房、仓库、商场、体育场等高强度气体放电灯照明的区域，而且由于其光谱能量分布十分接近于太阳光，所以又是人工气象模拟、植物生长试验的新型光源。

微波硫灯发光效率高、节约能源，而且告别汞金属对环境的污染，是很有希望的一种绿色照明产品。

4.3　发光二极管

4.3.1　原理和结构

发光二极管 LED（Light Emitting Diode），是一种半导体光源，其基本结构是一个半导体的基础单元 P-N 结。当 P-N 结加上正向偏压，即 P 层加正向电压，N 层加负向电压，电子和空穴将克服 P-N 结处的势垒，分别迁入 P 层和 N 层，当电子与空穴结合时其能量之差 E_g 将以光子 h_v 的形式（见式 1-2-11）释放出来：

$$h_v = E_g \tag{1-2-11}$$

因此而发光。可见光光子的能量范围为 $E_g = 1.9\text{eV}$（红光）至 $E_g = 3.0\text{eV}$（紫光）。实验证明能掺杂为 P 型材料和 N 型材料且用于发光二极管的纯单晶体大部分是元素周期表中Ⅲ族和Ⅴ族元素的化合物，表 1-2-12 列出几种常见商品发光二极管的材料和特性。

商用发光二极管的特性　　**表 1-2-12**

材料	颜色	色坐标（x，y）	峰值波长（nm）	半宽度（nm）	光效（lm/W）
InGaN/YAG	白（6500K）	0.31，0.32	460/555	—	10
InGaN	蓝	0.13，0.08	465	30	5
InGaN	蓝～绿	0.08，0.40	495	35	11
InGaN	绿	0.10，0.55	505	35	14
InGaN	绿	0.17，0.70	520	40	17
GaP-N	黄～绿	0.45，0.55	565	30	2.4
AlInGaP	黄～绿	0.46，0.54	570	12	6
AlInGaP	黄	0.57，0.43	590	15	20
AlInGaP	红	0.70，0.30	635	18	20
GaAlAs	红	0.72，0.28	655	25	6.6

图 1-2-37 为发光二极管的结构示意图，P-N 结芯片安装在管座上，P 型 N 型材料分别由引线接至正负电极，然后封装在环氧树脂帽中。

P-N 结发出的光射向各个方向，LED 芯片的折射率 $n = 2.9 \sim 6.9$，光子射向晶片表面（上表面和四个侧面）时，大部分光子从界面内侧反射回晶片，如果把芯片镶嵌在折射率为 1.5 的环氧树脂之中，光子逸出率比置于空气中提高 20%～25%，增加了光输出。

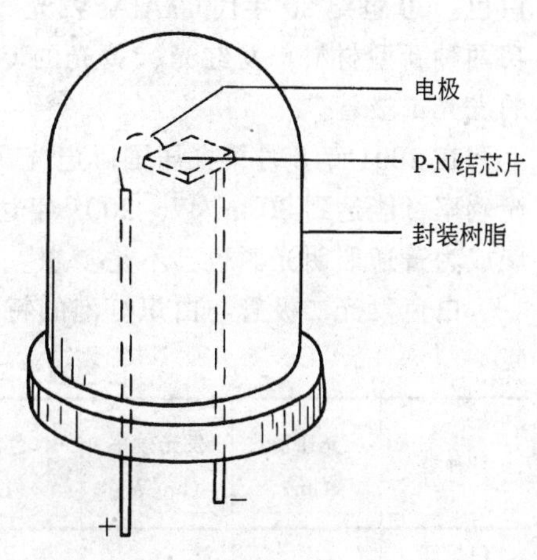

图 1-2-37　发光二极管的结构

为了提高发光二极管芯片中的光子逸出率，试验了多种芯片结构，迄今为止最有效的芯片形状为倒置的去掉顶部的金字塔形芯片，这种形状的芯片表面彼此处于非垂直位置，内部光子直接逸出的比例比较大，而且未逸出部分经过几次折射之后，高投射角的光可能转变为低投射角的光，最终逸出芯片。

环氧树脂可以是红色、绿色、黄色等彩色树脂，也可以是白色，取决于发光二极管的光色。环氧树脂帽的几何形状可以控制光线，类似于灯具的反射器和透镜。此外封装环氧树脂可以保护芯片，延长其使用寿命。

发光二极管的电气性能和一般半导体二极管相似，10mA 工作电流时的典型正向偏压为 2V。使用时加上直流电压，并且串联电阻以限制工作电流。采用交流电源供电时应当先用二极管整流再串联限流电阻。

4.3.2 目前的应用和发展前景

发光二极管已经成功地应用于如下诸多场所：

(1) 指示灯　发光二极管体积小、功耗低、寿命长，特别适用于各种电器的指示灯。发光二极管有多种颜色可供选择，并可将若干只不同颜色的发光二极管组合起来得到双色、三色、多色指示器。改变环氧树脂帽的顶部形状可以得到不同的视觉效果。

(2) 显示器　发光二极管排成 7×5 的阵列并与数字开关电路配合可以制成阿拉伯数字、字母和符号显示器，大型矩阵显示板可显示图像与文字，传送大量信息，广泛用于广告行业。

(3) 交通信号灯　发光二极管在各种单色信号照明方面足以与加滤色片的白炽灯竞争，成功的例子就是街道、公路交叉口的交通信号灯。一只 12 英寸交通信号灯由 18 只发光二极管排列而成，功率仅 14W，足以代替加红色滤色片的 140W 白炽灯泡。交通信号灯频繁开关，不能使用气体放电灯，以前只能选用效率最低的白炽灯泡，现在发光二极管的应用彻底改变这种状况。

(4) 汽车灯　大功率发光二极管已经大量用于汽车照明，特别是汽车尾灯。发光二极管高位刹车灯已占据欧洲汽车的大部分份额，美国和日本汽车工业也在迅速普及。发光二极管后灯总成（包括尾灯、刹车灯和转向灯）已用于 2000 型卡迪拉克和 S 级奔驰汽车。

(5) 红外线灯　红外线发光二极管或其组合灯具可用于红外线保安、夜视、摄影。

自从 1962 年发现砷化镓发光二极管以来，短短 40 年发光二极管技术得到飞速发展。早期的 GaAsP 发光二极管性能很差，光通量仅千分之几流明，发光效率 0.1 lm/W，只有单一的红色光（650nm）。20 世纪 70 年代发光效率达到 1lm/W，颜色扩大到红色至绿～黄色。20 世纪 80 年代 GaAlAs 发光二极管的发光效率约 10lm/W。20 世纪 90 年代开发成功两种新型材料：发红光、黄光的 GaAlInP 和发绿光、蓝光的 GaInN，最终制成发白光的发光二极管。

在 2001 年 8 月第九届国际电光源科技研讨会上专家们预测，2003 年发光二极管的发光效率可能达到 30 lm/W，2005 年达到 50 lm/W。高效率、长寿命的发光二极管最终发展成为普通照明光源也已不是梦想。

白色发光二极管与白炽灯泡的特性比较见表 1-2-13。

白色发光二极管与白炽灯泡的特性比较　　表 1-2-13

灯种类	光通量 (lm)	发光效率 (lm/W)	色温 (K)	显色指数 (Ra)	价格 (美元)	寿命 (h)	灯寿命一半时光衰
白炽灯（普灯 60W）	900	15	2800	100	1.36	1000	>90%
白色 LED（5mm）	0.6	10	>6000	85	1	10000（50% 光通量）	75%

从表1-2-13可见，发光二极管的寿命达到白炽灯泡的10倍以上，发光效率也可以与白炽灯泡媲美（最新产品已超过白炽灯泡），但是单只发光二极管的光通量太小，要达到60W普通照明白炽灯泡的光通量需要将1500只白光发光二极管组合在一起。价格是另外一个难关。今后必须把单个发光管的光通量提高100倍，同时造价必须降低10倍，才具备有白光发光二极管替换白炽灯泡的可能性。迄今为止实用的照明电光源仍然是白炽灯（普通白炽灯泡和卤钨灯）和气体放电灯（荧光灯、高强度气体放电灯）两大类。发光二极管是一种极有前途的新型电光源，但是要与上述两类光源竞争，要成为一种经济实用的照明光源还有许多工作要做。

4.4 光纤照明

把位于远处光源的光用导光的管线引到所需地点的“遥控照明”的设想早已有之，有案可查的是1880年威谦·惠勒（William Wheeler）申请到的美国专利（US Patent 247, 229）。当时这种被称为“管道照明”的机构是用内壁涂敷反光层的管子把一个光源的光像自来水一样引至若干个需要照明的地点。

但是直到1970年低损耗的玻璃光纤发明之后光纤照明才得到真正实际的发展。光纤通讯的需求开发成功质优价廉的玻璃光学纤维、石英光学纤维，然后被移植到光纤照明。20世纪70年代后期美国杜邦公司研制成功小直径塑料光学纤维，1988年日本三菱公司制成大直径塑料光学纤维LCPOF（Large Core Plastic Optical Fibers）。

光纤照明是由光源、集光器、光导纤维和配光器四要素构成的组合照明系统。光纤照明适宜于商品展示、广告标志、交通信号、娱乐场所和建筑装饰照明。因为其光线中无红外线、紫外线，特别适宜于博物馆、画廊的文物艺术收藏品照明。因为其灯泡及电源远离照明区域、又特别适宜于潮湿区域、水下和易燃易爆等危险区域的照明，此外光纤照明还以其独特的优势用于牙科手术、外科手术照明。利用光纤照明技术可以设计成无紫外线、无电磁干扰的照明终端，用于断层成像诊疗室、生物电磁研究室等高科技特种照明。

4.4.1 光源

从理论上讲，光纤照明的光源应当是“点光源”，点光源的光易于光学控制，通过集光器可以最大限度地把光聚焦到光导纤维的端点。第一类适宜于光纤照明的灯泡是MR-16低电压反射型卤钨灯泡，其反射镜在灯泡前面不远处形成焦点，便于与光导纤维耦合。优质MR-16灯泡发出色温3050K的白色光，一般显色指数Ra=100，无紫外线，寿命5000h以上。第二类光纤照明灯泡为短弧金属卤化物灯，放电电极间距仅2mm（点光源），色温3000K、4000K，一般显色指数80以上，效率高，寿命长。

4.4.2 集光器

集光器将光源发出的光通过反射器、透镜聚焦至光导纤维的端头。光纤与光源耦合时要注意光源焦点附近光斑的照度均匀度和颜色均匀度，而且要妥善解决热绝缘，防止光纤端部因过热而损坏。

4.4.3 光导纤维

光导纤维通常由光纤芯及内外保护层三部分构成，光线在芯中传送，内外保护层把光限定在光纤中，防止内外光干扰又保护了光纤。玻璃光纤直径介于50～150μm，塑料光纤直接为125～3000μm，多根细光纤组成直径1～10mm的光缆使用。大直径塑料光纤(LCPOF)可以做到单根直径3～12mm，直径越大有效光学面积越大。

细微的裂纹、玻璃与塑料中的杂质均可造成光的散射而损失光线。不同波长光的吸收系数不一样，而且折射率也因波长而异，因此光在光纤中传播一定距离之后强度减低颜色偏离。一般每英尺传输距离光吸收为1%～2%（每米3%）。光纤的每一个联结表面（玻璃至玻璃、塑料至玻璃、空气至塑料等等）光损失约为8%。光纤的柔软性也很重要，一般以最小弯曲半径来标志其柔软性，使用时弯曲半径应大于光纤直径的10倍。至于光纤的寿命，理论上讲玻璃光纤、石英光纤的寿命没有限制，塑料光纤使用一段时间后会变黄、变脆，塑料光纤的寿命数年之久。

4.4.4 配光器

光导纤维末端的光线可以直接照射到被照物体，但是通常在光纤末端安装各种不同的反射器、透镜、散射体、滤光片而获得所需的照明效果。配光器相当于灯泡的灯具。

5 照明电器附件

5.1 点灯电路

白炽灯泡的灯丝可以视为一条电阻丝，因此可以直接接入直流或交流电源中使用。荧光灯、紧凑型节能荧光灯、高强度气体放电灯（HID），以及几乎每一种气体放电灯都不可直接接入电源中使用，启动时需要一个启动器（又称触发器），工作时需要一个镇流器，有时启动器和镇流器可以合并为一个器件，此外气体放电灯的功率因数比较低，还需要用电容器校正功率因数。

气体放电中的气体和金属蒸气在通常状况下是绝缘体，不能导电，即使接通电源灯泡也不会立即点亮。只有当灯泡内的气体和金属蒸气电离而形成气体放电之后才能点亮，这个过程称为气体放电灯的启动过程。以下方法可以启动气体发电灯或者帮助气体发电灯的启动：

(1) 预热电极，使其温度升高而形成热电子发射能力。

(2) 在放电管表面或近旁涂覆或设置导电带帮助灯管启动。

(3) 在放电管一端的主电极旁安装一个启动电极，启动电极串联一只电阻与另一端主电极联结。点灯时主电极与启动电极之间首先形成辉光放电，预热主电极并注入带电粒子，最终过渡为两端主电极之间的弧光放电。

(4) 放电灯两端联结一个高压脉冲发生器，点灯时高压脉冲把放电管内气体击穿，形成放电，把灯点燃。灯泡一旦点亮之后，脉冲发生器自动失效，待下一次点灯时重复以上启动功能。

充汞、钠或金属卤化物的气体放电灯启动时还存在金属蒸发、蒸气压强增高至稳定的热平衡过程，一般需要三五分钟，称为启动时间，之后气体放电灯才算真正点着了。

绝大多数照明用气体放电灯都是弧光放电灯，弧光放电时电子碰撞原子使之电离，产生更多的电子，这些电子又使更多的原子电离进一步产生电子……如此周而复始形成雪崩效应，此时即使放电管电极之间电压不变甚至降低，电离雪崩现象也将继续下去。因此弧光放电灯呈现负伏安特性（负电阻特性），灯泡工作时必须接上限制电流的镇流器，否则灯泡将立即烧毁。镇流器原理见图1-2-38。

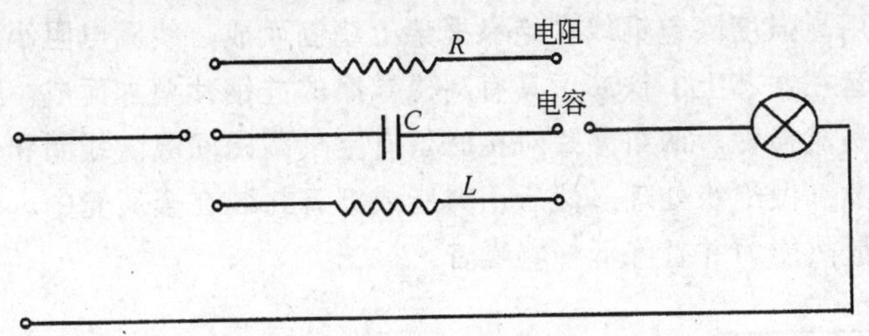

图1-2-38 镇流器原理图

如图1-2-38所示，直流供电时可以串联一只电阻 R 作为气体放电灯的镇流器。交流供电时可以串联电阻 R、电容 C、电感 L 或者它们之组合作为镇流器。

(1) 电阻镇流器 电阻镇流器的最大缺点是作为有功元件的电阻耗费电能，降低了系统发光效率。早期直流点灯时确曾采用过电阻镇流器，但后来都采用逆变技术将直流变为交流（高频交流）再用电感器或电容器等无功元件作为镇流器。

交流点灯而采用电阻镇流的惟一实际案例是自镇流高压汞灯，该灯泡的白炽灯丝补充汞灯缺乏的红色光兼作镇流器使用，但是自镇流高压汞灯发光效率太低，不符合绿色照明之宗旨。

(2) 电容镇流器 在50Hz或60Hz的工频交流电源中，如果采用电容器镇流，每半周开始时对电容器充电将产生一个很强的脉冲电流，该脉冲对气体放电灯十分有害。在高频交流电路中，不会产生很强的脉冲电流，因此可以采用电容镇流器。

(3) 电感镇流器 电感是无功元件，而且电源电压与灯泡工作电流之间形成50°～65°相位差，因此每半周灯泡再启动时正好有一个较高的维持电压，使灯泡顺利启动，所以灯泡工作更加稳定，工作电流的波形畸变也更小。

气体放电灯在交流电源中燃点时几乎无一例外地采用电感镇流器（扼流圈或漏磁升压变压器）或电感与电容组合式镇流器。

近年来随着电子技术的进步，气体放电灯电子镇流器日臻完善，日益普及。

5.2 电感镇流器

5.2.1 扼流圈

扼流圈是一种结构简单使用广泛的电感镇流器。气体放电灯泡和扼流圈串联后接入交流电源，工作时电源电压等于放电灯电压（俗称管压降）加镇流器电压之和（向量和）。为了保证气体放电灯工作稳定，电源电压应高于放电灯电压并保持足够的电压差，电压为100～120V的交流电源，串联扼流圈点灯时灯泡电压约为55V；电压为220～240V的交流电源，灯泡电压为70～145V；电压为380～480V的交流电源，灯泡电压为230～250V。设计气体放电灯时一般都尽量提高放电管电压，这样灯泡发光效率比较高，而且可以减少灯泡工作电流，低电流可以降低扼流圈的体积、重量和功率消耗。

扼流圈自身的功耗源于铜耗和铁耗。铜耗是铜线绕组中电阻引起的线圈发热，发热量和铜线电阻成正比和电流平方成正比。铁耗是指铁芯中的功率消耗，包括铁芯磁滞、涡流和间隙边沿漏磁损耗。扼流圈自身功率消耗约为10%～20%。

扼流圈的结构如图 1-2-39 所示，分芯式和壳式两种，由线圈、铁芯和绝缘封装材料三部分构成。线圈用高强度漆包铜线在绝缘框架上绕制而成，线圈电阻小则温升低、功耗小、寿命长。线圈套在铁芯上，铁芯由具有高磁导率的硅钢片叠加而成。叠片之间相互绝缘以减低铁芯中的涡流损耗。两组叠片对接时留有空气漏磁间隙。线圈和铁芯组装在一起之后先通电调整参数，做绝缘处理，然后用树脂或沥青封装在金属壳中。封装可以提高绝缘强度、增加导热散热能力并且降低蜂鸣噪音。

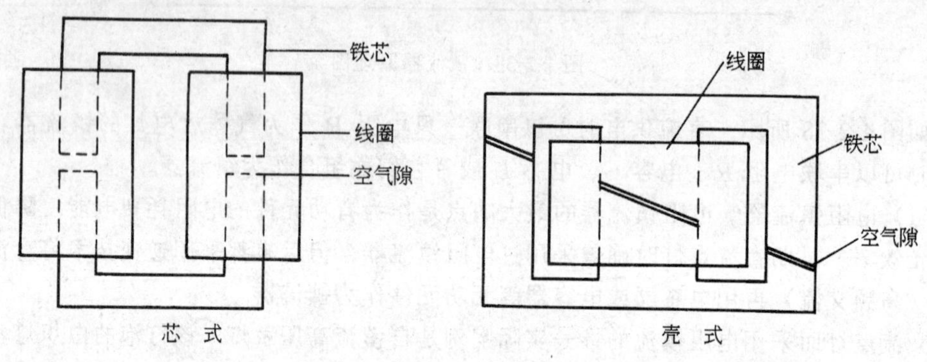

图 1-2-39 扼流圈结构图

5.2.2 漏磁变压器

当气体放电灯的放电管电压比较高而电源电压又比较低时，应当采用漏磁升压变压器或漏磁自耦升压变压器来作镇流器。漏磁分路提供气体放电灯所需的阻抗，稳定灯泡工作电流，例如当灯泡电流升高时，变压器输出到灯泡的电压下降以抑制电流上升。

这类镇流器体积大、重量重、功耗高，在我国和欧洲等 220～240V 电源地区很少采用，在美国、日本等 100～120V 电源地区常用。为了降低漏磁变压器的体积和重量，如图 1-2-40 所示在变压器的次级一边的铁芯上开齿状空气隙，这时次级线圈产生一个电压峰值因子很高的非正弦波（*b*），如果制成自耦式漏磁升压变压品，峰值高压叠加在初级正弦波峰之上（*c*），既保证气体放电所需的峰值电压又降低了电压的有效值。

5.3 电子镇流器

在交流电路中线圈的感抗 $X_L = 2\pi fL$，式中 L 为线圈电感量，f 为交流电源的频率，感抗与电感量和频率成正比，因此提高电源频率可以减少气体放电灯电感镇流器所需电感量。以一只 40W 荧光灯为例，在 50Hz 的交流电源中燃点，镇流器电感量为几亨，如果电源频率提高到 20～50 kHz，则镇流器电感量仅需几毫亨即可，前者是一只十分笨重的铁芯流圈，后者则是一只十分轻巧的铁氧体线圈。

图 1-2-41 是电子镇流器的方框图和基本电路图，由（1）交流直流转换器（整流器、滤波器）；（2）直流高频交流转换器（高频波发生器）；（3）电感镇流器三个基本部分组成。

40W 荧光灯的扼流圈镇流器的自身功率消耗约为 8～9W，而电子镇流器中镇流线圈

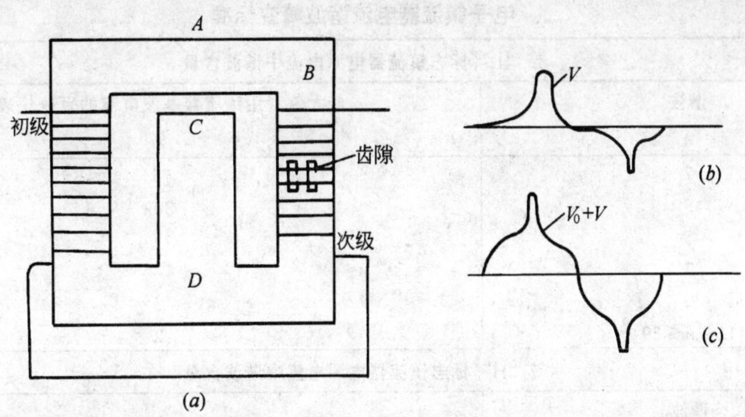

图 1-2-40　带齿状间隙漏磁变压器和输出波形

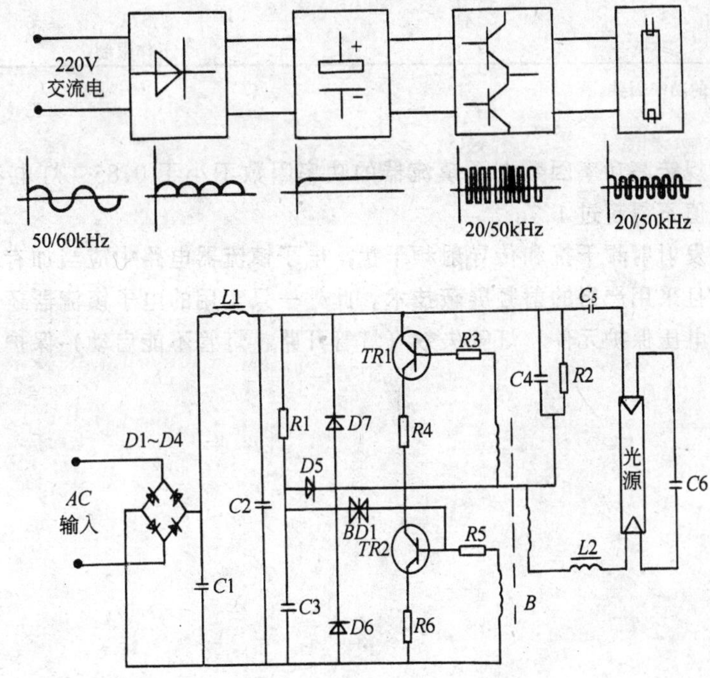

图 1-2-41　电子镇流器方框图和基本电路图

功耗不足 1W，加上电路功耗约 2W。用高频交流电燃点荧光灯还有许多优点：发光效率提高、消除频闪现象、消除镇流器的 50Hz 蜂鸣音。

但是电子镇流器会带来另外一些技术问题：(1) 电源电流的谐波畸变；(2) 射频干扰(包括发射射频干扰和传导射频干扰)。如果电子镇流器输入端电源电流谐波含量过高，则电流波形畸变严重，大量使用后会给电力系统带来严重污染，干扰自动控制系统和计算机系统，影响计量检测仪器和医疗设备的精确度。国标 GB/T 15144—94《管型荧光灯用交流电子镇流器性能要求》规定，H 级（高畸变型）和 L 级（低畸变型）电子镇流器的电源电流中谐波含量应满足表 1-2-14 的标准。

电子镇流器电流谐波畸变标准　　表 1-2-14

谐波 n	最大值（用镇流器基波电流的百分比表示）%
带“L”标志镇流器电源电流中谐波含量	
2	5
3	30λ
5	7
7	4
9	3
$11\leqslant n\leqslant 39$	2
带“H”标志镇流器电源电流中谐波含量	
谐波 n	最大值（用镇流器基波电流的百分比表示）
2	5
3	37λ
$\geqslant 5$	不作限制

注：λ 为电路的功率因数。

国标中还规定高功率因数电子镇流器的功率因数不小于0.85；灯电流的峰值与方均根值的最大比值不得超过1.7。

为了降低发射射频干扰和传导射频干扰，电子镇流器电路中应当加有防射频干扰的电源滤波器，并且采用严格的射频屏蔽技术。此外一只实用的电子镇流器还应包含过电流熔断器、瞬时过电压保护元件、灯管失效（灯管开路、灯管不能启动）保护电路等完善的保护措施。

第3章　照　明　灯　具

1　照明灯具的作用

照明灯具对节约能源、保护环境和提高照明质量具有重要的作用。根据国际照明委员会（CIE）的定义，灯具是透光、分配和改变光源光分布的器具，包括除光源外所有用于固定和保护光源所需的全部零、部件以及与电源连接所必须的线路附件。灯具具有如下作用：

（1）控光作用

即通过灯具将光源所发出的光强或光通量重新分配（配光），从而提供符合各种照明场所的光分布，使之有合理的配光，可以使灯具所发出的光量照射到被照面上，以满足照明的数量和质量的要求。

（2）保护光源的作用

即保护光源免受机械损伤，或将光源与外界隔开，免受污染，或将灯具中光源产生的热量尽快散发出去，避免灯具内部温度过高，使光源和导线过早老化和损坏。

（3）安全作用

即使灯具具有电气和机械的安全性，采用符合使用环境条件的电气零件和材料，防止带电部分外露，保持适当的绝缘距离，确保适当的耐压性，在导线允许的电流下工作。此外，要求在灯具的构造上，具有足够的机械强度，有抗风、雨、雪的性能。

（4）美化环境作用

即灯具有美化和装饰室内外景观环境的作用，此点在民用建筑中尤为重要，它是一个重要的装饰品。

2　灯具的光学性能

灯具除具有机械和电气性能外，最重要的是光学性能，该性能对于节约能源有重要的影响，其光学性能主要由下列参数决定：

（1）光强分布，配光

任何灯具的配光曲线是不同的，用曲线或表格表示光源或灯具在空间各方向的发光强度值，称为光强分布或配光。借此，可以进行照度、亮度、利用系数、眩光等照明计算。对于室内照明灯具，通常以极坐标表示灯具的光强分布、连接灯具在空间各方向的发光强度的矢量端点，即形成光强分布曲线，也称配光曲线，见图1-3-1。

通常灯具的光强分布有两种类型，一种是光分布为轴对称灯具，如图的点光源灯具，这种灯具的光强分布曲线在空间各个截面上都是相同的，故可用一个极坐标表示的光强分布曲线（见图1-3-1）；另一种是光分布为非轴对称灯具，如管形荧光灯灯具，其光强分布曲线在各截面上是不同的，通常取2～3个截面（即纵向、横向和45°）的光强分布曲线表示（见图1-3-2)。

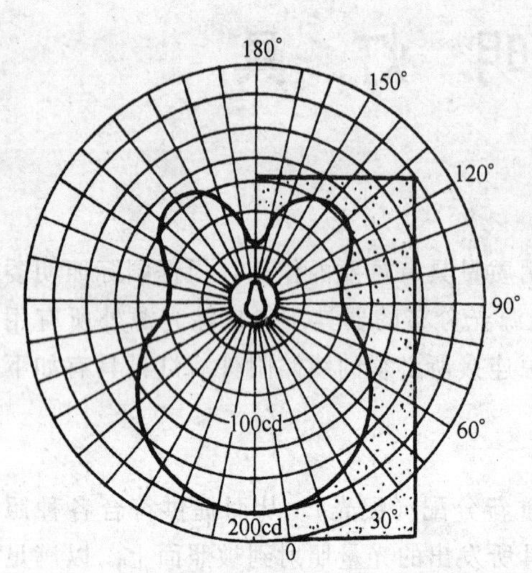

图1-3-1 极坐标光强分布曲线（白炽灯）

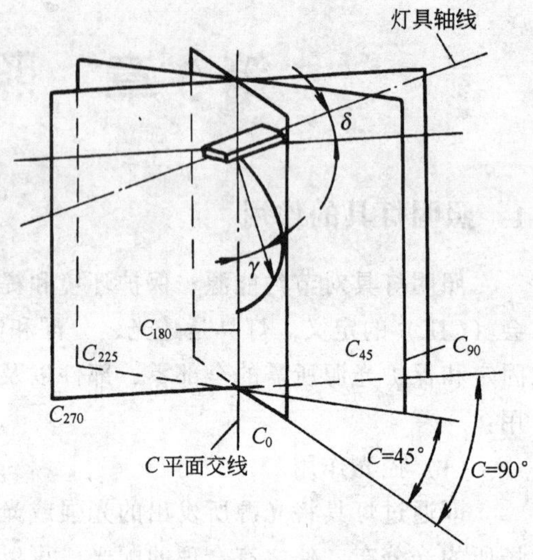

图1-3-2 C平面坐标系

为了比较各种灯具的光强分布特性，各个生产厂家和测试单位给出的光强分布曲线是灯具产生的光通量为1000 lm时的光强值。因此灯具的实际光强值是给出的配光曲线的光强值（测定值）乘以灯具的实际光通量值与1000 lm之比值。低矮的房间与高大的房间，采用的光分布是不同的。

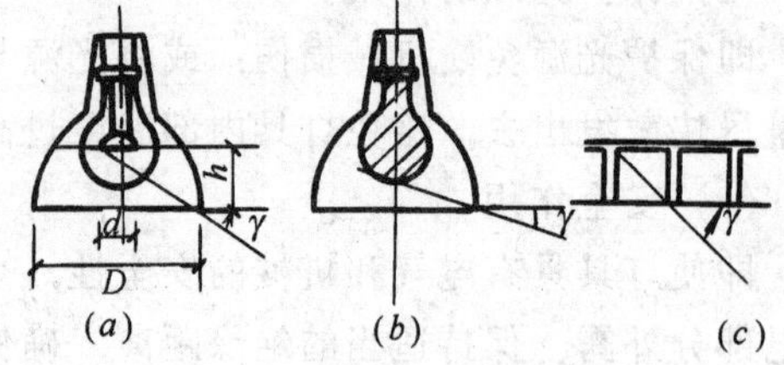

图1-3-3 各种照明器的遮光角

(2) 灯具的截光角和遮光角

灯具的截光角 γ 是灯具的垂直轴与刚好看不见高亮度发光体之间的夹角，遮光角是用来表示灯具防止眩光的范围，它是指灯罩边沿和发光体边沿的连线与水平所成的夹角 γ（见图1-3-3）。灯具的遮光角用下式表示：

$$\tan\gamma=\frac{2h}{D+d} \tag{1-3-1}$$

当人眼水平观看目标时，如果灯具与人眼的连线与水平的夹角小于遮光角时，则看不见高亮度的光源，如果灯具位置提高，与视线所形成的夹角大于遮光角时，虽可见光源，但眩光作用已经减小。

遮光角越大，虽防眩光效果好，但光的出射率变小，即灯具的效率随之降低，造成能源的效率的降低；反之，则可节约能源。如何解决两者之间的矛盾，是照明设计所应解决之问题。

(3) 灯具效率

即在规定条件下，测得的灯具发出的总光通量占灯具内所有光源发出的总光通量的百分比，称为灯具效率。灯具效率永远是小于1的数值，灯具的效率越高说明灯具发出的光通量越多，入射到被照面上的光通量也越多，被照面上的照度越高，越节约能源。

3 室内照明灯具的类型和选型

3.1 按灯具的配光性能分类和选型

从绿色照明角度来看，灯具最重要的性能还属其光学性能。根据国际照明委员会的分类，按灯具在上下半球空间的光通量的比例分为五类：直接型、半直接型、全漫射型（直接一间接型）、半间接型和间接型。五类灯具的光通量分配比例如表 1-3-1 所示，直接型灯具分类和选型如表 1-3-2 所示。

按灯具的配光分类和选型 **表 1-3-1**

<table>
<tr><td>光通量分布
上半球光通量（%）
下半球光通量（%）</td><td>直接型灯具
0～10
100～90</td><td>半直接型灯具
10～40
90～60</td><td>漫射型灯具
40～60
60～40</td><td>半间接型灯具
60～90
40～10</td><td>间接型灯具
90～100
100～0</td></tr>
<tr><td>典型配光曲线</td><td></td><td></td><td></td><td></td><td></td></tr>
<tr><td rowspan="3">光照特性</td><td rowspan="3">◆ 有窄、中、宽多种配光
◆ 光通量集中在下半球
◆ 光通量利用率高
◆ 易获得局部高照度
◆ 灯具投资少
◆ 维护费用少
◆ 室内表面反射比对照度影响小
◆ 顶棚暗
◆ 室内表面亮度对比大
◆ 窄配光时，垂直照度低
◆ 立体感效果差</td><td rowspan="2">◆ 下半球光多于上半球光，有直接照明特点
◆ 顶棚较暗
◆ 直接照明时稍亮，改善明暗对比，眩光少
◆ 空间光线柔和
◆ 无明显阴影</td><td rowspan="2">◆ 上下半球的光通量大致相同，具有直接照明或间接照明的特点
◆ 空间的明亮效果好
◆ 直接眩光少
◆ 无阴影
◆ 光线柔和</td><td>◆ 向下光少，光通量利用率较低</td><td>◆ 绝大部分光射向上半球，通过顶棚将光反射到室空间</td></tr>
<tr><td colspan="2" rowspan="2">◆ 照明光线均匀柔和
◆ 无明显阴影
◆ 光通量利用率低
◆ 设备投资高
◆ 不便于维护</td></tr>
<tr><td colspan="2">◆ 光通量利用率中等
◆ 投资和维护费用中等</td></tr>
<tr><td>灯具类型</td><td>◆ 深照型灯具
◆ 配照型灯具
◆ 广照型灯具
◆ 控照型荧光灯具</td><td>◆ 灯具上部开口可透光
◆ 采用透光罩的灯具、花吊灯</td><td>◆乳白玻璃球罩灯具</td><td colspan="2">◆ 反射型吊灯
◆ 反射型壁灯
◆ 暗槽反射式灯</td></tr>
<tr><td>适用场所</td><td>◆ 适用于房间的一般照明
◆ 窄配光适用于高大（大于 6m）的工业厂房
◆ 局部照明</td><td colspan="2">◆ 适用于有一定环境气氛的公共建筑照明</td><td colspan="2">◆ 适用于不太注重经济效果和照度要求不高，以环境气氛照明为主的场所，如某些居住和公共建筑</td></tr>
</table>

直接型灯具分类和选型　　表 1-3-2

分类＼指标	1/2 照度角 θ	允许的距离比 λ	适用场所
特狭照型（光束高度集中型）	$\theta<14°$	$\lambda<0.5$	顶棚高的房间
狭照型（光束集中型或深照型）	$14°<\theta<19°$	$0.5\lambda<0.7$	顶棚较高的房间
中照型（光束中等散开型和余弦配光型）	$19°<\theta<27°$	$0.7\lambda<1.0$	顶棚中等高度的房间
特广照型（特广散开型）	$27°<\theta<37°$	$1.0<\lambda<1.5$	顶棚较低的房间
特广照型（特广散开型）	$\theta>37°$	$\lambda>1.5$	顶棚低的房间

注：1. 1/2 照度角是指灯下水平面上的某点的照度为灯轴线正下方的 1/2 照度值时该点与光源联线与灯轴线的夹角。

2. 距高比 λ 是指为保持规定的照度均匀度时相邻两个灯具间的距离与灯具的安装高度之比。

3.1.1　直接型灯具

如图 1-3-4 所示直接型灯具是一种节能型灯具。

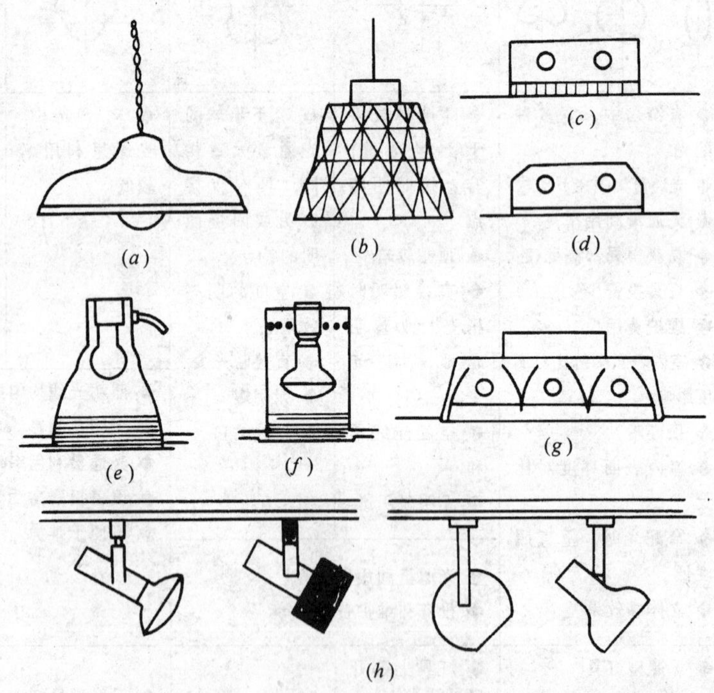

图 1-3-4　直接型灯具

（*a*）斗笠形搪瓷罩；（*b*）块板式镜面罩；（*c*）方形格栅荧光灯具；（*d*）棱镜透光板荧光灯具；（*e*）下射灯（普通灯泡）；（*f*）下射灯（反射型灯）；（*g*）镜面反射罩，单向格栅荧光灯具；（*h*）点射灯（装在导轨上）

斗笠形搪瓷罩灯具见图 1-3-4（*a*）几乎无遮光角，效率很高，绝大部分光能量投向下半球空间，适用于工厂照明。

块板式镜面罩灯具见图 1-3-4（*b*），由于块板的光学设计，使多数光线通过块板射出，灯具效率约提高 5%，多用于工厂照明。

方形格栅荧光灯具是用格栅遮住光源，以减少灯具的眩光，方形格栅使灯具效率降低30%～40%，遮光角一般为25°～45°见图1-3-4（*c*）。条形格片与灯管轴线成垂直排列，在纵向可遮挡光源，减少眩光，而横向靠灯罩本身挡光见图1-3-1（*g*）。条形格片的灯具效率比方形格栅的灯具效率高。格片可用镜面反射材料制成，使光向下反射，以降低灯具的亮度。

下射式灯是一种嵌装在顶棚内的轻小直接型灯具见图1-3-4（*e*）、（*f*），灯具内可以安装普通白炽灯、紧凑型荧光灯等。灯具内有反射器，亦可在灯具出光口设置透镜或格栅等，以减少眩光，此灯具适用于多种场所。

射灯亦属小型直接型灯具见图1-3-4（*h*），多为窄光束，灯可能转动，使光投向所需照射的方向；灯一般设在有电源线的导轨上，可以沿导轨滑动，使用方便灵活，常用于商店、展览馆和陈列馆的照明等。

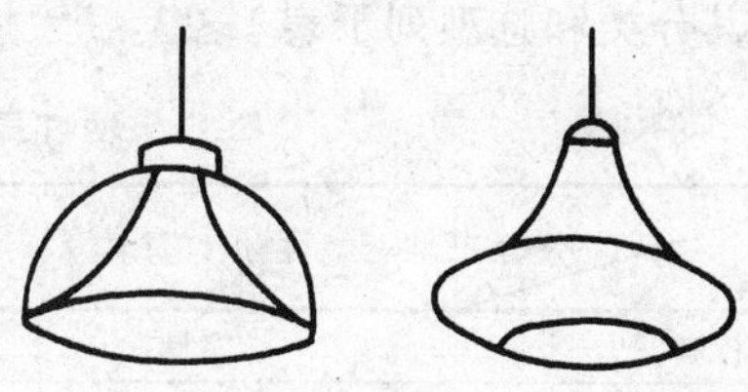

图1-3-5 半直接型灯具

3.1.2 半直接型灯具

半直接型灯具如图1-3-5所示。灯具向上方发出少量的光线照亮顶棚，以降低灯具与顶棚的亮度对比，使环境亮度分布舒适。外包半透明漫射罩的灯具，下面敞口的半透明罩以及上方留有通风、透光空隙的灯具均属半直接型灯具，较节能。

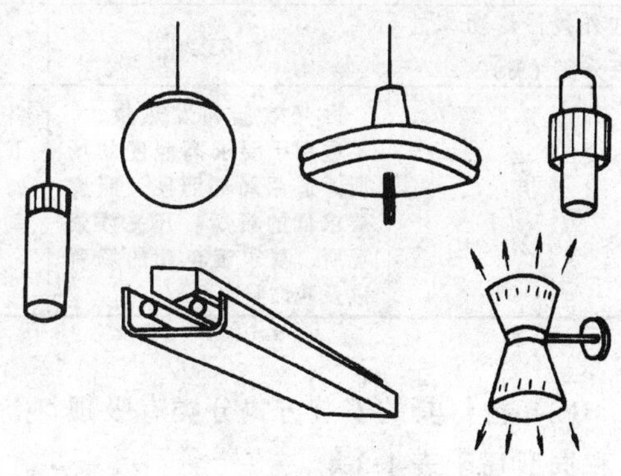

图1-3-6 均匀漫射型灯具

3.1.3 均匀漫射型灯具

均匀漫射型灯具如图1-3-6所示。最典型的是配有乳白玻璃球形灯具，其他带各种漫射透光的封闭灯罩的灯具，也属此类灯具，这种灯具将光线均匀发射空间各方向。若将一对直接型和间接型灯具组合在一起，或者用不透光材料遮住灯泡，而上下均敞口透光的灯具，其发出的光通量近似各一半的均为均匀漫射（直接型-间接型）灯具，能耗稍大。

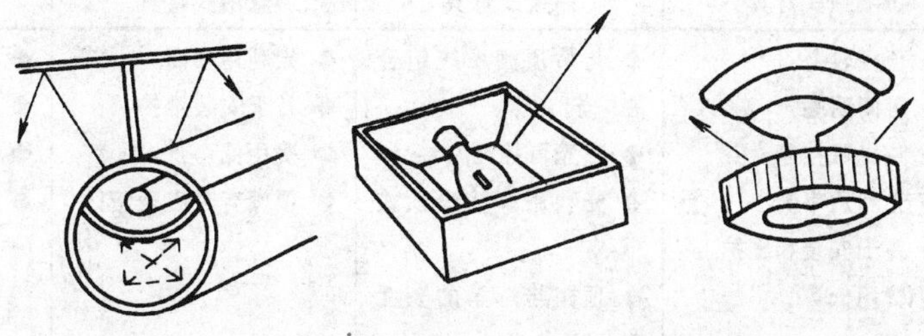

图1-3-7 间接型灯具

3.1.4 半间接型灯具

上面敞口的半透明罩属于此类灯具，大部分光线投向顶棚或墙上部，光线柔和，适用于建筑装饰照明。较不节能，能耗较大。

3.1.5 间接型灯具

间接型灯具如图1-3-7所示。

间接型灯具将光线全部投向顶棚，使顶棚成为二次光源。室内光线扩散性好，几乎无阴影和反射，更无直接眩光，不节能，能耗大。

3.2 灯具的其他类型分类和选型

(1) 按灯具所使用的光源分类有白炽灯灯具、荧光灯灯具、高强度气体放电灯灯具等，其分类和选型列于表1-3-3。

按灯具使用的光源分类和选型　　表1-3-3

性能＼分类	白炽灯灯具	荧光灯灯具	高强度气体放电灯灯具
配光控制	容易	难	较易
眩光控制	较易	易	较难
显色性	优	良	差（金卤灯，显改钠灯除外）
调光	容易	较难	难
红外线占灯功率的百分比（%）	83	41	48～64
适用场所	因光效低和发热量大，不适用于要求高照度的场所，适用局部照明，照度要求低的场所、开关频繁场所、要求暖色调的场所以及装饰照明	用于顶棚高度5～6m以下的低顶棚公共建筑场所，如商店、办公楼、学校教室	用于厅棚高度大于5～6m的公共和工业建筑

(2) 按灯具的安装方式分类有吸顶灯、悬吊式灯具、嵌入式灯具、壁式灯具等，其分类和选型列于表1-3-4。

按灯具的安装方式分类和选型　　表1-3-4

安装方式	吸顶式灯具	嵌入式灯具	悬吊式灯具	壁式灯具
特征	◆ 顶棚较亮 ◆ 房间明亮 ◆ 眩光可控制 ◆ 光利用率高 ◆ 易于安装和维护 ◆ 费用低	◆ 与吊顶棚系统组合在一起 ◆ 眩光可控制 ◆ 光利用率较吸顶式低 ◆ 顶棚与灯具的亮度对比大 ◆ 顶棚暗 ◆ 费用高	◆ 光利用率高 ◆ 易于安装维护 ◆ 费用低 ◆ 顶棚有时出现暗区	◆ 照亮壁面 ◆ 易于安装和维护 ◆ 安装高度低 ◆ 易形成眩光
适用场所	◆ 适用于低顶棚照明场所	◆ 适用于低顶棚但要求眩光小的照明场所	◆ 适用顶棚较高的场所	◆ 适用于装饰照明兼作加强照明和辅助照明用

（3）按灯具外壳的防护等级的分类有：一种是防止人体触及或接近外壳内部带电部分，防止固定异物进入外壳内部；另一种是防止水或潮气进入外壳内部达到有害程度。防护等级的代号用特征字母IP和两个特征数字表示，第一个特征数字表示第一种防护，第二个特征数字表示第二种防护形式。其分类见表2-1-21。

（4）按灯具防触电保护分类有0类、Ⅰ类、Ⅱ类和Ⅲ类（见GB 70001—1996《灯具的一般要求与试验》）。

（5）按特殊场所使用的灯具分类有多尘、潮湿、腐蚀、火灾危险、爆炸危险等场所所使用的灯具，其分类和选型列于表1-3-5。

特殊场所的灯具分类和选型 **表1-3-5**

场所	环境特点	对灯具选型的要求	适用场所
多尘场所	◆大量粉尘积在灯具上造成灯具污染，效率下降（不包括有可燃或有爆炸危险的场所）	◆采用尘密灯 ◆灰尘不多的场所可采用开启式灯具 ◆采有不易污染的反射型灯泡	如水泥、面粉、煤粉等生产车间
潮湿场所	◆特别潮湿环境，相对湿度在95%以上，常有冷凝水出现，降低绝缘性能，产生漏电或短路，增加触电危险	◆灯具的引入线处严格密封 ◆采用带瓷质灯头的开启式灯具	浴室、蒸汽泵房
腐蚀性场所	◆有大量腐蚀介质气体或在大气中有大量盐雾、二氧化硫气体场所、对灯具的金属部件有腐蚀作用	◆腐蚀性严重的场所采用密闭防腐灯，外壳由抗腐蚀的材料制成 ◆对灯具内部易受腐蚀的部件实行密封隔离 ◆对腐蚀性不太强烈的场所可采用半开启式灯具	如电镀、酸洗、铸铝等车间以及散发腐蚀性气体的化学车间等
火灾危险场所	◆生产、使用、加工、贮存可燃气体（H-1级）的场所 ◆有固体可燃物（H-3级）的场所	◆为防止灯泡火花或热点成为火源而引起火灾 ◆在H-1级场所采用保护型灯具 ◆固定安装的灯具、在H-2级场所采用将光源隔离，密闭的灯具如防水防尘灯具，在H-3级场所，可采用一般开启式灯具，但应与固体可燃材料保持一定的安全距离	H-1级：地下油泵间、贮油槽、变压器维修和贮存间 H-2级：煤粉生产车间、木工锯料间 H-3级：纺织品库、原棉库、图书、资料、档案库
爆炸危险场所	空间有爆炸性气体蒸气（Q1、Q2、Q3级）和粉尘、纤维（G-1、G-2）的场所。当介质达到适当温度形成爆炸性混合物，在有燃烧源或热点温升达到闪点情况下能引起爆炸的场所	采用具有防爆间隙的隔爆型灯或具密封性的增安型灯并限制灯具外壳表面温度 Q1、G-1级用隔爆型灯 Q-2级用增安型灯 Q-3、G-2级用防水防尘灯	Q-1级：非桶装贮漆间 Q-2级：汽油洗涤间、液化和天然气配气站、蓄电池仓 Q-3：喷漆室、干燥间

4 室外照明灯具分类

4.1 投光灯的分类

投光灯是利用反射器和折射器在限定的立体角内获得高光强的灯具，它是泛光灯、探照灯和聚光灯（射灯）的统称。

泛光灯是指光束发散角（光束宽度）大于10°的投光灯，通常可转动并可指向任意方向。探照灯通常具有直径大于0.2m的出光口并产生近似平行光束的高光强投光灯。聚光灯（射灯）通常具有直径小于0.2m的出光口并形成一般不大于0.35Rad（20°）发射角的集中光束的投光灯。投光灯具可按光束角和配光分类。

（1）按投光灯的光束角分类（见表1-3-6）

按投光灯的光束角分类　　表1-3-6

编号	光束名称	光束角（°）	最低光束角效率（%）	适用场所
1	特狭光束	10～18	35	远距离照明、细高建筑立面照明
2	狭光束	18～29	30～36	足球场四角布灯照明、垒球场、细高建筑立面照明
3	中等光束	29～46	34～45	中等高度建筑立面照明
4	中等光束	46～70	38～50	较低高度建筑立面照明
5	宽光束	70～100	42～50	篮球场、排球场、广场、停车场
6	很宽光束	100～130	46	低矮建筑立面照明、货场、建筑工地
7	特宽光束	>130	50	低矮建筑立面照明

（2）按投光灯的配光分类（见表1-3-7）

按投光灯的配光分类和选型　　表1-3-7

分　类	配光性能	适用场所
狭角型	光束角 β $\frac{1}{10}I_{max}$ I_{max} （光束角小、最大光强很高）	投光灯至被照距离较远，如足球场、棒球场、田径比赛场； 要求整个照明场地照度高（500～1000lx）和照射范围广，如垒球场
宽角型	光束角 β $\frac{1}{10}I_{max}$ I_{max} （光束角大、最大光强较低）	投光灯至被照面距离较近，如网球场、排球场、篮球场等； 照明范围窄，照度中等（200～500lx）； 要求整个照明场地照度较低（50～100lx），如学校运动场、货场、建筑工地等
狭角型与宽角型并用	—	远距离用狭角型，近距离用广角型，如广场、停车场、铁路站场、高尔夫球场、滑雪场

4.2 道路照明灯具的分类

（1）按道路照明灯具用途分类（见表1-3-8）

按道路照明灯具用途分类和选型　　表1-3-8

分　类	性　能	适　用　场　所
装饰性灯具	采用装饰性灯外罩，以造型和美化环境为主，适当考虑效率和眩光限制	商业街、人行道的立柱灯； 有一定艺术效果要求的广场的组合花灯
功能性灯具	为满足高效率和低眩光要求，而有一定控光措施的灯具	常规道路照明的蝙蝠翼式配光灯具； 用于大型广场、停机坪、码头、立交桥的高杆照明，多采用泛光灯具

（2）按灯具的配光分类（见表1-3-9）

按灯具的配光分类和选型　　表1-3-9

分类	最大光强方向	在指定角度方向上所发出的光强最大允许值		光学性能	适用场所
		90°	80°		
截光型	0～65°	10cd/1000lm	30cd/1000lm	属窄配光灯具，对道路轴向的光作了严格限制，即使周围环境是暗的情况也感觉不到眩光	用于快速路、主干路和郊外的重要地点
半截光型	0～75°	50cd/1000lm	100cd/1000lm	对道路轴向的光作了适当的限制，而又使光尽量向外延伸	用于快速路、主干路、次干路
非截光型	—	1000cd	—	对沿道路轴向的光不作限制，光源基本裸露，没有保护角、眩光大	用于支路以及交通量小的道路或四周明亮的街道

（3）按灯具的光度特征分类（见表1-3-10）

按灯具的光度特征分类　　表1-3-10

分类	性能指标	示　意　图	说　明
光射程	$\gamma_{max}<60°$短射程 $60°\leqslant\gamma_{max}\leqslant70°$中射程 $\gamma_{max}>70°$长射程	90%I_{max} 90° γ_{max} I_{max} 90%I_{max} γ	灯具的光射程是灯具发出的光沿道路轴向分布的范围，由光束中心的仰角γ_{max}决定。该仰角由在通过最大光强值I_{max}的平面两个90% I_{max}仰角之间的1/2处
光扩散	$\gamma_{90}<45°$窄扩散 $45°\leqslant\gamma_{90}\leqslant55°$平均扩散 $\gamma_{90}>55°$宽扩散	γ_{90} h γ_{max} b 1h 2h 3h 4h 90%I_{max} 0 1h 2h 3h	灯具的光扩散是光线横穿道路方向扩散的程度。是指切在路面上90%I_{max}等坎德拉轮廓线远侧的一条与道路轴线平行走向的直线，该直线的位置以角度γ_{90}表示

续表

分类	性能指标	示意图	说明
眩光控制	$SLI<2$ 有限控制 $2\leqslant SLI\leqslant 4$ 中等控制 $SLI>4$ 严格控制		是指灯具对眩光控制的程度，由特殊灯具指数（SLI）决定，该指数计算公式略

（4）按灯具的防护性能分类（见表 1-3-11）

按灯具的防护性能分类和选型　　**表 1-3-11**

分　类	结构特点	适用场所
开启型	光源与外界空间直接接触，无透光罩包合	适用于对照明质量要求不高和灰尘不多的一般街道或工厂区道路
封闭型	透光罩固定处一般封闭，与外界隔绝较可靠，但内外空气可有限流通	适用于街道、广场等处
密闭型	透光罩固定处严密封闭，与外围隔绝相当可靠，空气不能流通，或通过有限的防尘呼吸器有限流通	适用于大型广场、机场、车站、码头等场所

5　灯具的控光部件

一般灯具的控光部件有反射器、折射器、漫射器、遮光器等，这些控光部件的科学合理设计，对于充分利用光源，节约电能，提高照明效果有重要作用，下面分述各部件的光学性能。

5.1　反射器

反射器是利用反射原理来改变光源光通量空间分布的装置，反射器的作用是将光源发射的光通过反射器对光进行再分配，这种反射可能是漫反射的，也可能是空间反射的。一般镜面反射器有表 1-3-12 所列的基本形式。

镜面反射器的基本形式及其光学特性　　**表 1-3-12**

名　称	曲线与方程	光学作用与图形	应用灯种类
抛物面反射器	$y^2=4fx$ F——焦点（f、O） f——焦距	点光源置于 F 点时，则反射光线平行于光轴 Ox 光源从焦点向外移动，反射光线会聚在 Ox 轴上 光源从焦点向内移动，反射光线远离 Ox 轴扩散 实际光源置于 F 点时，则反射光线有一定扩散。光源越大，发散角越大，反之越小（在同一面内）	探照灯 投光灯 信号灯

续表

名　称	曲线与方程	光学作用与图形	应用灯种类
球面反射器	$x^2+y^2=R^2$ R——半径 C——球心 F——焦点	光源置于球心，搜集不能利用的光线，提高光的利用率 光源在球面圆心，起辅助反射器的作用，还可防止眩光 光源置于 1/2 曲率半径附近，$OF=1/2R$ 时，则近轴的光线几乎平行于光轴	矿用头灯 投光灯幻灯
椭球面反射器	$\frac{x^2}{a^2}+\frac{y^2}{b^2}=1$ 焦点——F_1（$-c$、O） F_2（c、O）	点光源放在焦点 F_1 处，反射光线会聚在焦点 F_2 处，F_2 是 F_1 位置上的成像位置不能使点光源光线反射后形成平行光束	投光灯
双曲面反射器	$\frac{x^2}{a^2}-\frac{y^2}{b^2}=1$ 焦点——F_1（$-c$、O） F_2（c、O）	不能使点光源光束反射后成平行光束 光源置于 F_2 处，光线经反射后扩散，反射光线延长线都通过 F_1，如从 F_1 发出的光线 点光源从焦点 F_2 向镜面移动，反射光扩散程度增加，远离镜面扩散程度减小	新闻摄影灯
平面镜反射器	$\alpha_1=\alpha_2$ （入射角＝反射角） $\angle AOP=\angle A'OP$ $\angle AON=\angle A'ON'$	$AP=A'P$，物点 A 与像点 A' 对平面镜来说是对称的 当入射光线方向不变，平面镜转动 α 角，则反射光线转动 2α 角	平面反射的简式灯具
组合型反射器	用若干直线段或典型曲面组合而成	按照被照面要求的光通量分布，组合典型曲面，合理分配光源的光通量，使配光达到预定的要求	大面积照明灯和特殊要求的照明灯

5.2 折射器

折射器利用光的折射原理来改变光发出的光通量的空间分布的装置，它可使光射向所需要的方向，使灯具有合理的光分布。一般灯具中采用的折射部件有透镜和棱镜两种类型。单个透镜使用的少，多为多个棱镜并列组成，如机场信号灯、跑道灯等。应用透镜进行折射的较多，如信号灯、路灯、舞台聚光灯等。透镜的种类如图 1-3-8 所示。

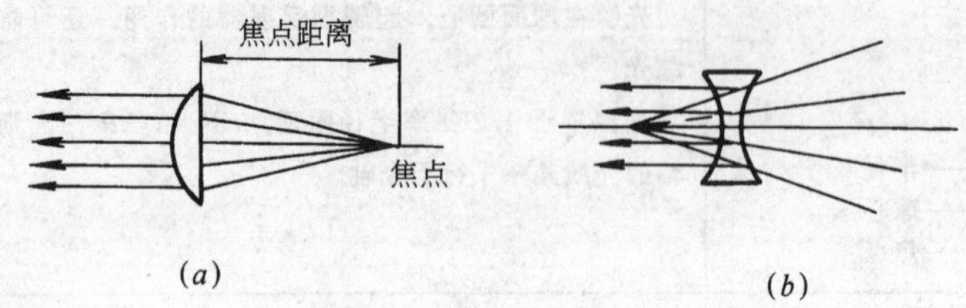

图 1-3-8 透镜

(a) 会聚透镜（平凸透镜）；(b) 发散透镜（双凹透镜）

图 a 是平透镜，又称会聚透镜，如将点光源放在透镜焦点上，会产生平行光，图 b 是双凹透镜，又称发散透镜，它可使光线发散。通常平透镜的尺寸，取决于灯具的口径。灯具较大时，其透镜尺寸也较大因此透镜重量大，而且透光效果不好，为了克服此缺点，采用将透镜视为由很多小透镜排列而成，如果透镜曲面不变，而光的方向也不变，结果重量轻，提高光效率，这种透镜称为螺纹透镜（又称菲涅尔透镜），其示意图如图 1-3-9 所示。

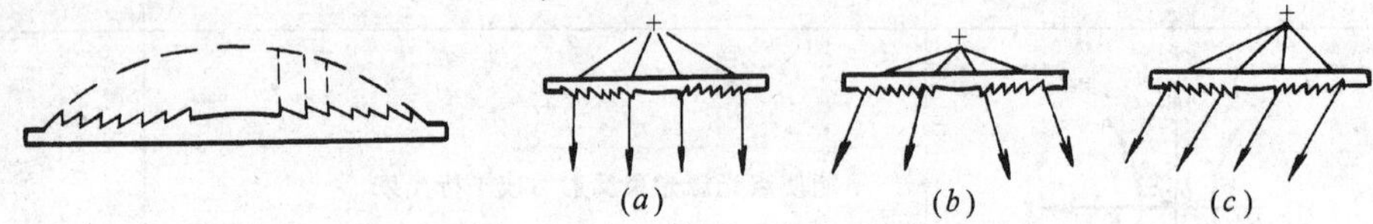

图 1-3-9 螺纹透镜（菲涅尔透镜）

(a) 光源在焦点时；(b) 光源在焦点前面时；(c) 光源由焦点横向移动时

5.3 漫射器

光源发出的光通过光学漫射部件，如乳白玻璃、磨砂玻璃、有机玻璃等形成各种形状的外罩，从而形成漫射型灯具。各种形式的漫射器见图 1-3-10。漫射器可以使光线柔和，模糊甚至看不见灯具的亮光源，从而减少眩目作用。但是其光效较低，不利于节约电能。

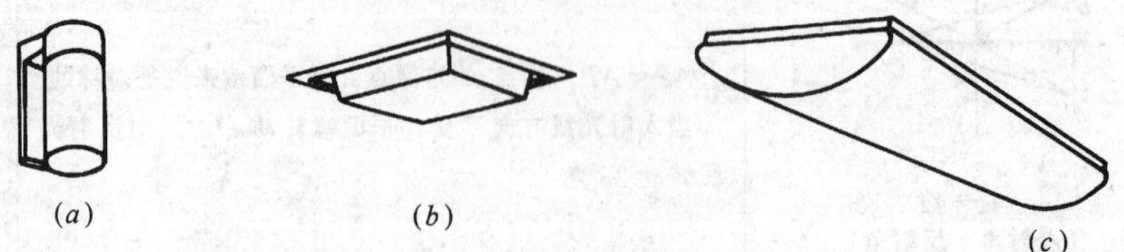

图 1-3-10 各种漫射器示意图

(a) 紧凑型灯用；(b) 紧凑型灯用；(c) 管形灯用

5.4 遮光器

遮光器的作用就是起加大保护角，以达到限制眩光作用，常用的有遮光格栅，由半透明或不透明组件构成的遮光体，组件的几何布置在给定的角度内看不见灯光，常用的格栅如图 1-3-11 所示。带遮光器的灯具效率比敞开式灯具效率低。

(a)
(b)
(c)
(d)

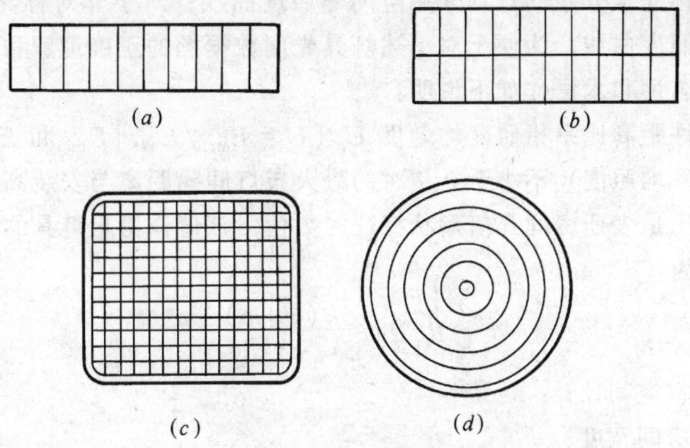

图 1-3-11 格栅遮光器的示意图

(a) 线形光源用格栅；(b) 线形光源用格栅；(c) 点光源用格栅；(d) 点光源用格栅

6 灯具的光度数据

6.1 室内照明灯具

为正确进行照明设计与计算，灯具应有一套经测试所得的光度数据图，见图 1-3-12。

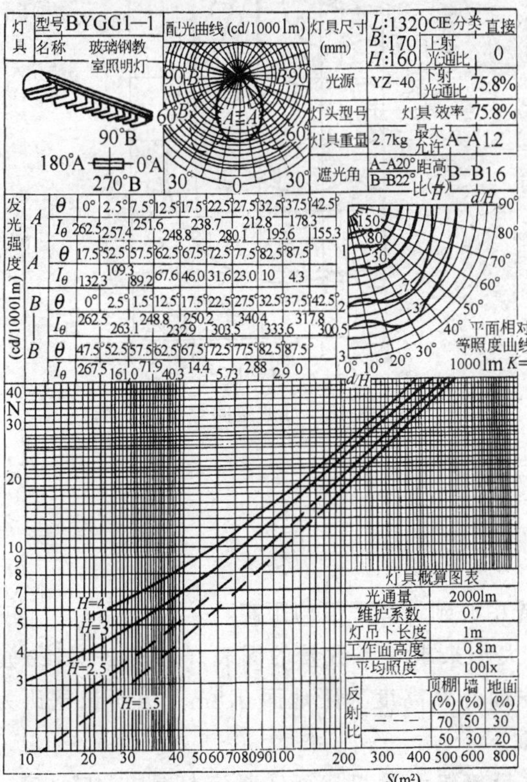

灯具
型号 BYGG1—1
名称 玻璃钢教室照明灯
90°B
180°A
0°A
270°B
配光曲线 (cd/1000lm)
90 B
B 90
60 B
60°
A≡A
30°
0
30°
灯具尺寸 (mm)
L:1320
B:170
H:160
CIE 分类 直接
上射光通比 0
光源 YZ-40
下射光通比 75.8%
灯头型号
灯具效率 75.8%
灯具重量 2.7kg
最大允许距高比(L/H) A-A 1.2
遮光角 A-A 20° B-B 22°
B-B 1.6
发光强度 (cd/1000lm)
A—A
θ 0° 2.5° 7.5° 12.5° 17.5° 22.5° 27.5° 32.5° 37.5° 42.5°
Iθ 262.5 257.4 251.6 248.8 238.7 280.1 212.8 195.6 178.3 155.3
θ 17.5° 52.5° 57.5° 62.5° 67.5° 72.5° 77.5° 82.5° 87.5°
Iθ 132.3 109.3 89.2 67.6 46.0 31.6 23.0 10 4.3
B—B
θ 0° 2.5° 1.5° 12.5° 17.5° 22.5° 27.5° 32.5° 37.5° 42.5°
Iθ 262.5 263.1 248.8 232.9 250.2 303.5 340.4 333.6 317.8 300.5
θ 47.5° 52.5° 57.5° 62.5° 67.5° 72.5° 77.5° 82.5° 87.5°
Iθ 267.5 161.0 71.9 40.3 14.4 5.73 2.88 2.9 0
d/H
平面相对等照度曲线 1000lm K=1
N
H=4
H=3
H=2.5
H=1.5
灯具概算图表
光通量 2000lm
维护系数 0.7
灯吊下长度 1m
工作面高度 0.8m
平均照度 100lx
反射比 顶棚(%) 墙(%) 地面(%)
70 50 30
50 30 20
S(m²)

(a)

反射比	顶棚	70%			50%			30%			10%			0%
	墙	50%	30%	10%	50%	30%	10%	50%	30%	10%	50%	30%	10%	0%
	地面	20%			20%			20%			20%			0%
室空间比		利用系数												
1		0.79	0.77	0.75	0.76	0.74	0.72	0.73	0.71	0.70	0.70	0.69	0.68	0.66
2		0.71	0.67	0.63	0.68	0.65	0.62	0.66	0.63	0.61	0.64	0.61	0.60	0.58
3		0.63	0.59	0.55	0.62	0.57	0.54	0.59	0.56	0.53	0.58	0.54	0.53	0.50
4		0.57	0.51	0.47	0.55	0.50	0.46	0.53	0.49	0.46	0.52	0.48	0.45	0.44
5		0.51	0.45	0.40	0.49	0.44	0.40	0.48	0.43	0.40	0.40	0.42	0.39	0.38
6		0.45	0.39	0.34	0.44	0.39	0.35	0.43	0.38	0.34	0.42	0.37	0.34	0.33
7		0.41	0.34	0.31	0.40	0.34	0.30	0.38	0.34	0.30	0.38	0.33	0.30	0.28
8		0.36	0.30	0.26	0.35	0.30	0.26	0.34	0.29	0.26	0.33	0.30	0.26	0.24
9		0.32	0.26	0.22	0.32	0.26	0.22	0.31	0.26	0.22	0.30	0.25	0.22	0.21
10		0.29	0.24	0.20	0.29	0.23	0.19	0.28	0.23	0.19	0.27	0.23	0.19	0.18

90°
180°
0°
270°

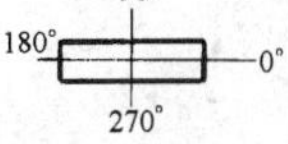

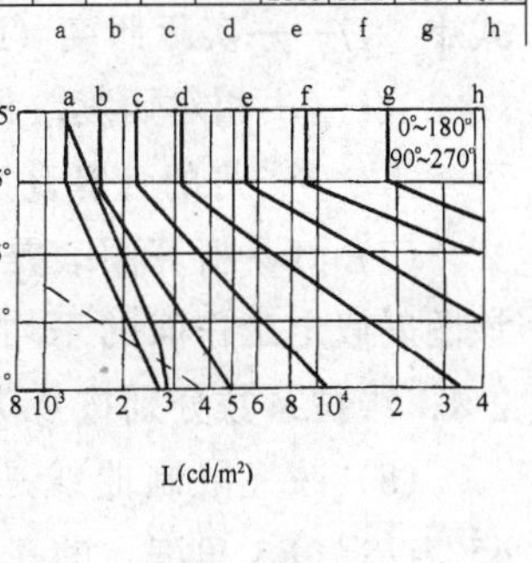

亮度值 (cd/m²)

0°～180°		
γ	cd/m²	
85°	1166	
75°	1493	
65°	1905	
55°	2446	
45°	2875	

90°～270°		
γ	cd/m²	
85°	153	
75°	148	
65°	578	
55°	1810	
45°	3580	

γ 角度从铅垂线起始

眩光限制数值按照 CIE 出版物 №29/2 (1983)

质量等级	使用照度 (lx)							
A	2000	1000	500	≤300				
B		2000	1000	500	≤300			
C			2000	1000	500	≤300		
D				2000	1000	500	≤300	
E					2000	1000	500	≤300
	a	b	c	d	e	f	g	h

a b c d e f g h
0°~180°
90°~270°
85°
75°
65°
55°
45°
8 10³ 2 3 4 5 6 8 10⁴ 2 3 4
L(cd/m²)

(b)

图 1-3-12 灯具的光度数据图 (BYGG4-1 室内照明灯)

对于旋转对称光强分布的灯具采用空间等照度曲线；对于非对称光强分布的采用1m高平面的相对等照度曲线。为便于对上述灯具光度数据图的正确理解和应用，现对在前面未提及的图中的名词和术语作如下说明：

（1）最大允许距高比系指照度均匀度 U（$U = E_{min}/E_{av}$，E_{min}和 E_{av}分别是被照明场所内最小照度和平均照度）不小于0.7时的最大布灯间隔距离与安装高度之比。

（2）室空间比是表征房间几何形状特征的数值，该值作为求灯具的利用系数用，室空间比的计算公式为：

$$RCR = \frac{5h(a+b)}{ab} \tag{1-3-2}$$

式中　RCR——室空间比；

a——房间宽度；

b——房间进深；

h——灯具安装高度，从工作面到灯具的距离。

（3）利用系数是指灯具投射工作面上（距地面0.8m高的水平面上）的光通量与灯具中灯的额定光通量之比，它与灯具效率、房间大小和室内表面反射比有关。

（4）等照度曲线是连接面上等照度的点曲线或曲线群。

（5）空间等照度曲线是以光源或灯具为中心，在空间中某一剖面上的照度相等的点的连线，该曲线以直角坐标表示，见图1-3-13。

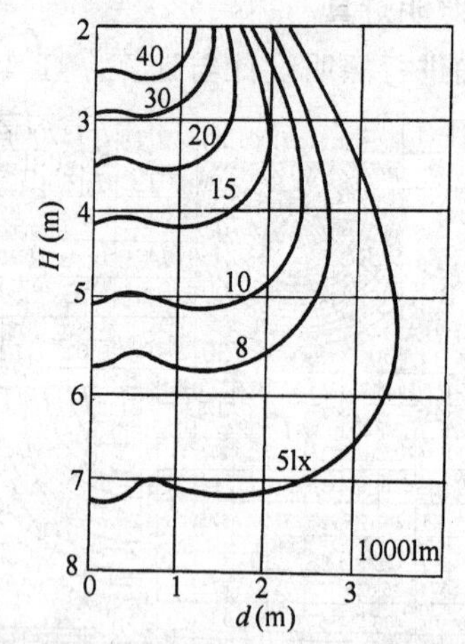

图1-3-13　灯的空间等照度曲线

（6）平面相对等照度曲线用于非对称灯具（见图1-3-12a），假设灯具悬挂高度 h = 1m时计算出的平面照度并绘出等照度曲线的分布。若照明器悬挂高度不为1m时，实际照度应按下式计算：

$$E = \frac{\varepsilon}{h^2} \tag{1-3-3}$$

式中　E——实际照度（lx）；

ε——相对照度，见图1-3-12（a）；

h——灯的计算高度（m），即由灯的光中心到计算平面的距离。

（7）灯具概算图表是按被照度房间面积大小来求灯具数量的图表（见图1-3-12a）。该图表假定工作面的平均照度为100lx，工作面计算高度为距地面0.8m，房间长宽比为2:1，维护系数分别按0.75、0.7和0.65选取。

（8）眩光限制曲线是一组按不同照明质量等级和照度等级，规定灯具在45°、55°、65°、75°、85°角度上的亮度限制值连成的曲线（见图1-3-12b），图中用粗线表示。在实际使用中，可根据选定的质量等级和照度标准值确定某条限制曲线与灯具的亮度曲线进行比较，若灯具的亮度曲线全落在选定的限制曲线的左边，则符合眩光限制要求；若灯具的亮度分布曲线全落在限制曲线的右边，即不符合眩光限制要求；若灯具的亮度分布曲线一部分落在限制曲线的左边，另一部分落在右边（即二条线相交），则该灯具亮度在某些角度内符合要求，其他角度不符合要求，这时应确保室内主视线方向上的灯具亮度值小于限制曲线上的亮度值。

6.2 投光灯具

投光灯具的光度数据见图 1-3-14。

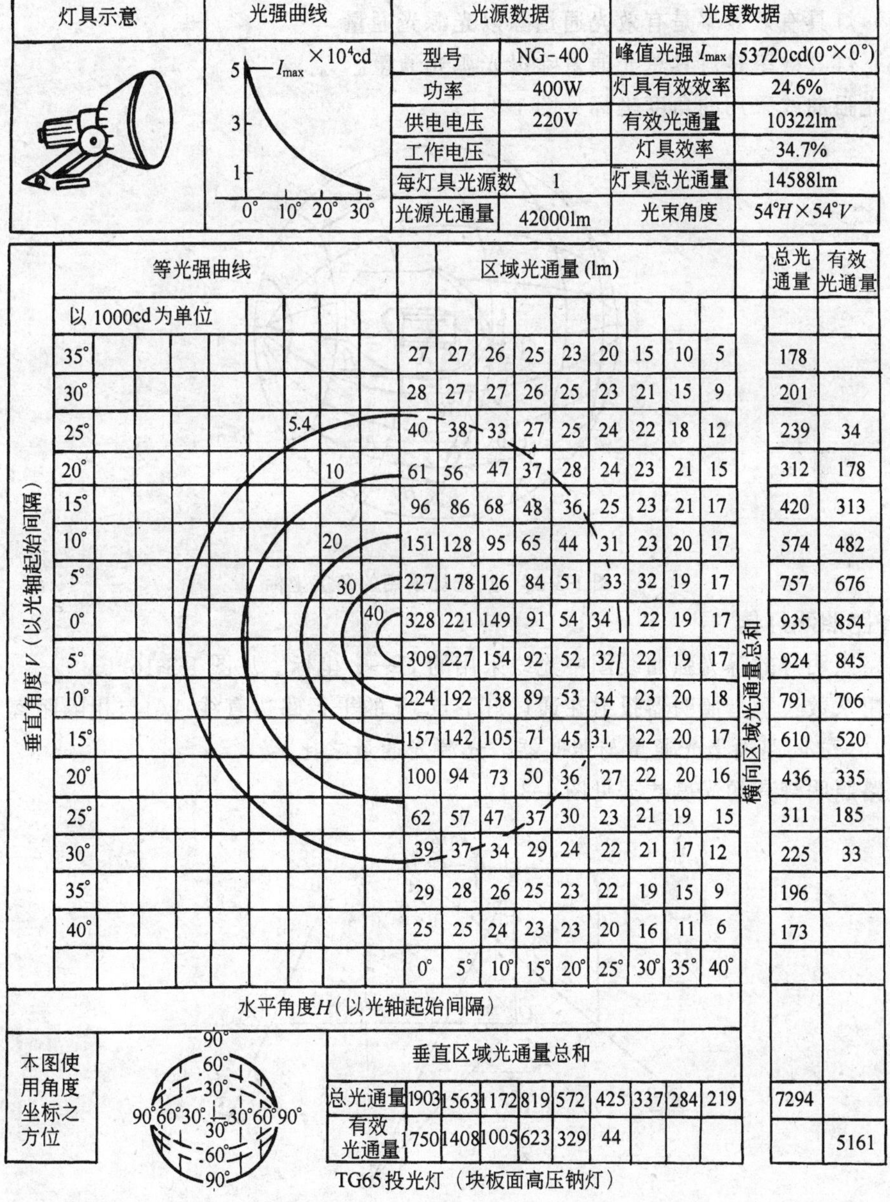

灯具示意	光强曲线	光源数据		光度数据	
		型号	NG-400	峰值光强 I_{max}	53720cd(0°×0°)
		功率	400W	灯具有效效率	24.6%
		供电电压	220V	有效光通量	10322lm
		工作电压		灯具效率	34.7%
		每灯具光源数	1	灯具总光通量	14588lm
		光源光通量	42000lm	光束角度	54°H×54°V

垂直角度 V（以光轴起始间隔）	0°	5°	10°	15°	20°	25°	30°	35°	40°	总光通量	有效光通量
35°	27	27	26	25	23	20	15	10	5	178	
30°	28	27	27	26	25	23	21	15	9	201	
25°	40	38	33	27	25	24	22	18	12	239	34
20°	61	56	47	37	28	24	23	21	15	312	178
15°	96	86	68	48	36	25	23	21	17	420	313
10°	151	128	95	65	44	31	23	20	17	574	482
5°	227	178	126	84	51	33	32	19	17	757	676
0°	328	221	149	91	54	34	22	19	17	935	854
5°	309	227	154	92	52	32	22	19	17	924	845
10°	224	192	138	89	53	34	23	20	18	791	706
15°	157	142	105	71	45	31	22	20	17	610	520
20°	100	94	73	50	36	27	22	20	16	436	335
25°	62	57	47	37	30	23	21	19	15	311	185
30°	39	37	34	29	24	22	21	17	12	225	33
35°	29	28	26	25	23	22	19	15	9	196	
40°	25	25	24	23	23	20	16	11	6	173	
垂直区域光通量总和：总光通量	1903	1563	1172	819	572	425	337	284	219	7294	
垂直区域光通量总和：有效光通量	1750	1408	1005	623	329	44					5161

TG65 投光灯（块板面高压钠灯）

图 1-3-14 投光灯光度数据图

对投光灯光度数据图中的名词术语作如下说明：

(1) 峰值光强是灯具在光轴向的最大光强值（I_{max}）。

(2) 光束角即光束宽度或光束扩散范围。某个截面的光束角系指该截面上光强等于1/10峰值光强的两个方向之间的夹角。对于对称光分布的投光灯，列出一个数据即可，如60°（或2×60°）；对于非对称光分布的投光灯，则需列出垂直截面和水平截面上两种角度，如水平100°/垂直40°（或写为100°H×40°V）。

(3) 有效光通量（或称光束区光通量）是指包括光束角内的总光通量。

(4) 灯具有效效率是有效光通量除以光源光通量。

(5) 灯具效率是灯具总光通量除以光源光通量。

等光强曲线采用的角度坐标见图1-3-15。

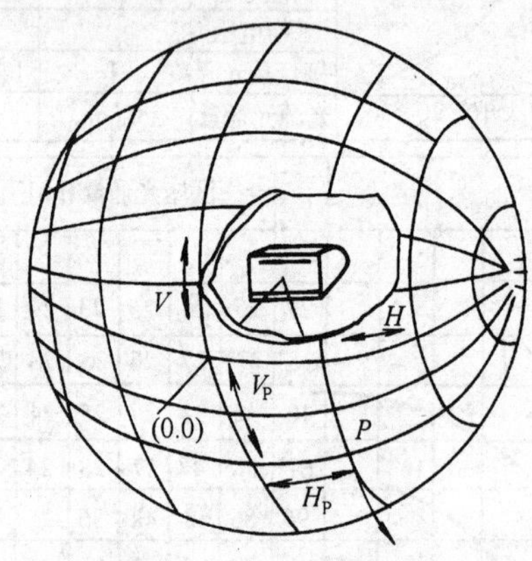

图1-3-15 投光灯采用的角度坐标

6.3 道路照明灯具

道路照明灯的等光强曲线图中光线采用的$C—\gamma$坐标，见图1-3-16。

利用系数：系指照明器投射在通过灯下点O的平行路边直线AA与相隔距离为W的平行线BB之间路面上光通量与照明器内光源光通量之比。

道路照明灯具的光度数据见图1-3-17。

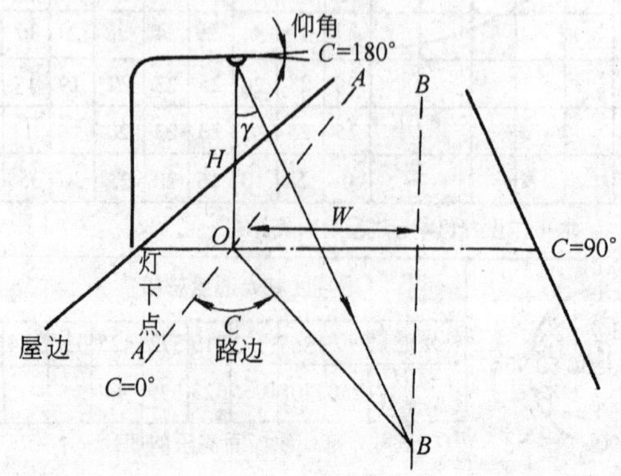

图1-3-16 道路照明灯中的光线坐标和利用系数的说明

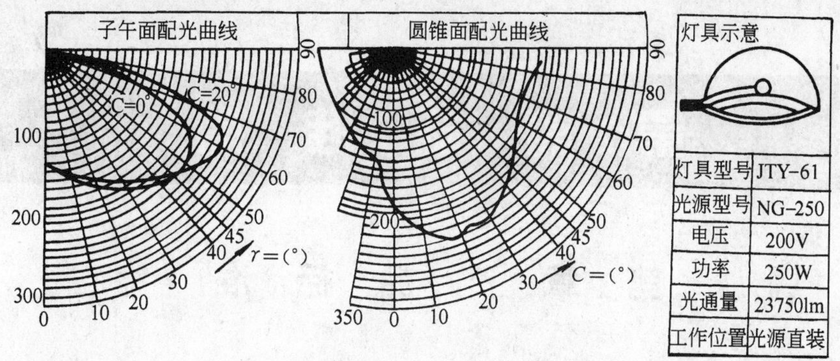

灯具型号	JTY-61
光源型号	NG-250
电压	200V
功率	250W
光通量	23750lm
工作位置	光源直装

光通量数据				
向下路边	向下屋边	向上路边	向上屋边	效率
10402*lm*	7648*lm*	0	0	76%

等烛光圆形网图

$I_{max}=100\%$ 等于 234.3cd/1000lm

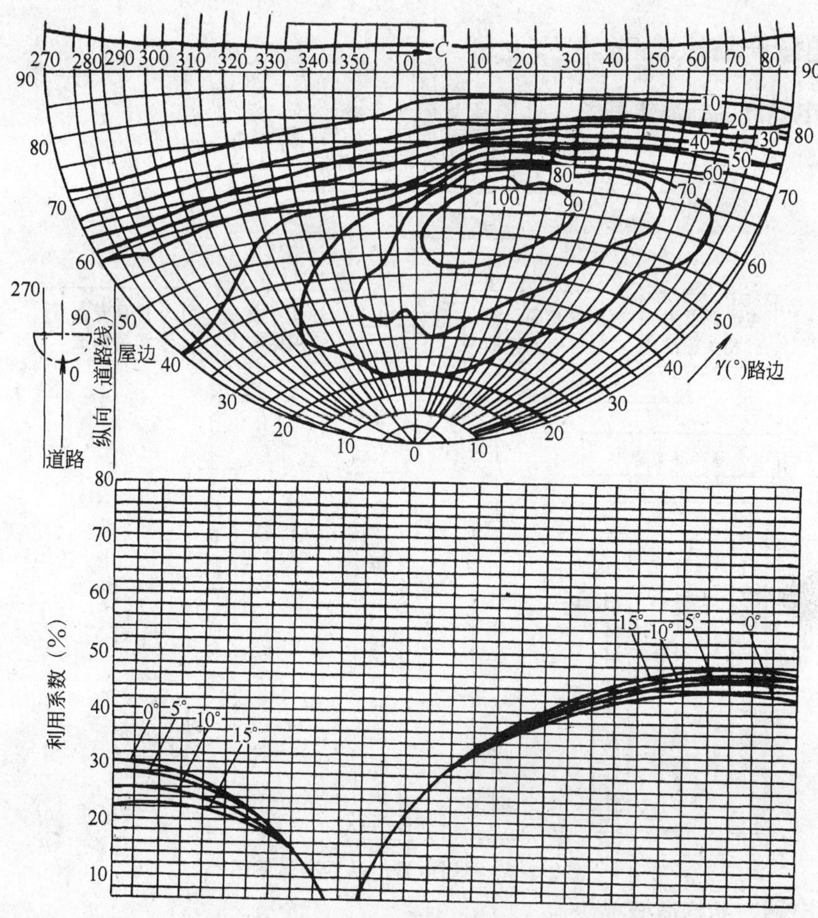

图 1-3-17 道路照明灯中的光线坐标和利用系数的说明

第2篇 标 准 篇

第1章 产 品 标 准

建国以来，特别是改革开放以来，我国照明电器产品标准和认证工作得到了迅速的发展。截止到2000年涉及照明电器产品的中国国家标准和行业标准有170余项，其中50%为国家标准，涉及照明电器行业的电光源产品、灯头灯座、灯用镇流器和启辉器等灯用附件、灯具及灯用材料等。这些标准的发布和实施对推动我国照明电器产品质量的提高发挥了巨大的作用。

1 照明电器产品标准

1.1 照明电器产品标准体系图（见图2-1-1）

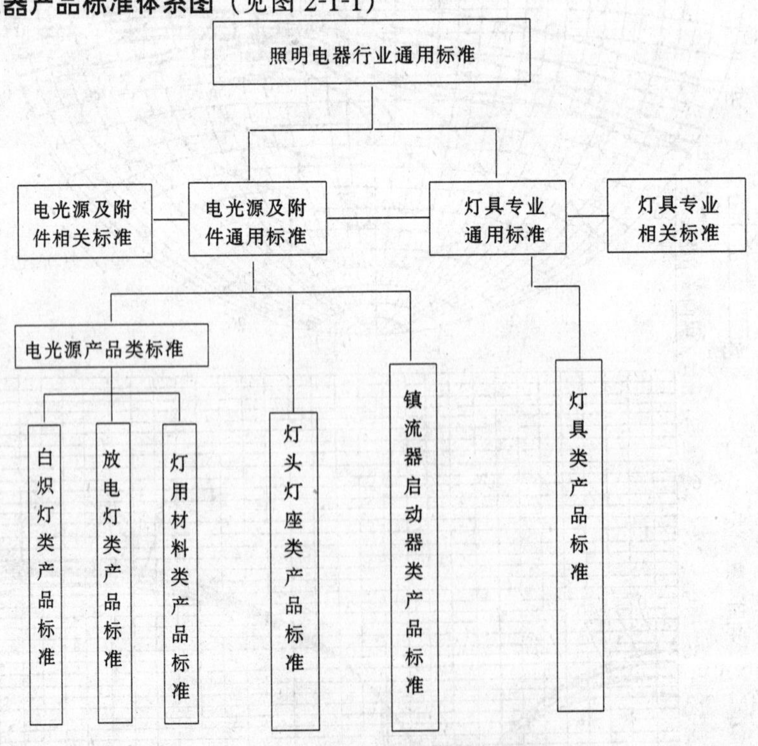

图2-1-1 照明电器产品标准体系图

1.2 照明电器产品标准概况

我国的照明电器标准化体系是与国际电工委员会（IEC）TC34对照明电器标准的分类相对应的，涉及的产品标准主要包括各种灯、灯头灯座、灯用附件及其灯具的标准。目前属于 IEC TC34（灯及其设备）的标准共有 61 大项，95 项标准，所属 4 个分委会的标准分布情况为：

SC34A（灯）：35 项；

SC34B（灯头、灯座）：10 项；

SC34C（灯用附件）：27 项；

SC34D（灯具）：23 项。

这 95 项标准中 70%已转化为中国国家标准或行业标准，共 67 项，其中：

电光源产品类：17 项；

灯头、灯座类：23 项；

镇流器、启动器等灯用附件类：10 项；

灯具类：17 项。

这些标准中大部分为等同或等效采用 IEC 标准，其中强制性安全标准 36 项。

除此之外，根据我国的实际情况还制定了一些 IEC 标准之外的、生产产量较小的一些特殊用途产品的标准及灯用材料标准，用于指导企业的生产。这些标准基本为行业推荐性标准，主要为特种光源、特种灯具、灯用材料（包括灯用玻璃、灯用荧光粉等）及一些电光源产品基础标准，有近百项。

截止到 2002 年底，照明电器行业已经制定国家标准 82 项，行业标准 92 项。其中强制性国家标准 44 项，推荐性国家标准 38 项。

2 主要节能照明产品标准内容介绍

2.1 光源标准

2.1.1 白炽灯和卤钨灯标准

卤钨灯由于光色好，光效和寿命比白炽灯高，因此得到了广泛的应用。1982 年国际电工委员会就发布了 IEC 357 标准，规定了卤钨灯的一些安全要求和性能要求，1993 年我国参照采用 IEC 357 及其修订件制定了国家标准 GB/T 14094《卤钨灯》，规定了室内照明、室外照明、舞台照明、红外加热、放映以及电影、电视、新闻摄影等用的各种卤钨灯的安全要求和性能要求。安全要求包括对卤钨灯的玻壳、灯头、封接、灯丝支架、电连接、耐震性、绝缘电阻、介电强度、耐扭力等的要求，性能要求包括主要尺寸、电压、功率以及光通量和寿命等。随着人们安全意识的增强，安全标准越来越为大家所重视，1994 年国际电工委员会发布了 IEC 432—2《家庭和类似场合普通照明用卤钨灯的安全要求》，这样涉及卤钨灯的安全要求的部分不再执行 IEC 357 的要求，而要执行 IEC 432—2 的要求。为了与国际接轨，目前我国已制订卤钨灯的安全要求的国家标准 GB 14196—2002《家庭和类似场合普通照明用卤钨灯的安全要求》，该标准等同采用 IEC 432—2，主要技术要求有：标志、对于意外接触螺口灯座的保护、灯头温升、耐力性、绝缘电阻、意外带电部件、爬电距离、寿终安全性、互换性及紫外辐射等，其具体要求除灯头温升和紫外辐射外基本与白炽灯的安全要求 IEC 432—1《家庭和类似场合普通照明用钨丝灯安全要求》一致。灯头温升部分增加了白炽灯标准中没有涉及的相应型号的灯的附加要求，包括 PAR 型灯泡、T 型玻壳灯泡等。对卤钨灯的紫外辐射的要求是，一只灯的特定有效紫外辐射功率不得超过0.35W/klm，对于反射型灯则不得超过0.35mW/（$m^2 \times klx$）。（注：特定有效紫外辐射功率是指与灯的光通量有关的有效紫外辐射功率；对于反射型灯，特定有效紫外辐射功率是指与照度相关的紫外辐射的有效辐射度。）

2.1.2 荧光灯标准

2.1.2.1 双端荧光灯标准

双端荧光灯（以前称为管形荧光灯）的第一版国家标准GB 10682—89《普通照明用管形荧光灯》是1989年由国家技术监督局颁布的，标准中的规格和一些性能要求是按照我国当时的实际情况确定的，其主要尺寸、使用灯头、电参数及安全要求与IEC 60081—1984《普通照明用管形荧光灯》基本一致。1993年国际电工委员会制定了IEC 1195《双端荧光灯-安全要求》，为了区别于单端荧光灯，首次将管型荧光灯改称为双端荧光灯。1997年发布了新版的IEC 60081，将名称改为《双端荧光灯-性能要求》，标准中不再包括对环形灯的要求。我国目前已参照新版IEC 60081完成了对89版的GB 10682的修订，标准号和标准名称为GB/T 10682—2002《双端荧光灯-性能要求》，该标准中所包含的灯种根据灯的工作类型分为交流电源频率带启动器预热阴极荧光灯、快速启动荧光灯、瞬时启动荧光灯和高频快速启动荧光灯，根据管径分为T12、T10、T9、T8和T5灯，规格从4W到125W，并在原标准的基础上增加了T8和T5高频灯的参数，标准颜色由原来的三种增加为六种，一些性能参数如光通量、光通维持率、寿命、显色指数和色度容差等作了较大调整。并等同IEC 61195制定了《双端荧光灯的安全要求》标准，标准号为GB 18774—2002。标准内容见表2-1-1和表2-1-2。

2.1.2.2 单端荧光灯和普通照明用自镇流荧光灯标准

单端荧光灯和普通照明用自镇流荧光灯属于紧凑型节能荧光灯，用于替代普通照明白炽灯。GB 16843《单端荧光灯安全要求》和GB 16844《普通照明用自镇流荧光灯的安全要求》国家标准于1997年发布实施，分别等同IEC 1199和IEC 968。主要内容见表2-1-1。

单端荧光灯和自镇流荧光灯的性能要求的第一版国家标准分别为GB/T 17262—1998《单端荧光灯性能要求》和GB/T 17263—1998《普通照明用自镇流荧光灯性能要求》，这两项标准分别是参照IEC 969和IEC 901制定的，尺寸、电参数、颜色参数及测试方法等与IEC标准一致，标准中根据我国国情增加了型号、光通量、光通维持率、标志及验收规则等项目。GB/T 17262适用于具有预热式阴极的装有内启动装置或使用外启动装置的单端荧光灯，根据灯的放电管的数量及形状分为双管、四管、多管、方形（2D型）和环形，环形灯根据管径又分为D32、D29和D16型。GB/T 17263适用于额定电压为220V，频率为50Hz，额定功率为60W以下，采用螺口灯头或卡口灯头，在家庭和类似场合普通照明用的，把控制启动和稳定燃点部件集成一体的普通照明用自镇流荧光灯。这两项标准的制定对推动我国紧凑型节能灯的发展起到了积极的作用。随着我国节能灯质量水平的提高，这两项标准已经不能适应节能灯发展的需要，2001年完成了标准的修订工作，灯的尺寸和电参数等同采用IEC标准，光参数及寿命等在原有的基础上适当提高，同时增加高频灯的设计参数。自镇流荧光灯考核最低光效，光通量由生产商给出。修订后的标准号分别为GB/T 17262—2002和GB/T 17263—2002。

（1）荧光灯的安全要求

双端荧光灯、单端荧光灯和自镇流荧光灯的主要安全要求项目及内容见表2-1-1。

荧光灯的主要安全项目及内容 表2-1-1

项目	双端荧光灯	单端荧光灯	自镇流荧光灯
标志	a）来源标志 b）标称功率或其他表征灯特征的标志		a）来源标志； b）额定电压和电压范围； c）额定功率； d）额定频率
灯头的机械要求	扭矩值（N·m） 灯头 加热前 加热后 G65 0.5 0.3 G113 1.0 0.6 R17d 1.0 0.6	灯头 拉力（N） 弯矩（N·m） GR8，G10q 80 GR10q 80 其他 40 3	灯头 扭矩值（N·m） B22d 3 E27 3 灯的质量不超过1kg； 灯与灯座之间的弯矩不大于2N·m；
互换性	灯头尺寸符合GB 2799	灯头尺寸符合IEC 61—1	灯头尺寸符合IEC 61—1
绝缘电阻	2MΩ	0.5MΩ	4MΩ
介电强度	50Hz 1500V，历时1min 无闪络或击穿现象		HV（220～250V）；4000V BV（100～120V）；2U+1000V 历时1min无闪络或击穿现象
可能会意外带电的部件	与带电部件绝缘的金属部件不得带电； 除灯头插脚外，带电部件不得突出灯头的任何部位		
耐热与防火	灯头的绝缘部件应具有耐热性能， 在标准规定的温度下历时168h，不影响安全性能； 灯头的绝缘部件应具有耐异常高温和防燃烧性能，用灼热丝试验检验		样品放入加热箱，灯的外部防触电，绝缘部件和固定带电部件的绝缘部件应具有耐热性，球压试验后压痕直径不超过2mm；防火与防燃性用灼热丝试验检验
灯头温升 Δt（≤）	G5、G13、2G13灯头：95K W4.3X8.5d灯头：55K	2G13灯头： 95K GR8灯头：16W： 45K 28W： 35K GR10q灯头：16W、21W： 45K 16W、28W、38W：35K 其他灯头： 75K	E27灯头： 120K B22d灯头： 125K
灯头爬电距离	符合IEC 61—1要求	符合GB 2799的要求	
异常条件			6种异常条件下不降低灯的安全性能

（2）荧光灯的性能要求

双端荧光灯、单端荧光灯和自镇流荧光灯的主要性能要求如下：

1）启动电压

在220V 50Hz的电源电压下工作的使用预热式阴极的荧光灯，其启动电压不大于198V，启动时间对于双端荧光灯不大于30s，单端荧光灯不大于10s，电子型自镇流荧光灯不大于4s，电感式自镇流荧光灯不大于10s。

2）功率

在额定电压和额定频率下工作时，双端荧光灯和单端荧光灯的初始功率不得大于额定功率的105%+0.5W，自镇流荧光灯的初始功率与额定功率之差不得大于15%。

3）光通量/光效

双端荧光灯的初始光通量不得低于额定值的92%；单端荧光灯的初始光通量不得低

于额定值的90%；自镇流荧光灯的初始光通量不得低于制造商或销售商标称值的90%，光效不得低于标准规定值。灯的额定光通量及光效参见表2-1-2、表2-1-3和表2-1-4。

4）颜色参数

灯的色度坐标应在规定的色度图范围之内，在任何情况下距离目标值应在5SDCM之内。灯的一般显色指数的初始值不得比规定值低3个数值，规定值见表2-1-5。

5）寿命和光通维持率

灯的寿命和光通维持率见表2-1-2、表2-1-3和表2-1-4。

6）功率因数

自镇流荧光灯在额定电压和额定功率下工作时，其实际功率因数不得比制造商的标称值低0.05。

7）谐波含量

自镇流荧光灯的谐波含量应符合以下要求：

a.有功功率＞25W的灯，谐波电流不得超过表2-1-6规定的限值。

b.有功功率≤25W的灯，应满足下列要求之一：

(*a*) 谐波电流不得超过表2-1-7第2列每瓦允许的最大谐波电流值；

(*b*) 由基波电流的百分数表示的3次谐波电流不得超过86%，5次谐波电流不得超过61%。此外，输入电流波形应在相位角60°或之前开始导通，在65°或之前达到最后一个峰值（若每半个周期有几个峰值），并在90°前不停止导通，基波电压在0°时过零点。

双端荧光灯的光通量、光通维持率和寿命 表2-1-2

工作类型	标称功率（W）	初始光通量额定值（lm）			光通维持率（不低于，%）		额定寿命（h）
		RR，RZ	RL，RB	RN，RD	2000h时	70%寿命时	
交流电源频率带启动器预热阴极荧光灯	4	110	130	130	76	70	5000
	6	210	260	260			
	8	310	380	380			
	13	650	800	800			
	15	560	610	630	83	75	7000
	15(550*)	700	780	800			
	18	960	1110	1150			
	19						
	20						
	30	1720	2025	2100	87		8000
	36	2400	2650	2760			
	38						
	40						
	58	4080	4780	5000			
	65						
	80	4620	5440	5650			
	85	5110	6300	6525	83		7000
	100	6010	7185	7380			
	125	7515	8700	8860			

续表

工作类型	标称功率（W）	初始光通量额定值（lm）			光通维持率（不低于，%）		额定寿命（h）
		RR，RZ	RL，RB	RN，RD	2000h时	70%寿命时	
快速启动荧光灯	20	760	885	920	—	72	3000
	40	2000	2120	2200			
瞬时启动荧光灯	20	760	885	920			
	40	2000	2120	2200			
高频预热阴极荧光灯	14	1045	1140	1140	85	75	8000
	16	1050	1200	1200			
	21	1800	2025	2100			
	28	2350	2470	2470	87		10000
	32	2500	2650	2760			
	35	3250	3350	3450			
	39	2760	2925	2925			
	54	3930	4200	4200			
	80	5500	5850	5850			

* 550为光源的长度。

单端荧光灯的光通量 **表 2-1-3**

灯的类别	标称功率（W）	光通量额定值（1m）		光通维持率（不低于，%）	额定寿命（h）
		RR，RZ	RL，RB，RN，RD	2000h	
双管类	5	230	240	80%	6000
	7	350	380		
	9	540	580		
	11	820	880		
	18	1120	1200		
	24	1600	1700		
	28	1930	2050		
	36	2510	2670		
	40	2910	3000		
	55	3970	4100		
四管类	10	560	600		
	13	840	890		
	18	1120	1200		
	26	1680	1780		
六管类	13	840	890		
	18	1120	1200		
	26	1680	1780		
	32	1930	2080		
	42	2540	2730		

续表

灯的类别		标称功率（W）	光通量额定值（1m）		光通维持率（不低于, %）	额定寿命（h）
			RR，RZ	RL，RB，RN，RD	2000h	
方形		10	590	630		
		16	960	1050		
		21	1270	1380		
		28	1800	1850		
		38	2600	2630		
环形	D29①	22	980	1115		
	D32①	32	1560	1835		
		40	2225	2580		
	D16①	22	1710	1800		
		40	3000	3200		
		55	3800	4000		

①D29、D32、D16 是表示管径的尺寸。

普通照明用自镇流荧光灯的光通量、最低光效、光通维持率和寿命　　表 2-1-4

功率范围（W）	光通量（lm）	光效（lm/W）		2000h 时光通维持率不低于	额定寿命（h）
		RZ，RR	RL，RB，RN，RD		
5～8	生产厂家宣称	36	40	80％	6000
9～14		44	48		
15～24		51	55		
≥25		57	60		

各类三基色荧光灯的显色指数初始值　　表 2-1-5

色调	代表符号	一般显色指数	相关色温（K）	色度容差 SDCM
F6500（日光色）	RR	80	6430	5
F5000（中性白色）	RZ		5000	
F4000（冷白色）	RL	82	4040	
F3500（白色）	RB		3450	
F3000（暖白色）	RN	84	2940	
F2700（白炽灯色）	RD		2720	

灯电源电流中谐波含量极限值　　表 2-1-6

谐波次数（n）	基波频率下输入电流的百分数表示的最大允许谐波电流（%）
2	2
3	30λ
5	10
7	7
9	5
11～39	3

λ：表示线路功率因数

谐波限值 表2-1-7

谐波次数（n）	每瓦允许最大谐波电流（mA/W）	最大允许谐波电流（A）
3	3.4	2.30
5	1.9	1.14
7	1.0	0.77
9	0.5	0.40
11	0.35	0.33
$13 \leqslant n \leqslant 39$	$3.85/n$	$0.15 \times 15/n$

2.1.3 高强度气体放电灯标准

高强度气体放电灯包括高压汞灯、高压钠灯和金属卤化物灯。高压汞灯目前只有参照IEC 60188制定的行业标准QB/T 2051《荧光高压汞灯泡》，它规定了功率为50～1000W的带涂有荧光粉玻壳的高压汞灯的基本参数和技术要求。它属于光效较低的一种高强度气体放电灯。高压钠灯和金属卤化物灯光效较高、使用范围广。1980年国际电工委员会制定了IEC 662《高压钠灯》标准。1991年国家质量监督局发布了国家标准GB 13259《高压钠灯泡》，该标准参照采用了IEC 662，规定了35～1000W高压钠灯的尺寸、外观、偏离度、牢固度以及耐温、耐潮、耐震和过电压性能等安全要求，性能要求包括光电参数和寿命，其主要电参数与IEC 662基本一致。目前金属卤化物灯的现有国家标准是GB 18661—2002《单端金属卤化物灯（175～1500W钪钠系列）》，该标准的制定是根据国内金卤灯的实际情况，同时参照美国国家标准ANSI C78.1300系列标准和IEC 61167，规定了175～1500W钪钠系列单端金属卤化物灯的技术要求，其中包含安全要求和性能要求。这类产品主要是在引进的美国生产线上生产的，带有辅助启动电极，并与LC顶峰超前式镇流器配套使用的金属卤化物灯。其他类型的金属卤化物灯的标准正在考虑之中。

1999年国际电工委员会颁布了IEC 62035《放电灯（荧光灯除外）—安全要求》标准，我国正在根据该标准制定我国国家标准，标准生效后，所有涉及的气体放电灯的安全要求按照此标准执行。

2.1.3.1 气体放电灯安全要求

IEC 62035的主要内容有一般安全要求和特殊安全要求：

（1）一般安全要求

1）标志

a.来源标志（可采用商标、制造商或销售商的名称等）；

b.标称功率（标上“W”或瓦特）或灯的其他标志。

2）机械要求

a.灯头的机械要求。

（*a*）尺寸符合IEC 60061—1的要求；

（*b*）灯头触点和灯头金属部件之间的爬电距离符合IEC 60061—4的要求；

（*c*）带连接键的灯头保证类似种类的灯不可互换。

b. 结构和组装：灯的结构和组装应能保证在承受如下拉力和扭矩后灯头和灯管之间不松动。

（*a*）抗拉力：对于未使用过的灯和加热 2000h 后的灯，拉力值正在考虑之中。

（*b*）抗扭矩：对于使用 E27 和 E27/51×39 灯头的灯，在未使用前扭矩值为 3.0N·m，2000h 加热后的扭矩值为 2.5N·m。使用其他灯头的灯的扭矩值正在考虑之中。

3）电气要求

a. 可能会意外带电的部件

（*a*）与带电部件绝缘的部件不得带电；

（*b*）对插脚式灯头，接触面的任何突出部位不得到达绝缘金属部件 1mm 内。

（*c*）对螺口式灯头，灯头的任何突出部位的高度不得高于灯头表面 3mm。

b. 绝缘电阻

灯头的金属外壳和插脚或触点之间的绝缘电阻不小于 2MΩ。

c. 电气强度

灯的相同部件之间的绝缘体经受频率为 50Hz 或 60Hz 的 1500V 正弦交流电压 1min 不发生闪络或击穿现象。

4）热要求

a. 耐热性

（*a*）在加热箱内（温度正在考虑之中）放置 168h 后不影响灯的安全性。

（*b*）用直径 5mm 的钢球以 20N 的力压试样的表面，1h 后移开，压痕直径不大于 2mm。试验温度正在考虑之中。

b. 耐异常高温和防火

样品经 IEC 60695—2—1/0 规定的灼热丝试验后，燃烧着的或熔化的下落物不得引燃符合 ISO 4046 中 6.86 规定的水平放置的、距样品 200mm±5mm 的五层薄纸。

（2）特殊安全要求

1）高压钠灯

带内启动装置的灯在启动期间电压脉冲高度不得超过 IEC 60662（GB 13259—91）数据活页表中镇流器设计参数中给出的最大脉冲高度。

2）金属卤化物灯

对于 IEC 61167 规定的灯，其产生的特殊有效 UV 辐射能量不得超过 IEC 61167 有关参数表中规定的最大值。

2.1.3.2 气体放电灯性能要求

气体放电灯标准中涉及的性能要求包括电参数和光参数等，电参数基本等同 IEC 标准；光参数根据我国的实际情况制定，主要包括光通量、光通维持率、显色指数和寿命等，IEC 标准中一般不作规定。国家标准中规定的气体放电灯的主要参数见表 2-1-8。

高强度气体放电灯性能参数　　　　**表 2-1-8**

种类			规格（W）	初始光通量额定值（lm）	显色指数（Ra）	额定寿命（h）	2000h 光通维持率不小于（%）
高压汞灯			50～80	1570～2940	—	3500	85
			125～175	4990～7350		5000	
			250～1000	11000～525000		6000	
高压钠灯	普通型	外启动	35～100	1780～7280	＜40	3000	80
			150～1000	11880～95000		6000	86
		内启动	250～400	20590～37200			
	中显色性	外启动	150～400	10290～30090	40～60	3000	84
	高显色性		250～400	16630～27720	＞60		
金属卤化物灯（钪钠系列）			175～1000	14000～110000	65	10000	75
			1500	155000		3000	—

2.2　灯用附件标准

2.2.1　荧光灯用电子镇流器标准

目前执行的电子镇流器的国家标准有两项，GB 15143—1994《管形荧光灯用交流电子镇流器一般要求和安全要求》和 GB/T 15144—1994《管形荧光灯用交流电子镇流器性能要求》。GB 15143 等同采用 IEC 60928，对荧光灯电子镇流器提出了 13 项技术要求，包括标志、接线端子或引出线、接地装置、爬电距离和电气间隙、防止意外接触带电部件的措施、防潮和绝缘、介电强度、异常状态、螺丝载流件与连接、耐热和耐火性能等。GB/T 15144 等效采用 IEC 60929，标准规定了启动特性、流明系数、线路功率、功率因数、电流谐波、耐久性等 14 项技术要求。2000 年国际电工委员会发布了 IEC 61347—1 和 IEC 61347—2 系列标准，其中 IEC 61347—1 将荧光灯用交流、直流 、电感、电子镇流器、启动装置（辉光启动器除外）和钨丝灯交直流电子降压转换器等灯的控制装置的一般要求和安全要求的共性部分归并在一起形成 IEC 61347—1《灯的控制装置第一部分：一般要求和安全要求》标准，而其特殊要求分别在 IEC 61347—2—1～11 中规定。荧光灯电子镇流器的特殊安全要求在 IEC 61347—2—3 中规定。国家标准 GB 15143 将根据 IEC 标准进行修订。IEC 61347 系列标准与被替代的原 IEC 标准的对应关系如表 2-1-9 所示。

IEC 61347 系列标准与被替代的原 IEC 标准的对应关系　　　　**表 2-1-9**

序号	IEC 61347—2 系列号	标 准 名 称	被替代标准
1	IEC 61347—2—1	启动装置（辉光起动器除外）的安全要求	IEC 60926
2	IEC 61347—2—2	钨丝灯用直流/交流电子降压转换器的安全要求	IEC 61046
3	IEC 61347—2—3	荧光灯用交流电子镇流器的安全要求	IEC 60928
4	IEC 61347—2—4	普通照明用直流电子镇流器的安全要求	IEC 60924

续表

序号	IEC 61347—2 系列号	标 准 名 称	被替代标准
5	IEC 61347—2—5	公共运输工具照明用直流电子镇流器的安全要求	IEC 60924
6	IEC 61347—2—6	航空器照明用直流电子镇流器的安全要求	IEC 60924
7	IEC 61347—2—7	应急照明用直流电子镇流器的安全要求	IEC 60924
8	IEC 61347—2—8	荧光灯用镇流器的安全要求	IEC 60920
9	IEC 61347—2—9	放电灯（荧光灯除外）用镇流器的安全要求	IEC 60922
10	IEC 61347—2—10	高频冷启动管型放电灯（霓虹灯）用电子转换器的安全要求	
11	IEC 61347—2—11	与灯具联用的杂类电子电路的安全要求	

IEC 61347—1 的主要技术要求包括：

(1) 一般要求

灯的控制装置的设计和结构应能使其在正常使用过程中不对使用者或周围环境构成危险。镇流器及其他元器件是否合格需经过标准中规定的全部试验项目的检验。

(2) 分类

按照安装方法，灯的控制装置分为：内装式、独立式和整体式。

(3) 标志

本条要求列出了灯的控制装置的 17 项标志，内容包括：来源标志、型号或生产厂家的类型符号、额定电源电压、适用的灯的型号及额定功率或功率范围、接地装置、tc 值、绕组的额定最大工作温度、适用的独立式灯的控制装置的符号、接线端子的位置和用途线路图、热保护式控制装置的温度标志等，这些标识内容哪些应是强制性标志，哪些应标在灯的控制装置上，哪些应注明在生产厂家的产品目录中，IEC 61347—2 的各个部分有所规定。检验标志是否合格，一是要求内容齐全，二是要求标志的牢固度。

(4) 接线端子

螺纹式接线端子和无螺纹接线端子应符合 GB 7000.1 第 14 部分和 15 部分的要求。

(5) 接地保护装置

接地的接线端子应符合第 (4) 条的要求。电气连接件应能充分锁定防止松动，并且在只用手不使用工具的情况下不能将其松动。对于无螺纹接线端子，其固定装置/电气连接件应不能随意松开。

灯的控制装置（不包括独立式灯的固定装置）可以固定在接地的金属件上来形成接地，但是如果灯的控制装置具备接地端子，则该接地端子只能用于灯的控制装置接地。

接地端子的所有部件应能将由于与接地导体或其他金属件相连接而发生电解质腐蚀的危险降至最小程度。

接地端子的螺钉或其他部件应由黄铜或其他耐腐蚀的金属制成，或由有防锈表面的材料制成，并且它们的接触面中至少应有一个是金属裸露的。

(6) 防止意外接触带电部件的措施

不依靠灯具外壳作为防电击保护措施的灯的控制装置在按正常使用要求进行安装时应

能充分防止与带电部件发生意外接触；用标准试验指试验未能触及带电部件（试验装置指示灯不亮），则为合格。

装有总容量超过0.5μF的电容器的灯的控制装置，其结构应能使其在额定电压下断开电源1min后，终端电压不超过50V。

(7) 防潮与绝缘

灯的控制装置应防潮。将灯的控制装置以正常使用时最不利的方式放置在潮湿箱内（湿度91%～95%，温度20～30℃）48h后，立即给样品施加大约500V的直流电压，持续1min，绝缘电阻不得小于2MΩ。绝缘外壳的样品应用金属箔包在外壳上。在一个或多个输出端子和接地端子之间配有内部连接件或组建的镇流器在试验时应断开此类部件。

(8) 耐电强度

在进行完第(7)条试验后，在灯的控制装置的各绝缘部件间施加表2-1-10规定的50Hz正弦波试验电压，历时1min，不得发生闪络和击穿现象。

耐电强度试验电压 **表2-1-10**

工作电压(U)	试验电压(V)
42V以下（包括42V）	500
42V以上至1000V（包括1000V）	$2U+1000$

(9) 镇流器绕组的耐热试验

镇流器的绕组应具有充分的耐热性，通过将镇流器放置在烘箱内试验30d来检验标在镇流器上的额定最大工作温度（t_w）的有效性。

(10) 故障状态

灯的控制装置在设计上应能保证其在以下几种故障状态下工作时，不会喷出火焰或熔化的材料，也不会产生易燃气体，并不得使防止意外接触带电部件的保护措施受到损坏。

1) 将间距小于规定值的爬电距离和电气间隙的跨接短路；

2) 将半导体装置短路或断开；

3) 将由漆层、磁漆和纺织物构成的绝缘层短路；

4) 将电解电容器短路。

(11) 结构

木材、棉织物、丝绸、纸和类似纤维材料不得用作绝缘材料，除非这类材料经过树脂浸渍；印刷电路允许为内部连接式。

(12) 爬电距离和电气间隙

爬电距离和电气间隙不得小于表2-1-11和表2-1-12给出的规定值。

爬电距离是指沿绝缘体表面测量的两导电体间的距离，电气间隙指两导电体的最小空气中的距离。

计算漏电距离时，不足1mm的槽口，只按其槽口宽度计算，总电气间隙计算是不足

1mm的间隙均不计入。

当漏电距离和电气间隙不小于2mm时，可把漆包线表面涂层或类似绝缘涂层算作1mm。

50Hz正弦电压下的最小爬电距离（mm） **表2-1-11**

最小间隙（mm）			不超过以下各值的均方根工作电压（V）					
			50	150	250	500	750	1000
a）不同极性的带电部件之间 *b*）带电部件与永久性固定在灯的控制装置上的易被触及的金属部件之间	爬电距离	绝缘体的PTI≥600	0.6	1.4	1.7	3	4	5.5
		绝缘体的PTI＜600	1.2	1.6	2.5	5	8	10
	电气间隙		0.2	1.4	1.7	3	4	5.5
c）带电部件与支撑平面或可能松动的金属外壳之间	电气间隙		2	3.2	3.6	4.8	6	8

非正弦脉冲电压下的最小距离（mm） **表2-1-12**

	额定脉冲电压，峰值（kV）																
	2.0	2.5	3.0	4.0	5.0	6.0	8.0	10	12	15	20	25	30	40	50	60	80	100
最小间隙	1.0	1.5	2	3	4	5.5	8	11	14	18	25	33	40	60	75	90	130	170

（13）螺钉、载流部件及连接件

螺钉、载流部件及机械连接件的损坏会使灯的控制装置不安全，这些部件应能承受住在正常使用中出现的机械应力。

（14）耐热防火及耐漏电起痕

将带电部件固定到位的绝缘材料部件或具备防电击保护功能的绝缘材料部件，应充分耐热。对非陶瓷材料部件，用球压试验来检验其合格性。

具备防电击保护性能的外部绝缘材料部件，以及将带电部件固定到为的绝缘材料部件均应充分耐火、不易燃。对非陶瓷材料部件用灼热丝和针焰试验检验。

安装在灯具中使用的灯的控制装置以及其绝缘体易遭受峰值高于1500V启动电压冲击的灯的控制装置应能耐漏电起痕。用GB 7000.1规定的试验检验。

（15）耐腐蚀

对于生锈后会危及灯的控制装置的安全的铁质部件，应对其采取充分的防锈措施。用GB 7000.1规定的试验检验。

2.2.1.1 电子镇流器的安全要求

IEC 61347—2—3对电子镇流器的特殊要求在IEC 61347—1的基础上有以下调整：

（1）“绕组的耐热试验”和“结构”两章内容在该标准中不采用；

(2)“防潮与绝缘”一章中补充以下内容：

在高频下与交流电子镇流器一起工作的荧光灯可能产生泄漏电流，应按照标准规定的方法测量该泄漏电流值，测量值为有效值，其不得超过标准规定值。

(3) 增加“组合部件的保护措施”和“异常状态”两章的内容。

1) 组合部件的保护措施

a. 在经接入模拟阴极电阻验证的工作状态和异常工作状态下，输出端的电压不得超过表2-1-13规定的最大允许峰值，在接通电源或开始启动5s后，输出端的电压不得超过镇流器所标出的最大工作电压。

工作电压（有效值）和最大峰值电压的关系　　表2-1-13

输出端电压	
工作电压（有效值，V）	最大允许峰值电压（V）
250	2200
500	2900
750	3100
1000	3200

注：允许在给定的电压间隔之间实施之先插入法。

b. 在整流效应所规定的异常条件下，输出端的电压（有效值）不得超过镇流器的设计所要求的最大允许值，按照设计要求在镇流器接通电源或开始启动后，该最大允许值可持续30s以上的时间。

c. 对于可控式电子镇流器，输入控制端应至少采用基本绝缘与电源电路隔离；如果使用安全超低电压，要求采用双重绝缘或强化绝缘。

2) 异常状态

镇流器在额定电源电压的90%～110%的任意电压下的异常状态下工作时，不应出现安全性受到损害的现象。异常状态包括：

a. 灯未被插入或几只灯中有一只未被插入；

b. 由于有一个阴极被破坏，灯不能启动；

c. 虽然阴极电路完好，但灯仍不能启动（去激活的灯）；

d. 灯在工作，但有一个阴极被去激活或损坏（整流效应）；

e. 如有启动器开关，将其短路。

2.2.1.2　电子镇流器的性能要求

GB/T 15144《管形荧光灯有交流电子镇流器的性能要求》等效采用IEC 60929，规定了电子镇流器的14项技术要求。

(1) 额定电压和工作环境温度

电子镇流器与荧光灯配套工作，在电压为90%～110%额定电源电压，环境温度为10～35℃时使灯满意启动，在环境温度10～50℃时能正常工作。这一条规定与IEC 60929不同，IEC 60929中规定的额定电压范围为额定电源电压的92%～106%。国家标准中规定的电压范围较大，主要考虑我国电网电压波动较大，同时也是为了与国家标准 GB 10682 的要求一致。

（2）启动

本条规定了控制电流进行预热启动、控制电压进行预热启动及非预热启动等三种启动方式的要求。在采用预热启动时，预热时间不应小于 0.4s。

（3）流明系数

在额定电源电压下，镇流器与灯配套工作时，其流明系数不得低于制造厂规定值的 95%。

（4）线路功率

电子镇流器在额定电源电压下与基准灯配套工作时，线路功率不得大于标称值的 110%。线路功率是指电子镇流器与灯的组合体在额定电源电压下所消耗的总有功功率。该要求主要是为了给安装使用单位提供必要的电参数。

（5）灯电流

在额定电源电压下，与基准灯配套工作时镇流器提供给该灯的电流不得超过基准镇流器与基准灯灯配套工作时灯电流值的 115%，即电子镇流器应具有限制提供给灯的电流值的功能。

（6）线路功率因数

在额定电源电压和额定频率下，镇流器与灯配套工作时，线路功率因数与标称值相比不得相差 ±0.05。对比较纯的正弦电源来说，功率因数应该用 $\cos\phi$ 表示，但在谐波含量较大时，用电器的功率因数是各次谐波的综合反映。

（7）电源电流

在额定电源电压下，镇流器与灯配套工作时，电源电流与镇流器的标称值相差不得超过 ±10%。

（8）导入阴极的电流

在正常工作状态下，当电源电压为额定值的 92%～106%之间的任意值时，流经阴极终端任一导线的电流不得超过灯参数表中的规定值。

注意：此电流值是在 92%～106% 额定电源电压下测得的，而不是在第一条中规定的 90%～110%的额定电源电压下测得的数据。

（9）电流波形

本条要求是由两部分要求组成，第一部分为电网对电子镇流器的要求，第二部分为灯对电子镇流器的要求。

镇流器与灯在额定电源电压下工作，灯达到稳定工作状态之后：

1）源电流波形

由于电子镇流器输入端的非线性造成了电源电流谐波很丰富，根据傅立叶级数可知，谐波越丰富电源电流波形失真度越大。对电网来说，如果电器谐波含量很大则会造成供电网络自身损耗的增大，使电网供电能力下降。这一现象严重时甚至会危及电网的安全性，因此要加以限制，标准要求电子镇流器的谐波含量应符合表 2-1-14 的要求：

镇流器的电源电流谐波含量 表 2-1-14

谐波 (n)	最大值（用镇流器基波电流的百分比表示）	
	带“L”标志	带“H”标志
2	5	5
3	30λ	37λ
5	7	不作限制
7	4	
9	3	
11≤n≤39	2	

2）灯的工作电流波形

本条包括两方面的要求：第一是电源电压过零的同时，每个连续的半周期内的灯电流包迹波不得相差4%以上。它限制了电子镇流器供给灯的调制高频电流波形必须保持上下半周包迹波的一致性，从而防止灯的两个阴极因为在工作时发射的量不等而造成某一阴极的过早损坏的现象；第二是灯电流波形的峰值与方均根值之比不得大于1.7，单个高频波的波峰系数不得超过1.7。对电子镇流器来说，如果输出的灯电流波峰比过大的话，会使灯的阴极在工作时受到较大量涌电流的冲击，这对灯的阴极以及灯管内壁的荧光粉涂层是很不利的，当灯电流波峰比很大时，将会明显缩短灯的寿命。

这条要求与 IEC 60929 的要求一致。

表 2-1-15 给出了其他国家电子镇流器标准中的规定的电流波峰比及谐波要求。

各国电子镇流器标准中对波峰比及谐波的规定 表 2-1-15

项目	GB	IEC	DIN	JIS	ANSI
灯的电流波峰比	≤1.7	≤1.7	≤1.7	≤2.1	≤1.7
电源电流谐波含量, %					
2	5	5	5		5
3	30λ	30λ	25 (λ/0.9)		30
5	7	7	7		三次谐波倍频波
7	4	4	4		均方根之和：30
9	3	3	3		其他大于11
11≤n≤39	2	2			单次谐波：7

注：λ 为线路功率因数。

(10) 磁屏蔽

电子镇流器应具有有效的磁屏蔽，以避免与环境的相互影响。电子镇流器的输出磁芯都留有磁隙，由于磁隙的存在就会产生明显的漏磁通，如果漏磁通作用在附近的金属板上就会产生涡流及电磁灶效应，这种效应的存在一方面会使电子镇流器有功损耗增加，使本身效率下降，另一方面这一漏磁通在靠近它的金属板材时产生涡流会使金属板发热，尤其是一些大功率的电子镇流器，如果设计不好，它产生的涡流热足以熔化塑包导线外包塑料，因此要对其进行限制。

(11) 声频阻抗

带有声频阻抗标志 Z 的电子镇流器，对于 400～2000Hz 之间的每种频率的信号，在信号电压比等于镇流器的额定电源电压的 3.5%，在镇流器与灯配套工作时，其阻抗是感性的。对于在 250～400Hz 之间的信号，阻抗值至少为频率在 400～2000Hz 之间的信号所需的最小阻抗值的一半。

这条主要是要求镇流器在与灯配套工作时，有较高的声频阻抗，这样可使电源线路中的声频信号尽可能地少损耗一些。

(12) 耐电源中的瞬间过电压性能

镇流器不应因电源中的瞬时过电压影响性能或受损害。

在实际使用中，电子镇流器所接入的电网内往往有高压触发脉冲和电感性负载的感应电动势存在，这些高压脉冲串入电网会使局部电网电压上叠加有瞬时脉冲。由于电子镇流器内的元器件有很多是经不起瞬时过电压的冲击的，因此在进线侧如不采取措施就会因为瞬时脉冲的作用而损坏。

(13) 异常状态

该条要求与安全要求中的异常状态不同，在 GB 15143 中，异常状态时只要不发生安全性故障就可判为合格，但这里要求在 1.1 倍额定电源电压下，电子镇流器在断开灯和使灯不启动两种异常状态下各工作 1h 而不应损坏。即镇流器应该具备异常状态保护功能。

(14) 耐久性

电子镇流器经历环境温度下限和最高外壳温度 T_c 高低温下交替试验 5 个周期，在进行 1000 次开关试验（各开关 30s），最后与相应灯配套工作在额定电源电压和 T_c 温度下工作 200h，恢复到室温，仍能时灯正常启动并工作 15min。

除了第一条额定电压范围的差异外，GB/T 15144 与 IEC 60929 还存在以下几方面的差异：

1) IEC 60929 中规定了鉴定试验的程序，以确定生产者是否有能力生产处符合标准要求的产品。GB/T 15144 则根据我国的习惯采用交收试验和例行试验来检验产品的合格性。

2) 按 GB1.1 的要求，GB/T 15144 中增加了检验规则、表指、包装、运输和储存等内容。

3) 在"试验方法"一章中增加了环境温度试验的内容，即在额定电压下镇流器与灯配套工作，镇流器在 50℃的环境温度下工作 4h，外壳温度不得超过 t_c 值。

4) GB/T 15144 中去掉了 IEC 60929 中 3.1 条启动辅助装置和间隔，8.3 条有关调光的要求及 A1.6 条对基准镇流器的规定。

2.2.2 气体放电灯（荧光灯除外）用镇流器标准

高强度气体放电灯用镇流器的标准包括：GB 14045—1993《放电灯（管形荧光灯除外）用镇流器的一般要求和安全要求》（等效采用 IEC 660922）、QB/T 2052—94《荧光高压汞灯泡用镇流器性能要求》（等效采用 IEC 60923）、GB/T《高压钠灯泡用镇流器性能要求》（等效采用 IEC 60923）、QB/T 2511—2001《单端金属卤化物灯 LC 顶峰超前式镇流器性能要求》（等效采用 ANSIC 78.1300 系列标准）。

2.2.2.1 安全要求

GB 14045—1993《放电灯（管形荧光灯除外）用镇流器的一般要求和安全要求》等效采用IEC 922，规定了1000W以下高压汞灯、高压钠灯和金属卤化物灯等用镇流器的一般要求和安全要求。由于IEC 61347系列标准的发布，IEC 61347—2—9已取代IEC 922，因此对GB 14045—1993已进行修改，修改后的标准等同采用IEC 61347—2—9，主要内容有：

除采用IEC 61347要求外，内容有以下调整：

(1)“故障状态”一章的内容本标准不采用。

(2)“爬电距离和电气间隙”一章除采用IEC 61347—1的规定外，另补充以下要求：

在开启式铁芯镇流器中，作为导线绝缘层并能承受IEC 60317—0—1的第13章所述1级或2级电压试验的磁漆或类似材料，在按照IEC 61347—1表3和表4所示值计算不同绕组的漆包线之间或漆包线与外壳、铁芯之间的距离时，可视为相当于1mm的距离。但是，只能在除瓷漆涂层以外，爬电距离和电气间隙仍不小于2mm的情况下采用这种算法。

(3) 增加“镇流器发热极限”和“高压脉冲试验”两章内容。

1) 镇流器发热极限

镇流器在110%额定电压和额定频率下按正常条件或异常条件下试验时，温度不得超过表2-1-16规定的值。加热试验后，将镇流器冷却至室温，镇流器应符合下述要求：

a. 镇流器的标志依然清晰易认；

b. 镇流器应承受绝缘强度试验而未损坏，但试验电压要降至IEC 61347—1的表1所示值的75%，但不得小于500V。

镇流器的发热极限温度 **表2-1-16**

部件	最高温度（℃）		
	在100%额定电压下正常工作	在106%额定电压下正常工作	在110%额定电压下异常工作
标明温升值 Δt 的镇流器绕组	①		②
标明异常状态下温度值的镇流器的绕组			
与镇流器外壳相邻的电容器：			
——不带温度标志		50	
——带标志 t_c		t_c	
各种材料的部件：			
——木填料酚醛模压部件		110	
——无机物填料酚醛模压部件		145	
——尿素塑料膜压部件		90	
——蜜胺膜压部件		100	
——层压树脂粘合纸部件		110	
——塑料部件		70	
——热塑材料部件		③	

注：1. 如果所用材料和制造方法与表中所列不同，则它们的工作温度不得高于已经证明的该材料所允许的温度；
2. 镇流器在其所宣称的最高环境温度下工作时，温度不得超过表中所示值，该值是基于25℃的环境温度得出的。

①在100%额定电压的正常条件下测量绕组的温升并非必须进行，只有在镇流器带有标志或产品目录中另有要求时才进行此测量；

②只对可能产生异常状态的电路进行此测量；

③对于热塑材料，当其不是用作导线的绝缘层，而是提供防止接触带电部件的保护措施和为带电部件提供支撑时，也要测量其温度。

2）高压脉冲试验

金属卤化物灯和高压钠灯用镇流器所用电路会在镇流器上产生高压脉冲，因此应具有耐高压脉冲性能。设计要求在带灯外启动装置的电路中工作的镇流器与用内启动装置使灯工作的镇流器应接受不同的高压脉冲试验。

2.2.2.2 性能要求

QB/T 2052、GB/T 15042 和 QB/T 2511 分别规定了高压汞灯、高压钠灯和金属卤化物灯用镇流器的性能要求。下面将这三个标准的主要内容进行介绍。

1）镇流器的基本参数

高压汞灯和高压钠灯镇流器的基本参数参照 IEC 923 制定，包括了对额定电源电压、额定频率、额定工作电流、阻抗、短路电流、功率因数和开路电压等的要求。金属卤化物灯用 LC 顶峰超前式镇流器的基本参数根据 ANSI78 1300 系列标准制定，除上述参数外还包括熄弧电压和功耗等。

2）工作电流范围

与额定工作电流的偏差不大于±5%。

3）输出功率

高压钠灯、高压汞灯镇流器在额定电压下提供给基准灯泡的输出功率与由基准镇流器提供给同一只灯泡的输出功率相比，其百分比应在92.5%～107.5%范围之间。

金属卤化物灯镇流器在额定电压下输出功率相差不超过±5%，在92%～106%电压范围内工作，该值不超过±15%。额定电压在92%～106%范围内变化时，灯功率在额定功率为400W以下时应不大于±10%，在额定功率1kW以上时应不大于±15%。

4）电流波形、谐波值

镇流器与基准灯泡配套工作并处于稳定状态时，在额定电压和额定频率下，它所通过的电流波形应使谐波含量不得超过表2-1-17的规定。

高强度气体放电灯用镇流器的谐波含量 **表 2-1-17**

谐波	最大值（占基波幅值的百分比，%）		
	高压汞灯、高压钠灯镇流器		金卤灯镇流器
	不带H标志	带H标志	
2	5	5	2
3	30λ	37λ	30λ
5	7		10
7	4		7
9	3	不限	5
11≤n≤39（n为奇数）			3

5）电流波形因子

镇流器提供给基准灯的电流波形中的峰值与有效值之比，在额定电源电压的92%～106%范围内不超过1.8。

6）线路功率因数

高压汞灯和高压钠灯镇流器工作时线路功率因数与标称值相比其偏差应不大于±0.05，高功率因数镇流器应不小于0.85。

金属卤化物灯镇流器功率因数不小于0.85。

7）噪声

距离镇流器边缘1000mm处测得的噪声应不大于35dB（A声级）。

8）磁防护

镇流器应具有有效的磁防护。

除此之外，金属卤化物灯镇流器标准中还规定了镇流器的启动电流波形特性，包括电流斜率（$\mathrm{d}i/\mathrm{d}t$）、断流时间（OT）、峰值电流（I_{pk}）和过冲量（OS）等参数要求，以及镇流器的最小维持电压（V_{ss}）等。

2.3 灯具标准

有关灯具的标准国际电工委员会已经出版了19个IEC标准，分别为IEC 60598—1和IEC 60598—2—1～10及IEC 60598—2—17～25，其中IEC 60598—1《灯具的一般要求与试验》为灯具标准中最基础的标准，它包括了机械、电和热等各方面的要求，规定了灯具的基本要求，及灯具的分类、防触电保护、接地、泄漏电流、绝缘电流和介电强度、爬电距离和电气间隙、材料及元件的耐久性和热试验、灯具上使用材料的耐热、耐燃、防起火等安全要求和试验方法。其他每一个具体的产品标准都应与这个标准一起使用。

目前这些国际标准大部分都转化为了国家标准，而且都等同采用。国家标准与IEC标准的等同采用关系如表2-1-18所示。

灯具国家标准与IEC标准的对应关系　　**表2-1-18**

序号	国家标准号	标准名称	采用关系	对应的国际标准
1	GB 7000.1—1996	灯具的一般要求与试验	等同	IEC 60598—1:1992
2	GB 7000.2—1998	应急照明灯具安全要求	等同	IEC 60598—2—22:1990
3	GB 7000.3—1996	庭院用可移式灯具安全要求	等同	IEC 60598—2—7:1992
4	GB 7000.4—1996	儿童感兴趣的可移式灯具的安全要求	等同	IEC 60598—2—10:1987
5	GB 7000.5—1996	道路和街道照明用灯具安全要求	等同	IEC 60598—2—3:1993
6	GB 7000.6—1996	内装变压器的钨丝灯灯具的安全要求	等同	IEC 60598—2—6:1994
7	GB 7000.7—1997	投光灯具安全要求	等同	IEC 60598—2—5:1979
8	GB 7000.8—1997	游泳池和类似场所用灯具安全要求	等同	IEC 60598—2—18:1993
9	GB 7000.9—1998	灯串安全要求	等同	IEC 60598—2—20:1996
10	GB 7000.10—1999	固定式通用灯具安全要求	等同	IEC 60598—2—1:1979
11	GB 7000.11—1999	可移式通用灯具安全要求	等同	IEC 60598—2—4:1997
12	GB 7000.12—1999	嵌入式灯具安全要求	等同	IEC 60598—2—2:1996
13	GB 7000.13—1999	手提灯安全要求	等同	IEC 60598—2—8:1996
14	GB 7000.14—2000	通风式灯具安全要求	等同	IEC 60598—2—19:1981
15	GB 7000.15—2000	舞台、电视、电影、摄影室(室内外)灯具安全要求	等同	IEC 60598—2—17:1984

续表

序号	国家标准号	标准名称	采用关系	对应的国际标准
16	GB 7000.16—2000	医院和康复大楼诊所用灯具安全要求	等同	IEC 60598—2—25:1994
17		照相和摄影用灯具(非专业用)安全要求		IEC 60598—2—9
18		钨丝灯特低电压照明系统		IEC 60598—2—23
19		限制表面温度的灯具		IEC 60598—2—24

由于国际电工委员会已经出版了 IEC 60598:1999 年第五版，GB 7000.1—1996 已经进行了修订，它等同采用 IEC 60598:1999，适用于电源电压不超过 1000V 的装有钨丝灯、荧光灯和其他气体放电灯等电光源产品的灯具，它包括了对带有触发器，而且标称脉冲电压峰值不超过规定值的灯具的要求，以及对半灯具的要求。它与 GB 7000.1—1996 的主要差异有以下几个方面：

(1) 关于外部软缆和软线，提出了 3 种连接方式，即 X 型连接、Y 型连接和 Z 型连接；

(2) 提出了恶劣条件下使用灯具的振动试验的具体要求；

(3) 规定了几种机械和电气连接强度的附加条件，在符合这几种规定的条件下，内部接线截面积允许小于 $0.5mm^2$；

(4) 漏电流测量要依据 IEC 60990，对使用电子镇流器的灯具，不再要求测量高频泄漏电流；

(5) 对外壳防护等级高于 IP20 的灯具，提出了较高的爬电距离和电气间隙的要求。

下面将现行标准 GB 7000.1—1996 的主要技术内容介绍如下。

2.3.1 一般要求

灯具的设计和制造应使其在正常工作条件下安全工作，对人和环境不造成危害，合格性一般通过所有规定的试验进行检验。本标准中的试验为定型试验，试验条件除在本标准和 GB 7000 系列标准中另有规定外，均应在 10～30℃ 的环境温度下试验。

2.3.2 灯具部件

除了整体部件以外，所有的部件应符合该部件的有关国家标准。

灯具部件是指灯座、开关、变压器、镇流器、软线、插头等部件；

整体灯具作为灯具的一部分，应尽量符合国家标准。

2.3.3 定义

该标准定义了73 条术语，用于 GB 7000 系列标准中的所有标准。这 73 条标准可分成以下几类：

(1) 于灯具的术语：包括灯具；普通灯具；通用灯具；可调试灯具；基本灯具；组合灯具；固定是灯具；可移式灯具；嵌入式灯具；直流特的电压供电的荧光灯灯具；自镇流灯泡；半灯具等。

(2) 灯具部件的术语：包括主要部件；带电部件；镇流器；独立式灯泡控制装置；整体灯座；镇流器箱；器具耦合器；半透明罩；固定接线；外部接线；内部接线；接线端子；启动装置；启动器；触发器；接线端子座；电气机械连接系统；插头式镇流器；整体

部件；外部软缆或软线；灯具连接器等。

(3) 于试验和参数的术语：包括0类灯具；Ⅰ类灯具；Ⅱ类灯具；Ⅲ类灯具；基本绝缘；补充绝缘；双重绝缘；加强绝缘；带电部件等。

(4) 关于试验和参数的术语：包括额定电压；额定电流；额定功率；额定最大环境温度；镇流器、电容器或启动装置外壳的额定最大工作温度；线圈的额定最大工作温度；安全特的电压；工作电压；定型试验；定型试验样品；徒手等。

(5) 关于安装和材料的术语：包括普通可燃材料；易燃材料；非可燃材料；可燃材料；通过式布线；环路安装等。

2.3.4 灯具的分类

本标准对灯具按防触电保护型式，防尘、防固体异物和防水等级以及支承面材料进行分类。

2.3.4.1 按防触电保护型式分类

按防触电保护型式分类：灯具可分为0类、Ⅰ类、Ⅱ类和Ⅲ类。额定电压超过250V的灯具不应划为0类。

每一类灯具的主要性能及其应用情况在表2-1-19中有详细的说明。

防触电保护灯具的主要类型及应用 **表2-1-19**

灯具等级	灯具主要性能	应用说明
0类	保护依赖基本绝缘-在易触及的部分及外壳和带电体间的绝缘	适用安全程度高的场合，且灯具安装、维护方便。如空气干燥、尘埃少、木地板等条件下的吊灯、吸顶灯
Ⅰ类	除基本绝缘外，易触及的部分及外壳有接地装置，一旦基本绝缘失效时，不致有危险	用于金属外壳灯具，如投光灯、路灯、庭院灯等，提高安全程度
Ⅱ类	除基本绝缘，还有补充绝缘，做成双重绝缘或加强绝缘，提高安全性	绝缘性好，安全程度高，适用于环境差、人经常触摸的灯具，如台灯、手提灯等
Ⅲ类	采用特低安全高压（交流有效值＜50V)，且灯内不会产生高于此值的电压	灯具安全程度最高，用于恶劣环境，如机床工作灯、儿童用灯等

从电气安全角度看，0类灯具的安全程度最低，Ⅰ、Ⅱ类较高，Ⅲ类最高。有些国家已不允许生产0类灯具，我国目前尚无此规定。在照明设计时，应综合考虑使用场所的环境、操作对象、安装和使用位置等因素，选用合适类别的灯具。在使用条件或使用方法恶劣场所应使用Ⅲ类灯具，一般情况下可采用Ⅰ类或Ⅱ类灯具。

2.3.4.2 按防尘、放固体异物和防水等级分类

按防尘、放固体异物和防水等级分类：灯具应按GB 4207中规定的“IP数字”方法进行分类。

IP代码由代码字母IP，第一位特征数字、第二位特征数字组成。

第一位特征数字指防尘、防固体异物进入外壳内部的等级；第二位特征数字指防水有害侵入程度的等级。特征数字省略时，该处数字由字母X代替。

防尘、放固体异物等级见表2-1-20。

防水有害侵入等级见表2-1-21。

第一位特征数字所代表的防护等级　　表2-1-20

特征数字	防护等级	
	简述	防护细节
0	无防护	无特殊防护要求
1	防止大于50mm异物进入	能防止直径大于50mm的固体异物进入壳内，能防止人体的某一大面积部分（如手）意外地触及壳内的带电部件，不能防止有意识地接近
2	防止大于12mm异物进入	能防止直径大于12mm长度不大于80mm的固体异物进入壳内，能防止手指触及壳内带电部件或运动部件
3	防止大于2.5mm异物进入	能防止直径大于2.5mm的固体异物进入壳内，能防止厚度（或直径）大于2.5mm的工具、金属线等触及壳内带电部件或运动部件
4	防止大于1.0mm异物进入	能防止直径大于1mm的固体异物进入壳内，防止厚度或直径大于1mm的工具、金属线等触及壳内带电部件或运动部件
5	防尘	不能完全防止尘埃进入，但进入量不能达到妨碍设备正常运转的程度
6	完全防尘	无尘埃进入

第二位特征数字所代表的防护等级　　表2-1-21

特征数字	防护等级	
	简述	防护细节
0	无防护	无特殊防护要求
1	防滴	垂直滴水应无害
2	15°防滴	当外壳从正常位置倾斜在15°以内时垂直滴水应无害
3	防淋水	与垂直65°范围以内的淋水应无害
4	防溅水	任意方向对灯具封闭体泼水应无害
5	防喷水	任意方向喷水应无害
6	防猛烈海浪	猛烈海浪或强烈喷水时，进入外壳水量不至达到有害程度
7	防浸水影响	侵入规定压力的水中经规定时间后进入外壳水量不至达到有害程度
8	防潜水影响	在规定的条件下灯具能持续浸在水中而不受影响

2.3.4.3　按灯具安装的支承面材料分类

根据灯具适用于安装在普通可燃材料表面还是仅适于安装在非可燃材料表面，灯具应作如下分类：

分类	符号
可移式灯具和手提灯具	无符号规定
其他适用于安装在普通可燃材料表面的固定式灯具	见标准图1（略）
其他仅适用于安装在非可燃材料表面的固定式灯具	没有符号但可要求警示

2.3.4.4 按使用环境分类

灯具可分为在正常还是恶劣条件下使用。

2.3.5 标记

本标准从安全的角度出发规定了标记的内容、标记的方法、位置和标记的试验。

标记的内容分为两类，一类是必须标在灯具上的内容，这类标记包括来源标记、额定最高温度、额定功率、特殊灯泡、冷光束、防护屏、触发警告、自带防护罩灯泡、环境温度、IP数字、被照物、恶劣条件、接线端子等19种标记；另一类是可以标在随灯具提供的产品说明书上的内容，如保证正确安装、使用及维修所必需的详细说明等。

标记的内容由目视来检验。耐久性的检验方法为：用浸过水的布轻擦15s，待晾干后再用浸过汽油的布轻擦15s，并在经过耐久性试验后目视检验。

2.3.6 结构

这部分规定了灯具的共同的基本的结构要求，包括25个方面的内容。

(1) 可替换的部件：灯具中如果有可替换的零件或部件的话，灯具应设计得具有足够的空间，使得这些零件或部件能毫无困难且不影响安全地进行更换。本条要求仅仅是对这些部件进行更换的要求，不是对部件本身的要求。

(2) 导线管：导线管应光滑，去除刃边、毛口、毛刺和类似可能磨损导线绝缘层的东西。如金属定位螺钉之类的零件不能凸伸到导线管内。

(3) 灯座：本条关于灯座的要求不是对灯座本身的要求，而是对整体灯座、灯座安装、承受脉冲电压的灯座和恶劣条件下使用的灯具中的灯座的电气、机械等方面的要求要求。

(4) 启动器座：0类、Ⅰ类、Ⅲ类灯具使用的启动器座应能插入符合QB 2276要求的启动器；Ⅱ类灯具用的启动器座可以要求用符合Ⅱ类结构的启动器。

(5) 接线端子座：若灯具带有引线，且此引线要求在一个独立的接线端子座上与固定布线连接，灯具内应有足够的空间容纳该接线端子座，或者灯具提供由制造商规定的接线盒能容纳该接线端子座。此项要求适用于连接的标称截面积不超过2.5mm^{2}连接引线的接线端子座。

(6) 接线端子和电源连接件：0类、Ⅰ类和Ⅱ类可移式灯具内和经常调节的0类、Ⅰ类和Ⅱ类固定式灯具中，应采取适当的措施防止由于一个脱落的导线或螺钉使金属带电。这个要求适用于所有的接线端子；电源接线端子应固定，使得如果多股绞合导线在接线后，若有线头从接线端子中脱落，带电部件与金属部件无接触的危险；连接电源导线的接线端子应适合于用螺钉、螺母或效果相同的装置的连接；灯具在外部接线入口处提供一个连接点；电源连接用多极插头和插座，在灯具的安装和保养时应预防不牢靠的连接。

(7) 开关：开关应有足够的额定值，并应安装牢固以防转动，并且不能徒手移动其位置。

(8) 绝缘衬垫和套管：绝缘衬垫和套管应在其相应的部件装上后，仍能牢固地保持在原来的位置上；应有足够的机械强度和介电强度。

(9) 双重绝缘和加强绝缘。

(10) 电气连接件和载流部件。

(11) 螺钉、连接件和密封压盖。

(12) 机械强度。

(13) 悬挂和调节装置。

(14) 可燃材料。

(15) 标有▽符号的灯具。

(16) 排水孔。

(17) 防腐蚀性。

(18) 触发器。

(19) 恶劣条件下使用的灯具—振动条件。

(20)(卤钨灯)保护屏。

(21) 灯泡的附件。

(22) 半灯具。

(23) 紫外线辐射。

(24) 机械损伤。

(25) 短路保护。

2.3.7 外部接线和内部接线

本节分两部分，一部分是对电源连接和外部导线的技术要求，另一部分是对内部引线的要求。

2.3.7.1 电源连接和外部连线

(1) 灯具与电源的连接应为以下方式之一：

固定式灯具：接线端子；与插座配合的插头；
连接引线；
不可拆卸的软缆或软线；
与电源导轨连接的接合器；
器具插座。

普通可移式灯具：不可拆卸的软缆或软线；
器具插座。

其他可移式灯具：不可拆卸的软缆或软线；

导轨安装灯具：接合器或连接器；

半灯具：螺口和卡口灯座。

安装在墙上的并带接线和合导线固定架的可移式灯具，如果灯具含有说明书时，在交货时可以不带不可拆卸的软缆或软线。

(2) 外部接线所用的电缆或电线的要求

1) 应符合的标准

电源电压小于250V的应采用表2-1-22所列的软缆或软线。

电源电压大于250V的应采用高于表2-1-22规定的电源电压等级的软缆或软线。

电源电压等级的软缆或软线 表 2-1-22

电源电压小于 250V	橡胶		聚氯乙烯 (PVC)	
	IEC 245	GB 5013	IEC 227	GB 5023
0类灯具	245 IEC 51s	300/300V RXS	227 IEC 42	300/300 RVB
Ⅰ类灯具	245 IEC 51s	300/300V RXS	227 IEC 52	300/300 RVVB
Ⅱ类灯具	245 IEC 53	300/500V YZ	227 IEC 52	300/300 RVVB
普通灯具以外的其他灯具	245 IEC 53	300/500V YZ	227 IEC 52	300/300 RVV
恶劣条件下使用的可移式灯具	245 IEC 66	450/750V YCW	—	—

2）导线的最小截面积

普通灯具：0.75mm^2（0.5mm^2）

其他灯具：1mm^2

(3) 可重新接线的灯具，其不可拆卸的软缆或软线不应使用特殊工具连接。

(4) 不可重新接线的灯具，软缆或软线不得采用螺钉连接。

(5) 电缆入口应适用于导线管、导线保护套灯措施保护导线，且电缆入口处的防尘、防水等级与灯具一致。

(6) Ⅱ类灯具、可调式灯具，除安装在墙上以外的可移式灯具的电缆入口，若是可触及金属件，则开口处应用固定的绝缘衬套，绝缘衬套边缘应光滑，不能取下。开口处有锐边，该绝缘衬套不能是橡胶等易老化的材料。

(7) 旋入灯具的衬套应固定在其位置上。若用粘结剂固定，则粘结剂应是自动硬化树脂。

(8) 带有或设计成采用不可拆卸软缆或软线的灯具，应配有导线固定架，以防接线端自受力和导线绝缘层的磨损。不得采用将电缆或电线打结或端部用线捆起来的方法。

(9) 外部接线进入灯具内部，符合内部接线的要求。

(10) 接线端头不能有附加的焊料。

(11) 灯具的插头应具有与灯具相同的防触电保护型式，Ⅲ类灯具不能带能插入非特低安全电压电源插座的插头。

(12) 直流特低电压供电的荧光灯具的不可拆卸软缆或软线和连接引线，应标出连接的正负极。

(13) 用于电源连接的装在灯具上的插座，应符合器具插座标准的要求。

2.3.7.2 内部接线

(1) 内部接线的导线要求

1）标称截面积不小于0.5mm^2，橡胶或聚氯乙烯的绝缘层厚度最小为0.6mm。

2）通过导线的电流不超过2A，且受到适当保护的，则可以是最小标称截面积0.4mm^2，最小绝缘层厚度0.5mm的导线。

3）如果导线有足够的截流能力和机械性能，截面积小于0.4mm^{2}的导线也可采用。

4）导线的耐热性能和耐电压，要满足所使用场合的要求。

5）黄绿双色导线，只能用作接地线。

6）没有绝缘的导线，如果采用足够的预防措施保证绝缘要求，也可以使用。

7）内部接线作为通过式布线的一部分时，该接线应为截面积不小于1.5mm^{2}的铜导线。

（2）内部接线的走线要合适或有保护，防止被锐边、铆钉、螺钉和类似零件或其他活动部件损坏，接线不得绞拧360°以上。

（3）Ⅱ类灯局，可调节灯具或除安装在墙上以外的可移式灯具中，内部接线通过可触及金属件，则通过的开口处应用固定的绝缘材料衬套防护，绝缘衬套的边缘应光滑，不能取下，有锐边的开口不能用易老化材料的衬套。

（4）内部接线的连接点应易于连接，并有绝缘性能不低于导线的绝缘套。

（5）内部导线伸至灯具外的部分应符合外部接线的要求。

（6）可调节式灯具的接线，在正常调节活动中与金属件摩擦可能损伤的部位，应用绝缘材料的导线支架、线夹或类似部件固定。

（7）脚和线端头不能有附加的焊料。

2.3.8 接地规定

（1）Ⅰ类灯具中，以下金属件应永久地、可靠地接地：

1）完成安装时或在调换灯泡或启动器时可触及的或者虽是不可触及的，但易于与支承面接触的；

2）绝缘出问题时可能变为带电的。

接地的要求：

1）接地连接应是低电阻的。

2）自攻螺钉可用来保证接地的连续性，每一连接处至少用两只螺钉。

3）自攻锁紧螺钉可用来保证接地的连续性。

4）灯具带有连接器或类似连接装置的可分离的部件，在载流触点接通之前，接地应先接通；在接地断开之前，载流触点应先断开。

5）提供接地连续性的活动连接件、伸缩套管等的表面应确保良好的电接触性能。

（2）不可拆卸软缆或软线连接电源的灯具，软缆或软线中应有黄绿双色的芯线，接地触点应在插头上或者软缆或软线的电源端。黄绿双色芯线应与插头的接触点和灯具的接地接线端子相连。配有与电网电源连接的插座的灯具，接地触点应为插座的一个组成部分。

（3）对于与电源电缆连接的灯具或配有不可拆卸的软缆或软线的灯具，接地接线端子应邻近电源接线端子。

（4）接地接线端子应符合GB 7000.1第4.7.3条要求，其连接应充分固定防止意外松动。

螺纹端子夹紧装置应不能徒手松开。

非螺纹端子夹紧装置在无意中应不可能松开。

接地接线端子的所有部件应尽量减少由于与接地导体或与它相连的其他金属的接触产生的电解腐蚀。

接地接线端子的螺钉或其他部件，均应采用黄铜或其他不锈金属或带不锈表面的材料制成，并且接触面应为裸露金属面。

（5）设计成环路安装的Ⅱ类灯具，配有内部接线端子来保持接地导线的电气连续性，不使该接地导线在Ⅱ类灯具中中断，则该接线端子应采用双重绝缘或加强绝缘与可触及金属件隔离。

2.3.9 防触电保护

(1) 灯具在以下情况下，带电部件不可触及：

1) 灯具按正常使用安装和接线后以及在调换灯泡或启动器而打开灯具时。该打开灯具，包括徒手操作和用工具操作。

2) 厂方规定的正常使用中的一切安装方法和安装位置。

3) 可调节灯具的所有调节位置。

4) 可移式灯具的可移动部件置于可以徒手实现的最不利位置后。

5) 可徒手取下的所有部件取下后，但灯泡、卡口灯座的半球形罩盖（接线端子罩）、防护罩、螺口灯座的接线端子罩、外罩不必取下。不能由一只手通过简单动作取下的固定式灯具的罩盖不予取下，然而调换灯泡或启动器不得不取下的罩盖应取下。

(2) 使用管形钨丝灯的0类、Ⅰ类、Ⅱ类灯具，由于其每一端有灯头，调换灯泡时应采取双极自动断电的装置。

(3) 对于本章防触电保护来说，Ⅱ类灯具中仅用基本绝缘将其与带电部件隔开的金属件，都作为带电部件。这包括了可触及的启动器和灯头的非载流部件，但不包括为换灯泡或启动器而打开灯具时可触及的。本条不适用于单端紧凑型荧光灯的灯头。

Ⅱ类灯具，灯泡的泡壳不要求进一步防触电保护。玻璃罩等保护玻璃，如果调换灯泡时必须取下或它们不能经受GB 7000.1的4.13条试验，则它们不能作为补充绝缘。

(4) 装有卡口灯座的Ⅰ类灯具必须符合以下两者之一：

1) 标准试验指不能触及灯头；

2) 用接地的金属外壳灯座提供防护。

(5) 用不可拆卸软线和插头与电源连接的可移式灯具，其防触电保护不能依靠支承面来提供。

(6) 提供防触电保护的外罩和其他部件应有足够的机械强度，并应牢固固定和不会松动。

(7) 装有大于0.5μF电容器的灯具，应装有放电装置，使灯具断开电源1min后，电容两端电压不超过50V。

用插头与电源连接的、装有大于0.1μF电容器的灯具，应装有放电装置，使断电1s后插头两插销间电压不超过34V。

2.3.10 防尘、防固体异物和防水

(1) 根据灯具的分类和标在灯具上的IP数字，灯具的外壳应提供相应的防尘、防固体异物和防水浸入的等级。

(2) 所有的灯具都应防护正常使用中可能出现的潮湿条件。

灯具由潮湿试验后立即进行GB 7000.1中第10章的试验和相应的粉尘、固体异物试验，水的浸入试验来检验其合格性。

2.3.11 绝缘电阻和介电强度

(1) 灯具应有足够的绝缘电阻和介电强度。

（2）电源各极与灯具壳体之间的泄漏电流不应超过以下值：

所有0类和Ⅱ类灯具　　0.5 mA

Ⅰ类灯具：可移式　　1.0 mA

固定式 小于1kVA　1.0 mA

每增加1kVA，增加1.0 mA，最大值为5.0 mA

（3）使用交流电子镇流器的高频工作的灯具，电容高频泄漏电流不应超过标准中规定的数值，最大值为500 mA。

技术要求（1）潮湿试验后立即在潮湿箱内或规定温度的室内进行的绝缘电阻试验和介电强度试验来检验灯具的合格性。

技术要求（2）、（3）由测量泄漏电流来检验灯具的合格性。

2.3.12　爬电距离和电气间隙

带电部件与邻近的金属件之间应有足够的空隙。

（1）交流（50/60Hz）正弦波电压的爬电距离和电气间隙不得小于表2-1-23规定的值。

交流（50/60Hz）正弦波电压的最小距离　　**表2-1-23**

距离（mm）＼工作电压有效值不超过（V）	50	150	250	500	750	1000
爬电距离						
基本绝缘 PTI≥600	0.6	1.4	1.7	3	4	5.5
＜600	1.2	1.6	2.5	5	8	10
补充绝缘 PTI≥600	—	3.2	3.6	4.8	6	8
＜600	—	3.2	3.6	5	8	10
加强绝缘	—	6	7	10	12.5	15
电气间隙						
基本绝缘	0.2	1.4	1.7	3	4	5.5
补充绝缘	—	3.2	3.6	4.8	6	8
加强绝缘	—	6	7	10	12.5	15

注：PTI（耐电痕指数）按照GB 4207。

（2）非正弦脉冲电压的爬电距离和电气间隙不得小于2-1-24规定的值。

非正弦脉冲电压的最小距离　　**表2-1-24**

标准脉冲电压（kV峰值）	2.0	2.5	3.0	4.0	5.0	6.0	8.0
最小电气间隙（mm）	1.0	1.5	2	3	4	5.5	8

（3）既承受正弦波电压又承受非正弦脉冲电压的爬电距离和电气间隙，不得小于上述两表的指定数值的最大值。

表中数值不适用于有单独的部件标准的部件，仅适用于灯具中的装配距离。

2.3.13　耐久性试验和热试验

（1）耐久性试验

在模拟使用过程中周期性的发热和冷却的条件下，灯具不应变得不安全或过早地损坏。

通过耐久性试验来检验。

经耐久性试验后，用目视检验灯具，灯具的任何部分不得变成不能工作，灯具不得变为不安全，亦不能造成轨道系统的损坏。灯具上的标记应清晰可见。灯具可能产生的不安全迹象包括开裂、烧焦和变形。

（2）常工作热试验

1）在模拟正常使用的条件下，灯具中的任何部件（包括光源）、灯具内的布线（包括电源电缆）或者安装面等都不得达到有损安全的温度。

2）灯具处于工作温度时，灯具上可触及的部件，需徒手操作、调节、夹持的部件，都不得过热，以免无法触及、操作、调节和夹持。

3）灯具不应使被照射物体过分受热。

4）轨道安装灯具不应使安装的轨道过分受热。

在热试验中，当灯具在额定环境温度 t_a 下工作时，所有温度都不得超过标准中给出的相应温度值。

（3）异常工作热试验

在异常的工作条件下（不代表灯具有故障或使用不当），灯具的任何部位、灯具内的布线或安装面，都不得变为不安全。

轨道安装的灯具不应使轨道过分受热。

在标准规定条件的热试验中，灯具在额定环境温度 t_a 下工作时，所有的温度都不得超过标准中给出的相应值，当试验防风罩的温度不是 t_a 时，在使用标准中给定的极限温度值时应考虑到差异。

（4）不装有热断流器的灯具的热试验

注意该试验是专用于标有▽标记的、且内装有镇流器/变压器的灯具，而且它既不满足 GB 7000.1 中 4.16.1 和安装间距规定，又不满足 4.16.2 条装有热保护器规定。也就是说，该试验实际上是 7000.1 的 4.16.3 条的试验方法和合格判定。

标有▽标记的灯具，由于元器件的故障造成过高的温度不应使安装表面过热（GB 7000.1 的 4.16 条）。

合格判定条件：

1）异常条件下，在 1.1 倍额定电压下工作时，安装面温度不得超过 130℃。

2）将额定电压的 0.9、1.0、1.1 倍下测得的安装面温度和线圈温度绘于 GB 7000.1 的图 9 中，通过线性回归到最佳直线。此直线外推，不应在线圈温度小于 350℃ 线前到达安装面温度 180℃ 的线上。

3）轨道安装的灯具，轨道不应有不安全的损坏迹象。

（5）对于在镇流器/变压器外装有温度传感器和标有▽符号、温度在 130℃ 以上的热保护镇流器的灯具的热试验。

注意该试验是 GB 7000.1 的 4.16.2 条要求的试验方法和合格判定。

2.3.14 耐热、耐火和耐电痕

本章规定了灯具中某些用绝缘材料制的部件的耐热、耐火和耐电痕的要求和试验。

(1) 固定带电部件就位的绝缘材料的部件

1) 技术要求

a. 应有足够的耐热。

b. 应有耐燃烧、防明火。

c. 非普通灯具又无防尘、防水防护，应采用耐电痕材料。

2) 合格判定

a. 球压试验来检验

球压试验：试验温度为（部件工作温度+25℃）±5℃，但最低为125℃，压痕直径不得超过2mm。

b. 针焰试验来检验

针焰试验：试验火焰施加10s，移去后自然燃烧不超过30s，下滴物不引燃样品下薄纸。

c. 漏电起痕试验来检验

漏电起痕试验：电极之间不得出现闪络或击穿。

(2) 提供防触电保护的绝缘材料的外部部件

1) 技术要求

a. 应有足够的耐热。

b. 应耐燃烧防明火。

2) 合格判定

a. 由球压试验来检验

球压试验：试验温度为（部件工作温度+25℃）±5℃，但最低为75℃，压痕直径不得超过2mm。

b. 由650℃灼热丝试验来检验

试验：灼热丝温度650℃。灼热丝移去后样品的火焰或燃烧30s熄灭，滴下物不引燃样品下薄纸。

2.3.15 接线端子

GB 7000.1的第14章和第15章规定了灯具中所用的螺纹接线端子和无螺纹接线端子的要求。

注意这些要求不适用于灯具中部件上接线端子，部件上的接线端子应符合相应部件标准中有关接线端子的要求。

第2章 照明设计标准

1 国内照度标准

1.1 《建筑照明设计标准》

我国分别于1993年5月1日和1991年3月1日颁布施行国家标准《工业企业照明设计标准》GB 50034—92和《民用建筑照明设计标准》GB—133—90。该两本标准施行至今已十年，由于我国的经济发展和人民生活水平的提高，该两本标准已不能满足当前我国照明的设计要求，亟待修订。为此国家建设部在“2001～2002年度工程建设国家标准制订、修订计划”的通知中对该两本标准做出修订的决定。根据通知要求，该两本标准合并，合并后的标准名称为《建筑照明设计标准》，该标准修订时将增加重要的建筑照明节能的内容。该标准由中国建筑科学研究院负责主编，预计2003年底完成修订工作。

1.2 《建筑采光设计标准》GB/T 50033－2001

(1) 一般规定

《建筑采光设计标准》以采光系数 C 作为采光设计的数量指标。

室内某一点的采光系数，可按下式计算：

$$C=\frac{E_n}{E_w}\times 100\% \tag{2-2-1}$$

式中 E_n——在全阴天空漫射光照射下，室内给定平面上的某一点由天空漫射光所产生的照度（lx）；

E_w——在全阴天空漫射光照射下，与室内某一点照度同一时间、同一地点，在室外无遮挡水平面上由天空漫射光所产生的室外照度（lx）。

采光系数标准值的选取，应符合下列规定：

1）侧面采光应取采光系数的最低值 C_{min}；

2）顶部采光应取采光系数的平均值 C_{av}；

3）对兼有侧面采光和顶部采光的房间，可将其简化为侧面采光区和顶部采光区，并应分别取采光系数的最低值和采光系数的平均值。

视觉作业场所工作面上的采光系数标准值，应符合表2-2-1的规定。

视觉作业场所工作面上的采光系数标准值　　表2-2-1

采光等级	视觉作业分类		侧面采光		顶部采光	
	作业精确度	识别对象的最小尺寸 d（mm）	采光系数最低值 C_{min}（%）	室内天然光临界照度（lx）	采光系数平均值 C_{av}（%）	室内天然光临界照度（lx）
Ⅰ	特别精细	$d\leqslant 0.15$	5	250	7	350
Ⅱ	很精细	$0.15<d\leqslant 0.3$	3	150	4.5	225

续表

采光等级	视觉作业分类		侧面采光		顶部采光	
	作业精确度	识别对象的最小尺寸 d（mm）	采光系数最低值 C_{min}（%）	室内天然光临界照度（lx）	采光系数平均值 C_{av}（%）	室内天然光临界照度（lx）
Ⅲ	精　细	$0.3<d\leqslant1.0$	2	100	3	150
Ⅳ	一　般	$1.0<d\leqslant5.0$	1	50	1.5	75
Ⅴ	粗　糙	$d>0.5$	0.5	25	0.7	35

注：表中所列采光系数标准适用于我国Ⅲ类光气候区。采光系数标准值是根据室外临界照度为5000lx制定的。亮度对比小的Ⅱ、Ⅲ级视觉作业，其采光等级可提高一级采用。

(2) 各类建筑的采光系数

1) 居住建筑的采光系数标准值应符合表2-2-2的规定。

居住建筑的采光系数标准值　　表2-2-2

采光等级	房间名称	侧面采光	
		采光系数最低值 C_{min}（%）	室内天然光临界照度（lx）
Ⅳ	起居室（厅）、卧室、书房、厨房	1	50
Ⅴ	卫生间、过厅、楼梯间、餐厅	0.5	25

2) 办公建筑的采光系数标准值应符合表2-2-3的规定。

办公建筑的采光系数标准值　　表2-2-3

采光等级	房间名称	侧面采光	
		采光系数最低值 C_{min}（%）	室内天然光临界照度（lx）
Ⅱ	设计室、绘图室	3	150
Ⅲ	办公室、视屏工作室、会议室	2	100
Ⅳ	复印室、档案室	1	50
Ⅴ	走道、楼梯间、卫生间	0.5	25

3) 学校建筑的采光系数标准值必须符合表2-2-4的规定。

学校建筑的采光系数标准值　　表2-2-4

采光等级	房间名称	侧面采光	
		采光系数最低值 C_{min}（%）	室内天然光临界照度（lx）
Ⅲ	教室、阶梯教室、实验室、报告厅	2	100
Ⅴ	走道、楼梯间、卫生间	0.5	25

4）图书馆建筑的采光系数标准值应符合表2-2-5的规定。

图书馆建筑的采光系数标准值 表2-2-5

采光等级	房间名称	侧面采光		顶部采光	
		采光系数最低值 C_{min}（%）	室内天然光临界照度（lx）	采光系数平均值 C_{av}（%）	室内天然光临界照度（lx）
Ⅲ	阅览室、开架书库	2	100	—	—
Ⅳ	目录室	1	50	1.5	75
Ⅴ	书库、走道、楼梯间、卫生间	0.5	25	—	—

5）旅馆建筑的采光系数标准值应符合表2-2-6的规定。

旅馆建筑的采光系数标准值 表2-2-6

采光等级	房间名称	侧面采光		顶部采光	
		采光系数最低值 C_{min}（%）	室内天然光临界照度（lx）	采光系数平均值 C_{av}（%）	室内天然光临界照度（lx）
Ⅲ	会议厅	2	100	—	—
Ⅳ	大堂、客房、餐厅、多功能厅	1	50	1.5	75
Ⅴ	道、楼梯间、卫生间	0.5	25	—	—

6）医院建筑的采光系数标准值应符合表2-2-7的规定。

医院建筑的采光系数标准值 表2-2-7

采光等级	房间名称	侧面采光		顶部采光	
		采光系数最低值 C_{min}（%）	室内天然光临界照度（lx）	采光系数平均值 C_{av}（%）	室内天然光临界照度（lx）
Ⅲ	诊室、药房、治疗室、化验室	2	100	—	—
Ⅳ	候诊室、挂号处、综合大厅、病房、医生办公室（护士室）	1	50	1.5	75
Ⅴ	走道、楼梯间、卫生间	0.5	25	—	—

7）博物馆和美术馆建筑的采光系数标准应符合表2-2-8的规定。

博物馆和美术馆建筑的采光系数标准 表2-2-8

采光等级	房间名称	侧面采光		顶部采光	
		采光系数最低值 C_{min}（%）	室内天然光临界照度（lx）	采光系数平均值 C_{av}（%）	室内天然光临界照度（lx）
Ⅲ	文物修复、复制、门厅、工作室、技术工作室	2	100	3	150
Ⅳ	展厅	1	50	1.5	75
Ⅴ	库房、走道、楼梯间、卫生间	0.5	25	0.7	35

注：表中的展厅是指对光敏感的展品展厅，侧面采光时其照度不应高于50lx；顶部采光时其照度不应高于75lx；对光一般敏感或不敏感的展品展厅采光等级宜提高一级或二级。

8）工业建筑的采光系数标准值应符合表2-2-9的规定。

工业建筑的采光系数标准值　　表2-2-9

采光等级	房间名称	侧面采光		顶部采光	
		采光系数最低值 C_{min}（%）	室内天然光临界照度（lx）	采光系数平均值 C_{av}（%）	室内天然光临界照度（lx）
Ⅰ	特别精密机电产品加工、装配、检验； 工艺品雕刻、刺绣、绘画	5	250	7	350
Ⅱ	很精密机电产品加工、装配、检验通讯、网络、视听设备的装配与调试； 纺织品精纺、织造、印染； 服装裁剪、缝纫及检验； 精密理化实验室、计量室； 主控制室； 印刷品的排版、印刷； 药品制剂	3	150	4.5	225
Ⅲ	机电产品加工、装配、检修； 一般控制室； 木工、电镀、油漆、铸工； 理化实验室； 造纸、石化产品后处理； 冶金产品冷轧、热轧、拉丝、粗炼	2	100	3	150
Ⅳ	焊接、钣金、冲压剪切、煅'工、热处理； 食品、烟酒加工和包装； 日用化工产品； 炼铁、炼钢、金属冶炼； 水泥加工与包装； 配、变电所	1	50	1.5	75
Ⅴ	发电厂主厂房； 压缩机房、风机房、锅炉房、泵房、电石库、乙炔库、氧气瓶库、汽车库、大中件贮存库； 煤的加工、运输、选煤； 配料间、原料间	0.5	25	0.7	35

2 国外照度标准

2.1 国际照明委员会《室内工作场所照明》（CIES 008/E 2001）（见表2-2-10）

室内区域作业和活动照度、眩光限制和颜色质量的规范　　表2-2-10

室内、作业或活动种类	E_m（lx）	UGR_L	R_a	备注
1.一般建筑区域				
门厅	100	22	60	
休闲室	200	22	80	
流动区域和走廊	100	28	40	在出口和入口提供过渡区，避免突然变化

续表

室内、作业或活动种类	E_m（lx）	UGR_L	R_a	备　注
楼梯、自动扶梯	150	25	40	
装载斜坡、停车位	150	25	40	
小卖部、餐馆	200	22	80	
休息室	100	22	80	
健身室	300	22	80	
衣帽间、盥洗室、浴室、厕所	200	25	80	
护理室	500	19	80	
医学检查室	500	16	90	T_{cp}至少4000K
车间、开关室	200	25	60	
岗位室、配电间	500	19	80	
储藏室、仓库、冷藏室	100	25	60	如果连续使用200lux
停车分配区	300	25	60	
控制站	150	22	60	如果连续使用200lux
2. 农业建筑				
货物处理设备、机械装载、操作区	200	25	80	
养畜间	50	28	40	
病畜圈、产仔厩	200	25	80	
备饲料间、牛奶厂、器具洗刷间	200	25	80	
3. 面包店				
准备和烘焙区	300	22	80	
完成、上油、装饰区	500	22	80	
4. 水泥、混凝土、砖工厂				
烘干	50	28	20	安全色必须能辨认
准备材料、混合、上窑工作	200	28	40	
一般机器工作	300	25	80	
粗坯成型	300	25	80	
5. 陶器和玻璃工厂				
烘干	50	28	20	
准备、一般机器工作	300	25	80	
上釉、翻转、挤压、简单部件成型、上光、玻璃吹制	300	25	80	
碾磨、雕刻、玻璃磨光、复杂部件	750	19	80	
成型、玻璃器件制造				
装饰	500	19	80	

续表

室内、作业或活动种类	E_m (lx)	UGR_L	R_a	备 注
光学玻璃碾磨、晶体手工研磨雕刻、一般产品工作	750	16	80	
精密工作，例如装饰研磨、手工喷绘	1000	16	90	T_{cp}至少4000K
人工宝石制造	1500	16	90	T_{cp}至少4000K
6. 化学药品、塑料、橡胶工厂				
遥控操作处理装置	50		20	安全色必须能辨认
有限手工干预处理装置	150	28	40	
经常有人工作的处理装置区	300	25	80	
精确测量室、实验室	500	19	80	
药剂生产	500	22	80	
轮胎生产	500	22	80	
颜色检查	1000	16	90	T_{cp}至少6500K
切割、组装、检验	750	19	80	
7. 电气工业				
线缆制造	300	25	80	
缠绕				
—大线圈	300	25	80	
—中等线圈	500	22	80	
—小线圈	750	19	80	
—线圈注人	300	25	80	
电镀	300	25	80	
组装工作				
—粗糙，如大变压器	300	25	80	
—中等，如配电盘	500	22	80	
—细节，如电话	750	19	80	
—精细，如测量设备	1000	16	80	
电子车间、测试室、调试室	1500	16	80	
8. 食品工业				
酿酒厂工作场所和区域，防腐和巧克力工厂中的麦芽池、清洗、装桶、清洁、过滤、剥皮、熬炼、制糖厂工作场所和区域，未加工烟草干燥和发酵、发酵室	200	25	80	
产品分拣和冲洗、碾磨、混合、包装	300	25	80	
屠宰场工作场所和区域，牛奶制品、磨坊、过滤层、糖精炼炉	500	25		

续表

室内、作业或活动种类	E_m（lx）	UGR_L	R_a	备注
蔬菜水果切割、分类	300	25	80	
熟食生产、厨房	500	22	80	
雪茄、香烟生产	500	22	80	
玻璃器皿和瓶检查、产品控制、整理、分类装饰	500	22	80	
实验室	500	19	80	
颜色检查	1000	16	80	T_{cp}至少4000K
9. 铸造厂、金属铸造车间				
人行地道、地窖等	50	28	20	安全色必须能辨认
平台	100	25	40	
备沙	200	25	80	
更衣室	200	25	80	
熔炉和搅拌器工作场所	200	25	80	
铸造舱	200	25	80	
摇出区	200	25	80	
机械浇铸	200	25	80	
型芯浇铸	300	25	80	
冲模浇铸	300	25	80	
模型制造	500	25	80	
10. 理发室				
理发室	500	19	90	
11. 珠宝制造				
贵重宝石加工	1500	16	90	T_{cp}至少4000K
珠宝制造	1000	16	90	
制表（手工）	1500	16	80	
制表（机械）	500	19	80	
12. 洗衣店和干洗店				
收集、标记和分类	300	25	80	
清洗和干洗	300	25	80	
熨烫和干压	300	25	80	
检查和修补	750	19	80	
13. 皮革工业				
染缸、桶、窖	200	25	40	
去肉、刮削、研磨、皮革磨光	300	25	80	

续表

室内、作业或活动种类	E_m（lx）	UGR_L	R_a	备 注
马具工作、制鞋、机器缝纫、抛光、成形、切割、穿孔	500	22	80	
分拣	500	22	90	T_{cp}至少 4000K
皮革染色（机械）	500	22	80	
质量控制	1000	19	80	
颜色检查	1000	16	90	T_{cp}至少 4000K
制鞋	500	22	80	
手套制作	500	22	80	
14. 金属工作和处理				
开口冲模锻造	200	25	60	
滴锻、焊接、冷成形	300	25	60	
粗糙和一般性加工，公差大于0.1mm	300	22	60	
精细加工：磨削，公差小于 0.1mm	500	19	60	
划线、检查	750	19	60	
线、管拉制成形	300	25	60	
机械电镀≥5mm	200	25	60	
金属薄片制造＜5mm	300	22	60	
工具制造、切割设备制造	750	19	60	
组装				
—粗糙	200	25	80	
——般	300	25	80	
—细节	500	22	80	
—精细	750	19	80	
电镀	300	25	80	
工具、模板、夹具制作、精细机械，微型机械	1000	19	80	
15. 造纸工业				
纸浆碾磨	200	25	80	
造纸处理、皱纸机、纸板制作	300	25	80	
标准书装订，如折叠、分拣、胶合、切割、压纹、缝合	500	22	60	
16. 供电站				
燃料供应厂	50	28	20	安全色必须能辨认
锅炉房	100	28	40	

续表

室内、作业或活动种类	E_m (lx)	UGR_L	R_a	备　注
机器大厅	200	25	80	
辅助用房、如泵房、冷凝房、配电房等	200	25	60	
控制室	500	16	80	1. 控制盘通常是垂直的 2. 可能需要调光
17. 印刷				
切割、手饰、浮雕、印版雕刻、排版石台和压纸滚筒工作、印刷机、字模制作	500	19	80	
纸张分类和手工印刷	500	19	80	
活字安装、润饰、平版印刷	1000	19	80	
多色印刷中的颜色检查	1500	16	90	T_{cp}至少5000K
钢、铜雕版	2000	16	80	
18. 钢铁工业				
无人工干预的生产厂	50	28	20	安全色必须能辨认
偶有人工干预的生产厂	150	28	40	
有连续人工干预的生产厂	200	25	80	
板坯贮藏	50	28	20	安全色必须能辨认
熔炉	200	25	20	安全色必须能辨认
轧钢行车、卷绕机、剪切线	300	25	40	
控制平台、控制盘	300	22	80	
测试、测量和检查	500	22	80	
人行地道弯曲部分，地窖等	50	28	20	安全色必须能辨认
19. 纺织工业				
浸浴、大包开封工作区	200	25	60	
梳理、清洗、熨烫、练条、精梳、上涂料、纸卡裁剪、预纺、黄麻大麻纤维纺织	300	22	80	
纺纱、编股、卷轴、绕经线、编织	500	22	80	防止频闪效应
风纸、精织、刺绣	750	22	90	
手工设计、绘制图样	750	22	90	T_{cp}至少4000K
完工、染色	500	22	80	
烘干室	100	28	60	
自动织物印刷	500	25	80	
挑选、修整	1000	19	80	

续表

室内、作业或活动种类	E_m（lx）	UGR_L	R_a	备 注
颜色检查、织物控制	1000	16	90	T_{cp}至少 4000K
隐形织补	1500	19	90	T_{cp}至少 4000K
制帽	500	22	80	
20. 车辆制造				
车身制造和组装	500	22	80	
油漆、腔室喷涂、腔室抛光	750	22	80	
油漆：润色，检查	1000	16	80	T_{cp}至少 4000K
车内装饰制作（手工）	1000	19	80	
成品检查	1000	19	80	
21. 木业和家具制造				
自动处理上、如烘干夹板制造	50	28	40	
蒸汽窖	150	28	40	
锯木架	300	25	60	防止频闪效应
木工凳上工作、胶合、组装	300	25	80	
磨光、油漆、异形细木工	750	22	80	
木工机械上工作，如旋转、刻槽、打磨、凹凸榫、开槽、切割、锯、凿	500	19	80	防止频闪效应
胶合板木材选择、模型、镶嵌	750	22	90	T_{cp}至少 4000K
质量控制	1000	19	90	T_{cp}至少 4000K
22. 办公室				
文件整理、复印、流通发行	300	19	80	
书写、打字、阅读、数据处理	500	19	80	
工程制图	750	16	80	
CAD 工作站	500	19	80	
讨论、会议室	500	19	80	必须可控光
接待、前台	300	22	80	
档案室	200	25	80	
23. 零售店				
销售区（小）	300	22	80	
销售区（大）	500	22	80	
收银区	500	19	80	
包装台	500	19	80	
24. 旅馆饭店				
接待、收银台、门房	300	22	80	

续表

室内、作业或活动种类	E_m（lx）	UGR_L	R_a	备　注
厨房	500	22	80	
餐馆、餐厅、功能厅	200	22	80	照明应设计成具有亲密的气氛
自助式餐馆	200	22	80	
自助式餐厅	300	22	80	
会议室	500	19	80	必须可控光
走廊	100	25	80	夜间低照度可接受
25. 娱乐场所				
剧院、音乐厅	200	22	80	
多功能厅	300	22	80	
练习室、更衣室	300	22	80	要求具有化妆用的无镜面眩光照明
博物馆（普通）	300	19	80	照明须符合陈列要求，防止辐射，参见博物馆照明指南
26. 图书馆				
书架	200	19	80	
阅读区域	500	19	80	
柜台	500	19	80	
27. 公共停车场(室内)				
出入斜坡（白天）	300	25	40	安全色必须能辨认
出入斜坡（夜间）	75	25	40	安全色必须能辨认
车道	75	25	40	安全色必须能辨认
停车区	75	28	40	高的垂直照度提高对人免不得辨认能力，从而提高安全感
收票处	300	19	80	1. 避免窗户的反射 2. 防止外界来的眩光
28. 教育建筑				
幼儿园房间	300	19	80	
托儿所教室	300	19	80	
托儿所手工室	300	19	80	
教室	300	19	80	必须可控光
夜校教室、成人教育教室	500	19	80	
讲座厅	500	19	80	必须可控光
黑板	500	19	80	防止镜面反射
示范桌	500	19	80	在讲座厅 750lux
艺术、手工教室	500	19	80	
艺术学校艺术室	750	19	90	T_{cp}＞5000K

续表

室内、作业或活动种类	E_m (lx)	UGR_L	R_a	备 注
工程制图室	750	16	80	
实践室、实验室	500	19	80	
教学实习工场	500	19	80	
音乐练习室	300	19	80	
计算机上机室	500	19	80	
语言实验室	300	19	80	
准备室、讨论室	500	22	80	
学生公共室、集合厅	200	22	80	
教师办公室	300	22	80	
运动厅、体育馆和游泳池	300	22	80	对向公众开放设施，参见 CIE 58—1983 和 CIE 62—1984
29. 健康中心				
等待室	200	22	80	地板平面照度
走廊（白天）	200	22	80	地板平面照度
走廊（夜间）	50	22	80	地板平面照度
白天房间	200	22	80	地板平面照度
职员办公室	500	19	80	
职员房间	300	19	80	
病房				
——一般照明	100	19	80	地板平面照度
—阅读照明	300	19	80	
—单独检查	300	19	80	
检查治疗	1000	19	80	
夜间照明、观察照明	5	19	80	
病人沐浴房、洗手间	200	22	80	
一般检查室	500	19	90	
耳科、眼科检查	1000		90	局部检查照明
视力表阅读和颜色测试	500	16	90	
图像增强超声扫描仪和电视系统	50	19	80	
透析室	500	19	80	
皮肤病室	500	19	80	
内窥镜室	300	19	80	
石膏室	500	19	80	
药浴室	300	19	80	
按摩和放疗	300	19	80	

续表

室内、作业或活动种类	E_m (lx)	UGR_L	R_a	备注
术前室、恢复室	500	19	80	
手术室	1000	19	90	
手术舱	特殊			E_m＝10000～100000lux
加强监护室				
—一般照明	500	19	90	照明必须对病人无眩光
—病人处	1000		90	局部检查照明灯具
—手术舱	5000		90	可能需要高于5000lux
—牙齿漂白匹配	5000		90	T_{cp}≥6000K
颜色检查（实验室）	1000	19	90	T_{cp}≥5000K
杀菌室	300	22	80	
消毒室	300	22	80	
尸体解剖室和太平间	500	19	90	
解剖台	5000		90	可能需要高于5000lux
30. 机场				
到达、离港大厅、行李认领	200	22	80	
连接区、自动扶梯、传送带	150	22	80	
问询台、登记处	500	19	80	
海关、护照检查	500	19	80	垂直照度很重要
候机厅	200	22	80	
行李房	200	28	60	
安全检查	300	19	80	
空中交通控制塔	500	16	80	1. 照明必须是可调光的； 2. 日光照明产生的眩光必须避免
空中交通室	500	16	80	照明必须是可调光的
飞机测试和修理库	500	22	80	
引擎测试	500	22	80	
飞机修理区测量区域	500	22	80	
乘客平台和地下通道	50	28	40	
售票大厅和中央大厅	200	28	40	
票房、行李房、柜台	300	19	80	
休息室	200	22	80	
31. 教学、清真寺、犹太教会堂、庙观				
主要部分	100	25	80	
主席位、祭坛、讲道坛	300	22	80	

2.2 美国照度标准

2.2.1 《美国照明手册》(2000年)部分公共和居住建筑场所的照度标准(见表2-2-11)

部分公共和居住建筑场所的照度标准 表2-2-11

工作场所	照度值(lx)		工作场所	照度值(lx)	
	水平照度	垂直照度		水平照度	垂直照度
大会堂、音乐厅			食品显示	500	
集会	100		食品存储		
社会活动	50	30	非冷冻的	50	30
银行			冷冻的	50	30
大厅			厨房	500	30
一般	100	30	配餐室	300	30
大厅书写区	300	30	餐具冲洗和贮存室	500	100
出纳站	500	30	解冻室	300	30
会议室			食品库	300	30
会议	300	50	绘画设计和材料		
电视会议	500	300	颜色选择	1000	300
法院、法庭			制图和制地图	1000	300
坐席区(观众)	100	30	绘图	500	100
裁判和文书	500	100	草图和艺术工作	1000	300
诉讼的桌子	500	100	照相,模拟细节	500	100
证人椅子	300	50	健康保护设施		
设计图、绘图艺术			救护站(地方)	500	100
仅CAD部	100	30	麻醉	500	100
混合的CAD和文字工作	300	30	尸体解剖(一般照明)	500	100
教育设施			心脏功能实验室	500	100
走廊		100	中央消毒供应		
普通教室	500	300	检验(一般照明)	500	100
艺术教室	500	300	检验	1000	300
实验室	500	300	工作区(一般照明)	300	50
讲堂听众席			存储	300	50
演示	1000	500	护士室		
展示厅	100	30	一般照明	50	30
餐饮服务设施			观察和处置	500	100
肉店	500	100	护士站		
收银处	300	30	一般照明	300	50
就餐	100	30	桌子	500	100

续表

工作场所	照度值（lx）		工作场所	照度值（lx）	
	水平照度	垂直照度		水平照度	垂直照度
走廊（白天）	50	30	地图和打印室		300
走廊（夜间）	30	30	视看区		300
药物站	500	100	视听区		300
病房			扩音区		300
一般照明	50	30	商业空间		
观察	30	30	更衣室	1000	300
诊断	500	100	衣服区	300	50
阅读	300	50	家具区	1000	300
放射室			橱柜区	100	30
一般照明	30	30	零售区	300	
放射图像/X光透视	30	30	流通区	100	
候诊区			一般商品显示	500	100
一般照明	100	30	特色显示	1000	300
局部阅读	300	50	橱窗	3000～10000	1000
旅馆			购物商店区		
客房	100		主要中央大厅	300	50
浴室	300	50	餐饮区（见食品服务区）		
阅读/桌面工作	300		文艺活动区	500	100
走道、扶梯、楼梯	50		音乐台	1000	300
前台	500		索引、目录/信息桌	1000	300
大厅			服务走道	300	
一般照明	100		超级市场		
阅读和工作区	300		肉类—已加工的	500	100
入口遮篷	30		肉类—新鲜的	500	100
图书馆			奶制品处	500	100
阅读书架	300		制作	500	100
书架			鲜花展示	500	100
活动		300	斜坡道	500	100
不活动		50	博物馆		
书修理或装订	300	30	在垂直平面上平面显示		300
分类	300		展示处	300	50
卡片文件（纸）	300	50	三维物体	300	50
卡坐，单人课桌		300	大厅、一般廊区、走道	100	30
圆桌		300	修复或保存和实验室	500	100

续表

工作场所	照度值(lx)		工作场所	照度值(lx)	
	水平照度	垂直照度		水平照度	垂直照度
办公室			流通区(循环)	30	30
文件(见阅读)	500	100	用餐	50	
开放式办公室			装饰	300	50
内含VDT应用	300	50	穿衣(照镜子)	300	50
开放式办公室			手工艺品制作		
内含间歇应用VDT	500	50	初始作业(如工艺)	300	50
个人专用办公室	500	50	难的作业(如缝纫)	500	100
大厅、休息室和接待	100	30	关键作业(如工作台)	1000	300
信件分类	500	30	熨烫	300	
复印室	100	30	阅读		
邮政局			在椅子上(偶尔的)	300	50
大厅	100	30	在椅子上(认真的)	500	100
顾客服务区	500	30	在床上(偶尔的)	300	50
信件处理(一般照明)	500		在桌面		
住宅建筑			偶尔的	300	30
一般照明	50		认真的	500	100
交谈、娱乐、娱乐表演	30	30	桌上娱乐比赛	300	50

2.2.2 美国照明手册(2000年)基本工业作业的照度标准(见表2-2-12)

基本工业作业的照度标准 表2-2-12

工作场所	工作面照度值(lx)	工作场所	工作面照度值(lx)
原材料加工		精细的	1000
粗略的	100	机械加工	
中	300	粗糙工作	300
精细	500	中等工作	500
很精细	1000	精细工作	3000～10000
材料处理		超细工作	3000～10000
打包、包装和标识	300	装配	
挑选存库、分类	300	简单的	300
装载、内运和货车处	100	困难的	1000
部件制造		艰难的	3000～10000
大的	300	仓库和库房	
中等的	500	不动的	50

续表

工作场所	工作面照度值（lx）		工作场所	工作面照度值（lx）
动的：松散的，大标识	100		扶梯	50
动的：小的，小标识	300		厕所和洗手间	100
交通运输的站、港	水平	垂直	船运和接受处	300
等候室	50	30	维护	500
售票处	500	300	马达和设备观察	300
休息室	50	300	控制和 VDT 观察	100
中央大厅	30	30	焊接	
登、乘区	50	50	定方向	300
检验			精细手工弧焊	3000～10000
简易的	300		手工技艺（刻模、雕刻）	
困难的	1000		粗略的	300
艰难的	3000～10000		中等的	500
服务空间			精细的	1000
楼梯、走廊	50		超精细的	3000～10000

2.3 日本照度标准

日本照度标准（JIS Z 9110）摘录见表2-2-13。

日本 JIS Z 9110-1979 人工照明照度标准　　表 2-2-13

类型	场所	照度（lx）
办公	设计、制图、打字、计算	2000～750
	办公室[①]、营业室、设计室、制图室、进门大厅（白天）	1500～750
	办公室[②]、职员室、会议室、电子计算机室、配电盘	750～300
	接待室、食堂、进门大厅（夜间）	500～200
	书库、电气室、机械室、讲堂、电梯	300～150
	开水房、走廊、楼梯、厕所	200～100
	饮茶室、休息室、更衣室、存车处	150～75
	室内应急楼梯	75～30
学校	精密制图、缝纫、图书阅览	
	黑板、制图室、VDT 室	1500～300
	教室、研究室、图书阅览室、教职员室、食堂	750～200
	室内运动场	
	讲堂、走廊、楼梯、厕所、值班室	300～75
	室内游泳池	150～50
	仓库、书库、应急楼梯、室外体操场、运动场	75～30
	室内通道	10～2

续表

类型		场所	照度（lx）
商店		最重点陈列、橱窗重点	3000～1000
		重点陈列、店内陈列、包装台	1000～500
		电梯厅、店头	750～500
		店内一般照明	750～300
		洽谈室、接待角	500～300
		接待室	300～200
		便所、楼梯、走廊	200～150
		休息室、店内最低一般照明	100～75
旅馆		前台、收款处	1500～750
		门厅、客房桌子、洗脸镜	750～300
		宴会厅	500～200
		食堂	300～150
		大厅、厕所	200～100
		客房（一般）、走廊、楼梯、浴室、娱乐室	150～75
		庭院重点	100～50
饭店、食堂		菜样展示	1500～750
		餐桌、调理台	750～300
		门厅、接待室、用餐间、厕所	300～150
		走廊、楼梯	150～75
住宅		手工艺、裁缝	2000～750
		学习、读书、电话、化妆	1000～300
		餐桌、调理台	500～200
		清洗、工作台	300～150
		一般照明	150～30
工厂		精密机械、电子部件制造、印刷等非常精细的视作业、设计、制图	3000～1500
		纤维工业的挑选、印刷工业的拣字、化学工业的分析的精细视作业	1500～750
		一般制造业的普通视觉工作、控制室的粗视作业	750～300
		电气室、空调机房	300～150
		很粗视作业、通道、楼梯、厕所	150～75
		室内应急楼梯、仓库	75～30
运动场比赛场	职业比赛	拳击、相扑、摔跤	5000～2000
		垒球：内场	3000～1500
		外场	1500～750
	正式比赛	体操、游泳、柔道、击剑、拳击、乒乓球、排球、篮球、手球、室内溜冰	1500～750
		足球、软式垒球（外场）	300～150
	练习	网球、乒乓球、手球、室内溜冰、排球	750～300
		足球、橄榄球	150～75
	观众席	体操、柔道、击剑、网球、乒乓球	75～30
		排球、足球	30～10

①精细视觉工作以及由于天然光影响，室外明亮而室内感到暗时，最好采用①的情况；

②为①之外的情况。

2.4 欧盟照度标准（德国，DIN 5035—1990，人工照明标准）（见表2-2-14）

室内工作场所照度标准　　表2-2-14

房间和活动分类	额定照度（lx）
1. 通用房间	
存放间的交通区域	50
仓库	
同类物品或大宗物品的仓库	50
要区分非同类物品的仓库	100
有阅读需要的仓库	200
自动化高架仓库	
道路	20
货架	200
发货处	200
休息间、卫生间	
餐厅	200
其他的休息和躺卧房间、更衣室、洗衣间、厕所	100
健身房	300
卫生用房、急救和诊疗室	500
建筑技术用房	
机房、配电房	100
传真机房、邮件接收房	500
电话机房	300
2. 建筑物内的通道	
人员走道	50
人员和车辆通道、楼梯、自动扶梯倾斜的通道、卸货坡道、通道范围，内的自动输送装置或运输带	100
3. 办公室和相类似的房间	
有非临窗的但利用天然光的工作位置的办公室	300
办公室	500
大办公室	
—高反射比	750
—中等反射比	1000
技术性房间	750
会议室和会谈室	300
接待室	100
有公众交通需求的房间	200
数据处理工作的房间	500
4. 教　室	
普通教室（晚间不用）	300
普通教室（晚间用）	500
大教室（高反射比）	750
大教室（中反射比）	1000
美术教室	500
实验室	500
阶梯教室	500
带电视的	500
不带电视的	750
物理、化学、生物教室	500
5. 医　院	
病房：一般照明	100
阅读照明	200
检查照明	300
诊室：一般照明	500
检查	1000
手术室：一般照明	1000
治疗室：一般照明	300
化验室、药房：一般照明	500
颜色分辨	1000

续表

房间和活动分类	额定照度(lx)	房间和活动分类	额定照度(lx)
走廊和楼梯：病房区 手术区	50 100	画线和质监位置，测量位置	750
		冷轧	200
厕所	200	拉丝、拉管、冷轧型材料生产、钣金加工	300
医护值班室	300		
6. 化学工业		手工工具和刃具生产	500
遥控的工艺装置	50	装配： 粗 中 精	 200 300 500
偶尔需要人工干预的工艺装置	100		
工艺装置上经常性的工作位置	200		
测量台，操作台，观测位、实验室、有高视觉要求的工作	300	冲压车间	200
		铸造车间	
色彩检验	1000	上面可通行的水道，地下室等	50
7. 水泥、陶瓷、玻璃		台架	100
炉窑，原材料搅拌，砖厂磨碎装置的工作位置或区域	200	砂处理	200
		铸件清砂	300
上釉，压轧，简单成型，玻璃吹制	300	化铁炉和搅拌机工位	200
玻璃的打磨、镂刻、抛光，精细成型、玻璃仪器的制造、修饰工作	500	铸造大厅、手工成型、砂芯间、压力铸造	300
辉玻璃，水晶玻璃的打磨，手工打磨和雕刻，中等加工	750	落砂间、机器成型	200
		模型制造	500
精细加工	1000	表面处理	
8. 冶炼，钢铁，轧钢厂，大型浇铸厂		电镀	300
无需人工干预的生产装置	50	质监	750
偶尔需要人工干预的生产装置	100	工具、量规、设备制造、精密机械、精细装配	1000
装置上经常性的工作位置	200		
测量台、操作台、观测点	300	汽车制造	
检验和质监位置	500	车身成型、车射表面加工、座椅安装、汽车装置	500
9. 金属加工			
小工件锻造	200	喷漆室	1000
焊接、加工中心，自动或半自动加工机、初级和中级机加工，允许误差＞0.1mm	300	喷漆研磨	750
		喷漆后工序	1000
		检查	750
精细机加工，允许误差＜0.1mm	500	10. 发 电 厂	
机器人工位	300	装料装置	50

续表

房间和活动分类	额定照度(lx)
锅炉房	100
核电厂的压力平衡间	200
机房	100
辅助间，例如泵房，冷凝器房	50
建筑物内的开关装置	100
配电盘	300
透平和发电机的保养工位	500
11. 电器工业	
电缆、电线生产、线圈的上漆和浸渍、大机器装配、简单装配、用粗线绕制线圈	300
电话机、小马达的装配，用中粗线绕制线圈	500
精密仪器、收音机、电视机的装配，用细线绕制线圈	1000
熔断器调整、检验、校准	500
12. 手饰、钟表	
手饰制造	1000
钻石加工	1500
光学和钟表车间	1500
13. 木材加工	
蒸汽窑	100
锯床	200
刨削、粘接、装置	300
饰面板的挑选、镶嵌细工	500
木模工，抛光，涂漆、工材加工机，车削，开槽，刨平，拼缝，槽口，切割，锯铣	500
木材精制	500
残次检验	750

房间和活动分类	额定照度(lx)
14. 造纸、印刷、彩印	
纸浆机、碾碎机	200
纸张、瓦楞纸机、纸箱厂、普通书籍装订，平版印刷	300
裁切、镀金、压花、印刷机操作	500
手印、纸线整理	750
图面修饰，面版印刷，手工排字，机器排字	1000
套版印刷中的色彩校正	1500
钢版画，铜版画	2000
15. 皮革业	
洗革盆、桶、坑	200
刮革，分割，打磨，鞣革	300
鞍具制作，缝合，抛光，整理，压革，裁切，冲孔，制鞋	500
皮革染色	750
质量控制	
中级要求	750
高级要求	1000
非常高级要求	1500
颜色检验	1000
16. 纺织业	
洗槽区、解捆	200
梳理、洗、熨、碎棉机、伸展、整理、粗纺、黄麻大蔴纺织	300
染色	300
标牌、纺、绕、卷、线、编织、针织	500
梳理、缝纫、压整	750
修饰间	750

续表

房间和活动分类	额定照度(lx)
修饰、补疵	1000
物品检验和色彩检验	1000
17. 营养和食品业	
酿制间、大麦摊的工作区域、洗、液休分装、清洁、筛、去皮、罐头食器制作、巧克力厂，糖厂的工作区、干燥、发酵、烟叶、发酵窖	200
产品的挑选、洗刷、磨粉、混合、分装	300
屠宰厂、肉类厂、乳品厂、碾磨厂、过滤池的工作区域	300
蔬菜菜品的切削和挑选	300
精美食品的生产，厨房，雪茄和香烟生产	500
18. 批发和零售	
商场	300
收款台	500
19. 手 工 业	
钢铁件的除锈和油漆、采暖通风设备的预装	200

房间和活动分类	额定照度(lx)
钳工和白铁工、汽车修理	300
细木工房	
机器修理、电器修理	500
20. 服 务 业	
旅馆和客栈	
接待处	200
厨房	500
餐厅	200
会议室、自助客栈	300
水洗和干洗	
洗衣、机熨、手熨、整理	300
去渍检查	1000
美发	500
化妆	750
塑料加工	
压铸	500
吹塑、压塑	300

2.5 俄罗斯照度标准（见表 2-2-15～2-2-17）

居住、公共、行政、生活建筑的人工照明标准（CH и П23—05—95） **表 2-2-15**

视觉工作特征	识别物体的最低或等效尺寸（mm）	视觉工作分等	视觉工作分级	视线注视工作面的相对时间	一般照明在工作面上的照度(lx)	柱面照度（lx）	不舒适眩光指数 M	照度波动系数 K_n（%）
在固定和非固定注视下识别很高精细工作	0.15～0.30	A	1	＞70％	500	150[1]	40 15[2]	10
			2	＜70％	400	100[1]	40 15[2]	10
在固定和非固定注视下识别高精细物体	0.30～0.50	Б	1	＞70％	300	100[1]	40 15[2]	15
			2	＜70％	200	75[1]	60 25[2]	20 15[3]
在固定和非固定注视下识别中等精细工作	0.5 及以上	B	1	＞70％	150	50[1]	60 25[2]	20 15[3]
			2	＜70％	100	不推荐	60 25[2]	20 15[3]

续表

视觉工作特征	识别物体的最低或等效尺寸（mm）	视觉工作分等	视觉工作分级	视线注视工作面的相对时间	一般照明在工作面上的照度（lx）	柱面照度（lx）	不舒适眩光指数 M	照度波动系数 K_n（%）
很短时偶尔观察周围空间 —当房间光线充满度高时 —当房间光线充满度中等 —当房间光线充满度低时	与识别物体尺寸无关	Г Д Е	与视觉工作时间无关	300 200 150	100 75 50	60 90 90	不推荐	
在室内空间一般确定方向 —人员聚集多时 —人员聚集少时	与识别物体尺寸无关	Ж	1 2	与识别物体尺寸无关	75 50	不推荐	不推荐	不推荐
当在移动区一般确定方向 —人员聚集多时 —人员聚集少时	与识别物体尺寸无关	З	1 2	与识别物体尺寸无关	30 20	不推荐	不推荐	不推荐

①有特殊建筑艺术要求时的补充推荐。

②为视线在水平线上45°及以上时和对照明质量有特殊要求的值。

③对照明质量有高要求的儿童和医疗房间。

工业企业人工照明标准（СН и П23—05—95） **表2-2-16**

视觉工作特征	识别物体的最小尺寸和等效尺寸（mm）	视觉工作分等	视觉工作分级	物体与背景对比	背景特征	照度（lx） 全部	照度（lx） 一般照明	局部照明	眩光指标 ρ	照度波动系数 K_n（%）
特精细工作	＜0.15	Ⅰ	α	小	暗	5000 4500	500 500	— —	20 10	10 10
			σ	小 中	中 暗	4000 3500	400 400	1250 1000	20 10	10 10
			в	小 中 大	亮 中 暗	2500 2000	300 200	750 600	20 10	10 10
			г	中 大 大	亮 亮 中	1500 1250	200 200	400 300	20 10	10 10
很高精细工作	0.15～0.30	Ⅱ	α	小	暗	4000 3500	400 400	— —	20 10	10 10
			σ	小 中	中 暗	3000 2500	300 300	750 600	20 10	10 10
			в	小 中 大	亮 中 暗	2000 1500	200 200	500 400	20 10	10 10
			г	小 中 大	亮 亮 中	1000 750	200 200	300 200	20 10	10 10

续表

视觉工作特征	识别物体的最小尺寸和等效尺寸（mm）	视觉工作分等	视觉工作分级	物体与背景对比	背景特征	照度（lx）全部	照度（lx）一般照明	局部照明	眩光指标 ρ	照度波动系数 K_n（%）
高精细工作	0.30～0.50	Ⅲ	α	小	暗	2000 1500	200 200	300 200	40 20	15 15
			σ	小 中	中 暗	1000 750	200 200	300 200	40 20	15 15
			в	小 中 大	亮 中 暗	750 600	200 200	300 200	40 20	15 15
			г	小 中 大	亮 亮 中	400	200	200	40	15
中等精细工作	0.5～1.0	Ⅳ	α	小	暗	750	200	300	40	20
			σ	小 中	中 暗	500	200	200	40	20
			в	小 中 大	亮 中 暗	400	200	200	40	20
			г	小 中 大	亮 亮 中	—	—	200	40	20
低精细工作	1～5	Ⅴ	α	小	暗	400	200	300	40	20
			σ	小 中	中 暗	—	—	200	40	20
			в	小 中 大	亮 中 暗	—	—	200	40	20
			г	小 中 大	亮 亮 中	—	—	200	40	20
粗工作（很低精细）	＞5	Ⅵ		—		—	—	200	40	20
发光材料和热车间制品工作	＞0.5	Ⅶ		—		—	—	200	40	20
一般观察生产	—	Ⅷ	α	—		—	—	200	—	—
经常定期有人的房间			σ	—		—	—	75	—	—
非定期有人在的房间			в	—		—	—	50	—	—
市政设施的一般观察			г	—		—	—	20	—	—

一般公共、居住、辅助建筑以及工业企业的生活服务房间照明的额定照度指标（lx） 表2-2-17

房 间	人工照明	
	混合照明	一般照明
管理、办公和设计机构、科学和研究机构		
1. 办公室和工作室	400/200	300
2. 设计厅和室、绘图室	600/400	500
3. 打印室和计算室	500/300	400
4. 阅读室	400/200	300
5. 读者填写登记室	400/200	300
6. 目录室	—	200
7. 电话间	—	200
8. 新到书刊展示室	—	200
9. 书库和档案室，开放进入室	—	75
10. 装订室	—	200
11. 照相、复印、缩微	—	200
12. 印刷间		
①出版装订部	750/400	500
②版面准备和制作	—	200
③印刷部	—	300
13. 模型、细木和修理作坊	750/200	300
14. 视觉显示房间	—	200
视觉显示大厅	750/300	400
15. 大会堂、会议室	—	200
16. 休息廊		150
17. 有机和无机化学试验室、准备室	750/300	300
18. 分析室	1000/300	400
19. 天平室	750/300	300
20. 恒温室	750/300	300
21. 照相室	—	200
22. 档案、样本，试剂保存	—	100
23. 清洗室	—	300
金融、信贷和国家保险机构		
24. 交易厅、信贷组、财务厅、顾客和会计师计钱室	400/200	300
25. 收款人室	—	300
26. 贵重物储藏室、前室	—	200
义务教学学校、住宿学校、职业技术学校、中等专业和高等教学机构		
27. 教室、大教室、小教室、	—	500
实验室、实验员室	—	300
28. 信息和计算技术室		
（1.2m显示屏）	—	200
（0.8m工作面）	750/300	400
29. 技术制图和绘画室	—	500
30. 金属和木材车间	—	300
31. 技师和指导人员的工具室	—	200
32. 女孩劳动服务型用的房间		
①缝纫	500/300	400
②烹饪	—	300
33. 体育馆	—	200
	—	75
34. 运动器械、工具和设备仓库	—	50
35. 室内游泳池	—	150
36. 礼堂、电影室	—	200
37. 礼堂讲台	—	300
38. 教师室	—	200
39. 休息室	—	150
剧院、电影院、俱乐部		
40. 共和国用的大厅	—	500
41. 剧院观众厅、音乐厅	—	300
42. 俱乐部观众厅、休息廊	—	200
43. 展览厅	—	200
44. 电影院观众厅	—	75
45. 电影院和俱乐部的休息廊	—	150
46. 光盘室	—	300

续表

房间	人工照明	
	混合照明	一般照明
47. 电影放映室、声学设备室、灯光室	—	150
学龄前儿童设施		
48. 接收室	—	200
49. 脱衣室	—	200
50. 班级室、游戏室、食堂、音乐室、体操室	— —	200 75
51. 睡眠室、游廊	—	150
52. 隔离室、病儿室疗养院、休养所		
53. 病房和卧室	—	150
公共餐饮设施		
54. 餐厅、小卖部	—	200
55. 配餐厅	—	300
56. 热作间、冷作间、准备前间、准备间	—	200
57. 厨房器具和餐具清洗间、切面包片间、操作管理间	—	200
58. 糕点制作间、面食食品间	—	300
59. 半成品包装物的清洗间	—	200
60. 工作人员室	—	200
61. 仓库装载台	—	75
62. 分送	—	200
商 店		
63. 商店营业厅	—	300
64. 副食品超市营业厅	—	400
65. 器皿、家具、体育用品、建筑材料、家用电器、汽车、玩具及文具用品	—	200
66. 样品展示	—	300
67. 新商品展示厅	—	200
68. 订货部、服务部	—	200

房间	人工照明	
	混合照明	一般照明
69. 商品准备出售间		
①订货的分装和配套部	—	200
②布匹裁剪间、熨衣间、无线电和电气商品间	—	300
70. 总财务室	—	300
71. 洗浴房		
①等待间	—	200
②脱衣间	—	200
③盥洗室、淋浴室	—	75
④浴池	—	150
⑤蒸汽浴室	—	75
72. 理发室	500/300	400
73. 照相室		
①收取间	—	200
②摄影间	—	100
③洗像间	—	200
④修像底板室	1000/200	—
74. 洗衣房		
①收取衣物部	—	200
收取、登记、给出、衣服保存	—	75
②洗衣部		
机洗和液体准备	—	200
手洗	—	200
衣服保存	—	50
③干燥—熨烫部		
机洗	—	200
手洗	—	300
④整理、修理、包装部	—	200
75. 自洗洗衣房	—	200
76. 衣服化学清洗店		
①衣物收取间	—	200
②化学清洗间	—	200
③去除污点部	2000/200	500

续表

房　　间	人工照明		房　　间	人工照明	
	混合照明	一般照明		混合照明	一般照明
④化学物品储藏间	—	75	③楼梯和楼梯平台	—	10
77. 衣服制作、修理和针织品店			辅助建筑和房间		
①缝衣间	2000/750	750	89. 生活卫生房间		
②裁剪间	—	500	①盥洗室、厕所、吸烟室	—	75
③衣服修理间	2000/750	750	②沐浴间、存衣间、干燥间、鞋和衣服的除尘间、工人保暖间	—	50
④辅料准备间	—	300			
⑤熨烫、整理间	2000/750	750	90. 保健部		
⑥熨烫间	—	300	①候诊室	—	150
78. 熨平点			②挂号、值班人员室、负责人室	—	200
①顾客间	—	200			
②仓库	—	15	③诊室、包扎室	—	300
79. 修理车间			④治疗室	—	300
①头饰制作和修理	2000/750	750	⑤药品和包扎物库房	—	150
②鞋和服饰修理、金属制品塑料制品、家用电器修理等	1000/200	300	生产、辅助和公共建筑的其他房间		
			91. 门厅和外衣存衣处		
③钟表、珠宝和雕刻的修理	3000/300	—	①在大学、中小学、剧院、宿舍、宾馆和大型工业建筑和公共建筑的主要入口处	—	50
④照相机、电影放映机、无线电、电视机的修理	2000/200	—			
80. 录音室			②在其他工业、辅助和公共建筑	—	75
①录音室、转录室、监听室	—	200	③居住建筑的门厅	—	30
②唱片室	—	100	92. 楼梯间		
旅　　馆			①公共、工业和辅助建筑的主楼梯间	—	100
81. 服务台	—	200			
82. 值班服务人员室	—	200	②居住建筑楼梯间	—	10
83. 商品部	—	150	③其他楼梯间	—	15
84. 客房	—	100	93. 电梯间		
居住建筑			①在公共工业和辅助建筑	—	75
85. 居住房间	—	100	②在居住建筑	—	20
86. 厨房	—	100	94. 走廊和通道		
87. 走道、浴室、厕所	—	50	①主要走廊和通道 ②居住建筑楼层走廊 ③其他走廊	— — —	75 20 50
88. 公寓房间					
①门厅	—	30	95. 电梯机械部	—	30
②各层走廊、电梯间	—	20	96. 天棚内	—	5

注：分子表示混合照明中一般照明加局部照明照度值；而分母表示单独一般照明照度。

3　国内照明节能标准

3.1　上海市地方标准《照明设备合理用电标准》(DB 31/178—1996)

1996年发布实施的上海市地标，规定了选用高效光源、灯具及电器附件的措施，制订了工厂、商店、学校、办公室、宾馆等五类建筑的常用场所的照度标准及其相应的最高功耗密度值（W/m^2），见表2-2-18。

工作场所作业面上的照度标准及最高功耗密度　　表2-2-18

视觉作业特性	识别对象的最小尺寸 d（mm）	视觉作业分类		亮度对比	照度标准（lx）				最高功耗密度（不含镇流器）（W/m^2）
		等	级		一般照明加局部照明	一般照明			
特别精细作业	$d \leqslant 0.15$	Ⅰ	甲	小	1500～3000	—	—	—	60
			乙	大	1000～2000	—			
很精细作业	$0.15 < d \leqslant 0.3$	Ⅱ	甲	小	750～1500	200	300	500	30
			乙	大	500～1000	150	200	300	
精细作业	$0.3 < d \leqslant 0.6$	Ⅲ	甲	小	500～1000	150	200	300	25
			乙	大	300～750	100	150	200	
一般精细作业	$0.6 < d \leqslant 1.0$	Ⅳ	甲	小	300～750	100	150	200	20
			乙	大	200～500	75	100	150	
一般作业	$1.0 < d \leqslant 2.0$	Ⅴ	—	—	150～300	50	75	100	12
较粗糙作业	$2.0 < d \leqslant 5.0$	Ⅵ	—	—	—	30	50	75	10
粗糙作业	$d > 5.0$	Ⅶ	—	—	—	20	30	50	7
一般观察生产过程	—	Ⅷ	—	—	—	10	15	20	5
大件贮存	—	Ⅸ	—	—	—	5	10	15	4

商店建筑照明的照度标准及最高功耗密度　　表2-2-19

场　所		参考平面	照度标准（lx）	最高功耗密度（不含镇流器）（W/m^2）
一般商店营业厅	一般区域	0.75m水平面	75～150	8
	柜台	柜台面上	100～200	15
	货架	1.5m垂直面	100～200	30
	陈列柜、橱窗	货物所处平面	200～500	50
室内菜市场		0.75m水平面	50～100	8
自选市场营业厅		0.75m水平面	150～300	30
试衣室		试衣位置1.5m高处垂直面	150～300	10

学校照明的照度标准及最高功耗密度 表 2-2-20

场所	照度标准 (lx)	最高功率密度（不含镇流器）(W/m^2)
教室	150	14
阅览室、自修室	150	14
实验室、自然教室	150	14
微型电子计算机教室	200	18
琴房	150	14

办公室照明的标准及最高功耗密度 表 2-2-21

场所	参考面	照度标准 (lx)	最高功率密度（不含镇流器）(W/m^2)
办公室、报告厅、会议室	0.75m 水平面	100～200	15
接待室、陈列室、营业厅	0.75m 水平面	100～200	8
有视觉显示屏的作业	工作台水平面	150～300	18
设计室、绘图室、打字室、电脑室	实际工作面	200～500	20
装订、复印、晒图、档案室	0.75m 水平面	75～150	8
值班室	0.75m 水平面	50～100	8

注：视觉显示屏的作业，屏幕上的垂直照度不应大于 150lx。

宾馆饭店照明的照度标准及最高功耗密度 表 2-2-22

场所	照度标准 (lx)	最高功率密度（不含镇流器）(W/m^2)
贮藏室、楼梯间、公共卫生间	10～20	2.5
衣帽间、库房、冷库、客房走道	15～30	6
客房、电梯厅、台球房、蒸汽浴室、地球厅	30～75	15
咖啡厅、茶室、游泳池、录像室、酒吧、舞厅、旋转厅	50～100	20
洗衣间、客房卫生间、邮电厅	75～150	11
餐厅、商场、休息厅、会议厅、外币兑换处、网球场	100～200	13
大宴会厅、大门厅、厨房、健身房、美容室	150～300	12
多功能大厅、总服务台	300～750	25

3.2 北京市标准《绿色照明工程技术规程》(DBJ 01—607—2001)

该标准是根据国家经贸委关于实施绿色照明工程计划的要求而制订的地方标准，于 2001 年底发布实施。该标准有针对性地规定了照明方式、照明质量，规定了光源、灯具及镇流器选择和照明配电要求，制订了旅馆、商场、办公、学校、医院、住宅、夜景照明七类建筑的常用场所的照明单位面积安装功率（W/m^2）指标，以及这些指标所对应的平均照度值（见表2-2-23）。并考虑到我国和北京地区的差别，又规定了如果某个场所实际采用的照度标准低于该标准所列照度值时，其单位面积功率指标值应相应折减，从而能更有效地促使照明设计应采取最积极有效措施，使用先进的设计手段和选用更高效的照明器件，达到最佳节能效果。

常用场所照明单位面积功率指标　　表2-2-23

建筑类型	房间或场所名称	照明单位面积功率指标（W/m²）	对应的平均照度值（lx）
旅馆	电梯厅	12	200
	客房	15	
	客房层走道	6	75
	宴会厅、多功能厅	25	300
	餐厅	20	200
商场	营业大厅	30	500
	门厅	15	250
办公楼	高档办公室	20	500
学校	大学教室	20	500
	中小学教室	13	300
	阅览室	20	500
医院	手术室	48	750
	诊室、候诊室、化验室、药房、病房	15	300
		10	150
住宅	整个住户	7	起居室 200 卧 室 75 厨 房 100 卫生间 100
各类建筑物	夜景照明	3～5①	

①一般建筑立面采用低值；周边环境亮度较高的重要建筑采用高值。

4 国外照明能耗控制标准

4.1 美国《建筑物能量标准》（ASHRAE/IESNA 90.1—1999.9）

使用建筑面积法的照明功率密度见表2-2-24。

使用建筑物面积法的照明功率密度　　表2-2-24

建筑物类型	照明功率密度 W/ft²（W/m²）
汽车设施	1.5（16.68）
通信中心	1.4（15.07）
法院建筑	1.4（15.07）
进餐：酒吧、起居室/消闲	1.5（16.68）
自助食堂/快餐店	1.8（19.38）

续表

建筑物类型	照明功率密度 W/ft² (W/m²)
家庭餐室	1.9 (20.45)
宿舍	1.5 (16.68)
运动中心	1.4 (15.07)
体育馆	1.7 (18.30)
医院/健康护理	1.6 (17.22)
旅馆	1.7 (18.30)
图书馆	1.5 (16.68)
生产制造设施	2.2 (23.68)
汽车旅馆	2.0 (21.53)
电影院	1.6 (17.22)
公寓	1.0 (10.76)
博物馆	1.6 (17.22)
办公室	1.3 (13.99)
多层停车场	0.3 (3.23)
监狱	1.2 (12.9)
表演艺术剧院	1.5 (16.68)
警察派出所、消防站	1.3 (13.99)
邮政局	1.6 (17.22)
宗教建筑	2.2 (23.68)
零售	1.9 (20.45)
学校/大学	1.5 (16.68)
体育比赛	1.5 (16.68)
市政厅	1.4 (15.07)
运输	1.2 (12.90)
仓库	1.2 (12.90)
车间	1.7 (18.36)

使用逐个房间法的照明功率密度见表2-2-25。

使用逐个房间法的照明功率密度 表2-2-25

工作场所	照明功率密度 W/ft² (W/m²)	工作场所	照明功率密度 W/ft² (W/m²)
通用场所		门厅	1.8 (19.38)
封闭办公室	1.5 (16.88)	正厅、1～3层楼	1.3 (13.99)
开敞式办公室	1.3 (13.99)	正厅、附加层楼	0.2 (2.17)
多功能会议室	1.5 (16.88)	起居室、文娱室	1.4 (15.07)
教室、讲堂、培训室	1.6 (17.22)	餐室	1.4 (15.07)
接待室、坐席区	1.6 (17.22)	食物准备	2.2 (23.68)

续表

工 作 场 所	照明功率密度 W/ft² (W/m²)	工 作 场 所	照明功率密度 W/ft² (W/m²)
休息室	1.0 10.76	工业建筑	
走廊	0.7 (7.61)	车间	2.5 (27.17)
使用楼梯	0.9 (9.76)	汽车保养/修理	1.4 (15.07)
使用贮藏室	1.1 (11.96)	一般低车间	2.1 (22.83)
待用贮藏室	0.3 (3.23)	一般高车间	3.0 (32.61)
电气室、机械室	1.3 (13.99)	精细加工车间	6.0 (63.22)
竞赛区	1.9 (20.45)	设备室	0.8 (8.70)
练习区	1.1 (11.96)	控制室	0.5 (5.43)
更衣室、衣帽间、器械室	0.8 (8.70)	住宿建筑	
民事公务建筑		旅馆客房	2.5 (27.17)
法庭	2.1 (22.83)	汽车旅馆客房	2.5 (27.17)
审判室	1.1 (11.96)	宿舍	1.9 (20.45)
警察局实验室	1.8 (19.38)	博物馆建筑	
消防站救火车室	0.9 (9.76)	一般展厅	1.6 (17.22)
消防站宿舍	1.1 (11.96)	修复室	2.5 (27.17)
邮局的分拣信区、市政厅	1.7 (18.30)	办公建筑	
会议中心展览场地	3.3 (35.87)	银行活动区	2.4 (26.09)
教育建筑		实验室	1.8 (19.38)
学校/大学图书馆的目录室	1.4 (15.07)	商业建筑	
学校/大学图书馆的书库	1.9 (20.45)	一般营业厅	2.4 (26.09)
学校/大学图书馆的阅览区	1.8 (19.38)	超市购物大厅	1.8 (19.38)
医院、医疗保护		体育建筑	
急诊室	2.8 (30.43)	比赛场跑道区	3.8 (41.30)
恢复室	2.6 (29.26)	比赛场场区	4.3 (46.74)
护士站	1.8 (19.38)	室内运动练习	1.9 (20.45)
检查/治疗室	1.6 (17.22)	贮藏建筑	
药房	2.3 (25.00)	精细材料贮存	1.6 (17.22)
病房	1.2 (12.90)	中等/块料贮存	1.1 (11.96)
手术室	7.6 (82.60)	多层存车场—人行道	0.2 (2.17)
细菌室	10 10.76	存车场—只有维护人员	0.1 (1.09)
医疗供应室	3.0 (32.61)	交通运输建筑	
理疗室	1.5 (16.68)	航空港中央大厅	0.7 (7.61)
放射室	0.4 (4.35)	飞机/火车/汽车—行李区	1.3 (13.99)
洗衣、洗涤室	0.7 (7.61)	航站楼、售票厅	1.8 (19.38)

4.2 日本《节能法》中的照明合理用能标准—1999

日本节能法中规定了六类建筑的照明功率密度（W_S）和年照明用电时间（T）（见表2-2-26～2-2-37）。

饭店和旅馆 W_S 表2-2-26

类别	区　分	空间对象举例	W_S (W/m^2)
1	公共空间	入口、餐厅、宴会厅	30
2	客房、应用A	大堂、客用扶梯厅、店铺、厨房、办公室、会议室、准备室、防灾中心、管理人员室、监视室、控制室	20
		客房、客用卫生间、更衣室、控制室	15
3	应用B	布巾室、仓库、走廊、工作人员室、工作人员用卫生间、工作人员用更衣室、工作人员用通道、工作人员用楼梯	10
4	应用B（机械室等）	机械室、电气室、仓库、其他	5

饭店和旅馆 T 表2-2-27

类别	区　分	空间对象举例	T (h/年)	备　注
1	经常使用	入口、大堂、客用扶梯厅、防灾中心、管理人员室、监视室、控制室、车道、停车场	8700	24h/d×365d
2	一定时间使用	客用卫生间、餐厅、宴会厅、店铺、厨房、办公室、会议室、准备室、更衣室、控制室、走廊	3200	15h/d×365d
3	使用频度（中）	客房、布巾室、工作人员室、工作人员用卫生间、工作员人用更衣室、工作人员用通道、工作人员用走廊	1600	2类的50%
4	使用频度（低）	机械室、电气室、仓库、其他	320	2类的10%

办公楼 W_S 表2-2-28

类别	区　分	空间对象举例	W_S (W/m^2)
1	公共空间、非常精细的视觉作业	入口、营业室、设计室	30
2	办公空间应用A	办公室、工作人员室、会议室、VDT/CAD室、卫生间、更衣室、电梯厅、防灾中心、管理人中室、监视室、控制室	20
3	应用B	开水房、走廊、通道	10
4	应用B（机械室等）	机械室、电气室、仓库、楼梯、车道、停车场、其他	5

办 公 楼 T 表 2-2-29

类别	区 分	空间对象举例	T (h/年)	备 注
1	经常使用	防灾中心、管理人员室、监视室、控制室、车道、停车场	5500	15h/d×365d
2	一定时间使用	入口、营业室、设计室、工作人员室、会议室、VDT/CAD室、走廊、通道、电梯厅	2000	星期六、星期日、节假日除外、上午9时到下午5时期间，8h/d×248d
3	使用频度（中）	卫生间、开水房、更衣室	1000	2类的50%
4	使用频度（低）	机械室、电气室、仓库、其他	200	2类的10%

医院和诊疗所 W_S 表 2-2-30

类别	区 分	空间对象举例	W_S (W/m²)
1	非常精细的视觉作业	手术室	55
		诊疗室、药房	30
2	处置室、应用A	大堂、挂号、电梯厅、检查室、处置室、集中治疗室、准备室、护士站、办公室、会议室、防灾中心、管理人员室、监视室、控制室	20
		资料室、候诊室、食堂、厨房、小卖部、卫生间、休息室、值班室、更衣室	15
3	病房、应用B	病房、布巾器材室、走廊、楼梯	10
4	应用B（机械室等）	机械室、电气室、仓库、车道、停车场、其他	5

医院和诊疗所 T 表 2-2-31

类别	区 分	空间对象举例	T (h/年)	备 注
1	经常使用	护士部、防灾中心、管理人员室、监视室、控制室、车道、停车场	8700	24h/d×365d
2	一定时间使用	病房、食堂、厨房、值班室	5500	15h/d×365d
3	使用频度（中）	大厅、挂号室、电楼厅、手术室、诊室、核查室、处置室、集中治疗室、准备室、药房、资料室、办公室、会议室、候诊室、小卖部、卫生间、休息室、更衣室、布巾器材室、走廊、楼梯	2800	2类的50%
4	使用频度（低）		550	2类的10%

学 校 W_S 表2-2-32

类别	区 分	空间对象举例	W_S (W/m^2)
1	讲堂、非常精细视觉作业	讲堂、计算机教室	30
2	教室、应用A	教室、讲义室、实验室、体育馆、职员室、会议室	20
		图书室、实习室、办公室、广播室、后勤人员室	15
3	病房、应用B	食堂、厨房、更衣室、卫生间、走廊	10
4	应用B（机械室等）	机械室、电气室、仓库、其他	5

学 校 T 表2-2-33

类别	区 分	空间对象举例	T (h/年)	备 注
1	经常使用A	职员室、办公室、后勤人员室	2000	星期六、星期日、节假日的248d的8h
2	一定时间使用B	教室、讲义室、图书室、讲堂、计算机教室、实验室、实习室、体育馆、会议室、厨房	1200	星期六、星期日、节假日的248d的8h
3	使用频度（中）	食堂、更衣室、广播室、卫生间、走廊、楼梯	600	2类的50%
4	使用频度（低）	机械室、电气室、仓库、其他	120	2类的10%

商 店 W_S 表2-2-34

类别	区 分	空间对象举例	W_S (W/m^2)
1	公共空间	入口	55
		客用电梯	30
2	营业厅、应用A	营业厅、客用通道	20
		餐厅、客用卫生间、防灾中心、管理人员室、监视室、控制室	15
3	应用B	客用楼梯、后部分、工作人员室、工作人员更衣室、工作人员用卫生间、工作人员用通道	10
4	应用B（机械室等）	机械室、电气器、仓库、工作人员用楼梯、车道、停车场、其他	5

商 店 T 表2-2-35

类别	区 分	空间对象举例	T (h/年)	备 注
1	经常使用	防灾中心、管理人员室、监视室、控制室、车道、停车场	5500	15h/d×365d
2	一定时间使用	入口、客用电梯厅、营业厅、餐厅、客用卫生间、客用通道、客用楼梯、后院	3400	公休日（1d/周）除外，小于310d的营业时间（9）+2时间
3	使用频度（中）	工作人员室、工作人员更衣室、工作人员卫生间、工作人员用通道、工作人员用楼梯	1700	2类的50%
4	使用频度（低）	机械室、电气室、仓库、其他	340	2类的10%

餐 饮 店 W_S 表 2-2-36

类别	区 分	空间对象举例	W_S (W/m^2)
1	公共空间	中央部分（扶梯），客用电梯厅、各种店铺入口、客用通道	30
2	坐位、应用A	坐席、登记、厨房、办公室、防灾中心、管理人员室、监视室、控制室	20
		等候室、客用卫生间、客用通道、客用楼梯	15
3	喝茶、应用B	茶馆的坐席、工作人员室、工作人员更衣室、工作人员用卫生间、工作人员用楼梯	10
4	应用B（机械室等）	机械室、电气室、仓库	5

餐 饮 店 T 表 2-2-37

类别	区 分	空间对象举例	T (h/年)	备 注
1	经常使用	防灾中心、管理人员室、监视室、控制室、车道、停车场	5500	15h/d×365d
2	一定时间使用	中央部分（扶梯）、客用电梯、各种店铺入口、客用通道、座位、饮茶店的坐席、客用卫生间、登记、厨房、实用通道、客用楼梯办公室	3400	11h/d×公休日(1d/周)外的310d
3	使用频度（中）	工作人员室、工作人员用更衣室、工作人员用卫生间、工作人员用楼梯	1700	2类的50%
4	使用频度（低）	机械室、电气室、仓库、其他	340	2类的10%

4.3 俄罗斯照明节能标准

俄罗斯标准 MГCH2.01—98“建筑节能量”的第4章（1998年版）规定了照明单位安装功率（见表2-2-38～2-2-39）。

俄罗斯照明节能标准 表 2-2-38

房间名称	根据 MГCH“天然采光和人工照明”的照度标准（lx）	最大允许单位安装功率（W/m^2）
管理建筑（国家部门的，主管部门的，委员会的，管理部门的等），设计机构，科研机关和图书馆等：		
(1) 研究室和工作室、办公室等；	400	25
(2) 设计室和设计厅、设计和制图室；	500	35
(3) 复印室和照相室等；	400	25
(4) 有文件、视觉终端、监视器等工作间；	400	25
(5) 阅览室；	400	25
(6) 实验室	500	35
银行和保险机构：		
营业厅，现金出纳厅	500	35

续表

房间名称	根据МГСН“天然采光和人工照明”的照度标准（lx）	最大允许单位安装功率（W/m²）
普通中、小学，寄宿学校，职业技术学校，中等专科和高等学校：		
教室、讲堂、教学人员室、实验室、实验员的房间、信息和计算技术室	400	25
学龄前儿童机构：		
小组教室、游戏室、用餐室、音乐和体育课教室	400	25
公共饮食企业：		
营业厅、小吃部、茶点部	200	14
西餐间	400	25
商店：		
超级市场的售货大厅	500	35
商店的售货厅	400	25
居民生活服务企业：		
理发室	400	35
缝纫车间和衣服修理部	750	52
药房：		
顾客服务厅	200	14
居住建筑：		
寝室	300	20
住宅各户外的各层走廊、楼梯间和门厅	30	4
室内停车场、库房：		
室内停放运输企业和公共机构的交通运输车辆的房间	75	10
交通运输技术服务站交通运输企业：		
洗车站	200	14
汽车检验站	300	20
技术服务站	200	14

注：表中列出的单位功率值考虑了在镇流器和照明控制装置的消耗功率。

俄罗斯一般照明的单位面积功率基本值　　表2-2-39

房间高度（m）	房间面积（m²）	一般照明的单位面积功率的基本值（W/m²）（当$E=$100lx，照明灯具的利用系数为100%，$K_3=1.5$时）
<3	<15	4.9
	15～25	4.1
	25～50	3.6
	50～150	3.0
	150～300	2.7
	>300	2.5

续表

房间高度（m）	房间面积（m^2）	一般照明的单位面积功率的基本值（W/m^2）（当 $E=100lx$，照明灯具的利用系数为100%，$K_3=1.5$ 时）
3～4	15～20	6.0
	20～30	4.8
	30～50	3.9
	50～120	3.5
	120～300	3.0
	＞300	2.5
4～6	25～35	6.0
	35～50	4.9
	50～80	3.8
	80～150	3.4
	150～400	2.9
	＞400	2.4
6～8	50～65	6.0
	65～90	5.0
	90～135	4.1
	135～250	3.5
	250～500	3.1
	＞500	2.4

第3章　照明产品能效标准

1　能效标准的概述

1.1　能效标准的产生与发展

1.1.1　能效标准的来由

能效标准起源于美国，在20世纪70年代初，美国40.9%的石油要依赖进口，而且进口的石油主要来自中东一些发展中国家。1973年发生了世界能源危机。这场能源危机从另一个侧面使人们明白了一个道理：目前所消耗的绝大部分能源是不可再生的，节能不仅是为了经济效益的提高，同时关系到国家的安全和生存问题。

1975年，美国组建了一个节能法案工作项目组，其任务是确定各类家用产品的能耗实验方法及程序，对一些主要家用电器颁发能源效率标签等。同年美国联邦政府发布了《能源政策和节能法案》，在法案中规定了家用电器主要产品用能的原则性指标和节能标志。

1977年，美国正处于二战后最严重的经济危机之中。当时美国为了解决能源问题提出了一系列国家调控计划，希望通过税收政策、价格体制、信贷制度的改革，来刺激国内能源产业的发展和节能工作的深入。于是在1978年美国又发布了《国家节能政策法案》，在这个法案中规定了有关能效标准的制订原则，并要求家用电器生产商必须执行有关能效标准，同时责成美国能源部来具体操作节能（能效）标准的制订。

1982年美国经济开始全面复苏，能源状况也有所好转，为了使美国节能工作朝着实质性方向发展，1987年美国政府颁布了《国家家用电器节能法案》，对13类家用电器产品提出了明确的能效指标和有效期（标准修改时间）。1988年又对该法案作了补充，增加了荧光灯镇流器的能效要求，并规定了镇流器的效率因数等指标。《国家家用电器节能法案》是使美国的节能标准从务虚走向务实的一步，也是能效标准与法规相融合的一个典范。此时的节能法案既是能效标准，而某个产品能效标准又是节能法案的一部分。如荧光灯镇流器能效标准，它并不是一个单独的标准文本，而是一份《国家家用电器节能法案》的补充件。

能效标准的出台和实施为美国带来了可观的经济效益和社会效益。在能源消耗量不变的情况下，通过能效标准提高用能产品的效率，就可使经济继续发展，人民生活水平继续提高，环境污染也得到了遏制。随后加拿大、日本、欧盟和韩国等许多市场经济国家也相继制定了能效标准，并把能效标准作为国家能源政策手段之一。能效标准在国际上的发展证实了它的合理性与可行性。

1.1.2　我国能效标准的现况

我国在20世纪80年代时就制定出9个产品节能标准，但对用电设备规定的还是能耗指标。随着节能观念的转变，以及国际上能效标准的发展，原有的能耗标准已跟不上我国节能管理的需要。我国从1996年才开始对能效标准进行研究，在照明产品方面制订了GB 17896—1999《管形荧光灯镇流器能效限定值及节能评价值》（以下简称“荧光灯镇流器能效标准”）。自镇流荧光灯、双端荧光灯和单端荧光灯产品的能效标准，并且准备制定高压钠灯和金属卤化物灯，以及高压钠灯镇流器和金属卤化物灯镇流器能效标准。

1.2 能效标准的主要内容及作用

1.2.1 能效

“能效”（energy efficiency）一词来源于国外，是“能源利用效率”的简称。能效与能耗是两个不同的概念，能耗是指用能产品在使用时，对能源消耗量大小进行评价的指标；能效既能源利用效率，它反映了产品利用能源的效率质量特性，它评价的是单位能源所产生的输出或做功，是评价产品用能性能的一种较为科学的方法。使用能效，可更客观的反映产品的用能情况，利用它可更科学地进行产品之间能源利用性能的对比。能效标准即能源利用效率标准，是对用能产品的能源利用效率水平或在一定时间内能源消耗水平进行规定的标准。通过实施能效标准，可以不断提高家用电器的能源利用率，用较少的能源来维持或提高现有的生活水平，同时有利于保护环境和保障国家能源供需的平衡。

1.2.2 能效标准的主要内容

我国能效标准一般包括的内容有：标准的使用范围、所要引用的标准、名词的定义、产品分类、技术要求、试验方法和检验规则七个部分。但核心问题是在技术要求中所规定的能效限定值和节能评价值。随着我国能源管理工作的强化，能源政策的不断完善，在技术要求中所规定的能效值会不断调整，技术要求中的内容也会相应改变。比如，为了配合我国将要实施能的效标识制度，今后在能效标准中加入能效等级的内容。

在能效标准中能效限定值和节能评价值具有不同的约束性，能效限定值属于强制性指标，而节能产评价值是属于推荐性指标。

1.2.3 能效限定值

能效限定值是国家允许产品的最低能效值，低于该值产品则是属于国家明令淘汰的产品。这类产品不但额外地消耗了大量能源，同时也相对加大了用户在用能方面的开支。所以淘汰高耗能、低能效率的产品是我国能源管理的一个重要制度。

1.2.4 节能评价值

节能产品评价值是一个高效率值，它是评定节能产品的依据，是为节能产品认证服务的。节能产品认证是我国《节能法》中规定的一项节能管理制度，通过节能认证为企业创建一个良好的竞争环境，引导和激励提高产品的用能效率，为产品用户提供可靠的质量信息。节能评价值是属于推荐性的，企业可根据节能认证的需要实施。通过节能认证的产品可以使用节能认证标志，获得节能标志的产品表明其能效和质量已达到国家能效标准的要求，节能产品标志也是节能认证机构向用户提供的一种担保。

1.2.5 能效等级

能效等级是指在一种耗能产品的能效值分布范围内，根据若干个从高到低的能效值划分出不同的区域，每个能效值区域为一个能效等级。能效等级是实施能效标识制度的技术依据，企业应保证所生产出的耗能产品的能效与能效标识上的能效等级相一致。用户能够根据使用实际情况根据产品的能效等级、价格等信息来选择最适用自己的产品。

1.2.6 能效标准的主要作用

能效标准的作用是为国家能源管理政策提供依据，能效标准的实施也是随能源政策的实施而进行的，通过能源政策发挥其作用。照明领域中，可以从荧光灯镇流器中看到能效标准具有以下几个方面的作用：

(1) 能效标准的实施将可保护消费者的利益、指导消费者选购产品。由于镇流器具有不同种类和规格，即使同规格的产品也具有不同的价格和能效品质，另外用户使用的情况也不一样，若用户在购买前没有根据这些具体情况进行选择，而是购买廉价的镇流器，则用户在使用中很可能要付出更多的代价。用户购买符合能效标准的镇流器或可通过计算机分析程序对所选的不同产品进行寿命周期成本计算，找出适合的产品，用户选用这种产品就会既节电、又省钱。

(2) 能效标准的实施将会促进能源需求量和污染的减少。随着我国国民经济的迅猛发展、人民生活水平的不断提高，电力的需求量也年年上升。目前我国照明用电占全国总发电量的 10%～12%，但我国照明器具能效普遍较低，因此照明器具是终端节电的主要对象之一。由于荧光灯镇流器是照明器具的主要产品之一，通过能效标准的实施，提高镇流器的能源利用效率，对减少我国电力需求量有着重要作用。

我国电力主要来源于火力发电厂，而大多数火力发电厂又是以煤为燃料。以限制用电量来减少环境的污染，将会影响经济的发展和人民生活水平的提高。所以，提高电器能源利用效率是在目前技术水平下发展国民经济，提高人们生活水平，减少环境污染的最经济、最有效的方法。

(3) 能效标准的实施将有助于调整行业结构。尽管我国照明电器产品的产量已居世界前列，但企业规模小，生产设备落后，自动化程度低，因而使产品质量存在较大问题。实施能效标准后，配合《节能法》的实施，将限制效率低、质量差的产品继续生产，同时通过节能产品认证促进高效、优质产品市场的扩大，促进生产高效、优质产品的企业上规模，提高生产工艺水平，使行业的发展步入正轨。若能效标准配合政府采购的实施，可为高效率、高质量的照明产品提供一个大市场，在这个市场中，优质产品获得一个发展空间。

(4) 规范照明产品销售市场。例如：电子镇流器是近十年发展起来的高效产品，由于电子镇流器市场不成熟，用户对电子镇流器的认识不成熟，一些企业在市场竞争中不是依靠产品的质量和能效，而是采用降低价格的方法。单靠压低价格的竞争，在销售市场不成熟和用户对产品认识不成熟的时期可以暂时奏效，若市场得不到控制，这种不正常的竞争将导致市场的混乱，低价位的产品市场必将导致低质量产品的泛滥。用标准中的能效限定值制止低质量产品的产生，用节能认证能效指标引导高效率、高质量产品进入市场，从而有效地阻断因低价竞争引起地恶性循环，使市场得以规范。

(5) 照明产品能效标准的实施将有助于我国“绿色照明工程”的深入。“绿色照明工程”的主要目的是在我国发展和推广高效照明器具，逐步替代传统的低效照明电光源，节约照明用电。高效照明器具如何评定，在替代老式产品时如何对其工程进行经济分析，需要使用该产品的能效标准来做技术支持。

1.3 能效标准的制定方法

1.3.1 能效标准与质量性能标准的区别

能效标准的制定与制定产品性能标准有所不同，除了要进行一般标准的制定程序外，在能效标准制定中需要掌握现有产品的能效状况，了解能效分布范围，对产品保有量做出分析，计算能效标准的实施效果，计算能效标准对用户产生的经济影响，计算能效标准对环境保护的作用等项目。

能效标准中的能效限定值是强制性指标，所以能效标准属于条款强制标准，在国家标准编号上，标准代号为“GB”。而质量性能标准一般为推荐性标准，其标准代号为“GB/T”。

1.3.2 能效标准研究分析内容

在国际上能效标准已成为许多国家能源宏观管理的政策手段。国家政府可以通过能效标准的制定、实施、修订来调节社会节能总量或用能总量。所以，在能效标准研究和分析中首先要分析本国各类、各型号耗能产品的能效水平状况，找出每个型号的产品与用能的关系。确定能效限定值、节能评价值及能效等级，进行寿命周期分析和实施标准对环境和国家的影响分析，通过改变各种影响因素参量的数值，找出企业、用户和国家都可接受的能效水平。为了较为准确地分析，一般发达国家都采用先进的分析方法，并借助于计算机进行定量的分析。一般需编制如下计算机分析程序：

(1) 工程分析程序；

(2) 能效限定值及节能评价值分析程序；

(3) 实施标准对国家用电总量和环境影响分析程序。

1.3.3 制定能效标准一般要注重的问题

我国能效标准中的能效限定值是强制性的，能效等级将来也可能是强制性的，虽然节能产品认证是自愿性的，但取得认证后的产品需要受到国家的监督。因而，能效标准的实施将会影响许多方面的利益，制订时应慎重考虑。在分析标准时，要确定目前能效水平状态，利用概率分布划分出能效限定值、能效等级和节能评价值，再对将要选用的能效值进行预测，通过计算机运算得出该能效值所产生的各种影响结果。为了保障标准的可实施性和科学性，在标准分析中主要考虑以下几个问题：

(1) 标准所规定的指标将对消费者的影响；

(2) 标准所规定的指标正规企业应能够接受；

(3) 通过实施标准可以贯彻《节能法》的淘汰制度；

(4) 有利于节能产品认证的实施；

(5) 标准中的指标将对国家电力需求量的影响；

(6) 标准中的指标将对环境的影响；

(7) 划分等级在技术上的可行性。

1.3.4 能效标准研究的一般技术路线

能效标准的制定研究首先要对该产品的品种、规格、性能进行分析，然后做工程分析，最后计算出不同能效值的变化对用户、国家节电总量、环境保护的影响。具体分析路线见下图 2-3-1。

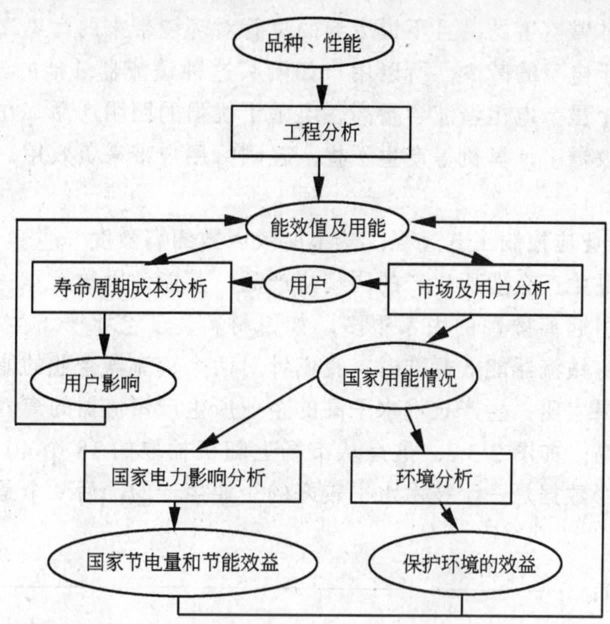

图 2-3-1　镇流器能效标准分析结构图

1.4　实施能效标准时应注意的几点问题

1.4.1　能效与节能的关系

对于某些种类的耗能产品，提高能效并不等于实际节能。拿荧光灯镇流器为例，提高镇流器能效因数只是荧光灯节电措施的一种方法和一个方面。荧光灯是镇流器、灯管和灯具的组合，要提高荧光灯灯具的总能效还要提高荧光灯管和灯具的效率。

提高能效并不等于节能，在提高荧光灯灯具总能效的同时，还要限定灯具的光通量。假如，我们把办公室中40W的一般电感镇流器换成了能效因数高的电子镇流器，而这个电子镇流器输入功率与原镇流器一样，安装电子镇流器后办公室的照度大大提高。此时，节能镇流器并没有节约电能，却造成了多余的光输出，这也是一种浪费。所以企业在提高镇流器能效因数的同时应注意镇流器的流明系数不要过高，流明系数达到前面所提到的平均值就可以了。提高镇流器能效因数的方式应是在不改变流明系数的前提下而减少镇流器输入的线路功率。

1.4.2　申请节能认证产品应是高效优质的产品

就用户经济利益而言，用户购买被认证机构确认为“节能”产品后，他在使用这种产品时，不但用户能够获得节能产品所带来的最大效用，同时也可节省用户的费用支出。这里的费用支出不只是指电费，而是由使用该产品所引发的一切费用的支出。要减少这种广义的费用，节能产品必须是能源转换效率高、产品一般性能质量好，并且安全可靠。

在寿命周期分析中可以看到，产品的寿命对用户的经济利益有着较大的影响，劣质、短寿命产品是造成用户节电不节钱的主要原因。除产品寿命外，其他质量因素同样也影响着用户的使用效用和费用支出。比如，非预热启动的电子镇流器，在它的电路中取消了预热启动部分，镇流器的能效可能会提高一点，在电费支出上就可减少一点，但非预热镇流器对灯管的寿命是非常有害的，且不说废弃的灯管对环境带来的污染，而用户在购买灯管所增加的费用要大于电费的减少，所以用户如购买这种镇流器，他的经济利益受到损失。又比如，用户买了个虽节电但谐波含量高、电磁干扰强的照明产品，在使用时这些产品会对用户通讯设备、仪器、计算机等产生干扰，轻则给用户带来负效用，重则给用户带来不可挽回的损失。

1.4.3 生产企业应控制工艺过程，减小能效因数的离散度

同一个用能产品生产企业所生产的同规格产品，其能效因数是不一样的，即在能效值上存在着离散性。引起离散性的因素很多，如原材料、工艺水平、生产设备和管理水平等。如在制订荧光灯镇流器能效标准时，我们针对两个镇流器企业的能效因数的离散度进行了测试，测试结果表明：生产技术水平高的企业所生产镇流器的离散度低，生产技术水平低的企业离散度高。如图2-3-2，这是从市场上随机抽取的18个40瓦电感镇流器的能效因数数据，前9个数据是一个技术水平较好的企业生产的，后9个是一个技术水平较差企业生产的。

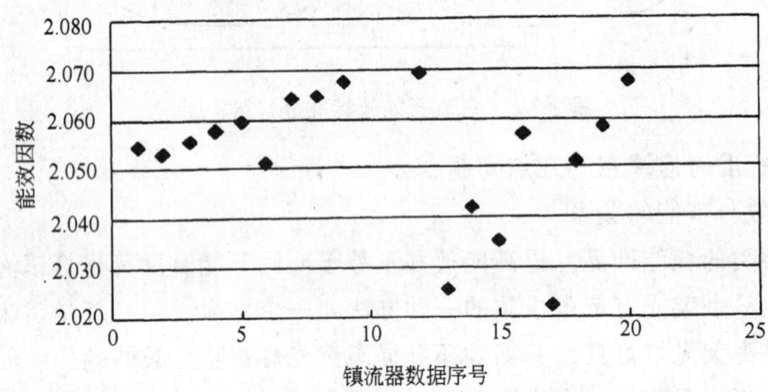

图2-3-2 两个不同企业产品能效因数的分布

从图中可以看出，前9个数据集中分布在2.05～2.07之间，而后9个数据的分布范围是2.02～2.07。

能效值的离散性有可能会影响到企业是否能通过能效限定值的检查或节能产品认证的检验。影响能效值离散性的因素很多，消除能效值的离散性是不可能的，只能使它相对减小。一般允许企业生产的产品在能效值上有一定的离散性，但企业应对其加以控制。如果某企业的整体水平刚刚超过能效限定值或节能评价值时，能效因数的离散性将直接影响着企业是否能通过检验。

1.4.4 不同效率值的照明产品可适用于不同的场所

一种产品可能会有不同种类，这些产品在性能、价格和能效值上会有所不同。在一般情况下，效率越高的产品价格也会越高。企业应根据不同用户需求生产不同效率的产品，而用户也应根据自己使用产品的时间长短来选择对自己最经济的产品。

比如，电感镇流器与电子镇流器相比各有利弊，电感镇流器虽然耗电高，但其寿命长、谐波含量较低，而电子镇流器虽然省电、没有频闪效应，但在寿命与谐波问题上又不如电感镇流器。寿命周期成本的分析也证明：不同类型的镇流器适用于不同的场合。对于

企业来说，应根据不同的消费市场选择镇流器的供给。在一般情况下，电费高、照明时间长的用户更适合使用电子镇流器，而电费低、照明时间短的用户则适合用电感镇流器。而节能电感镇流器在低电费、短照明时间的用户市场中占更强的优势。

2　管形荧光灯镇流器能效标准

2.1　我国管形荧光灯镇流器能效标准

我国国家标准 GB 17896—1999《管形荧光灯镇流器能效限定值及节能评价值》，该标准适用于额定电压 220V、频率 50Hz 交流电源供电、标称功率在 18～40W 的管形荧光灯所用独立式电感镇流器和电子镇流器。该标准不适用于非预热启动的电子镇流器。

镇流器能效因数（*BEF*，ballast efficiency factor）作为能效指标，其计算公式如下：

$$BEF = 100 \times \mu / P \tag{2-3-1}$$

式中　*BEF* —— 镇流器能效因数；

μ —— 镇流器流明系数；

P —— 线路功率（W）。

镇流器能效因数（*BEF*）被定义为镇流器流明系数与镇流器线路功率的比。该参数评定的是：镇流器在整个灯具中发挥作用时的能源利用效率。它不但考虑了镇流器的输入，而且也考虑了灯具的光输出，用它来进行镇流器间的能效对比是比较科学的。比如，电子镇流器与电感镇流器之间的能效对比，用镇流器自身功耗的参数，它只能表明镇流器功耗的差，却不能表示出由于电子镇流器使荧光灯在高频下工作，荧光灯光效的增加，荧光灯发出了更多的光，灯具的整体效率得到提高。

各类镇流器能效限定值应不小于表 2-3-1 的规定。

镇流器能效限定值　　**表 2-3-1**

标称功率（W）		18	20	22	30	32	36	40
BEF	电感	3.154	2.952	2.770	2.232	2.146	2.030	1.992
	电子	4.778	4.370	3.998	2.870	2.678	2.402	2.270

各类镇流器能效因数评价指不应小于表 2-3-2 的规定。对于电子镇流器，其电源中谐波含量还应符合 GB 17625.1 中的规定，无线电骚扰特性应符合 GB 17743 中的规定。

镇流器能效因数评价值　　**表 2-3-2**

标称功率（W）		18	20	22	30	32	36	40
BEF	电感型	3.686	3.458	3.248	2.583	2.461	2.271	2.152
	电子型	5.518	5.049	4.619	3.281	3.043	2.681	2.473

2.2　国外管形荧光灯镇流器能效标准概况

自 1970 年以来，美国自愿性建筑标准（规范）包含了照明部分，部分州也有强制性标准。1983 年，加州组织制定的荧光灯镇流器能效标准生效，而联邦政府于 1988 年在“国家能源政策和节约法案”中颁布了美国第一个照明产品能效标准——荧光灯镇流器能效标准。一些州政府也努力就荧光灯、白炽灯和高强度气体放电灯制定地方法规。美国能源政策法案是一个综合的能源卷宗，包含了从气体释放、核能生产许可到能源效率等许多领域，其中也包含了照明方面的标准，涉及一些白炽灯和荧光灯。

目前已有许多国家根据和地区根据自身出台的能源政策相应地制定能荧光灯镇流器的标准。表 2-3-3 为一些国家或地区荧光灯镇流器能效标准强制和自愿类型。表 2-3-4 为一些国家或地区荧光灯镇流器的最低能效值。

一些国家或地区的荧光灯镇流器能效计划类型 **表 2-3-3**

国家或地区	计 划 类 型				
	A. 能效标识	B. 节能标志	C. 能效限定值	D. 行业目标	E. 其他
澳大利亚	V (2002)		M (2002)		
中国		V (2000)	M (2000)		
加拿大			M (1995)		O, BC, Q, NS, NB
日本				V (2005)	
韩国	M (1992, 1999)		M (1992, 1999)		
马来西亚			M (1999, 2000, 2001)		
菲律宾	M (target 1999)		M (target 2000)		
新加坡					V (1996)
中国台湾			M (1993)		
泰国	V (1996)		M (2003)		
美国			M (1991, 2003)		

M 为强制性实施；V 为自愿性实施。

一些国家或地区的荧光灯镇流器能效最低能效值 **表 2-3-4**

国家或地区	最小能效标准	*BEF* 值	备 注
澳大利亚	<34W	2.33	
中国	*BEF*>1.992 *BEF*>2.27	1.992 电感 2.27 电子	40W 灯的镇流器
加拿大	*BEF*>1.805	1.805	40W 灯的镇流器
韩国	*R*>0.97	2.05	*R* = 流明/功率，当 2002 年 7 月后 *R*>1.20
马来西亚	6W (2001)	2.17	
菲律宾	能效等级 *D*		
中国台湾	11W 110V 7W 220V	1.96 110V 2.13 220W	
泰国	6W	2.17	
美国	*BEF*>1.805	1.805	40W 灯的镇流器

3　自镇流荧光灯能效标准

3.1　我国自镇流荧光灯能效标准

我国国家标准（GB 19044—2003）《自镇流荧光灯能效限定值及能效等级》，该标准适用于额定电压220V、频率50Hz交流电源，标称功率为60W及以下，采用螺口灯头或卡口灯头，在家庭和类似场合普通照明用的，把控制启动和稳定燃点部件集成一体的自镇流荧光灯。

该标准所适用的自镇流荧光灯，其性能应符合GB/T 17263《普通照明用自镇流荧光灯性能要求》标准的要求。

自镇流荧光灯能效等级如表2-3-5。

自镇流荧光灯能效限定值为表2-3-5中能效等级的3级。自镇流荧光灯节能评价值为表2-3-5中能效等级的2级。

自镇流荧光灯能效等级　　表2-3-5

标称功率范围（W）	光效（lm/W）					
	能效等级（色调：RR，RZ）①			能效等级（色调：RL，RB，RN，RD）①		
	1	2	3	1	2	3
5～8	54	46	36	58	50	40
9～14	62	54	44	66	58	48
15～24	69	61	51	73	65	55
25～60	75	67	57	78	70	60

①表中色调应符合GB/T 17263中表3的要求。企业可以根据用户的要求制造非标准颜色的灯，但应同时给出非标准颜色色度坐标的目标值，且其容差应符合5SDCM的要求。对介于RR，RZ两个标准颜色之间以及相关色温高于RR标准颜色灯的非标准颜色灯的光效，按RZ标准颜色灯的光效值标准进行判定；对介于RL，RB，RN，RD标准颜色之间以及相关色温低于RD标准颜色灯的非标准颜色灯的光效，按RD标准颜色灯的光效值标准进行判定；对于介于RZ和RL标准颜色灯之间的非标准颜色灯的光效按RL标准颜色灯的光效值标准进行判定。

3.2　国外自镇流荧光灯能效标准概况

目前世界上有紧凑型荧光灯能效标准或能效标识的国家和地区主要有美国、欧盟、日本、韩国、新加坡、香港和墨西哥等，见表2-3-6。

部分国家和地区紧凑型荧光灯能效标准和标识　　表2-3-6

国家和地区	最低能效标准	保证标识	比较标识	其他
美国		V		M（包装标志）
欧盟			M	
中国香港		V		
日本				V（领先者）
韩国	M		M	
墨西哥	M	V		
新加坡		V		
巴西		V		
哥伦比亚	V			

M为强制性实施；V为自愿性实施。

部分国家和地区紧凑型荧光灯能效标准值见表 2-3-7。

部分国家和地区紧凑型荧光灯能效标准值 **表 2-3-7**

国家或地区	灯的类型	额定功率（W）		光效（lm/W）	
			色温	最低能效值	目标能效值
美国 加拿大 阿根廷 秘鲁 南非 菲律宾 捷克 匈牙利 拉脱维亚	一体或分体	<15		45	
		≥15[①]		60[①]	
		≥15	>4000	55	
			≤4000	60	
	一体带半透明罩	≤14		40	
		15～19		48	
		20～24		50	
		≥25		55	
	一体带反射罩	≤19		33	
		>19		40	
韩国		<10		42.0	48.3
		10～15		48.0	55.2
		>15		58.0	66.7
香港	一体灯	≤10		45	
		10～20		50	
		21～30		55	
		≥31		60	
	非一体灯	≤10		50	
		11～30		65	
		≥31		70	

①该栏的内容只适用于美国和加拿大。

4 双端荧光灯能效标准

4.1 我国双端荧光灯镇流器能效标准

我国国家标准（GB 19043—2003）《双端荧光灯能效限定值及能效等级》，该标准适用于标称功率在 14～65W 范围内，采用 50Hz 频率电源带启动器的预热阴极双端荧光灯，以及采用高频电源工作的预热阴极双端荧光灯。

该标准所适用的双端荧光灯，其各项性能指标应符合《双端荧光灯性能要求》GB/T 10682 中第 5 章的规定。

双端流荧光灯能效等级见表 2-3-8。

双端荧光灯能效等级 表2-3-8

标称功率（W）	光效（lm/W）								
	能效等级（RR，RZ）			能效等级（RL，RB）			能效等级（RN，RD）		
	1	2	3	1	2	3	1	2	3
14～21	75	53	44	81	62	51	81	64	53
22～35	84	57	53	88	68	62	88	70	64
36～65	75	67	55	82	74	60	85	77	63

注：ϕ16高光效系列（14W、21W、28W、35W）双端荧光灯的节能评价值为本表中能效等级的1级。

双端荧光灯能效限定值为表2-3-8中能效等级的3级。双端荧光灯节能评价值为表2-3-8中能效等级的2级。

双端荧光灯目标能效限定值见表2-3-9。

双端荧光灯2005年的目标能效限定值 表2-3-9

标称功率（W）	光效（lm/W）		
	RR，RZ	RL，RB	RN，RD
14～21	53	62	64
22～35	57	68	70
36～65	67	74	77

4.2 国外双端荧光灯能效标准概况

国外双端荧光灯能效标准件表2-3-10。

国外双端荧光灯能效标准件 表2-3-10

国家或地区	灯的类型		额定功率（W）	最小光效（lm/W）	生效日期
美国 加拿大	48英寸双插脚灯座荧光灯		＞35	75	1995.11.1
			≤35	75	1995.11.1
	商业及公用			75	2000.1.1
	居民用			65	2000.1.1
日本	直管型	带启动器	40	60.5	1995.11.1
		带启动器（电子镇流器）	20	77	1995.11.1
		带启动器（电感镇流器）	20	49	1995.11.1

续表

国家或地区	灯的类型		额定功率（W）	最小光效（lm/W）	生效日期
韩国	直管型	T10	20	55.0	2000.1.1
			40	66.0	2000.1.1
		T8	32	73.0	2000.1.1
泰国	600mm		18	48.9	
	1200mm		36	63.9	
香港	管型荧光灯		<18	40	
			≥18，<40	50	
			≥40	60	

5 单端荧光灯能效标准

《单端荧光灯能效限定值及节能评价值》，该标准适用于具有预热式阴极的装有内启动装置或使用外启动装置的单端荧光灯。本标准所使用的单端荧光灯，其性能应符合GB/T 17262的要求。

单端荧光灯能效限定值见表2-3-11。

单端荧光灯能效限定值　　表2-3-11

灯的类型	标称功率（W）	最低初始光效（lm/W）	
		RR，RZ①	RL，RB，RN，RD①
双管、四管、多管和方形	5～7	41	44
	9、10、13	50	54
	11（双管）	67	72
	16～26	56	60
双管、方形	≥28	62	66
多管		54	58
环形	22	44	51
	≥32	48	57

①表中色调应符合GB/T 17262中标准色品坐标的要求。企业可根据用户的要求制造非标准颜色的灯，但应同时给出非标准颜色色品坐标的目标值，且其容差应在5SDCM的范围之内。对于非标准颜色的灯，其光效应按临近标准颜色色温较低的光效值进行判定。

单端荧光灯节能评价值见表2-3-12。

单端荧光灯节能评价值　　　　表 2-3-12

灯的类型	标称功率(W)	最低初始光效(lm/W)	
		RR，RZ①	RL，RB，RN，RD①
双管、四管、多管和方形	5～7	51	54
	9、10、13	60	64
	11（双管）	74	80
	16～26	62	66
双管、方形	≥28	69	73
多管		64	68
环形	22	58	62
	≥32	68	72

①表中色调应符合 GB/T 17262 中标准色品坐标的要求。企业可根据用户的要求制造非标准颜色的灯，但应同时给出非标准颜色色品坐标的目标值，且其容差应在 5SDCM 的范围之内。对于非标准颜色的灯，其光效应按临近标准颜色色温较低的光效值进行判定。

第3篇 工程设计篇

当前国际上照明节能所遵循的原则是必须保证有足够的照明数量和质量的前提下，尽可能地做到节约照明用电，这才是照明节能的惟一正确原则。照明节能是一项系统工程，要从提高整个照明系统的效率来考虑。照明光源的光线进入人的眼睛，最后引起光的感觉，这是一个复杂的物理、生理和心理过程，该过程与效率的关系见图3-0-1。照明工程设计节能是其重要的内容之一，它涉及照明器材的选用，照度标准、照明方式以及保证照明质量等。

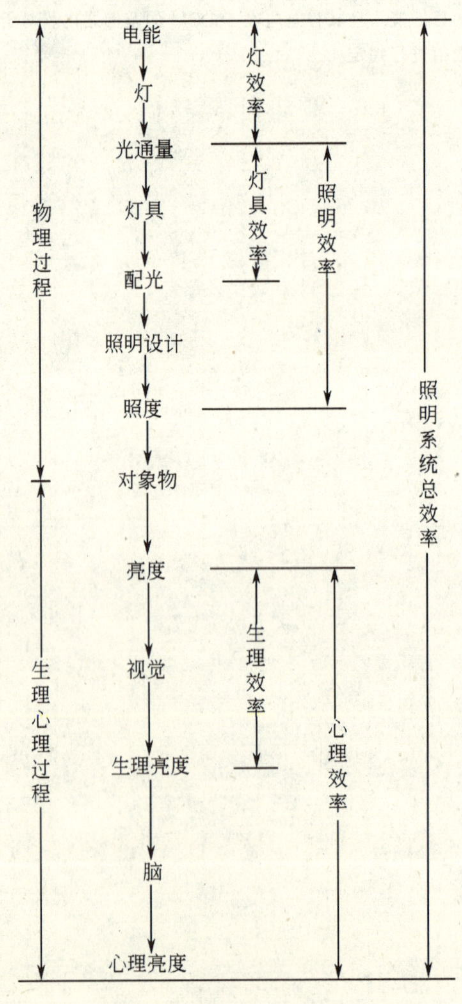

图3-0-1 照明过程与效率

第1章　照明器材的选用

1　推广使用高光效光源

1.1　各种光源的光效等技术指标

各种光源的光效、显色指数、色温和平均寿命等技术指标见表3-1-1。

各种电光源的技术指标　　表3-1-1

光源种类	光效（lm/W）	显色指数（Ra）	色温（K）	平均寿命（h）
普通照明	15	100	2800	1000
卤钨灯	25	100	3000	2000～5000
普通荧光灯	70	70	全系列	10000
三基色荧光灯	93	80～98	全系列	12000
紧凑型荧光灯	60	85	全系列	8000
高压汞灯	50	45	3300～4300	6000
金属卤化物灯	75～95	65～92	3000/4500/5600	6000～20000
高压钠灯	100～200	23/60/85	1950/2200/2500	24000
低压钠灯	200		1750	28000
高频无极灯	55～70	85	3000～4000	40000～80000

由表3-1-1可知，低压钠灯光效最高，国内几乎不生产，主要用于道路照明；其次是高压钠灯，主要用于室外照明；再次金属卤化物灯，室内外均可应用，一般低功率用于室内层高不太高的房间，大功率应用于体育场馆，以及建筑夜景照明等；再次为荧光灯，在荧光灯中尤以三基色荧光灯光效最高；高压汞灯光效较低；卤钨灯和白炽灯光效就更低。

1.2　各种光源的经济效益

各种光源由光效较高的光源取代后，其节电效果和电费节省由表3-1-2可知。

(1) 普通照明白炽灯由紧凑型荧光灯取代（在照度相同条件下）。

取代后的效果由表3-1-2可知。

紧凑型荧光灯取代白炽灯的效果　　表3-1-2

普通照明白炽灯	由紧凑型荧光灯取代	节电效果	电费节省
100W	25W	75W	75%
60W	16W	44W	73%
40W	10W	30W	75%

（2）粗管径荧光灯由细管径荧光灯取代

从表3-1-3可以看出粗管径荧光灯用细管径荧光灯代替的节电和节省电费的效果。

细管径荧光灯取代粗管径荧光灯的效果 表3-1-3

灯管径	镇流器种类	功率（W）	光通量（lm）	光效（lm/W）	替换方式	照度提高（%）	节电率或电费节省（%）
T12（38mm）	电感式	40	2850	72			
T8（26mm）三基色	电感式	36	3350	93	T12→T8	17.54	10
T8（26mm）三基色	电子式	32	3200	100	T12→T8	12.28	20
T5（16mm）	电子式	28	2900	104	T12→T5	1.75	30

（3）荧光高压汞灯由高压钠灯和金属卤化物灯取代

从表3-1-4可以看出荧光高压汞灯由高压钠灯和金属卤化物灯取代的效果。

荧光高压汞灯由高压钠灯和金属卤化物灯取代的效果 表3-1-4

编号	灯种	功率（W）	光通量（lm）	光效（lm/W）	寿命（h）	显色指数（Ra）	替换方式	照度提高（%）	节电率或电费节省（%）
No.-1	荧光高压汞灯	400	22000	55	15000	40			
No.-2	高压钠灯	250	22000	88	24000	65	No.-1→No.-2	0	37.5
No.-3	金属卤化物灯	250	19000	76	20000	69	No.-1→No.-3	-13.6	37.5
No.-4	金属卤化物灯	400	35000	87.5	20000	69	No.-1→No.-4	37.1	0

1.3 合理选用光源的措施

1.3.1 尽量减少白炽灯的使用量

白炽灯因其安装和使用方便，价格低廉，目前在国际上及我国其生产量和使用量仍占照明光源的首位，但因其光效低、能耗大、寿命短，应尽量减少其使用量。在一些场所应禁止使用白炽灯，无特殊需要不应采用100W以上的大功率白炽灯。如需采用，宜采用光效稍高些的双螺旋灯丝白炽灯（光效提高10%～15%）、充气白炽灯、涂反射层白炽灯或小功率的高效卤钨灯（光效比白炽灯提高1倍）。

1.3.2 推广使用细管径T8荧光灯和紧凑型荧光灯

荧光灯光效较高，寿命长，节约电能。目前应重点推广细管径（26mm）T8荧光灯和各种形状的紧凑型荧光灯以代替粗管径（38mm）荧光灯和白炽灯，有条件时，可采用更节约电能的T5（16mm）的荧光灯。美国已于1992年禁止销售40W粗管径T12（38mm）荧光灯。

1.3.3 逐步减少高压汞灯的使用量

因其光效较低、显色性差，不是很节能的电光源，特别是不应随意使用能耗大的自镇流高压汞灯。

1.3.4 积极推广高光效、长寿命的高压钠灯和金属卤化物灯。

钠灯的光效可达120lm/W以上，寿命12000h以上，而金属卤化物灯光效可达

90lm/W，寿命达1万h。特别适用于工业厂房照明、道路照明以及大型公共建筑照明。

1.4　光源的适用场所及举例

应根据使用场所、建筑性质、视觉要求、照明的数量和质量要求来选择光源。在照明设计时，主要考虑光源的光效、光色、寿命、启动性能、工作的可靠性、稳定性及价格因素。各种光源适用场所及其对灯性能的要求见表3-1-5。

各种电光源的适用场所及举例　　表3-1-5

光源名称	适用场所	举例
白炽灯	(1) 照明开关频繁，要求瞬时起动或要避免频闪效应的场所； (2) 识别颜色要求较高或艺术需要的场所； (3) 局部照明、应急照明； (4) 需要调光的场所； (5) 需要防止电磁波干扰的场所	住宅、旅馆、饭馆、美术馆、博物馆、剧场、办公室、层高较低及照度要求也较低的厂房、仓库及小型建筑等
卤钨灯	(1) 照度要求较高，显色性要求较好，且无振动的场所； (2) 要求频闪效应小的场所； (3) 需要调光的场所	剧场、体育馆、展览馆、大礼堂、装配车间、精密机械加工车间
荧光灯	(1) 悬挂高度较低（例如6m以下）要求照度又较高（例如100lx以上）的场所； (2) 识别颜色要求较高的场所； (3) 在无天然采光或天然采光不足而人们需长期停留的场所	住宅、旅馆、饭馆、商店、办公室、阅览室、学校、医院、层高较低但照度要求较高的厂房、理化计量室、精密产品装配、控制室等
荧光高压汞灯	(1) 照度要求较高，但对光色无特殊要求的场所； (2) 有振动的场所（自镇流式高压汞灯不适用）	大中型厂房、仓库、动力站房、露天堆场及作业场地、厂区道路或城市一般道路等
金属卤化物灯	高大厂房，要求照度较高，且光色较好场所	大型精密产品总装车间、体育馆或体育场等
高压钠灯	(1) 高大厂房，照度要求较高，但对光色无特别要求的场所； (2) 有振动的场所； (3) 多烟尘场所	铸钢车间、铸铁车间、冶金车间、机加工车间、露天工作场地、厂区或城市主要道路、广场或港口等

2　采用高效率灯具

2.1　选用配光合理的灯具

选择合理的灯具配光可使光的利用率提高，达到最大节能的效果。灯具的配光应符合照明场所的功能和房间体形的要求，如在学校和办公室宜采用宽配光的灯具。在高大（高度6m以上）的工业厂房采用窄配光的深照型灯具。在不高的房间采用广照型或余弦型配光灯具。房间的体形特征用室空间比（*RCR*）来表示，根据*RCR*选择灯具配光形式可由表3-1-6确定。

室空间比与灯具配光形式的选择　　表3-1-6

室空间比（*RCR*）	灯具的最大允许距高比 L/H	选择的灯具配光
1～3（宽而矮的房间）	1.5～2.5	宽配光
3～6（中等宽和高的房间）	0.8～1.5	中配光
6～10（窄而高的房间）	0.5～1.0	窄配光

2.2 选用高效率灯具

一般不同的灯具类型，其光效率是不同的。通常在满足眩光限制要求的条件下，应优先选用开启式直接型照明灯具，不宜采用带漫射透光罩的包合式灯具和装有格栅的灯具，前者的效率比后者的效率高20%～40%。从节能角度出发，室内灯具的效率不宜低于70%，要求反射罩具有高的反射比。目前我国尚无灯具的最低效率国家标准，只是北京市制定的《绿色照明工程技术规程》中规定了灯具效率。而在一些发达国家制定了一些灯具的效率标准。如日本规定了在2000年应达到的能源消费效率，其计算公式如下：

能源消费效率＝荧光灯灯具内所装的荧光灯的总光通量(lm)/荧光灯灯具的耗电量(W)

日本节能法规定的能源消费效率为：40W以上荧光灯灯具为75lm/W，家庭悬吊式荧光灯灯具为65lm/W，荧光灯台灯为62lm/W。

目前荧光灯灯具效率和高强度气体放电灯的效率如表3-1-7和表3-1-8所示。

荧光灯灯具效率 表3-1-7

灯具光输口形式	敞开式	带格片格栅	带保护罩（玻璃或塑料）	
			光滑透明或带棱齿形	磨砂
灯具效率（%）	75	60	65	55

高强度气体放电灯灯具效率 表3-1-8

灯具光输出口形式	敞开式	带格栅或透光罩
灯具效率（%）	75	55

2.3 选用光利用系数高的灯具

选择灯具所发出的光尽可能多地射向工作面上，这表明灯具的光的利用率高，亦即灯具的利用系数高，可节约电能。灯具的利用系数取决于灯具效率、配光形状、房间各表面的颜色装修和反射比以及房间的体形。一般情况下，灯具效率高，其利用系数也高。灯具的配光应适应其房间体形（*RCR*），则其光的利用系数高，如宽而矮的房间（*RCR*小），则应选择宽配光的灯具，如果房间的体形高而窄（*RCR*大），则可选用窄配光的灯具。如果房间各表面采用浅色的装修，则其光利用系数也大，反之，则小。

2.4 选用高光通量维持率的灯具

灯具在使用过程中，由于灯具中的光源的光通量随着光源点燃时间的增长，而其发出的光通量在下降，同时灯具的反射面由于受到尘土和污渍的污染，其反射比在下降，从而导致反射光通量的下降，这一切使灯具的效率降低，所消耗的能源量不变，但其发出的光通量较初始光通量减少，造成能源的浪费。为了提高灯具的光通量维持率，一般采取如下的措施：

(1) 被动的方法，即将灯具的反射罩和保护罩用石英玻璃（SiO_2）涂膜，铝反射罩表面经过阳极氧化处理，或镀红外反射膜等，防止老化和积尘，提高灯具的反射能力，从而提高灯具的效率。

（2）主动的方法，即在灯具反射面或保护罩上镀光触媒膜，从灯或太阳来的350～400nm的光射到光触媒上，与膜面上所积的油污等有机物进行氧化还原反应，将有机物分解成水或碳酸气体，附在油污上的沙尘无机物，在有机物分解时将其除去。但是应指出的是低压钠灯和LED灯，因无紫外辐射，无光触媒效应，但高压钠灯具有显著的光触媒效应。

（3）采用活性炭过滤器。密闭式灯具在点灯时，由于灯具内温度升高，而使灯具内气体加热膨胀，内压增加，灯具内空气可由灯具的任一小室气隙排出，在灯具内的灯关灯时，可通过小室隙吸进外部的空气，同时将外部脏物也和空气一起吸进，污染灯具内部。为防止灯具内的污染，在灯具上专设小通气孔，孔中安装活性炭过滤器，吸收外部的脏物，减少灯具的尘土污染，提高灯具的光通量维持率。经过运行数年后，不带过滤器比带过滤器的密闭灯具的反射比下降约15%。

2.5　尽可能选用不带光学附件的灯具

灯具的附件常用的包合式的玻璃罩、格栅、有机玻璃板和棱镜等，这些附件对灯具起改变配光、减少眩光以及免受外部的损伤等作用。这些部件使灯具的光输出下降，降低灯具光效率，在同样的照度水平条件下比无附件灯具的光输出下降多，从而使用电量增加。例如面积为$12\times27=324m^2$的办公室，高度为2.5m，在照度均为1000lx下，采用三种不同的灯具情况下的所需的灯具数量、所需电力和单位面积功率指标如表3-1-9所示。由此表可知，开启式荧光灯比乳白玻璃板式荧光灯少用电40%。

某办公室所需灯具数量和用电量比较　　表3-1-9

指标	开启式荧光灯	棱镜板式荧光灯	乳白玻璃板式荧光灯
灯具效率（%）	0.82	0.66	0.53
维护系数	0.75	0.70	0.70
所需灯具数量（盏）	85	113	140
所需电力（kW）	8.5	11.3	14.0
单位面积功率（W/m^2）	26.2	34.9	43.2

2.6　采用空调和照明一体化灯具

现今的办公大楼均采用集中式的空调设备，大都在顶棚采用嵌入式的荧光灯具照明，而荧光灯的能量只有25%变为可见光，用于办公室的照明，而75%以辐射的形式传向空间。如果采用空调与照明相结合的灯具，夏季通过灯具的空气将热量带到顶棚空间，用风机将60%热空气排到室外，从而减少空调制冷量20%，但从管道需补充新鲜空气，最后可以达到节约10%电能的效果。冬季，将灯产生的热量送到室内，可减少供热量。总之，可减少供暖和制冷设备的容量，减少用电量。此外，由于空调和照明一体化，使天棚美观，照度和空气分布好，隔墙可灵活布置，由于环境温度适当，可使荧光灯的光输出增加，提高室内照度，减少镇流器的故障。

目前空调照明器的构造有2种类型：

（1）直接冷却式空调照明器，回风直接通过灯及镇流器，可以使灯具装置冷却，能有效发挥照明和空调的特性。

(2) 间接冷却式空调照明器，灯同风道分开，中间隔一层，可以使灯适当冷却，能很好地发挥空调和照明的特性。

2.7 灯具的反射面采用计算机的辅助设计（CAD）

目前各大光源和灯具厂家以及设计公司，均开发出自己的灯具反射面设计软件，建立自己的灯具光度数据库，可以根据不同建筑物，采用不同的光源、灯具和照明灯具布置，进行优化设计，以选择最经济合理又能满足照明功能要求的节能设计。

3 灯具布置

3.1 均匀布置灯具

灯具在房间均匀布置时，一般采用正方形、矩形、菱形的布置形式，见图3-1-1。其布置是否达到规定的均匀度，取决于灯具的间距 L 和灯具的悬挂高度 H（灯具至工作面的垂直距离），即 L/H。L/H 值愈小，则照度均匀度愈好，但用灯多、用电多、投资大、不经济；L/H 值大，则不能保证照度均匀度。一般灯具的最大允许距高比在厂家的灯具样本中给出。

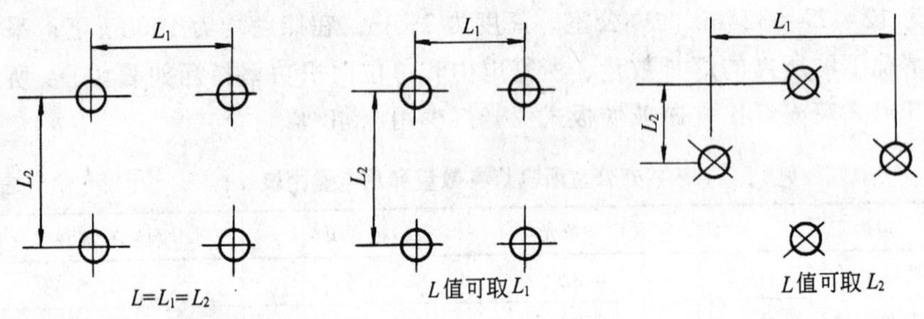

图3-1-1 灯具均匀布置形式

L_1——排布灯中的灯具距离；L_2——两排布灯间的垂直距离

3.2 灯具与建筑围护结构表面的距离

为使整个房间有较好的亮度分布，还应注意灯具与顶棚的距离以及灯具与墙的距离。当采用均匀漫射配光的灯具时，灯具与顶棚的距离和顶棚与工作面的距离之比宜在0.2～0.5之间。当靠墙处有工作面时，靠墙的灯具距墙不大于0.75m；靠墙无工作面时，则灯具距墙的距离为0.4～0.6L（灯间距）。

3.3 非均匀布置灯具

在高大的厂房内，为节能并提高垂直照度也可采用顶灯与壁灯相结合的布灯方式，但不应只设壁灯而不装顶灯，以避免空间亮度明暗不均，不利于视觉适应。对于大型公共建筑，如大厅、商店，有时也不采用单一的均匀的布灯方式，以形成活泼多样的照明，同时也可节约电能。

3.4 各类灯具的距高比

各类灯具的距高比见表3-1-10，供设计时参考使用。

各类灯具的一般距高比 表 3-1-10

灯具类型	L/H	简图
窄配光 中配光 宽配光	0.5 左右 0.7～1.0 1.0～1.5	
	L/H_c	
半间接型 间接型	2.0～3.0 3.0～5.0	

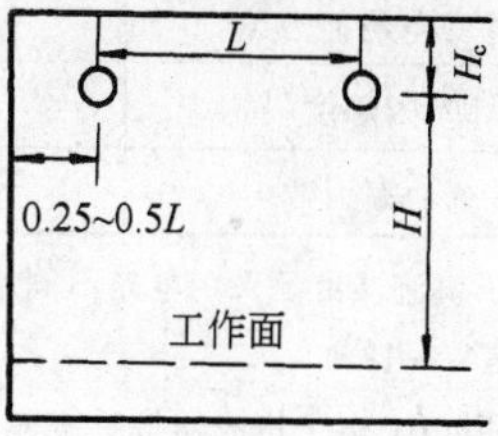

4 推广采用节能镇流器

由于普通电感镇流器的自身功耗大，系统的功率因数低，以及启动电流大等缺点，同时又有温度高和在市电电源下有频闪等效应，但其价格较低，寿命较长，从表 3-1-11 看出，普通电感镇流器的功耗大于节能型电感镇器和电子镇流器。

各种镇流器的功耗比较表 表 3-1-11

灯功率（W）	镇流器功耗占灯功率的百分比（%）		
	普通电感	节能型电感	电子型
20 以下	40～50	20～30	<10
30	30～40	<15	<10
40	22～25	<12	<10
100	15～20	<11	<10
150	15～18	<12	<10
250	14～18	<10	<10
400	12～14	<9	5～10
1000 以上	10～11	<8	5～10

镇流器性能价格比较见表 3-1-12。

国产 40W 荧光灯用镇流器对比表 表 3-1-12

比较对象	普通电感镇流器	节能型电感镇流器	电子镇流器
自身功耗（W）①	8～9（10%～15%）⑦	<5（5%～10%）⑦	3～5（5%～10%）⑦
光效比②	1	1	1.15（1）⑦
价格比③	1	1.4～1.7	3～7（2～5）⑦
重量比	1	1.5 左右	0.3 左右
寿命（年）④	10	10	5～10
可靠性⑤	较好	好	差
电磁干扰（EMI） 或无线电干扰（RFI）	几乎不存在	几乎不存在	存在

续表

比较对象	普通电感镇流器	节能型电感镇流器	电子镇流器
抗瞬变电涌能力⑥	好	好	差
灯光闪烁度	差	差	好
系统功率因数	0.5～0.6	0.5～0.6（不补偿）	0.9以上

①电子镇流器由于采用电路不同（如简单半桥或有源滤波电路）而转换效率不同，一般在94%～87%。镇流器自身损耗占6%～13%。

②采用40W电子镇流器按系统光效提高15%计算。

③国产普通电感镇流器售价按10～13元计，节能型电感镇流器按15～20元计，电子镇流器按30元（基本半桥电路型），130元（有源滤波型）计。

④电感镇流器按标准要求寿命10年。普通型一般正常温升（Δt）在50℃左右，节能型正常温升在30℃以下，因而寿命会延长。一般经验：外壳温度从90℃起，每上升10℃，寿命减少约1倍，每下降10℃，寿命延长约1倍。电子镇流器设计寿命一般在5～10年。

⑤节能型电感镇流器由于温升低，可靠性好；普通电感镇流器可靠性较好；电子镇流器由于所用元件多，元件来源、电路设计、工艺复杂等问题，故障率较高，可靠性较差。

⑥电子镇流器除非增加抗瞬变电涌保护电路，一般抗瞬变电涌能力较差。

⑦在（ ）内的数据是高强度气体放电灯镇流器的数据，自身功耗项目内的数据是镇流器损耗占灯功率的百分比。

关于高强度气体放电灯用交流电子镇流器和节能电感镇流器的比较说明：

交流电子镇流器、普通电感镇流器以及节能型电感镇流器与高强度气体放电灯配套工作时，镇流器自身损耗占灯功率的百分数列在表3-1-11中。从表3-1-11和表3-1-12的数据可以看出：当灯功率小于150W时，采用电子镇流器可以节能，但当功率大于250W时，使用电子镇流器并不一定节能。其原因是电子镇流器经过了交—直—交的逆变过程，最大效率只能达到95%，一般情况下，只有90%，即有5%～10%的能量要消耗在电子镇流器中；荧光灯在高频下工作，其自身光效可以提高20%，而高强度气体放电灯在高频下工作光效只能提高3%左右。

由表3-1-11可知，节能型电感镇流器和电子镇流器的自身功耗均比普通电感镇流器小，价格上普通电感型比节能型电感和电子型均便宜，寿命相差不多，节能型电感型有很大的优越性。目前美国市场上，电感型占69%，电子镇流器占31%，欧洲市场还是以电感型为主，电子镇流器只占5%。节能型电感镇流器，虽然其价格稍高，但寿命长和可靠性好，适合于目前中国的经济技术水平，只是目前产量不大，应用不多。现今应大力推广节能型电感镇流器，同时有条件的也采用更节能的电子镇流器。

第2章　照度标准、照明方式的选择及环境

1　正确选择照度标准

对于国际上及我国的照度标准，可以根据照明要求的档次高低选择照度标准值，以一般的房间为例，档次要求高的可提高一级，档次要求低的可降低一级。这样选择照度标准值，区别对待，对于照明节能十分有利。

凡符合下列条件之一时，参考平面或作业面的照度值应提高一级：

(1) 当眼睛至识别对象的距离大于500mm时；

(2) 连续长时间紧张的视觉作业，对视觉器官有影响时；

(3) 识别对象在活动面上，识别时间短促而辨认困难时；

(4) 视觉作业对操作安全有特殊要求时；

(5) 识别对象的反射比小时或低对比时；

(6) 当作业精度要求较高，且产生差错造成很大损失时；

(7) 工作人员年龄偏大，长时间持续的视觉工作时；

(8) 建筑水准要求较高时。

凡符合下列条件之一时，参考面或作业面的照度应降低一级：

(1) 进行临时工作时；

(2) 当工作精度和识别速度无关紧要时；

(3) 当反射比或亮度对比特别高时；

(4) 建筑水准较低时；

(5) 能源比较紧张的地区。

总之，建筑照度标准应贯彻该高则高，该低则低的原则，不宜追求或攀比高照度水平，否则对照明节能十分不利。

2　合理选择照明方式

(1) 当照明场所要求高照度时，应选混合照明的方式。因为如果采用一般照明方式，势必消耗大量的电能方能达到高照度，而采用混合照明的方式，少量的电能用在一般照明方式，而设在作业旁边的局部照明，可以较低的功率消耗，达到高照度的要求，则可较一般照明节约大量电能。

(2) 当工作位置密集时，则可采用单独的一般照明方式，但照度不宜太高，一般最高不宜超过500lx。

(3) 如果工作位置的密集程度不同，或者为一条生产线时，可采用分区一般照明的方式，对于工作区可采用较高的照度，而交通区或走道上可采用较低的照度，可以节约大量

的电能，但工作区与非工作区的照度比不宜大于3:1。

(4) 对于高大的厂房，在高处采用一般照明方式，而在墙壁或柱子上装灯的方式，也可达到节能之目的，但不能只设壁灯和柱灯，而无顶灯。

(5) 把照明灯具安装在家具上或设备上，也不失为一种照明节能方式，但不允许只设局部照明，而无一般照明。

(6) 间接照明或发光顶棚，在达到同样的照度水平条件下，比直接照明方式所用电能要大很多，虽其照明质量好，光线柔和，但不是一种节能的照明方式。

3 照明质量

3.1 良好的照度均匀度

在工作和生活环境中，如在视野内照度不均匀，将引起视觉不适应，因此要求工作面上的照度要均匀，而工作面的照度与周围环境的照度也不应相差太悬殊，照明节能一定要保证有良好的照度均匀度。

照度均匀度用工作面上的最低照度与平均照度之比来评价。建筑照明设计标准中规定的一般照明的照度均匀度不宜小于0.7。采用分区一般照明时，房间的通道和其他非工作区域，一般照明的照度值不宜低于工作面照度值的1/5。局部照明与一般照明共用时，工作面上一般照明的照度值宜为总照度值的1/3～1/5。

在体育场地内主要摄像方向上，垂直照度最小值与最大值之比不宜小于0.4；平均垂直照度与平均水平照度之比不宜小于0.25；场地水平照度最小值与最大值之比不宜小于0.5；体育场所观众席的垂直照度不宜小于场地垂直照度的0.25。

在办公室、阅览室等长时间连续工作的房间，其室内各表面的照度比如下：顶棚为0.25～0.9，墙面为0.4～0.8，地面为0.7～1.0。照度比系指该表面的照度与工作面一般照明的照度之比。规定照度比的目的是使房间各表面有良好的照度分布，创造良好的视觉环境。

为达到要求的照度均匀度，灯具的安装间距不应大于所选灯具的最大允许距高比。

3.2 恰当的亮度分布

在工作视野内有合适的亮度分布是舒适视觉环境的重要条件。如果视野内各表面之间的亮度差别太大，且视线在不同亮度之间频繁变化，则可导致视觉疲劳。一般被观察物体的亮度应高于其邻近环境的亮度三倍时，则视觉舒适，且有良好的清晰度，而且应将观察物体与邻近环境的反射比控制在0.3～0.5之间。为了保证室内有良好的亮度比，减少灯同其周围及顶棚之间的亮度对比，顶棚的反射比宜为0.7～0.8，墙面的反射比为0.5～0.7，地面的反射比为0.2～0.4。此外适当地增加工作对象与其背景的亮度对比，比单纯提高工作面上的照度能更有效地提高视觉功效，且较为经济，节约电能。

3.3 眩光控制

3.3.1 室内照明的眩光控制

直接眩光是由光源和灯具的高亮度直接引起的眩光，而反射眩光是通过光线照到反射比高的表面，特别是由抛光金属一类的镜面反射所引起的。

控制直接眩光主要是采取措施控制光源在γ角为45°～90°范围内的亮度，见图3-2-1。

主要有两种措施：

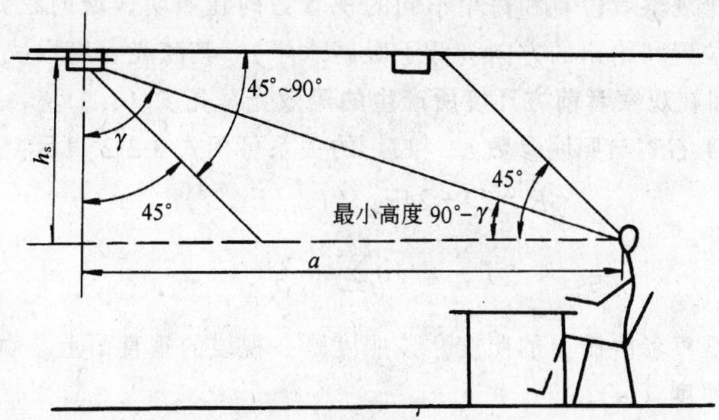

图 3-2-1 限制灯具亮度的眩光区

a—观测者到灯具的最大水平距离；

h_s—人眼水平位置到灯具的高度

(1) 选择适当的透光材料，可以采用漫射材料或表面做成一定几何形状的不透光材料制成的灯罩，将高亮度光源遮蔽，尤其要严格控制 γ 角上边 45°～85°部分的亮度。

(2) 控制遮光角，使 90°－γ 部分的角度小于规定的遮光角。

以上两种措施可以是单独采用，也可以两种方法同时采用，如半透明的格栅灯具。

CIE 出版物 S 008/E—2001《室内工作场所照明》取代了 CIE 29/2—1986《室内照明指南》，其眩光限制是采用限制最小遮光角和统一眩光等级（*UGR*），详见表 3-2-1 和式 3-2-1。

灯具的最小遮光角 **表 3-2-1**

灯亮度 kcd/m²	最小遮光角（°）
1～20	10
20～50	15
50～500	20
≥500	30

CIE 统一眩光等级（*UGR*）按 3-2-1 式计算：

$$UGR = 8\log\left[\frac{0.25}{L_b}\Sigma\frac{L^2\omega}{p^2}\right] \tag{3-2-1}$$

式中 L_b——背景亮度（cd/m²）；

L——观察者方向每个灯具的亮度值（cd/m²）；

ω——一个灯具的发光部分对观察者所形成的立体角（sr）；

p——一个单独灯具的古斯（Guth）位置指数。

UGR 的详细内容见 CIE 117 号出版物。

照明装置的 *UGR* 数值不应超 CIE S008/E—2001 中的规定。*UGR* 的级别为：13－16－19－22－28。

3.3.2 室外照明的眩光控制

室外的眩光控制主要针对室外体育和室外区域照明，CIE 在 112 号出版物中作了规定。规定指出，每个观察者位置和每个不同的视看方向在照明区域的眩光程度是不同的。对于给出的观察者位置和给定的方向（低于眼睛水平），其眩光程度取决于灯具产生的等效光幕亮度（L_{vl}）和在观察者前方环境所产生的等效光幕亮度（L_{ve}）。

眩光的控制程度 GR 与照明参数 L_{vl} 和 L_{ve} 的关系可用式 3-2-2 表示：

$$GR = 27 + 24\log\ (L_{vl}/L_{ve}^{\ 0.9}) \tag{3-2-2}$$

$$L_{vl} = 10\sum_{i=1}^{n}\frac{E_{eyei}}{Q_i^2} \tag{3-2-3}$$

式中　E_{eyei}——在观察者眼睛上的照度，该照度是在视线的垂直面上，由 i 个光源所产生的照度（lx）；

Q_i——观察者视线由 i 个光源入射在眼睛方向所形成的角度，用°表示，（$15° < Q_i < 60°$）；

n——光源的总数。

L_{ve} 可近似地由可看到的水平区域的平均亮度 L_{av} 得出，可由 3-2-4 式计算：

$$L_{ve} = 0.035L_{av} \tag{3-2-4}$$

平均亮度 L_{av}（cd/m^2）可近似的由式 3-2-5 计算；

$$L_{ve} = E_{horav}\cdot\rho/\pi\Omega \tag{3-2-5}$$

式中　E_{horav}——区域平均水平照度（lx）；

ρ——漫反射区的反射比；

Ω——立体角（sr）。

GR 为眩光值，GR 值越低，说明眩光控制越好。眩光试验认为，可用眩光控制指标 GF 作为眩光评价标度，GR 可从眩光控制指标 GF 用 3-2-6 式算出：

$$GR = (10 - GF)\cdot 10 \tag{3-2-6}$$

表 3-2-2 列出 9 点眩光评价标度。

9 点眩光评价标度　　**表 3-2-2**

眩光控制指标 GF	感觉眩光程度	额定眩光值 GR
1	不可忍受	90
2	—	80
3	干扰的	70
4	—	60
5	刚刚可接受的	50
6	—	40
7	可见的	30
8	—	20
9	看不见的	10

对于体育照明的 GR 值见表 3-2-3。

体育照明的 GR 值　　**表 3-2-3**

应用类型	GR_{max}	应用类型	GR_{max}
训练	55	比赛	50

3.4 光的方向性和扩散性

由于光照射到物体的方向不同，在物体上产生阴影、反射状况和亮度分布的不同，从而产生使人满意和不满意两种情况。

光的方向性、扩散性和光源的亮度作为照明条件，给照射对象表现出微妙的影响。

3.4.1 阴影

3.4.1.1 由遮挡形成的不利阴影

当视觉工作对象上产生阴影时，则使对象的亮度和亮度对比降低。在工作面上产生手和身体的阴影，或者人脸由逆光所形成的阴影，都令人不满意。为防止此现象，可将灯具做成扩散性的，并在布置上加以注意。

3.4.1.2 必要的有利阴影

为了表现立体物体的立体感，需要适当的阴影，以提高其可见度。为此，光不能从几个方向照射来，而是由一个方向照射来实现的。当立体物体的明亮部分同最暗部分的亮度比为2:1以下时，形成呆板的感觉，形成10:1的亮度比时，则印象强烈，最理想的是3:1的亮度比。

材料是靠产生小的阴影来表现物体的粗糙和凹凸等质感，通常从斜向来的定向光照射时，可强调材料质感。

3.4.2 反射

当由亮的灯具的光照射到光亮的表面上而反射到人眼方向上时，可产生反射眩光。它有两种形式，一是光幕反射，它可使视觉工作对象的对比降低；另一种是视觉工作对象旁的反射眩光。防止和减少光幕反射和反射眩光的措施是：

(1) 合理安排工作人员的工作位置和光源的位置，不应使光源在工作面上产生的反射光射向工作人员的眼睛，若不能满足上述要求时，则可采用投光方向合适的局部照明。

(2) 工作面宜为低光泽度和漫反射的材料。

(3) 可采用大面积和低亮度灯具，采用无光泽饰面的顶棚、墙壁和地面，顶棚上宜安设带有上射光的灯具，以提高顶棚的亮度。

3.5 防止照度的不稳定性和频闪效应

照度的不稳定性主要由照明电源电压的波动所引起，因此必须采取措施保证供电电压的质量。应避免由工业生产中的气流和自然空气流所引起的灯具的摆动。上述这些均引起照度的不稳定，使人的视觉不舒适。

对于气体放电灯点燃后，因交流电频率的影响，使发射出的光线产生相应频率变化的效应称为频闪效应。对运动的物体因频闪作用可能产生对物体的状态做出错误的判断。减弱和防止频闪效应的措施是：

(1) 通常宜在荧光灯端部采用适当的遮蔽加以避免，应定期更换老化的气体放电灯。

(2) 将灯分接在三相电路上，当采用单相供电时或采用气体电灯时，宜采用移相电路。

(3) 宜采用提高电源频率方法。

3.6 光源色和显色性

3.6.1 光源色

因光源的色温不同，有不同的冷暖感觉，这种与光源的色刺激有关的主观表现称为色表，见表3-2-4。室内照明光源的色表按其相关色温的一般感觉有表3-2-5之关系。

光源的色表分组 表3-2-4

色表分组	色表特征	相关色温（K）	适用场所举例
Ⅰ	暖	＜3300	客房、卧室等
Ⅱ	中间	3300～5300	办公室、图书馆等
Ⅲ	冷	＞5300	高照度水平或白天需补充自然光的房间，热加工车间

对照度和色温的一般感觉 表3-2-5

照度（lx）	对光源色的感觉		
	暖	中间	冷
≤500	愉快	中间	冷
500～1000	↑	↑	↑
1000～2000	刺激	愉快	中间
2000～3000	↓	↓	↓
≥3000	不自然	刺激	愉快

3.6.2 显色性

在对辨别物体颜色有要求的场所，必须令人满意地看出物体的本来颜色，即不能使物体颜色失真，因此物体在光源色照射下有显色性的问题。失真程度是用与在标准光源照明下物体的颜色符合的程度来度量。

一般定量上用显色指数度量，如某光源的一般显色指数为100，这说明无颜色失真，如果小于100时，说明有失真，数值越小，失真度越大。

4 建筑与照明节能

（1）建筑物平、剖面尺寸的影响。通常建筑物的面积越大，其光的利用率越大；反之，越小。建筑物房间的室空间比（*RCR*）越小，如*RCR*为1～3，即矮而宽的房间，其光的利用系数越大，越节能；而室空间比越大，即高而窄的房间，其光的利用系数越小，越不节能。

（2）房间各表面装修的影响，房间各表面宜采用浅色的装修，以增加光的反射比，提高光的利用率，如果采用深色装修，则光被吸收，光的利用率低。不同大小的房间，各房间表面对照明的影响程度是不一样的，对于大的房间则顶棚的影响较大，而小的房间则墙面的影响较大。在国家照度标准中，对于如办公室、阅览室等长时间连续工作的房间，其所需的各表面反射比为：顶棚为0.7～0.8；墙面或隔墙为0.5～0.7；地面为0.2～0.4。

（3）充分利用天然光，以节约电能，应从被动的利用天然光向积极的利用天然光发展。如在采暖与采光的综合平衡条件下，考虑技术和经济的可行性，尽量利用开侧窗或顶部天窗采光或者中庭采光，使白天在尽可能多的时间利用天然采光。如果可能，也可利用各种集光装置采光，如反射镜方式、光导纤维方式、光导管方式等（详见本篇第4章）。

第3章　照明配电与照明控制

1　电压质量

1.1　电压对照明的影响

照明灯端电压如偏离灯的额定电压，将导致电流、输入功率以及输出光通量的变化，并引起使用寿命更大改变。为节约电能，保证照明稳定，应尽量稳定照明电压，降低电压偏移和波动。

1.1.1　白炽灯端电压变化对灯参数的影响

不同种类、结构的白炽灯泡的参数随电压变化而改变有较大差异，以常用的充气灯泡，经老化达性能稳定后，其输入功率、输出光通量、光效、寿命，随电压变化而改变的百分比列于表3-3-1。

充气白炽灯电压变化导致灯功率、光通量等变化表　　表3-3-1

电压变化（%）	85	90	95	100	105	110	115	120
灯功率变化（%）	77.8	85	92.4	100	107.8	115.8	124	132.4
光通量变化（%）	57.7	70	84	100	118	138	160	185
光效变化（%）	74.2	82.3	90.9	100	109.4	119	129	140
寿命变化（%）	840	392	196	100	53	29	16	9.2

1.1.2　荧光灯电压变化对灯参数的影响

荧光灯在电源频率和环境温度不变条件下，灯电源电压变化引起灯功率、输出光通和光效变化百分比列于表3-3-2。电压升高，将大大降低荧光灯寿命；电压过低，也会降低灯寿命。

荧光灯电压变化导致灯功率、光通量等变化表　　表3-3-2

电压变化（%）	85	90	95	100	105	110	115
灯功率变化（%）	78	87	94	100	107	114	123
光通量变化（%）	85	91	97	100	104	108	112
光效变化（%）	109	104.6	103.2	100	97.2	94.7	91.1

1.1.3　金属卤化物灯电压变化对灯参数的影响

金属卤化物灯电压变化导致灯功率、输出光通和光效的变化百分数列于表3-3-3。电源电压升高，将降低灯寿命，电压过低，也会降低灯寿命。

金属卤化物灯电压变化导致灯功率、光通量变化表 表3-3-3

电压变化（%）	85	90	95	100	105	110	115
灯功率变化（%）	73.5	84	92.5	100	110	121	133
光通量变化（%）	60	72	85	100	118	138	155
光效变化（%）	81.6	85.7	91.9	100	107.3	114	116.5

1.1.4 高压钠灯的电压变化对灯参数的影响

高压钠灯电压变化导致灯功率、输出光通和光效的变化百分数列于表3-3-4。电源电压升高，将降低灯寿命，电压过低，也将降低其寿命。

高压钠灯电压变化导致灯功率、光通量变化表 表3-3-4

电压变化（%）	85	90	95	100	105	110	115
灯功率变化（%）	66	76	87	100	114	128	140
光通量变化（%）	59	72	85	100	116	132	146
光效变化（%）	89.4	94.7	97.7	100	101.7	103.1	104.3

1.2 电压偏移

为了节能和保持照度的稳定，各类光源的电压偏移，不宜高于其额定电压的105%；也不宜低于其额定电压的下列数值：

(1) 室内一般工作场所，95%；

(2) 室外的露天工作场地、道路等，90%；

(3) 应急照明，或用特低电压供电的照明，90%；

(4) 远离变电所、视觉要求较低的小面积室内工作场所，难以达到(1)款要求的，90%。

1.3 电压波动

电压波动过大、过频，将损害光源使用寿命，导致照度的波动，应当予以限制。

按国家标准规定，电力系统10kV以下电压波动允许值不大于2.5%，电压闪变允许值（等效10Hz）不大于0.6%，对要求较高的白炽灯不大于0.4%。

对视觉要求高的场所，如连续、精细作业场所，更应采取措施，降低电压波动。当波动值达到4%时，波动次数每小时不宜超过10次。对用电设备（如机床）上装设的局部照明灯可不受此限制。

1.4 提高电压质量的措施

1.4.1 从配电系统采取的措施

(1) 照明负荷大、视觉要求较高的场所，宜采用照明专用配电变压器。

(2) 照明与电力负荷合用配电变压器时，照明不应与大功率冲击性负荷（如电焊机、锻锤、吊车、空压机等）共用变压器。

(3) 照明与电力合用配电变压器时，照明应由独立的馈电线供电。

(4) 当高压侧电压偏移较大、照明视觉要求较高时，配电变压器宜采用自动有载调压变压器。

(5) 视觉要求高的场所，可在照明馈电线路装设自动稳压和调压装置。

(6) 提高配电线路功率因数，不宜小于0.9。

(7) 降低配电干线和分支线阻抗，采用铜芯导线或电缆，适当加大导体截面。

1.4.2 从气体放电灯的电器附件采取措施

(1) 荧光灯宜采用电子镇流器，其功率因数不宜低于0.97。

(2) 高强度气体放电灯采用节能型电感镇流器时，可选用恒功率型。

(3) 采用电感镇流器时，应有补偿功率因数措施，宜单灯装设电容器，使功率因数不低于0.9。

2 照明配电系统

2.1 配电变压器与节能

照明负荷电流在配电变压器和配电线中将产生电能损耗。因此，应合理选择变压器参数，以降低损耗。

变压器的年有功电能损耗 ΔW_{T} 的计算见3-3-1式：

$$\Delta W_T = \Delta P_0 \cdot t + \Delta P \cdot \left(\frac{S_j}{S}\right)^2 \cdot \tau \qquad (\mathrm{kWh}) \qquad (3\text{-}3\text{-}1)$$

式中 ΔP_0——变压器的空载有功损耗（kW）；

ΔP——变压器的负载有功损耗（kW）；

S_j——变压器的计算负荷（kVA）；

S——变压器容量（kVA）；

t——变压器年投入运行小时数（h）；

τ——最大负荷年损耗小时数（h）。

τ 值按最大负荷年利用小时数 T 和功率因数 $\cos\varphi$ 确定。T 为定值后，$\cos\varphi$ 越低，则 τ 值越大；当 T 为3000～4000h时，$\cos\varphi=0.6$ 的 τ 值约为 $\cos\varphi=1$ 的 τ 值之1.6～2.0倍。

如上述，要降低照明配电变压器的有功电能损耗，应采取以下措施：

(1) 选用节能型变压器，使负载损耗 ΔP 和空载损耗 ΔP_0 最小。

(2) 适当选大一些变压器容量 S，以降低变压器负载率（S_j/S），从而降低变压器的负载损耗，即上式中的第2项，由于节能型变压器的 ΔP_0 比 ΔP 值小得多，所以第2项数值对 ΔW_{T} 起主要作用。建议变压器负载率取0.60～0.75为宜，负载率太大，会增加损耗，太小，将加大变压器的费用。

(3) 提高功率因数 $\cos\varphi$：

$\cos\varphi$ 过低，将大大增加无功功率，而使变压器的计算负荷 S_j 增大，从而加大了负载损耗；同时使 τ 值加大，更增大了负载损耗。$\cos\varphi=0.45$ 时比 $\cos\varphi=0.9$ 时的负载损耗要增加很多倍。所以必须提高 $\cos\varphi$ 到0.9以上。

2.2 照明配电线路的保护和接地

为了保证照明用电安全，照明配电线路应设置短路保护、过负荷保护和接地故障保护，并符合国标《低压配电设计规范》的规定。

照明配电系统的接地方式宜采用TN－S系统，有困难时，可采用TN－C－S系统；从公用电网用220/380V线路供给照明时，宜采用TT接地系统，此时，应设置剩余电流保护。

3 照明配电线路导体选择

3.1 导体截面与节能

照明负荷电流在配电线路中产生电能损耗，合理选择导体材料和截面，以降低损耗。

3.2 导体的选择

照明的三相配电线路年有功电能损耗 ΔW_L 按3-3-2式计算：

$$\Delta W_L = 3 \cdot I_j^2 \cdot R \cdot \tau \cdot 10^{-3} \quad (kWh) \qquad (3\text{-}3\text{-}2)$$

式中 I_j——照明计算电流（A）；

R——每相线路电阻（Ω）；

τ——最大负荷年损耗小时数（h）。

从上式分析，降低照明配电线路电能损耗，应采取以下措施：

（1）室内照明配电线路的导体应选用铜，铜的电阻率低，为铝的60％。

（2）合理选用并适当加大导体截面，以降低电阻，减小能耗，要求如下：

1）导线、电缆的载流量应大于该照明线路的计算电流；

2）应满足线路各种保护要求；

3）应使各段线路电压损失之和小于允许值，以保证灯端电压不低于规定值；

4）为了改善电压质量，降低线路损耗，在符合上述条件基础上，还要适当加大截面，留有必要的余地。

（3）提高照明线路的功率因数 $\cos\varphi$，从上式知，提高 $\cos\varphi$ 可减小 I_j 值和 τ 值，从而减少能耗。

4 照明控制

4.1 照明控制的内容和目的

4.1.1 照明控制的主要内容

（1）控制：有自动控制和手控，自控有时钟控制、光控、红外线控制等，还有用微电脑实施智能控制。

（2）调节：通过调节照明的电压，调节光源功率、调节频率等方式，以调节灯的光通输出。

（3）稳定：稳定灯的输入电压，以达到光的稳定。

（4）监测：监视照明系统的运行状态，测量各种参数。

4.1.2 照明控制的目的

（1）节能：以上各项控制内容的主要目的之一是合理节约能源。

（2）提高照明的视觉质量：保持有一个稳定的光照度，降低光的闪烁、波动。

（3）延长灯泡及电器附件的使用寿命。

（4）建立在不同时间、不同条件下的光环境和气氛，以满足人们对照明的舒适度和情趣的欲望。

(5) 提高照明系统的可靠性。

(6) 提高管理水平，节省运行管理人力。

4.2　照明控制系统典型方案

照明控制系统方案多种多样，有单一功能的，有多种功能综合的，但都是以节能为中心，综合其他一种或多种目的而设置。下面叙述几种较典型的控制系统和控制装置。

4.2.1　分布式智能照明控制系统

这是以 PC 监控机和微处理器为核心，多种功能综合，具有智能特点的照明控制系统，用于酒店、餐厅、会堂、办公楼等，其功能有：

(1) 开灯软起动：防止电压突变对灯的冲击，有利于延长灯的寿命和节能。

(2) 调光：对不同场所按不同需要调光，用调压方式平缓调节白炽光源的光输出，用调频控制带调光的电子镇流器以调节荧光灯的光通。

(3) 实施多场景预置：以满足不同区段照明亮度和气氛的变化，将多个场景存放在调光器的存贮器中，按指令调用。

(4) 按多种方式和要求开关灯：

1) 按设定程序；

2) 按预设时钟；

3) 按天文时钟：按所处地纬度自动调整按每天日出、日落时间开关灯，适用于道路照明；

4) 合理利用天然光的照度补偿，以调节室内灯光；

5) 用红外跟踪检测、动静检测方式自动开关灯，用于个人办公室等；

6) 远控开关灯，通过键盘发指令操作。

(5) 监测：测量各种参数，显示运行状态，发出信号和报警。

4.2.2　智能照明调控装置

该装置以微处理器和多抽头变压器、固态开关等组成，具有多种功能的智能调控系统，主要用于道路、隧道、停车场、港口、机场等照明，其功能如下：

(1) 开灯软起动，调节平缓过渡：从 200V 起动（保持 2.5min），再平缓升压至 210～220V（经 10min），有效地延长了灯寿命。见图 3-3-1。

(2) 稳压：装置维持输出电压在 ±2% 范围内，有利节能、延长灯寿命，保持照度恒定和光色的稳定。用高压钠灯作城市道路照明，若后半夜电压平均升高 8% 计算，灯功率约增加 22%，后半夜年运行约 2200h，则一只 400W 钠灯，稳压条件下可节电达 193.6kWh。

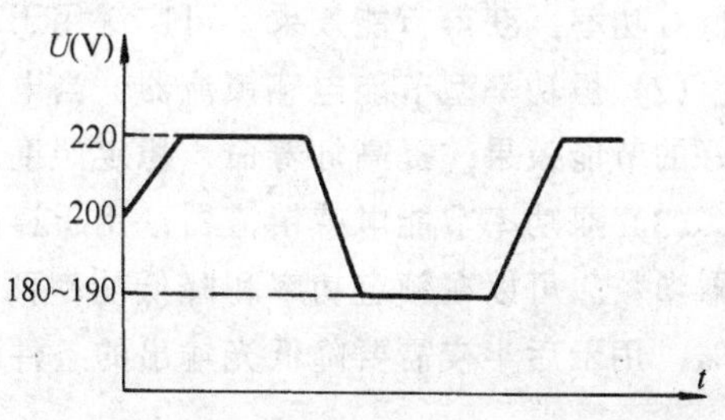

图 3-3-1　软起动和平缓调压降功率图

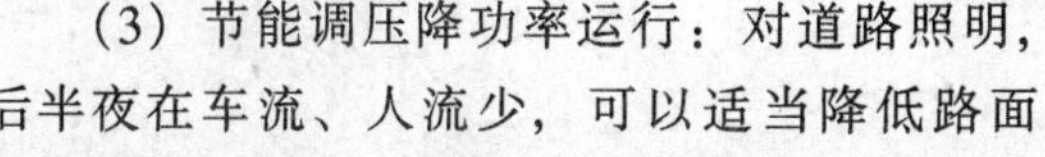

(3) 节能调压降功率运行：对道路照明，后半夜在车流、人流少，可以适当降低路面亮度时，定时自动平缓将电压降至 180～190V，见图 3-3-1。当用高压钠灯，电压降至 187V 时，光通降至 59%，灯功率降至 66%。一只 400W 钠灯，后半夜降功率运行 2200h，

年节电299.2kWh。

(4) 智能控制灯光开关时间：对路灯按天文时间逐日自动调整开关灯时间。

4.2.3 照明调控系统

该系统由输出电源控制设备和系统输入装置组成。前者按控制指令控制各种照明负荷的开关和调光，对白炽灯用相位控制可控硅调光，对荧光灯用可调光电子镇流器进行调光；后者提供操作控制界面，选择场景，控制多个回路灯光亮度。

该系统主要用于酒店、餐厅、会议中心、多功能厅、舞厅、展览馆等场所，以节约能源，控制室内空间的色彩、明暗分布，创造多种光环境效果。

4.2.4 照明节能调光器

该调光器是一个自动稳压和调压装置，由电子控制器、自耦变压器、变速装置组成，适用于道路、广场、体育场馆、港口、机场、工厂、办公楼等场所。主要功能如下：

(1) 开灯软起动。

(2) 稳压：调光器的输出电压稳定到±1%范围。

(3) 节能调压：在允许降低照度的条件下，降低电压运行，对高压钠灯和金卤灯可降到183～190V，荧光灯不低于190V。

以上三项功能的节能效果和其他效果基本上同4.2.2节。

4.2.5 照明节能电源

该装置以微电脑和自控装置、自动变换器组成。根据使用要求，可分档调节电压，降低电压3%～9%，通过调压可使三相电压保持平衡。另外，当电压过高时，可保持电压稳定在额定值以内。

4.2.6 照明节能自动调光系统

该系统适用于办公室、会议室、教室等场所，为了更好利用天然光，节约电能。通过检测室内相关区段（如近窗）照度，调节可调光电子镇流器以降低近窗段荧光灯功率，保持室内照度近似恒定。

4.2.7 几种节能调节型镇流器

为了节能，延长光源的寿命，有多种节能调光或稳定型镇流器，如：

(1) 可调光电子镇流器：运用自动、远控或手动方式调节电子镇流器的控制电压，以降低灯功率，获得节能效果。可广泛用于各种室内外场所。

(2) 恒功率型节能电感镇流器：当电压升高时，镇流器能自动保持灯功率的恒定，有很好的节能效果，提高灯寿命，稳定照度。

(3) 双功率节能电感镇流器：用于道路照明的高压钠灯或金属卤化物灯，通过变更镇流器参数，可以在额定功率和降低功率两种状态下运行。降低功率到额定功率的50%～60%，用于后半夜需要降低光输出的条件下运行。

5 照明线路功率因数与节能

5.1 照明负荷的功率因数及对节能的影响

气体放电灯的功率因数都很低，大约在0.4～0.55左右，由于功率因数低，致使大量的无功功率增大了照明线路电流和变压器容量，从而大大增加了线路和变压器电能损耗，也加大了电压损失，降低了照明质量。因此，必须采取措施补偿无功功率，提高功率因数。

5.2 功率因数补偿要求及计算

（1）照明灯和线路应装设移相电容器，补偿无功功率，应使功率因数不小于0.9。对于白炽光源和使用电子镇流器的气体放电灯，由于其功率因数已达到0.9以上，不需要装设补偿电容器。

（2）装设补偿电容器的方式通常有两种：一是单灯补偿方式，即在每个灯内逐个装电容器；二是在照明配电线路集中装设电容器组，通常是装在变电所低压配电室。宜优先采用单灯补偿方式，因为除有集中补偿的全部效果外，还可以降低照明配电干线和分支线的能耗和电压损失。

（3）单灯补偿电容器的容量按3-3-3式计算：

$$C=\frac{Q_c}{2\pi f\cdot U^2\cdot 10^3}=\frac{P(\mathrm{tg}\varphi-\mathrm{tg}\varphi_1)}{2\pi f\cdot U^2\cdot 10^{-3}} \tag{3-3-3}$$

式中 C——补偿电容器的容量（μF）；

Q_c——电容器的无功功率（kvar）；

P——灯功率（含镇流器损耗）（kW）；

f——交流电频率（Hz）；

U——电容器端电压（kV）；

$\mathrm{tg}\varphi$——灯功率因数角对应的正切值；

$\mathrm{tg}\varphi_1$——补偿后功率因数角对应的正切值。

按上式计算，几种常用气体放电灯单灯补偿，使 $\cos\varphi\geqslant0.9$ 时，电容器的容量列于表3-3-5。

几种气体放电灯单灯补偿电容器容量（$\cos\varphi\geqslant0.9$） **表3-3-5**

光源类型	荧光灯		金属卤化物灯					高压钠灯					
光源功率（W）	36	30	1000	400	250	175	150	1000	400	250	150	100	70
电容器容量（μF）	4.75	3.75	30	26	18	13	13	122	55	35	22	15	12

（4）集中补偿，需要电容器的无功功率按3-3-4式计算：

$$Q_c=P\ (\mathrm{tg}\varphi-\mathrm{tg}\varphi_1) \tag{3-3-4}$$

式中符号同上式。

6 频闪及其防治措施

6.1 频闪的产生及危害

照明电源为交流正弦波，频率50Hz，电源电压每秒有100次从零到最大的反复交变。对于钨丝灯产生的闪烁很小，但气体放电灯的发光会产生闪烁，引起视幻觉，即频闪效应。这种现象对于长时连续视看者将产生视觉疲劳，对快速旋转的电机，看似静止，容易发生意外。

6.2 防治措施

（1）采用高频电子镇流器：由于这种镇流器是以20～70kHz的高频供给气体放电灯，

使灯在高频下点亮，消除了频闪，光的闪烁很小，是最有效的措施。

（2）当采用电感镇流器时，宜将邻近的两只灯分别接在不同相位线路，由于两相电压波形过零时间相差120°，可以降低频闪。

7 谐波污染的危害和限制

7.1 照明系统谐波的产生

（1）非线性的照明系统及照明设备，产生谐波，各种气体放电灯及镇流器，是照明系统谐波的来源。

（2）采用电感镇流器的气体放电灯的谐波含量，一般在允许范围内，但装设补偿电容器后，明显放大了谐波电流。

（3）采用电子镇流器时，其谐波含量比较大。按国家和国际标准，电子镇流器有高谐波量的H级和低谐波量的L级产品，H级产品的谐波含量比较大，配电系统必须注意采取相应措施。

（4）照明调光设备、控制设备也将产生谐波。

7.2 照明系统谐波的危害

（1）过大的谐波电流在照明线路及变压器中产生附加损耗，不利节能。

（2）各相的三次谐波，在配电线路的中性线上叠加，导致中性线的电流过大，甚至超过相线之电流，使中性线过热，甚至造成火灾事故。

（3）谐波使照明电器、变压器过热，降低寿命，产生噪声。

（4）谐波过大，会降低照明系统的功率因数。

（5）对电网和通信、信息系统带来干扰和危害，如电话杂音，计算机误动、误显，电视图像变坏，某些保护装置误动等。

7.3 照明系统最大允许谐波电流限值

（1）照明设备的谐波限值应符合国标《低压电气及电子设备发生的谐波电流限值（设备每相输入电流≤16A)》（GB 17625.1—1998）的规定。该标准将设备分为四类，其中C类为照明设备，包括带调光装置的照明设备。

C类设备的谐波限值见表3-3-6。

C类设备（照明设备）的谐波电流限值　　表3-3-6

谐波次数 n	最大容许谐波电流（%，以基波频率输入电流为基数）
2	2
3	30λ
5	10
7	7
9	5
$11 \leqslant n \leqslant 39$（仅奇次）	3

注：λ 为电路的功率因数。

（2）荧光灯的电子镇流器的谐波应符合国标《管形荧光灯用电子镇流器的性能要求》（GB/T 15144—94）的规定，其谐波限值见表2-1-14。

7.4　限制谐波的措施

（1）限制谐波应首先从照明设备采取措施

1）气体放电灯采用电感镇流器时，应选用节能型，其总谐波含量不应大于10%；

2）采用电子镇流器时，应选用低谐波的L级产品，其总谐波含量不宜大于15%；

3）采用照明调光、控制设备的，应有良好的滤波措施，其谐波含量应符合表3-3-6的规定。

（2）照明配电变压器应选用D，yn11接线三相变压器，为三次谐波电流提供环流通路。

（3）照明配电系统三相负荷尽量平衡，不平衡度不宜超过10%。

（4）当采取以上措施后，配电系统三次谐波含量仍过大时，宜在配电系统装设三次谐波滤波器。

第 4 章　充分利用天然光

1. 概述

1.1 利用天然光的意义和优越性

首先，从人类利用能源的发展过程的演变看（见图 3-4-1），人们从利用柴草作能源原料开始，后来发展到使用煤、石油、天然气、核能、太阳能和风能等。据预测，21 世纪各类能源的相对利用率，将以太阳能、核能及其他新能源，如风能等作为主要能源。1996 年在津巴布韦召开有各国首脑参加的国际太阳能工作会议也指出，太阳能将是 21 世纪的主要能源之一。

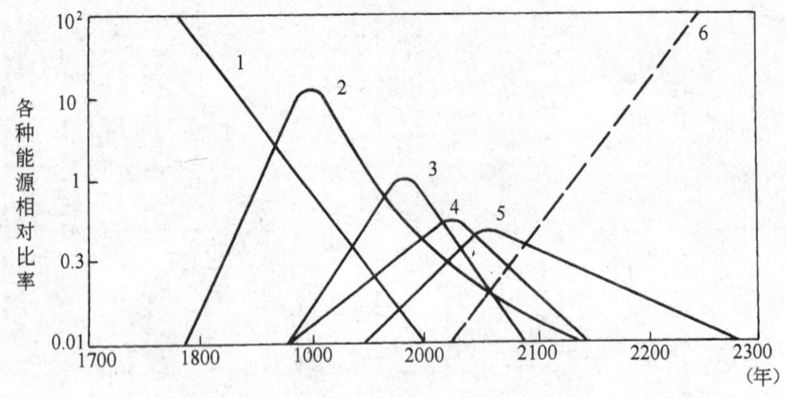

图 3-4-1　人类历史上能源消费变更示意图

1—柴草；2—煤炭；3—石油；4—天然气；5—核裂变能；6—太阳能、核聚变能及其他新能源

注：1）相对比率＝该能源所占比重/其他能源所占比重；2）柴草未参加相对比率的估算。

再从 1983 年至今召开的 4 次国际天然采光学术会议的情况看，国际广大建筑和照明科技工作者对如何有效地利用天然光资源，改善建筑采光和照明环境，节约人工照明用电给于高度重视，并发表了大量的科技成果。

2000 年日本学者指出，20 世纪是石油的世纪，21 世纪将是太阳能的世纪，把太阳能的利用提升到“国家的百年大计”的高度来认识。

为什么国内外这么重视利用天然光和太阳能照明技术呢？概括起来主要有以下四大优越性：

(1) 天然光（含直射阳光和天空光）是一个取之不尽、用之不竭、无污染的巨大洁净能源。

所谓巨大，举例说，把目前全世界人类每年所用的各种能源（包括常规能源和核能）

比作1t黄色炸药爆炸时所发出的能量，那么每年到达地球表面能供人类利用的太阳能就相当于第一颗原子弹（2×10^4t级）爆炸时所发出的能量，可见是多么巨大。

所谓洁净就是利用天然光安全卫生，对环境无污染。这一点是其他任何能源都难以达到的。人们所用的常规能源均程度不同地存在污染环境，造成酸雨，使地球变暖，危害动植物和人体健康问题。据统计，全世界为清除空气中的污染所需费用，大约是所用燃料费的10%左右。可是人们利用天然光能就完全不存在这些问题。因此，充分利用天然光既可节约大量人工照明用电，又可保护环境，成为实施绿色照明的一项重要措施。

(2) 阳光是万物生长之源泉。人们喜爱自然光，习惯在天然光下面工作、休息和生活。原因是太阳光系全光谱辐射，可在人的机体内产生维生素等多种营养物质，而且人们在自然光下活动，在心理和生理上感到舒适愉快，对人的身心健康十分有利。

(3) 对人们的工作说，天然光比人工光照明具有更高的视觉功效。据我国的天然光和人工光的视觉功能的对比试验表明，在照度2～2000lx范围内，人的视觉临界对比度相差约5%～20%。即人们在天然光下工作的视觉功效要比人工照明高5%～20%。

另外国外的研究报告也指出，在天然采光教室的学生的成绩比人工照明教室要好，其中教学成绩平均高20%，阅读成绩高达26%。

(4) 有利于建筑艺术创作。多变的天然光，特别是直射阳光的光与影，加上阳光的丰富色彩，使之成为建筑艺术造型，表现材料质感，改善室内环境气氛的主要手段。古今不少建筑杰作，如古罗马的万神庙，在巨大穹顶上设计9m的圆洞采光，又如德国议会大厅圆穹采光顶以及现代公共建筑的中庭采光和我国南方民居建筑中的亮瓦采光等，在采光功效及光影艺术的创造上都获得巨大成功，并显示出天然光的艺术魅力及采光的优越性。

但是也要看到它的不足的一面，比如天然光多变不稳定和不连续性，可以说一年四季，一天从早到晚，天然光在不断地变化，特别是阴雨天的天然光很弱的问题，在设计利用天然光时均需注意，并采取相应措施加以解决。

1.2　我国天然光资源和采光照明的节能潜力

通过国际照明委员会和国际气象组织的调查与系统测试，世界部分城市或地区太阳能年辐射总量如表3-4-1所示。

就太阳能年辐射总量而言，经我国700个气象台站的长期观测，我国各地的太阳能年辐射总量约在334.94～837．36kJ/cm^{2}之间，其中间值为586．15kJ/cm^2，比表3-4-1统计的21城市的均高，列于首位。北京的年辐射总量为535.9kJ/cm^2，与表3-4-1所列城市相比，列于第5位。

世界一些地区太阳能的年辐射总量（kcal/cm^2）　　**表3-4-1**

地　点	年辐射总量	地　点	年辐射总量	地　点	年辐射总量
赫尔辛基	79	布加勒斯特	123	维也纳	93
斯德哥尔摩	85	索非亚	131	布达佩斯	84
莫斯科	89	里斯本	135	米　兰	107
汉　堡	82	雅　典	139	东　京	101
波茨坦	90	伦　敦	87	纽　约	113
华　沙	84	布拉格	87	华盛顿	125
威尼斯	115	巴　黎	96	新加坡	137

注：1kcal＝4.1868kJ。

另外根据中国气象局统计，我国年日照百分率详见表3-4-2所示。

我国日照率和年平均日照小时数 表3-4-2

日照出现率分级	1	2	3	4
日照率（%）	70	60	50	40
面积（万 km^2）	158	485	726	906
占总面积（%）	16	51	76	94
年平均天的日照时数（h）	11	8	6	5

图3-4-2 是CIE发表的世界各地不同纬度地区在9时至17时的工作时间内，天空漫射光形成的室外地平面照度的平均值。几条曲线说明可以达到某一照度的天数占全年总天数的百分比。例如，北京地区（北纬40°）在9～17时的时间内，室外地平面照度达到5000lx的天数全年占92%，达到10000lx的天数为82%。图3-4-2所示天然光效能曲线也能用于9～17时以外的其他时间。关于天然光效能曲线的利用时数的修正值，即其他时间的百分率，见表3-4-3所示。例如，北京在6时至18时的范围内，能达到5000lx室外照度的天数，而是72%。

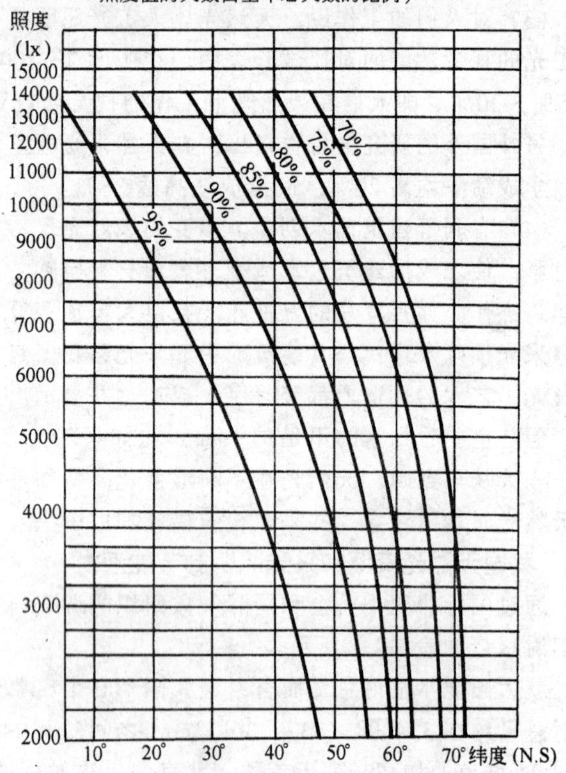

图3-4-2 昼光效能曲线（室外地平面照度年平均值）

我国天然光资源的分布情况，见图3-4-3。其基本特征如下：

(1) 天然光的高值和低值中心都位于北纬22°～35°地区之内。青藏高原成为我天然光的高值中心；四川盆地位于青藏高原的东侧背风坡，是绕过高原的南支暖湿气流和北支冷气流相遇的地区，以致阴雨天频繁，形成我国天然光的低值中心。

(2) 北纬30°～40°地区的天然光分布，与一般天然光随纬度变化的规律恰好相反。天然光不是随纬度的升高而减小，而是增高。这种“南低北高”的现象说明我国天然光的分布主要取决于云量多少，而纬度不同所引起的太阳高度的差异，在此并不起主要作用。

昼光效能曲线的利用时数修正值　　表3-4-3

09:00～17:00	95%	90%	85%	80%	70%	60%
其他时间	其他时间的百分数					
07.00～15.00	95	90	85	80	70	60
08.00～16.00	100	10	95	85	70	60
07.00～17.00	95	85	75	65	55	45
06.00～18.00	75	70	65	60	50	40

(3) 北纬40°以北的地区的天然光的等值线几乎呈南北向排列，而且自东向西逐渐增高。这种“东低西高”的现象也主要是云量影响的结果。

(4) 新疆地区的天然光资源分布的等值线大体上是按东西向变化，这主要是由于天山山脉东西走向影响的结果。

(5) 我国台湾地区的天然光资源的分布则是从东北向西南逐渐增高。这主要是由于该地区除夏季外，气流多来自东北方向的缘故。因此，台湾东北部的雨量较多，晴天较少；而西南部则因处于背风坡，所以雨水较少，晴天较多，天然光资源较为丰富。

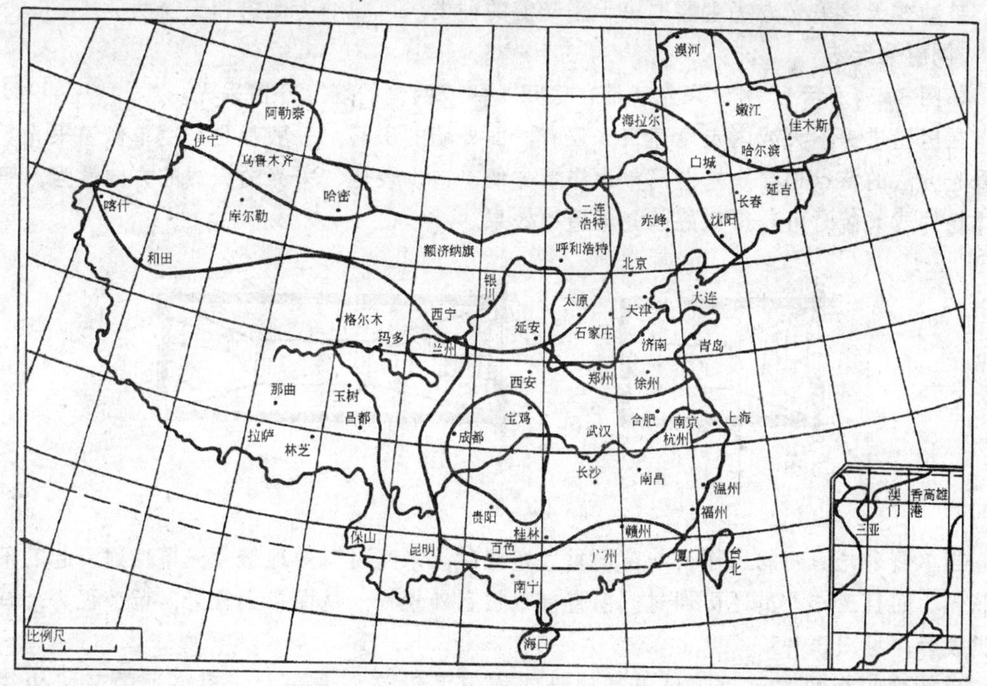

图3-4-3　中国光气候分区（天然光分布）

通过对我国天然光资源的分析可看出，我国幅员辽阔，天然光资源十分丰富。有人曾估算过，如果把全年照射在全国广大面积上的太阳能加在一起，就相当于燃烧 1.92×10^{12} t标准煤所产生的能量。这个数大约是我国目前全年煤炭、石油、天然气和各种柴草等常规能源所提供的能量的2000多倍！可见，如果若能充分开发，并有效地利用这一巨大的阳光能源，无疑将会给我国现代化建设提供多么丰富的能量资源！

如北京国际大厦，现有无窗办公室 1800m^2，假若工作面按平均照度 300lx 计算，单位面积耗电取 25W/m^2。

北京地区日照率为 60%，每年有 184d 的日照时间在 8h 以上，若利用天然光，每年可节约人工照明用电：1800×25×184×8=66240kWh。

如果我国日照率 60%的地区，其中有一半的地区的无窗或地下建筑采用天然光。它所节约的照明用电和带来的经济效益的巨大，影响深远。

建筑利用天然光的方法不少，概括起来主要有被动式采光法和主动式采光法两类。被动式天然采光法是通过或利用不同类型的建筑窗户进行采光的方法。这种采光方法的采光量，光的分布及效能主要取决于采光窗的类型，使用这一采光方法的人则处于被动地位，故称被动采光法。主动式采光法则是利用集光、传光和散光等设备与配套的控制系统将天然光传送到需要照明部位的采光法。这种采光方法完全由人所控制，人处于主动地位，故称主动式采光法。

2 被动式天然采光

被动式天然采光方法主要取决于采光窗的种类，可归纳为侧窗和天窗两类。

2.1 侧窗采光法

如图 3-4-4 所示，侧窗采光就是在房间一侧或两侧的墙上开窗采光。

在房屋进深不大或内走廊建筑，仅有一面外墙的房间，一般都是利用单侧窗采光。这种采光方法的特点是窗户构造简单、布置方便、造价较低、采光的光线的方向性强，照射立体物件或人貌时可获得良好的光影造型效果。

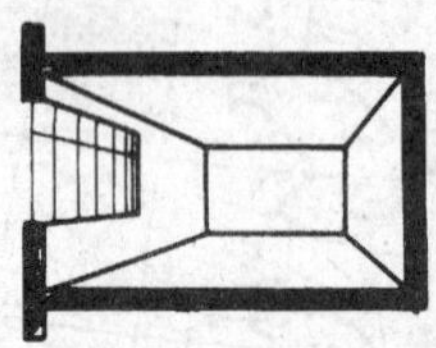
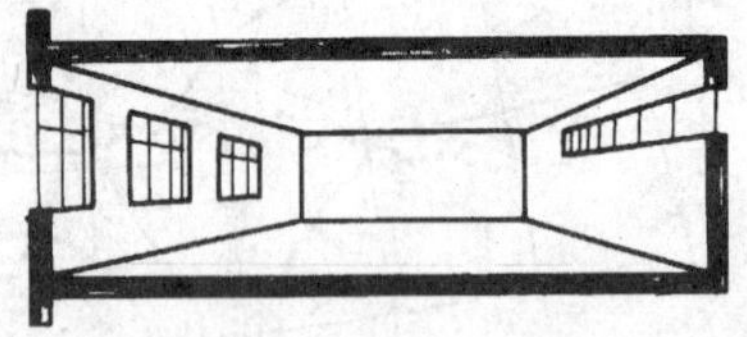

图 3-4-4 侧窗的形式

当单侧采光房间的工作台与窗面垂直布置时，采光可有效地避免光幕反射引起的不舒适眩光，而且工作人员还可通过侧窗直接观赏室外景物，从而扩大视野，调节视力，减轻视觉疲劳，见图 3-4-5。

单侧窗采光的主要问题是采光的纵向均匀度较差，进深大，离窗远的区域往往达不到采光标准的要求。影响纵向采光均匀度的因素，一是窗的形状，如图 3-4-6 所示，高而窄的采光窗比低而宽的采光窗的纵向均匀度好；二是窗位的高低，图 3-4-7 所示两种不同窗台高度的侧窗，高侧窗的纵向采光均匀度明显优于低侧窗的采光均匀度。为了使单侧采光具有良好的采光均匀性，房间进深一般不宜超过窗的上框高度的 2～2.5 倍。

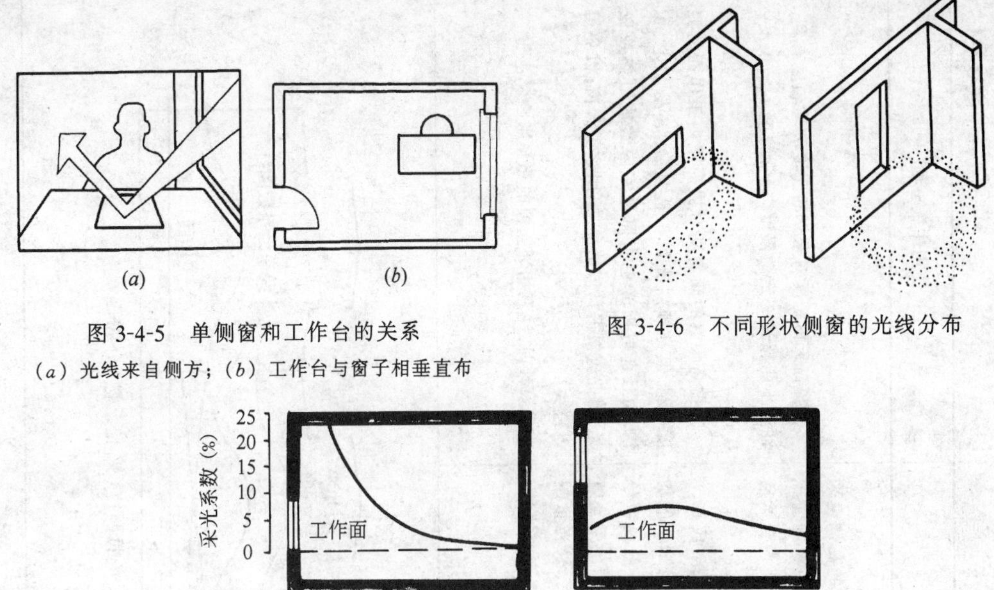

图 3-4-5　单侧窗和工作台的关系

（a）光线来自侧方；（b）工作台与窗子相垂直布

图 3-4-6　不同形状侧窗的光线分布

图 3-4-7　侧窗的形状和位置对室内采光的影响

改善单侧窗采光纵向均匀度的方法之一是利用透光材料本身的反射、扩散和折射性能将光线通过顶棚反射到进深大的工作区（见图 3-4-8）；方法之二是在窗上设置水平阁板式遮阳板，降低近窗工作区的照度，同时利用遮阳板的上表面及房间顶棚面将光线反射到进深大的工作区（见图 3-4-9）。

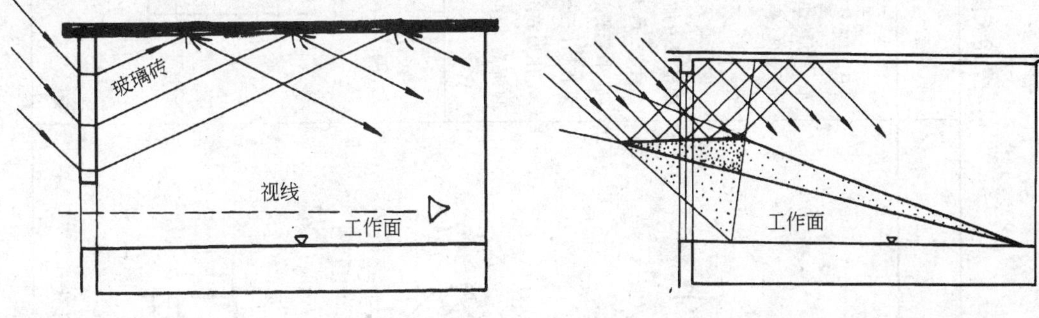

图 3-4-8　利用玻砖折射光增加昼光照射进深

图 3-4-9　水平阁板反光窗

2.2　天窗采光法

天窗采光，又称顶部采光。它是在房间或大厅的顶部开窗，将天然光引入室内。这一采光方法在工业建筑、公共建筑，如博展建筑和建筑的中庭采光应用较多。由于应用场所不同，天窗的形式不一，可谓千变万化，难以统计。对工业建筑采光法，天窗形式主要有以下五种：矩形天窗、锯齿形天窗、平天窗、横向天窗、下沉式（或称井式）天窗。这五种天窗的采光特性及能效情况详见表 3-4-4。

表 3-4-4 只介绍了以上五种天窗的基本形式，由基本形式派生出来的大量其他的天窗形式，如横向矩形天窗、斜顶天窗、三角形天窗、采光罩等，其采光特性与基本天窗形式相似。

常用天窗采光的基本形式和特性

表 3-4-4

窗形	图示	采光特性及效能	使用注意事项
矩形天窗采光	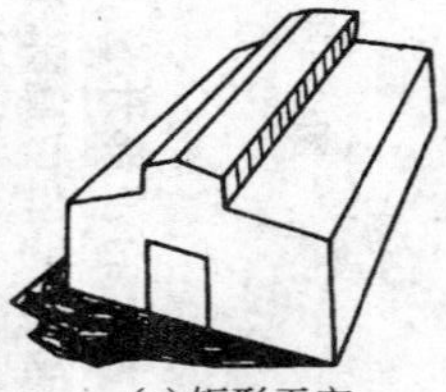 (a) 矩形天窗  (b) 横向矩形天窗 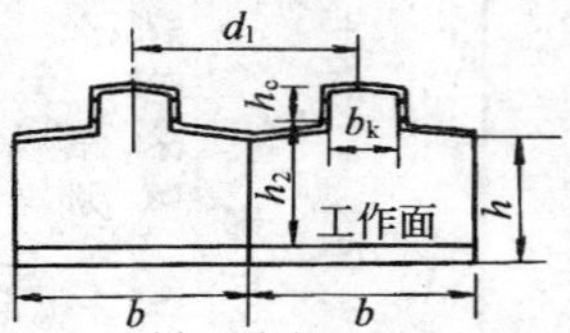 d_1 h_c b_k h_2 h 工作面 b b (c) 天窗剖面图 矩形天窗的基本形式	①矩形天窗采光其实质相当于提高窗位的高侧窗采光。与其他窗相比，它的采光效能(进光量与窗洞面积比)最低，但采光的眩光小，不可利用它组织室内自然通风。 ②影响天窗采光的主要因素：一是天窗的跨度，在一定范围内加大跨度，可提高采光的水平照度及照明的均匀度；二是天窗位置的高低和天窗间距。一般说窗越高，采光的照度越低，但均匀度变好；低位天窗的采光效果相反；三是窗子的倾斜度，倾斜角度越大，采光量越多，比如60°倾角的天窗比等面积的垂直矩形天窗的光，可提高工作照度40%～60%。	①提高天窗跨度对采光的照度和均匀度有利，注意不能超过一定的限度，通常跨度 $b_k=0.4\sim0.6b$； ②提高天窗的倾斜度对提高室内工作面的照度有利，但是倾斜天窗构造复杂，容易积尘、积雪，而且直射阳光也有照进室内造成过热或眩光，因此应根据具体情况，慎用这类天窗，以免得不偿失。 ③设计时，注意相邻天窗的相互影响
		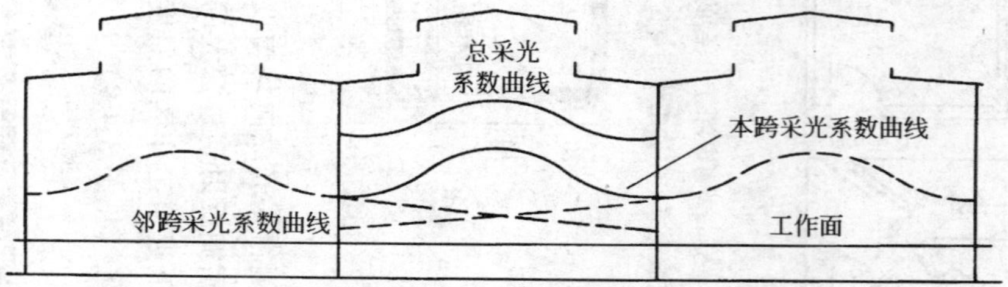 总采光系数曲线 本跨采光系数曲线 邻跨采光系数曲线 工作面 矩形天窗采光的照度(采光系数)分布图	

续表

窗形	图　示	采光特性及效能	使用注意事项
锯齿形天窗采光	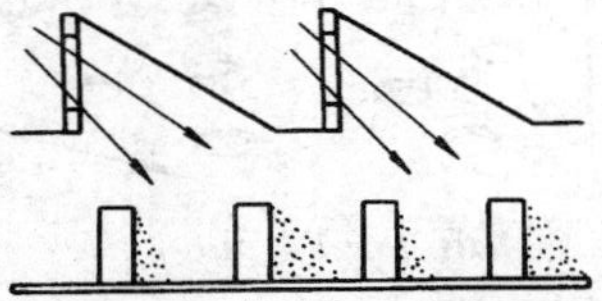 (a) 设备与天窗平行布置——错误 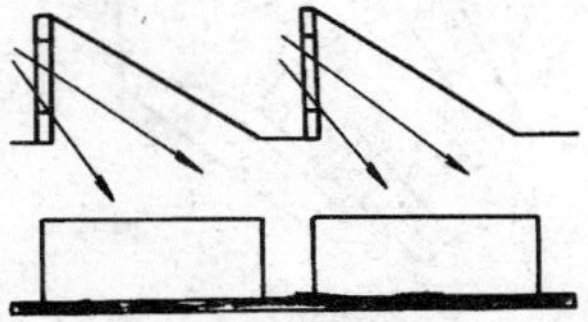 (b) 设备与天窗垂直布置——正确 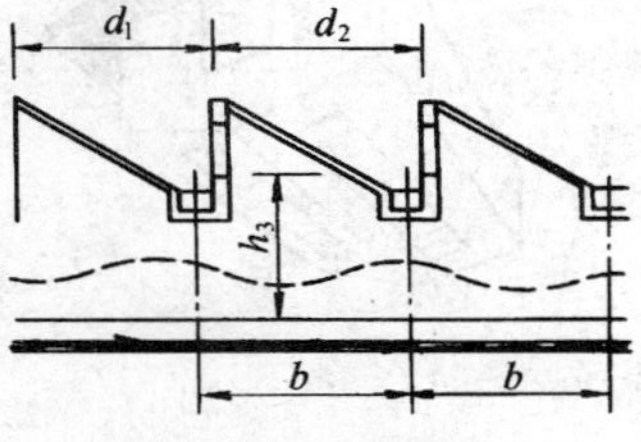 d_1 d_2 h_3 b b (c) 锯齿天窗剖面图 锯齿形天窗的基本形式	①锯齿形天窗的特征是屋顶倾斜，可充分利用顶棚的反射光，采光效能比一般矩形天窗高。在同一采光系数的情况下，锯齿形天窗的玻璃面积比矩形天窗可减少15%～20%。 ②当锯齿形天窗的窗口朝向北面天空时，可避免直射阳光射入室内，有利于室内温度的调节。 ③这类天窗具有高侧窗的采光效果，加上倾斜面的反光，以致采光的匀度比高侧窗还要好。为保证车间采光的均匀度，天窗间距应不超过天窗下沿高度的2倍。当天窗口向北时，室内采光均匀稳定，适合在博展馆，特别是在美术馆中使用。 ④锯齿形天窗可达到7%采光系数的要求，较适合于纺织厂的纺纱、织布、印染和一般的机加工车间使用。天窗的窗架较复杂，工程造价较高	①这种天窗采光，射入室内的光线的方向性强，特别窗口面向南方时尤为突出。因此使用这种天窗时，应注意室内的机械设备，如图示的纺织厂的织布机的排列方向应与天窗成90°角布置，不能和天窗平行布置。 ②为提高窗的采光效率，天窗顶棚的反光系数应尽量提高。 ③天窗向南时，在窗口应有防止直射眩光的措施，如在窗口加格栅或柔光的窗玻璃等。 ④对一些厂房高度不大，而建筑跨度又相当大的车间，为提高室内采光的均匀度，可在同一跨度内设置几个天窗，见本表下图
		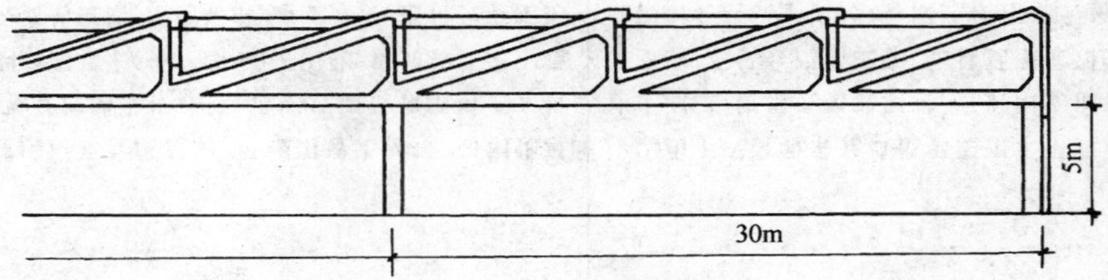 5m 30m 一跨多窗的采光方式	

续表

窗形	图示	采光特性及效能	使用注意事项
平天窗采光	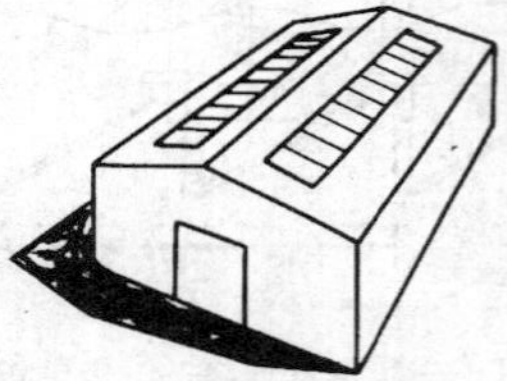 (*a*) 屋面采光板  (*b*) 三角形平天窗  (*c*) 屋面采光罩 平天窗类型	①在建筑屋面直接开洞，再利用透光材料，如钢化玻璃、嵌入铁丝网的平板玻璃、透明玻璃钢和塑料透光板等将窗洞封闭起来(见左图 *a*)。因此，窗的特征之一是省去了天窗的窗架，结构简单，施工方便，造价只有矩形天窗的 21%～37%。 ②平天窗的采光效率，大约比矩形天窗高 2～2.5 倍。 ③大面积平天窗，适合于建筑中庭采光，体育馆、温室和博物馆中使用，特征是采光效率很高。使用时应注意防水、安全和维修。 ④三角形或板式平天窗(见左图 *b*)，这类窗适合工厂车间或超市使用，特征是采光效率高。 ⑤采光罩，用成形的采光罩将屋顶采光口封闭形成的天窗(见左图 *c*)。特征是重量轻，采光效率高，在工业和民用建筑的应用较广。 ⑥平天窗和矩形天窗采光效率的比较，详见本表右侧的示意图	①由于天窗的采光口位于屋顶水平面或接近水平面，当使用透明玻璃时，直射阳光很容易射入室内，不仅会产生眩光，而且夏季强烈的太阳热辐射会造成室内过热，因此使用平天窗，应特别注意采取措施，遮蔽直射阳光进入室内。 ②室内注意采取通风降温措施。 ③使用采光罩时，采光罩的距高比，通常不应超过 1.25 倍($d_c \leqslant 1.25h_x$)。 ④注意采光罩破碎伤人或设备，注意防尘和结露 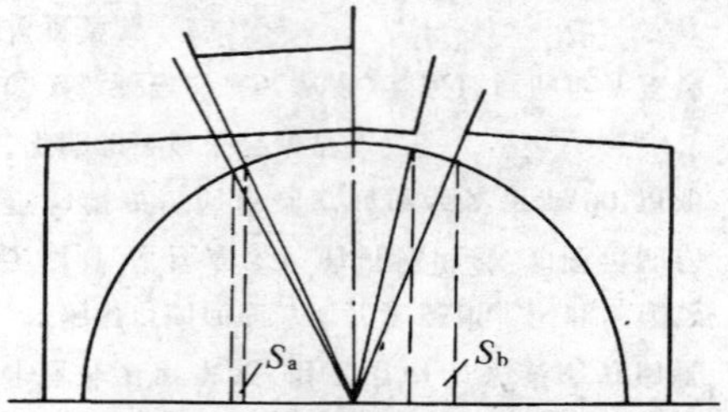 S_a　S_b

续表

窗形	图示	采光特性及效能	使用注意事项
横向天窗采光	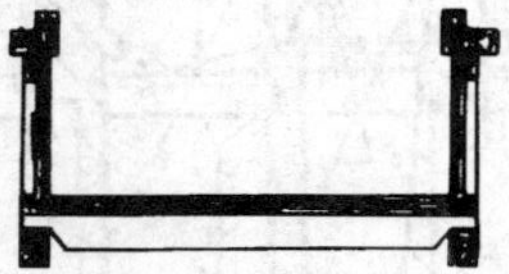 剖面图 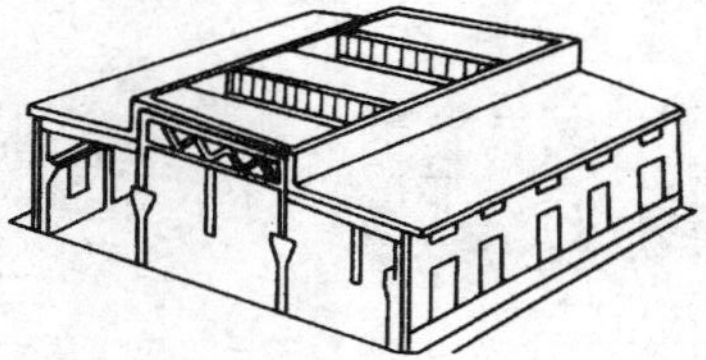	①作法：如左图所示，利用屋架上下弦间的空间作采光的天窗。 ②性能：这种采光窗可以省去天窗架，从而降低建筑高度、简化结构、节约材料，只是安装下弦屋面板时较为复杂。横向天窗和纵向矩形天窗的采光效能相近，但是横向天窗的造价比纵向矩形天窗低60%。另外，由于屋架上弦是倾斜的，故天窗的窗扇作法较为复杂，具体作法视屋架情况决定，选用矩形、阶梯形或梯形的某一种	①由于横向天窗窗扇紧靠屋架，设计时应注意屋架对采光的影响； ②对上弦坡度大的三角形屋架，不宜使用横向天窗；也不宜在小跨度的车间使用； ③为减少直射阳光进入室内，车间的纵轴线宜指向南北
井式天窗采光	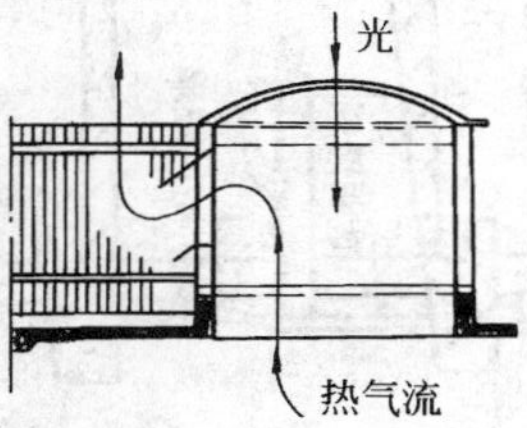 井式天窗	①井式天窗作法和横向天窗相似都是利用屋架上下弦之间的空间采光。不同点是井式天窗的功能侧重通风，宜在热处理车间使用。 ②由于井式天窗采光口的挡雨板的影响，光线难以进入室内，通过窗的底板反射的光也不多，因此这种窗的采光效能最低，通常采光系数低于1%	①设计挡雨板时，注意挡光影响。如用垂直玻璃作挡雨板，可提高窗的采光效能。 ②由于采光口又是通风排烟或尘的出口，注意窗口的清扫，以保持良好的采光效果

3　主动式天然采光

这种采光方法特别适用于无窗或地下建筑、建筑朝北房间以及识别有色物体或有防爆要求的房间。它的优越性，一是改善室内光照环境质量，在无天然光的房间也能享受到阳光照明；二是可减少人工照明用电，节约能源。

此法很早已提出，但一直处于研究和试验阶段，到20世纪70年代能源危机后，因节能加速了这种采光方法的发展，目前已有的主动式天然采光方法主要有以下六类：

(1) 镜面反射采光法；

(2) 利用导光管导光的采光法；

(3) 光纤导光采光法；

(4) 棱镜组传光采光法；

(5) 利用卫星反射镜的采光法；

(6) 光电效应间接采光法。

3.1　镜面反射采光法

所谓镜面反射采光法就是利用平面或曲面镜的反射面，将阳光经一次或多次反射，将光线送到室内需要照明的部位。这类采光方法通常有两种作法：一是将平面或曲面反光镜

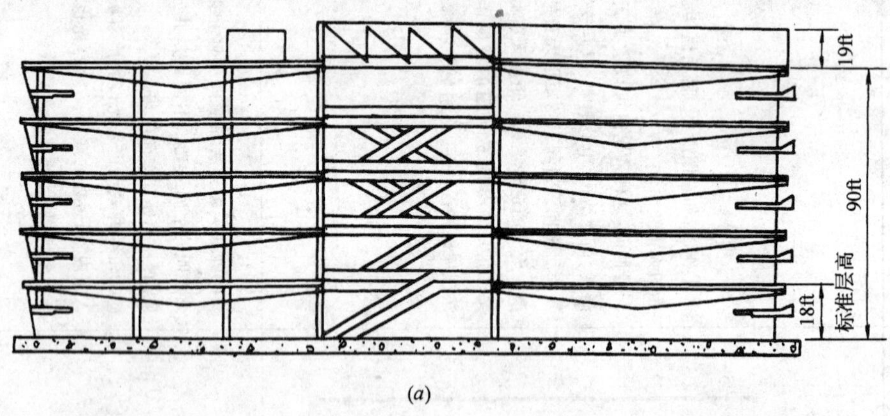

(a)

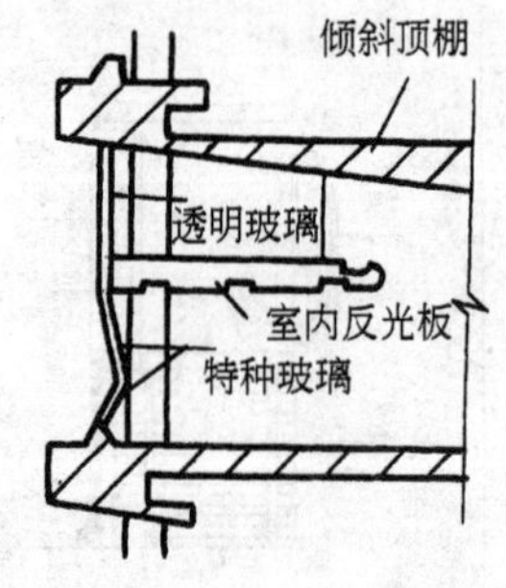

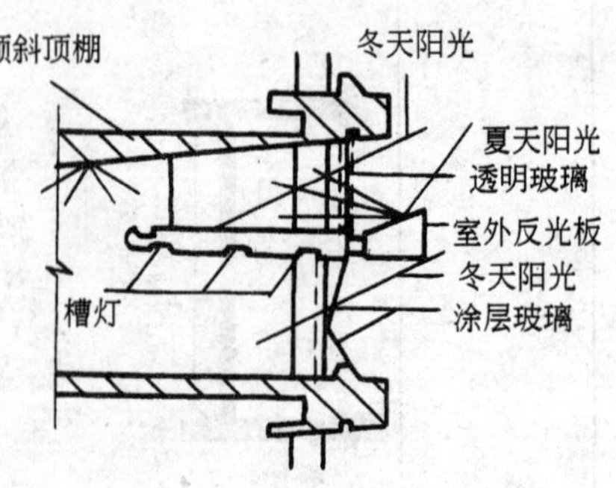

(b)

图3-4-10　美国洛克希德公司157号办公楼的采光

(a) 建筑剖面；(b) 两侧采光窗的结构

和采光窗的遮阳设施结合为一体，既反光又遮阳；二是将平面或曲面反光镜安装在跟踪太阳的装置上，作成定日镜，经过它一次，或再经一次，也可能是二次反射，将光送到室内需采光的区域。

3.1.1 反光面和遮阳设施结合的作法

对建筑侧窗说，这种做法的成功实例是美国洛克希德公司157号楼的大进深采光设计，见图3-4-10。图3-4-10是建筑的剖面，它巧妙地将反光和遮阳结合为一体。这样既较好解决了深部采光问题，提高建筑采光的均匀度，又无眩光，更重要的是大大地减少了办公建筑的电能消耗。这不仅有效地利用了天然光，而且采光质量也很高。

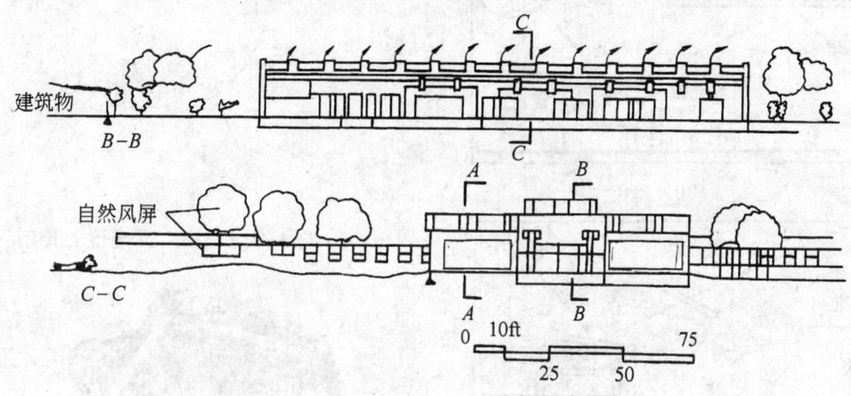

图3-4-11 美国Windows Rock小学教学楼的采光

对建筑顶部采光窗说，将采光和遮阳结合为一体的另一个成功实例是美国Window Rock小学教学楼的顶部采光。如图3-4-11和图3-4-12所示，将反光面和遮阳板结合为一体的天窗，既提供天然采光，又可获得太阳能。在冬季，反光面大大增加了室内的阳光照明；而在夏季，则可把反光面调节成只让漫射的天空光进入室内。一个内有玻璃纤维的反光器，它既可为使用者遮住天窗耀眼的亮光，又把光线反射到整个房间，每年在照明上节约的燃料费为2250美元。

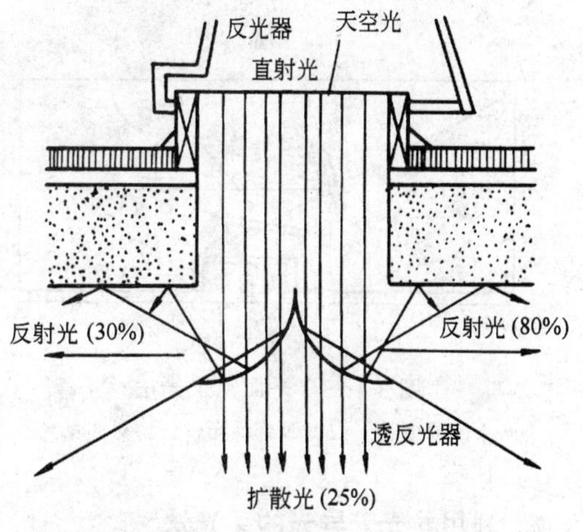

图3-4-12 采光窗的局部构造图

3.1.2 将反光镜和跟踪太阳装置结合为一体的作法，即定日镜反光法（见图3-4-13）

图3-4-13（*a*）是阳光通过定日镜从侧面采光窗照射到房间的顶棚，然后再将光线反射到室内空间。图3-4-13（*b*）是阳光通过安装在屋顶的定日反光镜，将阳光反射到第二块反光镜，再将阳光反射到天窗入口，再经天窗照射到安装在天窗下方的散光器上，最后将光线散射到室内空间。图3-4-13（*c*）是阳光通过对面定日反光镜，将光线反射到第二面反光镜，这面反光镜在垂直方向是可改变角度的，据需要将光线反射到朝北建筑的房间内。

图 3-4-13 的（*b*）、（*c*）中的第二面反光镜的水平转动范围和最大的光通量输出的区域，见图 3-4-14。

定日镜的外形见图 3-4-15。这是美国太阳牌用于太阳光采光的定日镜设备。

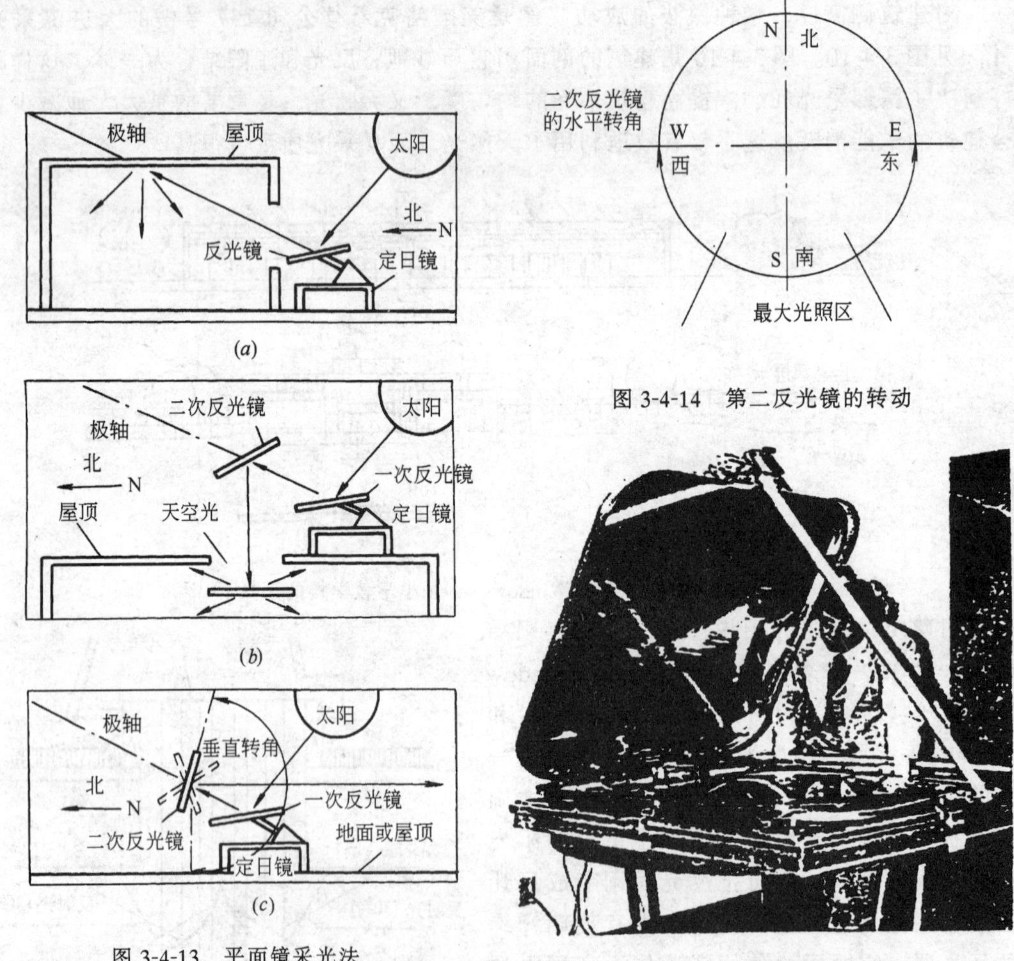

图 3-4-13 平面镜采光法

（*a*）侧面反光；（*b*）顶部反光；（*c*）对面反光

图 3-4-14 第二反光镜的转动

图 3-4-15 定日镜装置外形

3.2 利用导光管导光的采光法

用导光管导光的采光方法的具体作法与系统设备形式，随着使用场所的不同而变化。图 3-4-16 是中国建筑科学院试验无窗房间利用导光管导光采光的示意图。由图 3-4-16 看出，整个系统由七部分组成，实际上可归纳为阳光采集、阳光传送和阳光照射三部分。

3.2.1 阳光收集器的设计

阳光收集器主要由定日镜、聚光镜和反射镜三大部分组成。

3.2.2.1 定日镜的设计

(1) 基本原理 定日镜的基本原理是建立在日地（太阳与地球）的相对运动理论和光的反射定律基础上的。

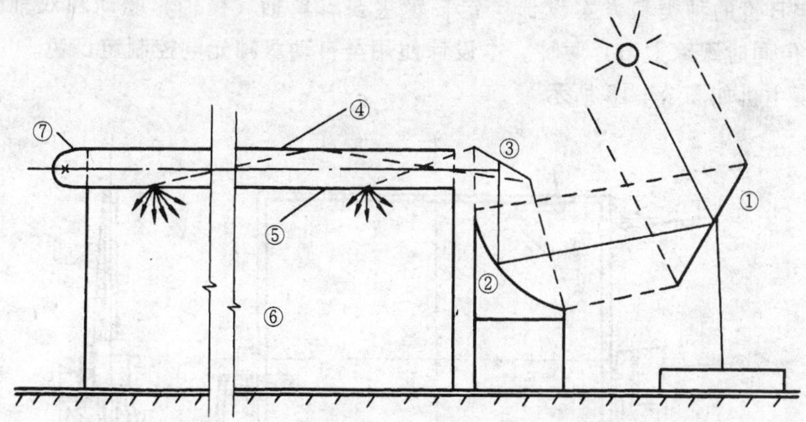

图 3-4-16 某试验无窗房间利用定日镜导光管采光方法示意

①—收集阳光的定日镜；②—抛物面聚光反射镜；③—导光管入口反光镜；④—导光管；⑤—导光管出光口散光器；⑥—试验用无窗房间；⑦—人工照明光源

根据日地相对运动理论，在地球表面看太阳，太阳东升西落，太阳在天球上的运动轨迹如图 3-4-17 所示。太阳的位置可用太阳的高度角 h 和方位角 A 表示，并可用公式 3-4-1 和 3-4-2 计算：

$$\sin h=\sin\varphi\cdot\sin\delta+\cos\varphi\cdot\cos\delta\cdot\cos t \quad (3\text{-}4\text{-}1)$$

$$\sin A=\cos\delta\cdot\sin t/\cos h \quad (3\text{-}4\text{-}2)$$

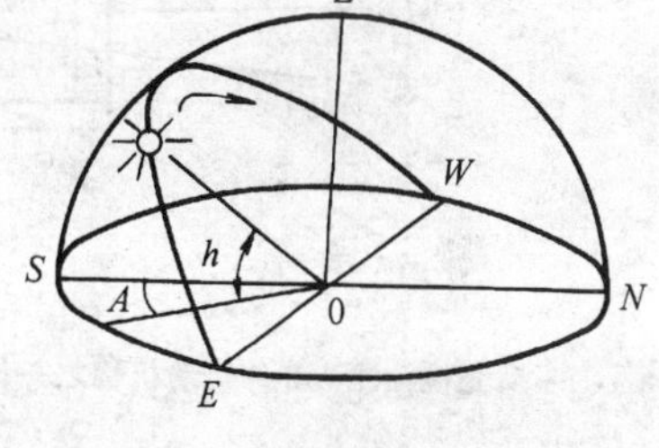

图 3-4-17 太阳位置示意图

式中 φ——纬度；

δ——赤纬，夏至为 23°27′；春、秋分为 0°；冬至为 23°27′；

t——时角，正午 0°，一小时 15°。

设计要求：经定日镜的镜面反射光应恒定指向正南水平方向，反射镜中心点在 0 点时，反射镜和方位角 α（正南为 0°），倾角 β 与太阳位置有如下关系：

$$\alpha=A/2 \quad (3\text{-}4\text{-}3)$$

$$\beta=90^\circ-h/2 \quad (3\text{-}4\text{-}4)$$

此时反射镜的有效采光面积：

$$S=H\sin\beta\cdot W\cos(A/2) \quad (3\text{-}4\text{-}5)$$

$$S=H\sin(90^\circ-h/2)\cdot W\cos(A/2) \quad (3\text{-}4\text{-}6)$$

$$S=S'\sin(90^\circ-h/2)\cdot\cos(A/2) \quad (3\text{-}4\text{-}7)$$

式中 H——反射镜高度（m）；

W——反射镜宽度（m）；

S——反射镜面积（m^2）。

根据以上公式可算出不同纬度地区不同时间的太阳位置及反射镜的位置和有效采光面积。例如北京夏至日中午 12 点，太阳高度角为 73.5°，方位角为 0°，定日镜镜面方位角为 0°，倾角为 53.25°，有效采光面积 1.57m^2（对 1.4m×1.4m 的反射镜为 1.96m^2）。

(2) 定日镜的种类和方案设计 定日镜主要有单轴（极轴）驱动和双轴驱动定日镜（高度和方位同时跟踪太阳）两种。本设计使用全自动双轴光电控制定日镜。

定日镜主机如图 3-4-18 所示。

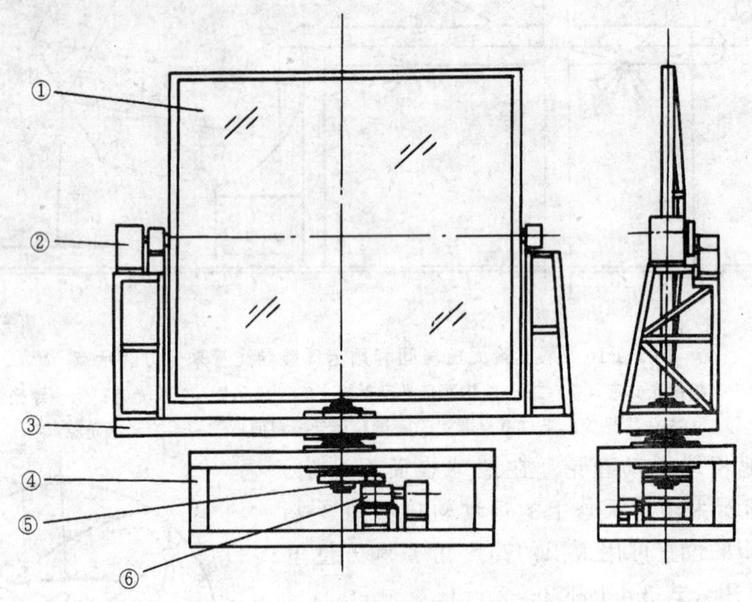

图 3-4-18 定日镜简图

①—反光镜；②—赤纬传动机构之一；③—镜架；④—底座；⑤—赤经旋转机构；⑥—赤经传动机构之二

定日镜的光电控制系统，详见图 3-4-19。光电控制开关，自动搜寻线路，自动定位组成。

主机和控制器设计图及说明，详见图 3-4-19。

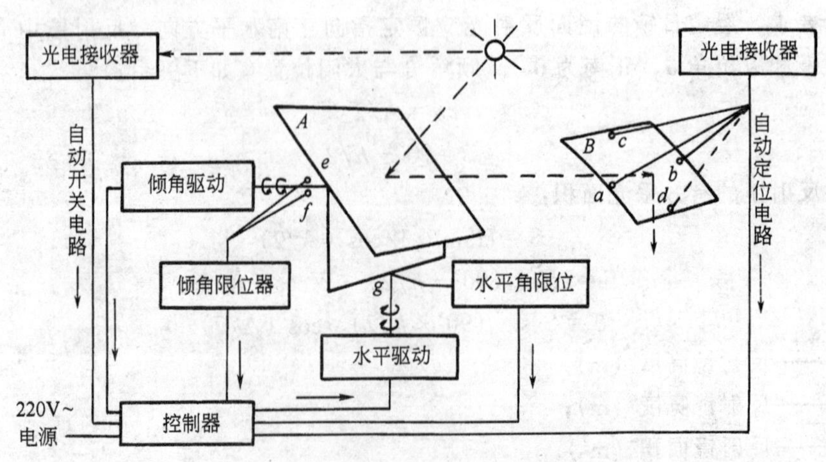

图 3-4-19 定日镜工作原理示意图

A—定日镜反射面；B—聚光镜

– – – →光路；——→电路

3.2.2.2 阳光的传送

阳光传送方法很多。归纳起来主要有图 3-4-20 所示的几种。

一是空中传送；二是镜面（平面镜、曲面镜、透镜或棱镜等）传送；三是导光管传送；四是光纤传送等。

有缝导光管与棱镜导光管的比较 **表 3-4-5**

比较项目	有缝导光管	棱镜式导光管
导光原理	(a) (b) 在假设导光管内壁表面为镜面反射与管缝为无吸收的透明面的基础上按镜面反射定律，利用光在管内多次反射原理，使光线在管内从一端向另一端传导，当表面反射比为 ρ 时，经 n 次反射后，光的强度减弱为 ρ^{n} 倍，另外部分光线通过管缝射入室内，光路见本表的上图	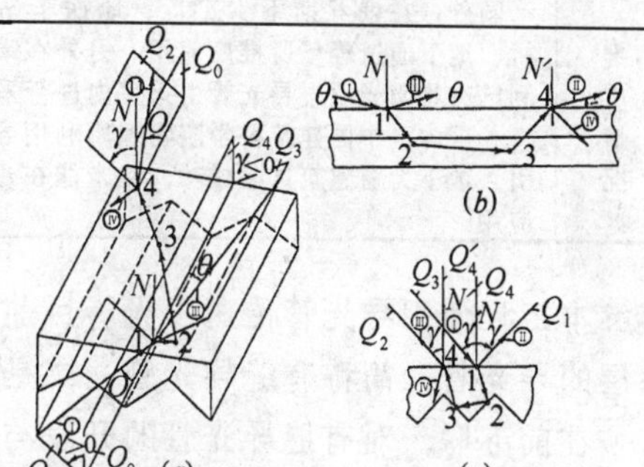 (a) (b) (c) 棱镜式导光管的导光是利用棱镜的全反射原理实现，如上图所示，入射光Ⅰ经反射点 1 进入透明棱镜，至 2、3 两点产生全反射光Ⅱ，并从点 4 射出。产生全反射的条件是入射光的入射角应小于棱镜的折射率 θ，在 θ 角内的入射光均可产生全反射，而且光线从入射侧射出。这样光线在管内经多次全反射后，实现向前导光的目的
管形与种类	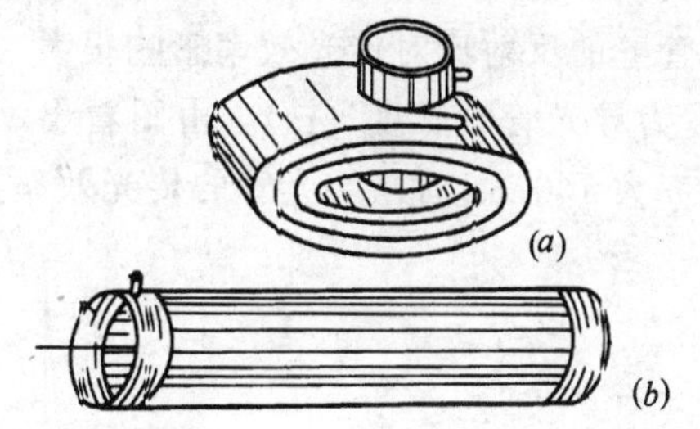 (a) (b) a）柔性导光管是利用塑料膜加工成形，管的重量轻，可成卷运输，使用时安装方便，特别是使用芳香族聚酯膜比普通 PET 聚酯膜的强度大，而且耐高温、管内反射层用真空镀膜方法完成。 b）刚性导光管采用 PVC 挤压成形，外观整齐，表面光滑，比较美观，但重量较大，导管长度有限，运输安装不如柔性管；管内壁反射层可用镀膜和吸附反射膜方法完成	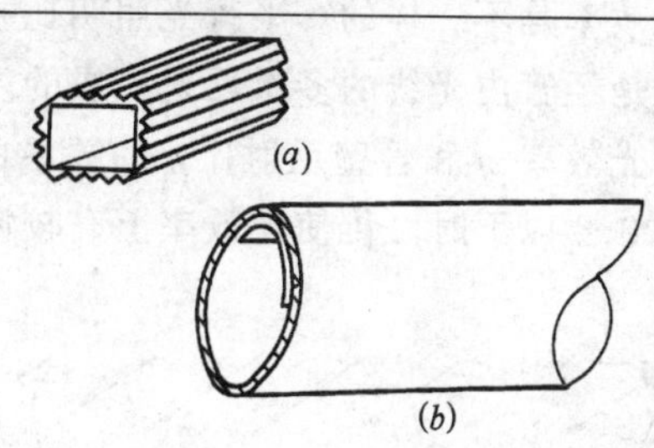 (a) (b) a）Whitehead 导光管，发明人 Whitehead 利用折射率为 1.5 的透明聚丙烯塑料加工成形，棱镜外侧顶角为 90°，呈等腰三棱形，只要入射光与管的轴线的夹角小于 27°，光线即可在棱镜产生全反射，每次反射的吸收率为 0.2%，传导光的效率较高。 b）3M 公司的导光管是根据该公司的专利用 PMMD 塑料制成的微细棱镜薄板，板厚 0.5mm，幅宽 960mm，长度不限，使用时将板卷起，放入透明管中，在出光部分另外加一层引光膜，使一定量光线外射
性能参数	①相对长度 L'为导光管长和管径之比约等于 30～40，一般取 30 的效率较高。 ②系统的有效工作系数为 0.3～0.42。 ③单向导入光时，导光管的始端与末端亮度之比 $L_{始}/L_{末}$ 约为 4～6	①相对长度 L'为 40～100，取 40 时导光管的效率较高。 ②系统的有效工作系数为 0.35～0.45。 ③单向导入光时，导光管始末两端的亮度比，$L_{始}/L_{末}$ 约为 2

续表

比较项目	有缝导光管	棱镜式导光管
外观特性	从建筑艺术和美学特性看，由于导光管的亮度不够均匀，外观较棱镜导光管差，使人感到粗大不精细，对工业企业建筑，如车间、库房、流水线照明，使用这样导光管较合适、亮度分布和外观均可满足需求	导光管外形美观，精细，管的长度方向的亮度分布均匀，适合于各类建筑使用，不足之处是导光管形成的光带不连续，导管接缝有暗带，导管结构较复杂，整个系统造价比有缝导光管昂贵得多
推广情况	国外：在俄罗斯不少工厂、地铁车站、过街天桥、地下通道等场所推广使用，另外在瑞士和意大利已有将阳光通过导光管引入室内进行采光实例； 国内：中国建筑科学院物理所利用导光管将光引入地下无窗建筑试验成功，但未能在建筑中推广应用	国外：在加拿大、美国、意大利、法国等多项工程利用这种导光管，将阳光引入室内进行照明； 国内：在照明中已有使用这种导光管的实例，但用这种导光管传导阳光进行采光的实例还未见到

本工程使用导光管传送阳光。目前常用的导光管有两种：一是有缝空心内有高反射比涂层的导光管，简称有缝导光管；二是带全反射导光棱镜膜的导光管。

在前苏联，对有缝导光管的开发与应用已有数十年历史，技术成熟，并在大量的工程中推广应用。带全反射棱镜膜的导光管推出和应用的时间较短，它具有导光效率高、导光管表面亮度均匀、漫射性能好、照明时无眩光、利于视力保护等优点。这种导光管的造价较有缝导光管高数倍之多。这两种导光管的构造、用料、光电性能及各自的优缺点，见表3-4-5。选用时，根据使用场所的特征、要求和投资造价等确定。

本研究使用了有缝导光管，试验结果表明，在相同条件下，不同照明方式的导光管的传光效率是不一样的。平行光照明比投光照明大；投光照明比均匀照明大。另外导光管的传光是经管内光线的多次反射完成的。因而管壁的反射比对传光效率影响很大。图3-4-21是导光效率 η 和管壁反射比 ρ 的关系曲线 m 为导光管的长度（m）。由图看出，管壁反射比在0.8以下时，传使光效率上升较慢。当 ρ 大于0.85时，导光管的传光效率上升加快；

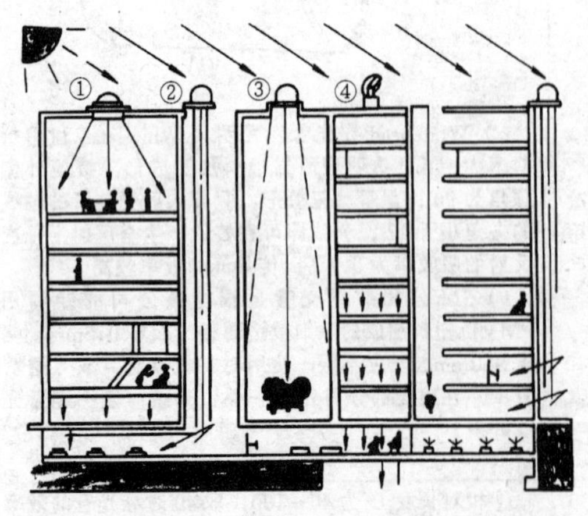

图3-4-20　阳光传送方法示意图

①—空中传送；②—镜面传送；③—导光管传送；④—光纤传送

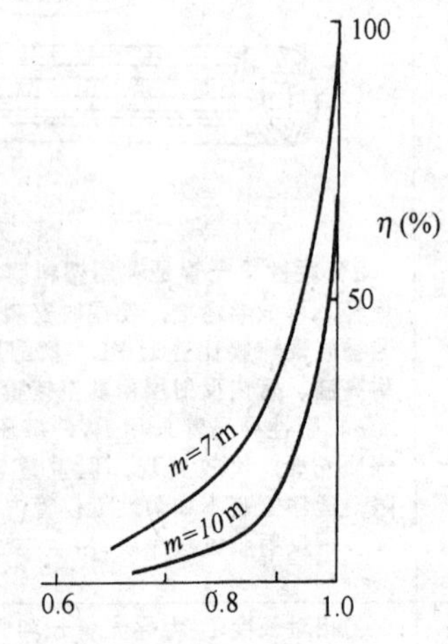

图3-4-21　导光管壁反射比 ρ 与传送效率 η 的关系

当ρ超过0.9时，传光效率上升更快。由此可见，反射式有缝导光管的设计，使用高反射比的管壁材料是提高导光管传光效率的关键。

3.2.2.3 阳光出光口的照射材料

出光照射部分使用的材料有漫射板、带颜色片的漫射板、透光棱镜、透镜或特制透光材料等，使导光管出来的光线具有不同配光分布。设计时，根据照明场所的要求选用相应的配光材料。

3.2.2.4 导光管采光系统总效率的计算

从阳光收集、传送至照射到室内，光线经过多次反射、透射或折射，才能达到被照工作平面或空间。光线在传输过程中，每一步都有光的损失，这种采光系统的总效率η可用3-4-8式描述。

$$\eta = F_1 / F_0 \tag{3-4-8}$$

式中 F_1——到达室内的总光通量；

F_0——定日镜收集阳光的总光通量。

到达室内的光通量F_1可通过3-4-9式计算：

$$F_1 = F_0 \times \eta_1 \times \eta_2 \times \eta_3 \tag{3-4-9}$$

式中 η_1——定日镜的效率；

η_2——聚光系统的效率；

η_3——导光管的效率。

定日镜收集的光通量F_0可由3-4-10式计算：

$$F_0 = E_d \cdot S' \cdot \sin\,(90° - h/2)\ \cos\,(A/2) \tag{3-4-10}$$

式中 E_d——太阳光的直射照度（lx）；

S'——定日镜的受光面积（m^2）；

h——太阳的高度角（°）；

A——太阳的方位角（°）；

3-4-10式中太阳光的直射照度E_d可用3-4-11式进行计算：

$$E_d = E_{0\exp}(-C'M) \tag{3-4-11}$$

式中 E_0——大气层外太阳光的照度，年平均值为133.8klx；

C'——大气衰减系数，晴天约为0.21，多云天约为0.8；

M——空气的光学质量值，只要知道太阳的高度角h，可由3-4-12式进行计算：

$$M = 1/\sin h \tag{3-4-12}$$

定日镜与聚光系统的效率η_1与η_2取决于定日镜和聚光镜表面的反光比ρ_1和ρ_2。可查相关资料决定。圆形导光管的效率η_3可由3-4-13式计算：

$$\eta_3 = (1-\rho)\cdot\gamma^2\cdot\left[\frac{1}{\gamma^2+m^2}+\frac{9\rho}{9\gamma^2+m^2}+\frac{25\rho^2}{25\gamma^2+m^2}+\frac{49\rho^2}{49\gamma^2+m^2}\right.$$
$$\left.+\cdots\cdots+\frac{(2n-1)^2\rho n-1}{(2n-1)^2\cdot\gamma^2+m^2}\right]+\frac{\rho^{\mathrm{n}}\cdot(2n-1)^2\cdot\gamma^2}{(2n-1)^2\cdot\gamma^2+m_2} \tag{3-4-13}$$

式中 ρ——导光管内表面反射比；

γ——圆形导光管的半径；

n——反射次数；

m——进光口中心点至出光口中心距离。

表3-4-6就是根据3-4-13式算出圆形导光管的传光效率，供参考引用。

这样导光管的总效率 η 则可由下式算出：

$$\eta = \eta_1 \times \eta_2 \times \eta_3 \tag{3-4-14}$$

定日镜表面的反射比为0.8，聚光系统中，抛物镜表面的反射比为0.85，导光管入口的反光镜的反射比为0.7，导光管的传光效率为0.4，那么整采光系统的总效率如下：

圆形导光管的传光效率 η（%）（γ=1）　　**表3-4-6**

ρ \ m	4	6	8	10	12	14	16	18	20	22	24	26	28
0.75	53.4	42.1	34.1	28.2	23.7	20.1	17.3	15.0	13.2	11.6	10.3	9.2	8.1
0.76	54.7	43.4	35.4	29.4	24.8	21.2	17.9	15.9	14.0	12.3	11.0	9.8	8.9
0.77	56.0	44.8	36.7	30.7	26.0	22.3	18.3	16.9	14.8	13.0	11.7	10.5	9.4
0.78	57.3	46.2	38.1	32.0	27.2	23.4	20.4	17.9	15.8	14.0	12.5	11.3	10.2
0.79	58.7	47.7	39.6	33.4	28.6	24.7	21.6	19.0	16.8	15.0	13.4	12.1	11.0
0.81	62.8	52.4	44.4	37.1	32.1	28.0	24.2	21.4	19.1	17.1	15.4	14.0	13.0
0.82	62.9	52.4	45.4	38.1	33.1	19.0	25.6	22.8	20.4	18.3	16.6	15.1	14.1
0.83	64.4	54.1	46.2	39.9	34.8	30.7	27.2	24.3	21.8	19.7	17.8	16.2	15.2
0.84	66.0	55.9	48.0	41.7	36.6	32.4	28.9	25.9	23.3	21.1	19.2	17.6	16.5
0.85	67.2	57.6	50.0	43.8	38.7	34.4	30.7	27.7	25.0	22.7	20.8	19.0	18.0
0.86	69.2	59.6	52.0	45.8	40.7	36.4	32.7	29.6	26.5	24.5	22.4	20.6	19.5
0.87	70.9	61.6	54.1	48.0	42.9	38.6	34.9	31.7	28.9	26.5	24.3	22.4	21.3
0.88	72.7	63.7	56.4	50.4	45.3	41.0	37.2	34.0	31.1	28.6	26.4	24.4	23.4
0.89	74.5	65.9	58.8	52.9	47.9	43.5	39.8	36.5	33.6	31.0	28.7	26.6	25.5
0.90	76.4	68.2	61.4	55.6	50.6	46.3	42.6	39.2	36.3	33.7	31.3	29.2	28.1
0.91	78.3	70.6	64.0	58.5	53.6	49.4	45.6	42.3	39.3	36.6	34.2	32.0	31.1
0.92	80.3	73.1	66.9	61.6	56.9	52.7	49.0	45.7	42.7	39.9	37.5	35.2	34.1
0.93	82.4	75.1	69.9	64.9	60.4	56.3	52.7	49.4	46.4	43.7	41.1	38.8	37.7
0.94	84.5	78.5	73.2	68.4	64.2	60.3	56.8	53.6	50.6	47.9	45.3	43.0	42.0
0.95	86.8	81.4	76.8	72.3	68.4	64.7	64.1	58.2	55.3	52.6	50.1	47.7	48.6

注：表中 ρ 为导光管内表面反射比；m为导光管长度，单位为m；γ 为导光管断面半径。

$$\eta=0.8\times0.85\times0.7\times0.4=0.19$$

这也就是说定日镜采集的100lm的光通量，大约有19%可传送到室内照明空间。提高导光系统的导光效率是推广导光采光技术的关键。

从上述试验研究结果不难看出，提高导光管采光系统的总效率的途径或措施有三条：

1）是合理设计和选择阳光传送的光路；

2）是选用反射比高的反光材料；

3）是合理设计和选择导光管的断面形状、尺寸和出光口大小。

采取以上措施后，整个采光系统的总效率提高到20%～30%是有可能的。

3.2.2.5　阴雨天或夜间的辅助人工照明

阴雨天或夜间无阳光或阳光不足时，需要使用辅助人工照明。辅助人工照明方法多种多样，如图3-4-22所示的无窗房间，在导光管的另一端设置辅助人工光源。当无阳光或阳光不足时，自动开启人工照明灯进行照明。在设置导光管采光系统的辅助人工照明时，应注意以下两点：

(1) 人工照明光源的光色应与天然光协调一致。通常选用显色性好的高色温的金属卤化物灯，既可满足颜色要求，又具有光效高、寿命长和性能稳定可靠的优点。

(2) 关于辅助人工照明的控制。室外天然光变化的信息可由光电池提供。当光线减弱到室内工作面上的照度的2/3的时，光电控制器就开始动作，开启2/3的人工照明灯；若室外光线继续下降到工作面照度标准值时，则开启全部人工照明灯。在夜间则开启全部人工照明灯。这样，室内照明不受室外天气的影响，始终是恒定不变的。

图3-4-22　试验无窗房间的导光采光实验

3.2.2.6　采光效果的试验

按图3-4-16的光路，在一间无窗房间进行了试验。房间平面尺寸为3.3m×3.9m，室内净高为2.75m，室内墙面颜色为浅黄色，反射比为0.65；地面为灰绿色，反射比为0.35；顶棚为灰白色，反射比为0.65。导光管剖面尺寸为30cm×48cm，导光管出光口尺寸为36cm×380cm。图3-4-22为该无窗房间的实际采光情况。经过主观评价者对采光效果进行了评价，并对评价数据用模糊数学方法进行处理后，结论是91%以上的人认为采光效果是满意或比较满意的，只有7%的人不太满意，2%的人不满意。评价人提出的惟一问题是设备复杂，一次投资大。

定日镜的效率 η_1 为0.57；聚光系统的效率 η_2 为0.44；导光管的效率 η_3 为0.41。整个系统的试验总效率 η 可由上三数相乘得出0.10。

总效率低的原因：一是定日镜、聚光镜和导光管的反光材料的反射比低；二是定日镜与抛物镜之间的距离大。因此，从理论上说，通过选用高反射比的反光材料和优化光路设计，缩短定日镜和抛物镜之间距离，减少聚光系统的反光次数等，采光系统的总效率提高到20%～30%是可能的。

3.2.2.7　采光系统的经济性分析

利用同一试验房间，在室内照度水平相同条件，对导光管采光和人工照明方案进行经济对比试验。

试验表明，用定日镜导光管采光一次投资比较大，但年度的设备使用与管理费用则远远低于人工照明的费用。这说明一次投资费用多出的那一部分可由年度设备使用与管理费中回收。初步估算，一般情况下，3～5年即可收回一次投资中采光高出人工照明部分。因此，从长远考虑，定日镜导光管采光方法在经济上也是较为合理的。

3.3　光纤导光采光法

3.3.1　概述

光纤导光采光法就是利用光纤将阳光传送到建筑室内需要采光部位的方法。光纤导光采光的设想早已提出，而在工程上大量应用则是近10多年的事。

光纤导光采光的核心是导光纤维（简称光纤），在光学技术上又称光波导，是一种传导光的材料。这种材料是利用光的全反射原理拉制的光纤，它具有线径细（一般只有几十个微米，一微米等于百万分之一米，比人的头发丝还要细）；重量轻、寿命长、可挠性好、抗电磁干扰、不怕水、耐化学腐蚀、光纤原料丰富、光纤生产能耗低，特别经光纤传导出的光线基本上无紫外和红外辐射线等一系列优点，以致在建筑照明与采光、工业照明、飞机与汽车照明以及景观装饰照明等许多领域中推广应用，成效十分显著。

以建筑物的采光为例，利用光纤导光采光方法，将人们喜爱的阳光传送到室内需要采光的部位，对提高室内光环境的质量，改善人们工作条件，充分利用自然光资源，节约人工照明用电，减少发电而产生的有害气体，保护环境等具有重要的技术经济意义和社会影响。因此建筑物，特别是无窗和地下等缺少阳光的建筑物利用这种采光方法越来越多，发展潜力较大，前景十分广阔。

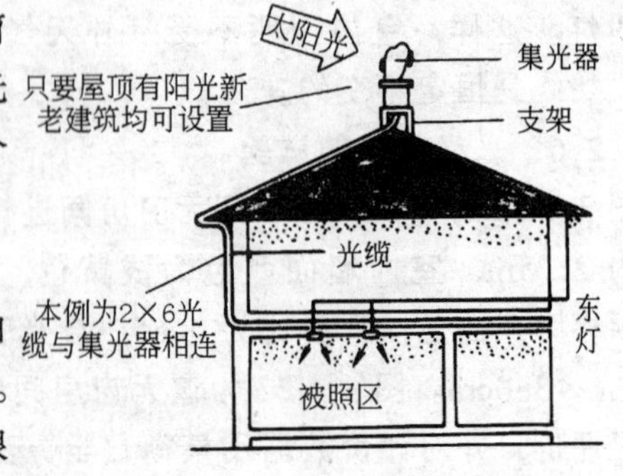

图3-4-23　光纤导光采光方法的构成

3.3.2　采光方法的构成

如图3-4-23所示，光纤导光采光方法由集光器、光纤和光纤末端灯具三部分组成。其中，集光器又由聚光的凸透镜、凸透镜跟踪太阳的控制系统，相当于上节的定日镜系统以及集光器的支架组成。有关定日镜的原理、构造、性能及使用中应注意的问题，详见上节和图 3-4-24 所示。不同的是，定日镜工作电源除一般电网供电外，还有在定日镜受光面上安装太阳能电池解决定日镜的电源问题。

图 3-4-24　光纤导光采光定日镜装置

如图 3-4-25 所示，阳光通过凸透镜把阳光聚集起来，形成焦点，把光投射到光纤的进光口，而后由光纤进行导光传输。为使聚光透镜和导光光纤达到最佳的耦合效果，将透镜由原来的非涅尔透镜变换成非球面透镜，使聚光的光斑直径变小，光的开口角 48°扩大到 58°，将光的传输效率提高 1.4 倍。非球面透镜和非涅尔透镜聚光的光分布情况详见图 3-4-26 所示。

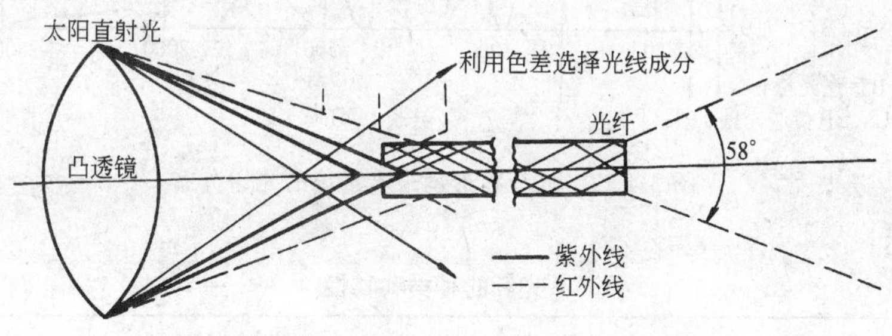

图 3-4-25　集光器中非球面透镜与光纤的耦合

由于集光器的跟踪系统，控制其凸透镜始终是对准太阳方向，不受太阳高度角变化的影响。在透镜中，由于光的波长的不同，也会使形成的焦点位置有所变化。因此，利用这种特性，只将可见光聚焦在焦点上；也可用这种方法排除紫外和红外光辐射。太阳光的光谱和光纤与透镜采光系统的光谱分布如图 3-4-27 所示。

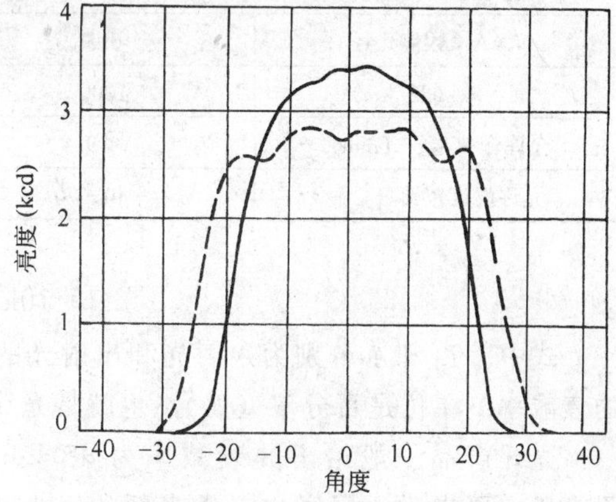

图 3-4-26　两种透光镜光分布特性

3.3.3　光纤的相关特性

在光纤采光系统中，主要使用石英光纤、多组分玻璃光纤和塑料光纤。这三种光纤的基本特性与技术参数如表 3-4-7 所示。与采光效率关系最密切的因素是光纤对光的衰减率。尽管光纤是按全反射原理设计，而且用光学性能良好的石英、多组分玻璃或塑料制成，但是由于材料本身，特别是其中的杂质对光的吸收和散射，材料在微观上的不均匀性造成的散射，以及光波导的功率泄漏等原因，光在光纤中传输时，均会造成损失。光纤对光的衰减率有两种表示方法：一是用分贝/千米（dB/km），即入射光和出射光经过一千米后，光的衰减率（%），可用

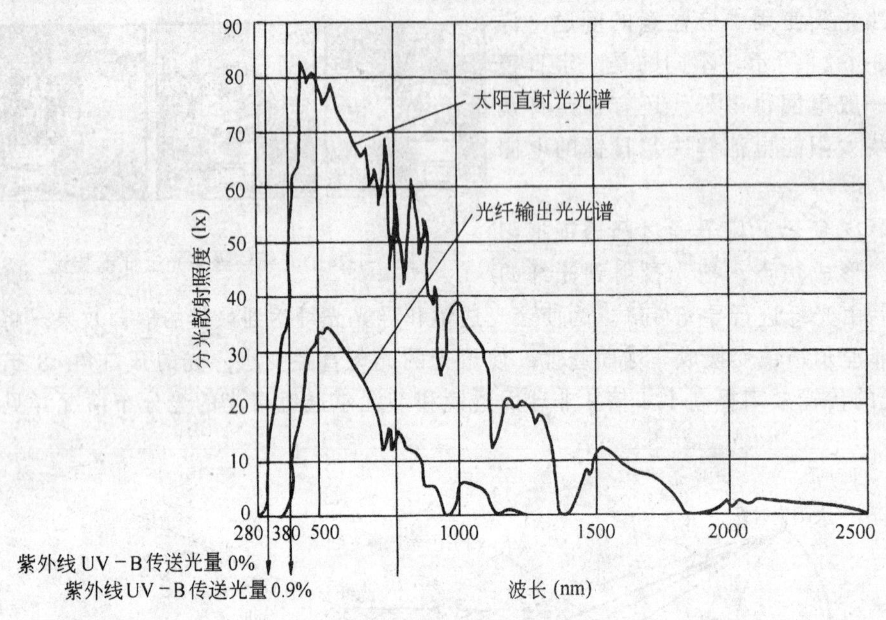

图 3-4-27 光纤和透镜采光系统的光谱分布

3-4-15式表示：

光纤的种类和特性 表 3-4-7

	塑 料	多组分玻璃	石英
光纤直径（μm）	200～2000	30～50	100～1000
包层厚度（μm）	1～2	1～2	1/4
N. A. 数值孔径	0.5	0.63	0.2～0.4
衰 减（dB/km）	1000	＞450	20
允许弯曲半径（mm）	＜9	＜20	＜20～500
允许温度范围（℃）	－40～70	－20～180	－20～180

$$d = 10\log(I_0/I) \quad (3\text{-}4\text{-}15)$$

式中，I_0 和 I 分别为入射光和出射光的光束强度；另一种表示方法为每米光纤对光的衰减率，单位是百分率（%），也就是光线在光纤中经过一米的传输所损失的百分数。

光纤产品一般给出的衰减率为 dB/km，只有用户要求时，厂家才提供光纤的每米衰减率（%）。原因是光纤对光的衰减基本上是线性的，只要知道千米的衰减率，就可求出每米的衰减率。例如对 $\alpha = 120$dB/km 的光纤，按 3-4-14 式可求出入射光经过一米长的光纤后，光强度衰减为 97.3%，也就是说光纤的衰减率为 2.7%。以上三种光纤的光和光谱衰减率如图 3-4-28 和图 3-4-29 所示。

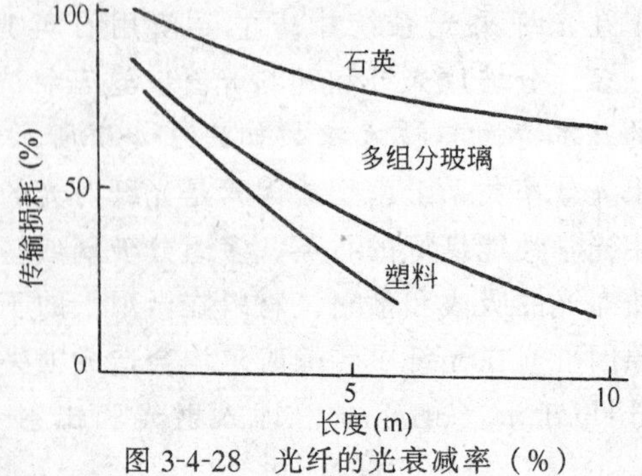

图 3-4-28 光纤的光衰减率（%）

由图 3-4-28 看出，石英光纤的光衰减率最低，多组分玻璃光纤次之，塑料光纤最大。这也就是说，石英光纤的传光效率最高，多组分玻璃光纤次之，而塑料光纤最低。但是石英光纤的价格较昂贵，多组分玻璃光纤次之，塑料光纤较便宜。比如，衰减率低于 1dB/km 的石英光纤的造价很贵，它主要应用于通讯工程。照明工程一般选用 100dB/km 左右的光纤，以装饰为目的光纤工艺品（如光纤花、光纤树，或室内光纤装饰图案等）可选用造价较低，光衰减率为 800dB/km 左右的光纤产品。

光纤束的断面形状及应用范围见表 3-4-8 所示。光纤外套管的种类与材料见表 3-4-9 所示。比如目前日本在采光上大量使用的光纤是芯径 1mm 石英类 PCS 光纤。这种光纤传光的光衰减率为 12dB/km 左右。作法是每一个采光透镜配用一根光纤，如 6 个透镜的采光器，使用 6 根光纤。使用时将 6 根光纤捆绑在一起成为一条光缆后使用，见图 3-4-30。

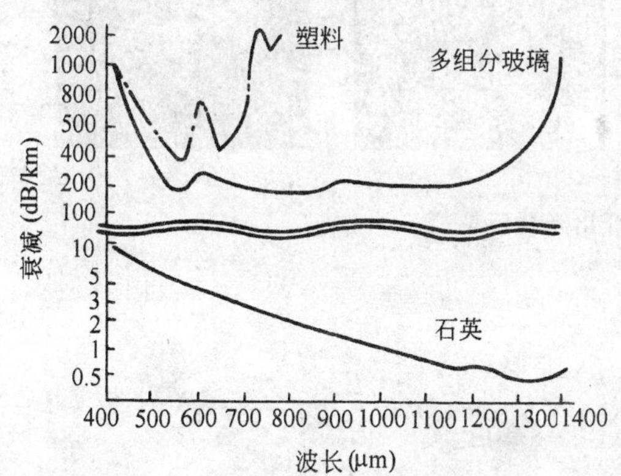

图 3-4-29　光纤的光谱衰减率（dB/km）

入射部

1000　500　1

图 3-4-30　光纤的应用

光纤断面种类　　表 3-4-8

端面结构	应用类型
	随机型，这属于普通型端面，也是使用最多的一种端面形式
	半圆形，一般用于有特殊要求的照明工程或科学仪器
	同心形或空心形，用于博展馆采光照明或其他装饰照明
	其他（实例），装饰照明、位移测量仪、震动位移探头

光纤外套的种类　　表 3-4-9

A	SUS　柔软型	柔软不锈钢套管
B	SUS　内锁型	“弯和直”不锈钢管
C	SUS 蛇形管包覆硅橡胶包层形式	不锈钢管外套硅橡胶套管
D	PVC 外套	柔软 PVC 护套

3.3.4　光纤出光端的灯具及其应用

光纤出光端（末端）的灯具的作用，一是将光线合理地分配到需照明方向；二是装饰性，在外观造形，用料及表面色彩等方面，力求美观、大方、简单和明快。这类灯具品种很多，通常可分为一般采光的光纤灯具和局部采光的光纤灯具两类。这两类灯具的形式、配光以及应用，详见图 3-4-31。

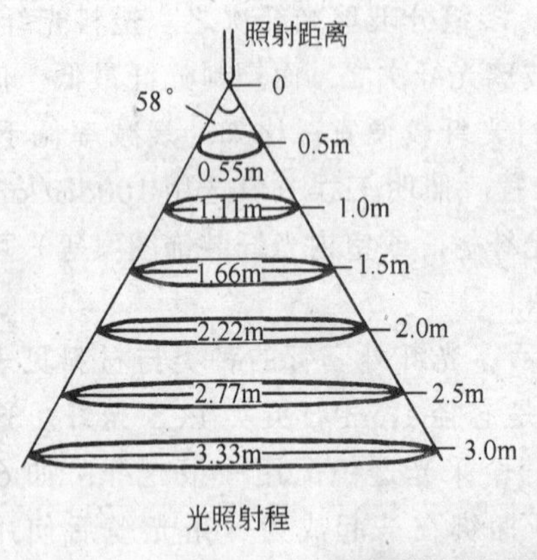

照射距离（m）	平均照度（lx）	中心照度（lx）	照射直径（m）	照射面积（m^2）
0.5	6755	9456	0.554	0.241
1.0	1689	2364	1.109	0.965
1.5	751	1051	1.663	2.172
2.0	422	591	2.217	3.861
2.5	270	378	2.772	6.033
3.0	188	263	3.326	8.688
直　径	1.0mm			
束　数	6芯			
长　度	15m			
光通量/根	1630lx			
照射角	58°			

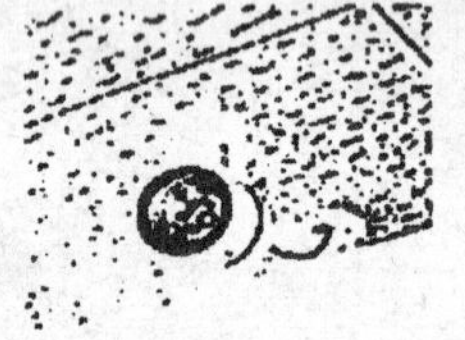
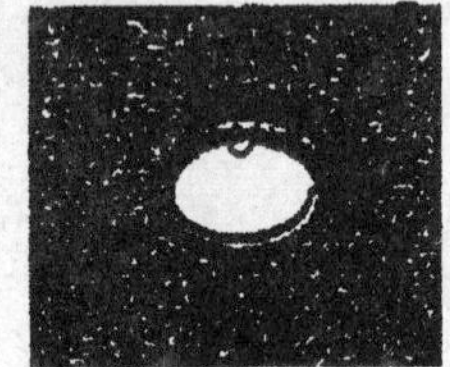
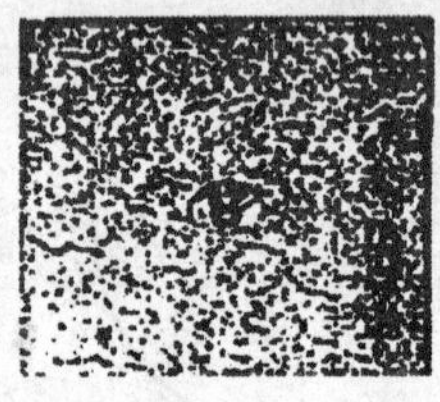
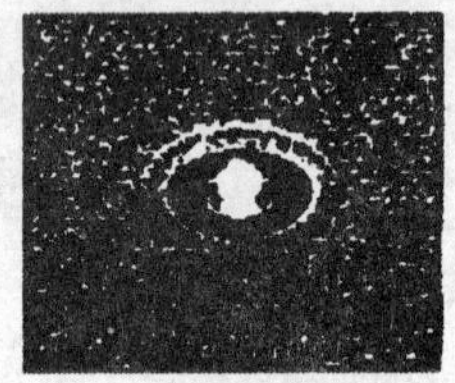

图3-4-31　光纤出光端灯具

3.4　棱镜传光的采光方法

棱镜传光采光的原理如图3-4-32所示。旋转两个平板棱镜可产生4次光的折射。受光面总是把直射光控制在垂直方面。这种控制机构的机理是当太阳方位角、高度角有变化时，使各平板棱镜在水平面上旋转。当太阳位置处于最低状态时，2块棱镜使用在同一方向上，使折射角的角度加大，光线射入量加多。另外，当太阳高度角变高时，有必要减少折射角度。在这种情况下，在各棱镜方向上给予适当的调节，也就是设定适当的旋转角度，使各棱镜的折射光被抵消一部分。当太阳高度最高时，把2个棱镜控制在相互相反的方向。

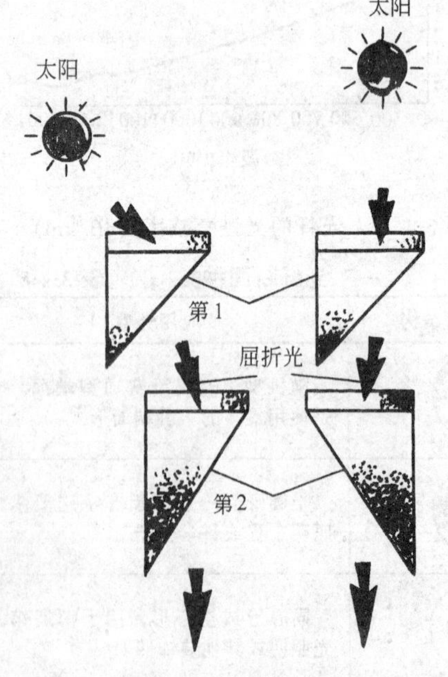

图3-4-32　棱镜采光原理

根据太阳位置的变化，给于2个平板棱镜以最佳旋转角，把太阳高度角10°～84°范围内的直射阳光，在垂直方向加以控制。被采集的光线在配光板上进行漫射照射。为实现跟踪太阳的目的，对时间、纬度和经度数据的设定，弱光、运行和停止等操作是利用无线遥控装制器来进行的。还有驱动和控制用电源是由带太阳能电池所提供的蓄电池来供应，而不需要市电供电。

为提高棱镜采光器的采光效率，又开发出如图3-4-33所示的棱镜和平面镜组合的采光器。入射在这种采光器的全反射棱镜上的太阳光，被平板棱镜向下方传输，而水平于棱镜的光线也被反射镜向下方传输。这种采光器不像平面镜采光器那样随着太阳高度而产生采光量的变化，以致提高了采光器的效率。这种采光器也是使用程序和光探测器兼用的控制器进行控制，采光器跟踪太阳的性能稳定，也不受外界影响。使用这种采光器采集的光线，它透过漫射板，可在很宽的范围内进行均匀照射或直接照射，有利于提高室内的采光质量。

图 3-4-33 棱镜和镜子兼用方法

3.5 卫星反射镜采光法

前四节介绍的几种采光方法的采光量有限，而且只能解决建筑物部分房间白天的采光问题。因此人们于20世纪60年代提出利用卫星反射镜的采光法的设想，利用安装在高达36000km的同步卫星上的反光镜，将阳光反射到地球需要采光或照明的地区。不仅在白天，而且夜晚也可利用这一技术采集阳光进行照明。这就是人们说的人造“月亮”或称不夜城计划。因篇幅所限，详情就不予介绍。

3.6 光伏效应间接采光照明法

3.6.1 定义

光伏效应间接采光照明法（简称光伏采光照明法），就是利用太阳能电池的光电特性，先将光转化为电，而后将电再转化为光进行照明，而不是直接利用阳光采光的照明方法。

3.6.2 原理

如图 3-4-34 所示，当阳光照射到由 P.N. 结的半导体晶片（太阳能电池）时，晶片中的正负离子则分别向 P 区和 N 区移动，并聚集形成两排壁垒分明的正负电极的现象。若在正与负两极分别焊接电线，而后与负载（光源）相连即可产生电流使负载发光，实现光→电→光的转换过程。

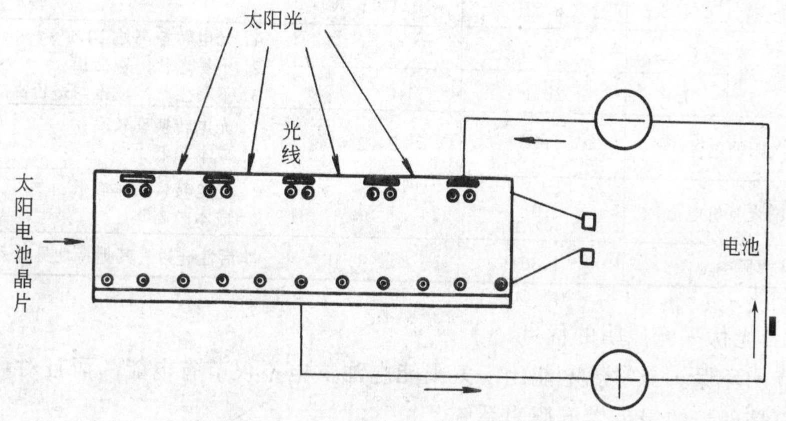

图 3-4-34 光伏效应的原理与过程

3.6.3 国产太阳能电池现状、种类及特性

我国于1958年开始研究太阳能电池，于1971年成功地应用于我国发射的东方红二号卫星上。1973年始将太阳能电池用于地面。直到1980年我国太阳能电池的年产量徘徊在10kWp以下，而且价格昂贵。1980年后，由于政府的支持，并引进了多条太阳能电池生产线，到2001年的年产量达到615MWp，售价由七·五计划期间的80元/Wp降到40元/Wp。目前我国生产的太阳能电池集中在实用型的单晶硅太阳能电池、高效单晶硅太阳能电池、多晶硅太阳能电池、非晶硅太阳能电池、砷化镓太阳能电池、空间技术用的硅太阳能电池及系统、铜铟锡及碲化镉化合物薄膜太阳能电池和聚光型太阳能电池及系统，并对太阳能电池用的材料也进行了研究和国产化。

国产太阳能电池产品中，单晶硅太阳能电池和非晶硅太阳能电池较多，而多晶硅太阳能电池产量较少。国产商品化的单晶硅、多晶硅和非晶硅太阳能电池的效率分别为11%～14%、10%～12%和4%～6%。与发达国家产品比要低1～2个百分数。电池组件的寿命为20年。电池的种类、特性及效率，如表3-4-10所示。

太阳能电池的种类与基本性能 **表3-4-10**

系列	种类		效率（%）	面积（cm^2）	基本特性
硅系列	单晶硅	高效型	20.4	2×2	1. 平均光电转换效率为18.6%； 2. 性能稳定，可靠性较好； 3. 电池成本可望由导膜化生产技术的应用而降低
		实用型	14～15	10×10	
	多晶硅	高效型	14.5	2×2	
		实用型	12～13	10×10	
非晶硅系列	非晶硅	单结晶	11.2	几个毫米	1. 平均光电转换效率为14%； 2. 生产成本低，实用性强； 3. 户外使用衰减率较大，需采取相应措施； 4. 室内光环境也可使用
		双结晶	11.4	几个毫米	
		10×10	8.6	10×10	
		20×20	7.9	20×20	
		30×30	6.2	30×30	
族系列	Ⅱ－Ⅲ族	Cds	12	几个毫米	1. 平均光电转移效率为9.2%； 2. 性能稳定，可靠性较好
		CdTe	7	3毫米	
		CuInSeZ	8.57	1×1	
	Ⅳ－Ⅴ族	CaAs	20.1	1×1	1. 光电转移高达20.1%； 2. 不易老化，寿命长； 3. 不易生产，成本与造价高
		InP	20.1	1×1	
聚光型太阳能电池			17	2×2	1. 光电转换率较高； 2. 成本较低
二氧化钛纳米有机电池			10	1×1	1. 光电转换效率较低； 2. 成本较高
多晶硅薄膜电池			1.36	1×1	非活性硅衬，其他特性见硅系列栏

3.6.4 光伏采光照明的优点

(1) 节能环保。与常规电能比，太阳能电池供电不仅节省电能，而且对环境影响很有利，可以说是理想的绿色供电照明系统。

(2) 供电方式简单、规模不影响发电效率。市供电源供电，需架线或挖沟埋设电缆，

对绿地、路面及墙面等影响，甚至破坏，而且往往受地形及地理位置影响，投资也大。太阳能电池供电、施工安装简便，不受上述因素影响，占地较少，施工成本较低。

(3) 寿命长，维护管理简便，可实现无人操作。常规电源供电地上地下线路，特别是地下高压线路出现故障，维修困难。太阳能电池寿命可达20年，而且太阳能电池供电属独立系统，维修方便，即使更换配件，施工相对简便得多，使用过程中，不需人工操作开或关，全由控制系统自行完成，实现无人化作业。

(4) 相对综合成本低，节约投资。表面看太阳能电池供电成本高，实际与常规电源供电比，它省去了电源线路敷设及器材经费，因此一次投资相差不多，但运行成本很低，故总投资相对说是比较低的。

(5) 安装不受地域限制，规模可按需确定，太阳能电池供电特别适用解决无电的山区、沙漠、海上及高空区域的用电问题，应用领域广。

总之，推广太阳能电池供电引起国内外能源部门的高度重视，今后10年国家计委还将投入100亿人民币，实施“中国光明工程项目”，利用可再生能源开发，其中主要是太阳能电池发电技术的开发与利用。用两个五年左右时间解决边远地区2300万人口的用电问题。第一期工程的目标是用5年时间推广178万套太阳能用户系统，2000套太阳能村落系统和200套太阳能电站系统。

3.6.5 光伏采光照明系统的构成

按太阳能电池的工作原理，太阳光照射到电池板上，产生电流，由控制器将电储存在蓄电池里，再经逆变器，送到负载——光源上，使光源发光照明。系统的构成详见图3-4-35。

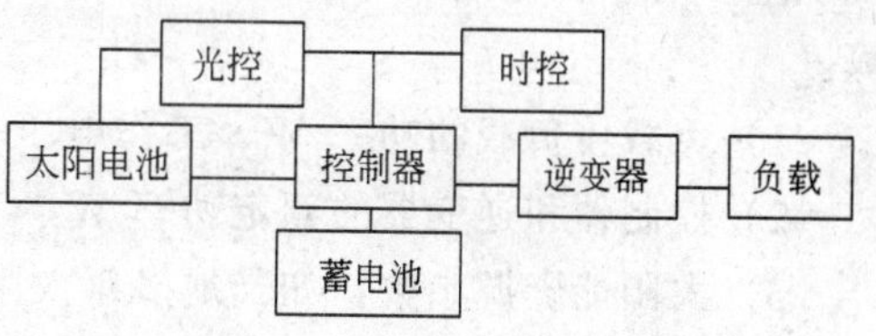

图3-4-35 光伏间接采光系统的构成

3.6.6 光伏采光照明系统应用范围

太阳能光伏间接采光照明在室内应用时，有分离式和集中式两种系统。分离式系统适合应用于公寓、办公室、学校等建筑，为这类建筑照明提供电源；集中式架设系统可将电源分配至建筑中一些特殊场所使用，主要有以下场所：

(1) 室内采光不佳的部位的照明，如地下室、楼梯间、浴室、储藏室等。

(2) 室内安全照明场所，如出口指示灯、应急灯、楼梯或楼道灯、玄关照明、阳台灯、航空障碍灯等。

(3) 长亮照明灯，如神明灯、通道指示灯、地下出口指示灯等。

目前在室外照明领域应用较多主要有以下场所：

(1) 应急避难场所，如避难公司、空地广场。

(2) 电力供应困难场所，如农场、高尔夫球场、高山或远郊公园等。

(3) 不能架设输电线路的历史古迹或公园。

(4) 宣传节能、环境保护与推广再生能源应用的场所，如车站广场、公园、学校等。

(5) 节能与防止夜间犯罪双重要求的场所，如巷道、农村道路及住宅区道路。

(6) 自然灾害区域，如泥石流区、水灾区、疏洪道区和沿海台风区等。

(7) 特种作业区，如高空或地下临时作业，高山、陆地或海上急救抢险区等。

3.6.7 光伏采光照明系统设计要点

3.6.7.1 提高系统的能源利用率

由于太阳能电池的能量转换效率较低，必须采取措施提高电池吸收阳光数量，并降低系统中能量的损耗。

(1) 合理选择太阳能电池板的安装位置与角度。首先电池板必须朝向正南方，倾斜角应考虑与当地全年太阳辐射量的月平均值，并兼顾冬夏两季太阳辐射量的均衡性，以求最大限度地获取太阳能的辐射量。在室外照明使用时，电池受光面方向不应有楼房、树木、广告牌和其他挡光的构筑物等，以免降低电池的受光量。

(2) 负载，也就是发光器件，应选择光效高的光源和相应电气附件，如节能荧光灯、金卤灯、高压钠灯或 LED 光源以及相应电气附件等。

(3) 系统的元器件选择，应选用损耗低的控制元器件，如压降小的保护用开关、防反充二极管以及比较常用的分压电阻等。

(4) 采取其他方式，如在电池前加聚光板、或加跟踪装置，使电池板跟着太阳转等，以求最大限度地吸收太阳能辐射能量，提高系统的能源利用率。

3.6.7.2 发电量和用电量的匹配与平衡

设计一组太阳能电池供电系统都必须进行发电量和用电量的匹配计算，以防止系统出现供电不适或供电过剩现象。设计时，为使系统达到最佳匹配，一般应对以下参数进行计算。

1) 负载：负载的功率 W、工作电压 V、工作电流 I 和每天工作时间 H_L；

2) 控制器和逆变器的额定功率 W、工作电压 V 和效率 η_c。

3) 太阳能资源参数：如当地多年太阳辐射量（含年辐射总量、直接辐射与散射辐射量的年月平均值），日照时数及百分率，历年雨季时间，出现的月份、最长连续阴雨天数等。

根据以上参数，按公式 3-4-16，计算太阳能电池的输出功率 P_s 值（符号为 W_p）

$$P_s = V \times I \times H_L / H_s \times \eta_c \tag{3-4-16}$$

式中 P_s——太阳能电池的输出功率（符号为 W_p）；

V——负载工作电压；

I——负载工作电流；

H_L——负载每天工作时间；

H_s——当地太阳辐射量折合为标准太阳辐射量时，每天的标准日照数；

η_c——控制器与逆变器效率。

在选择蓄电池时，应根据当地最长的连续阴雨天数，按 3-4-17 式匹配计算其容量 B（符号 A_h）。

$$B = I \times H_L \times d / \eta_c \tag{3-4-17}$$

式中 I——负载的工作电流；

H_L——负载每天工作时间；

d——当地最长连续阴雨天数。

在考虑系统的发电量与用电量的同时，还需考虑系统各部分的直流电压的匹配，若逆变器的直流输入端为12V供电，则太阳能电池、蓄电池和控制器也都应选12V供电工作电压。

3.6.7.3 系统效率的影响因素和修正系数

(1) 温度的影响　温度升高会使太阳能电池工作电压下降，工作电流略有上升，并使输出功率线性下降；温度上升或下降超过一定限度将会使蓄电池蓄电能力和放电能力明显下降；温度变化还会使控制电路工作点或控制点电压产生漂移等。

(2) 时间、天气、季节和地位纬度对太阳能电池的影响　如对电池表面透光率的影响等，这些因素对效率的影响都应加以相应的补偿，并用不同修正系数加以描述。在设计太阳能供电系统时，系统的总效率补偿系数 K 可由3-4-18式计算。

$$K = \alpha_e \times \alpha_\tau \times \alpha_\eta \times \alpha_L \times \alpha_r \times \alpha_\varphi \times \alpha_s \times \alpha_k \tag{3-4-18}$$

式中　α_e——太阳辐射量的修正系数；

α_τ——温度修正系数；

α_η——蓄电池充电效率修正系数；

α_L——线路损失修正系数；

α_r——天气变化修正系数；

α_φ——纬度对阳光入射角度变化的修正系数；

α_s——积雪修正系数；

α_k——太阳能电池表面透光率修正系数。

由于上述修正系数受到诸多因素的影响，难以给出确切数值。只能根据经验，k 值一般按0.6~0.8进行修正补偿。经修正后的3.4.16式可写成为：

$$P'_s = V \times I \times H_L/H_s \times \eta_c \times K \tag{3-4-19}$$

因此，按修正后的3-4-19式进行设计，就比较接近太阳能供电系统在某一地区实际运行时的工作状况，并较准确地满足负载连续运行的需要。

3.6.7.4 实例

若设计一套太阳能步道灯，选用光源是2只5W高效节能荧光灯，要求每天点灯6h，要求计算负载的用电量，太阳能电池的容量（输出功率 W_p 值）和选用的蓄电池的容量。按下式算出负载每天的用电量。

$$5 \times 2 \times 6 = 60 \ (\text{Wh/d})$$

设控制器和逆变器的综合效率为0.8，太阳辐射标准日照时数5h，总补偿系数 K 取0.7，按3-4-18式即可算出太阳能电池容量为：

$$P'_s = V \times I \times H_L/H_s \times \eta_c \times K$$
$$= 60/50 \times 0.8 \times 0.7 = 21.4 \ (\text{Wp})$$

对Si太阳能电池可选用2块11Wp、Ya－Si305×915型组板并联接线，作为太阳能步道灯的光伏换能部件，以提供22W的直流电源。

假设按三天连续阴雨天计算，由3-4-16式可计算出蓄电池的容量为：

$$B = I \times H_L \times d/\eta_c = (2 \times 5/12) \times 6 \times 3/0.8 = 18.8(\text{Ah})$$

这样可选用市场上标称为24Ah/12V的蓄电池。

由于灯的负载为10W，则控制器和逆变器可选择12V/20W的产品，这样在功率上留有一定的富余量。

3.7 主动式天然采光的节能与环保效益

3.7.1 直接采光方法的节能与环保效益

直接采光方法的节能与环保效益主要从节电和耗用化石燃料排放的CO_2的数量进行评估。

(1) 评估的假设条件 为了科学地评估3.1～3.4中各种直接采光方法所产生的节能与环保效益，假设晴天时阳光的直射照度为100000lx；并假设一年内的平均日照时数为1942h；与采光相比较的人工照明光源是40W的荧光灯，灯的总光通量按3000lm计算。

(2) 石油使用量和二氧化碳排放量的估算方法及相关参数的选取如下：

1) 石油使用量 1kWh（度）电能的相应石油用量（换算值）可按下式计算：

2.25 [kcal/kWh] /9.250 [kcal/kl] $\div 0.24\times10^{-3}$ [kl/kWh]

2) 二氧化碳排放量的计算 相对于电能的CO_2排放量，按367 [CO_2·g/kWh] 进行计算。

(3) 根据以上假设条件与参数，可计算出一年内电能节约数量、石油用量和CO_2的排放量。

1) 当阳光采光的采光量为10000流明时，可按下式算出一年节电量为259 [kWh/年]。

(10000lm/3000lm) $\times40\times10^{-3}$ (kW) $\times$1942 (h/年) =259 [kWh/年]

2) 一年可节约石油的用量的计算

一年内由于使用阳光采光，可按下式计算出一年内节约石油使用量约为0.06 [kl/年]。

259 [kWh/年] $\times0.24\times10^{-3}$ [kl/kWh] =0.06 [kl/年]。

3) 年内减少CO_2排放量的计算

一年由于使用阳光采光，可按下式计算出CO_2排放量的减少数为95 [CO_2kg/年]。

259 [kWh/年] ×0.367 [CO_2kg/kWh] =95 [CO_2kg/年]

4) 不同采光方法的节能与减少石油及CO_2排放量的计算。

按以上计算方法，可算出不同直接采光方法的节电和减少石油用量及二氧化碳的排放量。详见表3-4-11所示。

不同阳光采光方法的节能与环保效果 **表3-4-11**

采光方法	采光设备	采光量 (lm)	石油用量 (kl/年)	CO_2排放量 (kg/年)
平面镜采光	P型采光器	10000	0.06	95
曲面镜采光	高层用曲面镜	51000	0.32	458

续表

采光方法	采光设备	采光量（lm）	石油用量（kl/年）	CO_2 排放量（kg/年）
棱镜采光	ASL-96 型机	13000	0.08	124
	ASL-13 型机	30500	0.19	290
棱镜加镜面采光法	PM90 型机	17500	0.11	166
	PM120 型机	28000	0.18	266
透镜加光纤传光的采光法	XD-40S/6AS 型机	1663	0.01	16
	XD-50S/12AS 型机	3237	0.02	32
	XD-100S/36AS 型机	9980	0.06	95
	XF—110S/90AS 型机	24949	0.16	237
	XD-160S/198AS 型机	54888	0.35	522
	平均采光量（lm）	22652	0.14	209

注：资料来源日本2000年太阳能杂志。

由表3-4-12结果看出，阳光采光的节能和环保效益显著。但是，不同采光方法的采光量和石油用量及 CO_2 排放量的减少量是不同的，而且差别较大。这就要求设计采光时，首先应选择效益好的采光方法。

3.7.2　光伏间接采光的效益分析

（1）分析依据是台北高雄地区使用的10000盏100W太阳能路灯；

（2）太阳能电池寿命以20年计算；

（3）传统路灯的外部能源成本是按台湾2000年电力部门的资料推算发电时排放二氧化碳的数量为0.0005932279吨/kWh。每基灯每年用电为625.85kWh，排放的 CO_2 的数量为0.32186491t，CO_2 每吨的市场交易价为2362.5元/t，从而算出每基灯外部能源成本价为878.53元，详见表3-4-12所示。

（4）分析项目有经营对比、防灾效益、市电反馈经济效益、生态效益、建设效益和抢险救灾应急效益等六项。

（5）通过以上分析看出，太阳能路灯的费用还低于传统路灯，详见表3-4-12所示。

太阳能路灯的经济效益的分析　　表3-4-12

分析项目			常规供电路灯	太阳能供电路灯	附　注
1	一次投资	器材费用	2500元/只/年	7500元/只/年	含灯杆、电器材料与控制系统设备
		其他费用	3500元/只/件	无	含路灯施工费
2	维护管理费	人工费	5000元/只/件	5000元/只/年	灯具维修外协包间
		维修费	2000元/只/年（电控系统与管线维修及耗材）	2000元/只/年（电池）	/
3	电费		2036元/只/年	无	/
4	外部能源成本费		879元/只/年	无	/
5	合　计		15915元/只/年	14500元/只/年	/

4　充分利用天然采光的实施措施

4.1　天然光利用技术

4.1.1　利用阳光的采光窗或设施

4.1.1.1　带导光挡板的采光窗

这种采光窗的优点：

(1) 能有效地反射阳光，把阳光通过顶棚反射到室内深处，可提高靠内墙部位的照度，同时也起到降低窗口部位的亮度，使整个室内光线分布更加均匀。近来利用阿尼特天花板反光，效果更好。阿尼特天花板（Anidolic ceiling）是一种表面按光学设计要求制成的透明高分子聚合物板材。把它嵌在天花板上，能更有效地将天然光反射到进深大的工作区域。

(2) 挡光板在视线平面之上，可降低直射阳光而产生的不舒适眩光。

(3) 和使用小尺度的百叶窗比，它挡光而不挡视线，在心理上有利于人和自然的联系，具有良好的景观效果。

尽管这种窗的优点突出，但值得注意的不能只考虑建筑立面的构成而忽视挡光板采光窗光学性能。

4.1.1.2　阳光凹井采光天窗

这是一种接收由顶部或高侧窗入射的太阳光比较有效的采光窗，阳光凹井分南向和北向两种。这是一个内部带有光反射井的上部或顶部采光口。这种采光口和挡光板采光窗一样，将直接阳光经过反射转变为间接光。窗的挑出部分和井筒特性可按日照的参数进行设计。在设计时应仔细考虑井内表面和窗的附近屋面的反射特性，尽量提高表面的反光系数，提高窗的阳光利用效能。由于人们不乐意在视野中看到直射阳光表面，故在采光口可使用柔光窗帘或散光玻璃。

4.1.1.3　带跟踪阳光的镜面格栅窗

这是一种由电脑控制的自动跟踪阳光的镜面格栅，这种窗的最大优点可自动控制射进室内的光量和热辐射。它在许多公共建筑的中庭和解决周边式大型公共建筑的天井庭院采光中得到广泛的应用。特别是在太阳高度角比较低，并且室内需要有一定热辐射的寒冷地区，采用这种顶部采光窗的效果最佳。

4.1.1.4　导光遮光窗帘

它是用导光材料制成的窗帘，它一方面可遮挡阳光射入室内，同时可将光线导向室内深处。其功能和涂有高反光材料的遮阳板相似，既可降低近窗处照度，又可提高离窗远，即进深大的工作区的照度。

4.1.1.5　导光玻璃和棱镜板采光窗

前者是将导光纤维夹在两块玻璃之间，进行导光；后者是在聚丙烯酸板上压出折射光的小棱镜或用激光方法在聚丙烯板上加工出平行的棱镜条，以此将阳光导入或折射到室内深处。

4.1.1.6　全反射采光板（窗）

它由以色列Polygal公司生产，如图3-4-36所示的双层聚碳酸酯采光板（窗），利用这种板作采光窗，夏天太阳高度角大，直射阳光辐射被全反射掉；冬天由于太阳高度角小，阳光可照入室内，真正使房间内冬暖夏凉。

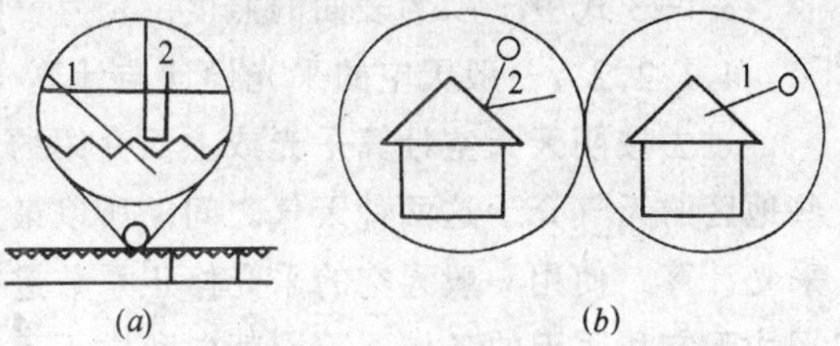

(a) (b)

图3-4-36 全反射采光板的结构和应用示意

(*a*)Polygal采光板结构与光路；(*b*)安装在屋顶的采光板

1—冬季情况；2—夏季情况

4.1.2 利用阳光的采光设计技术

以往的建筑采光设计都是假定天空是阴天，不考虑直射阳光。这样的采光设计计算简单，对阳光多变带来的采光不稳定性，过热、眩光和阳光的光化作用等问题都回避掉了。随着科学技术的发展，特别是节能的影响，人们对晴天和平均天空采光设计与计算进行了大量研究，并初步形成了一套较完整的设计方法。研究表明，利用晴天采光计算方法设计采光，约可减小15%的开窗面积，具有重要的节能和经济意义。另外直射阳光进入室内，不仅可给人们提供时间信息，而且由于多变的阳光和室内植物装饰，可增加室内视环境的情趣，赋予人有大自然的感受，产生一种独特的艺术效果。

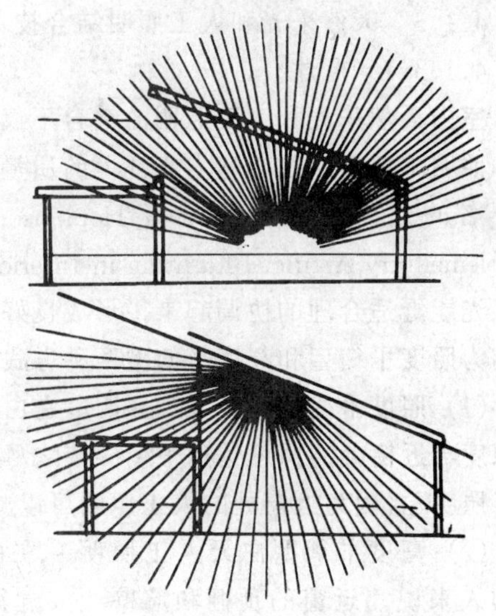

图3-4-37 晴天采光计算图

晴天天窗和平均天空的采光计算是比较复杂的，方法很多，为了尽量减少繁杂的数学运算，便于设计人员使用，这里推荐二种最简便计算方法。

4.1.2.1 晴天天空的采光设计与计算

如图3-4-37所示，采光口在室内P点的照度E_p的计算可用以下公式或是一个如图3-4-37所示半圆分度规进行。

$$E_p = f \times L_s \tag{3-4-20}$$

式中，f为窗的形状系数，可由3-4-21～3-4-23式计算。

$$f = f_1 \times f_2 \tag{3-4-21}$$

$$f_1 = 1/(\cos\theta_1 - \cos\theta_2) \tag{3-4-22}$$

$$f_2 = 1/(\cos\alpha_1 - \cos\alpha_2) \tag{3-4-23}$$

式中，θ和α角可由设计方案图提供的尺寸计算或用量角器找出。

3-4-19式中的天空亮度L_s可由光气候资料提供，不用计算。

室内外表面的亮度计算，当假设表面为漫反射面时，可利用3-4-24式求出。

$$L = E \times \rho \tag{3-4-24}$$

3-4-23式中，E为表面的照度，ρ为表面反射比。不难看出，以上计算十分简便。

4.1.2.2 一般天空的采光设计与计算

过去按阴天天空计算采光或上面介绍的晴天采光计算均是两种典型的天气情况，而有些地区的天气介于这两种天气之间，所以最近国际上又在研究一般天空（General Sky）的采光计算，使用一般天空的采光修正系数进行计算是比较简便的。具体算法是分别计算出平均天空和阴天的条件下不同朝向和常用不同采光口在室内不同位置一年内所获得的光通量之比，这就是一般天空的采光修正系数。这个系数可用计算机，按光气候分区资料事前就已算好，查表可即找出。用此系数和以往按阴天采光计算所求得的采光系数相乘，就可得出某一种采光口在室内某一位置的一般天空的采光系数。这种方法不但可以沿用已有的确定采光口大小的方法，而且十分简便，计算结果又具有一定精度，建筑师们是乐于采用的。

4.1.3 天然采光和人工照明结合技术

4.1.3.1 概述

室内天然采光和人工照明的结合不仅可节约大量的人工照明用电，而且对提高室内采光和照明均匀度，改善室内光环境的质量都具有重要的技术经济意义。早在20世纪50年代著名的建筑采光照明学者Hopkinson提出的室内恒定辅助人工照明（Permanent Supplementary Artificial Lighting in Interiors，缩写为PSALI）就是白天使室内的天然光和人工光能舒适合理的协调起来，形成良好的光环境，并把天然光和人工光的协调（结合）归纳为照度平衡型和亮度平衡型两种方式。

（1）照度平衡型白天人工照明。在白天的室内，天然光照射在近窗处，为使房间深处的照度与近窗处的照度达到平衡，使之尽量保持均匀一致的照明，称为“照度平衡型白天人工照明”。因为近窗处的人工照明可以减少，所以照明用电因此而降低。

（2）亮度平衡型白天人工照明。在白天的室内，窗的亮度很高，所以，对在房间里的人来说，近窗的顶棚和墙壁让人觉得暗，此外，因能看到人和物体的剪影，所以，感到室内阴暗。为了防止这种情况，必须使室内人工照明和窗的亮度的比例达到平衡，称此为“亮度平衡型白天人工照明”。当窗的亮度降低时，室内的人工照明的照度也应相应降低为宜。因此，如果采用适当的昼间人工照明控制装置来减光，就会比平时按最大照度开灯进行照明的电要少很多。这里说的“窗的亮度”是指通过窗子看到室外景物的平均亮度。

4.1.3.2 天然采光和人工照明结合的技术要点

（1）恒定辅助人工照明照度的确定。恒定辅助人工照明的照度E_{ps}是由照明区域的人工照明的照度标准值E_{si}和该区天然采光系数的最低值C_{min}确定，计算式为3-4-25：

$$E_{ps}=E_{si}-(C_{min}\times E_{w}) \tag{3-4-25}$$

式中 E_{ps}——恒定辅助人工照明的照度（lx）；

E_{si}——人工照明标准值（lx）；

C_{min}——被照明区域内天然采光系数的最低值（%）；

E_{w}——室内天然光照度的临界值，北京地区一般取5000lx。

不难看出，E_{ps}是被照明工作区域的最低照度。实际上在天然采光的室内，这一照度是难以达到室内靠近窗和远离窗区域之间的亮度平衡。英国学者建议用3-4-26式计算E_{ps}。

$$E_{ps}=500C_m \tag{3-4-26}$$

式中C_m为照明区内的采光系数的平均值乘100，单位是lx。用3.4.25式算得的E_{ps}大体上是300～500lx。这样就可基本上达到亮暗区的亮度的平衡。

(2) 恒定辅助人工照明的光源选择、布灯与控制方式。照明光源的选择要特别注意使照明光源的颜色和天然光尽量一致。一般，选用相关色温为5500K左右的日光色荧光灯是比较适宜的。

为使室内采光与照明的照度与亮度达到均衡稳定，恒定辅助人工照明一般和采光窗相平行布置，而且靠窗区域由于自然光的照度高，布灯数量较少，离窗远的区域布灯较多。图3-4-38是一办公室的布灯方案，其中红色灯具只在夜晚使用，蓝色灯具在白天和晚上都使用，而黄色灯具只在白天使用，以提高离窗远的区域的照度。

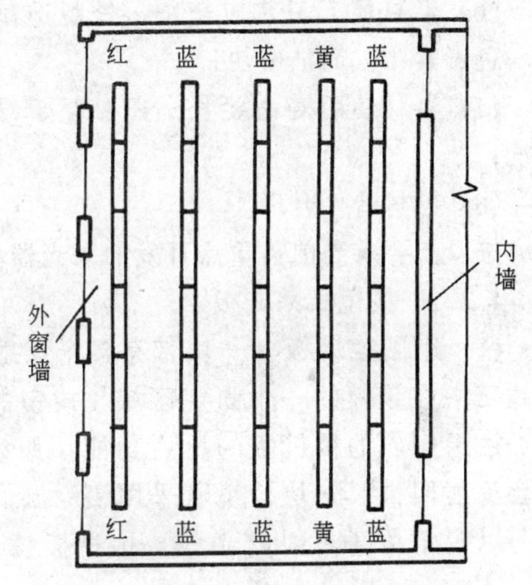

图3-4-38　恒定辅助照明的控制

以上三种灯具应分别进行控制，控制方式有三种：一是人工手动控制；二是按照室内自然光的变化，通过光电传感器进行自动控制；三是智能控制，采用连续自动调光系统，实现随自然光的变化及时调节辅助照明的照度水平，使室内天然光和人工光的总照度始终恒定在一个水平上。智能照明控制系统已有成熟技术供设计人员使用。

(3) 节能效果。将天然采光和人工照明结合起来，使用智能照明控制系统，不仅可保证室内光照水平恒定不变，改善室内光环境的质量，为人们提供舒适的工作环境，而且照明节能的效果也较明显。因为室内照明用电数量P等于照明耗电W和照明时间T的乘积，用3-4-27式表示。

$$P=W\times T \tag{3-4-27}$$

使用高光效的光源和灯具可节省照明用电，而采用智能照明控制系统，既可调光，又可开关控制，这是减少照明开灯时间的有效办法。据英国研究表明，当工作照度为500lx，采光系数为3%，年工作时间为2500h，用开关控制可节能40%，调光控制可节能30%，见图3-4-39。

4.2　天然采光器材的开发

技术先进的优质采光器材是建筑采光设计的物质基础。需开发的采光器材的种类很多，归纳起来主要有供被动采光和主动采光使用的两大类，具体要求如下：

(1) 透光器材的透射比要大，采光效率高；

(2) 充分利用天然光的同时，又要防止直射阳光的照射，能创造出光线均匀柔和的光环境；

(3) 夏天要求防止阳光中的红外辐射进入室内，降低室内温度，减少空调冷气用量；

(4) 应有良好的导光性，按需要可将天然光导向远离窗户的采光区域；

(5) 利用材料对光的扩散作用，消除采光时出现的眩光现象；

(6) 器材加工工艺应精细，外观造型优美，色彩素雅，简洁明快；

(7) 器材使用寿命要长，还要便于维修清洗；

(8) 器材造价合理。

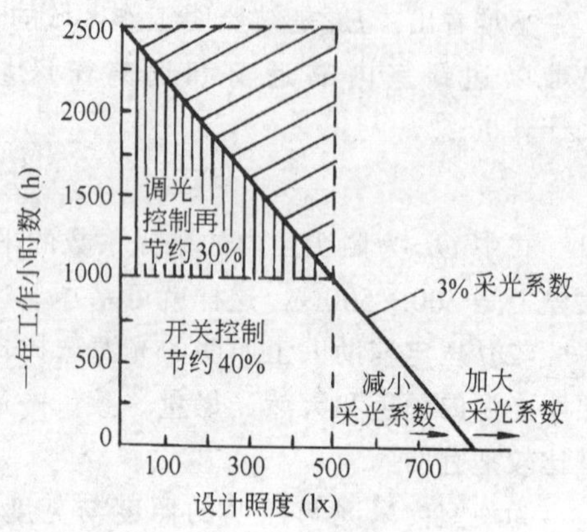

图 3-4-39 采光和照明控制的节能

按以上要求当前需重点开发的采光器材主要有以下几种：

4.2.1 棱镜式采光板

(1) 遮阳棱镜板 一块带有多个反射棱镜片的平板，可将从各个角度入射的阳光光线集中在该板的一个固定区域。棱镜的结构取决于建筑物所处的地理位置和它的朝向。由于倾斜的棱镜板的反射功能，照射在向右倾斜棱镜斜面上的，低于90°的光线将会反射回去。一块棱镜若采用铝涂层，则可显著地增加透射光线，原因是铝涂层可反射以锐角角度入射的光线。这种棱镜板可用于屋顶照明和玻璃天窗固定系统的工程。

(2) 导光棱镜板 这种棱镜板将收集的天空散射光线导向室内天花板，再通过天花板将光线反射到远离窗的采光区域。这种棱镜除了具有遮阳功能外，还有提供高效能地引导日光的作用。这种棱镜的导光功能既可防止窗户产生的眩光，还可在垂直墙面和顶棚照明方面实现光线的均匀分布，提高室内采光的均匀性。

(3) 全反射棱镜板 如图3-4-36所示，当入射光线1的入射角较小时，光线可通过棱镜射入室内；当光线的入射角加到一定程度时，如3-4-36图中的光线2，射到棱镜上即可产生全反射现象，使光线不能进入室内。这如前面所述的全反射采光窗，它可使室内冬暖夏凉。原因是冬天阳光光线入射角小可射进室内；夏天阳光光线入射角大，光被全反射回到室外。

4.2.2 微型遮阳格栅

特殊形状的十字叶片和垂直叶片可反射从某些方向射入的阳光而允许散射日光通过。这种微型遮阳格栅的采光遮阳效果取决于带有铝涂层的塑料格栅片的反射特性的好坏。其遮阳范围和传光范围是由特殊形状的十字叶片和垂直叶片决定的。安装后，微型遮阳格栅将对朝南的方向关闭，从而将来自这个方向的阳光辐射反射到外部。格栅向北打开，让来自其他方向的明亮日光光线和入射的散射光光线畅通无阻地进入室内。

4.2.3　阳光导光器材

(1) 镜面阳光导光管系统。如图 3-4-40 所示，镜面导光管系统的内表面带有高反射比的镜面涂层，将阳光传导到室内。导光管系统由七部分组成：一是聚光罩，聚光罩又分光面透明的和带折射棱镜的两种；二是长度可延伸的与管径大小可选的导光管；三是出光口的散光罩或板；四是防雨板，据不同屋顶结构，设计成整体复合式的防水板；五是可调或称可变角度的导光管；六是密封环或圈，以防灰尘进入管内；七是支撑环，用来固定和支撑导光管的部件。

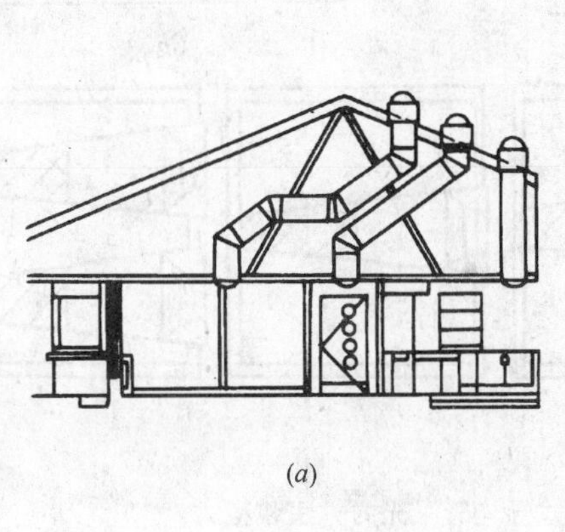

(*a*)

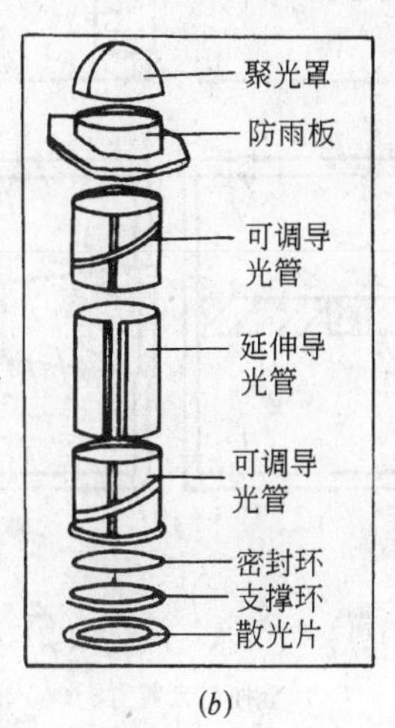

(*b*)

图 3-4-40　镜面阳光导光管系统示意

(*a*) 阳光导光管的应用；(*b*) 右图为导光管的组成部件

(2) 棱镜式阳光导光系统。是利用棱镜的全反射原理设计的导光管系统。目前国际上大量使用 3M 公司生产的反射膜和半透明膜做成的导光管就属于这类产品的一种，并在阳光采光中得到应用。这种系统的构造是在窗的上方设置引光口，作法有图 3-4-41 (*a*) 所示 4 种。阳光从引光口进入室内导光管。导光管下方前半段是不透明的反射段，长度为室长的一半；后半段为半透明膜，导光管上部全是反射膜，详见图 3-4-41 (*b*)。导光管的形状有图 3-4-41 (*c*) 所示 4 种，导光管开口有 0.6m 和 11.8m 两种。试验表明，锥形比等宽导光管的引光效果更好。

(3) 平面镜、曲面镜、棱镜及透镜加光纤的采光器材的开发。这方面的采光器材在欧美与俄罗斯都有研究，相对而言日本在这方面研究和开发较多，并形成了自己的系统。

4.3　充分利用天然光的天然采光工程试点

4.3.1　工程概况

潘天寿纪念馆坐落于杭州南山路景云村一号。1981 年经文化部批准在潘先生晚年居所建立，并当年对外开放；1991 年在原有故居基础上扩建现代新馆。纪念馆是一组青砖建筑群，外观质朴、厚重，既具有传统特色，又有鲜明的时代感。

新建陈列楼的面积有 1000 多平方米。陈列室有三个，分布在陈列楼的二楼。据介绍，当参观者进入陈列画廊和陈列大厅时，就会感到进入了一座艺术殿堂。精致而高雅的展柜全部采用天然光照明，展柜高达 5m，正面用 12mm 厚的浮法玻璃加以封闭，中间没有一

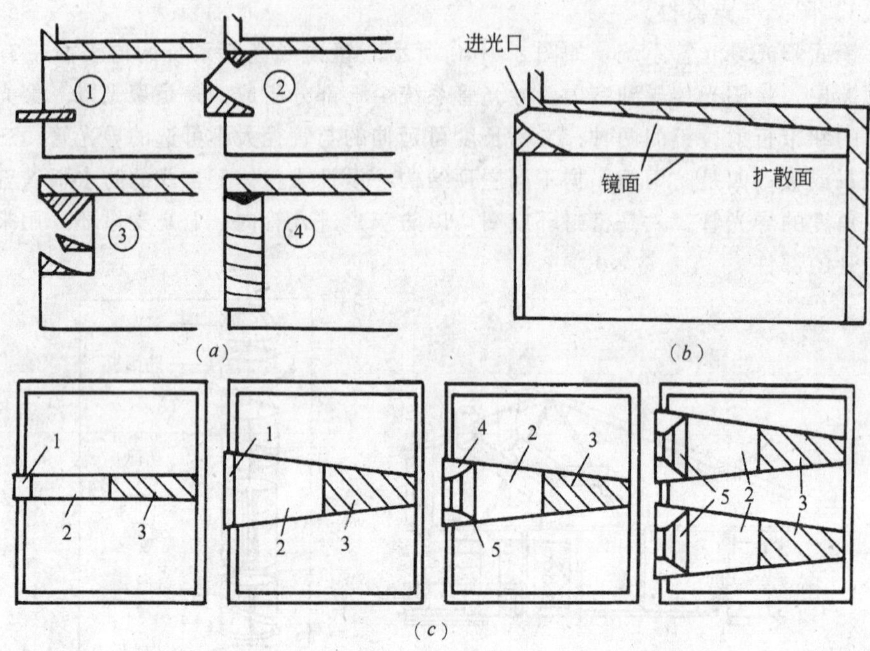

图 3-4-41　棱镜式导光管采光的方法和型式

(*a*) 千种引光装置；(*b*) 引光进室后的导光装置；(*c*) 导光管的 4 种采光型式

1—反射器；2—导光管；3—扩散面；4—边反射器；5—中心反射器

根遮挡视线的铝材立柱。潘天寿的巨幅绘画作品陈列在这样的展柜里可谓相得益彰，观赏效果极佳，详见图 3-4-42。

图 3-4-42　纪念馆入口和陈列室采光情况

(*a*) 纪念馆入口大门；(*b*) 采光情况与效果

4.3.2　陈列室的天然采光设计

如图 3-4-43 (*a*) 所示，新楼二层 1 号、2 号和 3 号三个陈列室。本陈列室不是采用常规的侧窗或天窗采光，而是用如图 3-4-43 (*b*) 所示边沿天窗采光方式。

当天然光由三角形天窗入射后，首先通过隔紫外线膜层，隔掉有害的紫外线辐射，具

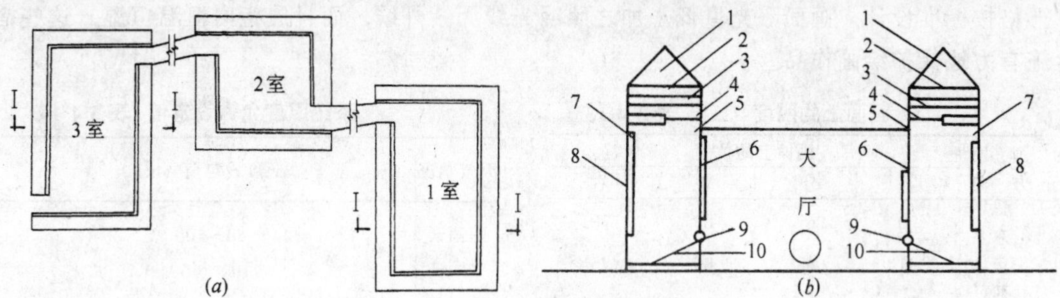

图 3-4-43　纪念馆陈列室的分布与采光方法

(a) 列室分布；(b) 纪念馆采光方法和陈列室部面示意图

1—三角天窗；2—隔紫板；3—格栅；4—减光片；5—人工光；6—观察窗；7—探测器；8—画面；9—人工光；10—反光板；

有保护绘画作用；而后光线通过格栅，形成均匀的散射光。展柜内画面的照度可通过调节格栅角度进行控制。在格栅下面是一层透射比渐变的减光片，它靠近画的部分透射比较小，另外在展柜下方设计了反光板，目的是使画面照度分布尽量均匀。

鉴于天然光多变的特点，特别是阴雨天，天然光照度很低，在晚上就根本无天然光可利用等情况，在展柜内设置了光电探测器。根据探测器提供的光电参数，利用展柜内人工光源调节柜内照度，使陈列室照明始终稳定在照明标准规定的照度水平。

4.3.3　照明控制系统的设计

照明控制系统由单片机、光电信号处理电路、步进电机驱动电路等组成。其主要任务是通过控制百叶的开启或关闭来调控透过天窗的天空光，以保证画面上的照度稳定。

天空光透过百叶窗后，照明展出的绘画作用。在画的上部设置一个探测器，以检测入射光的照度。此照度信号经光电转换和A/D变换后，由单片机采入。单片机将采入的信号与预定的照度值比较，如果输入的照度值大于预置值，单片机将控制步进电机，驱动百叶窗朝衰减光的方向运动。当单片机采入的照度信号与预定值相同时，单片机将使采样窗口的步进电机停下来。为防止百叶运动超出全开或全闭的极限位置，护步进电机和百叶，设置了限位装置。限位装置产生的限位信号将迫使步进电机停下来，并通知单片机对此作出处理。由于展厅有多个展柜，各个展柜下的照度信号、限位信号等将通过多路开关来传输。单片机通过多路开关轮流对各个展橱进行照度检测和照度调控。

对于乌云密布的天气或在夜晚，单片机可从探测器得知画面照度不足。这时，单片机自动点亮人工照明光源。人工照明光源位于展橱玻璃内侧的上下两个部分。因此，采光照明系统是一个全天候智能化自动控制系统。

4.3.4　工程的照明与节能效果

(1) 照明效果。本系统工程自使用以来，经过多年的实践证明，照明效果相当不错，主要表现：一是展室利用天然光，光色好，有利于人们欣赏绘画作品，特别是绘画的色彩质感；二是展柜内光线柔和，无眩光，特别是画面照度分布均匀，见表3-4-13；三是展柜内照明十分稳定，不同天气条件下基本稳定在表3-4-14所示的照度水平；四是画面照度严格按标准设计，画面曝光量低，加之照明光线无紫外线，而且展柜内恒温恒湿，这些措施有力地保护绘画作品。

画面上的照度（lx） 表3-4-13

画面方向	画面上的位置			
	上	下	左	右
东	90	67	80	70
南	91	68	80	75
西	80	69	76	72
北	85	62	78	70

系统照度允许设定值 表3-4-14

天气情况	照度设定值（lx）
阴雨天	50～100
多云	100～150
少云	150～250
晴天	150～300

(2) 采光的节能效果。本纪念馆利用天然光照明，在功能上对确保绘画作品的观赏效果，起了重要的作用；在节约照明用电方面的效果也是十分明显的。据该馆三个陈列室安装的人工光源数量计算其耗电量：1号展室为1944W，2号展室为1872W，3号展室为2088W，共计为5904W，加上20%的电气附件的耗电1180W，最后耗电为7084W。陈列室展出时间每天按8h计算，那么一天耗电为56.5kWh。若每周按开放6d计算，全年开放313天，共计将耗电17716kWh。如果每度电按0.4元计算，那么全年单付陈列室的电费就达7087元。因此，利用天然光对节约照明用电，降低维护管理费用，减少发电废弃物排放和保护环境等均具有重大的技术经济意义与社会效益。

第4篇　应用示范篇

第1章　住宅和公共建筑照明节能

1　住宅建筑照明节能

1.1　住宅建筑环境特点及照明要求

住宅是现代人类一生中最重要的建筑，人类生命的50%～70%的时间要在其中度过，其环境对生活在其中的人们的影响是相当大的。特别是现代人类生活节奏不断加快，工作和社会压力相应增大，人们的个性追求日渐丰富，对住宅环境的质量也提出了更高的要求。其中采光与照明便是环境质量的一个重要方面。

人们在住宅中主要目的是休息和家庭活动，在照明上宜突出自然、放松、柔和等特点。由于精细视觉工作相对较少且多集中在书桌、起居室沙发、床头等局部空间，因而均匀明亮的高照度不应是住宅照明的主要手段。同时，由于直接面对家庭生活支出中电费的缴纳，在居住者的心理上也趋向于节省电能的较低照度的一般照明与较高照度的局部照明相结合的混合照明方式。

1.2　住宅建筑的照度指标和照明质量

（1）住宅建筑的照度指标应执行现行国家相关规范，充分满足居住者各类活动的功能亮度。

（2）应注意保持各部分的亮度平衡。如走廊等交通区域的照度应比居室、客厅等活动区域低一些；书桌、餐桌、起居室沙发、床头等区域应设置局部照明，适当增加与周边区域的亮度差别，便于写作、阅读活动的进行；住宅内不应出现极端黑暗的照明死角等。

（3）应强调光源的显色性。餐厅、厨房等场所的新鲜食物对光源显色性有着很高的要求，梳妆台、卫生间、更衣室等场所的光源显色性也不容忽视。

（4）尽量满足不同功能房间的气氛要求。一般而言，主卧室宜温馨柔和，起居厅宜轻松愉悦，书房宜高雅宁静，卫生间宜洁净明亮等等。

（5）一般住宅层高较低，建筑装饰相对简洁，大部分灯具都会出现在人们的视线内，因而应避免使用高光强灯具或光源直接外露引起不舒适眩光。

1.3　光源和灯具的选择

（1）卧室、客厅、起居室等宜选用低色温（暖色调）高光效光源，并应选用表面亮度较低的灯具。这是因为在家居生活中，很多时候为了追求轻松、宁静的环境气氛，需要房间内维持较暗的、柔和的照明效果。在这样低照度环境若采用较高色温的光源势必对人产生压抑的心理感受，这在设计中是应该极力避免的。

(2) 餐厅、厨房应选用高显色性光源，避免新鲜食物的色彩失真导致人们的食欲下降。建议采用高显色紧凑型荧光灯或小型卤钨灯嵌顶，吊灯光源也可采用高显色紧凑型荧光灯。

(3) 卫生间可选用较高色温的光源（如荧光灯），洁白而明亮的环境会给人洁净的感觉。镜前灯的光源宜保持较高的显色性，避免对人的面色和化装产生不良影响。

(4) 厨房、卫生间应选用防水型灯具。

1.4　住宅的照明方式

(1) 由于人们在夜间有较强的趋光性，建议在客厅、起居室内结合室内布置设一组较明亮的中心照明器以强调中心感，同时适当设置部分辅助性照明保持空间的完整。

(2) 卧室顶棚上设置的照明器应避开卧床的正上方，或采用表面亮度低的漫射型灯具，避免仰卧时视线内的不舒适眩光。

(3) 书房内写字台上应设置台灯作为局部照明，并保证视觉工作面上的照度不低于500lx。起居室一般可设置落地灯作为局部照明，但要注意预留的电源插座与落地灯的位置的关系，避免电线对人的行动产生干扰。卧室的床头应设置局部照明。

(4) 厨房、卫生间宜选用带罩的漫射型灯具。一方面便于灯具本身的清洁，另一方面由于厨房、卫生间一般杂物较多，采用漫射光可以避免产生局部的浓重阴影，避免磕碰，方便清扫。

(5) 户门及门厅处宜设有局部照明或保持一定的照度，便于主人迅速辨识客人的面貌。

1.5　其他节能措施

(1) 住宅建筑的门厅、走道以及多层住宅的楼梯间除上下班时间外，很少有人通行或逗留，宜采用声控或延时开关作为照明控制，以避免电能的浪费。

(2) 高层住宅的楼梯间若作为安全疏散通道时，为保证疏散时的通行安全，不应采用声控或延时开关。

2　办公建筑照明节能

2.1　办公建筑环境特点及照明要求

办公建筑的概念比较宽泛，通常包括政府机关、金融机构、企事业管理以及租赁型通用办公建筑，其中主要的视觉活动是桌面精细工作，因而工作面的明视照明是起码的要求。同时还要考虑以下特点：

由于长时间处于固定的空间中，照明的舒适性是至关重要的；

办公室往往是多人共用的空间，照明应满足多数人的需求；

照明效果和照明设施本身均不应过多地吸引人们的注意力，以保证工作效率；

由于工作时间基本上是白天，因而人工照明设备应该与窗口射入的天然光合理地结合。

大部分照明长时间处于点亮状态，光源灯具的散热以及运行维护工作应予以充分考虑。

2.2 办公建筑的照度指标和照明质量

(1) 办公建筑的照度指标应执行现行国家相关规范。

(2) 应注意到照度的确定不仅要满足视觉生理要求，而且对心理因素也有影响。降低照度会带来降低工作效率、减退工作愿望、增加近视等弊病，提高照度则会使能源消耗增加，需要通过反复调查来确定合适的照度值。

(3) 具备较大开窗面积的办公室中的光源色温应与天然采光相协调。并应根据不同场所选择相应的光源颜色特征。室内一般照明光源的颜色及其适用场所可按表4-1-1选择。

光源颜色分组及其适用场所 **表4-1-1**

光源颜色分类	相关色温（K）	颜色特征	适用场所示例
Ⅰ	＜3300	暖	接待室、陈列室、多功能厅、咖啡室、茶室等
Ⅱ	3300～5300	中间	办公室、会议室、营业性办公、休息厅、电梯厅及走道等
Ⅲ	＞5300	冷	设计室、研发及实验室、电脑机房等

(4) 公共建筑的所有光源的显色指数，一般为80以上。

(5) 对颜色识别有要求的工作场所，当使用照度在500lx及以下、采用光源的显色指数较低时，宜提高其照度标准值，提高的相对照度系数见表4-1-2。

相对照度系数表 **表4-1-2**

一般显色指数	使用照度 E（lx）	
	$300 \leqslant E \leqslant 500$	$E < 300$
$80 > Ra \geqslant 60$	1.20	1.25
$60 > Ra \geqslant 40$	1.30	1.40

(6) 在办公室、阅览室等长时间连续工作的房间，其表面反射比与照度比宜按表4-1-3选取。

推荐的室内表面的反射比与照度比 **表4-1-3**

表面分类	反射比	照度比
顶棚	0.7～0.8	0.25～0.9
墙面、隔断	0.5～0.7	0.4～0.8
地面	0.2～0.4	0.7～1.0

(7) 应强调合理的空间亮度分布，严格限制眩光。

2.3 光源和灯具的选择

(1) 一般照明宜优先选用T8、T5型荧光灯或紧凑型荧光灯，避免大量采用低光效光源。

(2) 一般照明宜采用直接—间接型配光的灯具。直接型配光灯具光效高，但大量的直射光线容易形成较强的视觉反差，通过增加部分间接配光，可以有效地缓解视觉疲劳。

(3) 中庭等高大空间可选用带漫射格栅或半透光板材的气体放电灯，但单灯光源功率不宜大于150W，以避免过高的灯具表面亮度造成不必要的眩光。

(4) 日常工作场所应选用长寿命光源及附件，或采用延长光源寿命的措施（如选用额定电压高于运行电压的光源或在供电线路中串接降压/稳压型节能器），以尽量减少维护工作量。

(5) 在可能的情况下，有吊顶的办公室应将照明灯具与空调风口结合设置。通过空调回风带走灯具表面的多余热量，以保证最佳的光通量输出。

(6) 当光源为荧光灯或其他气体放电光源时，推荐使用电子镇流器。但在对电磁干扰及谐波污染有严格限制且对频闪和噪声要求不高的场所，宜选用节能型电感镇流器。

2.4 大空间办公室的照明设计

(1) 在有明确划分工作区和交通区的大开间办公室，宜采用分区一般照明方式，既有利于节能，也可以避免大面积亮度均匀的顶棚给人沉闷的感觉。

(2) 应充分考虑对照明系统的集中控制与智能化控制。其作用有以下几点：

1) 在白天便于跟随天然光的变化对照明系统进行有效和相对正确的控制，从而避免手动控制不当造成照明不足或照度过高导致不必要的浪费；

2) 可以在工作场所不需要照明时大面积切除系统供电，避免由于疏漏或忘记关灯造成电能浪费；

3) 避免不适当或恶意的开关操作；

4) 智能化控制系统可以全面监控照明系统的工作状态，有利于运行维护。

(3) 在有条件的办公室，宜采用直接照明与间接照明相结合的照明方式。直接照明用于工作面照明，而间接照明作用于空间和顶棚与墙壁，构成适当的亮度比，营造出更加舒适的光环境。

(4) 在照明设计时，布灯方案应考虑日后对空间重新分隔的适应性，一般可按照建筑柱网或轴线形成单元。

(5) 值得注意的是，面积较大的房间在高度增加时并不会导致照度的明显减少。对于一个30m×60m的大房间，当其净高度由4m提高到6m时，地面照度只减少了约8%左右；即便是房间高度达到12m，地面照度也只减少了约25%。因此在设计时应认真计算，以免造成浪费。

2.5 会议室、洽谈室的照明设计

(1) 小型会议室、洽谈室的照明宜选用较低色温的光源，适当营造出亲和、愉悦的环境气氛，缓解心理压力并易于相互沟通。

(2) 会议室、洽谈室的照明应保证足够的垂直照度，以便于显现出所有参加者的面部细节，一般而言背窗者的面部垂直照度不低于300lx。

(3) 为了适应幻灯或电子演示的需要，宜在照明设计时考虑调光控制或设置几种不同照明方案。有条件时，建议设置智能化控制系统。

(4) 适度的墙面照明、充分利用顶棚与墙面反射的间接照明可以舒缓小会议室的压迫感。而完全由安装于顶部的直射型配光灯具构成的照明方案由于对人的面部照明不足，则是不可取的。

2.6 设计实例

图 4-1-1 为大空间办公室和小会议室的灯具布置示意图，一般照明采用双管格栅荧光灯具，每个灯具的光通量为 2×2500lm。办公室长 15m，宽 9m，会议室长 4.8m，宽 3m，顶棚、墙面、地面的反射比分别为 0.6、0.5、0.3，维护系数为 0.7，办公室灯具安装高度距桌面 2.2m，室形指数为 2.5，会议室灯具安装高度距离桌面 2.2m，室形指数为 0.8，经计算办公室平均照度为 454lx，照明功率密度为 17.9 W/m^2；小会议室平均照度为 591lx，照明功率密度为 33.2 W/m^2。

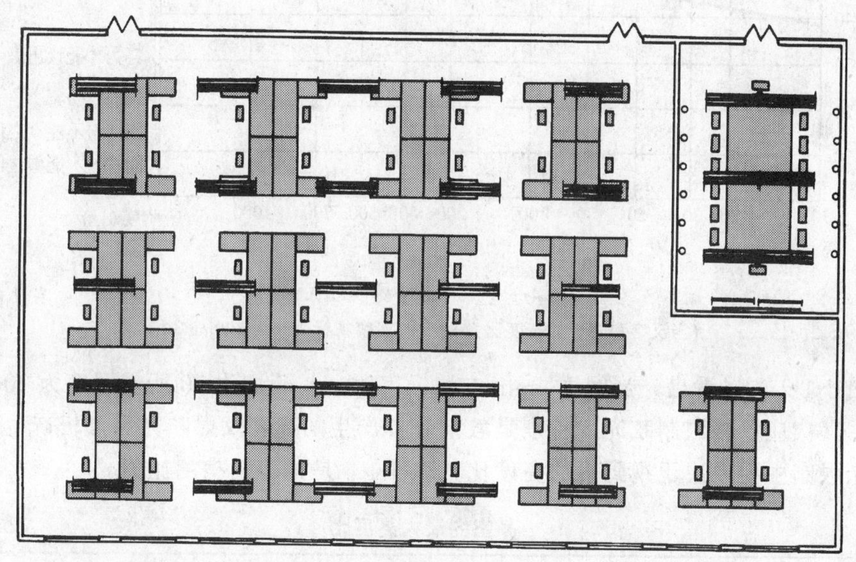

图 4-1-1　典型办公室照明灯具布置示意

3 学校的照明节能

3.1 学校的环境特点及照明要求

学校照明的目的是为学校的教学活动创造出良好的照明条件。在设计中要考虑的主要因素有以下几点：

(1) 应具备足够的照度和良好的亮度比，降低学生的视觉疲劳，防止产生近视；

(2) 应有利于学生集中注意力，提高学习效率；

(3) 应便于教师的授课活动和对整个教室的注意，提高教学效果；

(4) 主要的教学活动多数是在白天，天然采光是主要的照明手段，而人工照明应与其协调配合，形成和谐的光环境。

3.2 学校的照度指标和照明质量

(1) 普通学校的照度指标应执行现行国家相关标准。

(2) 目前学校的学习环境仍是以书本教学为主，因而必须保证足够高的照度来满足长时间阅读的视觉工作需求。在这方面日本曾做过较深入的研究，并得出了基于汉字的易读性图表 4-1-2。

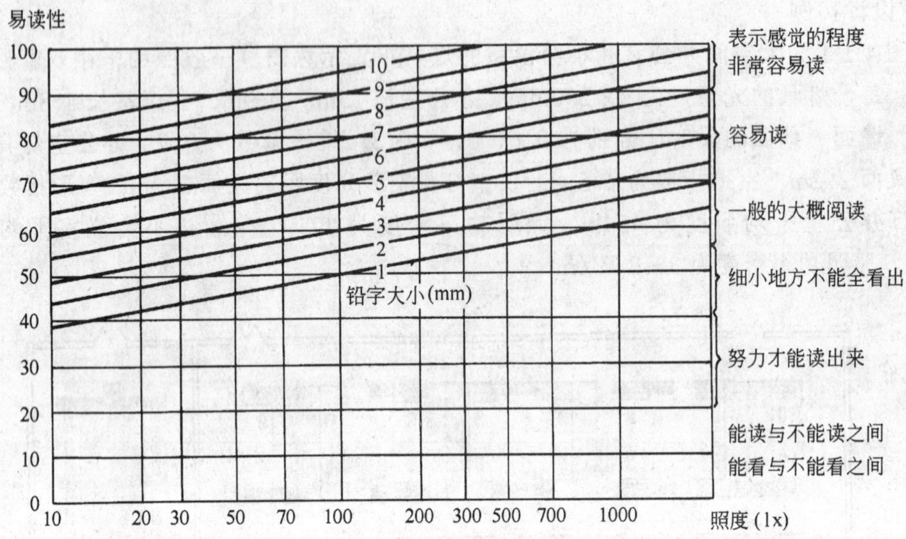

图 4-1-2 照度和易读性关系

（当汉字和背景的亮度比为80%，观察视标距离为300mm时）

由图4-1-2可以看出，当阅读4mm方块铅字时，易读性为70所需照度为300lx。

(3) 其次应严格限制眩光，特别是教室灯具产生的光幕反射眩光和黑板产生的反射眩光。眩光限制主要取决于视野内的亮度比，表4-1-4是推荐的亮度比值。

教室内最大亮度比 **表4-1-4**

视看对象与背景表面	3:1
视看对象与离开它的背景表面	10:1
灯具、窗口与其附近表面	20:1
视野内表面与表面之间	40:1

(4) 应充分考虑并平衡单侧采光教室的照度均匀度。

3.3 光源和灯具的选择与安装

(1) 一般照明宜选用T8、T5型荧光灯或紧凑型荧光灯。

(2) 一般照明宜采用直接型配光的灯具。学校的状况不同于办公室，由于考虑到青少年的特点而设置了课间休息时间，视觉疲劳得以缓解；同时增加视觉工作区域与周围环境的照度差，更有利于学生集中注意力。

(3) 教室当采用管形荧光灯照明时，灯具应和黑板垂直布置，从而使学生看到的灯具发光面积减小，防止光幕眩光。

(4) 靠近讲台的灯具和黑板灯应具备防眩光措施，如带有乳白罩或格栅等，以避免失能眩光。

(5) 黑板灯的设置应满足以下要求：

1) 学生视野中不产生黑板的反射眩光和黑板灯的直射光；

2）教师视野中也不产生黑板的反射眩光和黑板灯的直射光，注意教师与学生的位置并不一样；

3）保证黑板面上较高的垂直照度和较好的照度均匀度。

黑板灯的安装位置可按表 4-1-5 确定。

黑板灯安装位置的确定　　表 4-1-5

黑板灯距地高度（m）	2.3	2.5	2.7	2.9	3.1	3.3	3.5	3.7	3.9	4.1
黑板灯距黑板的水平距离（m）	0.4	0.53	0.67	0.8	0.95	1.09	1.23	1.37	1.5	1.65

（6）装在有大面积天然采光窗的教室内的光源色温宜为 4300～5500K，以平衡天然光色温。教室灯具的控制宜按平行于采光窗方式分组，黑板照明应单独设置控制开关。

（7）当光源为荧光灯或其他气体放电光源时，推荐使用电子镇流器。

3.4　其他节能措施

（1）教室的各表面应为无光泽明亮色装修；墙面反射比宜为 40%～60%，顶棚反射比宜为 70%～85%，地面反射比宜为 15%～30%。

（2）对于单侧采光窗的房间，侧窗的上半部宜采用定向型玻璃砖或设置明亮的白色百叶板，可有效地增加教室深处的光线并平衡照度差（见图 4-1-3）。

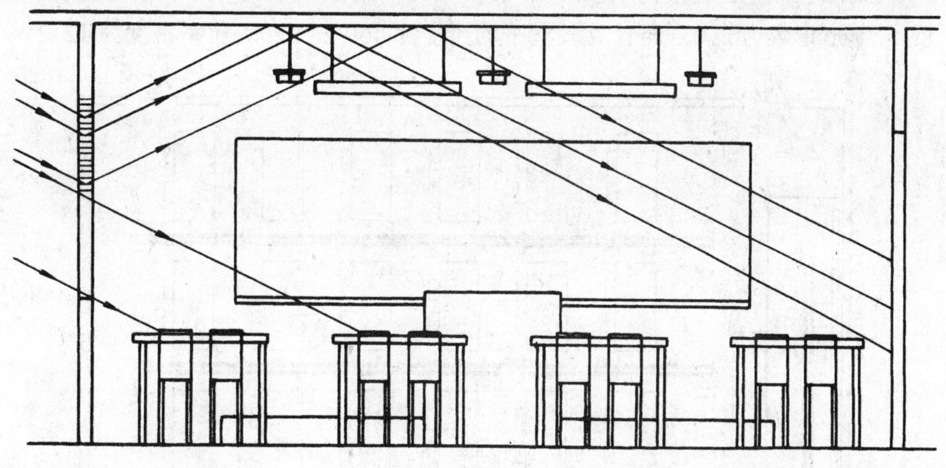

图 4-1-3　延伸天然光线的方法

（3）有条件的学校宜设置集中控制系统，根据学校的作息时间，应局部或全部切除普通照明负荷（应急照明除外），以防止由于疏忽关灯所造成的能源浪费。

3.5　美术教室的照明设计

（1）美术教室不应设在只有南向侧窗或南向天窗的房间，以避免强烈的直射阳光干扰。最理想的自然采光是设置北侧的斜向采光天窗；若无此条件则应将侧窗位置提高，尽量避免水平的侧向光线。

（2）当采光窗位置不理想时，使用透光比约为 50% 的灰玻璃替代透明窗玻璃，可有效降低外界景物的亮度，缓解为获得较好照明条件而增加的人工补充照明。

(3) 美术教室要求正确识别色彩，当自然光线不足时，应采用高显色性荧光灯作为补充光源。

(4) 当完全采用人工照明时，可以考虑以均匀照明且具有足够亮度的淡色顶棚模拟自然天空，形成所需要的良好照明效果。

(5) 可在特定位置设置40°～60°斜下照射的小型投光灯，以突出立体艺术品或模特的形状、纹理、色调，造成适当的实体感。

(6) 为防止室内表面的相互反射造成的偏色，墙面和顶棚宜接近无色彩、无光泽。

3.6 健身教室的照明设计

(1) 健身教室的照明环境应该充分调动和激发人的运动心理的兴奋性，因而光源宜选用接近日光色的荧光灯或金卤灯，照度宜略高于普通教室，室内各表面宜选用暖色调装修。

(2) 当设有采光天窗时，应考虑装设半透明遮光帘幕以避免直射阳光的直射眩光以及在地面上形成的强烈光斑。

(3) 应保持一定的垂直照度和较高的照度均匀度，并应注意防止明显的阴影。

3.7 设计实例

该教室长9m，宽7m（见图4-1-4），采用荧光灯具，每个光源的光通量为2500lm，顶棚、墙面、地面的反射比分别为0.6、0.5、0.3，维护系数为0.7，灯具安装高度距桌面1.8m，室形指数为2.0，经计算教室平均照度为460 lx，照明功率密度为12.7W/m^2。

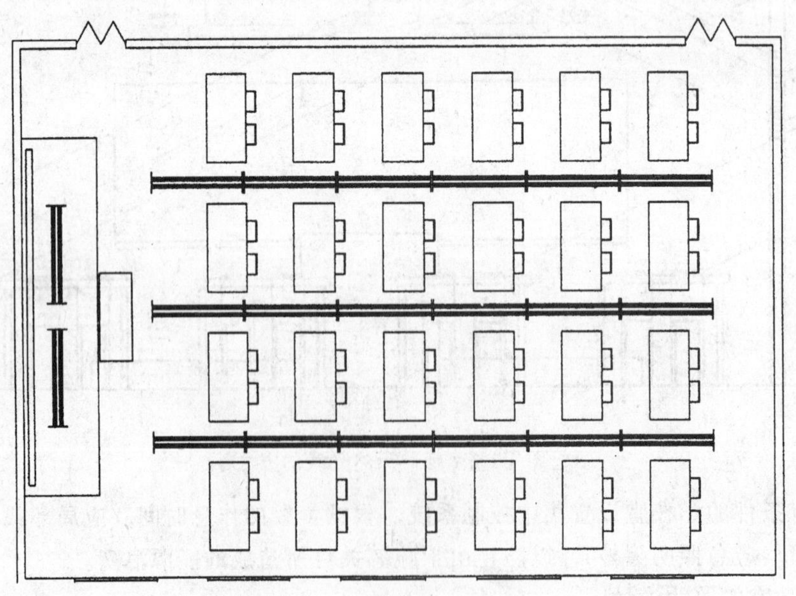

图4-1-4 典型教室照明灯具布置示意

4 商业建筑照明节能

4.1 商业建筑的环境特点及照明要求

创造一个令顾客愉快而舒适地购买商品的场所，是商业建筑设计的主要目的，而一个良好的照明设计则是最重要的组成部分。我们可以通过吸引顾客购买商品的过程来稍作分析。

首先，要通过照明设计增强店门与橱窗对路过的潜在顾客的吸引力，诱使其产生兴趣与一定的联想，最终的目的是进入店门。

其次，店堂灯光的布置还要设法诱导顾客的视线，使其集中到精心布置的商品陈列上。而对商品的照明则应充分显示商品的外貌，避免眩光和色差。

同时店堂照明应与商店及商品形象相适应，这会增加顾客的印象及信心。如高级商品应典雅豪华，家居商品宜温馨朴实，卫生与医药类商品要洁净，食品类则突出新鲜等。

当顾客开始对中意的商品进行挑选时，必须保证足够的照度使顾客能够观察商品的全部细节；直至付款结束的全过程中，店堂照明都不应产生令顾客烦躁不快或注意力分散的作用。

4.2 商业建筑照度指标和照明质量

(1) 商业建筑的照度指标应执行现行国家相关标准。

(2) 商业建筑的照明可分为一般照明、重点照明和装饰照明。

一般照明不仅应保证足够的水平照度，还应具备一定的垂直照度和显色性，并根据商品的内容选择适当的色温。电脑、书籍、文具、医药卫生等商品宜采用较高色温的光源，而家具与家居、体育类商品采用较低色温的光源。

重点照明应为一般照明的3～5倍，以较强的定向光照射，突出陈列商品的立体感和质感，但在光源类型和色温等方面应与一般照明协调，同时要注意避免眩光。

装饰照明用于强调环境气氛和烘托商品，不应与一般照明和重点照明兼用。

4.3 光源和灯具的选择

(1) 一般照明宜选用T8、T5型高显色性直管荧光灯或高显色紧凑型荧光灯，较高的空间宜选用金属卤化物灯等高效光源。

(2) 由于商业场所对眩光的要求不像学校及办公建筑要求的那样严格，因而一般照明可多选用直接型配光灯具以提高光效，但应注意防止产生明显的阴影。

(3) 重点照明可采用嵌入式筒灯、小型轨道式投光灯等易于控制光束角的灯具。光源宜采用低压卤钨灯、PAR灯等高显色光源，也可选用显色指数高的紧凑型荧光灯或小型金卤灯。

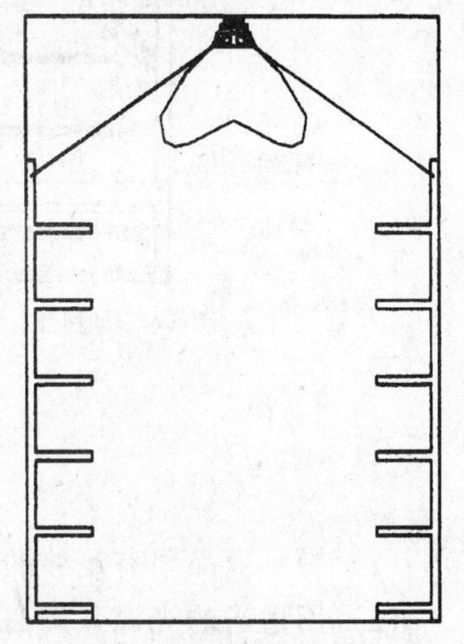

图4-1-5 蝠翼式配光荧光灯具

(4) 自选超市店堂建议采用蝠翼式配光荧光灯具沿货架间通道布设（见图4-1-5），并应保证货架最底部的垂直照度不低于100lx，便于顾客对商品及标签的浏览。

4.4 其他节能措施

(1) 店堂内一般照明宜分级分区进行控制，在商店不营业的时间，仅保留原照度的20%～30%作为清扫、整理上货等工作照明即可。

(2) 橱窗、广告照明等宜针对白日、营业、非营业、深夜等不同的使用时段，确定合理的亮度水平并分级控制。

4.5 店门与橱窗的照明设计

店门与橱窗是商业建筑给过路人的第一印象，必须醒目和与众不同。因此应在充分研究顾客心理的基础上，结合店门照明、橱窗照明与入口处照明，营造出诱人夺目的灯光效果。

4.5.1 店门的照明方法

(1) 在适当位置装设灯具将店面和店门的装修照的明亮；

(2) 利用彩色灯光；

(3) 以调光器或控制器控制灯光的强度使照明产生变化；

(4) 设置有特征的电气标志或招牌灯光。

4.5.2 橱窗的照明方法

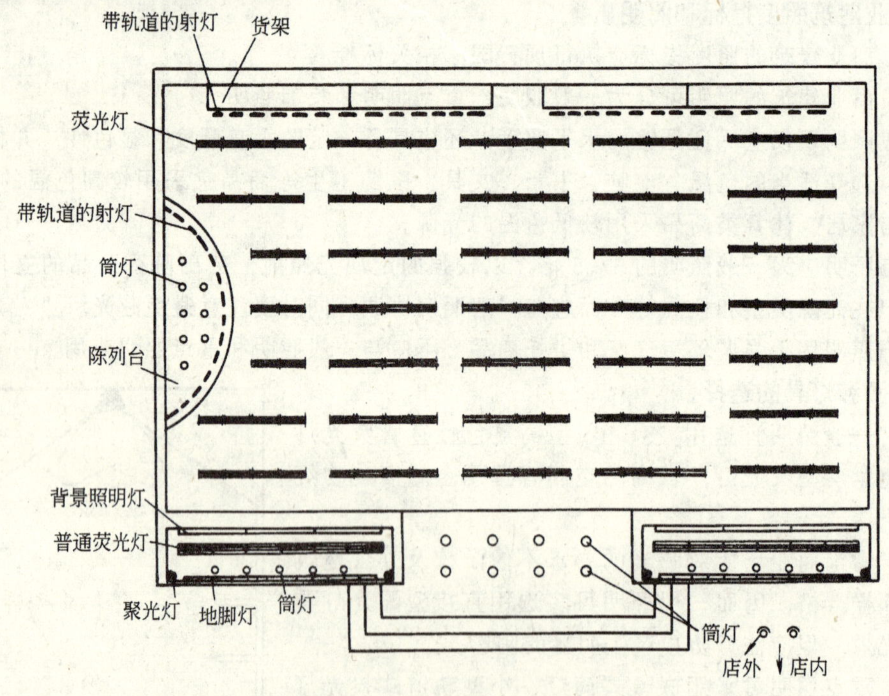

图 4-1-6 商业照明灯具布置示意

(1) 展示商品要有足够的亮度以吸引顾客的注意；

(2) 用适当的光源强调商品的色彩和质感；

(3) 以合适的照射角度突出商品的立体感；

(4) 利用彩色灯光和变化的照明使橱窗活化；

(5) 在白天由于天然光的影响，橱窗很容易产生镜像，因而必须保证橱窗内陈列商品的亮度要大于室外亮度30%以上；

(6) 对于通用型的橱窗照明，宜采用带有格栅或漫射型灯具。当采用带有遮光格栅的灯具安装在橱窗顶部距地高度大于3m时，灯具的遮光角不宜小于30°；如安装高度低于

3m，则灯具遮光角宜为45°以上。

4.5.3 入口处照明

入口深处正面的照明应明亮，主要入口通道两侧墙面的照明也应均匀而明亮，以及在特定的部位设置醒目和装饰性的照明器等成为吸引顾客踏入店堂的最终照明手段。

4.5.4 设计实例

该商场长32m，宽18m，如图4-1-6所示，一般照明采用荧光灯具，每个光源的光通量为2500 lm，室形指数为4，顶棚、墙面、地面的反射比分别为0.6、0.5、0.3，维护系数为0.7，灯具安装高度距柜台3m，经计算该商场一般照明的平均照度为501 lx，照明功率密度为18.6 W/m^2。橱窗内采用荧光顶灯作为主要光源，辅以地脚灯、投光灯、定向筒灯和背景光，基本可以满足各类商品的展示需求。陈列台设置专用灯光；沿墙商品货架采用轨道式小型投射灯。

5 旅馆及餐饮建筑照明节能

5.1 旅馆建筑的环境特点及照明要求

旅馆的最主要的功能当然是为旅客提供住宿。洁净、温馨、舒适和宁静可以使绝大多数旅客感觉满意，因而旅馆建筑的照明应注意以下几点：

(1) 充分考虑结合装修与家具设置局部照明；

(2) 大部分场所宜选择较低色温的光源；

(3) 较多采用调光或分区控制等手段；

(4) 极力避免室外照明光线透过玻璃窗照射在客房顶棚上；

(5) 夜间照明不可忽略；

(6) 设置安全疏散标志和各类灯光指示标志。

5.2 餐饮建筑的环境特点及照明要求

以饮食为主要经营目的的建筑，其环境特点最重要的是气氛的营造：中餐多呈现华丽愉悦，西餐则讲究细致优雅，酒吧要热情奔放，茶馆宜淡泊宁静。故此对照明的要求首先是要配合餐饮种类和建筑装修的风格，形成相得益彰的效果。其次，由于食物的新鲜程度是影响顾客食欲至关重要的因素，充分地显示食物的颜色和质感就成为照明的基本目标。

5.3 旅馆及餐饮建筑照度指标和照明质量

(1) 旅馆及餐饮建筑照度指标应执行现行国家相关标准。照明效果宜明亮而均匀，避免出现较浓重的阴影和强烈的亮度对比。

(2) 应注意避免直接照明导致的不舒适眩光。旅馆及餐饮建筑在很多方面可以看成是住宅意义的延伸，其环境氛围也应尽量接近柔和轻松，较强的直射光线容易引起兴奋和紧张感，设计时应予考虑。

(3) 除娱乐用房外，旅馆内不宜过多使用彩色灯光。这是由于彩色灯光对人的心理情感有着不同的作用，长时间照射往往会产生郁闷、烦躁或过度兴奋等不良效果。

(4) 不宜选用显色指数较低的光源。

5.4 光源和灯具的选择

(1) 一般照明宜选用小功率低色温紧凑型荧光灯、低压卤钨灯和PAR灯等，光源显色指数不应低于85。建议选用带罩的直接配光型灯具，减少不必要的空间亮度同时也节省能源。

(2) 若选用高显色直管荧光灯或较大功率的紧凑型荧光灯，应安装在不使光源直接外露的装修或带罩灯具内。

(3) 设于装饰华丽的厅堂内的吊灯建议将光源外露，以较小的光源功率换取辉煌明亮的效果，并兼顾对建筑装饰的照明。

(4) 楼梯间、各主要通道的照明应选用可瞬时点燃的光源。当灾害发生时，保证疏散通道的通畅。

(5) 用于疏散指示的标志灯应配备蓄电池组作为备用应急电源。当灾害发生时即便是供电线路受到破坏，仍可维持一段时间（一般不少于30min）的指示作用。

5.5 旅馆大堂的照明设计

(1) 旅馆大堂宜采用下照型灯具与带罩的吊灯和壁灯结合形成具有较高环境亮度的整体照明。其主要目的是：显示建筑装饰的华丽；形成轻松明快的气氛；较高的垂直照度便于接待和会客。

(2) 为了与室外天然光的照度变化相配合，入口门厅乃至整个大堂的照明宜通过调光装置或分组开关来调节照度。

(3) 客人等候或休息区的沙发侧建议设置落地灯，方便较短的阅读并形成局部安定气氛。

(4) 一个对宾客极具重要意义而常被忽略的设置是应有明确醒目的灯光指示牌指向电梯间和卫生间。

5.6 旅馆客房的照明设计

(1) 客房入口通道通常设置下照型灯具，豪华客房也有设置成小型发光顶棚的。其开关应采用双控型，以方便客人在床头控制。此灯常兼作为应急照明，应注意此时应急电源线应越过开关直接接入灯具内。

(2) 普通客房一般可不设顶灯，用功能性的梳妆台镜灯、床头灯或落地灯作为替代。

(3) 床头灯宜安装在床头板上、墙壁上或在床头柜上设台灯，位置应不妨碍客人以自然舒适的姿态进行阅读，并应考虑调光控制。双床客房的床头灯宜选用光线不相互干扰的灯具。

(4) 客房卫生间镜前灯应安装在视野立体角60°以外，灯具亮度不宜大于2100cd/m^2，光源色温可以适当偏高，配合较高的照度给人以整洁、明快的感觉。卫生间照明控制宜设在卫生间门外。

(5) 客房夜灯一般设置在床头柜下，以便于看清鞋物及附近的桌椅等。夜灯表面亮度一定要低，其照度不宜高于1.0lx。

(6) 为避免客人在离开房间时忘记关断电源而造成电气火灾和电源的浪费，应在客房门口处设置节能开关，将房间内全部电源（冰箱与空调器除外）切断。

5.7 多功能厅、宴会厅的照明设计

(1) 多功能厅、宴会厅空间较一般厅房高大，装修也最为豪华，因而宜选用较华丽的组合花灯或吊花灯作为布灯方案的中心，配合暗槽灯或下照筒灯补充桌面和空间照度。光

源应优先选用暖白色荧光灯和较低色温的紧凑型荧光灯。

（2）应注意很多厅堂是设计成可以分隔的，故在布灯时宜按建筑轴线构成较小的单元组合而成，其控制也应考虑到这一点。

（3）设有专用舞台或某一侧有明显背景墙的厅堂，宜配置专用灯光。否则宜在合适部位设置若干升降吊架并预留配电回路。

（4）宜设置灯光控制室或便于调控的灯光控制台/箱，全部灯光回路均宜设为可调光回路以满足不同的功能需要。

5.8　阳光厅与共享空间的照明设计

阳光厅的顶部和侧墙有大面积的采光窗，共享空间四周多为走廊，其共同点是可提供反射光线的墙面极少或反射比较低，所以宜主要选用窄配光的下照型灯具或具备较大长度的吊灯。光源宜选用小型金卤灯，色温不宜过低，以免在白天开灯时引起不适。

5.9　餐厅的照明设计

（1）小餐厅或有固定隔断的就餐位置宜按餐桌的位置布置灯具，小型吊灯较为理想；大餐厅可选用组合花灯结合小型下照灯。光源应以紧凑型荧光灯和小型低压卤钨灯为主。

（2）中餐厅要求较浓郁的就餐气氛，宜保持较高的平均照度和高显色性的光源，便于充分显示菜式的色与形，提高顾客的兴趣和食欲。

（3）西餐厅一般将平均照度设计得较低，且不注重照明的均匀度。宜考虑使客人能够感觉到餐桌上烛光的作用，体现其独特的韵味，同时也避免相邻餐桌之间的相互干扰。

（4）快餐店和自助餐厅中的客人对气氛要求不会太高，整洁明快的环境足以使他们对以果腹为目的的进食过程感觉舒适。故建议采用荧光灯发光天棚或类似的方式，获得柔和干净的效果。

6　医疗卫生建筑照明节能

6.1　医疗建筑的环境特点及照明要求

在医疗建筑中主要活动的有两类人。对于医护人员和其他医疗工作人员，照明应提供足够的照度和显色性，保证其工作状态的稳定和效率，减少视觉疲劳；而对于病人及其亲属，则应通过照明形成整洁、严谨、清静的气氛，以安抚其焦虑的情绪，增强治疗的信心。

一个与其他建筑有很大不同之处是在医院中病人接受治疗和诊断时常常需要仰卧，而恰恰大多数患者比正常人对光线更敏感和厌恶。这要求我们在考虑灯具布置时应根据实际情况做进一步的深入研究。

6.2　医疗建筑照度指标和照明质量

（1）医疗建筑照度指标应执行现行国家相关标准。

（2）无论是西医还是中医，观察始终是诊断病情至关重要的手段。因而在大多数场合都必须提供足够亮且高显色性的照明，同时室内顶棚及墙面的颜色也应加以考虑和限制，以避免影响正常的诊断。

（3）由于病人对外界的强刺激因素较正常人更加敏感，在照明设计中应对可能产生的任何不舒适眩光加以严格的限制，尽可能采用光源不直接外露的灯具。

（4）各诊室及通道、楼（电）梯厅等的照度水平不宜有较大的差别且应有良好的过渡，以避免患者（特别是幼儿患者）因光线的变化产生心理压力。

6.3　光源和灯具的选择

（1）一般照明宜选用T8、T5型高显色性直管荧光灯或高显色紧凑型荧光灯，较高的色温配以较明亮的照度会给病人及家属洁净、安宁的感觉。显色指数一般不宜低于80，用于细致检查的局部照明的光源显色性不宜低于90。

（2）门诊部、住院部等治疗区域一般照明宜采用半间接型配光和漫射型配光的灯具，以避免光源外露形成眩光。普通办公和后勤区域一般照明仍应采用直接型配光或直接—间接型配光的灯具，有利于节约能源。

（3）药房和药品库房宜采用蝠翼式配光灯具以保证足够的垂直照度，确保医务人员准确地识别药品。

（4）一般不宜选用较华丽的花灯，以减少对病人的心理压力。

6.4　门诊部的照明设计

（1）候诊区的一般照明选用较高色温的荧光灯以及表面亮度不高的灯具，柔和的白色光线可适当起到安定患者及其亲属烦躁心理的作用。

（2）诊室、检查室、处置室等房间的照明宜结合自然采光共同考虑，装设灯具时应注意避开患者仰卧时的视野。

（3）眼科、牙科、耳鼻喉科等诊疗室宜设置局部照明来满足其需要。耳鼻喉科听音室当采用荧光灯照明时，为避免可能出现的镇流器噪声不宜选用普通电感式镇流器。

（4）X光检查室、眼科暗室以及装有观片灯的诊室，其一般照明宜通过开关分为两级照度控制或设置调光开关。

6.5　住院部的照明设计

（1）病房的一般照明可选用带罩的高显色荧光灯，由于照度不宜太高，因而色温也是以低些为好，并应防止在病人仰卧时视野内感觉到眩光。病房一般照明的开关宜设置在病房门外。其布灯图见图4-1-7。

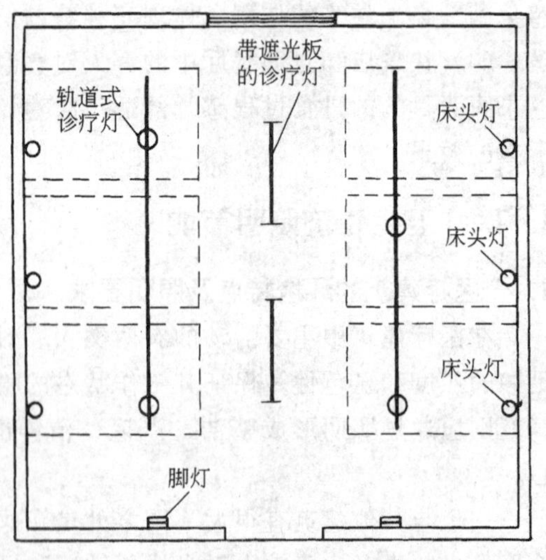

图4-1-7　典型病房照明灯具布置示意

（2）荧光灯镇流器不宜选用普通电感式镇流器，主要是考虑可能在启动时产生闪烁和可能出现的镇流器噪声等引起病人的不适。

（3）病床宜设有专用床头壁灯，并可与床头多功能控制板结合。但应注意其照明范围不要干扰相邻床位。

（4）病床的夜间照明是否需要设置目前尚无定论，但为了不干扰病人的休息，床头部位的照度不宜大于0.1lx。

（5）护士站照明光线宜柔和，光源的色温也不宜过高，灯具选型与门诊区宜有较明显的区别，其目的是尽量为住院的患者营造一些生活气息。

(6) 走道照明也应注意营造安静、整洁的感觉。布灯时宜避开两侧的病房门上方，并应确定夜间的照明方案。

6.6 手术室的照明设计

(1) 手术室的照明由专用无影灯和一般照明灯两部分组成（见图 4-1-8）。在专用无影灯下，手术台的照度可达 20000～100000lx，并可根据需要调节。

(2) 手术室的一般照明应选用低色温、高显色性荧光灯，灯具应具备防水性能以便于消毒清洗。为防止对手术创面产生不利影响，不应装设具有较多热辐射的光源。

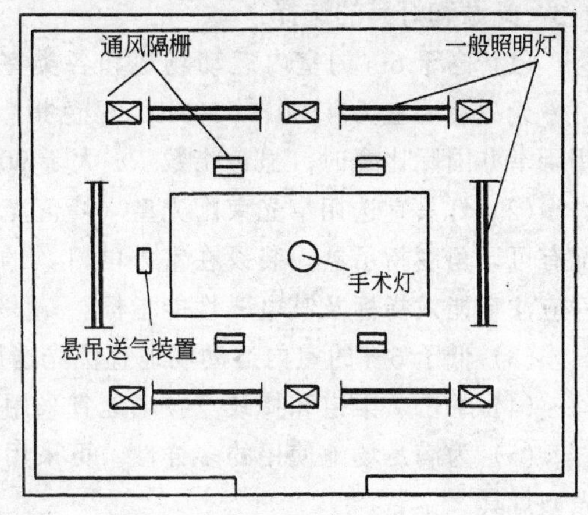

图 4-1-8 手术室照明灯具布置示意

7 体育建筑照明节能

7.1 体育建筑的环境特点及照明要求

体育照明第一个基本要求是要满足运动员和裁判员的视觉要求；其次是在有观众席的场所要满足观众席以及进出场的基本照明；第三是比赛场要具备足够的垂直照度以保证观众的视觉享受及电视转播。

由于高速度是多数体育运动的基本特征，因而必须注意避免或减少频闪效应对运动者和观看者造成的影响。

体育场馆在比赛时会聚集大量观众，应急照明和疏散标志是必不可少的。

大型体育馆设置采光天窗是很好的节能措施，目前有些屋顶采用可打开的方式，以及采用高透光型膜材料作为屋面，都进一步说明新技术、新材料的应用给照明节能提供了新的手段。

太阳能的利用也不应忽视，由于体育馆庞大的屋面具有安装太阳能电池板的先天优势，在技术成熟和成本允许的情况下，应优先考虑。

7.2 体育建筑的照度指标和照明质量

(1) 运动场地的照度水平应满足训练和竞技比赛的需求。体育建筑的照度指标应执行现行国家相关标准。对于可能举办国际比赛的场地，还应参照和符合国际照明委员会、国际足联、国际田联等专项体育组织的相关规定。

(2) 比赛场地内水平照度最小值与最大值之比不宜小于 0.5；垂直照度最小值与最大值之比不宜小于 0.4；平均垂直照度与平均水平照度之比不宜小于 0.25。

(3) 可能举办正式比赛的运动场地，其照明应满足彩色电视转播的要求。

(4) 由于体育照明使用的光源功率大、灯具表面亮度很高，因而必须严格限制直接眩光对观众席的影响。

7.3 光源和灯具的选择

（1）高于6m的室内运动场地和各类室外运动场地照明均应选用高显色金属卤化物灯，光源色温宜为4500～5500K，显色指数不宜低于80，发光效率不应低于80 lm/W。用于举办国际比赛时，显色指数 *Ra* 大于90，并宜选用热触发型金属卤化物灯。

（2）灯具宜选用窄光束配光型（峰值光强与1/10峰值光强的夹角不宜大于15°），并配有可调角度指示器。装设在室外的灯具的防护等级不应低于IP65。光源附件和灯具附件应注意能效指标及其电磁性能指标。

（3）低于6m的室内运动场地宜优先选用T8、T5型直管荧光灯并配装电子镇流器。

（4）拳击、柔道和摔跤竞技场地宜采用可吸收光源辐射热的灯具。

（5）为满足场地使用的多样性，可采用不同配光特性的灯具进行组合或选用非对称配光型灯具。

（6）由于体育场馆照明灯具数量大、安装位置高，清洁维护较困难，故要求灯具表面具备较高的抗污和抗积尘能力，以利于发挥正常的工作效率。

7.4 眩光控制

（1）室内运动场地的照明灯具平行于场地长边线布置时，其灯具最大光强射线与场地中轴线水平夹角不宜大于50°。

（2）室内排球、羽毛球、网球、体操等运动项目的照明灯具不宜布置在场地正上方。

（3）室内游泳池的照明采用直接配光灯具沿泳池两侧布置时，应控制光源投射角在50°角范围内。

（4）射击、保龄球比赛场地应避免正面视野内出现任何灯具的发光表面以及地板产生的反射眩光。

7.5 室内体育馆的照明设计

（1）体育馆场地照明必须满足多种使用功能的需要，其中既有篮球、手球、排球、羽毛球等需要较高空间进行竞技的项目，也有室内田径、室内足球、拳击、柔道、摔跤、武术等集中在地面进行竞技的运动项目，还包括文艺表演和集会等。因此必须设置较多的灯具并根据不同的方案进行分组控制。

（2）光源应以250W、400 W高效气体放电灯为主，空间较高时可以使用功率较大的光源。一般而言，气体放电光源功率越高则光效越高，但单灯功率不宜超过1000 W。

（3）建议将主要灯具成行布置在场地长边两侧的灯架上，小部分灯具均匀布置在场地上空灯桥上。这样既可获得必要的垂直照度，又可满足场地照度均匀度的要求。

（4）除了限制灯具亮度和加装遮光格栅等措施外，适当增加顶棚反射比或提高其亮度也是减小不舒适眩光的有效措施。

（5）灯光配电系统应就近设置功率因数补偿并考虑消除有害谐波的措施，以利于节能和防止电源污染。

7.6 室外运动场的照明设计

（1）室外体育场的照明对象相对简单，除了偶尔为延续到夜晚的田径比赛提供一定的照明外，基本上都是为足球比赛的需要设置的。至于用于大型运动会开闭幕式的灯光系统，因其使用机会极少，可不设置固定设施，而用临时措施解决。

(2) 为与自然光协调，室外场地照明光源的色温宜略高于室内。一般以1500～2000W高效气体放电灯为主。灯具宜选用具有全抛物线曲面控照器的圆形或椭圆形灯具，光束角不宜大于18°。

(3) 布灯方式多采用带形布灯、塔式布灯或二者结合的混合方式。带形布灯是将灯具安装在观众席罩棚上的灯桥上，距场地较近，因而较塔式布灯节省能源且易于维护。塔式布灯则用于未设观众席罩棚的体育场。受国际足联新规定的影响，目前新建的体育场一般均设置了罩棚，单纯的塔式布灯方式已不多见。

(4) 带形布灯方式中灯具中心光强射线至场地中线与场地水平面的夹角宜为25°，至足球场地最近边线与场地水平面的夹角宜为45°～70°，见图4-1-9。灯具安装高度可由4-1-1式确定。

$$H \geqslant (D + W/2)\ \mathrm{tg}25° \tag{4-1-1}$$

式中 H——灯具距场地垂直高度（m）；

D——灯具距场地边线的水平距离（m）；

W——足球场地宽度（m）。

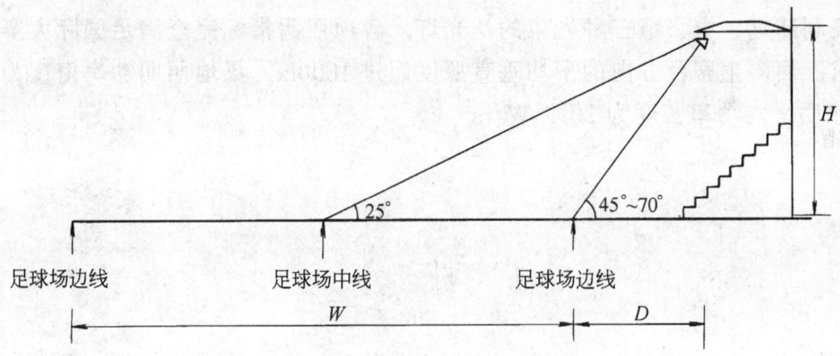

图4-1-9 足球场带形布灯方式示意

(5) 塔式布灯方式中灯塔位置应设在场地中心线与场地底线成15°角、半场中心线与边线成5°角的两线相交后延长线所夹角的范围内，灯塔最低一排灯具至场地中心点与场地水平面的夹角宜为25°。其安装高度可由4-1-2式确定。

$$H \geqslant D \times \mathrm{tg}25° \tag{4-1-2}$$

式中 H——最低一排灯具距场地水平面的垂直高度（m）；

D——灯具距场地边线的水平距离（m）。

(6) 由于体育场面积很大，超长的配电线路会造成较大的电压损失和大量的电能损耗，同时也使光源效率降低，因而建议至少设置两个以上的变配电室同时为灯光系统供电。

7.7 设计实例

在图4-1-10中将504套泛光灯分布在雨篷的上下两个边缘，雨篷上边缘双排布灯，光源功率1800W；下边缘单排布灯，光源功率1000W和400W，每排中6套灯成为一组。

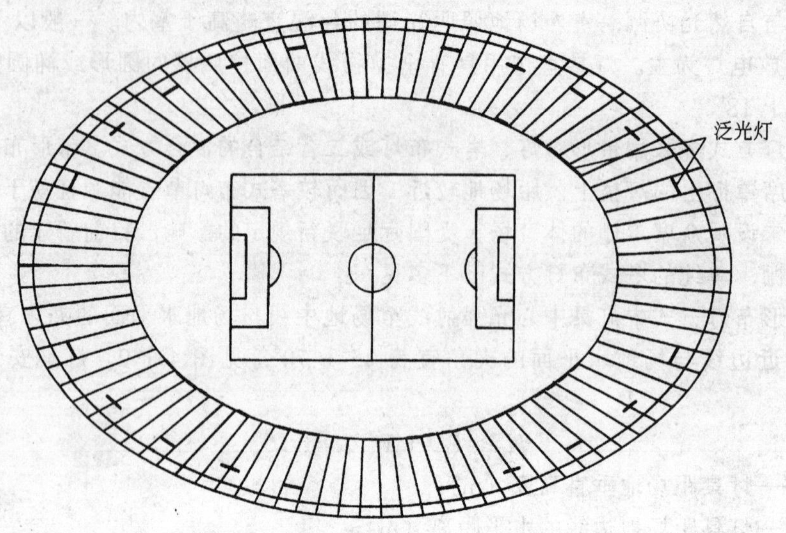

图 4-1-10　体育场照明灯具布置示意

灯具采用飞利浦宽、中、窄三种光束的泛光灯，各项照明指标完全满足国际大赛及彩电转播等的要求，面向主席台方向的平均垂直照度超过 1800lx，场地照明功率密度为 50.4 W/m^2，总的照明平均功率密度为 20.2 W/m^2。

第 2 章　工业建筑照明节能设计

1　工业建筑的特点

1.1　工业生产的性质和环境特点

1.1.1　工业生产的性质

工业建筑内的一切活动是围绕产品的加工、制作、包装、存贮进行的，是以生产流量和工人的活动为中心。一切设施应保证生产的安全、高效和不间断地进行，保持足够高的劳动生产率，降低生产的差错和废品率，节约能源，降低成本。

1.1.2　工业建筑的环境特点

工业建筑由于生产而导致不同的环境条件，主要有以下几类：

(1) 正常环境生产场所：生产中产生灰尘较少的干燥场所，如仪表装配。

(2) 洁净房间：生产需要环境中含尘量极少的干燥房间，如微电子加工。

(3) 有火灾危险的生产场所：如纸张库、润滑油库等。

(4) 有爆炸危险的生产场所：如石油、化工车间等。

(5) 其他特殊环境场所：如潮湿和特别潮湿场所，多尘场所，有腐蚀性气体或蒸汽的场所。

1.2　工业建筑结构特点

工业建筑随生产需要有多种形式，主要特点有：

(1) 结构上分单层工业建筑和多层工业建筑，单层建筑高度从几米到四十多米。

(2) 从采光方式分，有侧窗采光和顶部天窗采光，或同时有两种形式采光，还有全封闭的无天然采光厂房。

(3) 通常是有围护结构的建筑，也有敞开式，即有顶无墙的建筑。

这些不同形式的建筑对照明要求不同，选用的光源、灯具等都有很大差异。

2　工业建筑照明的目的和要求

2.1　工业建筑照明的目的

(1) 必要的照度，保证生产的正常、快捷进行，以提高劳动生产率。

(2) 建立清晰、良好的视觉条件，保证产品质量，提高正品率。

(3) 创造舒适的照明环境，减轻视觉疲劳，避免事故，确保生产安全。

2.2　对照明的要求

(1) 为生产工作面提供足够的照度，保证容易看清生产细节。

(2) 良好的照明质量，包括必要的限制眩光，合理的亮度分布，适宜的光色和颜色显现。

(3) 更高的照明能源效率，力求以较低的电能消耗达到较高的照明水平。

(4) 安全、实用的照明系统，方便、经济的运行、维护条件。

3 照明方式和照明种类

3.1 照明方式

(1) 工业建筑的所有场所都要设置一般照明，作为照亮工业生产的操作面和工作面的全部或一部分，同时也作为人员检查、巡视和活动，产品、零部件搬运等工作用照明。

(2) 按生产需要设置局部照明，对照度要求较高的操作面增设局部照明，有利于节能。需要装设局部照明的生产工作面有：冷加工机床、钳工台、精密仪表装配、电子元器件生产、电子产品装配、零部件检验台等。

3.2 照明种类

所有工业建筑均应设置正常照明；按工业建筑的规模、人员多少、发生停电故障、火灾等造成的危险程度，以及停电后继续维持生产和处置的需要，考虑设置应急照明（包括疏散照明、安全照明和备用照明）中的一种或几种。

工业建筑的大型车间或房间，应装设值班照明，作为非生产时间的值班、检查巡视、清扫之用，有利节能。

4 工业建筑照明的照度和质量

4.1 照度

工业建筑照明的照度应符合现行国家标准和相关行业标准的规定。在执行这些标准时，应注意工业生产的视觉要求的特点，合理确定照度值。如生产流程的危险性；生产加工的零部件的贵重性，照明对加工误差的影响，对生产视觉工作的紧张程度和连续性；观看和处理产品所在的流水线的移动速度等情况；还有生产和辅助设备对灯光的遮挡，生产场所尘埃、蒸汽等造成的严重污染等因素。

4.2 照明质量

工业建筑照明质量应符合国家照明设计标准有关规定，特别注意处理好以下两个问题：

(1) 满足生产需要的显色性要求：了解生产过程中哪些场所有辨别颜色的要求，特别是化学实验室、光谱分析室、油漆车间、检验台等。

(2) 符合眩光限制要求条件下重视节能：高大工业建筑的一般照明悬挂很高时，眩光对视觉影响较小，因此，应选择更高效的灯具；关于局部照明的灯具，应重视限制眩光要求，灯具应按装设的位置和高度确定其保护角，应使操作人员（按正常操作、使用取坐姿或站立）不能直接看到光源。

5 照明光源、镇流器和灯具选择

5.1 光源选择

5.1.1 光源选择的原则

(1) 光源选择是实施绿色照明的重要因素，因此应选择发光效率高、显色性好、使用寿命长的光源。选用的光源应符合该工业建筑应用的特点，并符合环保要求。

(2) 选用光源，不应单纯比较其价格，而应作全面的技术经济分析比较，根据光源的效率、寿命，并计及其配套的电器附件和灯具等综合考虑。通常应按同一房间、同样照度所使用不同光源的数量，计算光源、电器附件及灯具的全部费用，并计算运行所耗电费和维护费综合比较后确定。

5.1.2 光源类型的选择

(1) 高度较低的工业房间，如仪表装配、微电子生产、理化实验、检验、计量、纺织、卷烟等生产场所，应选用直管荧光灯。

(2) 高度较高的工业生产、使用场所，如机械加工、钣金、冲压、大件焊接、热处理、锻造、机械装配、发电等车间，应选用金属卤化物灯，当显色性要求不高（$Ra<40$）时，宜选用高压钠灯。

(3) 工业建筑内的辅助场所，如走廊、洗手间、楼梯间等，宜选用直管荧光灯或紧凑型荧光灯。

(4) 工业区的露天生产作业场地，有显色要求的宜用金属卤化物灯，显色要求不高（$Ra<40$）的，宜用高压钠灯；厂区道路、露天堆放场地，宜用高压钠灯。

5.1.3 光源规格的选用

(1) 选用荧光灯者，应选用光效更高、显色性好的稀土三基色荧光灯。

(2) 选用直管荧光灯者，应选用光效更高、节能环保效果更好的T8型（直径26mm）荧光灯和T5型（直径16mm）荧光灯。

(3) 选用金属卤化物灯者，宜选用陶瓷内管金属卤化物灯。

5.1.4 限制应用的光源

(1) 普通照明白炽灯的光效低，一般不应在工业建筑中应用；有特殊需要采用时，不宜选用100W以上的灯泡。

(2) 由于荧光高压汞灯和自镇流荧光高压汞灯的光效低，显色性不高，不应在工业建筑场所应用。

(3) T12型（直径38mm）直管荧光灯光效低于T8荧光灯，不应选用T12灯管。

5.2 镇流器选择

5.2.1 选择原则

镇流器是气体放电灯的重要电器附件之一，其自身能耗较大，所以，应选择自身损耗小的节能型产品，同时应具有安全、可靠、寿命长、能保护灯的使用寿命等特点，并使整个灯光系统具有良好的视觉性能。

5.2.2 镇流器选择

(1) 直管荧光灯宜选用节能型电感镇流器或电子镇流器。

(2) 工业建筑中有下列要求之一的场所，宜选用电子镇流器：

1) 有可看见的快速转动的机器设备的场所；

2) 连续而紧张的视觉作业的场所；

3) 需要荧光灯调光的场所；

4) 用荧光灯而要求特别安静的场所。

(3) 采用电子镇流器时，宜选用低谐波含量的L级产品。

(4) 高压钠灯和金属卤化物灯宜选用节能型电感镇流器，灯泡功率在150W及以下时，也可选用电子镇流器。

(5) 三班制生产车间、厂区道路等的照明，使用金属卤化物灯或高压钠灯及节能型电感镇流器的，宜选用恒功率型产品。

(6) 厂区道路照明，使用高压钠灯时，宜选用双功率型或调光型镇流器，以便在后半夜降低功率运行，以节约电能。

5.3 灯具选择

5.3.1 选择原则

(1) 为节约能源，应选用灯具效率高的产品；

(2) 灯具应满足使用场所对眩光限制的要求；

(3) 灯具应与选用的光源类型和尺寸相配套；

(4) 选择的灯具应便于维护，包括更换光源方便，容易清洁，抗老化性能好。

5.3.2 灯具选择

(1) 高度较大的工业厂房，应选用带反射罩的开启式灯具，灯具效率不宜小于75%。

(2) 低矮的房间，使用直管荧光灯，对眩光限制要求不高的，宜选用筒式灯；限制眩光要求高的，宜选用带格栅的荧光灯具，灯具效率不宜小于60%。

(3) 应按房间的室空间比（*RCR*）选用配光合适的灯具，以提高光的利用系数。灯具配光可按表3-1-6选择。

(4) 灯具防护结构应符合该场所的环境条件：在有火灾危险、有爆炸危险的场所，灯具应符合相关规范的规定；在多尘、特别潮湿的场所，灯具应选用相应的防护结构；在有腐蚀性气体或蒸汽的场所，灯具应有相应的防腐措施。

(5) 应选用光通维持高的灯具，灯具的反射和透射材料应有良好的抗老化性能。

6 灯具布置方案

6.1 确定布灯的原则

对于单层工业厂房，屋架或梁离地高度通常为5～20m，个别厂房超过这个高度达40m，不论是单跨或多跨厂房，应按以下原则布置灯具：

(1) 一般照明通常应均匀布置，对有高大生产设备或装置，为避免对灯光的遮挡，应采用部分非均匀布灯。

(2) 布灯应考虑灯具安装的建筑结构条件，应方便安装和维护，通常在屋架、梁或桁架下方或侧面装设灯具。

(3) 布置灯具的间距，应计及灯的高度，使灯间距（几何平均距）与高度之比，不超过该类灯具允许最大距高比，以保证照度均匀度符合规定。

(4) 在符合照度均匀度和限制眩光要求的条件下，应选用单个光源功率较大的布灯方案，以获得较佳的能效和较经济的初建费用。

6.2 布灯方案及应用

6.2.1 常用的几种典型布灯方案

(1) 建筑尺寸：柱距按 6m；常用跨度为 9m、12m、15m、18m、21m、24m、30m、36m；灯具离工作面高度，一般为 5～25m。

(2) 7 种常用的典型布灯方案，列于图 4-2-1。

(3) 图 4-2-1 中的灯具间距：每屋架装 2 个灯具的，灯具间距为跨度的 1/2；每屋架装 3 个灯具的，灯具间距为跨度的 1/3。

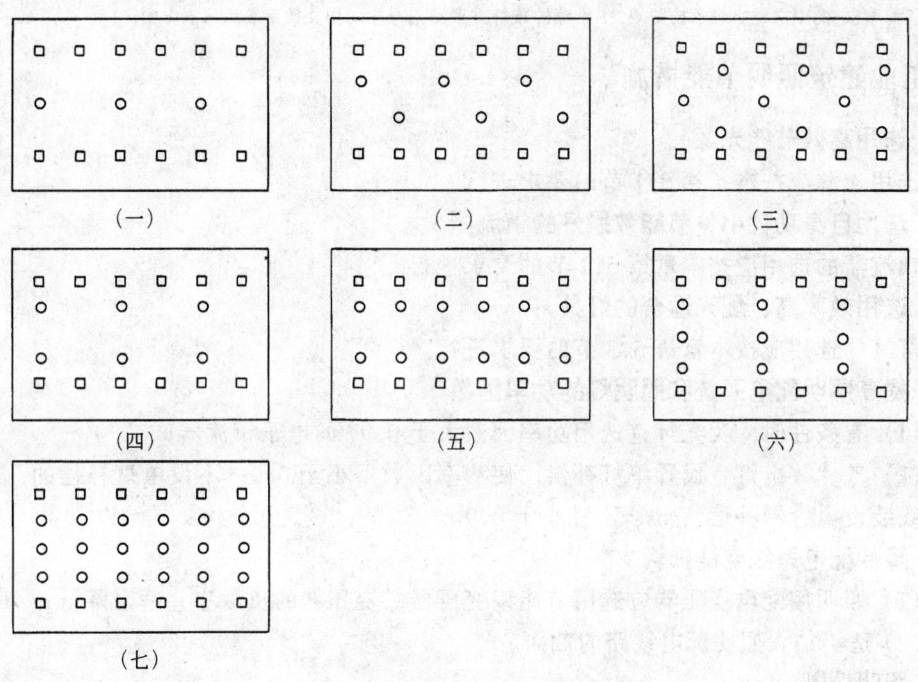

图 4-2-1　典型布灯方案

6.2.2　各种布灯方案适用范围

(1) 布灯方案一、二、三、四适用于较低照度，方案五、七适用于较高照度。

(2) 方案一、二适用于 9～12m 跨度，方案三适用于 9～15m 跨度，方案四、六适用于大跨度，如 24～36m。

(3) 各种跨度和高度建议的方案列于表 4-2-1。运用表 4-2-1 时，必须结合场所照度要求选取。

各种跨度推荐的布灯方案　　表 4-2-1

灯具离工作面高度 (m)	跨度 (m)							
	9	12	15	18	21	24	30	36
5～8	五 (三、二)	五 (三、二)	五 (三)	七、五 (三)	七 (五、三)	七 (六、三、四)	—	—
8～15	三 (二、五、一)	三 (二、五、一)	五 (三)	三 (四、七)	三 (四、七)	六 (七、三、四)	六 (四)	六 (四)

续表

灯具离工作面高度(m)	跨度(m)							
	9	12	15	18	21	24	30	36
15～25	—	—	五（三、二）	四（三、七）	四（三、七）	四（三、六）	四（六）	四（六）

说明：表中的中文数字表示按图4-2-1推荐的布灯方案，括号中的中文数字表示可选方案。

7 工业建筑照明节能措施

7.1 选用高效节能光源

选用光源应按本章第5.1节的要求进行。

7.2 选用自身功耗小、节能效果好的镇流器

镇流器的选用应按本章第5.2节的要求进行。

7.3 选用效率高、配光适合的灯具

灯具的选用应按本章第5.3节的要求进行。

7.4 提高照明配电系统和照明灯的功率因数

(1) 有条件时，荧光灯宜选用功率因数大于0.97的电子镇流器；

(2) 气体放电灯宜设置单灯补偿，使功率因数不小于0.9；不设单灯补偿的，应在配电干线装设电容器补偿，$\cos\varphi$ 不宜小于0.9。

7.5 降低配电系统电能损耗

(1) 照明用配电变压器应选用节能型变压器，变压器的负载率宜适当降低；

(2) 适当加大照明配电线路的截面。

7.6 照明控制

(1) 工业建筑内照明，有条件时，宜采用多种自动控制和调节系统，包括稳压、调光和按各种程序开关灯，以节约电能。

(2) 工厂内道路照明应设置自控系统，按光控、时控或天文时间控制开关灯；并应设置后半夜降低路面亮度的控制。

7.7 有效利用天然光

(1) 工业建筑内的照明应考虑与利用天然光相结合，有条件的，可设置按天然光照度关闭或降低有关区段的灯光。

(2) 工厂区的道路和户外场地照明，有条件的，可以利用太阳能电池供电。

8 设计实例

例：某生产车间，单跨，跨度18m，柱距6m，全长共90m，面积1620m^2，屋架下弦离地面高8m，装有起重机，一般照明平均照度为300lx，显色指数不小于60，设计车间照明。

设计步骤及计算如下：

(1) 从节能观点，并符合显色性要求，选用金属卤化物灯，$Ra=65$。

(2) 根据跨度、高度及照度要求，拟采用图4-2-1的布灯方案五。即每跨2个灯具，

装在屋架侧，离地 8m，离工作面 7.2m。

(3) *RCR* 值：计算结果，*RCR* = 2.4。

(4) 灯具距高比：沿屋架方向灯距 9m，两屋架间灯距 6m，几何平均灯距 7.35m，距高比为 1.02。

(5) 按 *RCR* 值，应选宽配光灯具。

(6) 查表得利用系数为 0.66，维护系数取 0.7，试选用 400W 灯泡，光通量为 36000lm，计算平均照度得 308lx。

结果：采用 400W 金属卤化物灯，*Ra* = 65，选宽配光灯具，按布置方案五布置，每片屋架装 2 个灯具，共计 30 个灯（两端各一个灯），照度满足要求。

注意：应合理选用与金属卤化物灯配套的节能型电感镇流器，注意欧标金卤灯与美标金卤灯配套镇流器不同。

第3章 道路照明节能

1 道路分类及其照明目的要求

1.1 道路分类

根据我国行业标准《城市道路设计规范》(CJJ 37—90)和《城市道路照明设计标准》(CJJ 45—91)并参照CIE有关技术报告，可将我国城市道路作如下分类：

(1) 高速路、快速路；

(2) 主干路；

(3) 次干路；

(4) 支路；

(5) 居住区道路、商业区道路、工业区道路。

根据道路使用情况，又可统分为机动交通道路和人行交通道路。主干路、次干路、支路，尽管它们两侧通常设有供骑自行车人使用的慢车道和供行人使用的步道，但从其主要功能来讲，可将它们和高速路、快速路一起归入机动交通道路。而居住区道路、商业区道路、工业区道路虽仍有少量机动交通，但其主要是供行人和骑自行车人使用，在这些区域设置照明时，主要考虑人行交通要求。

1.2 道路照明目的

1.2.1 机动交通道路

机动交通道路设置照明的目的是为机动车辆驾驶人员以及行人创造良好的视看环境，达到减少交通事故、保障交通安全、提高交通运输效率、方便人民生活、防止犯罪活动和美化城市环境的效果。

1.2.2 人行交通道路

人行交通道路设置照明的目的是为行人提供安全和舒适的照明条件，使行人能看清路面、发现路面上障碍物；看见驶向行人的车辆，并能判断行车的距离、行驶方向及行进速度；行人相遇时能彼此识别面部，并判断来人意图，防范犯罪活动；能识别居住区标志和住宅楼标牌，有助于行人确定方位和辨别方向；此外，照明应能创造一个有趣的、愉快的、令人振奋的夜间景观。

2 照明评价指标

2.1 机动交通道路的照明评价指标

根据人类视感观系统工作原理，在对驾驶员视觉作业特点及其夜间驾驶视觉要求进行分析研究基础上，通过大量的实验室和现场试验，结合丰富的实践经验，找出机动交通道路如下评价指标。

2.1.1　路面平均亮度

为路面亮度的总体水平。系按CIE有关规定在路面上设置的测点（或计算点）上测得的（或计算得到的）亮度平均值。

2.1.2　路面亮度均匀度

包括亮度总均匀度和亮度纵向均匀度

(1) 总均匀度（U_0）——路面上最小亮度和平均亮度之比。

(2) 纵向均匀度（U_L）——通过驾驶员所在位置平行于路轴的直线上（即车道中心线上）最小亮度和最大亮度的比值。

2.1.3　眩光限制

眩光可分成两类，失能眩光和不舒适眩光。失能眩光损害视看物体的能力，即导致可见度的损失，直接影响到驾驶员觉察物体的可靠性；不舒适眩光通常引起不舒适感觉和疲劳，直接影响到驾驶员的舒适程度。

2.1.3.1　失能眩光（生理眩光）

失能眩光起因于光在眼睛内的散射降低了视网膜上影像的对比。这种效果可解析为在影像上叠加上一个均匀的光幕，其定量化为等效光幕亮度。它的大小取决于灯具在驾驶员眼睛上产生的照度，以及看灯具的角度。失能眩光随等效光幕亮度增加而增加，在一定路面平均亮度范围内随路面平均亮度增加而减少。

失能眩光用相对阈值增量（TI）度量。计算TI的公式是基于物体在无眩光时，即当灯具从观察者视线遮挡掉时刚刚可以看见，在眩光存在条件下要使物体看得见需要增加的亮度百分比。

2.1.3.2　不舒适眩光（心理眩光）

对交通道路上驾驶员的不舒适眩光尚未导出令人完全满意的定量化表示方法，目前采用的是用眩光控制等级（G）来描述。鉴于用G来描述会出现反常现象而且有现场证据表明，按所推荐的阈值增量（TI）范围设计的装置，其不舒适眩光是可以接受的。因此CIE在其新的推荐标准（见CIE 115—1995技术报告）中没有列入对G的要求。

2.1.4　环境比SR

道路照明的主要目的是创造一个明亮路面，物体以它为背景可以看到。然而道路上高物体的上半部分、靠近路边的物体，尤其在曲线路段（弯道）上物体是以道路的周边为背景看到的。因此周边的适度照明有助于驾驶员更好地察觉环境并及时做出快速判断。

环境比是和车行道两侧边缘相邻的5m宽的带上（如果空间不允许可以窄些）的平均照度与该车行道上5m宽的带上或1/2宽车行道上（看哪个更小用哪个）的平均照度之比。对双向车行道，两个方向车行道一起作为单行线处理，除非它们之间有10m以上宽度的分车带。

2.1.5　诱导性

道路照明设施应能提供良好的诱导性，它对交通安全和舒适驾驶所起的作用犹如亮度水平或眩光限制等一样重要，但诱导性不能用光度参数来定量表示。诱导性分视觉诱导和光学诱导，两者有区别但又有紧密联系。

2.1.5.1　视觉诱导

通过道路的辅助设施，如路面中线、路面或路缘标志、应急路栏等使驾驶员明确自身所在的位置和道路前方的走向。

2.1.5.2　光学诱导

通过灯杆和灯具的整齐排列，灯具式样、灯光颜色或其强度的改变，标志着道路走向的改变或将要接近交叉口等特殊地点。

在设计、选材和施工过程中要做出种种努力，以获得良好的诱导性。

2.2　人行道路照明的评价指标

行人和汽车驾驶员的视觉作业特点有很大不同，驾驶员总是把注意力集中在前方路面，因此与其关系最密切的是路面亮度，而行人却没有固定的观察目标且不能规定统一的观察位置。行人移动速度慢，靠近他的物体比一定距离外的物体对他来讲更重要，他关心的是路上和步道上物体的外观和构造，而驾驶员关心是它的剪影。正由于此，符合驾驶员需要的评价指标不能满足行人的需要。

2.2.1　水平照度

由于水平照度的计算和测量较为方便，因此一直沿用至今，目前仍是不少国家现行规范所使用的指标。

2.2.2　半柱面照度

这是一种新的更为科学的评价指标。

行人对夜间照明的主要要求是能迅速识别正接近他、和他有一定距离的其他人，这是出于交流与安全的需要。对熟识的人彼此问个好，对不熟悉的人则要辨明对方是友好的还是不良分子，以便有足够时间做出正确反应（如采取回避或自卫行动）。研究结果表明，对于后者最小距离为4m，且要求在人脸平均高度，大约是地面以上1.5m高度处有足够高的垂直照度。由于许多原因，任何方向的纯粹的垂直照度都不是最佳参数。最佳参数是半柱面照度，即一个无限小的垂直半圆柱体上的照度。但CIE115—1995技术报告指出，由于半柱面照度在使用中仍有困难，接受的人仍很有限，建议在试验基础上使用。

2.2.3　眩光限制

行人对眩光限制要求远没有驾驶员要求那样严格，因为行人速度比汽车速度慢得多，有更多时间适应视场中亮度的变化。不舒适眩光和失能眩光相比，行人或骑自行车人更可能受到前者的干扰，但度量不舒适眩光的眩光控制等级 G 不适用于居住区照明设施的眩光评价。目前在国际上尚未统一不舒适眩光的度量方法，CIE在其136—2000技术报告中推荐了一种适用于评价居住区和步行区照明设施的眩光限制指标 $LA^{0.5}$ 和数值，其中 L 为灯具在与垂直向下方向形成85°和90°之间的方向上的最大（平均）亮度，A 为灯具在与垂直向下方向形成90°方向上的发光表面面积。

2.2.4　立体感

大多数情况下，照明装置的满意度和可接受程度，主要根据其所照明的人的外表真实、自然程度来判断。这可用人的容貌立体感指标度量。当对比不足或过大时都会歪曲环境中人的容貌和建筑物的特征。研究表明，立体感指标可用垂直照度和半柱面照度之比（即 E_V/E_{SC}）表示。推荐的比值在0.8至1.3之间。

3 道路照明标准

3.1 机动交通道路照明标准

3.1.1 我国的标准

在我国现行的《城市道路照明设计标准》(CJJ 45—91) 中对道路的分级、规定的评价指标及其数值见表4-3-1。

道路照明标准 表4-3-1

级别	道路类型	亮度		照度		眩光限制	诱导性
		平均亮度 L_{av} (cd/m²)	均匀度 L_{min}/L_{av}	平均照度 E_{av} (lx)	均匀度 E_{min}/E_{av}		
Ⅰ	快速路	1.5	0.4	20	0.4	严禁采用非截光型灯具	很好
Ⅱ	主干路及迎宾路、通向政府机关和大型公共建筑的主要道路、市中心或商业中心的道路、大型交通枢纽等	1.0	0.35	15	0.35	严禁采用非截光型灯具	很好
Ⅲ	次干路	0.5	0.35	8	0.35	不得采用非截光型灯具	好
Ⅳ	支路	0.3	0.3	5	0.3	不宜采用非截光型灯具	—

注：1. 表中所列的平均照度仅适用于沥青路面，若系水泥混凝土路面，其平均照度值可相应降低20%～30%。
2. 表中各项数值仅适用于干燥路面。

此外还规定：

(1) 三幅路、四幅路的非机动车道的平均照度值宜为相邻机动车道的二分之一。

(2) 表4-3-1中的平均亮度（或照度）值均为维持值，新安装光源、灯具的道路，其路面的初始亮度（或照度）值应相应提高30%～50%。

(3) 选定标准值时，要考虑城市的性质和规模，一般中小城市可视其道路类型采用低一级的标准。

3.1.2 国际照明委员会（CIE）的推荐标准

CIE在1965年、1977年和1995年先后共提出过三个推荐标准，下面介绍的是1995年最新标准。

3.1.2.1 照明等级

CIE将照明推荐值分为M1至M5五个等级，见表4-3-2。根据道路功能、交通密度、交通复杂程度、交通分隔状况以及交通控制设施如交通信号灯状况等进行选择。

不同类型道路的照明等级 表4-3-2

道路描述	照明等级
双向车行道之间有中间分车带分隔，无平面交叉，出入口完全控制，车辆高速行驶的高速路、快速路。 交通密度和道路布局复杂程度①	

续表

道路描述	照明等级
高 中 低	M1 M2 M3
高速行驶道路、双向行驶道路 交通控制②和不同类型道路使用者分隔③④状况 差 好	 M1 M2
主要的城市交通干线、辐射道路、地区配置道路 交通控制②和不同类型道路使用者分隔③④状况 差 好	 M2 M3
连接不太重要的道路、区域配置道路、居住区主要道路，提供直接进出红线并通向连接道路的道路。 交通控制②和不同类型道路使用者分隔③④状况 差 好	 M4 M5

① 道路布局的复杂程度涉及基础结构、交通态势和视环境。应予以考虑的因素是：

— 车道数量、斜坡；

— 标志和信号。

进出口匝道 、并线、三角地带等几种情况应予以考虑。

② 交通控制指的是现有的标志和信号以及交通规则。

控制方法是：交通灯、优先规则和标志，交通标志，方向标志以及道路标志。

这些设施没有或稀少的地方交通控制被视为差，反之被视为好。

③ 可通过专设车道，限制一种或多种交通类型使用而实现隔离，当存在隔离时，可以认为适宜采用较低级别的照明水平。

④ 不同类型的道路使用者，例如汽车、货车、慢速车辆、公交车、骑自行车人和行人。

3.1.2.2 机动交通对照明的要求

机动交通对照明的要求见表4-3-3。

机动交通对照明的要求 表4-3-3

照明等级	应用范围				
	各种道路	各种道路	各种道路	很少或无交叉口的道路	带人行道、但人行道的照明达不到P1到P4级的道路
	L (cd/m^2) 维持的最小平均值	U_0 最小值	TI 初始最大值的%	U_L 最小值	SR 最小值
M1	2.0	0.4	10	0.7	0.5
M2	1.5	0.4	10	0.7	0.5
M3	1.0	0.4	10	0.5	0.5
M4	0.75	0.4	15	—	—
M5	0.5	0.4	15	—	—

3.1.2.3 冲突区域的照明

无论什么时候，机动车流彼此交叉，或开进行人、骑自行车人或其他道路使用者经常进出的区域，或当眼前的道路和路况低于标准（如车道数量减少或车道、道路的宽度减少）的一段道路相连接时，这种情况导致车辆之间，车辆和行人、骑自行人或其他道路使用者之间，或车辆与固定物体之间的碰撞有增加的可能性。

对冲突区域，亮度是建议的设计指标。然而，在距离短，且其他因素妨碍到亮度指标使用的地方，照度指标可以在冲突区域使用。如果亮度指标不能运用于整个区域，照度可以在整个区域使用。

在用亮度作为评价指标的场所，冲突区域的照明等级应该比通向冲突区域的照明等级最高道路高一级（例如用M2代替M3），在通向冲突区域道路照明达到M1级情况下，冲突区域的照明仍是M1级。

在用照度作为评价指标的场所，整个冲突区域路面上的照度不应小于通向冲突区域的任何道路上的照度值，见表4-3-4。在此表中，照明等级这一列字母C表示冲突区域，数字对应于表4-3-3通向冲突区域的最重要道路的照明等级（例如，通向冲突区域最重要道路是M4，冲突区域照明应达到C4标准，或在某些情况下，如表4-3-5所示那样，达到相邻较高级别，即C3），$\bar{E}$是使用表面上的平均照度，U_0（E）为照度均匀度，是车行道上的最小照度除以平均照度$\bar{E}$。在人行道没有按表4-3-7中的照明级别P1到P4之一单独设置照明的场所，其照度至少应为车行道上照度水平的一半。

用TI定量表示失能眩光常常是不实际的，因为在冲突区域所采用的非标准灯具设置，使得TI的计算困难，而且因驾驶员视点不断变化使得适应亮度不确定，在这种情况下建议通过限制光强的方法来限制眩光：在驾驶员观看灯具的方位角上，80°高度角处的光强为30cd/klm，90°高度角处的光强为10cd/klm，在灯具以现场使用的姿态安装情况下度量高度角。

冲突区域对照明的要求 表4-3-4

照明等级	整个使用表面上最小维持平均照度 $\bar{E}$（lx）	最小照度均匀度 U_0（E）
C0	50	0.40
C1	30	0.40
C2	20	0.40
C3	15	0.40
C4	10	0.40
C5	7.5	0.40

表4-3-5给出表4-3-4应用于典型冲突区域的例子，表中括号内的字母是等级数，因此，例如C（N）＝M（N−1）表示如果通向冲突区最重要道路是M3的话则冲突区域的级别是C2。

亮度不适用的冲突区域照明等级应用的例子　表 4-3-5

冲突区域	照明等级
地下通道	C (N) = M (N)
汇合点、三角地带、坡道、迂回（弯曲）路段 车道宽度有限制的区域	C (N) = M (N-1)
铁路交叉口： 简单 复杂	 C (N) = M (N) C (N) = M (N-1)
不设信号灯的环岛 复杂或大型 中等复杂 简单或小型	 C1 C2 C3
排队区 复杂或大型 中等复杂 小型或简单	C1 C2 C3

此外，CIE 还要求，若在通向或经过冲突区域的道路上不另外设置照明，则表 4-3-4 和 4-3-5 所推荐的照度应安装在足够长的一段路上，其长度可使驾驶员以他所希望的速度驾驶 5s。

3.2 人行道的照明标准

3.2.1 我国的标准

在我国的《城市道路照明设计标准》（CJJ 45—91）中对主要供行人和非机动车通行的居住区道路和人行道的照明作了如表 4-3-6 的规定。

我国的居住区和人行道照明标准　表 4-3-6

道路类型	亮度		照度		眩光限制
	平均亮度 L_{av}	均匀度 L_{min}/L_{av}	平均照度 E_{av} (lx)	均匀度 E_{min}/E_{av}	
主要供行人和非机动车通行的居住区道路和人行道	—	—	1~2	—	采用的灯具不受限制

3.2.2 国际照明委员会（CIE）的推荐标准

CIE 在其 115—1995 和 136—2000 技术报告中对人行交通道路的照明等级和照明要求作了推荐，分别见表 4-3-7 和表 4-3-8。

人行区不同类型道路的照明等级　表 4-3-7

道路简述	照明等级
知名度高的道路	P1
夜间有大量行人或骑自行车人使用的道路	P2
夜间有中等量骑自行车人或行人使用的道路	P3
夜间有少量的只与邻近住户有关的骑自行车人或行人使用的道路	P4

续表

道路简述	照明等级
夜间有少量的只与邻近住户有关的骑自行车或行人使用的道路 对保留乡村或环境的建筑特征而言是重要的道路	P5
夜间有很少的只与邻近住户有关的骑自行车人或行人使用的道路 对保留乡村或环境的建筑特征而言是重要的道路	P6
仅需用灯具发出的直射光提供视觉诱导的道路	P7

人行交通的照明要求　　表4-3-8

照明等级	在整个使用路面上的水平照度维持值（lx）		半柱面照度（lx）
	平均	最小	最小
P1	20	7.5	5
P2	10	3	2
P3	7.5	1.5	1.5
P4	5	1	1
P5	3	0.6	0.75
P6	1.5	0.2	0.5
P7	不适用		

表4-3-7和表4-3-8适用于人行、骑自行车和其他非机动交通道路。列入表4-3-7中的有7级照明，P1到P7。P1适用于知名度高的区域，那里需要有高的照明水平以产生有吸引力的环境。余下的6个等级根据行人使用情况以及保留环境特征的需要而分级。P5、P6和P7仅在犯罪风险可以忽略的道路使用，犯罪风险可能高的道路应考虑选择比不存在犯罪风险时所选择的高一级或情况严重时高二级的照明（如用P4或P3代替P5）。表4-3-8给出了相关的照明要求，对P1到P6级适用于所使用的整个道路表面，即如果有步道还要包括步道。对于P7级，实际上是可从紧挨着的最近灯具位置（越远越好）看到灯具的明亮部分，以提供有效的视觉诱导。

4　道路照明设备

4.1　光源

根据我国《城市道路照明设计标准》并参考CIE及有关国家标准，可以概括出如下几点：

(1) 所有机动交通道路的照明均不应采用白炽灯，而应采用高强度气体放电灯，其中又要首先选用高压钠灯。这是因为白炽灯寿命太短，光效太低。若采用它会造成能源极大浪费，换灯次数也会大大增加，路面亮度（或照度）水平也不易达到标准要求。首选高压钠灯是因为它和高压汞灯、金属卤化物灯相比优点更突出，寿命更长，光效更高，只是显色性稍为逊色，但已能满足道路照明要求。

(2) 高速路、快速路也可采用低压钠灯，它的特点是光效最高，但显色性差，不过亦能满足高速路、快速路的照明要求。但目前低压钠灯在我们国内基本不生产，在世界上用得也不算普及。

(3) 个别对颜色识别要求较高的街道，包括商业街、步行街，必要时可采用金卤灯或中显色型、高显色型高压钠灯。

(4) 人行道路包括居住区道路和机动交通道路两侧的人行道除可以使用高强度气体放电灯照明外，紧凑型荧光灯和各种管形荧光灯也都可以使用。

4.2 灯具

用于道路照明的灯具，除其电气安全性能、耐热性能，机械强度等应符合有关标准要求外，还要注意如下几点：

(1) 机动交通道路采用常规照明时必须选用截光型、半截光型常规道路照明灯具。

所谓截光型、半截光型和非截光型灯具，系根据其配光按表 4-3-9 进行分类。

道路照明灯具按配光分类　　**表 4-3-9**

灯具类型	最大光强方向	在指定角度方向上所发出的最大光强允许值	
		90°	80°
截　光	0°～65°	10cd/1000lm①	30cd/1000lm
半截光	0°～75°	50cd/1000lm①	100cd/1000lm
非截光	—	1000cd	—

① 不管灯泡发出多少光通量，光强最大值不得超过 1000cd。

(2) 宽阔的机动交通道路，采用高杆照明时，宜选用光束比较集中的泛光灯。

(3) 灯具的防尘防水等级一般不应低于 IP54。照明标准高、环境污染严重、维护困难的道路或场所宜选用防尘防水等级更高的灯具。

(4) 空气中酸碱等腐蚀性气体含量高的地区或场所宜采用耐腐蚀性能好的灯具。

(5) 发生强烈振动的场所，如大型桥梁宜选用带减振措施的灯具。

(6) 对主要供行人和非机动车通行，但还有一定数量的机动车通行的道路，因要兼顾机动车驾驶员对照明的要求，宜选择功能性和装饰性结合得好的灯具，如造型美观的常规道路照明灯具。

(7) 对完全供行人和非机动车使用的道路，可采用突出造型的装饰性灯具，如全漫射型玻璃灯具、组合灯具、下射式筒形灯具及反射式灯具等，其种类繁多，变化无穷。

4.3 镇流器

镇流器是重要的点灯附件，其质量好坏直接影响到光源的工作状态、使用寿命和系统的能耗等，因此要认真选择。

近二十多年来国内外都在大力开发节能型电感镇流器，其中荧光灯镇流器最为成熟，高强度气体放电灯镇流器也已采用。和传统电感镇流器相比，节能型电感镇流器虽然价格有所提高，但可节电约 50%，工作温度低，安全可靠，寿命更长。

高强度气体放电灯电子镇流器近几年也在我国市场上出现。它和传统电感镇流器相比，优点也异常突出，具有高效节能、功率因素高、不需另配触发器和电容器、适用电压宽、温升低、启动电流小、工作电流小，可减少供电设备容量、减小供电电缆截面等优点。当前存在的主要问题是价格高、寿命短，还要进一步提高质量。用户选用时一定要注意品牌和产品质量。

5　道路照明设计原则和照明方式和方法

5.1　道路照明设计原则

(1) 机动交通道路的照明是功能性照明，应选用功能性灯具以确保路面上的各项照明指标均符合标准的要求。在满足功能要求的前提下，追求灯具美观。

若机动交通道路两侧有较宽或很宽的非机动车道、人行道、绿化带，还需专门为它们设置照明时，可选用装饰性灯具。

(2) 新建或改建的道路应由道路照明工程师、市政道路工程师、城市规划师以及园艺景观工程师对机动车道的功能性照明，人行道、绿化带的装饰性照明等进行统一规划和设计。但机动车道的功能性照明要由道路照明工程师决策，其他人只能提供参考意见。要注意两种照明的互相影响，尤其要避免装饰照明产生的光、色和阴影干扰在机动车道上行驶的驾驶员的眼睛，分散驾驶员的注意力。

(3) 努力减少光污染和光干扰。道路照明是光污染光干扰的主要来源，要从多方面入手尽可能减少经路面反射或直接射向空中的光线。临街有居住建筑时，要采取必要措施，避免过多光线射入居室，干扰居民的作息。

(4) 无论是功能性照明还是装饰照明都不是越亮越好。亮要亮得科学，亮得合理，也就是说满足标准要求就可以了。过亮，不但会造成能源的浪费，而且会造成种种弊端。

(5) 在设计理念上必须注意，道路照明设施和其他道路设施一样必然和环境息息相关。所有照明设施，无论是白天或夜间其外观都很重要，包括灯杆、灯臂、灯具造型、各部分比例以及整体性乃至颜色都要认真考虑，力争达到极佳艺术效果并和整个环境相协调。

(6) 装饰照明设施往往安装高度比较低，有的随手就可以触及，因此选用的灯具、零部件的防触电保护等电气性能应符合有关标准要求，施工安装也要符合有关规范并严格验收程序，确保日后使用时的人身安全。

(7) 道路照明设施要利于维护和管理。设计、选用照明设施时一定要考虑到使用期间的维护和管理。只有维护和管理方便，制订的维护管理计划才能真正实施，设施时刻保持在最佳使用状态才有可能。

5.2　机动交通道路的照明方式和方法

5.2.1　照明方式

机动交通道路及与其有关的特殊场所的照明方式分常规照明和高杆照明两种。

5.2.1.1　常规照明

(1) 常规照明是平常用得最多的照明方式。其特点是顶端安装1～2个普通路灯灯具(即常规路灯灯具) 的灯杆按一定间距有规律地连续设置在道路的一侧、两侧或中间分车带上；灯具的光束轴线指向或接近指向道路的轴线；灯杆的高度通常不超过12m，因而不需要专门的液压高空作业车就可以维护管理。

(2) 常规照明有单侧布置、双侧交错布置、双侧对称布置、横向悬索布置和中心对称布置五种基本布灯方式（见图4-3-1)。

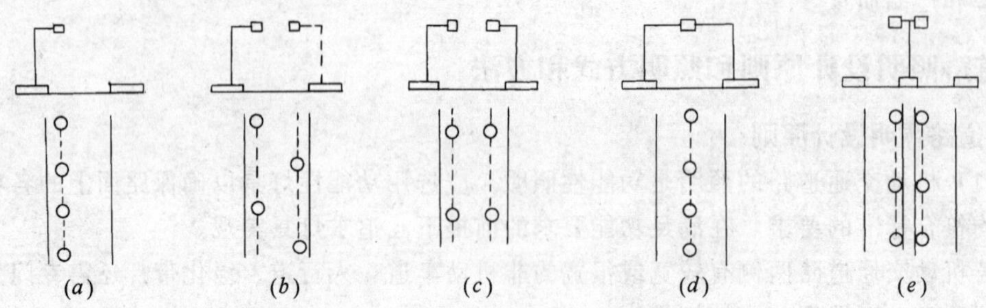

图 4-3-1　常规照明灯具布置的五种基本形式

(a) 单侧布置；(b) 双侧交错布置；(c) 双侧对称布置；(d) 横向悬索布置；(e) 中心对称布置

(3) 采用常规照明方式时，灯具的配光类型、布灯方式、安装高度和间距应满足表 4-3-10的规定。

灯具的配光类型、布灯方式与安装高度、间距的关系　　表 4-3-10

灯配光类型	截光型		半截光型		非截光型	
布灯方式	安装高度 H (m)	间距 S (m)	安装高度 H (m)	间距 S (m)	安装高度 H (m)	间距 S (m)
单侧布置	$H \geqslant W_{eff}$	$S \leqslant 3H$	$H \geqslant 1.2W_{eff}$	$S \leqslant 3.5H$	$H \geqslant 1.4W_{eff}$	$S \leqslant 4H$
交错布置	$H \geqslant 0.7W_{eff}$	$S \leqslant 3H$	$H \geqslant 0.8W_{eff}$	$S \leqslant 3.5H$	$H \geqslant 0.9W_{eff}$	$S \leqslant 4H$
对称布置	$H \geqslant 0.5W_{eff}$	$S \leqslant 3H$	$H \geqslant 0.6W_{eff}$	$S \leqslant 3.5H$	$H \geqslant 0.7W_{eff}$	$S \leqslant 4H$

注：W_{eff}为路面有效宽度（m）。

(4) 灯具悬挑长度不宜超过安装高度的 1/4，灯具的仰角不宜超过 15°。

5.2.1.2　高杆照明

(1) 高杆照明通常是指一组灯具安装在高度大于 20m（含 20m）的灯杆上进行大面积照明的一种照明方式。

(2) 高杆灯从结构上分，有固定式和升降式两种，宜根据使用条件选择。

(3) 灯具的配置方式有平面对称，径向对称和非对称三种。

宽阔道路宜采用平面对称配置方式，广场和道路布置紧凑的立体交叉宜采用径向对称配置方式；多层大型立体交叉和道路分布很广、很分散的立体交叉宜采用非对称配置方式。

(4) 灯杆不得设在危险地点或维护时会严重妨碍交通的地方。

(5) 采用普通截光型路灯按平面对称式配置灯具的高杆灯，其间距和高度之比以 3:1 为宜，不应超过 4:1。采用泛光灯按径向对称式配置灯具的高杆灯，其间距和高度之比以 4:1 为宜，不应超过 5:1，采用泛光灯按非对称式配置灯具的高杆灯，间距和高度之比可适当放宽些。

(6) 灯具的最大光强方向和垂线夹角不宜超过 65°。

(7) 市区设置的高杆灯应在满足照明功能要求的前提下，力求样式美观，做到与环境协调。

5.2.2 照明方法

5.2.2.1 一般机动交通道路的照明

(1) 应采用常规照明方式。在树木多、遮光严重的道路或楼群区难于安装灯杆的狭窄街道可采用横向悬索布置。

(2) 采用常规照明方式时，灯具的安装间距、高度、道路的有效宽度和灯具的配光类型等之间的关系应满足表4-3-10的规定，为了避免或减少撞杆事故，灯杆至路缘的距离应大于0.5m。

(3) 对亮度（或照度）水平和美观要求高的宽阔道路可采用半高杆照明（或称组合灯照明），灯杆的安装高度、间距等各种参数间的关系和常规照明相同，仍应满足表4-3-10的规定。

(4) 路面宽阔的快速路、主干路必要时可采用高杆照明，并应符合有关要求。见本节5.2.1.2高杆照明。

5.2.2.2 与一般机动交通道路连接的若干特殊场所的照明

特殊场所包括平面交叉路口、曲线路段、坡道、分离式立体交叉、互通式立体交叉、桥梁等。和平直路段相比，在这些场所设置照明时，尤其要注意如下几点：

(1) 适当提高亮度（或照度）水平

如平交路口，其亮度（或照度）水平应高于每一条通向该路口的亮度（或照度）水平，曲线路段、坡道、出入口等交通复杂路段的照明也应适当加强。

(2) 采用光色不同的光源、外形不同的灯具、不同的安装高度或采用不同的布灯方式。如平面交叉路口与通向它的道路应有其中一种的区别。

(3) 将灯具设置在恰当位置，必要时应适当减少灯具间距。如曲线路段，灯具应沿曲线外侧设置，并应减少灯具的间距，一般控制为直线路段的0.5～0.75倍。

T形交叉路口应在道路尽端设灯。

环形交叉路口采用常规照明时宜将灯具设在环岛的外侧。

(4) 必要时宜采用高杆照明

如大型环岛、立体交叉等很多时候宜采用高杆照明。

(5) 确保路面亮度（或照度）均匀度符合标准

如多层立交，设灯时应避免因上层道路（桥梁）挡光在下层道路（桥梁）上产生阴影导致均匀度下降。

(6) 更加重视眩光控制

如坡道、立交、桥梁等场所照明容易出现眩光问题，一定要注意控制好。

由于篇幅限制，不可能对每一种场所的照明都作详细介绍，感兴趣读者可参看《城市道路照明设计标准》第4.2.1条至第4.2.13条或其他专门书刊。

5.3 居住区人行道路的照明方式方法

根据CIE 136—2000技术报告，居住区道路可分为集散道路和区域道路。

5.3.1 集散道路

集散道路可定义为居住区主要道路，它一头和区域道路连接，另一头和城市机动交通道路连接。原则上讲它大都属于城市机动交通的支路，部分甚至属于次干路。因此，要按机动交通道路照明去设计。但由于这些道路可能进入社区中心，会有相当数量的自行车和人流，因此还要考虑它们的特殊需要。设计时由于既要满足机动车驾驶员对照明的要求又要兼顾非机动车和行人的需要，因此应选用功能性好，且无论白天或晚上看起来都很美观大方，即功能性和装饰性结合得好的常规道路照明灯具。将灯具按相对排列或交错排列方式设置在道路两侧。灯具的配光、安装高度、间距等参数之间关系同样应满足表4-3-10的要求。

5.3.2 区域道路

区域道路（小区内道路）以行人和非机动车为主，甚至有的完全禁止机动交通，照明设计时要满足行人和非机动车的要求。区域道路也不完全一样，因而对照明要求不可能也不应该完全相同，其照度标准可参看CIE推荐标准（见表4-3-7）有针对性加以选择。多数区域道路可选用装饰性灯具，通常有如下几种安装方式；

(1) 柱顶安装：通常是指将灯具安装在3m至8m高的灯杆顶端。安装高度取决于灯具的配光和要照射的面积。

(2) 建筑物立面安装：适用于没有地方立杆的街道、狭窄人行区和不宜采用灯杆的场所，如历史性建筑物周围。当使用支架时，应当越短越好，不宜超过1.5m。这样安装的装饰性灯具，其造型清晰，可增加环境的魅力，除此之外，可使灯具避开人眼的视线。

(3) 悬挂：在不想用灯杆又不愿采用墙面安装灯具的场所，可把灯具悬挂在端部固定于附近建筑物的缆绳上。

(4) 地平面安装：对那些照明的目的仅在于创造环境气氛或导向的场所如人行步道，可采用贴近地面安装的桩柱灯（bollard）。

5.4 机动交通道路两侧的非机动车道、人行道的照明方法

(1) 若非机动车道，人行道本身不宽，又紧靠着机动车道（即分车带很窄或没有）则可不单设明，借助主要机动车道的常规路灯向后射出的光，就可满足非机动车道和人行道的照明需要。

(2) 若非动机车道，人行道较宽，非机动车道和机动车道之间的分车带又有一定宽度，这时最通常的做法是，和机动车道照明共用同一灯杆，专设一排灯具照明非机动车道和人行道（即双火灯）。采用的灯具通常为常规道路照明灯具，但光源的功率要比照明机动车道的小。

(3) 若人行道较宽，路旁又有花坛、灌木丛等构成的绿化带，需要为人行道和绿化带单独设置照明时，可在人行道旁、绿化带内设置装饰照明。灯杆高度一般为3～6m，灯具可为全漫射型玻璃灯具、多灯组合灯具、下射式筒形灯具及反射式灯具等。采用这种照明方式时尤其要注意防止产生干扰驾驶员和行人的眩光。为此；一是安装高度要合适，不要安装在视平线上；二是不能采用裸灯或全透明玻璃灯具；三是不要距机动车道太近。

若只为花坛、灌木丛等设置照明，则可在绿化带内安装高度为50cm至1m的桩柱式灯具（Bollard）。

6　道路照明节能措施

推广道路照明节能是实施绿色照明工程计划的重要组成部分，应给予足够重视。在实际工作中，可根据自身条件采取下列一种乃至几种措施以达到节能目的。

6.1　合理确定照明标准，认真进行照明设计与计算，选择最佳照明方案

如前所述，CIE和我国都制订了道路照明标准，CIE的是推荐标准，我国的是建设部行业标准。这两个标准共同之处是都将道路按其使用功能划分为不同等级并给出不同等级道路所对应的各项照明评价指标值。不同之处是指标值有所不同。目前，我国的标准正准备修订，预计修订后，与CIE的标准没有差别或差别很小。

确定照明标准时，很重要一点是在理念上一定要明确道路照明并不是越亮越好，太亮了除了浪费电能外，还会带来光污染、光干扰等一系列难于解决的问题。要知道道路照明标准是根据驾驶员夜间视觉作业的特点通过科学的试验和广泛调研确定的。路面亮度（或照度）只要符合标准就可以了。当然定得低了也不好，会不符合驾驶员视觉作业要求，甚至引发交通事故。过去有一些单位不重视照明设计和计算而是根据经验拍脑袋，总认为大概一估就可以做到八九不离十，这种习惯一定要改变。目前各路灯单位已经有了进行设计和计算的条件，应通过设计和计算来确定照明方式，杆高、杆距、灯具仰角等各种参数。而且这种设计和计算不应只进行一次而应进行多次，以便从中选取最佳的照明方案。

6.2　合理选择照明器材

这里指的道路照明器材包括光源、灯具、镇流器等点灯附件。目前市场上照明器材的品种、规格、型号很多，质量又参差不齐，一定要根据使用条件和要求进行严格选择。

比如光源，现在适合用作道路照明的是包括高压钠灯、金属卤化物灯和高压汞灯的高强度气体放电灯。这些灯各有特点，寿命、发光效率、显色性等差别也很大，目前可以讲，对显色性无特殊要求的场合，采用高压钠灯无疑要比其他两者经济节能。

选择灯具要考虑的因素也很多，除了其防尘防水、电气安全、耐腐蚀等性能要符合相关标准的要求外，造型是否美观与环境是否协调也越来越成为重要因素。从节能和照明效果考虑则要从其光学性能方面去比较、选择，包括灯具效率和配光曲线是否符合使用要求。

选择镇流器，除了其各项技术指标要符合标准要求外，还要注意选择寿命长、能耗低、体积小、重量轻的节能型电感镇流器。高强度气体放电灯电子镇流器近几年也在我国市场上出现，其优点也异常突出，当前存在的主要问题是价格高和寿命短，目前还不宜与大功率的气体放电灯配套使用。

6.3　装设补偿电容，提高系统的功率因数

由于气体放电灯功率因数低，应根据可能条件进行集中或分散电容补偿，以提高照明系统的功率因数，降低线路损失，提高线路电压质量。补偿度一般应达到0.9。

6.4　根据不同地区不同季节合理确定路灯的开关灯时间，并实行灵活可靠的控制

为了节能，当然每天路灯燃点的时间越短越好，但过短，路面就会有一段时间不具备安全驾驶所要求的视看条件，因而影响到驾驶员、行人、骑车人的安全，甚至导致安全事故的发生。因此要在需要和可能之间取得平衡，合理确定开关灯时间。

当前存在的较为普遍的问题是：一是开灯时间过晚，关灯时间过早；二是关灯照度比开灯照度低，开/关灯照度比很不合理。笔者曾在2002年12月21日（冬至前一日）对北京路灯的开关灯时间、照度进行了记录和测试，地点在北三环东路。该处路灯开灯时间为17点6分，照度为13lx；关灯时间7点10分，照度为2.8lx。

《城市道路照明设计标准》第5.2.3条规定“道路照明的开灯、关灯照度水平宜为2～10lx”，建议下次修改为“开灯照度宜为10～15lx，关灯照度宜为20～30lx”。经过这一修改后，每年点灯时间大约增加约百把小时，所带来的能源损耗，完全可由采取其他节能措施所补偿。

我国多年来一直在开发和推广使用计算机无线路灯监控系统，不少城市路灯单位已经安装了这类系统，而欧美不少国家和地区还在继续采用单灯光控。无论采用哪一种控制方法，关键一是可靠，该关则能关，要开则能开，不致出现太阳当空照、路灯照常亮现象。二是灵活，能随天空亮度改变而自动调节开关灯时间，避免出现雷雨天天空一片漆黑，需点亮路灯却又开不了的现象。除此之外，当然还要求安全、经济、操作简便。

6.5 根据交通流量、路况等实际条件，尽可能实行半夜灯

6.5.1 实行半夜灯

目前我国除了少量城市、少量道路外，多数道路下半夜交通流量都会减少，基于这一事实可以在多数道路上实行半夜灯。

6.5.2 可选择下列办法实行半夜灯

(1) 首选的办法是采用双光源灯具（或在同一杆上重叠安装两台灯具）。下半夜交通流量小时关闭同一灯具（或另一灯具）的一支灯泡。这个办法的好处是路面的亮度（或照度）均匀度可以保持不变。

(2) 采用双功率镇流器，即能自动降低灯泡功率的节能型电感镇流器或电子镇流器，以便下半夜自动降低灯泡功率，最多约可降低40%灯功率，达到节能目的。

(3) 关掉不过半数的灯具，但不允许关掉沿道路纵方向相邻的两台灯具。

6.6 制订维护计划，认真清扫灯具等照明设施，提高光源光通量利用率

随着各地路灯部门所采用的灯具质量、IP等级的提高，灯具积灰变黑，反光器失效情况有了好转，但要彻底解决尚需做出很大努力。首先是在理念上要明确清扫灯具、提高灯具维护系数从而提高光源光通量利用率对确保路面照明水平及节约能源的重大意义，进而制订切实可行的维护计划，认真做好维护工作。

关于维护工作：一是当路面平均亮度（或照度）降低到初始亮度（或照度）的70%或65%时就应该彻底清扫灯具；二是可引入灯具清洁率概念（定义为按上列要求执行即按时清扫灯具的灯具数除以灯具总数），并把它列为考核路灯行业维护管理工作的又一个指标（另一指标为亮灯率）；三是学习欧美先进国家的管理经验，在每年冬季把灯具清扫维护工作交给承包商去做。

6.7 制订和执行照明节能标准

目前我国正在制订照明节能标准，其中包括规定道路照明的照明功率密度值（LPD），即单位路面面积照明安装功率，该标准颁布后应该在全国实施，以推进我国的道路照明节能设计工作。

第4章　建筑立面夜景照明节能

1　建筑立面夜景照明的节能潜力

建筑立面夜景照明是整个城市夜景照明的主体。这对美化城市，展现城市风采，增强城市的魅力，提高城市的知名度和美誉度，优化人们夜生活，促进旅游、商业、交通运输、服务业，特别是照明工业的发展，减少交通事故与夜间犯罪等均具有重要的政治经济意义和深远的社会影响，从而引起了社会各界的重视，成为推进中国城市形象工程建设的一个重要的组成部分。可以说，让城市亮起来，美起来，已成为各级领导、广大市民和社会各界的普遍共识。

通过对国内部分有代表性的城市的建筑立面夜景照明状况的调查，也发现存在一些值得特别关注的问题。归纳起来主要有：夜景照明缺少统一规划或规划滞后的问题；相互攀比，误认为夜景照明越亮越好的问题；夜景照明方法单一，误认为夜景照明就是在大楼前立根杆，装几个大灯把立面照亮的问题；关于玻璃幕墙建筑立面也用大功率投光灯照射的问题；建筑夜景照明随意使用彩色光，不分情况，误认为夜景照明就要红红绿绿的问题以及夜景照明产生的光污染和光干扰问题等。其中特别是相互攀比，夜景越来越亮和照明产生的光污染问题尤为突出，大有发展上升之势。有的建筑立面夜景照明的平均照度竟然超过500lx，建筑立面的每平方米耗电高达25W之多，可真如英文Floodlighting，把光似洪水般冲洒在建筑墙面上。这样不仅浪费大量能源，而且还会产生光污染和光干扰，给环境和人们的正常工作与生活造成严重的负面影响。如果不妥善解决以上问题，那么夜景照明所浪费的电能将是十分惊人的！同时也说明目前我国建筑立面夜景照明蕴藏着巨大的节能潜力。那么潜力到底有多大？可从以下三方面加以粗略分析。

1.1　泛光照明的节能潜力

通过对北京和上海二地121个建筑立面夜景的泛光照明的调查和墙面平均照度的实测，见表4-4-1。这些建筑的墙面的反射比基本上在30％～40％之间，墙面的清洁程度属于较清洁，建筑物的环境明亮程度也较为明亮。

被测建筑立面照度与照明标准偏离频率（％）　　　　**表4-4-1**

照度范围（lx）	频　数	频率（％）	低于标准情况		高于标准情况	
			频数	频率（％）	频数	频率（％）
50～100	3	2.48	3	3.94	高于标准的建筑总数为46个，高于标准的频数与频率分布如下	
100～150	13	10.74	13	17.10		
150～200	37	30.58	37	48.68		
200～240	23	19.00	23	30.26		

续表

照度范围（lx）	频数	频率（%）	低于标准情况		高于标准情况	
			频数	频率（%）	频数	频率（%）
240～300	28	23.14	总计76	100	28	60.85
300～350	8	6.61	低于标准的建筑总数为76个，低于标准的频数与频率分布如表上栏		8	17.39
350～400	4	3.30			4	8.69
400～500	4	2.48			4	8.69
500～700	2	1.65			2	4.34
总计	122	100			总计46	100

按国际照明委员会（CIE）的标准规定，对建筑立面反射比为30%～40%的中色饰面材料的墙面，比如中色石材、水泥或浅色大理石墙面的泛光照明的平均照度，在暗背景下为40lx，一般背景亮度（8cd/m^2）下为60lx，亮背景下为120lx，考虑墙面清洁程度为较清洁时乘修正系数2之后，分别为80lx、120lx和240lx。

对照CIE标准，所调查的建筑立面夜景照明的平均照度应等于或低于240lx，而实际上有37%的建筑超过CIE标准，个别建筑立面夜景照明照度高达700lx之多。由于互相攀比和夜景越亮越好的思潮的影响，估计超过CIE标准的建筑不会低于37%。把37%的超标建筑的照度降下来，挖掘出这部分建筑立面夜景照明的节能潜力，将会为国家节约一个相当可观数量的电能。

1.2 建筑物轮廓灯照明的节能潜力

建筑物轮廓灯照明是建筑夜景照明中使用得比较早和比较多的一种照明方式。不仅多数中国古建筑或仿古的现代建筑的夜景照明采用这种照明方法，而且在现代化建筑夜景照明中也采用不少。比如北京长安街及其延长线的建筑夜景照明中就有近百幢采用了各种形式的轮廓灯照明。粗略统计约使用了10万只左右白炽灯，其中天安门地区轮廓灯照明使用的白炽灯就达2.2万余只。

按北京市市政管委要求绝大多数轮廓灯在平日也要开放。若每天平均按5h计算，全年累计开灯为1825h。白炽灯每只功率按25W计算，那么全年耗电为45.6kWh。10万只白炽灯全年耗电456万kWh，2.2万只白炽灯全年耗电为100万kWh。如把25W白炽灯改为5W节能荧光灯。5W节能荧光灯全年耗电约9.2kWh。10万只节能荧光灯全年耗电为92万kWh；2.2万只节能荧光灯全年耗电为20万kWh。

如果把长安街及其延长线上10万只25W白炽灯全部改用5W节能荧光灯，每年将节电456－92＝364万kWh；2002年天安门地区的2.2万只白炽轮廓灯已全部改用5～9W节能荧光灯，若按5W节能荧光灯计算，一年就可节能100－20＝80万kWh，节能效果十分显著。

1.3 照明方法和管理的节能潜力

建筑立面夜景照明设计时，由于照明方法或布灯方案不当，造成能源浪费，如玻璃幕墙建筑立面使用投光照明方法，不仅浪费了能源，而且又没照明效果，反而造成光污染；又如灯具配光和布灯方案不当，造成大量溢散光。据调查统计，建筑立面泛光照明的溢散光约占照明总光通量的1/3。全国建筑立面泛光照明的溢散光加起来是一个十分可观的数字。它不仅浪费了能源，而且造成光污染。另外建筑立面夜景照明管理不当，照明控制技术落后造成照明用电浪费的现象比较严重。

总之，通过以上分析，可见建筑立面夜景照明节能潜力巨大。在我国大规模建设夜景照明的情况下，通过科学设计，严格执行国家和国际照明标准，正确选用照明方法和器材，加强照明设施管理，实现既建设好夜景，又节约能源的双重要求。

2 建筑立面夜景照明标准

2.1 照度和亮度标准

经调查国内外关于建筑立面夜景照明的照度和亮度标准的水平和表达方式不一，从权威性和便于跟国际接轨考虑，建议在我国建筑立面夜景照明标准尚未制订的情况下，采用如表4-4-2所示国际照明委员会（CIE）推荐的照度标准，作为设计或评价的依据。

国际照明委员会（CIE）推荐的照度标准值　表4-4-2

被照面材料	推荐照度（lx）			修正系数				
	背景亮度			光源种类修正		表面状况修正		
	低	中	高	汞灯、金属卤化物灯	高、低压钠灯	较清洁	脏	很脏
浅色石材、白色大理石	20	30	60	1	0.9	3	5	10
中色石材、水泥、浅色大理石	40	60	120	1.1	1	2.5	5	8
深色石材、灰色花岗石、深色大理石	100	150	300	1	1.1	2	3	5
浅黄色砖材	30	50	100	1.2	0.9	2.5	5	8
浅棕色砖材	40	60	120	1.2	0.9	2	4	7
深棕色砖材、粉红花岗石	55	80	160	1.3	1	2	4	6
红　砖	100	150	300	1.3	1	2	4	5
深色砖	120	180	360	1.3	1.2	1.5	2	3
建筑混凝土	60	100	200	1.3	1.2	1.5	2	3
天然铝材（表面烘漆处理）	200	300	600	1.2	1	1.5	2	2.5
反射率10%的深色面材	120	180	360	—	—	1.5	2	2.5
红—棕—黄色	—	—	—	1.3	1	—	—	—
蓝—绿色	—	—	—	1	1.3	—	—	—
反射率30%～40%的中色面材	40	60	120	—	—	2	4	7
红—棕—黄色	—	—	—	1.2	1	—	—	—
蓝—绿色	—	—	—	1	1.2	—	—	—
反射率60%～70%的粉色面材	20	30	60	—	—	3	5	10
红—棕—黄色	—	—	—	1.1	1	—	—	—
蓝—绿色	—	—	—	1	1.1	—	—	—

注：1. 对远处被照物，表中所有数据提高30%。

2. 设计照度为使用照度，即维护周期内平均照度的中值。

3. 对一个城市或地区的标志性重要建筑，建议提高一个等级取值。

2.2 建筑立面夜景照明的单位面积安装功率标准

单位面积安装功率标准，大约在1975年首先由美国国家标准协会（ANSI）、美国采暖、制冷和空调工程师学会（ASHRAE）和美国照明工程学会（IES）共同提出和制定的。该标准名为ASHRAE标准90—75，其中规定了建筑物被照场所的照明功率限值（W/m^2），目的在于控制建筑照明总的用电量，以节约能源。

关于建筑立面夜景照明的单位安装功率，美国规定为2.69W/m^2，公共停车场照明为1.94W/m^2，公用车道、人行道照明为1.61 W/m^2，花园、公园和风景区照明为1.10 W/m^2。我国北京市绿色照明节能地方标准规定为3.5 W/m^2，比美国略有提高。

鉴于建筑立面夜景照明的表面照度或亮度与表面的反射比及洁净程度有关，同时随背景即环境亮度的高低发生变化，因此，建筑立面夜景照明单位面积安装功率也同样受立面反射比、洁净度和环境亮度这三个因素的影响。使用单一的单位面积功率指标反映不出变化情况；而且和照度或亮度难以统一。所以建议按表4-4-3规定建筑立面单位面积安装功率标准。

建筑立面夜景照明单位面积安装功率　　表4-4-3

立面反射比（%）	暗背景		一般背景		亮背景	
	照度（lx）	安装功率（W/m^2）	照度（lx）	安装功率（W/m^2）	照度（lx）	安装功率（W/m^2）
60～80	20	0.87	35	1.53	50	2.17
30～50	35	1.53	65	2.89	85	3.78
20～30	50	2.21	100	4.42	150	6.63

注：1. 假设美国现有的单位面积安装功率（W/m^2）为一般背景和立面反射比为30%～50%（中等反射比）的情况下的数据；

2. 表中暗和亮背景的照度引自2000年IESNA照明手册第九版，而一般背景亮度栏的照度为暗和亮背景照度的中值。

3 建筑立面夜景照明方法

主要有投光（泛光）照明、轮廓照明、内透光照明和其他照明四种。

3.1 投光（泛光）照明法

投光（泛光）照明是用投光灯将光直接照射建筑立面，在夜间重塑建筑物形象的照明方法。这是目前建筑物夜景照明中使用最多的一种基本照明方法，其照明效果不仅能显现建筑物的全貌，而且将建筑造型、立体感、饰面颜色和材料质感，乃至装饰细部处理都能有效地表现出来。比如，中国北京的八达岭长城（见文前彩图4-4-1）、天安门城楼（见文前彩图4-4-2）、人民英雄纪念碑、莫斯科红场、莫斯科大学、上海城市规划展览馆、北京王府井教堂以及上海外滩等许多建筑物的夜景照明均采用了这种方法，并获得了良好的照明效果（见文前彩图4-4-3～4-4-8）。

良好的投光照明条件：

(1) 要确定好被照建筑立面各部位表面的照度或亮度，使照明层次感强，不能把整个建筑物均匀地照亮，但是也不能在同一照射区内出现明显的光斑或暗区以致扭曲建筑物形象的情况；

(2) 合理选择投光方向和角度，一般不要垂直被照面投光，以致降低照明的立体感；

(3) 投光设备的安装应力求隐蔽，尽量做到见光而不见灯；

(4) 谨慎地使用灯光的颜色，防止色光使用不当而破坏建筑风格；

(5) 投光不能对人和环境产生眩光和光污染，室外照明产生的干扰光不得超过CIE规定的光度值。

使用投光照明应注意的问题：

(1) 错误地认为越亮越好。实际上夜景照明并非越亮越好，应符合标准，也就是要亮得科学，亮得合理，亮出自己的特色，而不能盲目追求亮。过分的亮不仅无益，反而有害。一是浪费电，二是造成光污染，危害人的正常工作和休息，危害天文观测，对汽车夜间开车和飞机夜航也都有影响。

(2) 不少玻璃幕墙，特别是隐框玻璃幕墙建筑也使用投光照明。因玻璃是透光材料，反光率很低，射到玻璃面的光线反射不出来，而是透入室内，不仅无照明效果，还对室内人员产生严重的光干扰。因此玻璃幕墙建筑不宜使用投光照明。

(3) 误认为夜景照明只是在建筑物前安投光灯，使投光照明成了夜景照明的代名词。夜景照明方法不只投光照明一种，还有内透光照明和轮廓灯照明等，到底用哪一种或两种方法，要根据建筑特征和要求而定，一般是综合使用多种照明方法，即国际上流行的多元(多种照明方法) 空间立体照明的方法，其效果最佳，也最节约电能。

3.2　轮廓照明法

建国以来的建筑夜景照明几乎都使用这种照明方法（见文前彩图4-4-9～4-4-11)。轮廓照明的做法是用点光源每隔30～50cm连续安装形成光带，或用串灯、霓虹灯、美耐灯、导光管、通体发光光纤等线性灯饰器材直接勾画建筑轮廓。对一些轮廓构图优美的建筑物使用这种照明方法效果是不错的。但是应注意单独使用这种照明方法时，建筑物墙面是暗的。因此，应同时使用投光照明和轮廓照明。北京天安门城楼在轮廓照明的基础上增加投光照明，成效显著。另外，对一些轮廓简单的方盒式建筑不宜使用这种照明方法，要用也要和其他照明方法结合起来使用才能形成较好的照明效果。

几种常用轮廓灯的性能、特征和照明效果的分析比较如表4-4-4所示。在选用轮廓灯时应根据建筑物的轮廓造型、饰面材料、维修难易程度、能源消耗及投资造价等因素，综合分析论证及确定。

常用轮廓灯的做法、特征和照明效果　　表4-4-4

灯的名称	做 法	性能特征	照明效果	应用场所
普通白炽灯或紧凑型荧光灯	用15～60W白炽灯或9W紧凑型荧光灯按一定间距(30～50cm)连续安装成发光带	白炽灯光效低，约10～15lm/W，寿命约1000h，色温低，约3200K，瞬时启动；紧凑型荧光灯光效高约35lm/W，寿命约6000h，色温可选，也可瞬时启动	总体效果好，技术简单，投资少，一般维修方便，高大建筑轮廓灯能形成显目轮廓，并可组织成各种文字、图案，但颜色不能变，只能用开关造成动感	中国近50年以来，大量使用白炽灯，在各大城市应用实例很多。用紧凑型荧光灯的典型实例，如匈牙利布达佩斯链桥的轮廓照明

续表

灯的名称	做法	性能特征	照明效果	应用场所
霓虹灯或冷阴极管灯	用不同直径和颜色的霓虹灯管或冷阴极管灯沿建筑物的轮廓连接安装，勾绘建筑轮廓	光效较低，但灯管的亮度高，显目性好，灯的寿命长，颜色丰富，可重复瞬时启动，灯的启动电压高，变压器重量较大，安全保护要求高	照明效果好，特别是照明的颜色效果、动态效果和夜间效果好，而白天的外观效果差，维修工作量较大	作为轮廓照明，在商业和娱乐建筑上应用的实例很多
美耐灯（彩虹管、塑料霓虹灯）	用不同管径和颜色的美耐灯管沿建筑轮廓连续安装，形成发光带	可塑性好，寿命长（约1万h），灯的表面亮度较低，每米耗电在15～20W左右，技术简单，投资少（约10～25元/m）	夜间照明效果较好，白天外观效果差，但灯的颜色和光线可变，动态照明效果较好	各类建筑均可使用，中国南方不少城市如深圳、广州、珠海、海口等应用较多（参见插页彩图）
通体发光光纤管（彩虹光纤）	用不同管径光纤管沿建筑轮廓连续安装，形成发光带	可塑性好，可自由曲折，不怕水，不易破损，不带电只传光、光纤表面温度低，颜色多变，省电安全，检修方便	照明效果好，特别是一管可呈现多种颜色，动态照明效果好，目前光纤管表面光度较低，一次投资大	适合使用在检修不便的高大建筑或有防水要求、或安全要求很高的建筑轮廓照明
通体发光的导光管或发光管	将通体发光的导光管或发光管沿建筑轮廓连续安装，形成明亮的光带	导光管或发光管的管径远比光纤管、美耐灯或霓虹灯大，表面亮度高、安全、省电、寿命长、检修方便	照明的显目性好，颜色可变，设备技术较复杂，一次投资大	适合高大建筑的轮廓照明，在美国、英国、德国、加拿大等国家应用较多，中国上海高架桥上也开始应用
镭射管（暴光灯）	将镭射管沿建筑轮廓连续安装，形成动感很强的闪光轮廓	一般管径49mm，长1500mm，管内安装多只脉冲氙灯，程序闪光，亮度很高，动感强，节能，光型可变，安装方便	动态轮廓照明效果好，可组成各种闪光图案，表现各种造型的建筑轮廓	不仅室外轮廓照明可用，室内场所的装饰照明实例也不少
贴纸电灯（电路发光冷光带）	将发光纸电灯沿建筑轮廓粘贴安装形成发光带	启动电压35V，最大电压135V，长600m，宽35cm，节电，轻薄，不易碎，颜色丰富，可自选，寿命3～5年	发光均匀柔和，色彩鲜艳，照明效果较好	中等高度的光滑饰面材料的建筑物，如玻璃幕墙、金属挂板、瓷砖饰面建筑等均可选用

3.3　内透光照明法

利用室内光线向外透射形成夜景照明效果。作法有两种：一是利用室内一般照明灯光，在晚上不关灯，让光线向外照射。大多数内透光夜景照明属于这一种。二是在室内靠窗或需要重点表现其夜景的部位，如玻璃幕墙、柱廊、透光结构或艺术阳台等部位专门设置内透光照明设施，形成内透光发光面或发光体来表现建筑物的夜景。

内透光照明的最大特点是照明效果独特，节省费用，维修简便。世界上许多城市的不少高大建筑，晚上室内一般照明不关灯，室内光线向外照射，大量的窗户形成明亮的发光面来装点建筑夜景，景观独特，富有生气，对营造整个城市的夜景气氛很有帮助。如北京远洋大厦、上海淮海东路的现代化高楼、北京腾达大厦、电力大厦和前门大街的牌坊等使用内透光照明取得了较好的照明效果（见文前彩图4-4-12～4-4-16）。而北京国际大厦，设计时考虑墙面颜色很深，反光率太低，加之建筑高大，不宜使用投光照明，而是设计了内透光和轮廓灯相结合的照明方案。后因当时实施内透光照明不合国情，又改为外投光，但照明效果明显下降。

又如著名的法国巴黎埃菲尔铁塔，最早是设计外投光夜景照明。因塔高，塔体透空，照明效果不好，尽管使用的投光灯的功率高达数千瓦，也很难将塔体上部照亮。后来，改用内透光照明，将照明灯安装在塔架内部，在塔体不同高度均安装了内透光照明灯，从内部照明塔体，使塔体从下到上均能照亮，形成晶莹剔透、气势恢弘的照明效果（见文前彩图4-4-17）。

3.4 其他照明法

随着激光、光纤、全息摄影，特别是电脑技术等高新科技的发展及其在夜景照明中的推广应用，人们用特殊方法或手段营造特殊夜景照明效果的特种照明也就应运而生。如建国50周年时，天安门广场的夜景照明，使用激光通过各种颜色的激光光束在夜空进行激光立体造型表演，为节日夜景增色不少，在人们心目中留下了深刻的印象和美好的回忆；又如广州天河体育场庆祝香港回归晚会的夜景照明使用大功率激光器形成光柱在空中进行激光造型表演，使整个场地的夜景显得热烈壮观；上海东方明珠电视塔上球的360个节点上使用端头出光的光纤，形成一个个明亮的光点作为球体的夜景装饰照明，亮点的明暗和颜色变化（有红、绿、蓝、白四种颜色）由电脑控制，有规律变化造成“礼花爆开”、“玉珠悬空”和“满天星斗”的奇特照明效果，给人们以美的享受。

4 建筑立面夜景照明的节能措施

对建筑立面夜景照明的节能措施，不能按常规思维提出，而应综合考虑总耗能的各种因素，如使用的器材（含光源、灯具及附件等）、设计与管理等因素，有针对性提出相应的措施。现分述如下：

4.1 利用高光效照明器材

（1）选用高光效光源

光源的节能主要取决于它的发光效率，但又不能单纯地从光效出发，应以光效为主，综合考虑光色，如显色指数，光谱组成和色品参数等；灯的电参数，如灯的启动、再启动、工作的电流、电压等参数；灯的寿命及价格等相关因素，选用性能价格比最好的光源。同时，应尽量减少光效低、能耗大的白炽灯、美耐灯和自镇高压汞灯的用量。具体建议如下：

1）泛光照明应推广使用光效高、寿命长和光色好的金属卤化物灯（含陶瓷金卤灯），高压钠灯（含高显色性高压钠灯）与微波硫灯。

2）轮廓灯照明应推广使用光效高、寿命长和颜色较好的5～9W瓦优质紧凑型荧光灯或高光效LED灯带作光源，并逐步取代以往大量使用光效低、能耗大、寿命短和维修工作量大的白炽灯和美耐灯；对使用通体发光光纤和导光管作轮廓灯照明光源应进行充分论证及选用，注意在环境亮度高的情况下切勿使用。

3）建筑立面的内光外透照明时应推广使用光效高与寿命长的细管径荧光灯光源，在目前说，T8和T5两种细管径光源均可使用，相比之下，总体上说T8细管径荧光灯的综合特性更为稳定。除T5细管径荧光灯外，一般宜选用T8细管径荧光灯。

(2) 选用高效优质、配光合理和安全可靠的灯具

灯具性能对节能至关重要，主要是指灯具效率和配光的作用。灯具效率同灯罩材料的反射比与透射比成正比，敞开式灯具的效率取决于灯具开口面积 S_0 与反射面积 S 的比值及反射罩的形状。为了尽量减少灯光在灯具内的损失，S_0/S 愈大愈好。反射罩的形状主要造成灯光在灯罩内多次反射。因此，选择灯具应考虑以下几个方面：

1）灯具的效率要高，目前直射式投光灯灯具中，窄配光型的灯具效率为65%～75%，中和宽配光型的灯具效率为75%～85%，因此，选用灯具的效率不宜低于65%；尽量减少反射式间接投光照明灯具的使用，原因是灯具效率低，通常只有20%～30%，以致耗能多。

2）灯具的配光要合理，在防止眩光和将逸散光降至最低的原则下，应注意灯具配光的光束角大小，正确选用灯具光束角，尽量避免逸散光的出现，万一出现逸散光，应采取遮光措施加以控制。

3）灯具要安全可靠，灯具的防尘防水1P等级应符合国际和国家相关标准的要求。

4）选用光通量维持率高的灯具，如通过加涂二氧化硅保护膜，采用防尘密封措施，反射器采用真空镀铝工艺、反射器蒸镀银反射材料或多层光学膜反射材料等，提高灯具的光通量维持率。

5）应考虑灯外观造型和色彩跟使用场所的环境协调一致。

(3) 推广使用节能型镇流器

1）推广使用节能型电感镇流器。

电感镇流器具有结构简单，安全可靠，寿命长和价格便宜等优点。但传统的电感镇流器自身功率损耗较大，如40W荧光灯电感镇流器，在国标中允许自身功率大于9W，占灯功率的22%；400W高压钠灯电感镇流器在国标中允许的自身功耗不大于53W，占灯功率的13.4%。经统计电感镇流器随灯功率的减少，自身功耗比率逐渐上升，其范围在10%～50%之间。

为了节能，国内推出节能型电感镇流器，大大降低了镇流器的自身功耗。详见表4-4-5两种镇流器功率的对照。节能型电感镇流器的节能效果十分显著，应大力推广。

两种电感镇流器的能耗比 **表4-4-5**

灯的功率	电感镇流器消耗功率占灯功率的百分比%	
	传 统 型	节 能 型
20W以下	40～50	20～30
30W以下	30～40	小于15
40W（50W）	22～25	小于12

续表

灯的功率	电感镇流器消耗功率占灯功率的百分比%	
	传统型	节能型
100W	15～20	小于 11
150W	15～18	小于 12
250W	14～17	小于 10
400W	12～14	小于 9
1000W	10～11	小于 8

2）推广使用电子镇流器及相应附件。

电子镇流器具有功耗小、易启动、无噪声、温度低、重量轻和无频闪等优点。它比电感镇流器节电 10%以上，应大力推广使用。但目前价格较高，有的对电网有谐波干扰，可靠性差。宜选用高质量的电子镇流器。

4.2　按标准设计立面夜景照明

严格按标准设计立面夜景照明是节能重要措施之一。为此：

(1) 应克服“夜景照明越亮越好”的错误思想，从节能和保护环境的高度认识按标准设计立面夜景照明的重要性和必要性。这样，一方面设计人员自觉地按标准去进行设计，同时又能得到主管领导、业主和社会舆论的支持与认同，为落实这一措施打下良好的思想认识及社会舆论的基础。

(2) 抓紧制订我国建筑立面夜景照明的设计标准。设计人员按标准进行设计，首先要有标准。目前，虽然国际照明委员会（CIE）和部分发达国家有这方面的标准；而我国在民用建筑电气设计规范中对景观照明的照度值有所规定；同时天津市城市夜景照明技术规范，对建筑立面夜景照明亮度有规定；北京绿色照明技术规程中对建筑立面夜景照明的单位面积安装功率值也有所规定等等。但是，我国目前还没有一本城市夜景照明的专业设计标准，使夜景照明设计无据可循。因此，呼吁和建议国家标准主管部门早日立项制订这一标准，为落实按标准设计建筑立面夜景照明创造最基本的条件。

(3) 在我国目前缺少夜景照明国家设计标准的情况下，先按本章介绍的 CIE 泛光照明指南推荐的照度和亮度标准（见表 4-4-2）及推荐的立面夜景照明单位面积安装功率标准（见表 4-4-3）进行设计。其他国家或组织提出的照度和亮度标准（见表 4-4-6～4-4-9），仅作设计参考，不作依据。CIE 限制室外照明光污染（光干扰）的最大光度指标见表 4-4-10。在选取立面夜景照明照度标准值时应注意：

(1) 立面材料的反射比和反射特性，对非漫反射材料不能按表 4-4-2 选取照度值。

美国新推荐的建筑物和纪念碑泛光照明照度值　　表 4-4-6

被照立面和环境状况	被照面平均照度（垂直）(lx/ft-cd)
亮背景和浅色表面	50/5
亮背景和比较浅的颜色表面	70/7
亮背景和比较深的颜色表面	100/10
亮背景和深色表面	150/15

续表

被照立面和环境状况	被照面平均照度（垂直）（lx/ft-cd）
暗背景和浅色表面	20/2
暗背景和比较浅的颜色表面	30/3
暗背景和比较深的颜色表面	40/4
暗背景和深色表面	50/5

注：本表摘自《IESNA，Lighting Handbook》第九版，2000年，第21章 Exterior Lighting（属于 Part4 Lighting Applications）

日本建筑夜景照明的照度标准（lx） 表4-4-7

表面材料	背景亮度		亮	一般	暗
			市中心	小城市	乡村
	照度	反射比（%）	12（cd/m^2）	6（cd/m^2）	4（cd/m^2）
白色大理石 □	白	80	150	100	50
混凝土 □	明	60	200	150	100
黄茶色砖 ■	中	35	300	200	150
暗灰色砖 ■	暗	15	500	300	200

注：1. 背景情况 亮：商业街，广告牌密集地带； 一般：广告牌少的商业街； 暗：无广告场所

2. 本表摘自日本夜景照明指南。

英国建筑夜景照明亮度 表4-4-8

建筑夜景照明的亮度水平			
地区环境代号	地区名称	平均亮度（cd/m^2）	最大亮度（cd/m^2）
E1	乡村	0	0
E2	城边（郊）	5	10
E3	城镇	5～10	60
E4	都市、城市	10～25	150

注：本表引自1995年英国CIBSE和ILE的城市照明指南。

英国建筑夜景照度 表4-4-9

建筑夜景照明的亮度水平			
相对心理亮度	亮度（cd/m^2）	表面反射比	照度（lx）
1	5	0.5	31
2	15	0.3	157
3	25	0.2	393

注：1. 表中照度（lx）与亮度（cd/m^2）的关系为：

$E = L \cdot \pi / R$，式中 R 为表面的反射比。

2. 本表引自1995年英国CIBSE和ILE的城市照明指南。

CIE 限制室外照明光污染（光干扰）的最大光度指标　　表 4-4-10

光度指标	适用条件	环境区域			
		E1	E2	E3	E4
窗户垂直面上产生的照度 E_v（lx）	夜景照明熄灭前：进入窗户的光线	2	5	10	25
	夜景照明熄灭后：进入窗户的光线	0①	1	5	10
灯具的最大光强（cd）	夜景照明熄灭前：适用于全部照明设备	2500	7500	10000	25000
	夜景照明熄灭后：适用于全部照明设备	0②	500	1000	2500
上射光通比（ULR）的最大值（%）	灯的上射光通量与全部光通量之比	0	5	15	25
建筑物或标志表面亮度 L（cd/m^2）	由被照面的平均照度和反射比确定	0	5	10	25
	由被照面的平均照度和反射比确定或是对自发光标志的平均亮度	50	400	800	1000
阈限增量（$T1$）③	在机动车道路上看到的投光灯所产生的眩光	15%（L_A=0.1）	15%（L_A=1）	15%（L_A=2）	15%（L_A=5）

注：1. 本表光度指标引自 CIE 干扰光技委会（CIE/JC5—12）限制室外照明干扰光影响指南（Guide on the limitation of the effects of obtrusive light from outdoor lighting installations, January 2003）。

2. 环境区域：E1——环境暗的地区，如公园、自然风景区；

E2——环境亮度低的地区，如城市较小街道及田园地带外侧区域；

E3——环境亮度中等的地区，如城市一般街道周边地区（近郊）；

E4——环境亮度高的地区，如一般住宅区与商业区混合的城市街道或广场。

①如果使用公共（道路）照明灯具，此值可提高至 1lx。

②如果使用公共（道路）照明灯具，此值可提高至 500cd。

③阈限增量（$T1$）中的 L_A 为适应亮度（单位为 cd/m^2），0.1 为无道路照明时，1 为 M5 级道路照明，2 为 M4/M3 级道路照明，5 为 M2/M1 级道路照明。道路分级详见 CIE 115—1995 号出版物。

（2）立面环境的明亮程度中的暗、中、亮三档的地区是：

“暗”是指环境照明暗淡的区域（如山区、农村等）；

“中”是指环境照明较明亮的区域（如小镇或市郊等）；

“亮”是指环境照明明亮的区域（如市中心商业或娱乐区和市中心广场区等）。

（3）关于光源的修正。由于标准是按低色温白炽灯提出的，所以白炽灯和卤钨灯不需修正，表中所列的荧光灯和微波硫灯，可按金卤灯修正系数计算。

（4）注意表的注解说明：

1）对远距离观看的被照面，在环境亮度相同，被照面大小相近时，表中照度提高 30%；

2）设计照度为使用照度，即维护周期内平均照度的中值，不是维持照度；

3）对一城市或地区的标志性建筑，建议表中照度按 20、30、50、75、100、150、200、300、500 和 750 的分级提高一级。

（5）在环境亮度相同的情况下，小的被照面的照度应比面积大的提高 30%。

（6）鉴于近年各国建筑立面夜景照明的照度呈下降趋势，如美国照明手册第九版推荐的照度较第八版几乎平均下降2/3，下降的幅度相当大，见表4-4-11。因此在选取照度标准时，宜低不宜高。

美国两版照明手册的建筑立面夜景照明的照度比较 表4-4-11

背景状况和立面颜色		被照面平均照度值（lx）		
背景状况	立面颜色	第八版	第九版	下降率（%）
亮背景	浅色表面	150	50	67
	较浅的颜色表面	200	70	65
	较深的颜色表面	300	100	67
	深色表面	500	150	70
暗背景	浅色表面	50	20	60
	较浅的浅色表现	100	30	70
	较深的深色表面	150	40	74
	深色表面	200	50	75

注：表中8种情况的平均下降率为68.5%，大约为2/3。

4.3 加强建筑立面夜景照明的管理

加强立面夜景照明的管理，科学地控制照明，不仅可节能，而且对保持照明设施的正常运行和良好的照明效果均有重要的意义。但是调查发现，重视夜景照明设施管理的城市不多。不少城市在重大政治活动或节日搞夜景建设时，往往是活动或节日一过，管理工作无人问津，出现重视节日，忽视平日和重建设轻管理的倾向。这样，许多夜景工程没使用多久，就出现投光灯不亮、轮廓灯断线、器材受损或被盗、残缺不全，即使亮的灯，由于灯具尘土污染，照明效果甚差，有的根本失效不能使用等。结果是不仅浪费了电能与资金，而且夜间的照明情况和白天的景观效果都很差，安全问题突出，社会影响不好，成为当前夜景建设中值得关注的比较大的问题。为此：

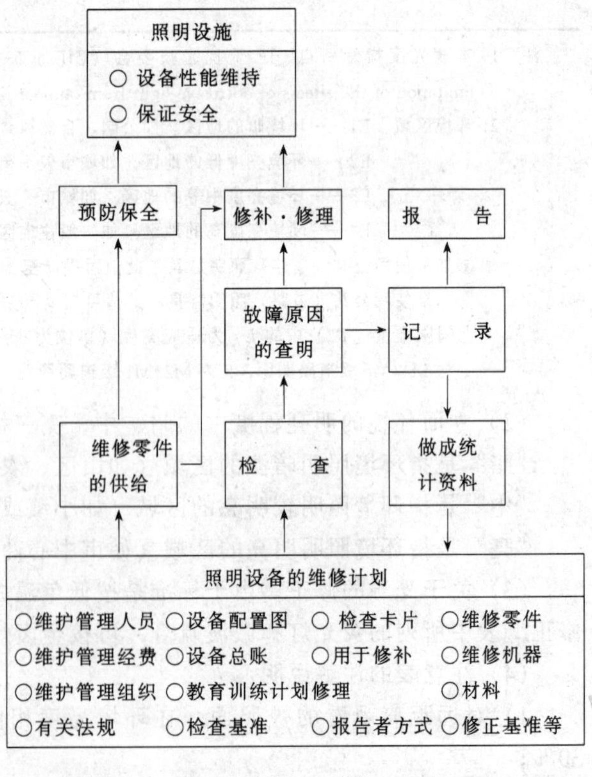

图4-4-1 照明设备维护管理制度

(1) 应提高对夜景照明管理工作重要性的认识，重视管理工作。如制订城市夜景照明管理办法，管理目标明确，措施具体，奖罚分明，有专门的单位与专职人员来抓这项工作；对夜景照明设施进行集中遥控与管理；对城市夜景照明采取的定期检查维修与专人管理；对管理和技术人员进行培训等。

(2) 建立管理制度，科学管理立面夜景照明。如图4-4-1所示，照明设备维护管理制度，首先要制订好管理计划，检查故障原因，再进行维修。与此同时，及时将故障原因和维修工作情况记录写成报告和做成统计资料。根据统计资料，可对设施性能、寿命与质量做出评价，正确选定维修周期间隔，并在维修前做好器材的准备与供应工作，最后使设施总是处于良好的运行状态，实现照明设施管理的科学化与法制化。

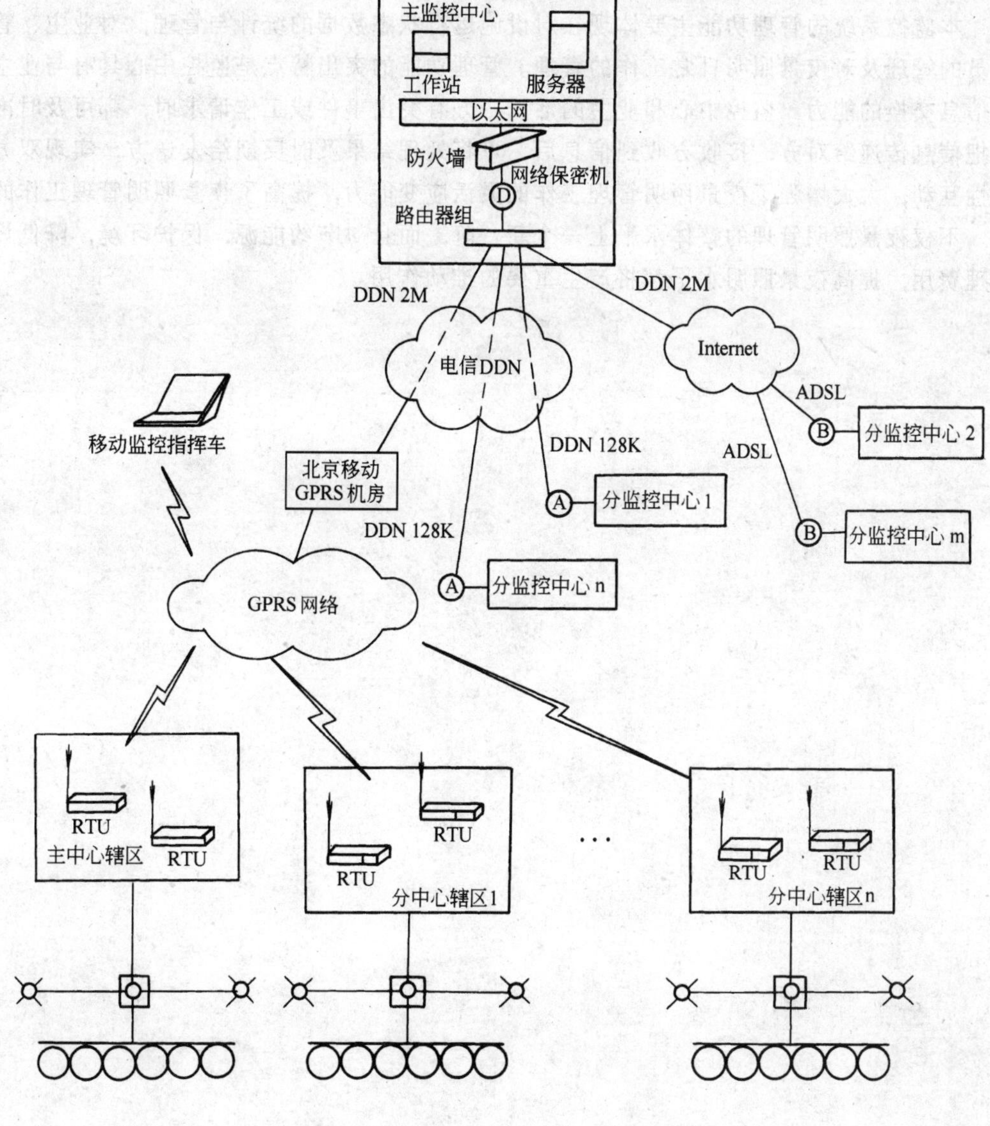

图4-4-2 夜景照明各监控中心通信组网图

图中ⒶⒷⒹ为适用于不同专线方式连入主中心的不同型号的解密机。

(3) 为克服节日灯火辉煌，平日暗淡无光的现象，采取平日、节日和重大节日三级开关立面照明，并安装夜景照明专用电表的措施可收到良好的照明与节能效果。因此，从管理角度按平日、一般假期节日（含双休日）和重大节日三级设计控制立面夜景照明，在保证照明效果的同时，尽量节约照明用电。

(4) 选择合理的控制方式，推广集中遥控技术，实现以立面夜景照明为主体的城市夜景照明的智能化管理。图 4-4-2 是该系统中各监控中心通信组网图。该系统（LMAS）采用了目前最新的 2.5G 的 GRPS 通讯技术，集计算机、通信、机电、自控等多种先进技术于一体，不仅具有强大的全天候的监控能力，而且还具有相当完善的管理功能。

本监控系统的管理功能主要体现在对设施运行状态数据的统计与管理，对业主、管理人员的管理及对夜景照明日常工作的管理。管理功能的突出特点是监控中心具有与业主实时信息交换的能力，监控中心和业主的活动一方有突出事件或工作请求时，都可及时准确地把信息传递给对方，接收方收到信息后，可将处理结果及时反馈给发送方，实现双方的良性互动，大大增强了夜景照明管理工作的灵活应变能力，提高了夜景照明管理工作的效率。不仅夜景照明管理的整体水平上一个新台阶，而且对节约能源，保护环境，降低设施管理费用，提高夜景照明水平都将产生重要的推动作用。

第5篇　技术经济篇

第1章　照明设施的维护与管理

1　概述

照明设施只有在好的维护条件下才能保持连续有效地工作。维护不好会加重照明设施的老化和损坏，会使照明设施表面积聚灰尘，从而降低光的利用率，既浪费能源，又不能满足照明要求。为了大体上恢复到初始使用时的照明水平，就需要更换光源、清扫照明的设施，甚至还得重新粉饰墙壁和顶棚等，这个使照明水平不致降的太低的维护工作就是照明维护。图5-1-1所示是某建筑照明设施一年维护一次和不维护两种情况下随时间变化的照度衰减曲线图。由此看出照明系统维护工作对于照明节能意义重大，需要照明专业人员拿出系统的管理方法及措施，保证照明系统高效持续运行。

2　维护管理人员的职责

照明设施的维护与管理人员主要包括：照明设备的管理负责人员、照明的维护管理人员、维护和检修的主要人员。其工作职责的主要内容如下：

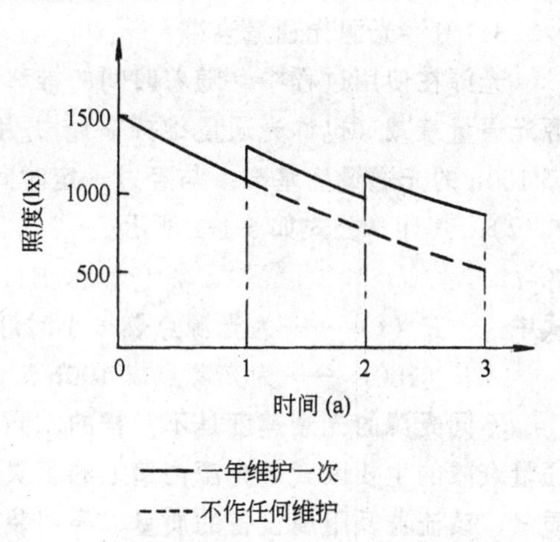

图5-1-1　某建筑照明照度衰减曲线

照明设备管理负责人员的职责：

(1) 收集上级部门的安全卫生、电力运行等方面的管理及规定，并负责贯彻执行；

(2) 负责照明维护管理计划的制订；

(3) 收集并了解相关行业的照明标准；

(4) 收集并了解照明产品的技术资料及新的照明技术信息；

(5) 保证电力的合理运用；

(6) 保证良好照明工作环境的有效性；

(7) 收集整理下属各照明设施的运行情况。

照明的维护管理人员的职责：

(1) 负责照明维护管理计划的实施；

(2) 负责详细记录照明设备的运行情况；

(3) 分析照明产品运行过程中出现的问题，并制订解决方案；

(4) 提出改善和提高照明工作环境的方案；

(5) 根据使用情况制订照明产品的购买计划。

维护和检修的主要人员的职责：

(1) 负责检查及处理照明运行过程中出现的问题；

(2) 负责光源、灯具及其附件的更换；

(3) 负责光源、灯具及其附件的清扫；

(4) 负责照明设施运行过程中各产品技术参数的检测；

(5) 负责照明工作环境的照明情况的检测。

3 维护参数

3.1 引起光损失的因素

引起光损失主要有四个因素：光源光通量衰减、光源及镇流器损坏、灯具污垢积累、房间表面的污染。

光源的光通量随着时间及使用程度而衰减，但耗电却始终不变。由于人眼对于照明条件的变化适应力极强，大多数人不会注意到照明水平在逐渐下降。但是最后照度会降到影响场所的照明环境、工作人员的工作及安全的程度。过去，一些非照明专业人员通过增加灯数补偿未来出现的光损失这个问题。这种办法简化了维护，但又增大了投资成本、电费以及与之相关的污染。

3.1.1 光源光通量衰减

光源在使用过程中，随着时间的推移，发出的光通量逐渐缓慢降低。这种变化称为光源光通量衰减（也称光通量维持率），并用初始光源光通量的百分比表示。一般以光源点燃 100h 的光通量为基准，与经过一定时间以后的光通量之比，称作这时的光通量维持率 $f(t)$，其计算公式如 5-1-1 所示。

$$f(t) = F(t) / F(100) \times 100 \qquad (5\text{-}1\text{-}1)$$

式中 $F(t)$ ——为光源点燃 t 小时灯的光通量（lm）；

$F(100)$ ——为光源点燃 100h 灯的光通量（lm）。

不同光源的光衰速度是不一样的，同一类型的光源光衰速度也是不同的。影响光源光通量衰减的主要因素是光源内壁上的积炭或灯管发光涂层的老化，这些又受到光源自身的质量、镇流器及附属设备的质量、照明装置的运行条件（如环境温度、电源电压、光源的点燃位置等）的影响。白炽灯及高压钠的光源光通量衰减最小（即在其整个使用寿命中能保持光输出接近初始光通量）。荧光灯、金属卤化物灯、高压汞灯光通量衰减较快。

各种光源都有自己的光衰曲线和寿命曲线，有了这两条曲线，就可以确定该光源光通量的衰减系数。

图 5-1-2 某典型光源的寿命曲线，从典型光源的寿命曲线可以看出，当光源用至平均寿命的 80%时，已有 20%损坏了，这样就不能达到场所作业所要求的照度值。我们可以在光源用至平均寿命的 70%时来确定其光衰系数，此时仅有 10%的光源损坏不亮，达到的照度值与场所作业所要求的照度值相差不大。根据实验和调查，各种光源光衰系数为：白炽灯 0.92、荧光灯 0.8、高压钠灯 0.88、金属卤化物灯 0.85。考虑到我国光源的实际

产品质量，我国照明标准确定的光源光通量的衰减系数如表 5-1-1。

光源光通量的衰减系数 **表 5-1-1**

光源种类	白炽灯	荧光灯	汞灯	高压钠灯	金属卤化物灯
光衰系数	0.92	0.8	0.78	0.88	0.85

光源光通量维持率越高，经过一定时间的光通量变化越小，初期设备费和电力费的投入就越少。通常当出现下列情况时，则认为气体放电灯已达到了其使用寿命极限：

（1）光的颜色明显改变；

（2）光亮度显著降低；

（3）不能启动。

此时标志着光源达到其终了寿命。为了达到一定的照度水平，通过提前更换光源，用更少的灯泡和更低的耗电达到同样的照度水平。

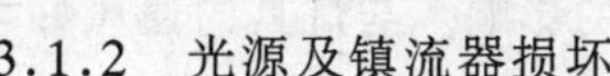

3.1.2 光源及镇流器损坏

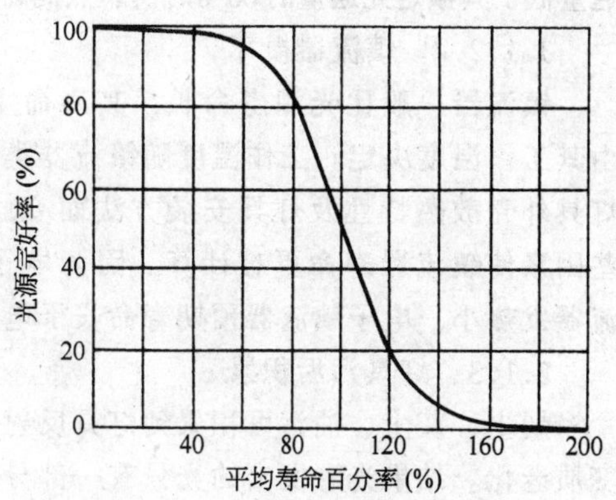

图 5-1-2 典型光源的寿终曲线

光源及镇流器一旦损坏即不再发光。有时损坏的灯泡及镇流器数月后才被换掉，严重影响了照明工作场所的照明条件。

3.1.2.1 光源损坏

光源生产厂家一般在产品使用说明书中列出了产品"平均额定寿命"。这是累积损坏光源达到一半时的点燃时间。有些灯泡安装后很快便坏了，随着使用时间增加损坏率也增加。影响光源寿命的因素如下：

（1）镇流器电路类型不同；

（2）安装失当；

（3）产品自身因素；

（4）光源的开启次数。

根据所用光源类型及工作条件，可以准确计算光源损坏率或光源的亮灯率。

光源使用后，随着时间的推移，光源就逐个不亮。这时以开始时的灯数为基准，与经过一定时间后还保留点亮的灯数之比，称作这时的亮灯率 $n(t)$，其计算式如图 5-1-2 所示。

$$n(t) = N(t) / N(0) \times 100 \qquad (5\text{-}1\text{-}2)$$

式中 $N(t)$——为点燃 t 时间后亮灯的数量；

$N(0)$——为初期点灯时灯的数量。

将点灯时间与亮灯率之间的关系在坐标图上表示出来，称作亮灯率曲线（图 5-1-3）。亮灯率曲线对于确定光源的更换时间和维修供应计划提供出有效信息。

通过计算可以预先安排好在严重损坏刚要出现之前成批换灯。在 70% 额定寿命时成批换灯可降低光源损坏造成的光损失以及降低零散换灯带来的费时费力等。另外，灯具中使用过期的光源会让镇流器提前损坏。在成批换灯间隔期内损坏的个别光源是可容许的，必要时可个别更换。

通常当出现下列情况时，则认为气体放电灯已达到了其寿终极限：

(1) 自行重复启动熄灭过程；

(2) 已达到规定的使用寿命，即当光源光通量低于其额定光通量的80%时所燃点的时间。

3.1.2.2 镇流器损坏

镇流器一般比光源寿命长，其寿命主要由其工作温度决定。工作温度随镇流器类型、灯具外壳散热特性及灯具安装方法而变，这些因素使镇流器寿命更难计算。因为电子镇流器发热小，电子镇流器预期寿命长于电感镇流器。

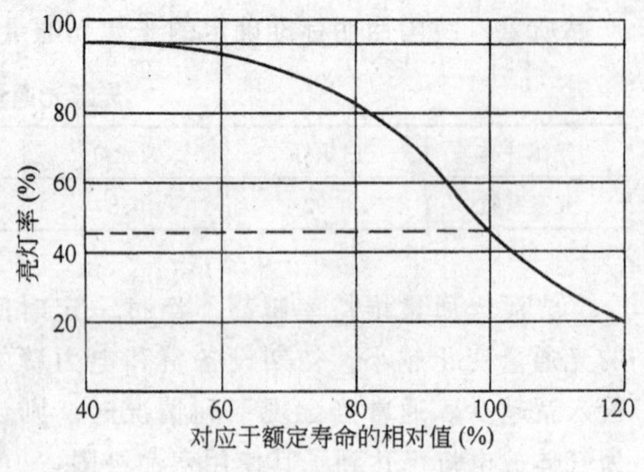

图 5-1-3 亮灯率曲线

3.1.3 灯具污垢积累

烟尘、灰尘、油污可积累到灯具反射面、透镜及光源玻壳上，同时灯具材料也会逐渐变质老化。结果光源发出的光只有一部分到达所需要的地方被利用，另一部分被吸收或遮挡。这种衰减的速度受控光面的倾斜角度、饰面及其温度的影响，与灯具的通风好坏或灯具的防尘密闭性能以及灯具周围大气污染的程度等有关。对于洁净的室内及密闭灯具这种光衰减相对会少一些，但对肮脏环境敞开灯具可能非常严重。为了确定灯具清洁计划，估算污垢衰减影响十分重要。

图 5-1-4 为不同种类灯具、不同的使用环境及不同的地理位置情况下的光衰减曲线。

表 5-1-2 为不同种类灯具、不同的使用环境及不同的地理位置情况下，每一种因素的可能范围及与图 5-1-4 相对应的分类。

灯具/房屋类别/所在地点分类 **表 5-1-2**

房间类别	所在地点	房间类别①	裸灯光管	开口通风式反光罩	防尘、隔尘或有反射罩的灯	开口，不通风的反射罩，密闭漫射罩	下底开口的漫射罩或格栅	嵌入式漫射罩或格栅发光顶棚	间接照明，光檐
办公室，商店	全部空调的建筑物	X	A	A	A	A/B	A/B	A	B
百货公司	清洁的农村地区	X	A/B	A/B	A/B	B	B	A/B	C/D
医院	城市或市郊	Y	B	B	B	C	B/C	B	E
实验室和工厂	城市或市中心	Y	B/C	B/C	B/C	C/D	C	B/C	F/G
学校等	污秽的工业区	Y	C	C	B/C	D	C/D	C	G
工厂	全部空调的建筑物	X	A/B	A	A	C	B/C	B	B/C
实验室	清洁的农村地区	Y	B	A/B	B	C/D	C	B/C	D/E
生产区域	城市或市郊	Y	B/C	B	B	D	C/D	C	F
机械车间等	城市或市中心	Y	C	B/C	B/C	D/E	D	C/D	G
	污秽的工业区	Z	C/D	C	C	E	D/E	D	H
炼钢	全部空调的建筑物	X	B	A/B	A/B	D	C/D	C	—
铸工	清洁的农村地区	Y	C	B/C	B	D/E	D	C/D	—
焊接车间	城市或市郊	Y	C/D	C	B/C	E	D/E	D	—
矿井等	城市或市中心	Z	C	C/D	B/C	E/F	E	D/E	—
	污秽的工业区	Z	D/E	D	C	F	E/F	E	—

①房间类别：X—特别清洁；Y—一般；Z—特别脏。

照明灯具被污染的光衰系数与照明灯具的擦洗周期有很大关系。前苏联《天然采光和人工照明设计规范》(1979) 规定照明装置每2～4次/年，我国照明标准提出2～3次/年的擦洗周期。表5-1-3是我国照明标准确定的照明装置污染的光衰系数值。

照明装置污染的光衰系数　　表5-1-3

环境特征	光衰系数	照明装置擦洗次数(次/年)
清洁	0.8	2
一般	0.75	2
污染严重	0.7	3

3.1.4　房间表面的污染

房间表面(顶棚和墙壁)会因逐渐积聚灰尘而降低它的反射比。反射光减少的量取决于房间的大小和照明装置的配光特性，一般地，小房间或采用间接照明的场所，由房间表面污染而造成的光损失就比较大，而对于大房间或采用直接照明的场所，光损失就比较小。即使是定期打扫，保证房间清洁，房间表面的反射比仍要逐渐降低，这是材料的老化变质等原因造成的。

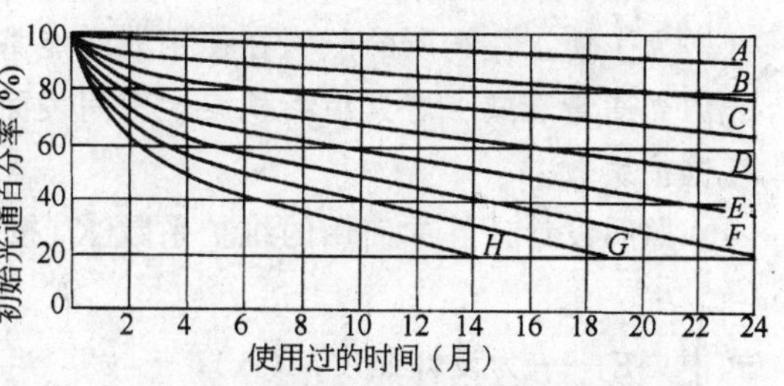

图5-1-4　不同种类的灯具/使用环境/地理位置

图5-1-5是根据调查和实验得出的不同污染程度的房间表面照度衰减曲线。

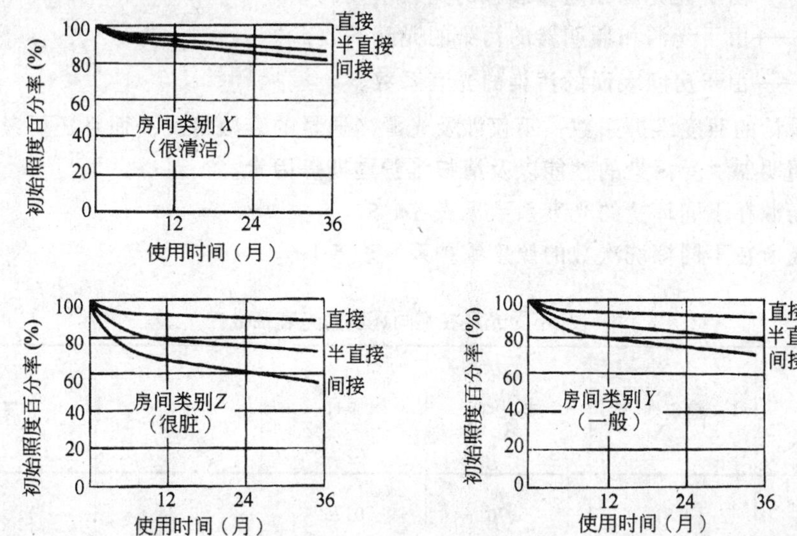

图5-1-5　房间表面照度衰减曲线

现场测得的墙壁表面的反射比，与大白墙反射比75%相比，可以得出污染表面反射比下降的百分比，再根据理论计算，可以得出房间表面污染的光损失系数。房间表面污染的光损失系数见表5-1-4。

房间表面污染的光衰系数 **表5-1-4**

环境特征	污染表面反射比（%）	污染表面反射比下降（%）	光损失系数
清洁	62	17	0.96
一般	56	25	0.93
污染严重	50	33	0.91

3.2 照度维护系数

为了使工作场所的照明在使用期间能基本维持照度标准值，在照明设计时，需考虑因光源光通量衰减、灯具污垢积累、房间表面的污染等引起的照度降低。为此，需要确定照度维护系数。

照明设计计算中使用的维护系数 K_S 按5-1-3式确定：

$$K_S = E/E_0 \tag{5-1-3}$$

式中 E——为设计照度，(lx)；

E_0——为初始照度，(lx)。

由于光源在使用过程中光源光通量衰减、灯具和光源由于污染而致实际效率下降以及由于室外环境的污染程度不同，维护系数会有不同的值，可按5-1-4式计算。

$$K_S = K_1 \times K_2 \times K_3 \tag{5-1-4}$$

式中 K_1——由于光光源光通量衰减的光衰系数；

K_2——由于光源和照明器的污染的光衰系数；

K_3——由于房间表面的污染的光衰系数。

照明设计的照度维护系数，不仅涉及光源光通量的衰减情况，而且还要考虑建筑所处的环境、照明器承受污染的性能以及清扫维护周期等因素。

不同光源在不同环境的光衰系数见表5-1-5。

不同场所在不同擦洗次数的照度维护系数表5-1-6。

不同光源在不同环境的光衰系数 **表5-1-5**

光源 / 环境污染特征	白炽灯	荧光灯	汞灯	高压钠灯	金属卤化物灯
清洁	0.81	0.76	0.75	0.84	0.58
一般	0.74	0.70	0.68	0.77	0.52
污染严重	0.67	0.64	0.62	0.70	0.48

照度维护系数值　　　　表5-1-6

序号	环境污染特征	生产车间和工作场所举例	照度维护系数	照明器擦洗次数（次/年）
1	清洁	办公室、设计室、阅览室、绘图室、餐厅、住宅卧室、仪器、仪表的装配车间、电子元器件的装配车间、实验室	0.8	2
2	一般	商店营业厅、候车、候船、影剧院观众厅、机械加工车间、机械装配车间、织布车间	0.7	2
3	污染严重	锻工车间、铸工车间、碳化车间、水泥厂球磨车间、厨房	0.6	3
4	室外	—	0.7	2

4　维护管理计划的制定

为使照明维护工作富有成效，必须对照明设施定期进行维护。制定一个切实可行的维护计划，定期清扫和擦洗照明装置表面及反射面，更换损坏的光源。有助于使该项工作得到认可，也能让其他人员在将来或其他设施中实施这项维护工作。同时也便于未来的管理人员了解有效维护的重要性，保证维护工作的连续性。

制订维护管理计划需要考虑的因素：

(1) 基本情况的调查

——使用的灯泡及镇流器类型；

——灯泡/镇流器平均寿命；

——每年点燃总时数；

——产品价格；

——单个换灯劳动成本；

——成批换灯劳动成本；

——电费；

——环境污染程度。

(2) 换灯方式及间隔

在换灯方式中有个别更换、分批更换和全部更换等三种。

个别更换方式就是光源在使用时如果有灯不亮，即直接进行更换的方式。这是换灯方式中最经济的方式。这种方式适用于在特定周期内更换次数多而规模小的照明设施和使用时间短的照明设施中。

分批更换方式就是使用初期不亮的光源随时予以更换（个别更换方式），在适当时期当不亮的灯数开始显示出增加的倾向时，则将新、旧光源全部更换（集团更换方式）。最普通的光源的更换方式是在一般场所使用灯具，其集团更换周期为五年一次。

全部更换方式就是不亮光源数在达到维修期间（时间）或达到预定不亮光源数以前并

不进行光源的更换，待达到维修时间时全部进行更换的方式。这种方式适用于难于更换灯的场所和新、旧光源混在一起使美观成为问题的场所，一般费用要增加。

可以选择适当的时间间隔进行分批更换。一般情况下光源在额定寿命的70%以后损坏率急剧上升。因此，进行分批更换通常是在光源额定奉命的70%时。例如，一种光源额定寿命1万小时，每年工作4000h，则应在灯泡寿命的7000h换灯，或以大约1年半的间隔进行分批更换。

(3) 预测光衰对照度的影响

由于光源光通量的衰减、灯具的污垢积累以及房间表面的污染都将对照度产生影响。因此，需要根据光源的性能、质量情况以及环境的污染程度等评估对照度的影响，预测照度的衰减速度，确保工作场所的照度不低于标准规定的维持照度。

(4) 维护方法

——内部现有人员维护或将维护任务外包；

——使用正常上班时间，晚上或周末完成任务；

——管理应达到的效果；

——废弃灯泡及镇流器的处理方式；

——确定产品型号；

——确定出入口及应急照明的检测方法。

(5) 预测维护工作的费用

维护工作计划中最难的一部分是预算维护工作的费用。采用不同的换灯方式以及设备的使用寿命、期限等都对维护工作的费用产生影响，每年的维护费用可能有变化。同时，因为预算通常要提前一年做好，必须预计换灯时间及经费等。

维护管理工作计划主要应包括的内容：

(1) 维护管理人员（分派的职务、资格）；

(2) 维护管理经费（分别开列项目）；

(3) 维护管理组织（内部和外部的关系、联络人的电话等）；

(4) 维护管理有关的法律规定（收集、保管）；

(5) 设备配置图（配线图、特殊场所的明确区分）；

(6) 设备总账（设备名称、台数、主要规格、制造者、保修联络者）；

(7) 教育训练（知识、技能、安全知识等内容和教育体制等）；

(8) 检查标准（检查项目、检查时间等）；

(9) 检查卡片（设备名称、测定仪器）；

(10) 修补和修理（使用说明书等）；

(11) 各种报告（报告日期、报告形式等）；

(12) 维修零件（零件名称、更换时间等）；

(13) 维修计划书的重新评价，标准等的修改；

(14) 其他。

5　维护管理计划的实施

经过深思熟虑制定的计划比较容易实施。有些单位将主要维护任务外包出去，而平时的日常维护由本单位职工进行个别维护。也有的将照明设施的维护管理完全包给外面的专业照明维护公司。不论选用何种办法，全面按照制定的维护管理计划实施，是保证照明设施正常运转，创造良好照明环境的根本保证。

5.1 光源的维护

对于一般照明设施中常用的光源，为了使用安全，要求的禁止和注意事项见表5-1-7。

光源维护的禁止和注意事项　　表5-1-7

编号	项目	禁止和注意事项	一般照明用白炽灯	荧光灯	高强气体压放电灯（HID灯）	卤素灯	反射型白炽灯	起辉器
1	禁止（破坏）	由于是玻璃制品，因而不得落下、碰撞物体、加以强制力或有裂纹	○	○	○	○	○	○
2	禁止（过热）	不要在玻璃表面上贴布和纸等以及涂刷涂料	○	○	○	○	○	—
3	禁止（火灾）	不要把布和纸等接近灯或接近易燃物体点灯	○	—	○	○	○	—
4	禁止（烫伤）	灯亮时或刚刚熄灭后的电灯，由于尚热，绝对不能用手或皮肤触摸	○	—	○	○	○	—
5	注意（使用条件）	在白炽灯上标明的电压下使用	○	—	—	○	○	—
6	注意（使用条件）	荧光灯，HID灯要求与镇流器组合使用。器具（镇流器）的使用要保证适合于灯的相应种类、额定电压、额定功率	—	○	○	—	—	—
7	注意（使用条件）	起辉器的使用要适合于荧光灯和插座	—	—	—	—	—	○
8	注意（点灯方向）	对指定点灯方向的灯要按指定方向使用			○	○		
9	注意（灯头温度）	灯头部分的温度不得在超过指定温度状态下使用（一般照明用白炽灯为160℃，卤素灯的密封部分的温度在360℃以下）	○	—	○	○	○	—
10	禁止（更换清扫）	灯、起辉器更换和器具清扫时必须切断电源	○	○	○	○	○	○
11	禁止（紫外线、亮度）	开着的灯不得直视（将会眼痛）（杀菌灯开灯时绝对不能直视）	—	○	○	○	—	—
12	注意（处理）	扫除时不要用扫除工具损坏表面（对于环形荧光灯、不要从灯中间强行伸入器具）	○	○	○	○	○	○

续表

编号	项目	禁止和注意事项	一般照明用白炽灯	荧光灯	高强气体压放电灯（HID灯）	卤素灯	反射型白炽灯	起辉器
13	注意（器具）	在淋雨和水滴及潮气多的场所使用时，必须使用有防水构造的器具	○	○	○	○	○	○
14	注意（器具）	在有振动和冲击的场所，必须使用有抗振构造的器具（灯）（在有振动和冲击的场所，不得使用卤素灯）	○	○	○	○	○	○
15	注意（器具）	在受酸等腐蚀时，必须使用耐酸构造的器具	○	○	○	○	○	○
16	注意（器具）	在粉尘多的场所，必须使用密封构造的器具	○	○	○	○	○	○
17	注意（开关）	开关频繁寿命就短	—	○	—	○	—	—
18	禁止（异状）	当灯光的外管、球壳偶然有破裂时，绝对不许开灯（否则有紫外线的危害和有破损、掉落等的危险）	—	—	○	—	—	—

注：摘自日本《照明手册》，有删节。

5.2　灯具的维护

在使用和维护灯具时，为了使用安全而要求的禁止和注意事项，归纳起来列于表5-1-8中（特殊灯具的使用与维护方法应根据灯具制造厂的有关说明书办理）：

主要灯具的安全使用方法　　表5-1-8

编　号	禁　止　和　注　意　事　项
01	在确定电源电压、频率的基础上必须采用适当的灯具
02	需要接地者，一定要接地使用
03	应请专业电工进行配线和安装
04	连接外部配线时，电线不能接触或靠近高温的地方
05	指定用于某个场所的电线，必须采用适当的电线
06	室内用的器具不能在室外使用
07	煤气、煤油炉等采暖器具的直接上面不能安装灯具
08	灯具要按照规定进行安装
09	在坚硬的地方要安装牢固
10	嵌入器具要按照规定嵌入，将四周加固
11	器具的搬运，要按照规定进行
12	特别不能用导线担负器具的重量
13	更换器具内部配线时，不要进行部件的加工

续表

编号	禁止和注意事项
14	在组合器具的情况下，必须使用适当的机械配件来组合
15	使用合适的灯，特别不能使用超过指定瓦数的灯
16	不能将纸和布之类放置在器具的近处或盖住器具
17	换灯、拆卸罩子和保险时，必须切断电源
18	金属部分不能随意使用亮光粉
19	将灯卸下，要用干布擦抹
20	玻璃罩要用干布擦抹，并要处理指纹和油污不得残留
21	用干布或掸子清扫器具顶背的灰尘
22	在使用中发生异常时，应停止使用，切断电源

注：摘自日本《照明手册》，有删节。

第 2 章 照明节电项目的社会经济及环保效益分析方法

1 照明节电项目的社会经济效益分析

1.1 主要成本效益分析指标释义

(1) 项目纯收益：指实施项目的全部收益和全部成本之差，是衡量节电项目投资个体能否获利的指标。

(2) 单位节电成本：是指项目寿命期内节约单位电能所付出的成本，是衡量国家节电投资项目是否可行的指标，如不计节电带来的环境效益，国家推行的节电项目的单位节电成本应低于单位供电成本。

(3) 避免峰荷装机成本：由于节电项目涉及节约电力系统的峰荷，从而可使电力系统节省装机容量。项目成本的净现值与发电系统避免的峰荷容量之比为避免峰荷装机成本。计算年限以电力系统调峰机组的寿命期为准。避免峰荷装机成本小于电力系统调峰机组的单位千瓦投资，说明为社会提供同样容量的电力前提下，节电项目要优于新增电厂发电能力的投资项目。

(4) 生命周期成本：是产品购买价格和寿命期内逐年使用的运行费用的总和。

(5) 边际发电成本：每增加一单位发电量所付出的全部成本。

1.2 分析方法的概述

照明节电项目是否使国家、和投资个体也即电力用户和电力供应单位多方受益，则需要分别对以上各个部门进行详细的经济分析和成本效益分析。

1.2.1 节电能力的计算

每安装一个节能灯具在用户的供应端节省的电量及供应端避免的峰荷容量为：

用户端年节电量＝（传统照明灯具的功率－节能灯具的功率）×每年运行的小时数

供应端年节电量＝用户端年节电量＋减少的自用传输、分配损失电量

＝用户端年节电量×电量综合损失系数

供应端避免安装峰荷容量＝（传统照明灯具的功率－节能灯具的功率）×功率损失系数×照明用电的峰荷同时系数×备用容量系数，功率损失系数按 5-2-1 式计算：

$$\text{功率损失系数} = \frac{1}{(1-m_1)(1-m_2)(1-m_3)} - 1 \qquad (5\text{-}2\text{-}1)$$

式中 m_1——厂用电率，$m_1=0.08$；

m_2——电网输配电损失系数，$m_2=0.07$；

m_3——终端配电损失系数，$m_3=0.04$。

1.2.2 国民经济的成本效益分析

从国民经济分析的角度来看，电费的节省及对用户的补贴属于社会内部的转移费用，不对整个资源的评价产生影响。国民经济成本效益分析的目的是选择成本最小的方法来满足社会对电力的需求。一般来讲，提供电量和电力的方法有新建电厂，外购电量以及新建燃机电厂和抽水蓄能电站以及利用需求端资源的方法等，应对各种方案的单位节电成本和可避免峰荷容量成本进行比较。

单位节电成本=(项目的直接费用+项目的管理费用-项目的避免费用)/供电端的节电量

避免峰荷节电成本=(项目的直接费用净现值+项目的管理费用净现值-项目的避免费用净现值)/供电端可避免的峰荷容量

1.2.3 用户的成本效益分析

消费者的成本效益取决于电价以及在实施项目时对消费者的政策（如购买节能灯具的补贴率，节电收益分成等）。消费者的年收益与成本之差为年纯收益。

年纯收益=用户端年节电量×电价+安装传统照明灯具的费用-安装节能照明灯具的费用×（1-补贴率）

1.2.4 电力部门的成本效益分析

这里所指的电力部门是国家发电和供电部门。电力部门在实施照明项目时要保证能够从中得到收益，其收益是发电避免成本与由于实施照明节电而减少的售电收入之差。

纯收益=避免的发电支出费用-减少的电力销售收入=发电端节电量×平均边际发电成本-消费者节电量×电价

以上仅是对各部分成本效益计算方法的原则性的静态分析，实际计算时还要考虑新建电厂的建设周期和照明节电产品的寿命期，另外还需考虑社会折现率、政府性补贴因素及资金的时间性等。

1.2.5 生命周期成本分析

关于电力用户成本效益分析，还有一种生命周期成本分析和投资回收期分析方法，可用来分析电力用户使用某种产品的经济性。如果某种节电产品的生命周期成本比传统产品的较低，说明该产品既节能环保，又更具成本效益。生命周期成本（*LCC*）是购买价格（*P*）和产品使用寿命（*N*）内逐年使用运行费用的总和。

投资回收期分析主要用来分析消费者需要多长时间才能收回购买节电替代产品所付出的额外成本，如果投资回收期大于产品的有效使用寿命，说明购买节能产品所多付出的成本无法弥补。

生命周期成本分析如5-2-2式：

$$LCC = \mathrm{P} + \sum_{t=1}^{n} \frac{Ct}{(1+r)^{t}} \qquad (5-2-2)$$

使用替代节电产品投资回收期分析如5-2-3式：

$$\Delta \mathrm{P} + \sum_{\mathrm{t}=1}^{\mathrm{r}} \Delta \mathrm{Ct} = 0 \qquad (5-2-3)$$

上述两公式中　*LCC*——全寿命周期成本；

P——购买价格；

Ct——第 t 年的运行使用费用；

N——寿命年限；

r——社会贴现率；

R——回收替代节电产品附加购买成本所需时间。

2 照明节电项目的社会环境效益分析

照明节电工程项目除了具有一定的经济效益外，重要的是它的社会环境效益，即由于发电量减少，减轻了对大气环境的污染，包括减少各种有害气体的排放量和烟尘的排放量。

2.1 有害气体排放减少量的计算

我国是世界第三大能源生产大国，约70%的发电量以燃煤为主，燃煤发电向大气排放大量烟尘和CO、CO_2、SO_2、SO_3、C_nH_m 和 NO_X 等有害气体，因而会产生大量温室气体、酸雨、光化学烟雾和粉尘；严重污染大气和环境，造成了各种对人和动植物的危害。

燃煤发电厂燃料燃烧产生有害气体排放量的计算是根据化学反应式和具体燃料成分、分析数据的基础上进行的。根据专家的最新计算，对于电站锅炉每生产1kWh的电能，需燃烧煤0.4kg。则照明节电工程启动后，由于用电量减少而减少的各种有害气体排放量可按5-2-4式计算：

$$\Delta I_i = b \cdot g \cdot E \cdot N_i = 4 \times 10^{-4} b \cdot E \cdot N_i \tag{5-2-4}$$

式中 ΔI_i——项目实施期由于节省电能所减小的某种有害气体排放量，kg；

i——有害排放物质的种类；

b——电力类别系数，其值取1或0.82。1为只考虑火电时的情况，0.82为同时考虑核电和水电时的情况；

g——燃煤系数，其值为0.4kg/kWh；

E——开展照明节电项目的总节电量，kWh；

N——排放系数，单位kg/t，其值为：对于CO，$N=0.23$；对于CO_2，$N=0.829$；对于C_nH_m，$N=0.091$；对于NO_X，$N=9.08$；对于SO_2，$N=16.72$ sar。

注：sar为燃料中含硫量的质量百分数。

2.2 烟尘排放减小量的计算

燃煤产生的烟尘主要为高温熔融和化学反应过程中形成的。绿色照明工程启动后，由于节省了电能所减少烟尘的排放量按5-2-5式计算：

$$\Delta t = 1000 A d_{fh} g E = 4 \times 10^{-1} A d_{fh} E \tag{5-2-5}$$

式中 Δt——减少烟尘的排放量（kg）；

A——煤含灰量的质量百分数（%）；

d_{fh}——烟气中烟尘占灰分量的百分比（%）；对于电站锅炉，d_{fh}为0.4～0.6；

g——燃煤系数，其值为4×10^{-4}kg/kWh；

E——开展绿色照明工程所节省的总电量（kWh）。

3　照明工程项目的经济分析

3.1　经济因素分析

一个照明系统运行的年平均总费用由三部组成，即资本投资、电费和照明装置的维护费，这三部分费用可用以下各式表达：

（1）资本投资，按 5-2-6 式计算：

$$F_1 = m \cdot N \cdot G \tag{5-2-6}$$

式中　m——资本投资的每年偿还部分；

N——灯具数量；

G—— 一个灯具、接线及控制设备的费用。

（2）电费，按 5-2-7 式计算：

$$F_2 = n \cdot N \cdot W \cdot B \cdot e \tag{5-2-7}$$

式中　n—— 每个灯具中的灯数；

N—— 一个灯及镇流器的功率消耗（W）；

B—— 每年照明系统的燃点时间（kh）；

e—— 每千瓦小时电费。

（3）维护费

维护费取决于维护方式，它可有四种维护方式：

1）成批更换和成批清洁的费用，按 5-2-8 式计算：

$$F_3 = N\ (nL + L_b)\ /\ T_r + NC_b / T_c \tag{5-2-8}$$

此方式最易于管理，耗电少，与上述（2）相同，但外观上受损坏灯的影响。

2）成批加点式更换和成批清洁的费用，按 5-2-9 式计算：

$$F_3 = N\ (nL + L_b)\ /\ T_r + NC_b / T_c \tag{5-2-9}$$

此方式较不易于管理，但比 1）外观上好些。

3）点式更换和成批清洁的费用，按 5-2-10 式计算：

$$F_3 = nNB\ (L + L_s)\ /\ T_{50} + NC_b / T_c \tag{5-2-10}$$

此方式对管理要求高，耗电多，但外观上可接受。

4）点式更换和点式清洁的费用，按 5-2-9 式计算：

$$F_3 = nNB\ (L + C_s)\ /\ T_{50} \tag{5-2-11}$$

此方式维护系最低，通常能耗最高。

究竟哪种维护方式的年平均总费用为最低取决于电、灯、灯具和维护所需的劳动力的费用。

式 5-2-6～5-2-11

L——灯的费用；

L_b——成批更换每个灯具的人工费用；

L_s——每个点式更换的人工费用；

C_b——成批清洁每个灯具的人工费用；

C_s——点式清洁每个灯具和同时更换灯的人工费用；

T_r——成批更换周期；

T_c——成批灯具清洁周期；

f——在 BT_r 千小时内灯损坏的部分；

T_{50}——50%灯完好的燃点时间（kh）。

典型的计算年总费用按成批更换和成批清洁方式计算的如5-2-12式：

$$ACO = EA/nFU[mG + nWBe + (nL + L_b)/T_r + C_b/T_c]/O_rF_rR_c \quad (5\text{-}2\text{-}12)$$

式中 E——维持平均照度（lx）；

A——被照亮地面的面积（m^2）；

F——初始光通量（lm）；

U——灯具的利用系数；

M——维护系数；

O_r——光源的光通量维持率在 BT_r 千小时的值；

F_r——光源的完好率在 BT_r 千小时的值；

R_c——灯具的光通量维持率在 T_c 年的值。

3.2 照明工程项目经济的比较

主要利用计算机算出各个照明方案的一次投资费、电费和维护费。计算程序框图见图5-2-1。

(1) 照明计算输入数据

1) 计算年月日

2) 安装照明装置的场所名称

3) 灯具的型号

4) 灯的型号

5) 计算照度

6) 照明场所的长度

7) 照明场所的宽度

8) 一个灯具内的灯数

9) 灯的光通量

10) 灯具的利用系数

11) 维护系数

(2) 照明计算

12) 面积 = (6) × (7)

13) 每一灯具中灯的平均光通量 = (8) × (9)

14) 灯具数 = $\dfrac{(5)\times(12)}{(13)\times(10)\times(11)}$

(3) 照明计算输出

15) 灯具型号

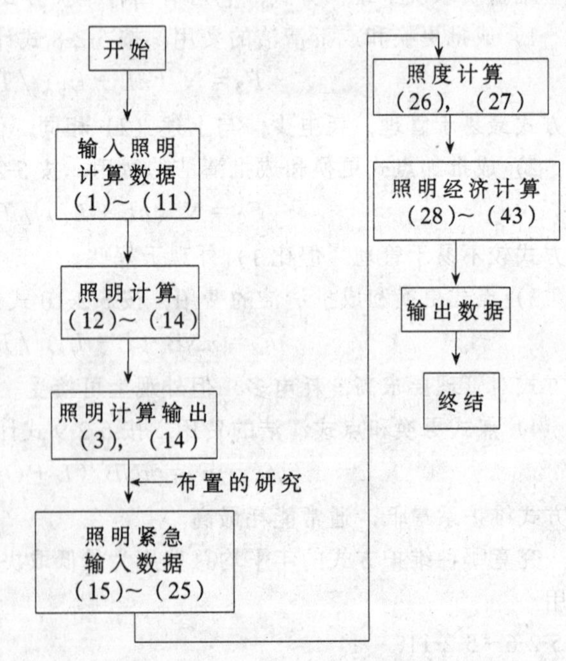

图5-2-1 照明计算、照明经济计算的流程图

16）灯具数量

(4) 灯具布置

输出灯具数量后，根据建筑物尺寸大小和最大间距决定灯具的使用量。

(5) 照明经济输入数据

17）使用灯具数量

18）灯具单价

19）灯具安装用配线单价

20）灯的单价

21）折旧年数

22）每年开灯时间

23）灯的寿命

24）更换灯的人工费单价

25）清洁费单价

26）灯具的输入功率

27）电费

(6) 照度计算

28）初始照度$=\dfrac{(15)\times(13)\times(10)}{(12)}$

29）实际设计照度＝（26）×（11）

(7) 照明经济计算

30）灯具费＝（16）×（15）

31）灯具安装及配线费＝（17）×（15）

32）灯费＝（18）×（8）×（15）

33）一次投资费＝（28）＋（29）＋（30）

34）每年折旧费＝31×｛0.9/19＋利息＋多种税｝

35）每年更换灯的只数$=\dfrac{(8)\times(15)\times(20)}{(21)}$

36）每年更换灯费＝（18）×（33）

37）每年更换灯的人工费＝（22）×（33）

38）每年清洁费＝（23）×（15）

39）每年维护费＝（34）＋（35）＋（36）

40）每年用电量（kW）$=\dfrac{(20)\times(15)\times24}{1000}$

41）每年电费＝（25）×（38）

42）每年照明费＝（32）＋（37）＋（39）

43）每年照明费的比率$=\dfrac{(40)}{\text{标准灯具的}(40)}$

44）每平方米每年的照明费＝（40）/（12）

45）每平方米照度每年的照明费＝（40）/（27）

(8) 输出数据

在表 5-2-1 中列出经济比较

照明经济比较（例） 表 5-2-1

区分	符号	项目	单位 \ 方案	1	2	3	4
照明计算条件	(3)	灯具型号					
	(4)	灯的型号					
	(5)	设计照度	lx				
	(6)	立面的宽度	m				
	(7)	立面的深度	m				
	(8)	灯具平均灯数	只/台				
	(9)	灯的光通量	lm				
	(10)	利用系数					
	(11)	维护系数					
	(12)	照明面积	m^2				
	(15)	使用灯具台数	台				
经济计算条件	(16)	灯具单价	元/台				
	(17)	灯具安装配线单价	元/台				
	(18)	灯的单价	元/只				
	(19)	折旧年数	年				
	(20)	每年开灯时数	h				
	(21)	灯的寿命	h				
	(22)	换灯人工费单价	元/只				
	(23)	清扫费单价	元/台				
	(24)	灯具输入功率	W/台				
	(25)	电费	元/（kWh）				
	(26)	初始照度	lx				
	(27)	实际设计照度	lx				
设备费	(28)	灯具费	元				
	(29)	安装配线费	元				
	(30)	灯费	元				
	(31)	一次设备投资费	元				
	(32)	每年设备折旧费	元				
维护费	(33)	每年更换灯数	只				
	(34)	每年换灯费	元				
	(35)	每年换灯人工费	元				
	(36)	每年清洁费	元				
	(37)	每年维护费	元				
电　量	(38)	每年电量	kWh				
	(39)	每年电费	元				
合　计	(40)	每年照明费	元				
比　较	(41)	同上比率	%				
	(42)	每年照明费/面积	元/m^2				
	(43)	每年照明费/(面积·照度)	元/m^2·lx				

第6篇　检测、认证和标识

第1章　照明产品和工程检测

1.　产品检测

1.1　产品检测机构

根据《中华人民共和国产品质量法》的规定，从事产品质量检验的机构必须依法设立。产品质量检验机构必须具备相应的检测条件和能力，经省级以上人民政府产品质量监督部门或者其授权的部门考核合格后，方可承担产品质量检验工作。

国家产品质量监督检验中心是经国家质量监督检验检疫总局考核并授权承担国内产品质量监督的检验机构。现在国家级的检验中心一般还要经过中国实验室国家认可委员会按《校准和检测实验室认可准则》进行评审认可。我国的《校准和检测实验室认可准则》是等同采用国际标准ISO17025的。该认可准则对实验室的组织机构、质量体系、人员、设备、环境、仪器校准溯源、记录和检验报告等方面有详细严格的规定。在组织机构和人员方面认可准则要求从事实验室不得从所检验产品的开发、生产等活动。

目前我国开展节能照明产品的国家质检中心有两家：国家电光源质量监督检验中心（北京）和国家电光源质量监督检验中心（上海）。

国家电光源质量监督检验中心（北京）和国家电光源质量监督检验中心（上海）都是国内权威的照明产品检验实验室，可以代表国内照明产品检验机构的最高水准。两个单位有以下共同点：

(1) 国家质量技术监督局正式授权，是具有第三方公证性的照明产品质量监督检验机构；

(2) 通过中国实验室国家认可委员会（CNAL）的认可；

(3) 在照明产品质量检测同行业中实验室能力处于国内领先地位。具体有以下四个方面的特点：

1）产品检测能力强：

a. 通过中国实验室国家认可委员会（CNAL）的批准，可以检验“绿色照明工程”所推广的各类照明节能产品；

b. 对于目前还没有任何统一标准或非标准的产品，具有研究和开发检测技术条件的能力。

2）测技术和方法先进：

a．检测自动化程度、速度及数据准确度处于国内领先地位；

b．具有紧跟照明产品行业的发展，拓展产品检测范围，研究掌握新的检测技术的能力。

3）实验室的试验设施条件好：

a．试验室具备符合标准要求的恒温恒湿功能；

b．实验室具有合理的整体布局；

c．检测设备齐全且设备精度处于国内领先地位。

4）检验人员操作水平高：

a．相对集中了从事照明产品质量检测已有多年经验的专业检验人员；

b．检验人员对照明产品及相关的国家标准和 IEC 标准很熟悉，并且对产品检验方法和规程的熟练掌握，以及对发达国家相应的产品标准和检验方法的了解，都有利于进行新的检测技术和方法的研制与开发；

c．每年进行人员培训，使检验人员的检测水平不断得到提高。

5）要承担着以下类型的工作：

a．国家的和地方的质量技术监督部门下达的照明产品质量监督抽查任务；

b．照明电器产品的安全认证型式认可检测和工厂质量保证能力审核的工作；

c．照明节能产品认证的产品检测工作；

d．国内外生产厂商的委托检验业务和国内外检验机构的分包检验业务；

e．有关照明产品的国家标准、行业标准及地方标准的制、修订工作；

f．参加国家质量技术监督局组织的标准宣贯活动，编写照明产品标准宣贯的教材；

g．每年在全国性的期刊上发表有关照明产品检测方面的研究论文。

1.2　产品检测业务种类

产品检测业务根据检验目的的不同一般分为委托检验、质量仲裁检验、质量监督抽查检验以及产品认证的型式认可检验。

委托检验一般由企事业单位的根据需要提出依据某一个标准或技术文件（要求）对某种产品部分或全部技术指标进行检验。这种检验既可以是对几个样品也可以是针对一批产品的抽样检测。

国家电光源质量监督检验中心（北京）的检测业务主要有：

(1) CCC 认证检验；

(2) 监督抽查；

(3) 型式试验；

(4) 委托检验（国内外）；

(5) 验货检验；

(6) 国内外安全认证的检验（CCC、CE）；

(7) 产品质量仲裁的检验；

(8) 国家级、省市级科技成果鉴定；

(9) 美国 Energy star 和 IFC/GEF（国际金融集团/全球环境基金）ELI（高效能照明促进项目）节能照明产品检测；

(10) 节能认证检测。

1.2.1 检验项目

1.2.1.1 照明电器性能检测

(1) 照明灯具性能:

1) 等光强曲线;

2) 光分布曲线;

3) 利用曲线

4) 亮度限制

5) 灯具效率

6) 防水、防尘、阻燃。

(2) 光源发光性能:

1) 色坐标、显色性、颜色温度等颜色参数;

2) 光通量、发光效率;

3) 辐射照度、辐射通量(紫外、可见);

4) 光谱辐射(紫外、可见、近红外);

5) 光学透射率、反射率;

6) 亮度、照度、微光照度、细小发光体亮度、光强度;

7) 瞬时发光光谱、光强、能量。

(3) 电学性能:

1) 各种镇流器和变压器的输入、输出特性、启动性能、效率、镇流器能效因数 *BEF*;

2) 各种触发器、启动器的启动性能;

3) 各种灯用电容器的电器参数。

(4) 照明效果现场检测:

1) 体育场照明效果;

2) 广场和商业街道;

3) 道路桥梁;

4) 机场、码头、车站;

5) 工矿企业;

6) 各种建筑的室内外照明效果等。

1.2.1.2 照明电器安全要求检测:

(1) 电器安全;

(2) 防护安全;

(3) 内部安全;

(4) 零部件安全(灯头灯座、开关、接线端子、电器附件等);

(5) 材料安全;

(6) 异常状态的安全;

(7) 环境性试验(耐久、振动、颠簸、防水、防潮等);

(8) 机械安全（机械强度、力学试验、风压试验等）；

(9) 寿终安全性。

1.2.1.3 技术服务项目

(1) 质量检测技术咨询服务；

(2) 照明产品检测专用设备；

(3) 建立照明检测实验室服务；

(4) 企业委托的产品质量监督抽查；

(5) 照明产品企业标准的起草；

(6) 照明产品质量技术信息。

1.3 产品检测的有关手续

产品检测分为监督抽查检验和委托检验。监督抽查一般由有关政府部门或司法机关组织对生产领域或流通领域的某一种（或几种）产品进行的检查。委托检验可以是企事业单位、社会团体、个人根据需要自愿委托对产品进行检测、鉴定。

对于监督抽查，根据《中华人民共和国产品质量法》第 15 条 的规定："国家对产品质量实行以抽查为主要方式的监督检查制度，对可能危及人体健康和人身、财产安全的产品，影响国计民生的重要工业产品以及消费者、有关组织反映有质量问题的产品进行抽查。抽查的样品应当在市场上或者企业成品仓库内的待销产品中随机抽取。监督抽查工作由国务院产品质量监督部门规划和组织。县级以上地方产品质量监督部门在本行政区域内也可以组织监督抽查。法律对产品质量的监督检查另有规定的，依照有关法律的规定执行。

国家监督抽查的产品，地方不得另行重复抽查；上级监督抽查的产品，下级不得另行重复抽查。

根据监督抽查的需要，可以对产品进行检验。检验抽取样品的数量不得超过检验的合理需要，并不得向被检查人收取检验费用。监督抽查所需检验费用按照国务院规定列支。

生产者、销售者对抽查检验的结果有异议的，可以自收到检验结果之日起十五日内向实施监督抽查的产品质量监督部门或者其上级产品质量监督部门申请复检，由受理复检的产品质量监督部门做出复检结论。"

国家监督抽查不向企业或被抽查单位收取检验费用，国家监督抽查的样品，由被抽查单位无偿提供，抽取样品的数量不得超过检验的合理需要。被抽查企业应当积极配合国家监督抽查工作。对不便携带的样品必须由被抽查企业负责寄、送至检验机构。企业无正当理由不得拒绝国家监督抽查和拒绝寄、送被封样品。《产品质量法》第 16 条和第 17 条还规定"对依法进行的产品质量监督检查，生产者、销售者不得拒绝"。"监督抽查的产品质量不合格的，由实施监督抽查的产品质量监督部门责令其生产者、销售者限期改正。逾期不改正的，由省级以上人民政府产品质量监督部门予以公告；公告后经复查仍不合格的，责令停业，限期整顿；整顿期满后经复查产品质量仍不合格的，吊销营业执照。""监督抽查的产品有严重质量问题的，依照本法第五章的有关规定处罚。"

凡已经国家监督抽查的产品，自抽样之日起六个月内，各行业、企业主管部门，地方质量技术监督部门和其他部门对该企业的该种产品不得重复进行监督检查。

对于抽查中反映出有倾向性的质量问题，或者产品质量问题严重、抽样合格率较低的产品，国家质检总局会同有关行业主管部门或者组织行业协会、检验机构召开产品质量分析会。凡国家监督抽查不合格产品的生产、销售企业，省级质量技术监督部门负责督促和检查企业整改工作。不合格产品生产企业必须按照下列要求进行整改：（一）质量问题严重的，必须立即停止该种不合格产品的生产和销售；（二）企业法定代表人向全体职工通报国家监督抽查情况，制订整改方案，落实整改工作责任制；（三）查明不合格产品产生的原因，查清质量责任，对有关责任者进行处理；（四）对在制产品、库存产品进行全面清理，不合格产品不准继续出厂，对危及人体健康、人身财产安全的不合格产品，要按照《产品质量法》等有关规定监督销毁或者作必要的技术处理；（五）根据不合格产品产生的原因和质量技术监督部门、有关部门整改要求，在管理、技术、工艺设备等方面采取切实有效的措施，建立和完善企业的质量保证体系；（六）积极参加质量技术监督部门组织的不合格企业厂长（经理）学习（培训）班和产品质量分析会；（七）按期提交整改报告和复查申请；（八）接受质量技术监督部门组织的整改复查和产品质量的复查检验。不合格产品销售企业必须按照下列要求进行整改：（一）立即对在销产品的库存产品进行清理，对直接危及人身健康安全或者存在致命缺陷或者失去使用价值的产品，必须立即撤下柜台，严禁继续销售，对仍有使用价值的产品，退回生产企业进行必要的技术处理，或者标明处理品后方可继续销售；（二）针对质量问题，查清质量责任；（三）加强对供货方的审查把关和验货人员的业务培训，建立质量责任制。

企业整改工作完成后，应当向当地省级质量技术监督部门提出复查申请，由省级质量技术监督部门委托符合《产品质量法》规定的有关产品质量检验机构，按原方案进行抽样复查。复查申请自国家质检总局发布国家监督抽查通报之日起，一般不得超过六个月。国家监督抽查不合格产品生产企业的复查检验费用，由不合格产品生产企业支付。

拒检企业的产品，无正当理由不寄、送样品的企业，产品按不合格论处。拒检企业的复查工作由企业所在地的省级质量技术监督部门委托承担国家监督抽查检验工作的质检机构进行。

应当进行复查而到期仍不申请复查的企业，由该省级质量技术监督部门组织进行强制复查。

对国家监督抽查中涉及安全卫生等强制性标准规定的项目不合格的产品，责令企业停止生产、销售，并按照《产品质量法》、《标准化法》等有关法律、法规的规定予以处罚。对直接危及人体健康、人身财产安全的产品和存在致命缺陷的产品，由国家质检总局通知被抽查的生产企业限期收回已经出厂、销售的该产品，并责令经销企业将该产品全部撤下柜台。

取得生产许可证、安全认证的不合格产品生产企业，责令立即限期整改；整改到期复查仍不合格的，由发证机构依法撤销其生产许可证、安全认证证书。企业的主导产品在国家监督抽查中连续两次不合格的，由省级以上质量技术监督部门向工商行政管理部门提出吊销企业法人营业执照的建议，并向社会公布。对于国家监督抽查不合格、复查后仍达不到规定要求的生产企业，由省级质量技术监督部门会同当地有关部门，责令企业停产整顿。

委托检验是自愿的，因此委托检验手续的办理由申请检验者向有关检验机构提出。委托方应向检验机构出示能够表明其相关身份的证件（营业执照、授权委托书、身份证明等），详细介绍产品的性能和有关技术参数，如实说明检验目的，提出检验要求。检验机构应该根据产品的特性向委托人介绍有关的检验标准和准备实施的检验方法，并确定检验样品的数量、周期和费用。对于委托人要求检验的样品为其他企业的产品者，委托人应提交有关说明文件或证据证明产品来源的可靠性。检验机构在整个检验过程中有义务为委托的样品（及其相关技术资料）承担保密。

检验机构在受理了检验委托之后，应按照有关技术标准积极组织实施检验。现场检验要制定现场检验规程，并确保对同一产品的所有现场检验遵守相同的操作规程。检验原始记录必须如实填写，保证真实、准确、清楚，不得随意涂改，并妥善保留备查。检验过程中遇有样品失效或者其他情况致使检验无法进行时，必须如实记录即时情况。检验结束后及时出具检验报告。按照《产品质量法》第21条的规定，产品质量检验机构“必须依法按照有关标准，客观、公正地出具检验结果”。

1.4 产品的检测方法

1.4.1 光源产品检测

1.4.1.1 光源的安全检测

光源产品按照国家强制性标准对其安全指标进行检测。在节能光源中，对光源产品的安全主要检测以下几个方面：

(1) 产品的安全标志；

(2) 机械强度；

(3) 绝缘材料的耐高温性能；

(4) 绝缘材料的阻燃性能；

(5) 互换性；

(6) 灯头温升。

光源产品的安全检验主要涉及长度（尺寸）、机械力、热（温度）和材料性能的检验。

在长度检验中主要是检验光源的有关安全方面的尺寸是否符合标准要求的规定。光源产品中一些部位的尺寸（例如：双端荧光灯的长度、各种光源的灯头尺寸、灯泡的灯头与泡壳之间的位置等）是关系到用户安装、使用安全的指标。对这些指标国家标准和国际标准都有相同严格规定。这些指标的测量精度要求很高，一般的通用量具难以测量准确，通常使用专用量具（规）进行测试。近几年来的监督抽查中反映的长度质量缺陷主要是灯头互换性和使用E27灯头产品的防触电保护问题。这两项检验都需要使用专用量规测试。互换性是保证使用者能够安全互换各种型号的灯头与灯座。同时灯头与光源结合部位的应保证在光源旋入或插入相应的符合IEC 60238标准规定的灯座时，人体触摸不到灯头的带电部位。这不仅要求灯头的各部分尺寸符合标准的要求，而且在要求光源在与灯头的结合部的形状设计上，应能够有效阻止人手指在安装、使用光源时触摸到疼头的带电部位。不同型号（规格）的光源对互换性和防触电检验所需的量规是不同的。

在光源产品中对机械力的检测主要考核在光源的灯头与灯体的连接牢固性。由于灯头脱落而给使用者带来危险的事情经常发生。标准中对不同的光源应能承受的机械力有不同的要求。对于使用E27灯头的光源，一般要求至少承受3N.m的扭矩，如果光源在燃点过程中会产生较多热量的（如白炽光源、高强度气体放电光源等）还要求将样品长期加热后进行扭力矩检测。试验时将灯头旋入相应的试验灯座。使规定的扭力矩通过灯座直接施加在灯头上。试验时应使扭力矩从零逐渐增大，不能突然加力。对于使用插脚式灯头的光源，机械强度的试验主要是测试其在规定的拉力下的牢固度。

由于光源在燃点过程中会产生热量，而热量又向上传导到灯头，灯头温度过高会降低灯具、灯座的安全可靠性。对于白炽光源和高强度气体放电灯，灯头温升的测试显得尤为重要。灯头温升的测试方法由GB 7250做了详细的规定，该标准等同采用IEC 60360国际电工委员会的相关标准。它对实验装置和环境要求、试验方法做了严格的规定。

绝缘材料的耐高温性能，根据绝缘材料用在光源的不同部位有不同的要求。一般绝缘材料用于防触电保护的外壳和对带电部件进行支撑时，要对材料进行125℃球压试验，也就是把绝缘材料放进加热箱内，在125℃ 高温下，用直径5mm的钢球，施加20N的压力1h。1h后，取下样品，将样品在冷水中浸泡10s后，测量样品上的压痕直径，要求压痕直径不得大于2mm。而对于用于灯头的绝缘材料通常不仅要满足125℃的球压试验要求还要通过高温老化试验：将绝缘材料放入加热箱内在高温下（140℃～160℃）长时间（1000～2000h）加热后检查材料的变化，材料不应出现任何影响安全性的变化。

绝缘材料的耐燃烧也要针对材料使用的部位和作用不同进行不同的测试：*a*.针焰试验：按照GB 5169规定的实验设备，在可能出现最高温度的部位施加火焰10s，在实验火焰移开后30s后，材料不应继续燃烧。而且由材料上落下的任何滴落物不得引燃铺置在下面的符合GB 4687—84规定的5层薄纸。*b*.灼热丝试验：使用GB 5169规定的设备，灼热丝温度为650℃，试验部位最好时距离试样上部边缘大于或等于15mm处，在灼热丝上施加1N的力30s后，灼热丝与试样脱离，试样上的火焰应在30s内熄灭。试样上的滴落物不应印染水平铺置的5层薄纸。

(1) 普通照明用自镇流荧光灯安全要求

1) 标准要求

按标准要求必须标在灯上的标志有：

a.来源标志，可以用商标、制造厂或销售商的名称等形式表示。

b.额定电压或电压范围，用“V”或“伏特”表示。

c.额定功率，用“W”或“瓦特”表示。

d.额定频率，用“Hz”表示。

这些标志是强制性的，必须在灯上标明的。另外制造厂还应在灯上或包装上、或使用说明书上标出下列补充信息：

a.灯电流。

b.如果该灯的燃点位置有限制的话，应标出燃点位置（如水平燃点、垂直燃点等)。

c.由于某些灯具的机械稳定性对灯自身的重量有要求，如果该灯的重量大大超过被替换灯的重量，此时，增加的重量可能会降低灯具的机械稳定性，这种情况应注明。

d.灯在使用时必须遵循的特定条件和制约，如能否在调光电路中使用，在调光电路中使用时注意的问题等。

2）合格判定

a.用目视法检验灯上或包装物上是否有标准所要求的标志内容及标志的清晰度。

b.耐久性用下述方法检验：用一块蘸水的湿佰轻轻擦拭标志15s，待其干后，再用一块蘸有有机溶剂——己烷的布擦拭15s试验之后，标志仍应清晰可辨。

对自镇流灯上标志的耐久性要求高于单端荧光灯的要求，原因在于自镇流灯是直接面向用户，标志部位是用户花在旋入或旋出灯时经常用手接触的部位，人手上分泌的汗液会对灯的标志有影响，因此对标志进行检验时，除用水擦拭外，还需用有机溶剂擦拭，以确保灯的标志经久耐用。

（2）互换性

1）标准要求

a.为了确保灯的互换性，所用灯头应符合IEC 60061—1（GB 1406，GB 1407）规定的尺寸要求。

b.装有B22d灯头或E7灯头的自镇流灯，其质量不得超过1kg，灯与灯座之间的弯矩不得大于2N.m。

2）合格判定

a.灯头尺寸的合格性用检验其互换性的量规进行检验。表6-1-1列出了需要检验的灯头尺寸及所用量规的IEC 60061—3中的活页号，E27和B22d灯头的检验量规在GB 483和GB 1484中也相应给出，需要时可查阅这两个标准。

卡口灯头B22d的检验尺寸A、D1、N的含义如图6-1-1所示。

灯头的各种尺寸符合相应的灯头标准要求为合格。

检验互换性的量规和灯头尺寸 **表6-1-1**

灯头	用量规检验的灯头尺寸	量规活页号及名称
B22d	Amax和Amin D1max Nmin 插脚P的径自位置： 插脚插入灯中的长度 插脚在灯座中的固定位置：	7006—10（BA9，B15，B22，BY22d灯头的“止规”） 和 7006—11（BA9，B15，B22，BY22d灯头的“通规”） 7006—4A（检验B15d，B22d，BY22d灯头插入力的量规） 7006—4B（检验B15d，B22d，灯座夹持力的量规）
E27	螺纹最大尺寸 灯头螺纹外径最小尺寸 接触性	7006—27B（E27灯头“通规”，E27灯头“S1”的“通规”） 7006—28A（E27灯头“止规”） 7006—50（检验E27灯头接触性的量规）
E26	螺纹最大尺寸 灯头螺纹外径最大尺寸	7006—27D（E26，E26d灯头的“通规”） 7006—27E（E26，E26d灯头附加“通规”）

b.自镇流灯的质量用适当的量具检验。灯与灯座之间的弯矩是相对于灯完全旋入或插入相应的灯座时，灯的触头与螺口灯座的中心触点或仁门灯座的触点的接触点来说的。

弯矩为灯的重量与触点到重心的距离的乘积。通过测量和计算来检验灯与灯座之间弯矩的合格性。

灯的重量相灯与灯座之间的弯矩不超过规定值为合格。

(3) 预防触电

l) 标准要求

标准中规定自镇流灯的结构和设计应保证在不装有任何灯具形状的辅助外壳的情况下灯旋入正 IEC 60238 规定的灯座后，人体触摸不到灯头内的金属件或灯头上的带电部件。采用螺口灯头的灯，其结构设计应符合普通照明用灯泡防止意外接触的要求，即边引线焊点高度不得超过灯表面 3mm 以上（如图 6-1-2 所示)。这是因为螺口灯头的壳体作为一负极在使用中是带电的，边引线通过与壳体焊接，将电源与灯丝相连，因此该焊点在使用中是带电的，要求边引线焊点不高于 3mm，可不使带电体外露出灯座，从而保证了防触电性能良好。

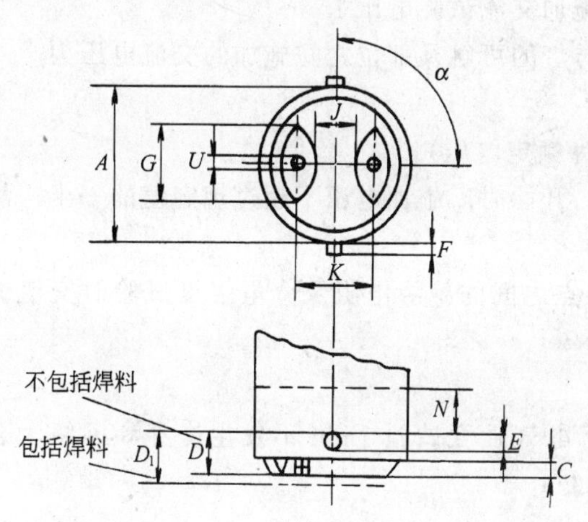

图 6-1-1　卡口灯头尺

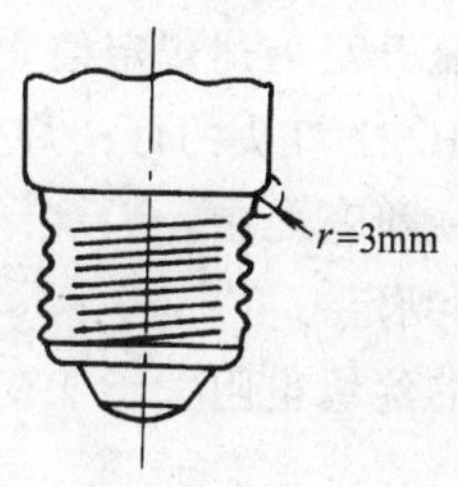

图 6-1-2　螺口灯头边引线焊点高度

采用 B22d 灯头的自镇流灯的要求与采用同样灯头的白炽灯的要求相同，即卡口灯头的电触点上的焊锡或金属导体触头与灯头壳体或带电体之间的电气间隙不应小于 1mm。

除灯头上的载流金属部件以外，灯头外部的金属部件都不得带电或容易带电。

2) 合格判定

用标准规定的试验指去接触每一个可能触及的金属部件，如有必要施加 l0N 的力，用一电指示器显示带电部件的接触情况，指示器不亮为合格。

对带螺口灯头的灯的要求，采用 IEC 60061—3 中活页号 7006—51A（检验成品灯上 E27 灯头插入灯座时防止意外接触的量规）或 GB 1483 规定的用于检验 E27 灯头的量规来检验其合格性。

对采用 E26 灯头的自镇流灯的检验要求待定。

带卡口灯头的自镇流灯的预防触电性能用本标准中第 7 章规定的绝缘电阻和介电强度

试验进行检验。电气间隙用适当的量具检查，不小于规定值为合格。

(4) 潮湿处理后的绝缘电阻和介电强度

该项要求是考核自镇流灯在潮湿环境下使用时的安全可靠性，考核灯的载流金属部件与灯的可能触及部件之间经过潮湿试验之后，其绝缘电阻和介电强度性能是否满足标准要求。

1) 标准要求

灯的载流金属部件与灯的可触及部件之间应能耐受正常使用中可能出现的潮湿。将灯在相对湿度为91%～95%，温度保持在20℃～30℃之间的任一恒定值，温度变化误差为±1℃的潮湿箱内放置48h后立即进行绝缘电阻和电气强度试验。

绝缘电阻应在潮湿箱内测量，先在灯的导电部位和可触及部位间（测试时在灯的可触及的绝缘件上包一层金属箔）施加大约500V的直流电压，1min之后开始测量绝缘电阻，灯头上载流部件与可触及的灯部位之间的绝缘电阻不应小于4MΩ。

然后进行介电强度试验，在上述部件上施加交流试验电压1min。

对于带螺口灯头的灯，螺口灯头的壳体与灯的可触及部位之间施加的交流电压为

HV型（220V～250V）：4000（有效值）

W型（100V～120V）：$2U+1000$V（U为额定电压）

试验期间，灯头外壳与眼片之间应短路，开始时，施加电压不超过规定值的一半，然后逐渐将电压升至上述规定值。

对于带B222灯头的灯，灯头的外壳与触点之间的绝缘电阻及介电强度试验时交流试验电压值正在研究之中。

2) 合格判定

若测得的绝缘电阻大于4 MΩ，并且进行电气强度试验1min不发生击穿和闪络为合格。

(5) 机械强度

1) 标准要求

本项技术要求是通过扭矩试验来检验灯头的粘结强度。将灯头装入图6-1-3和图6-1-4所示的试验灯座，并施加下述扭矩，灯头应牢牢粘结在灯体上或灯上用来旋进或旋出的部位。

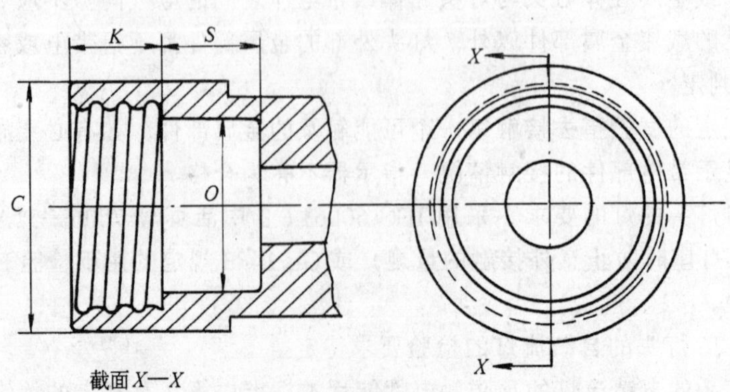

尺寸	E26	E27	公差
C	32.0	32.0	最小值
K	11.0	11.0	±0.3
O	23.0	23.0	±0.1
S	12.0	12.0	最小值

其螺纹应符合 IEC 60061 规定的灯座螺纹。

图 6-1-3 装有螺口灯头的灯作扭矩试验用灯座

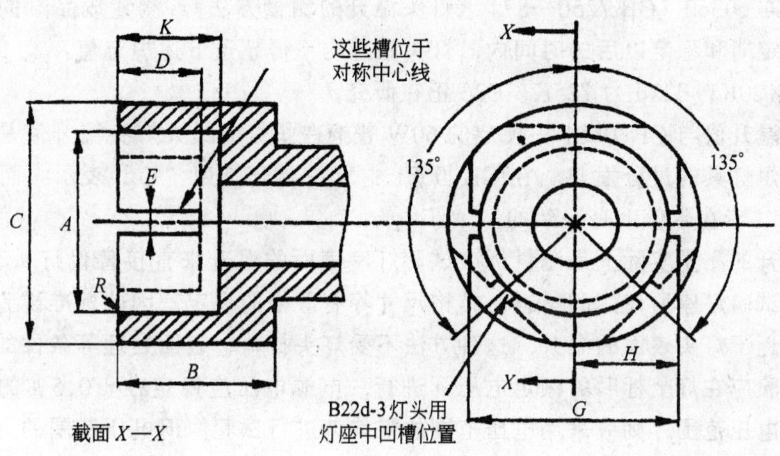

尺寸	B22	公差
A	22.27	+0.03
B	19.0	最小值
C	28.0	最小值
D	9.5	最小值
E	3.0	+0.17
G	24.6	±0.3
H	12.15	最小值
K	12.7	±0.3
R	1.5	近似值

图 6-1-4 装有卡口式灯头的灯作扭矩试验用灯座

其螺纹应符合 IEC 60061 规定的灯座螺纹。附图仅表示灯座的基本尺寸。

试验时，应抓住灯的玻管或灯上用来旋进或旋出的部位，缓慢移动，使扭力矩从零逐渐增加到规定值，不应突然施力。

对于不采用粘结方式固定的灯头（铆接），允许灯头与灯体之间有相对的移动但不能超过 10°。

2）合格判定

对于粘结方式固定的灯头，在经过扭矩试验之后，不出现灯头松动掉头现象为合格，对于采用非粘结方式固定的灯头，机械强度试验之后，样灯应符合第 6 条的预防触电的要求，用标准试验指检验。

(6) 灯头温升

灯在燃点过程中，灯头温度将逐步升高，由此带来的问题是，粘结材料的粘结力下降，因此为保证灯头与灯体之间粘接的牢固度，必须限制灯头温度的升高。

1) 标准要求

按照 IEC 60360 (GB 7250—87)《灯头温升的测量方法》，测量成品灯的温升，在启动期间、稳定期和稳定以后的时间内，灯头温升均不得超过下述规定值：

E23 为 120K；B22d 为 125K；E26 正在研究

规定的温升值与 GB l0681 中规定的 60W 普遍白炽灯的最大灯头温升值是一致的，这样可防止白炽灯具的过分发热。在 GB l0681 中灯头温升是用“℃”表示，而本标准中用“K”表示，二者在数值上是一致的。

灯头温升的测量实际上是测量标准试验灯座表面的温升来直接替代灯头表面的温升。由于对标准试验灯座所使用的材料，结构尺寸等有严格的规定，因此标准试验灯座表面的温升非常接近于灯头表面的温升，这种方法不受灯头材料、表面处理等条件的影响。

本项试验应在灯上标明的额定电压下进行，电源电压应稳定在 ±0.5% 的范围内。如果给出的是电压范围，则应采用电压范围的平均值进行试验。但电压范围的上下极限值与其平均电压值的差别不得大于 2.5%，如果超过此值，试验时采用此范围中的最高值。

2) 合格判定

按照 IEC 60360，在规定的试验条件下测得的灯头温升不超过标准中规定值为合格。

(7) 耐热性

自镇流灯的耐热要求，主要是考核灯的非金属材料在受到高温影响后，其电气性能、机械性能是否变坏，是否会影响使用安全可靠性。

1) 标准要求

灯的外部防触电绝缘部件和固定带电部件的绝缘部件应具有充分的耐热性。

通过球压试验来检验其合格性。

绝缘材质部件不进行此项试验。

试验应在加热箱中进行，箱内温度比本标准第 9 条中测得的相关部件的正常工作温度高 25℃ ± 5℃，对于固定带电部件的绝缘部件，试验温度至少为 125℃，其他部件的最低试验温度为 80℃。

B22d 为 −3Nm；E27 和 E26 为 3Nm

被测试的部件的表面应水平放置，将直径 5mm 的钢球以 20N 的力压在受试部件表面上。试验时，如果受试表面出现弯曲，则应将钢球所压的部位支撑起来。试验之前，先将试验负载和支撑装臂放置在加热箱内加热足够时间，以保证使其达到稳定的试验温度。施加试验负载之前，受试部件要放进加热箱内加热 10min。

如果压痕表面呈椭圆形，则椭圆短轴的长度即为压痕直径，或根据公式 $\phi = 2\sqrt{P(5-P)}$ 计算压痕直径，其中 P 为压痕深度。

2）合格判定

如果测得的或计算出的压痕直径不大于2mm，则说明被测绝缘部件的耐热性符合标准要求。

（8）防火与防燃

1）标准要求

灯的固定带电部件的绝缘件以及外部防触电的绝缘部件时应具有充分的耐火性，除陶瓷材质部件外，受试材料应通过IEC 60695—2—1（GB 5169.4—85）规定的灼热丝试验。

试样为一只成品灯，如果为了试验方便可从灯上去掉与试验无关的部分，但必须要保证试验条件与正常使用条件没有明显区别。

灼热丝顶部的温度为650℃。

试验时，先将试样安装在支架上，施加1N的力将试样压在灼热丝顶部，灯丝距试样上部边缘距离最好为15mm或大于15mm，灯丝的顶端要位于受试表面的中心，在力的作用下灼热丝将慢慢穿于试样内部，但其穿透深度要通过机械方法限制在7mm之内。灼热丝保持在一个水平面上，灼热丝和试验品在相对移动时应一直保持1N的压力值。

如果试样太小，不能按上述要求进行试验，可以取一块相同的材料作为试验样品，该样品为30mm×30mm的正方形，厚度为成品试样的最小厚度。

2）合格判定

试样压在灼热丝顶部30s后将试样移开。移开后30s内试样上的任何燃烧的火焰均应熄灭，并且任何燃烧着的下落物不能点燃水平放置在试样下面的，距离为200mm±25mm的薄纸。满足上述要求，则说明该绝缘材料具有防火阻燃性能符合标准要求。

注意在开始试验之前，灼热丝的温度和加热电流应恒定1min，但这期间灼热丝的热辐射不得影响试样。采用铠装高灵敏热电偶丝测量灼热灯丝顶部的温度，热电偶的结构与铠装应符合IEC 60695—2—1的要求。

（9）异常状态

1）标准要求

自镇流荧光灯在特定使用中可能会出现异常状态，但灯在异常状态下工作时，其安全性不应降低。

需要进行以下异常状态试验进行检验。

a.在开关启动线路中，启动器被短路；

b.电容器之间短路；

c.因一阴极损坏，灯不启动；

d.虽然阴极电路完整不缺，但灯不启动（去激活灯）；

e.灯工作，但一阴极已去激活或损坏（整流效应）；

f.断开式跨接线路中的其他触点，线路图表明这种异常状态可能降低灯的安全性能。

按照以上顺序依次进行异常状态试验，每项试验使用一个试样，该试样应是生产厂提供的进行有关异常状态检验的专用灯。由于自镇流荧光灯不可拆卸，因此进行异常状态试验时不能将灯拆开，进行异常状态试验。生产厂提供的专用灯，应尽可能依靠灯的外部开关操作，即可进行异常状态试验。

应注意不能短路的零部件或装置不应跨接，不能开路的零部件或装置不应断开。

灯的零部件的安全性应符合有关的技术标准，如果必要，制造厂应提供有关证明。

进行 a、b、f 项异常状态试验时，先将受试灯在室温下点燃，施加电压为额定电压90%～110%之间的任一值，如果是电压范围，则施加的电压应为电压平均值的90%～110%，灯达到稳定状态后，进行异常状态试验。

关于异常状态 c、d、e，操作方法与上述相同，但试验一开始就引入异常状态。

对样品灯进行历时8h的试验，在试验期间，灯不得起火，或产生易燃气体，而且带电部件不得变成可触及的。

2）合格判定

用目测法观察灯是否起火；

用高频火花发生器检验零部件释放出的气体是否是易燃的；

根据预防触电要求的试验指来检验可触及的部件是否变成带电体，用1000V的直流电压来检验绝缘电阻是否符合要求。

如果各项检验均符合要求，则判为合格。

1.4.1.2 光源的性能检测

光源性能的检测主要针对产品的寿命和产品的光、电、色参数等技术指标。

光源产品的寿命是不仅指产品能够燃点的累计时间，而且是能够有效使用的时间。一般气体放电光源的有效寿命要考核光通维持率。也就是燃点一段时间后的光通量与初试光通量之比。通常认为光通维持率下降到70%时，就是有效寿命的时间。通常在说到普通照明用自镇流荧光灯产品的寿命时指的是“平均寿命”。在标准中的定义是“灯的光通维持率达到本标准要求并能继续燃点至50%的灯达到单只灯寿命的累计时间”。

光源产品的光通量指标是该产品的一个主要属性。光通量的测试也是光源产品性能测试的重要的项目。光源光通量的测量一般可采用绝对测量法、相对积分测量法和光谱法。

绝对测量法使用分布光度计测试。这种方法在理论上可测量各种类型光源的光通量，特别是光源形状复杂、光分布很不均匀或大光通量的光源，这些光源在积分球内测量时误差大或测量困难。分布光度计不仅能够测量光源的光通量还能够测量灯具的光空间分布，为照明设计和灯具设计提供所需要的数据。绝对法测量光通量由于要使用分布光度计，测试所花费的时间多，对于光源生产的质量控制中大批量的测量显然不太方便。因此现在我们一般用分布光度计测量灯具的光分布和建立光通量标准灯。

在光源光通量测量中经常采用相对法和光谱法。

相对法的原理就是使用球形光度计和光通量标准灯（光通量值已知）测量光源的光通量。球形光度计由测光积分球和光电光度计组成。积分球组成：球体是采用不易变形、不易受环境影响的材料制成（通常采用钢结构），球内表面应光滑，各处的曲率半径相等，球内壁均匀喷涂白色漫反射体，光谱选择性小、漫反射性能良好，化学性能稳定，一般多在球体内壁喷涂硫酸钡粉末；窗口是在球的赤道上开一小圆孔作为测量窗口，窗口直径20～40mm左右，窗口直径视球体的直径大小可适当增减。窗口上镶一块双面毛玻璃，毛玻璃的一面应与球内壁平齐，不得突出或缩进。毛玻璃的光谱吸收率应尽可能为中性；挡屏可挡住光源发出的光线直接照射在窗口上，挡屏的中心在球心与窗口中心的连线上、距球心 1/3 半径到 1/2 半径的范围内，挡屏面与连线垂直，挡屏的大小应使之恰好挡住光源发出的直射光；灯架和光源（标准灯和待测灯）安装在球心上，灯的安装支架应尽量减少体积，并喷涂均匀漫反射材料，以减少测量误差。

光度计是使用物理探测器模拟人眼对发光强弱进行测量的仪器。它主要由光电转换器、$V(\lambda)$ 修正滤光片、余弦修正器、放大电路和输出显示组成。影响照度计精度的因素主要有：光谱光视效率 $V(\lambda)$ 曲线的修正效果、线性水平、余弦特性。

近年来光电光度计多采用数字技术，并可与计算机连接自动记录测量数据并进行数据处理。

灯光通量的测试方法可采用积分比对法或光谱法测量，但是若采用积分比对法测量时，则使用的标准灯应与被测灯具有相同的类型，且相对光谱能量分布相近，否则必须进行颜色修正，积分法的光通量，由 6-1-1 式得出：

$$F_x = (I_x / I_s) \cdot F_s \cdot K \cdot \alpha \tag{6-1-1}$$

式中 F_x、F_s——分别为待测灯和标准灯的光通量；

I_x、I_s——分别为待测灯和标准灯的光电流；

K——色修正系数；

α——吸收修正。

由于光电光度计接受器的光谱灵敏度 $S(\lambda)$ 与国际标准人眼明视觉灵敏度 $V(\lambda)$ 不可能完全一致，因此在测量与标准光源具有不同光谱特性的待测光源时必须考虑颜色修正。同时由于在积分球内燃点的灯泡其形状、种类有很大差别时，因光吸收的不同会引起很大误差。

下面介绍紧凑型荧光灯性能测试要求。

(1) 光电参数测试要求

测试应在 25±2℃的环境温度和无对流空气的环境中进行。

测试电流电源的频率应与镇流器设计的频率相同，50Hz 供电时，其频率为 50 Hz±0.5%，稳压电源应有较好的稳定性，在试验的稳定期间，电源电压的波动应不超过±0.5%范围，但在测试时，电压应稳定在±0.2%范围内；电源电压的总谐波含量不应超过基波的 3%，总谐波含量为各次谐波分量的方均根之和。

电参数测试的仪表应为有效值表，应不会产生波形失真，与灯并联的测量仪表的内阻不应低于 100kΩ。测量时不用的仪表，不应接入回路，即测量电压时，将电流表短路，测量电流时，将电压表开路，测量光通量和颜色参数时，可将电压表开路，电流表短路，测量功率时，功率表的自耗量，可以不必扣除。

测量灯的颜色参数和用光谱法测量光通量时，使用的标准灯应符合 GB 15639 的规定。用积分对比法测量光通量时使用的标准灯，应使用与被测样品类型相同，光谱能量相似的光通量标准灯，否则必须进行颜色修正和吸收修正。

积分球应符合 GB 15043 中的规定。

在实际测量时，为提高测量精度，在测光仪器的条件许可时，积分球应选择尽可能大一些的。

测试用基准镇流器，用于光、电参数和颜色参数及启动性能的测试，5～11W灯管使用9W基准镇流器，其余的均采用同功率的基准镇流器。

光谱仪的波长准确性应优于0.2nm，波长范围应不小于380～780nm。仪器的接收系统应有良好的线性和稳定性，采样间隔可选择1:2或5mm标准灯和待测样品应在相同的系统条件下测量。

光电参数和颜色参数用试验电路见图6-1-5和图6-1-6。

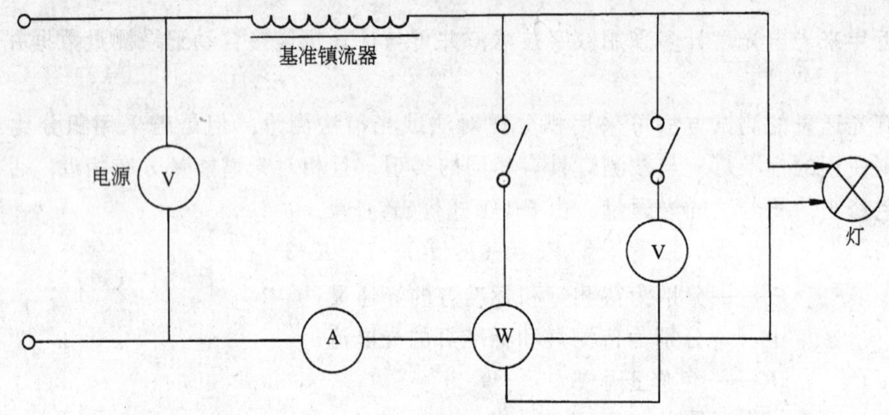

图6-1-5　内启动灯光电特性测量用电路图

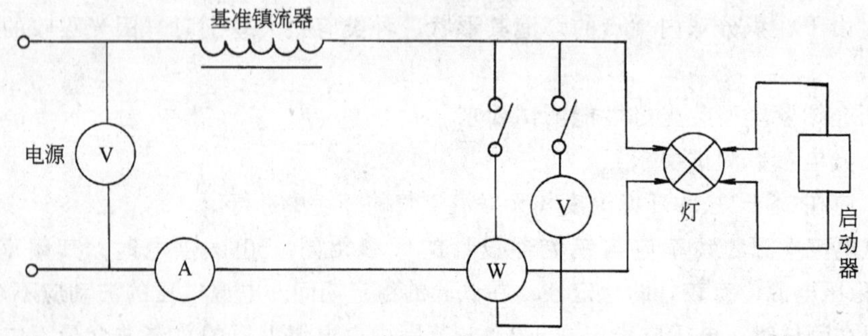

图6-1-6　外启动预热阴极灯光电特性测量用电路图

测试时，灯的燃点位置应为垂直状态，灯头在上，测试前灯应预热20min，测试结果的计算应按GB 5702进行。

光电参数和颜色参数的测试中，其测量的准确性，除取决于测量仪器的精度水平外，对环境条件，电源等，亦有较高要求，建议在测试精度要求较高时，环境温度控制在25℃土1℃的范围内。

(2) 灯的寿命和光通量维持率。

标准要求灯的额定平均寿命不得低于5000h，灯在点燃2000h寿命时，其光通维持率应不低于78%。

试验应在15C°，且无风环境中进行。

点灯架应结构牢固，其设计应确保在整个试验过程灯头与灯座有良好的电接触；灯泡燃点时，不应受到明显的振动；无论在燃点过程中或点灯、闭灯时，触摸灯应均不应感到有振动现象。

灯的燃点位置为垂直燃点，灯头在上方式。

点灯用的稳压电源应具有足够的稳定性，在整个燃点过程中，应保证电源的波动不超过 50Hz±0.5%和 220V±2%。

试验用镇流器应符合 GB 2313 的要求，且与灯的启动要求相符合。

镇流器在额定电压下工作时，灯电压与其额定值的偏差不大于2%。

试验灯与基准镇流器工作时，灯功率与其额定值的偏差不超过4%。

镇流器在额定电压下与带启动器的外启动器共同工作时，预热电流与相应参数表规定值的偏差应不小于10%。

内启动灯和外启动灯的试验电路分别为图 6-1-7 和图 6-1-8。

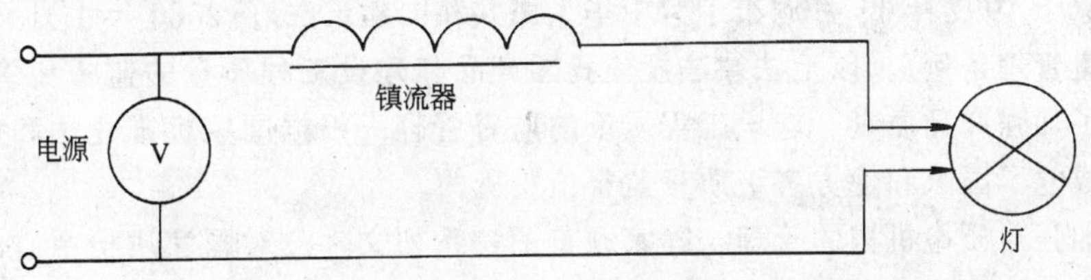

图 6-1-7 内启动灯试验电路

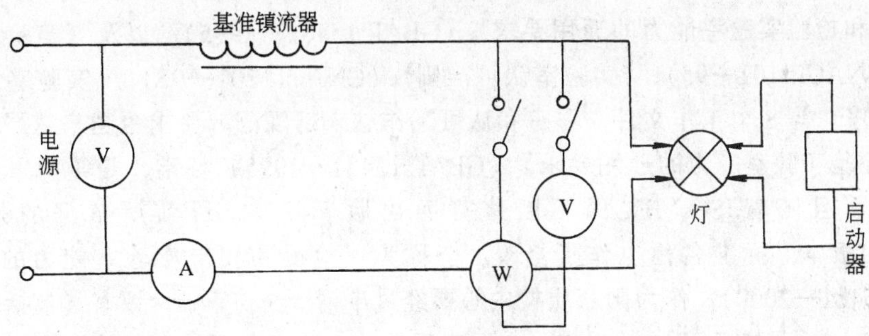

图 6-1-8 外启动灯试验电路

灯燃点 2h45min，关闭 15min，为一周期，关闭时间不计入寿命的累计时间之内。

对于不能重新启动的灯应按照初始启动试验的条件进行试验，如果该灯仍不能启动，则应认为该灯不符合试验要求。

在试验中，应经常对被试样灯进行观察并记录状况。

为了确保试验的有效性，在必要时应将在光通维持率试验以前偶然损坏的灯，和曾经接在不适当的装置上燃点的灯（这些装置有可能对灯的寿命进行了非正常的损耗）更换掉。

单端灯寿命按灯烧毁或光通维持率下降至本标准要求时的累计时间计算。

对于偶然损坏或因使用不当而损坏的灯，不应包括在试验结果之内。

平均寿命按 n（$n \geqslant 10$）只灯的光通维持率符合本标准要求并继续燃点至50%的灯达到单点灯寿命时的时间计算。

检验按交收试验和例行试验进行，交收试验执行GB 2828，例行试验执行GB 2829。

2 工程检测

2.1 检测机构

2.1.1 机构的评定授权

我国历来重视产品和工程质量。国家为了加强对产品质量的监督管理，提高产品质量水平，明确产品质量责任，保护消费者的合法权益，于1993年2月，颁布了《中华人民共和国产品质量法》。2000年7月又根据人大常委会决定对该法进行了修改并重新发布。为了加强对建筑活动和建设工程质量监督管理，保证建设工程质量，保护人民生命和财产安全，国家于1997年11月颁布了《中华人民共和国建筑法》，2000年1月又颁布了《建设工程质量管理条例》。以上法律法规使我国产品和建设工程质量的监督和管理工作有法可依。为了加强产品质量、建设工程质量的监督管理，根据国家标准化法和产品质量法、建筑法等成立了国家和地方各级质量监督检验机构。

为了加强对质检机构的管理，国家颁布了一系列文件，对国家质检中心的主要任务，质检中心在组织机构、人员素质、仪器设备、环境条件和管理制度等诸多方面应达到的要求，质检中心的审查评定认可和复审、质检中心的管理等都作了详细规定。特别是在1994年10月中国实验室国家认可委员会（CNACL）成立以后，于1995年颁布了国家标准《校准和检验实验室能力的通用要求》（GB/T 15481—1995），以及《实验室认可管理办法》（CNACL 101—95）、《实验室认可准则》（CNACL 201—95）、《实验室认可后监督和复审程序》等8个工作文件，评审和认可工作越来越规范，要求也越来越严格。特别是《校准和检验实验室能力的通用要求》（GB/T 15481—1995）标准，是等同采用ISO/IEC的标准，而且随着ISO/IEC的不断修订而出版新版本，目前所依据的是ISO/IEC 1999年的版本，标准名称也作了修改，全称为《检测和校准实验室能力的通用要求》（GB/T 15481—2000）。作为国家质检中心要经过申请⟶初审⟶评审（包括计量认证和审查认可）⟶批准认可⟶授权（由国家质量技术监督局授权监督检验范围）等几个阶段，才能取得国家质检中心资质证书。而且国家质检中心认可证书有效期为五年，所以通常每五年要复评一次，在这五年期间每一年半还要由中国实验室国家认可委进行监督评审，以确保国家质检中心的公正性、科学性、准确性。

2.1.2 国家建筑工程质量监督检验中心（简称国家建工质检中心）及其下属的建筑采光照明工程质检部简介

国家建工质检中心于1985年开始筹建，1989年通过国家技术监督局的计量认证、审查认可和授权，1996年通过复审，1999年又按CNACL 201—99（等同采用ISO/IEC导则25即ISO/IEC 17025）通过中国实验室国家认可委员会的三合一评审［计量认证（CMA章），审查认可和实验室认可（CNACL章）］，是国家授权（CAL章）的有公正地位的建筑工程质量监督检验机构。

建筑采光照明工程质检部是国家建工质检中心下属的一个质检部，它以中国建筑科学研究院建筑物理研究所雄厚的技术力量为依托，按照中心有关规定，独立开展监督检验业务。

建筑采光照明工程质检部可承担采光照明工程及有关采光材料、照明设备的质量检验工作。包括国家监督抽查、仲裁、实行生产许可证产品的检验以及新产品鉴定和有关单位委托检验工作；编制有关标准、规程；研究开发新的检验技术和方法；培训检验人员等。

建筑采光照明工程质检部在检验工作中，以技术标准为依据，独立的组织机构为保证，完善的检测手段和熟练的检测技术为基础，真实客观地评价工程产品质量水平，准确及时地提供检验报告，确保质检工作的“公正、科学、准确”，竭诚为用户服务。

2.2 检测类型、项目和依据标准

2.2.1 检测类型

包括工程产品检测和工程检测。

(1) 工程产品检测：当前主要是做灯具和采光材料的光学性能检测，电气安全性能检测。

(2) 工程检测：可分为室内照明检测和室外照明检测。室外照明检测根据实际需要和这几年开展工作的情况可分为体育场（馆）照明、道路（包括桥梁）照明、机场停机坪照明、广场照明、城市夜景照明等的检测。

2.2.2 检测项目

(1) 工程产品检测项目见表6-1-2。

工程产品检测项目 **表6-1-2**

工程产品	灯具效率	光强分布	最大光强	光束角	光束效率	利用系数	亮度系数	等照度曲线	等光强曲线	亮度限制曲线	灯具概算曲线	最大允许距高比	电气参数
泛光灯具	√	√	√	√	√				√				√
路灯灯具	√	√	√			√			√				√
隧道灯具	√	√				√							√
室内灯具	√	√				√	√	√		√	√	√	√
建筑材料	可见光透射比、反射比、吸收比、材料色度坐标、色差、太阳光透射比、反射比、吸收比、紫外线透射比，遮蔽系数、颜色透视指数												

(2) 工程检测项目见表6-1-3。

工程产品检测项目 **表6-1-3**

工程类型	水平照度	垂直照度	表面亮度	反射比	眩光	现场显色指数	现场色温	立体感指数	采光系数
体育场馆照明	√	√	√	√	√	√	√		
道路照明	√		√	√	√				

续表

工程类型	水平照度	垂直照度	表面亮度	反射比	眩光	现场显色指数	现场色温	立体感指数	采光系数
机场停机坪照明	√	√							
建筑物室内照明	√	√	√	√		√	√		
城市夜景照明	√	√	√	√		√	√	√	
建筑采光	√		√	√					√

2.2.3 主要依据标准

主要依据标准见表6-1-4。

主要依据标准 表6-1-4

序号	标准名称	标准编号	序号	标准名称	标准编号
1	建筑采光设计标准	GB/T 50033—2001	9	光源显色性评价方法	GB 5702—85
2	采光测量方法	GB 5699—85	10	彩色建筑材料色度测试方法	GB 11942—89
3	民用建筑照明设计标准	GBJ 133—90	11	道路照明灯具光度测试	GB 9468—88
4	工业企业照明设计标准	GB 50034—92	12	室内灯具光度测试	GB 9467—88
5	城市道路照明设计标准	GJJ 45—91	13	投光照明灯具光度测试	GB 7002—86
6	地下建筑照明设计标准	CECS 45:92	14	灯具通用安全要求与实验	GB 7000—1996
7	室外照明测量方法	GB/T 15240—94	15	固定式通用灯具技术条件	GB 13037—91
8	室内照明测量方法	GB 5700—85	16	建筑玻璃、可见光透射比、太阳能总透射比、紫外线透射比及有关窗玻璃参数确定	GB/T 2680—94

2.3 工程检测方法

2.3.1 主要测量仪器

常用测量仪器包括各种照度计、各种亮度计、PR-650分光测色仪、球形光度计、分布光度计、长台光度计、采光照明现场测量装置，眩光测量装置，以及通用电气仪表等。其中球形光度计、分布光度计、长台光度计用于光源灯具的实验室测量，采光照明现场测量装置、眩光测量装置则属于质检部自行研制组装的现场测量设备（当然需要根据经批准的自校规程进行校核）。下面着重简单介绍一下照度计、亮度计和PR-650分光测色仪。

2.3.1.1 照度计

照度计是用于照明测量的基本仪器。根据接收器所采用的材料可分为硒光电池照度计和硅光电池照度计，目前多采用硅光电池照度计。

为了使测量结果达到一定的准确度（CIE曾建议平均照度测量±10%，逐点照度测量±20%），根据有关国家标准，室内照度测量宜采用精度为二级以上的照度计，室外照度测量宜采用一级照度计，对于道路和广场的照度测量，应采用能读到 0.1lx 的照度计。为了保证照度计的读数可靠，应在规定的一定时间间隔内对照度计进行检定（校准）。照度计的检定应按 JJG 245—81《光照度计》进行。

2.3.1.2　亮度计

亮度计是测量亮度的专用仪器，其接收器可用光电池、光电管、光电倍增管等做成。用于一般亮度（包括室内亮度）测量的亮度计视场角较大，如日本产的 BM-3 亮度计，视场角为 0.1°～ 2°，而用于道路照明的亮度测量的亮度计，视场角较小。只要求测量路面平均亮度时可采用积分亮度计，如德国汉堡公司生产的 PU3 型亮度计；除测量平均亮度外，还要求得出亮度总均匀度和亮度纵向均匀度即需进行“点”亮度测量时，宜采用带望远透镜的“点”亮度计。CIE 规定，其在垂直方向的视场角应≤2′，在水平方向视场角应为 2′～ 20′如美国 Photo Research 公司生产的 1980A 或 B 型 Pritchard 光度计。亮度计也应定期或不定期进行检定（校准），详见 JJG 211-80《亮度计》的规定。

2.3.1.3　PR-650 分光测色仪

PR—650 分光测色仪是由美国 photo Research 公司生产的一种先进的、便携式的、基于分光原理的远距离光度计/色度计。可在几分之一秒的时间内同时平行地采集从 380～780nm 的光辐射光谱，而不是依次采集，并且是在微型计算机控制下完成。每一测试过程包括两个部分，即光辐射的测量和在无任何光辐射到达探测器时（暗场）相同波长的测量。从对光线的测试数据中减掉暗场测试数据，产生相对的逐点对应的光谱数据。将相对数据归属于特定波段，对波长精度和光谱强度进行修正，然后再通过其他软件进行处理(包括计算、显示、打印等等）从而完成包括亮度、照度、积分的和峰值的辐亮度、色度、色温、色差和光源闪烁频率等多种测试。

2.3.2　室内照明测量

(1) 检测项目见表 6-1-3。

(2) 测量照度时先观察被测区，选出具有代表性区域作为测试单元。将测试单元划分为 2～4m 正方形网络（照度均匀度好时，网格间距可大些，均匀度差时，网格间距小些），网格边线一般距房间墙面 0.5～1m，以避免反射光影响。通道走廊等沿长度方向在其中心线上按 2m 间隔布点。

进行水平照度测量时，测量平面一般距地面 0.8m；对走廊和楼梯，规定为地面或距地面为 15cm 以内的水平面。

测量需在各种光源的光输出稳定后进行，测量过程需保持电源电压不变，当电源的电压和额定电压不符时应对测量结果进行修正。

(3) 室内亮度测量是指室内各表面的亮度如墙面、地面、顶棚面或工作面等表面亮度测量。

其测量方法分直接法和间接法。直接法是直接用亮度计测量亮度。间接法是通过测量照度确定表面亮度。对于漫反射表面，其表面亮度可由下式决定：

$$L = E \cdot \rho / \pi \tag{6-1-2}$$

式中　L——表面亮度（cd/m^2）；

E——表面照度（lx）；

ρ——表面的反射比（%）。

（4）室内各表面的反射比测量方法可分直接法和间接法，根据设备条件来选择。

直接法是指用样板比较和用反射比仪直接得出反射比数值。间接法是通过被测表面的亮度和照度（按公式 $\rho=\pi L/E$）得出漫反射面的反射比。

2.3.3 道路照明测量

（1）道路照明测量通常包括路面平均照度及其均匀度，路面平均亮度，亮度总均匀度、亮度纵向均匀度等的测量。

（2）测量路面照度、亮度时需选择有代表性的路段，并根据标准确定测量范围，然后进行布点，照度测量布点和测量方法类似室内照明测量布点和测量方法，比较简单。亮度测量布点和方法则有特殊性，要注意亮度计（观测点）的高度、亮度计（观测点）的纵向位置和横向位置等，请参见国标《室外照明测量方法》(GB/T 15240—94)。

2.3.4 体育场、馆照明测量

（1）体育场馆照明测量项目见表6-1-3。

（2）水平照度和垂直照度的测量，详见国标《室外照明测量方法》（GB/T 15240—94）或《体育照明装置的光度规定和测量指南》(CIE 67—1986)。首先是选择测量场地，考虑到场地和布灯对称的特点往往可只测量1/2或1/4场地。将测量场地划分为矩形网格，并在网格中心测量照度。水平照度的测量平面宜为地平面，也可测量距地面1m高的水平面上的照度。垂直照度则是测量距地面1m高的测点上平行于场地四边的垂直面上的照度。对于转播彩色电视场地则要分别主摄像机位置固定、不固定或在某条侧边上不固定三种情况分别测量面向主摄像机的垂直面上的垂直照度、面向四条侧边的垂直面上的垂直照度以及面向该侧边的垂直面上的垂直照度。

（3）显色指数、色温测量。在场地上均匀布9个有代表性的点用PR-650分光测色仪依次采集，分别计算各点的色温和显色指数，最后取其平均值。

（4）眩光测量。见CIE出版物112—1994《室外体育和场地照明的眩光评价系统》。该系统推荐通过测量由灯具产生的等效光幕亮度 L_{vl} 和由环境产生的等效光亮度 L_{ve}，再由公式 $GR=27+24\log(L_{vl}/L_{ve}{}^{0.9})$ 计算出眩光指数（眩光控制指标）。观察者的位置和视看方面在该出版物中也做出了规定。

2.3.5 广场的照度测量

广场（包括机场停机坪）照明的测量比较简单，通常只测水平照度、有特殊要求时加测垂直照度。如上所述也要首先确定测量范围，划分网格确定测量点，测量平面通常为地平面，必要时也可根据广场实际情况确定所需的测量平面的高度。

2.3.6 检测（验）报告

室内照明和各种室外照明，由于测量项目不尽相同所以报告内容和形式也不尽相同。但共同之处是均应包括以下各项：

（1）委托检测单位及其地址电话；

（2）工程（测量场所）名称和地点；

（3）检测（验）项目、日期和检测人员；

（4）检测所依据标准和所采用的仪器设备；

(5) 所使用的光源、灯具、镇流器等点灯附件的种类、型号、规格和数量；

(6) 灯具布置方式，并附简图说明；

(7) 测量场所状况描述；

(8) 测量环境条件；

(9) 测点布置图；

(10) 测得的各测点的亮度、照度及其他照明参数值；

(11) 检测（验）结果和结论，必要时以图表形式表述。

2.4 工程检测实例

国家建工质检中心采光照明工程质检部自1996年获得国家授权以来，承接了大量的采光照明工程检测任务。做得最多的是体育场馆的照明检测。先后完成了上海八运会(1997年)、广州九运会（2001年），北京世界大学生运动会（2001年）以及大量省市级体育场馆的检测任务，为国际级、国家级、省市级运动会顺利进行做出了贡献。

第2章　照明产品认证

“认证”一词译自“certification”。国际标准化组织ISO指南2《标准化、认证实验室认可的一般术语及其定义》中将“认证”称为“Conformity Certification”（合格认证，简称认证），并定义为“为确信产品、过程或服务完全符合有关的标准或技术规范而进行的第三方机构的证明活动”。

具体地说，根据相应的标准或有关技术规范对企业的某一产品、过程或服务进行试验或检查，如果该产品、过程或服务符合这些标准或有关技术规范，则发给该企业有关该产品或体系的认证合格证书，允许该产品出厂时使用合格标志，以证明该产品或服务符合相应的标准或有关技术规范，这种活动称为“认证”。

认证的对象最初是产品和服务，20世纪70年代后，又出现了对企业的管理、技术和人员等的水平进行评定，认证的对象扩大到了质量体系、环境管理体系和职业安全卫生管理体系，所以目前认证一般分为产品认证和体系认证两大类。

所谓第三方是指独立于第一方（制造厂、卖方、供方、服务方）和第二方（用户、买方、需方和被服务方）之外的一方，第三方与第一、第二方之间应没有直接的经济利害关系，体现出公正性和客观性。第三方的认证活动必须公开、公正、公平，才能有效，这就要求第三方必须有绝对的权力和威信。

认证管理机构（简称认证机构）是政府或非政府的公正机构，它具有可靠执行认证制度的必要能力，并且在认证过程中能够代表与认证制度有关的各方利益。我国最高认证管理机构是“中华人民共和国国家认证认可监督管理委员会”（简称国家认可委）。国家认可委是国务院授权的履行行政管理职能，统一管理、监督和综合协调全国认证认可工作的主管机构。

国家认可委主要职责如下：

（1）研究起草并贯彻执行国家认证认可、安全质量许可、卫生注册和合格评定方面的法律、法规和规章，制定、发布并组织实施认证认可和合格评定宣传监督管理制度、规定。

（2）研究提出并组织实施国家认证认可和合格评定工作的方针政策、制度和工作规则，协调并指导全国认证认可工作。监督管理相关的认可机构和人员注册机构。

（3）研究拟定国家实施强制性认证与安全质量许可制度的产品目录，制定并发布认证标志（标识）、合格评定程序和技术规则。组织实施强制性认证与安全质量许可工作。

（4）依法监督和规范认证市场，监督管理自愿性认证、认证咨询与培训等中介服务和技术评价行为；根据有关规定，负责认证、咨询、从事认证业务的检验机构（包括中外合资、合作机构和外商独资机构）的资质审核和监督；依法监督管理外国（地区）相关机构在境内的活动；受理有关认证认可的投诉和申诉，并组织查处；依法规范和监督市场认证行为，指导和推动认证中介服务组织的改革。

(5) 管理相关校准、检测、检验实验室技术能力的评审和资格认定工作，组织实施对出入境检验检疫实验室和产品质量监督检验实验室的评审、计量认证、注册和资格认定工作；负责对承担强认证和安全质量许可的认证机构和承担相关认证检测业务的实验室、检验检疫和鉴定等机构（包括中外合资、合作机构和外商独资机构）技术能力的资质的审核。

认证检验机构是指对材料、产品的特性或性能进行测量、检查、试验、校准或进行其他测定的试验室。它根据认证机构的委托，对申请认证的产品样品按规定的试验方法标准进行检验，检验后出具检验报告提交认证机构。认证检验机构必须经过认可，认可的内容包括组织机构、工作人员、检验能力、公正性等。

1 体系认证

1.1 质量体系认证

1.1.1 质量管理体系认证

所谓质量体系认证，是指对供方的质量体系进行的第三方评定和注册的活动，其目的在于通过评定和事后监督来证明供方质量体系符合并满足需方对该体系规定的要求，对供方的质量管理能力给予独立的证实。这里所指的供方，是指对产品或服务负责，并能确保质量保证实施的一方，制造厂、分包商、进口商、组装厂商、服务机构等都可称作供方。

1.1.1.1 ISO 9000

ISO 是世界上最大的非政府性国际标准化机构，它成立于 1947 年 2 月，主要从事各行业国际标准的制定，从而促进世界范围内各国贸易的友好往来以及文化、科学、技术和经济领域内的合作。ISO 自成立以来，已经制定并颁发了许多国际标准，其下设若干个技术委员会，其中第 176 技术委员会（TC 176）在 1987 年成功地制定和颁布了 ISO 9000 质量管理体系系列标准，对改善企业的质量管理模式起到了很大的作用，在世界范围内引起了很大的凡响。

ISO 9000 是国际标准化组织（ISO）制定出的一族质量管理和质量保证标准，称之为“ISO 9000 族标准”，到 1999 年底，已陆续发布了 22 项标准和 2 项技术报告。为了提高标准使用者的竞争力，促进组织内部工作的持续改进，并使标准适合于各种规模（尤其是中小企业）和类型（包括服务业和软件）组织的需要，以适应科学技术和社会经济的发展，2000 年 12 月 15 日，ISO/TC 176 正式发布了新版本的 ISO 9000 族标准，统称为 2000 版 ISO 9000 族标准。在 2000 版 ISO 9000 族标准中，包括 4 项核心标准：

(1) ISO 9000：2000《质量管理体系基础和术语》；

(2) ISO 9001：2000《质量管理体系要求》；

(3) ISO 9004：2000《质量管理体系业绩改进指南》；

(4) ISO 19011：2000《质量和（或）环境管理体系审核指南》。

实施 ISO 9000 族标准的意义

(1) 有利于保护消费者利益；

(2) 为参与国际经济竞争，发展外向型经济提供国际通用的管理技术语言；

(3) 为在我国开展质量管理体系认证和加速产品质量认证工作提供标准；

(4) 贯彻 ISO 9000 族标准是提高质量、发展产品和服务品种、增加效益的有效措施。

1.1.1.2　质量管理体系

在 ISO 9000 族 2000 版术语标准中把质量管理体系定义为"建立质量方针和质量目标并实现这些目标的体系"。可以理解为质量管理是通过建立、健全质量管理体系来付诸实施各项质量管理活动。质量管理体系把影响质量的技术、管理、人员和资源等因素都综合在一起，使之为一个共同目的——在质量方针的指引下，为达到质量目标而相互配合、努力工作。

1.2　环境管理体系认证

随着社会、经济的不断发展，人口的不断增加，越来越多的环境问题摆在了我们面前：温室效应加剧、酸雨不断蔓延、臭氧空洞的出现、水体不断遭到严重污染、土地大量荒漠化、草原退化、森林锐减、许多珍稀野生动植物濒临灭绝，这一系列的环境问题中，可以说有大部分是由于人为对自然的破坏造成的。这些问题已经危及到了我们人类社会的健康生存和可持续发展，面对如此严重的形势，人类开始考虑采取一种行之有效的办法来约束自己的行为，使各种各样的组织重视自己的环境行为和环境形象；并希望以一套比较系统、完善的管理方法来规范人类自身的环境活动，以求达到改善生存环境的目的。

进入 90 年代以后，环境问题变得越来越严峻，ISO 对此作了非常积极的反应。1993 年 6 月，ISO 成立了第 207 技术委员会（TC 207），专门负责环境管理工作，主要工作目的就是要支持环境保护工作，改善并维持生态环境的质量，减少人类各项活动所造成的环境污染，使之与社会经济发展达到平衡，促进经济的持续发展。其职责是在理解和制定管理工具和体系方面的国际标准和服务上为全球提供一个先导，主要工作范围就是环境管理体系（EMS）的标准化。为此，ISO 中央秘书处为 TC 207 预留了 100 个标准号，标准标号为 ISO 14001—14100，统称为 ISO 14000 系列标准。

此后，一个全新的概念——环境管理体系（EMS）产生了。环境管理体系是一个组织的整个管理体系当中的一个组成部分，包括为制定、实施、实现、评审和保持环境方针所需的组织结构、计划活动、职责、惯例、程序、过程和资源。

1.3　职业安全卫生管理体系认证

1.3.1　职业安全卫生管理体系

OHSAS 18000 是欧洲十几个著名认证机构及欧、亚、太一些国家共同参与制定的职业健康安全管理体系列标准，是当今国际社会被广泛采纳，最具权威性的标准。目前，许多国家和地区都依据 ISO 9001、ISO 14001 的管理模式制定了相关的职业安全卫生管理体系标准。其目的均是依据近代管理科学理论制定的管理标准来规范企业的职业安全卫生管理行为，促进企业建立现代企业制度，变被动接受政府的监督、被动接受强制性管理为主动接受，自愿参与，预防为主，控制事故的发生，保障劳动者的安全与健康。

为了有效推动我国职业安全卫生管理工作，提高企业职业安全卫生管理水平，降低安全卫生风险因素及相关费用，降低生产成本，并使企业管理模式符合国际通行的惯例，促进国际贸易及提高我国企业的综合形象，以此加强其在市场上的竞争力，我国已开始全面推广实施职业卫生管理体系工作，并依据职业安全卫生管理体系规范的内容制定了我国职业安全卫生管理体系标准，国家经贸委颁发了“关于开展职业安全卫生管理体系认证工作的通知”。已有许多企业掌握时机，投入到这项工作中。

1.3.2 职业健康安全

在我国国家标准 GB/T 28001《职业健康安全管理体系规范》中把职业健康安全定义为：“影响工作场所内员工、临时工作人员、合同方人员、访问者和其他人员健康和安全的条件和因素”。具体地说，职业健康安全是指一组影响特定人员的健康和安全的条件和因素。受影响的人员包括在工作场合内组织的正式员工、临时工、合同方人员、也包括进入工作场所的参观访问人员和其他人员，如推销员、顾客等。工作场所不仅是组织内部的工作场所，也包括与组织的生产活动有关的临时、流动场所。

1.3.3 OHSAS 18000 对企业的重要作用

(1) 强化企业的职业健康安全管理，提高管理水平。职业健康安全管理是企业全面管理的重要组成部分，OHSAS 标准使安全生产管理由被动地接受强制性管理转变为自愿参与。

(2) 推动我国职业健康安全法律、法规的贯彻落实。OHSAS 标准要求企业有相应的制度和程序来跟踪国家法律、法规的变化，以保证其持续遵守各项法律，法规的要求，使企业由被动接受政府的监察转变为主动接受。

(3) 促进国际贸易，清除非关税壁垒。职业健康安全问题与环境问题一样，日益受到世界各国的普遍关注。许多国家以此为借口，对他国的产品、活动或服务采取单方面的进口限制，因而采用 OHSAS 标准有助于企业完善国际间互认制度，清除贸易障碍，顺利开展贸易活动。

(4) 有助于企业树立良好的社会形象，增加市场竞争力。建立和实现职业健康安全管理体系，从侧面反映了企业的社会责任感，为此极大地提高了企业的信誉和市场竞争力，在市场投标中增加获得相关方认可的机会。

(5) 有利于提高员工的安全意识。OHSAS 18000 职业健康安全体系要求针对企业各个相关职能和层次进行与之相适应的培训，提高全员安全生产意识，有效地控制事故隐患，避免员工和企业利益受到损害。

1.3.4 OHSAS 18000 标准系列

1996 年，英国标准化协会（BSI）制定并发布了英国国家标准 BS 8800—1996《职业卫生安全管理体系指南》。随后又与爱尔兰国家标准局、南非标准局、挪威船级社等 13 个组织联合制定了 OHSAS（职业健康安全评价系列）系列标准，它们分别是：

(1) OHSAS 18001《职业健康安全管理体系——规范》；

(2) OHSAS 18001《职业健康安全管理体系——指南》；

该两项标准目前已转化为我国国家标准：

(1) GB/T 28001—2001《职业健康安全管理体系规范》；

(2) GB/T 28002—2001《职业健康安全管理体系指南》。

1.3.5 OHSAS 18000 的管理内容

职业安全卫生管理体系涉及的管理内容一般包括以下几个方面：

(1) 消防管理；

(2) 生产设备管理;

(3) 劳防用品管理;

(4) 机动车管理;

(5) 办公条件管理;

(6) 保健管理。

2 产品认证

现代的第三方产品认证制度早在1903年发源于英国，是由英国工程标准委员会（BSI的前身）首创的。在认证制度产生之前，供方（第一方）为了推销其产品，通常采用“产品合格声明”的方式，来博取顾客（第二方）的信任。这种方式，在当时产品简单，不需要专门的检测手段就可以直观判别优劣的情况下是可行的。但是，随着科学技术的发展，产品品种日益增多，产品的结构和性能日趋复杂，仅凭买方的知识和经验很难判断产品是否符合要求；加之供方的“产品合格声明”属于“王婆卖瓜，自卖自夸”的一套，真真假假，鱼龙混杂，并不总是可信，这种方式的信誉和作用就逐渐下降。在这种情况下，前述产品认证制度也就应运而生。

1971年，ISO成立了“认证委员会”（CERTICO)，1985年，易名为“合格评定委员会”（CASCO)，促进了各国产品品质认证制度的发展。现在，全世界各国的产品认证一般都依据国际标准进行认证。国际标准中的60%是由ISO制定的，20%是由IEC制定的，20%是由其他国际标准化组织制定的。也有很多是依据各国自己的国家标准和国外先进标准进行认证的。目前国内外产品认证的种类很多，在这里我们只介绍几个重点的产品认证。

典型的产品认证制度包括四个基本要素：型式检验、质量体系（环境体系）检查、监督检验、监督检查，前两个要素是取得认证资料必备的基本条件，后两个要素是认证后的监督措施。四个基本要素的内容如下。

(1) 型式检验：是对一个或多个具有生产代表性的产品样品利用检验手段进行检验，以证明产品能否满足技术标准的全部要求。检验所需样品的数量由认证机构确定。取样地点从制造厂的最终产品中随机抽取。检验的地点应在经认可的独立的检验机构进行；如果有个别特殊的检验项目，检验机构缺少所需的检验设备，可在独立检验机构或认证机构的监督下使用制造厂的检验设备。

(2) 质量体系（环境体系）检查：是对产品的生产厂的质量保证（环境保证）能力进行检查和评定。仅仅依靠对最终产品的抽样检验来进行产品认证是不完全的。即使是建立在统计基础上的抽样检验也只能证明一个产品批的质量，不能证明以后出厂的产品是否持续符合标准的要求。任何企业要想有效保证产品质量持续满足标准的要求，都必须根据企业的特点建立质量保证体系，使所有影响产品质量的因素均得到有效的控制，使质量管理得到不断改进。通过检查企业质量体系来证明企业具有持续稳定地生产符合标准要求产品的能力。

(3) 监督检验：定期对通过认证的产品进行抽样检查，以保证带有产品认证标志的产品质量始终可靠并符合标准。监督检验就是从生产企业的最终产品中或者市场抽取样品，由认可的独立检验机构进行检验，如果检验结果证明继续符合标准的要求，则允许继续使用认证标志，如果不符合则需根据具体情况采取必要的措施。防止在不符合标准的产品上继续使用认证标志，监督检验的项目不像检验规定的全部要求进行检验和检查，主要是那些认证机构认为是重点的项目或是顾客意见较多的质量问题。

(4) 监督检查：是对认证产品的生产企业的质量保证能力（生产的环境行为）进行定期或不定期复查，使企业坚持实施已经建立起来的质量体系（环境行为始终达到环境标准的要求），从而保证产品质量（标志产品环境指标）的稳定。监督检查内容比初次检查简单一些，重点是查看前次检查的不符合是否已经有效改正，质量（环境）体系的改进是否达到质量（环境指标）要求。

1987年我国国家商检局、国务院机电产品出口办公室就颁发《出口机电产品及其检测实验室认证管理办法》。在该管理办法中对出口产品的认证做了如下规定：

(1) 出口机电产品的认证分为中国出口商品检验标志、外国认证标志和国际专业认证标志三种标志的认证。

(2) 凡已实行出口产品质量许可证制度的机电产品，申请上述三种标志的认证，原则上应取得出口产品质量许可证。

(3) 为标明我国产品的安全和质量性能水平并向国外经销者和使用者提供该产品符合特定标准或技术条件的保证，国家商检局施行中国出口商品检验标志制度。

(4) 中国出口商品检验标志按照《中国出口商品检验标志管理办法》办理。外国认证标志的认证是出口企业为遵守进口国法规、履行合同条款或提高产品信誉申请外国某特定标志的认证。其认证依据是该标志规定的标准与规范。

(5) 国家商检局或其指定的机构与各外国标志的认证管理机构签署认证委托协议，代理其在我国的认证审核业务。国家商检局定期发布认证代理业务通告，供出口企业选择合适的外国认证标志。

(6) 出口企业办理外国认证标志应向当地商检机构登记，由当地商检机构或国家商检局指定的检测实验室初审后，符合对外申请条件者，方可办理对外申请。

(7) 国际专业认证标志的认证是我国专业认证委员会所参加的国际认证组织实施的国际性认证。其认证依据是该国际认证组织规定的标准与规范。

(8) 经国家商检局批准认可的专业认证委员会负责其归口产品的国际认证工作。生产和出口企业办理国际性专业认证标志应向上述专业认证委员会申请并由其按照国际专业认证组织的规定实施认证。

(9) 获得上述三种认证的产品由国家商检局发布通告。

目前我国国家商检局和国家质量技术监督局合并，组建为国家质量监督检验检疫总局，

2.1 强制性产品认证（CCC认证）

2.1.1 强制性产品认证

自2002年5月1日起，中国强制性产品认证（英文名称为“China Compulsory Certification”，英文缩写“CCC”，也可简称“3C”认证）制度正式取代了过去实行的进口商品安全质量许可制度与安全认证制度，即原来的“CCIB认证”和“长城认证”。强制性产品

认证制度是各国主管部门为保护广大消费者人身安全、保护动植物生命安全，保护环境，保护国家安全，依照法律法规实施的一种对产品是否符合国家强制标准、技术法规的合格评定制度。主要通过制定强制性产品认证的产品目录和强制性产品认证程序规定，对列入《目录》中的产品实施强制性的检测和审核。凡列入《目录》内的产品未获得指定机构的认证证书，未按规定加施认证标志，不得进口、出厂销售和在经营服务场所使用。被列入《第一批实施强制性产品认证的产品目录》的照明设备有灯具和镇流器（不包括电压低于36V的照明设备）。

2.1.2 强制性产品认证范围

在《强制性产品认证管理规定》中指出："国家对涉及人类健康和安全，动植物生命和健康，以及环境保护和公共安全的产品实行强制认证制度"。而具体的产品将以《中华人民共和国实施强制性产品认证的产品目录》（以下简称《目录》）的形式统一公布。

2.1.3 强制性产品认证标志

强制性产品认证标志见文前彩图6-2-1。

2.1.4 获得强制性产品认证的生产者、销售者、进口商应遵守的规定

(1) 保证提供实施认证工作的必要性；

(2) 保证获得认证的产品持续符合相关的国家标准和技术规则；

(3) 保证销售、进口的《目录》中产品为获得认证的产品；

(4) 按照规定对获得认证的产品施加认证标志；

(5) 不得利用认证证书和认证标志误导消费者；

(6) 不得转让、买卖认证证书和认证标志或者部分出示、部分复印认证证书；

(7) 接受各地质检行政部门和指定认证机构的监督检查或者跟踪检查。

2.1.5 强制性产品认证程序

列入《目录》中产品的强制性认证程序包括以下全部或部分环节：

(1) 认证申请和受理；

(2) 型式检验；

(3) 工厂审查；

(4) 抽样检测；

(5) 认证结果评价和批准；

(6) 获得认证后的监督。

2.1.6 承担强制性照明电器产品认证工作的认证机构

根据"国家认证认可监督管理委员会2002年第4号公告"，目前批准9家承担强制性产品认证工作的机构中涉及照明电器的有以下两家：

(1) 中国质量认证中心（CQC）；

(2) 中国电磁兼容认证中心。

2.2 节能产品认证

2.2.1 中国节能产品认证诞生背景

实施节能产品认证制度是规范节能产品市场、提高能源利用效率的重要途径之一，同

样受到了世界各国的高度重视。据统计，目前全球共有 37 个国家实施了节能产品认证制度或能源效率标识制度，节能认证产品范围不断扩大。以美国“能源之星”（ENERGY STAR）为例。1992 年，美国环保局率先对计算机、监视器以及打印机等开展“能源之星”自愿性认证工作，经过近 10 年的发展，目前“能源之星”认证产品覆盖了 31 类消费产品中的总共 3400 多个品种，有超过 1200 家的制造商生产有“能源之星”标识的产品。通过“能源之星”的认证活动，较好地实现了节约能源，保护环境的目的。

1998 年 1 月 1 日，我国颁布实施了《节约能源法》，对实行节能产品认证制度做出了具体规定。为了配合《节约能源法》的有效实施，在国家经贸委会牵头组织下，1998 年制定出台了《节约能源法》的配套法规——《中国节能产品认证管理办法》，并组建了中国节能产品认证机构。中国节能产品认证机构由中国节能产品认证管理委员会和中国节能产品认证中心两部分组成。中国节能产品认证管理委员会是国家对节能产品实施认证的惟一最高权威机构，由国家经贸委、国家计委、国家科技部、国家环保总局等有关经济综合部门以及节能产品生产、使用部门和相关科研院所的 16 位领导和专家组成，具有广泛的代表性和权威性。

2.2.2　节能产品认证

2.2.2.1　节能产品认证概述

《中国节能产品认证管理办法》规定：节能产品是指符合该种产品有关的质量、安全等方面的标准要求，在社会使用中与同类产品或完成相同功能的产品相比，它的效率或能耗指标相当于国际先进水平或接近国际水平的国内先进水平。节能产品认证是依据相关的标准和技术要求，经中国节能产品认证中心确认并通过颁布节能产品认证证书和节能标志，证明某一产品为节能产品的活动。

节能产品标志是市场经济中除价格信息之外的一个重要信息，它反映的是产品的质量和节能性能，用户在选购用能产品时可根据使用情况在价格与节能之间做出选择。节能产品标志也是一种保证标识，它既是企业在产品用能效率上和产品质量上对用户的一种保障，也是节能产品认证管理机构对该产品的能效和质量的认可。节能产品认证所涉及的范围仅限于在市场中能效最高的、产品质量合格的用能产品。申请节能产品认证是自愿性的，它对推广节能产品起着引导作用，所以节能产品认证制度的实施一般与国家激励性政策结合起来，通过节能产品认证的企业可以获得相应的优惠政策或国家的支持。

2.2.2.2　中国节能产品认证管理委员会

中国节能产品认证管理委员会（英文名称为“China Committee for Certification of Energy Conservation Product”缩写为“CCEC”）是根据《中华人民共和国产品质量认证管理条例》和《中华人民共和国节约能源法》的有关规定成立的。又是国家质量监督检验检疫总局授权国家经贸委牵头组建，代表国家对节能产品实施认证的惟一机构。管理委员会按照国家有关法律、法规和规章及有关国际公约、惯例，结合节能工作特点进行认证活动，采用国内统一、国际上通用的第三方认证制度。

2.2.2.3　中国节能产品认证中心

中国节能产品认证中心是 CCEC 下设的具体负责组织、管理和实施节能产品认证的第三方认证机构，具有独立的法律地位，属于非盈利机构。中国节能产品认证中心下设办公室、标准协调部、检查部、检验机构协调部和申诉监理部等子机构，其职责有：负责向CCEC提交开展认证的产品目录、受理国内外企业提出的认证申请、协调承担认证检验任务的检验机构、对获准认证的产品及企业的保证体系进行监督检查、办理认证证书的颁发和注销、处理有关认证的争议、投诉等任务。

2.2.2.4　节能产品认证标志

节能产品认证标志见文前彩图

2.2.2.5　节能产品认证基本程序

按照《中华人民共和国节约能源法》和《中国节能产品认证管理办法》的有关规定，企业可以根据自愿的原则，按照国家有关产品质量认证的规定，向独立的第三方节能产品认证机构——中国节能产品认证中心提出节能产品认证申请，经中国节能产品认证中心确认后，取得节能产品认证证书，并在产品或者其包装上使用节能产品认证标志。中国节能产品认证采用国际上通行的“工厂条件检查 + 产品检验 + 认证后监督检查和检验”的认证模式。在工厂条件检查符合要求的情况下，中国节能产品认证中心将对申请认证的产品进行随机抽样，并委托指定的权威检验机构对产品的主要性能和产品的能效/能耗指标进行检验。中国节能产品认证中心按规定程序对检查和检验结果进行综合评定，符合要求者颁发认证证书并允许使用节能标志，并定期和不定期地对工厂条件和产品进行监督检查和检验。文前彩图6-2-2是中国节能产品认证中心所使用的节能认证标志。

节能产品认证工厂条件检查的特点是：以产品能效指标为核心，以开发/设计—采购—生产—改进和验证—检验—试验为两条基本审核路线，突出关键/特殊生产过程和关键检验环节、对影响产品能效指标的关键零部件和材料以及企业的试验室条件和检测能力进行现场确认。

节能产品认证实施流程包括：申请与受理、工厂条件检查、产品抽样检验、评定与注册、年度监督检查和检验等5个过程。

2.2.3　申请节能认证的基本条件

申请节能产品认证的条件如下：

(1) 中华人民共和国境内企业应持有工商行政主管部门颁发的《企业法人营业执照》，境外企业应持有有关机构的登记注册证明；

(2) 生产企业的质量管理体系符合ISO 9000族标准的有关要求及CCEC/T 03—2000《节能产品认证质量体系要求》；

(3) 产品属国家颁布的可开展节能产品认证的产品目录范围；

(4) 产品按规定具有生产许可证（指国家规定产品），质量稳定可靠，能正常批量生产，有足够的供货能力，具备售前、售后的优良服务和备品、备件的保证供应；

(5) 产品依据中国节能产品认证中心确认的产品标准或技术要求组织生产；

(6) 产品节能性能符合中国节能产品认证中心的要求，其能效指标应满足中国节能产品认证中心确认的能效标准或制定的技术要求的规定。

2.2.4　节能产品认证流程

中国节能产品认证流程图见图6-2-1。

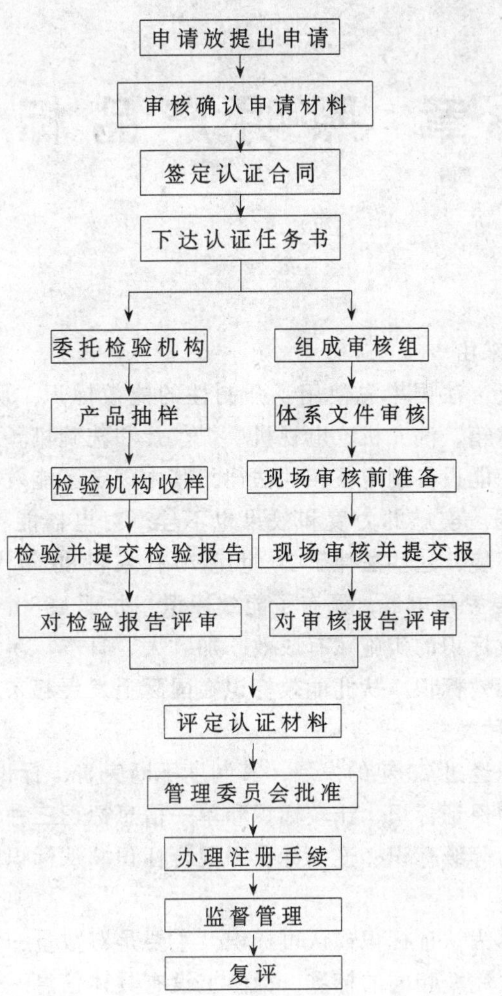

图 6-2-1 中国节能产品认证流程

第3章 照明产品标识

1 能效标识

1.1 能效标识概述

1.1.1 能效标识的来由

早在20世纪60年代，法国率先使用了强制性的能效标识，所针对的产品有家用电器、锅炉、热水器、电冰箱、洗衣机、电视机、煤气灶和洗碗机。随后，波兰和前苏联等一些欧洲国家就对一些用能设备制定了相关法律，其中规定了能效标识和能效标准。这些早期法律大部分比较薄弱，实施的力度和效果也不佳，对电器能耗几乎没有产生什么影响。为了协调欧盟贸易环境，这些法律于20世纪70代末和80年代初就被废除了。

1975年美国针对主要家用电器，颁布了能效标识，并于1980年以“能源指南”的名称生效。由于美国的能效标识的实施赋有成效，加拿大、日本、澳大利亚和巴西等国家也和能效标准一起推出了能效标识，从此能效标识在国际上发展起来。

1.1.2 能效标识的种类

在国际上，能效标识经过20年的发展，其制度不断完善，标识的种类也发展成多种。从能效标识作用上可分为保证标识、比较标识和单一信息标识三种主要类型。比较标识根据表示方法的不同又分为等级标识、连续标识和混合标识。从标识的实施方式上可分为强制性标识和自愿性标识。

保证标识——也可称为认证标识或认可标识，主要是对数量一定且符合指定标准要求的产品提供一种统一的、完全相同的标签，标签上没有具体信息。保证标识只表示产品已达到或超过一定的能效水平，而不能表示这种产品能效的高低程度。它主要用来帮助消费者区分高效产品，并证明这种产品的能效和主要性能质量得到相关机构的认可或保证。保证标识一般采用自愿性原则，一般适用于能效不易划分成若干个等级的产品或该产品的销售不是针对广大消费者的产品。美国的“能源之星”和我国的节能产品认证既属于保证标识。

比较标识——这种标识可为消费者提供有关产品主要性能、运行成本、能耗或能效等主要信息。消费者利用这些信息在可选产品型号之间对产品的能耗、价格、可靠性进行比较，最后选择出适合自己的产品。根据表示方法的不同，比较标识可进一步分为等级标识和连续性标识。

等级标识使用分级体系，它强调的是建立一套明确的等级，使消费者通过能效标识上的等级，来了解该产品的能效与其他型号产品的差别，和该产品的相对能效水平。等级能效标识最有代表性的是欧盟能效标识。

连续性能效标识也是为消费者提供产品效率的对比信息，但它不是将产品的能效分成几类，而是通过连续的标尺或条形图案来表示该产品能效所处的水平。

单一信息标识——这种标识只提供产品的单一的技术性能数据，如产品的年度耗电量、运行费用等数值。该种标识并不提供进行不同型号产品之间能效对比的方法（例如分级），所以它只包含单一的技术信息，不便于消费者进行比较和选择。采用单一信息标识的国家很少，目前只有菲律宾采用。

1.1.3 能效标识的目的及作用

采用能效标识的目的是鼓励和引导消费者购买那些既能够满足他们需要，又减少他们使用成本的用能产品。能效标识主要有以下五个方面的作用：

(1) 给消费者提供信息，以便他们能够做出适当的选择；

(2) 在价格竞争为主导的市场环境中，为高效产品提供一个生存空间；

(3) 鼓励制造商改善产品的能源性能；

(4) 鼓励分销商和零售商在进货和陈列商品时选择高效产品；

(5) 为政府能源宏观管理提供实施手段和决策信息，并为国家带来节能和环保效益。

1.2 国内外主要几种能效标识

1.2.1 美国能源之星

“能源之星（Energy Star）”是美国能源部（DOE）、美国环保局（EPA）、制造商、地方电力公司以及零售商组织为提高产品能效而共同推出的自愿性能效标识认证项目。该项目的目的是向消费者宣传高能效产品，帮助他们节省开支，缓和能源。自1992年能源之星启动以来，“能源之星”标志已经成为一个全国性的面向消费者的能效标志，见文前彩图6-3-1。迄今为止，该认证项目已经至少为31种产品颁发了能源之星标志，其中照明器具包括：各种家用照明灯具及镇流器、公共场所进出口标志灯、交通信号灯等。

1.2.2 欧盟能效标识

自1995年欧盟开始对冰箱实施统一的能效标识制度后，欧盟对一系列产品规定了能效标识指令。在欧盟，只有当各成员国政府将能效标识实施导则转化为国家法律后，统一的能效标识才可成为各成员国的强制性要求。所以，欧盟各个成员国都有责任把能效标识的指令转化为本国的法律，以便采取统一的措施保证制造商和销售商能够履行执行能效标识指令的义务，并在实施能效标识方案的过程，为鼓励消费者合理地利用能源，而开展一些教育活动和推广高效产品的活动。

在欧盟能效标识制度刚刚开始的时期，各成员国在执行和支持标识制度的程度上有很大差别，但制度的强制性促使各制造商不断提高其产品能效，使得能效标识制度在全欧盟广泛推广和实施。实施能效标识的产品范围也从家用电器逐步扩展到办公设备、电动机和照明设备。

欧盟能效标识的实施方式是由欧盟委员会在布鲁塞尔发布中央指令，再由各成员国组织立法来实施。欧盟能效标识是一种分级比较标识，见文前彩图6-3-2，侧重于按一定预先设定的产品能效范围对其进行等级划分。

对于家用照明产品于1998年曾发布了家用灯能效标识。其适用于由电网供电的白炽灯、直管荧光灯、一体化紧凑型荧光灯和非一体化紧凑型荧光灯。该不适用于光通量大于6500lm的灯、输出功率小于4W的灯、带反射罩的灯、使用其他电源（如电池）的灯、没有市场化或商品化的灯、灯的零部件。

欧盟能效标识不是以光效来划分等级，其灯的能效等级按以下规定来确定：

A级灯应满足以下条件：

(1) 与镇流器相分离的荧光灯（见6-3-1式）

$$W \leqslant 0.15\sqrt{\Phi} + 0.0097\Phi \tag{6-3-1}$$

(2) 其他灯（见6.3.2式～6-3-4式）

$$W \leqslant 0.24\sqrt{\Phi} + 0.0103\Phi \tag{6-3-2}$$

当灯达不到A级时，将由下式计算出参考功率W_R：

$$W_R = 0.88\sqrt{\Phi} + 0.049\Phi, \quad (\text{当 } \Phi > 34lm \text{ 时}) \tag{6-3-3}$$

$$W_R = 0.2\Phi, \quad (\text{当 } \Phi \leqslant 34\text{lm 时}) \tag{6-3-4}$$

能效指数EI按6-3-5式计算：

$$E_I = \frac{W}{W_R} \tag{6-3-5}$$

式6-3-1～6-3-5中　W——灯的输入功率（W）；

Φ——灯的输入流明（lm）。

根据表6-3-1确定能效等级。

能效等级与能效指数表　　**表6-3-1**

能效等级	能效指数 E_I
B	$E_I < 60\%$
C	$60\% \leqslant E_I < 80\%$
D	$80\% \leqslant E_I < 95\%$
E	$95\% \leqslant E_I < 110\%$
F	$110\% \leqslant E_I < 130\%$
G	$E_I \geqslant 130\%$

1.2.3　“ELI绿叶”标志

高效照明行动（The Efficient Lighting Initiative，缩写为ELI）是一项由国际贷款公司（IFC）资助，为在阿根廷，秘鲁，南非，菲律宾共和国，捷克，匈牙利和拉脱维亚等国家推广高效照明技术的应用的活动。为此目的，围绕ELI“绿叶”标识开发了一系列的公众教育，并开展了扩大市场的活动。ELI在推广紧凑型荧光灯方面已投资了370多万美元，而且与一批制造商、销售商和电力供应部门建立了密切的合作关系。

ELI“绿叶”为高质量照明产品提供了一个保证型的能效标识，其标志见文前彩图6-3-3。在实施高效照明行动（ELI）的国家中，制造商和零售商可通过该标识向社会证明自己的产品质量是优良的。在ELI实施的初期活动中，该标识作用是卓有成效的。愿意支持该标识的地方管理机构已组成了一个ELI网络。任意的检测程序是为了维护标识和产品性能的严格性。在世界范围内开展ELI“绿叶”标志活动将对节约照明用电，加强环境保护具有巨大潜力。

ELI所涉及的照明产品范围为：紧凑型荧光灯、室内单端泛光荧光灯、室外住宅泛光灯、直管荧光灯系统、公共场所照明灯具、交通信号灯。

1.2.4 我国能效标识的发展

为了适应国际能效标识的发展，在能源政策跟上国际发展趋势，我国必须建立起一套自己的能效标识制度。目前，我国建立能效标识制度的计划已经开始，正处在研究和试运行阶段。能效标识第一个试点产品被确定为家用电冰箱，随后将推出包括照明产品在内的其他用能产品。根据国家经贸委的精神，我国将对量大面广、节能潜力大的用能产品实行强制性能效标识制度，今后在照明产品的能效标准中，也将加入能效等级指标，为能效标识在照明产品中的实施提供依据。

我国能效标识制度将对用能产品分批地逐步展开，国家对适用强制性能效标识的用能产品公布统一的《中华人民共和国实施强制性能效标识的产品目录》（以下简称《目录》）。该《目录》由国家经济贸易委员会会同国家质量监督检疫总局制定并公布。凡列入《目录》的产品，须经能效管理机构核准注册，并在产品上或产品包装上贴有能效标识后，方可出厂销售、进口和使用。

目前我国正在制定《能效标识管理办法》，在今后的能效标识的实施中，还将对不同种类的用能产品制定某类产品能效标识的实施细则。我国能效标识的类型很可能为分级比较标识，在标识上具有能效等级、能效值或单位能耗值、产品的型号、产品重要性能等信息，标识的具体信息内容将由实施细则来规定。

2 国外其他产品的认证及标识

2.1 UL认证及标志

UL（Underwriters Laboratories Inc.）美国安全检测实验室：美国最有权威的、世界上最大的对各类电器产品进行检验、测试和鉴定的民间检验机构。UL产品标准自成体系，共有七百多种，且75%的安全标准采纳为ANSI国家标准。

在美国，有很多安全检定机构，如UL、MMB、ETL等，其中，UL（美国安全检测实验室公司）是全球最大的安全检定机构，也是国际上知名度极盛的民间安全检测机构，是一个独立的、非营利的、为公共安全做试验的第三方认证机构。UL公司虽然是家私人机构，但它的安全检定得到了美国联邦、州、市、县政府共4万多个政区的承认，许多政策、法规以及检验权力机构都以UL标志为依据。如美国海关有权拒绝没有UL标志的商品入境。同时，在美国的一些大零售、批发商，在进货时期明确要求标有UL标志，见文前彩图6-3-4。

在美国，产品如果没有安全认证标志，就很难找到市场。美国消费者在购买机电产品时总是先看产品是否带有UL标志；零售商和分销商也希望其经销的产品带有公众认可的认证标志；建筑师和产品说明书的起草人在设计产品和起草说明书时一般都要参考UL列的产品目录；美国司法机构验收部门，如电器和建筑检查员对安装于建筑物之内的产品和系统都要求带有UL标志。1995年，UL公司还将其标志运用到加拿大市场，即C－UL标志或ULC标志，进入加拿大市场的产品一般都附有C－UL标志或ULC标志。进入墨西哥市场的产品，UL同样可以提供代理认证服务。

UL在中国共有10个检验中心提供验后工厂审核服务，中心分布在北京、大连、广州、杭州、南京、青岛、上海、深圳、厦门及西安，各项工作均由北京商检总公司统筹。

2.2 CE认证及标志

欧盟以外的国家的产品要进入欧洲市场，必须符合欧盟指令和标准CE，才能在欧洲流通。在欧盟市场上，CE（CE是法语CONFORMITE EUROPENDE的简称）标志是产品进入欧盟市场必须满足的技术性规范，属强制性标志，见文前彩图6-3-5。因产品的安全性直接关系到消费者的生命健康。新方法指令（即《技术协调和标准化新方法》）都规定了保护公共利益所必须达到的基本要求，特别是卫生和安全要求、财产或环境保护方面的要求。新方法指令所涉及的产品在投放欧盟市场前都必须加贴CE标志，不管是由成员国生产的还是由其他国家生产的。除此之外，所有从其他国家进口的使用过的产品及所有经过重大修改的产品（可视为新产品）上市前都要求加贴CE标志。如果新方法指令所涉及的产品没有加贴CE标志，则表明产品不符合新方法指令的基本要求，或是没有采用合格评定程序，从而可以推测产品可能会危及人们的健康和安全，这种问题则被视为严重不合格。加贴CE标志并不是为了达到某种商业目的，CE标志在欧盟被定为法律合格标志，对此欧盟各国都非常重视，比如，欧盟各国的海关就非常重视这个问题，新方法指令所涉及的产品如果没有加贴CE标志，产品决不允许入关。

加贴CE标志是有一定要求的，CE标志必须由制造商或其指定的设在共同体内的代表加贴。制造商（不管是来自共同体或来自共同体外）是使产品符合指令基本要求的最终负责人，制造商也可以在共同体内指定一个全权代表，负责将产品投放市场并承担制造商所承担的责任。原则上讲，为确保产品符合指令的所有要求，必须在完成所有合格评定程序后方可在产品上加贴CE标志。而且，CE标志必须加贴在产品的显著位置上，并且清晰可辨，不易涂抹。在特殊情况下可依据相关指令的要求将标志加贴在包装箱上或附带的文件上。需要说明的是，CE标志并不仅仅可以加贴在欧盟市场内流通的产品上，也可以加贴在其他国家流通的产品上，也就是说，如果产品是在其他国家生产并由欧洲某一指定机构依据指令的要求进行了合格评定，那么产品上就可以加贴CE标志。

欧盟还要求其他成员国必须在法律中对防止滥用或误用CE标志做出明确规定。如果指令中没有涉及的产品上加贴了CE标志，则被视为欺骗行为。因为产品上加贴CE标志会给消费者或用户留下这样一个印象，即产品符合共同体某个安全条款的规定。因此，成员国市场监督主管当局必须将防止不正确加贴CE标志的产品自由流通的决定通知欧盟委员会和其他成员国，并将治理那些在不合格产品上加贴CE标志的人员的活动通知委员会和成员国，以便及时地处理不合格产品。为了使市场监督工作更有效率，欧盟还采取了大量的、行之有效的办法，如为消费者建立信息快速系统、为医疗设备建立警戒系统、为收集伤害数据建立了数据收集和信息交换系统等等。

我国企业欲将产品打入欧洲市场，必须获取CE标志，而要获取CE标志，很重要的一点就是要深入了解新方法指令的基本要求，加强对欧盟相关标准的理解与应用，以确定企业的理性战略。目前欧盟已经发布了21个规定CE标志的指令，包括：低压设备、简单压力容器、玩具安全、建筑产品、电磁兼容、机械、个人保护设备、非自动衡量器、有源移植医疗设备、燃气用具、用液体和气体燃料燃烧的热水锅炉、民用炸药、医疗设备、潜在的爆炸环境、汽艇、电梯、冷冻设备、压力设备、电信终端设备、诊断医疗设备、无线电及电信终端设备等等。欧盟委员会还在不断地发布新的指令，因此，要随时掌握指令的发布情况，这是企业成功获取CE标志的重要信息。当然，希望得到加贴CE标志的企业必须得到欧盟指定机构的帮助，这些机构的任务是依据指令进行产品审核和质量体系审核。

2.3 CB认证及标志

该证书是国际电工委员会电工产品安全认证组织（IECEE）认证机构委员会（CCB）统一制定的，由一个发证和认可国家认证机构颁发的文件，与所附的测试报告一起用来通知其他国家认证机构，某种电工产品的一个或更多的样品已经按照正CEE所采用的某个标准进行了测试，并且证明这个（些）样品符合该项标准，其认证标志见文前彩图6-3-6。

IECEE各成员国认证机构以IEC标准为基础对电工产品安全性能进行测试，其测试结果即CB测试报告和CB测试证书在IECEE各成员国得到相互认可的体系。目的是为了减少由于必须满足不同国家认证或批准准则而产生的国际贸易壁垒。CB测试证书不得用于任何形式的广告或促销活动，但CB测试证书持有者可以在业务通信中提到具有该产品的CB测试证书。

目前，CB体系开展了十四大类的电工产品的测试（目录见下表），测试结果在30多个成员国之间是相互认可的，同时，也被很多未参加CB体系的国家所承认。IECEE—CB体系目前的成员国是：

奥地利、澳大利亚、比利时、加拿大、瑞士、中国、捷克、德国、丹麦、西班牙、芬兰、法国、英国、希腊、匈牙利、印度、爱尔兰、以色列、意大利、日本、韩国、墨西哥、荷兰、新西兰、挪威、波兰、葡萄牙、俄罗斯、罗马尼亚、新加坡、斯洛伐克、斯洛文尼亚、南非、土耳其、乌克兰、美国、南斯拉夫。

这30多个成员国在他们申请加入IECEE—CB成为CB体系成员时，应声明他们认可IECEE所采用了那些IEC标准，并说明本国标准与国际标准的差异，目前各国说明标准差异可分为两类：一类是与本国国家标准有差异，用“y”表示；另一类是与其集团或企业标准存在着差异，用“c”表示；若无差异则用“r”表示。

如出现以下情况，发证的国家认证机构可以撤销CB测试证书：

（1）滥用证书；

（2）证书的颁发有错误；

（3）产品不再与测试的并在测试报告中说明的样品相符；

（4）证书持有者要求撤销；

（5）当CB测试证书被撤销时，发证的国家认证机构必须尽快通知说明撤销的理由。每个有关国家认证机构可以自行决定，是否要将在该CB测试证书基础上所作出的本国认证或认可，予以撤回。

2.4 JIS认证及标志

日本吸取英、法等国的产品认证制的优点，于1950年开始实行产品认证制度，但采取国家认证制的形式，由日本国会批准的“日本工业标准化法”予以法律确定，由政府有关的主管省及其授权的检验机构贯彻执行。管理产品认证的主管省有下列分工：

（1）通商产业省标准部主管矿产品及工业制品的认证。

(2) 运输省的船舶局和铁道监察局分别主管造船和铁道车辆运输设备的认证。

(3) 卫生省医药事务局主管卫生安全设备的认证。

各主管省在全国各地设有授权若干个经过审定的检验机构，从事产品认证中的检验工作。例如通产省设立的“工业技术院”和授权的日本机械电子检查检定协会（JMI）等。

“日本工业标准化法”于1949年6月1日颁布，同年7月1日生效实行。后经1950、1951、1952、1966，1970、1980年6次修订，现行的工业标准化法（1980年修订本）共30条，前18条涉及该法的立法目的、定义、日本工业标准委员会、工业标准的制订、工业标准的确认、修订及废止、公布、公开认证等方面的规定；而后12条则涉及产品认证制的各项规定，它们是有关认证标志、认证收费、对认证持异议的申诉、认证检验公告、工厂检定、加工技术认证承认、认证产品的进口、撤销认证、认证检验机构的审定及承认、违规惩罚等的规定。此外，还规定接受外国产品申请认证。

“日本工业标准化法”第19条规定：“主管省大臣认为必要时，经工业标准委员会决议，指定某些工矿产品予以认证，这些产品的制造业者，经主管省大臣批准，可在某工厂生产的工矿产品上、包装上、容器上或发货单上贴附经通产省省令规定的统一的“认证标志”，以证明该项工矿产品符合日本工业标准”。这条规定的关键在于由主管省指定予以认证的工矿产品的品种项目。日本的产品认证制度是非强制性的，亦即由工业企业自愿申请认证；各工业企业为了表明自己的产品质量具有一定水平，增强市场竞争力，往往踊跃地主动向政府申请认证，然而产品种类多达千万种，认证的检验力量显然无法应付，因而迫使政府不得不根据当前社会经济的需要，对接受认证的产品品种项目作重点选择。

JIS标志许可认证是日本主管省授予“日本工业标准标志许可证”的简称。获得许可证的厂家称为“许可制造业者”可使用B型标志，获得认证许可的产品为“指定商品”，可使用A型标志。“许可制造者”可按主管省令的规定在“指定商品”的本身或其包装、容器上或其发货单上贴“JIS认证标志”，见文前彩图6-3-7。并承担有关“JIS标志”的法律责任。日本JIS认证中照明产品的分类号和产品号以及实施日期见表6.3.2。

JIS照明产品目录 表6-3-2

产品分类号	产品编号	指定产品	实施日期	发布日期	审核实施日期
C7501, C7523, C7530	C001	普通白炽灯	1950.7.18	1999.6.21	2001.9.13
C7503	C020	铁路用白炽灯	1952.12.4	1994.7.1	1994.7.1
C7503	C018	小型白炽灯	1952.9.29	1999.3.23	2000.3.20
C7601	C064	普通荧光灯	1955.12.13	1989.11.1	1997.3.20
C7603	C097	荧光灯用启辉器	1959.12.21	1984.10.12	1994.4.1
C8104	C010	便携式应急灯	1951.9.1	1979.12.10	1986.7.8
C8106	C025	非家庭用荧光灯灯具	1953.7.9	1999.11.1	1999.3.20
C8108 C8117	C162	荧光灯用镇流器	1976.4.1	1983.3.1	1996.4.1
C8112	C107	荧光灯台灯	1961.6.24	1991.8.1	1999.3.20
C8115	C163	家用荧光灯灯具	1976.4.1	1989.11.1	1999.3.20

2.5 JET 认证及标志

JET 认证是日本电气安全环境研究所（JET）从通商产业省（现在的经济产业省）的国家试验所接收了安全试验业务，日本电气用品试验所成立于 1963 年。此后作为各种电气产品的试验、检查、研究机构，担负着“甲种电气产品型号认可试验”、“JIS 标志认证工厂检查”等业务。此后，1995 年 7 月实施的放宽限制政策，废除了乙种电气产品标志，该所由此开始以中立立场检查电气产品的安全性，即“JET 认证服务业务”。JET 标志见文前彩图 6-3-8。

随着与电气产品安全有关的“电气用品取缔法”的修正及实施，生产厂商确保消费者的安全成为一项重要责任，加强产品安全性能管理也成为社会的需求。JET 本着中立的第三方立场，进行电气产品的安全认证及生产工厂的质量管理体制的确认，帮助企业为消费者提供安全的电气产品。JET 认证服务的申请对象包括生产厂商、进口商、物流商及销售商。

通过实施 JET 认证，可提高安全确认等级，此外，贴上 JET 认证标志后，与无该标志的产品有较大差别，可更好地获得销售商、消费者的信任。接受认证安全确认试验后，需进行定期工厂调查，可继续在认证产品达到标准情况下，获得生产工厂安全确认体制（定期质量管理体制或管理状态的检查等）等方面的帮助。另外，第三方机构对达标情况进行客观评估，其试验结果也更值得信任。

2.6 VDE 认证及标志

VDE 是德国一家实验和认证机构，成立于 1920 年，是德国电气工程师协会（Verband Deutscher Elektrotechniker，简称 VDE）所属的一个研究所。作为一个中立、独立的机构，它拥有自己的试验室，并根据 VDE 规范或其他公认的技术标准对电工产品进行试验和认证。它可向公众提供一种保护性服务，避免电器在使用时造成危害和产生无线电干扰。VDE 标志见文前彩图 6-3-9。

VDE 认证的产品范围包括：家用电器、照明器具、手持式工具、娱乐电子设备、医疗电气设备、信息技术设备、安装材料、电线、电缆和电子元器件。VDE 认证还对电器所产生的无线电干扰进行测量，在需要时可进行电磁兼容性（EMC）测量。

在欧洲，由于需对电器产品和材料市场实施监督管理，欧盟要求生产这类产品的厂家通过 CE 认证，用 CE 标志证明自己的产品符合有效的技术文件或标准所规定的要求。为使 VDE 与 CE 共存，VDE 和 CE 之间达成了互认关系，即通过了 VDE 认可的产品就等于通过了 CE 认证，并可使用 CE 标志。

2.7 GS 标志及标志

GS 标志是德国安全认证标志，它是德国劳工部授权由特殊的 TUV 法人机构实施的一种在世界各地进行产品销售的欧洲认证标志，其标志见文前彩图 6-3-10。GS 标志虽然不是法律强制要求，但是它确实能在产品发生故障而造成意外事故时，使制造商受到严格的德国（欧洲）产品安全法的约束，所以 GS 标志是强有力的市场工具，能增强顾客的信心及购买欲望，通常 GS 认证产品销售单价更高而且更加畅销。

欧共体 CE 规定，从 1997 年 1 月 1 日起管制“低电压指令（LVD）”。GS 已经包含了

“低电压指令（LVD）”的全部要求。所以获得GS标志后，TUV会例外免费颁发该产品LVD的CE证明（COC），TUV Rhein land1997年后的证书则在GS证书中包含了LVD证书。厂商申请GS标志的同时获得了LVD证明。瑞士和波兰产品安全认证标志产品范围同GS标志。

3 认证代理机构

3.1 如何选择认证

当企业准备把产品销售到某一国家或地区时，首先要了解和掌握是否需要认证，什么认证以及获得认证的技术标准。在选择认证时应注意以下问题：

（1）根据销售地区：产品销往不同的国家和地区则相应满足各国家的不同认证要求。欧洲要满足CE要求；美国为UL认证；日本为JIS认证。

（2）根据产品分类：不同种类的产品有不同的检测标准，也有不同的认证标志，应了解不同认证的产品范围。有些产品不在某认证范围，同时尚无国家要求，则该产品无须认证。

（3）根据当地的有关法律的要求：对于安全性标准，有EN标准，IEC标准，BS标准，JIS标准等，对于电磁兼容性的要求，有BZT、FCC、CE/EMC等。所以要根据当地要求选择所需的标准。另外有些地区标准颁布后，并没立即强制实施，企业可根据法律要求和市场销售情况来决定是否马上采用，并注意标准的实施日期。

（4）根据销售对象的要求或市场销售的目的：获取何种认证，一般买家都会提出自己的建议，企业也可获取其他认证，来改善产品形象，增加消费者的信心和购买欲。

3.2 如何选择认证机构

一种认证可能会有几个认证机构受理，这些机构的资质、信誉、能力等方面会有所不同，并且可能良莠不齐，若选择不好，本企业的利益将遭受到损失。在选择认证机构时应注意以下问题：

（1）了解认证机构所具有的权威性。一个认证机构是否有长期良好的信誉，高度的公正及足够的市场接受程度是其认证效力的立足点。因为认证产品具有连带责任的问题，消费者均要求第三方认证机构对产品的安全及质量有严格的监控。具有良好信誉的认证机构提供的认证会受到广大消费者的认可。

（2）了解认证机构是否加入互认组织和是否签署国际认可协议。随着市场经济全球一体化的发展，企业面临的市场是全球的市场，而大多数国家的认证测试标准都有互认。选择具有互认的认证机构，可以使得企业需要进行多国认证的时，可以免去重新测试和支付测试费用。

（3）认证机构的工作效率往往是企业经常抱怨内容，认证时间太长，太麻烦。特别是有时候等着用证书签订供货合同或参加交易会，而证书却迟迟签发不下来，其实，这是因为绝大部分认证机构都是把测试和发证送到国外去做，这样来回所花的时间和费用当然不菲。认证机构实行本地化服务是解决效率的有效方法，即最好与外国检验机构驻本国或本地办事处联络。

3.3 认证代理流程

由于在申请国外认证时需经过一套比较复杂的认证程序，还需用其他国家的语言办理各种手续和与国外认证机构进行联系，所以国内一般企业采用代理方式来获得国外认证。所以企业在通过代理申请认证时应对认证代理流程有所了解。一般认证代理流程包括以下几个步骤，见图6-3-1。

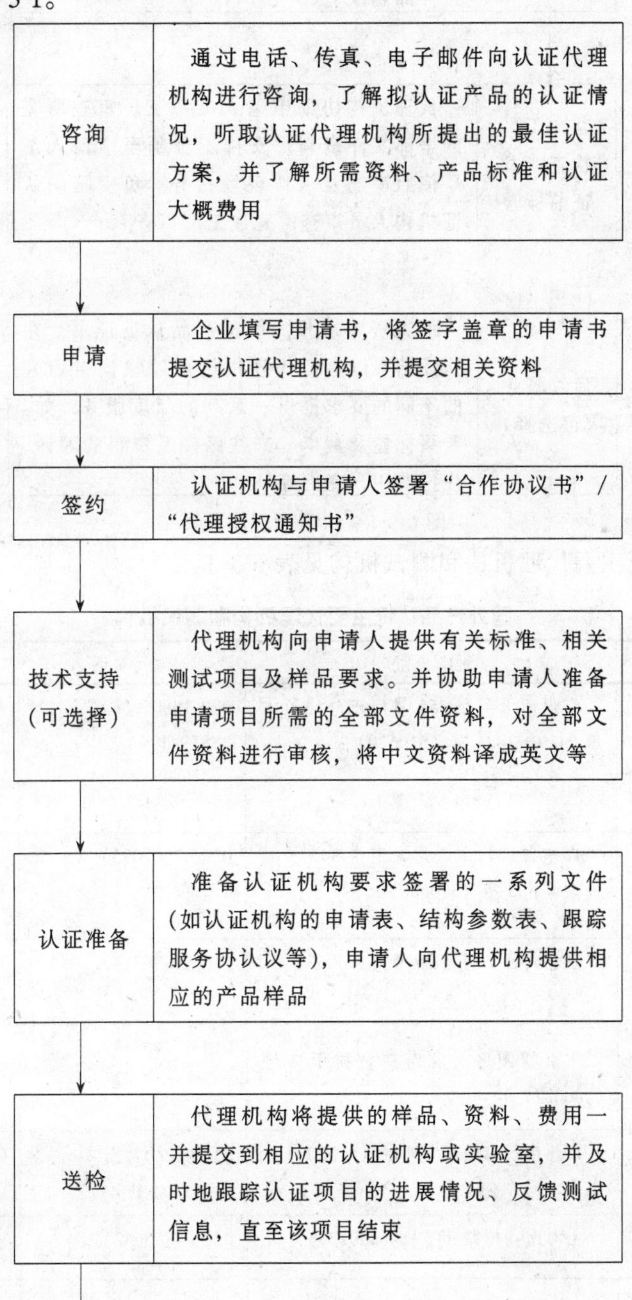

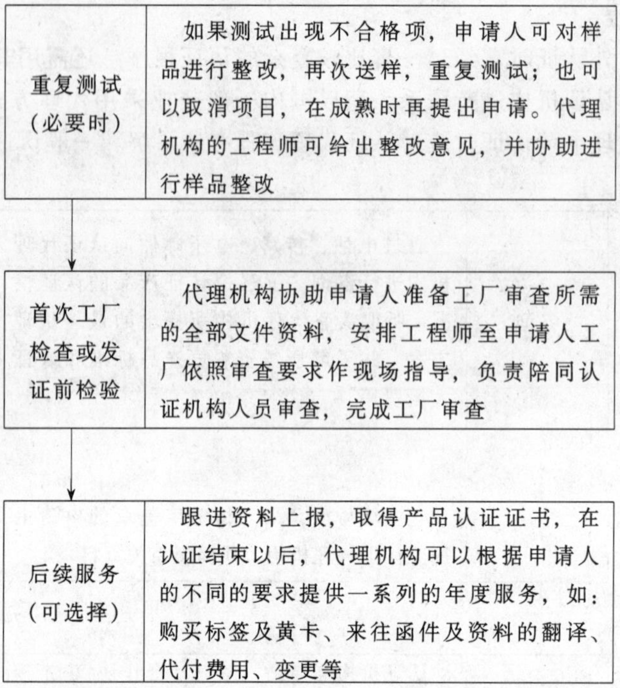

重复测试（必要时）	如果测试出现不合格项，申请人可对样品进行整改，再次送样，重复测试；也可以取消项目，在成熟时再提出申请。代理机构的工程师可给出整改意见，并协助进行样品整改

↓

首次工厂检查或发证前检验	代理机构协助申请人准备工厂审查所需的全部文件资料，安排工程师至申请人工厂依照审查要求作现场指导，负责陪同认证机构人员审查，完成工厂审查

↓

后续服务（可选择）	跟进资料上报，取得产品认证证书，在认证结束以后，代理机构可以根据申请人的不同的要求提供一系列的年度服务，如：购买标签及黄卡、来往函件及资料的翻译、代付费用、变更等

图 6-3-1　认证代理流程图

国外产品认证主要代理机构和测试机构见表 6-3-3。

国外产品认证主要代理机构和测试机构　　表 6-3-3

代理机构	地　址	电　话	认证种类
中国国际贸易促进委员会产品检测认证（国际标准）广州代理中心	广州市天河路 351 号广东外经贸大厦 2419－2421 室（510620）	020-38802606、38819412	UL、CB、VDE
广州市仪特科技有限公司	广东省广州市广州大道中 345 号润侨大厦 603 室（510600）	020-87007095	CE、GS、VDE、CB、UL
北京家用电器检测站国际认证管理部	北京宣武区下斜街 29 号（100053）	010-63030714	UL、VDE、GS、JET、CE
北京电光源研究所	北京朝阳区大北窑厂坡村甲 3 号（100022）	010-67746544	CE、ELI、能源之星
广州日用电器检测所	广州市新港西路 204 号（510300）	020-84469722、84451171 转 477	CE、UL、GS、VDE
上海市产品质量监督检验所	上海市苍梧路 381 号（200233）	021-64855642	
上海质量无忧企业管理咨询网认证受理部	上海市共和新路 340 号宝丰大厦 2104 室（200070）	021-66601130、66601129 转 814	UL、CE、GS、VDE

第7篇　法规政策篇

第1章　指导“绿色照明”工程实施的法律法规条款

我国自改革开放，实行社会主义市场经济以来，法律法规体系不断健全。其中与节约能源和节能产品相关的法律、法规和规范性文件有《中华人民共和国节约能源法》、《中华人民共和国产品质量法》、《中华人民共和国计量法》、《中华人民共和国电力法》、《电力供应和使用条例》、《中国节能技术大纲》、《民用建筑节能管理条例》等等，这些法律和规定文件中的部分条款对我国实施绿色照明工程有一定的指导作用，现将有关条款摘录如下。

1　《中华人民共和国节约能源法》(1998年1月1日施行) 的有关条款

第3条　本法所称节能，是指加强用能管理，采取技术上可行、经济上合理以及环境和社会可以承受的措施，减少从能源生产到消费各个环节中的损失和浪费，更加有效、合理地利用能源。

第6条　国家鼓励、支持节能科学技术的研究和推广，加强节能宣传和教育，普及节能科学知识，增强全民的节能意识。

第7条　任何单位和个人都应当履行节能义务，有权检举浪费能源的行为。

第14条　国务院标准化行政主管部门制定有关节能的国家标准。

对没有前款规定的国家标准的，国务院有关部门可以依法制定有关节能的行业标准，并报国务院标准化行政主管部门备案。

制定有关节能的标准应当做到技术上先进，经济上合理，并不断加以完善和改进。

第15条　国务院管理节能工作的部门应当会同国务院有关部门对生产量大面广的用能产品的行业加强监督，督促其采取节能措施，努力提高产品的设计和制造技术，逐步降低本行业的单位产品能耗。

第18条　企业可以根据自愿原则，按照国家有关产品质量认证的规定，向国务院产品质量监督管理部门或者国务院产品质量监督管理部门授权的部门认可的认证机构提出用能产品节能质量认证申请；经认证合格后，取得节能质量认证证书，在用能产品或者其包装上使用节能质量认证标志。

第25条　生产、销售用能产品和使用用能设备的单位和个人，必须在国务院管理节能工作的部门会同国务院有关部门规定的期限内，停止生产、销售国家明令淘汰的用能产品并不得将淘汰的设备转让给他人使用。

第26条　生产用能产品的单位和个人，应当在产品说明书和产品标识上如实注明能耗指标。

第27条　生产用能产品的单位和个人，不得使用伪造的节能质量认证标志或者冒用节能质量认证标志。

第32条　国家鼓励、支持开发先进节能技术，确定开发先进节能技术的重点和方向，建立和完善节能技术服务体系，培育和规范节能技术市场。

第33条　国家组织实施重大节能科研项目、节能示范工程，提出节能推广项目，引导企业事业单位和个人采用先进的节能工艺、技术、设备和材料。

国家制定优惠政策，对节能示范工程和节能推广项目给与支持

第34条　国家鼓励引进境外先进的节能技术和设备，禁止引进境外落后的用能技术、设备和材料。

第35条　在国务院和省、自治区、直辖市人民政府安排的科学院研究资金中应当安排节能资金，用于先进节能技术研究。

第37条　建筑物的设计和建造应当依照有关法律、行政法规的规定，采用节能型的建筑结构、材料、器具和产品，提高保温隔热性能，减少采暖、制冷、照明的能耗。

第47条　违反本法第26条规定，未在产品说明书和产品标识上注明能耗指标的，由县级以上人民政府管理产品质量监督工作的部门责令限期改正，可以处5万元以下的罚款。

违反本法第26条规定，在产品说明书和产品标识上注明的能耗指标不符合产品的实际情况的，除依照前款规定处罚外，依照有关法律的规定承担民事责任。

第48条　违反本法第27条规定，使用伪造的节能质量认证标志或者冒用节能质量认证标志的，由县级以上人民政府管理产品质量监督工作的部门责令公开改正，没收违法所得，可以并处违法所得一倍以上五倍以下的罚款。

2　《中华人民共和国产品质量法》(1993年9月1日施行）的有关条款

第3条　生产者、销售者应当建立健全内部产品质量管理制度，严格实施岗位质量规范、质量责任以及相应的考核办法。

第4条　生产者、销售者依照本法规定承担产品质量责任。

第5条　禁止伪造或者冒用认证标志等质量标志；禁止伪造产品的产地，伪造或者冒用他人的厂名、厂址；禁止在生产、销售的产品中掺杂、掺假，以假充真，以次充好。

第6条　国家鼓励推行科学的质量管理方法，采用先进的科学技术，鼓励企业产品质量达到并且超过行业标准、国家标准和国际标准。

第8条　国务院产品质量监督部门主管全国产品质量监督工作。国务院有关部门在各自的职责范围内负责产品质量监督工作。

县级以上地方产品质量监督部门主管本行政区域内的产品质量监督工作。县级以上地方人民政府有关部门在各自的职责范围内负责产品质量监督工作。

法律对产品质量的监督部门另有规定的，依照有关法律的规定执行。

第11条　任何单位和个人不得排斥非本地区或者非本系统企业生产的质量合格产品进入本地区、本系统。

第12条　产品质量应当检验合格，不得以不合格产品冒充合格产品。

第14条　国家根据国际通用的质量管理标准，推行企业质量体系认证制度。企业根据自愿原则可以向国务院产品质量监督部门认可的或者国务院产品质量监督部门授权的部门认可的认证机构申请企业质量体系认证。经认证合格的，由认证机构颁发企业质量体系认证证书。

国家参照国际先进的产品标准和技术要求，推行产品质量认证制度。企业根据自愿原则可以向国务院产品质量监督部门认可的或者国务院产品质量监督部门授权的部门认可的认证机构申请产品质量认证。经认证合格的，由认证机构颁发产品质量认证证书，准许企业在产品或者其包装上使用产品质量认证标志。

第15条　国家对产品质量实行以抽查为主要方式的监督检查制度，对可能危及人体健康和人身、财产安全的产品，影响国计民生的重要工业产品以及消费者、有关组织反映有质量问题的产品进行抽查。抽查的样品应当在市场上或者企业成品仓库内的待销产品中随机抽取。监督抽查工作由国务院产品质量监督部门规划和组织。县级以上地方产品质量监督部门在本行政区域内也可以组织监督抽查。法律对产品质量的监督检查另有规定的，依照有关法律的规定执行。

国家监督抽查的产品，地方不得另行重复抽查；上级监督抽查的产品，下级不得另行重复抽查。

根据监督抽查的需要，可以对产品进行检验。检验抽取样品的数量不得超过检验的合理需要，并不得向被检查人收取检验费用。监督抽查所需检验费用按照国务院规定列支。

生产者、销售者对抽查检验的结果有异议的，可以自收到检验结果之日起十五日内向实施监督抽查的产品质量监督部门或者其上级产品质量监督部门申请复检，由受理复检的产品质量监督部门做出复检结论。

第16条　对依法进行的产品质量监督检查，生产者、销售者不得拒绝。

第17条　依照本法规定进行监督抽查的产品质量不合格的，由实施监督抽查的产品质量监督部门责令其生产者、销售者限期改正。逾期不改正的，由省级以上人民政府产品质量监督部门予以公告；公告后经复查仍不合格的，责令停业，限期整顿；整顿期满后经复查产品质量仍不合格的，吊销营业执照。

监督抽查的产品有严重质量问题的，依照本法第五章的有关规定处罚。

第22条　消费者有权就产品质量问题，向产品的生产者、销售者查询；向产品质量监督部门、工商行政管理部门及有关部门申诉，接受申诉的部门应当负责处理。

第26条　生产者应当对其生产的产品质量负责。

产品质量应当符合下列要求：

（一）不存在危及人身、财产安全的不合理的危险，有保障人体健康和人身、财产安全的国家标准、行业标准的，应当符合该标准；

（二）具备产品应当具备的使用性能，但是，对产品存在使用性能的瑕疵做出说明的除外；

（三）符合在产品或者其包装上注明采用的产品标准，符合以产品说明、实物样品等方式表明的质量状况。

第27条　产品或者其包装上的标识必须真实，并符合下列要求：

（一）有产品质量检验合格证明；

（二）有中文标明的产品名称、生产厂厂名和厂址；

（三）根据产品的特点和使用要求，需要事先让消费者知晓的，应当在外包装上表明，或者预先向消费者提供有关资料；

（四）限期使用的产品，应当在显著位置清晰地标明生产日期和安全使用期或者实效日期；

（五）使用不当，容易造成产品本身损坏或者可能危及人身、财产安全的产品，应当有警示标志或者中文警示说明。

裸装的食品和其他根据产品的特点难以附加标识的裸装产品，可以不附加产品标识。

第29条 生产者不得生产国家明令淘汰的产品。

第30条 生产者不得伪造产地，不得伪造或者冒用他人的厂名、厂址。

第31条 生产者不得伪造或者冒用认证标志等质量标志。

第32条 生产者生产产品，不得掺杂、掺假，不得以假充真、以次充好，不得以不合格产品冒充合格产品。

第33条 销售者应当建立并执行进货检查验收制度，验明产品合格证明和其他标识。

第34条 销售者应当采取措施，保持销售产品的质量。

第35条 销售者不得销售国家明令淘汰并停止销售的产品和失效、变质的产品。

第36条 销售者销售的产品的标识应当符合本法第27条的规定。

第37条 销售者不得伪造产地，不得伪造或者冒用他人的厂名、厂址。

第38条 销售者不得伪造或者冒用认证标志等质量标志。

第39条 销售者销售产品，不得掺杂、掺假，不得以假充真、以次充好，不得以不合格产品冒充合格产品。

第40条 售出的产品有下列情形之一的，销售者应当负责修理、更换、退货；给购买产品的消费者造成损失的，销售者应当赔偿损失：

（一）不具备产品应当具备的使用性能而事先未作说明的；

（二）不符合在产品或者其包装上注明采用的产品标准的；

（三）不符合以产品说明、实物样品等方式表明的质量状况的；

销售者依照前款规定负责修理、更换、退货、赔偿损失后，属于生产者的责任或者属于向销售者提供产品的其他销售者（以下简称供货者）的责任的，销售者有权向生产者、供货者追偿。销售者未按照第一款规定给予修理、更换、退货、赔偿损失的，由产品质量监督部门或者工商行政管理部门责令改正。

生产者之间，销售者之间，生产者与销售者之间订立的买卖合同、承揽合同有不同约定的，合同当事人按照合同约定执行。

第41条 因产品存在缺陷造成人身、缺陷产品以外的其他财产（以下简称他人财产）损害的，生产者应当承担赔偿责任。

生产者能够证明有下列情形之一的，不承担赔偿责任：

（一）未将产品投入流通的；

（二）产品投入流通时，引起损害的缺陷尚不存在的；

(三)将产品投入流通时的科学技术水平尚不能发现缺陷的存在的。

第42条 由于销售者的过错使产品存在缺陷，造成人身、他人财产损害的，销售者应当承担赔偿责任。

销售者不能指明缺陷产品的生产者也不能指明缺陷产品的的供货者的，销售者应当承担赔偿责任。

第43条 因产品存在缺陷造成人身、他人财产损害的，受害人可以向产品的生产者要求赔偿，也可以向产品的销售者要求赔偿。属于产品的生产者的责任，产品的销售者赔偿的，产品的销售者有权向产品的生产者追偿。属于产品的销售者的责任，产品的生产者赔偿的，产品的生产者有权向产品的销售者追偿。

第44条 因产品存在缺陷造成人身伤害的，侵害人应当赔偿医疗费、治疗期间的护理费、因误工减少的收入等费用；造成残疾的，还应当支付残疾者生活自助具费、生活补助费、残疾赔偿金以及由其抚养的人所必需的生活费等费用；造成受害人死亡的，并应当支付丧葬费、死亡赔偿金以及由死者生前抚养的人所必需的生活费等费用。

因产品存在缺陷造成受害人财产损失的，侵害人应当恢复原状或者折价赔偿。受害人因此遭受其他重大损失的，侵害人应当赔偿损失。

第45条 因产品存在缺陷造成损害要求赔偿的诉讼时效期间为二年，自当事人知道或者应当知道其权益受到损害时期计算。

因产品存在缺陷造成损害要求赔偿的请求权，在造成损害的缺陷产品交付最初消费者满十年丧失；但是，尚未超过明示的安全使用期的除外。

第46条 本法所称缺陷，是指产品存在危及人身、他人财产安全的不合理的危险；产品有保障人体健康和人身、财产安全的国家标准、行业标准的，是指不符合该标准。

第47条 因产品质量发生民事纠纷时，当事人可以通过协商或者调解解决。当事人不愿通过协商、调解解决或者协商、调解不成的，可以根据当事人各方的协议向仲裁机构申请仲裁；当事人各方没有达成仲裁协议或者仲裁协议无效的，可以直接向人民法院起诉。

第48条 仲裁机构或者人民法院可以委托本法第19条规定的产品质量检验机构，对有关产品质量进行检验。

第49条 生产、销售不符合保障人体健康和人身、财产安全的国家标准、行业标准的产品的，责令停止生产、销售，没收违法生产、销售的产品，并处违法生产、销售产品(包括已售出和未售出的产品，下同)货值金额等值以上三倍以下的罚款；有违法所得的，并处没收违法所得的，并处没收违法所得；情节严重的，吊销营业执照；构成犯罪的，依法追究刑事责任。

第50条 在产品中掺杂、掺假，以假充真，以次充好，或者以不合格产品冒充合格产品的，责令停止生产、销售，没收违法生产、销售的产品，并处违法生产、销售产品货值金额百分之五十以上三倍以下的罚款；有违法所得的，并处没收违法所得；情节严重的，吊销营业执照；构成犯罪的，依法追究刑事责任。

第51条 生产国家明令淘汰的产品的，销售国家明令淘汰并停止销售的产品的，责令停止生产、销售，没收违法生产、销售的产品，并处违法生产、销售产品货值金额等值以下的罚款；有违法所得的，并处没收违法所得；情节严重的，吊销营业执照。

第52条　销售失效、变质的产品的，责令停止销售，没收违法销售的产品，并处违法销售产品货值金额二倍以下的罚款；有违法所得的，并处没收违法所得；情节严重的，吊销营业执照；构成犯罪的，依法追究刑事责任。

第53条　伪造产品产地的，伪造或者冒用他人厂名、厂址的，伪造或者冒用认证标志等质量标志的，责令改正，没收违法生产、销售的产品，并处违法生产、销售产品货值金额等值以下的罚款；有违法所得的，并处没收违法所得；情节严重的，吊销营业执照。

第54条　产品标识不符合本法第27条规定的，责令改正；有包装的产品标识不符合本法第27条第（四）项、第（五）项规定的，情节严重的，责令停止生产、销售，并处违法生产、销售产品货值金额百分之三十以下的罚款；有违法所得的，并处没收违法所得。

第55条　销售者销售本法第49条至第53条规定禁止销售的产品，又充分证据证明其不知道该产品为禁止销售的产品并如实说明其进货来源的，可以从轻或者减轻处罚。

第56条　拒绝接受依法进行的产品质量监督检查的，给予警告，责令改正；拒不改正的，责令停业整顿；情节特别严重的，吊销营业执照。

第57条　产品质量检验机构、认证机构伪造检验结果或者出具虚假证明的，责令改正，对单位处五万元以上十万元以下的罚款，对直接负责的主管人员和其他直接责任人员处一万元以上五万元以下的罚款；有违法所得的，并处没收违法所得；情节严重的，取消其检验资格、认证资格；构成犯罪的，依法追究刑事责任。

产品质量检验机构、认证机构出具的检验结果或者证明不实，造成损失的，应当承担相应的赔偿责任；造成重大损失的，撤销其检验资格、认证资格。

产品质量认证机构违反本法第21条第二款的规定，对不符合认证标准而使用认证标志的产品，未依法要求其改正或者取消其使用认证标志资格的，对因产品不符合认证标准给消费者造成的损失，产品的生产者、销售者承担连带责任；情节严重的，撤销其认证资格。

第58条　社会团体、社会中介机构对产品质量做出承诺、保证，而该产品又不符合其承诺、保证的质量要求，给消费者造成损失的，与产品的生产者、销售者承担连带责任。

第59条　在广告中对产品质量作虚假宣传，欺骗和误导消费者的，依照《中华人民共和国广告法》的规定追究法律责任。

第60条　对生产者专门用于生产本法第49条、第51条所列的产品或者以假充真的产品的原辅材料、包装物、生产工具，应当予以没收。

第61条　知道或者应当知道属于本法规定禁止生产、销售的产品而为其提供运输、保管、仓储等便利条件，或者为以假充真的产品提供制假生产技术的，没收全部运输、保管、仓储或者提供制假生产技术的收入，并处违法收入百分之五十以上三倍以下的罚款；构成犯罪的，依法追究刑事责任。

第62条　服务业的经营者将本法第49条至第52条规定禁止销售的产品用于经营性服务的，责令停止使用；对知道或者应当知道所使用的产品属于本法规定禁止销售的产品的，按照违法使用的产品（包括已使用和尚未使用的产品）的货值金额，依照本法对销售者的处罚规定处罚。

第63条 隐匿、转移、变卖、损毁被产品质量监督部门或者工商行政管理部门查封、扣押的物品的，处被隐匿、转移、变卖、损毁物品货值金额等值以上三倍以下的罚款；有违法所得的，并处没收违法所得。

第64条 违反本法规定，应当承担民事赔偿责任和缴纳罚款、罚金，其财产不足以同时支付时，先承担民事赔偿责任。

第65条 各级人民政府工作人员和其他国家机关工作人员有下列情形之一的，依法给予行政处分；构成犯罪的，依法追究刑事责任；

（一）包庇、放纵产品生产、销售中违反本法行为的；

（二）向从事违反本法规定的生产、销售活动的当事人通风报信，帮助其逃避查处的；

（三）阻挠、干预产品质量监督部门或者工商行政管理部门依法对产品生产、销售中违反本法规定的行为进行查处，造成严重后果的。

第66条 产品质量监督部门在产品质量监督抽查中超过规定的数量索取样品或者向被检查人收取检验费用的，由上级产品质量监督部门或者监察机关责令退还；情节严重的，对直接负责的主管人员和其他直接责任人员依法给予行政处分。

第67条 产品质量监督部门或者其他国家机关违法本法第25条的规定，向社会推荐生产者的产品或者以监制、监销等方式参与产品经营活动的，由其上级机关或者监察机关责令改正，消除影响，有违法收入的予以没收；情节严重的，对直接负责的主管人员和其他直接责任人员依法给予行政处分。

产品质量检验机构有前款所列违法行为的，由产品质量监督部门责令改正，消除影响，有违法收入的予以没收，可以并处违法收入一倍以下的罚款；情节严重的，撤销其质量检验资格。

第68条 产品质量监督部门或者工商行政管理部门的工作人员滥用职权、玩忽职守、徇私舞弊，构成犯罪的，依法追究刑事责任；尚不构成犯罪的，依法给予行政处分。

第69条 以暴力、威胁方法阻碍产品质量监督部门或者工商行政管理部门的工作人员依法执行职务的，依法追究刑事责任；拒绝、阻碍或使用暴力、威胁方法的，由公安机关依照治安管理处罚条例的规定处罚。

第70条 本法规定的吊销营业执照的行政处罚由工商行政管理部门决定，本法第49条至第57条、第60条至第63条规定的行政处罚产品质量监督部门或者工商行政管理部门按照国务院规定的职权范围决定。法律、行政法规对行使行政处罚权的机关另有规定的，依照有关法律、行政法规的规定执行。

第71条 对依照本法规定没收的产品，依照国家有关规定进行销毁或者采取其他方式处理。

第72条 本法第49条至第54条、第62条、第63条所规定的货值金额以违法生产、销售产品的标价计算；没有标价的，按照同类产品的市场价格计算。

3　《中华人民共和国计量法》（1986年7月1日施行）的有关条款

第3条　国家采用国际单位制。

国际单位制计量单位和国家选定的其他计量单位，为国家法定计量单位。国家法定计量单位的名称、符号由国务院公布。

非国家法定计量单位应当废除。废除的办法由国务院制定。

第4条　国务院计量行政部门对全国计量工作实施统一监督管理。

县级以上地方人民政府计量行政部门对本行政区域内的计量工作实施监督管理。

第5条　国务院计量行政部门负责建立各种计量基准器具，作为统一全国量值的最高依据。

第10条　计量检定必须按照国家计量鉴定系统表进行。国家计量检定系统表由国务院计量行政部门制定。

计量鉴定必须执行计量检定规程。国家计量检定规程由国务院计量行政部门制定。没有国家计量检定规程的，由国务院有关主管部门和省、自治区、直辖市人民政府计量行政部门分别制定部门计量检定规程和地方计量检定规程，并向国务院计量行政部门备案。

第11条　计量检定工作应当按照经济合理的原则，就地就近进行。

第17条　使用计量器具不得破坏其准确度，损害国家和消费者的利益。

第21条　处理因计量器具准确度所引起的纠纷，以国家计量基准器具或者社会公用计量标准器具检定的数据为准。

第27条　使用不合格的计量器具或者破坏计量器具准确度，给国家和消费者造成损失的，责令赔偿损失，没收计量器具和违法所得，可以并处罚款。

4　《中华人民共和国电力法》（1996年4月1日施行）的有关条款

第24条　国家对电力供应和使用，实行安全用电、节约用电、计划用电的管理原则。

第31条　用户应当安装用电计量装置。用户使用的电力电量，以计量检定机构依法认可的用电计量装置的记录为准。

第34条　供电企业和用户应当遵守国家有关规定，采取有效措施，做好安全用电、节约用电和计划用电工作。

第41条　国家实行分类电价和分时电价。分类标准和分时办法由国务院确定。

对同一电网内的同一电压等级、同一用电类别的用户，执行相同的电价标准。

第42条　用户用电增加收费标准，由国务院物价行政主管部门会同国务院电力管理部门制定。

第43条　任何单位不得超越电价管理权限制定电价。供电企业不得擅自变更电价。

第44条　禁止任何单位和个人在电费中加收其他费用；但是，法律、行政法规另有规定的，按照规定执行。

地方集资办电在电费中加收费用的，由省、自治区、直辖市人民政府依照国务院有关规定制定办法。

5　《电力供应与使用条例》(1996年9月1日施行，国务院颁布）的有关条款

第3条　国务院电力管理部门负责本行政区域内电力供应与使用的监督管理工作。

县级以上地方人民政府电力管理部门负责本行政区域内电力供应与使用的监督管理工作。

第5条　国家对电力供应和使用施行安全用电、节约用电、计划用电的管理原则。

供电企业和用户应当遵守国家有关规定，采取有效措施，做好安全用电、节约用电、计划用电工作。

第7条　电力管理部门应当加强对供用电的监督管理，协调供用电各方关系，禁止危害供用电安全和非法侵占电能的行为。

第14条　公用路灯由乡、民族乡、镇人民政府或者县级以上地方人民政府有关部门负责建设，并负责运行维护和交付电费，也可以委托供电企业代为有偿设计、施工和维护管理。

第29条　县级以上人民政府电力管理部门应当遵照国家产业政策，按照统筹兼顾、保证重点、择优供应的原则，做好计划用电工作。

供电企业和用户应当制订节约用电计划，推广和采用节约用电的新技术、新材料、新工艺、新设备，降低电能消耗。

供电企业和用户应当采用先进技术、采取科学管理措施，安全供电、用电，避免发生事故，维护公共安全。

第30条　用户不得有下列危害供电、用电安全，扰乱正常供电、用电秩序的行为：

（一）擅自改变用电类别；

（二）擅自超过合同约定的容量用电；

（三）擅自超过计划分配的用电指标；

（四）擅自使用已经在供电企业办理暂停使用手续的电力设备，或者擅自启用已经被供电企业查封的电力设备；

（五）擅自迁移、更动或者擅自操作供电企业的用单计量装置、电力负荷控制装置、供电设施以及约定由供电企业调度的用户受电设备；

（六）未经供电企业许可，擅自引入、供出电源或者将自备电源擅自并网。

第40条　违反本条例第30条规定，违章用电的，供电企业可以根据违章实施和造成的后果追缴电费，并按照国务院电力管理部门的规定加收电费和国家规定的其他费用；情节严重的，可以按照国家规定的程序停止供电。

第43条　因电力运行事故给用户或者第三人造成损害的，供电企业应当依法承担赔偿责任。因用户或者第三人的过错给供电企业或者其他用户造成损害的，该用户或者第三人应当依法承担赔偿责任。

6　《强制性产品认证标志管理办法》（国家认证认可监督管理委员会文件 CNCA 2001年第1号，2003年8月1日实施）有关条款

第1条　为加强对国家强制性产品认证标志（以下简称认证标志）的统一监督管理，

维护消费者合法权益，根据国家有关法律、法规的规定，制定本办法。

第2条　本办法适用于《中华人民共和国实施强制性产品认证的产品目录》（以下简称《目录》）中产品的认证标志的制定、发布、使用和管理。

第3条　国家认证认可监督管理委员会统一制定、发布认证标志，对认证标志实施监督管理。

第4条　列入《目录》的产品，必须获得国家认证认可监督管理委员会指定的认证机构（以下简称指定认证机构）颁发的认证证书，并在认证有效期内，符合认证要求，方可使用认证标志。

第5条　列入《目录》的产品必须经认证合格、加施认证标志后，方可出厂、进口、销售和在经营活动中使用。

第6条　认证标志的名称为"中国强制认证"（英文缩写"CCC"）。

第11条　获得认证的产品使用认证标志的方式可以根据产品特点按以下规定选取：

（一）统一印制的标准规格认证标志，必须加施在获得认证产品外体规定的位置上；

（二）印刷、模压认证标志的，该认证标志应当被印刷、模压在铭牌或产品外体的明显位置上；

（三）在相关获得认证产品的本体上不能加施认证标志的，其认证标志必须加施在产品的最小包装上及随附文件中；

（四）证的特殊产品不能按以上各款规定加施认证标志的，必须在产品本体上印刷或者模压"中国强制认证"标志的特殊式样。

第12条　获得认证的产品可以在产品外包装上加施认证标志。

第13条　在境外生产、并获得认证的产品必须在进口前加施认证标志；在境内生产、并获得认证的产品必须在出厂前加施认证标志。

第14条　统一印制的标准规格认证标志的制作由国家认证认可监督管理委员会指定的印制机构承担。

第15条　本办法第十一条第二款、第四款规定的认证标志的印刷、模压设计方案应当由认证标志的申请人（以下简称申请人）向国家认证认可监督管理委员会指定的机构（以下简称指定的机构）提出申请，经国家认证认可监督管理委员会审批后，方可自行制作。

第16条　认证标志的申请使用

（一）请人必须持申请书和认证证书的副本向指定的机构申请使用认证标志；

（二）申请人委托他人申请使用认证标志的，受委托人必须持申请人的委托书、申请书和认证证书的副本向指定的机构申请使用认证标志；（三）申请人以函件或者电讯方式申请使用认证标志的，必须向指定的机构提供申请书、认证证书副本的书面或者电子文本，申请使用认证标志。

第17条　申请人申请使用认证标志，应当按照国家规定缴纳统一印制的标准规格认证标志的工本费或者模压、印刷认证标志的监督管理费。

第18条　统一印制的标准规格认证标志由指定的机构发放。

第19条　国家认证认可监督管理委员会对认证标志的制作、发放和使用实施统一的监督、管理。各地质检行政部门根据职责负责对所辖地区认证标志的使用实施监督检查。

指定认证机构对其发证产品的认证标志的使用实施监督检查。受委托的国外检查机构对受委托的获得认证产品上的认证标志的使用实施监督检查。

第20条 指定认证机构和指定的机构有义务向申请人告知认证标志的管理规定，指导申请人按规定使用认证标志。

第21条 申请人应当遵守以下规定：

（一）建立认证标志的使用和管理制度，对认证标志的使用情况如实记录和存档；

（二）保证使用认证标志的产品符合认证要求；

（三）对超过认证有效期的产品，不得使用认证标志；

（四）在广告、产品介绍等宣传材料中正确地使用认证标志，不得利用认证标志误导、欺诈消费者；

（五）接受国家认证认可监督委员会、各地质检行政部门和指定认证机构对认证标志使用情况的监督检查。

第22条 经国家认证认可监督管理委员会指定的认证机构、检测机构及检查机构可以在其业务及广告宣传中正确地使用认证标志，不得利用认证标志误导、欺诈消费者。

第23条 承担统一印制的标准规格认证标志制作工作的企业必须对认证标志的印制技术和防伪技术承担保密义务，未经国家认证认可监督管理委员会的授权，不得向任何机构或个人提供统一印制的标准规格认证标志和印制工具。

第24条 认证有效期内的产品不符合认证要求，指定认证机构应当责令申请人限期纠正，在纠正期限内不得使用认证标志。

第25条 伪造、变造、盗用、冒用、买卖和转让认证标志以及其他违反认证标志管理规定的，按照国家有关法律法规的规定，予以行政处罚；触犯刑律的，依法追究其刑事责任。

第26条 指定认证机构和指定的机构及其工作人员不履行职责或者滥用职权的，按有关规定予以处理。

7 《中国节能技术政策大纲》（1996年5月13日，计交能［1996］905号文件）的有关条款

二、加速工业窑炉、锅炉及其他用能设备的更新改造

2.14 推广节能型电光源。如高效节能灯及灯具等，逐步淘汰白炽灯泡。

七、开发推广节能新材料

7.7 推广红外、远红外加热技术，发展红外、远红外发光材料。

十、重视建筑节能

10.1 重视建筑节能设计，强制执行有关建筑节能技术标准，在保证室内热环境及卫生标准的前提下，做好建筑采暖、空调系统以及采光照明系统节能设计，考虑厨房、淋浴间的通风条件，预留排烟道口，提高建筑物的保湿、隔热性能，充分利用自然采光和自然通风的能力，确保单位建筑面积能耗达标。

10.5 优先采用节能型采暖、空调设备及采光照明系统。加强管道保温，改善供热（冷）系统的水力平衡，提高其运行效率和自动化程度，充分利用自然光，积极推广高效、

长寿节能光源和灯具。

十一、加强城乡民用能源管理

11.1.6 使用中央空调的建筑物，推广蓄冷空调技术。城市道路照明应选择高效光源和节能控制技术，道路建设中应推广乳化沥青筑路和旧沥青路面材料的再生利用。

8 《中国节能产品认证管理办法》（1999年2月11日施行，中国节能产品认证管理委员会颁布）的有关条款

第2条 本办法中所称的节能产品，实质符合于该种产品有关的质量、安全等方面的标准要求，在社会使用中与同类产品或完成相同功能的产品相比，它的效率或能耗指标相当于国际先进水平或达到接近国际水平的国内先进水平。

第3条 节能产品认证（以下简称认证）是依据相关的标准和技术要求，经节能产品认证机构确认并通过颁布节能产品认证证书和节能标志，证明某一产品为节能产品的活动。节能产品认证采用自愿的原则。

第4条 中华人民共和国境内企业和境外企业及其代理商（以下简称企业）均可向中国节能产品认证管理委员会（以下简称“管理委员会”）自愿申请节能产品认证。

第5条 节能产品认证工作受国家经贸委的领导，接受国家质量技术监督局的管理以及全社会的监督。

第6条 请认证的条件：

（一）中华人民共和国境内企业应持有工商行政主管部门颁发的《企业法人营业执照》，境外企业应持有有关机构的登记注册证明；

（二）生产企业的质量体系符合国家质量管理和质量保证标准及补充要求，或者外国申请人所在国等同采用ISO 9000系列标准及补充要求；

（三）产品属国家颁布的可开展节能产品认证的产品目录；

（四）产品符合国家颁布的节能产品认证用标准或技术要求；

（五）产品应注册，质量稳定，能正常批量生产，有足够的供货能力，具备售前、售后的优良服务和备品备件的保证供应，并能提供相应的证明材料。

第7条 申请认证的国内企业，应按管理委员会确定的认证范围和产品目录提出书面申请，按规定格式填写认证申请书，并按程序将申请书和需要的有关资料提交中国节能产品认证中心（以下简称“中心”）；国外企业或代理商向国家质量技术监督局或中心申请，其申请书及材料应有中英文对照。

第8条 中心经审查决定受理认证申请后，向企业发出《受理认证申请通知书》。企业应按照《节能产品认证收费管理办法》的有关规定，向中心缴纳有关认证费用。

第9条 中心组织检查组，按程序对申请企业的质量体系和产品生产过程进行现场检查。检查组应在规定时间内向中心提交《质量体系审核及检查报告》。

第10条 现场检查通过后，对需要进行检验的产品，由检查组（或委托的检验机构）负责对申请认证的产品进行随机抽样和封样，由企业将封存的产品送指定的认证检验机构进行检验。必须在现场检验时，由检验机构派人到现场检验。

第11条 检验机构应依据管理委员会确认的节能产品认证用标准或技术要求对样品

进行检验，并在规定时间内向中心提交《产品检验报告》。

第12条　中心将企业申请材料、质量体系审核及检查报告、产品检验报告等进行汇总整理，然后提交给相关的专家工作组进行评审认证，并由专家工作组撰写评审意见，报管理委员会审批。

第13条　管理委员会召开全体委员会议或执委会会议审查认证材料，批准认证合格的产品，颁发认证证书，并准许使用节能标志。

中心负责将通过认证的产品及其生产企业名单报送国家经贸委和国家质量技术监督局备案，并向社会发布公告、进行宣传。

第14条　对未通过认证的产品，由中心向企业发出认证不合格通知书，说明不合格原因。

第15条　通过认证的企业，在公告发布后两个月内，到中心签订节能标志使用合同，缴纳节能标志批准费和年金，领取认证证书。认证证书由国家质量技术监督局、管理委员会印制并统一编号。

第16条　认证证书和节能标志使用有效期为四年。有效期满，愿继续认证的企业应在有效期满前三个月重新提出认证申请，由中心按照认证程序进行评审，并可区别情况简化部分评审内容。不重新认证的企业不得继续使用认证证书和节能标志，或向中心申请注销认证证书。

第17条　通过认证的企业，允许在认证的产品、包装、说明书、合格证及广告宣传中使用节能标志（节能标志管理办法另行规定）。

未参与认证或没有通过认证的企业的分厂、联营厂和附属厂均不得使用认证证书和节能标志。

第18条　在认证证书有效期内，出现下列情况之一的，应当按照有关规定重新换证：

（一）使用新的商标名称；

（二）认证证书持有者变更；

（三）产品型号、规格变更，经确认仍能满足有关标准和技术要求。

第19条　认证证书持有者必须建立节能标志使用制度，每年向中心报告节能标志的使用情况。

第20条　在认证证书有效期内，中心应定期或不定期的组织对通过认证的产品及其企业进行监督性抽查或检验，两次监督性抽查或检验之间的间隔最长不得超过十二个月。

第21条　在认证证书有效期内，凡有下列情况之一者，暂停企业使用认证证书和节能标志。

（一）监督检查时，发现通过认证的产品及其生产现状不符合认证要求；

（二）通过认证的产品在销售和使用中达不到认证时的各项技术经济指标；

（三）用户和消费者对通过认证的产品提出严重质量问题，并经查实的；

（四）认证证书或节能标志的使用不符合规定要求。

第22条　当认证证书持有者违反第21条时，中心向认证证书持有者发出《暂停使用认证证书和节能标志的通知书》，并令其限期整改，整改期限最长不超过半年。整改结束后，企业向中心提交整改报告和申请恢复使用认证证书。中心经复查合格后，向认证证书持有者发出《恢复使用认证证书和节能标志通知书》。增加的检查费用按实际支出由企业负担。

第23条 有下列情况之一者，由中心提出，经管理委员会或执委会批准后，撤销认证证书，禁止使用节能标志，并向全国公告。

（一）经监督检查和检验判定通过认证的产品为不合格产品；

（二）整改期满不能达到整改目标；

（三）通过认证的产品质量严重下降，或出现重大质量问题，且造成严重后果；

（四）转让认证证书、节能标志或违反有关规定、损害节能标志的信誉；

（五）拒绝按规定缴纳年金；

（六）没有正当理由而拒绝监督检查。

被撤销认证证书的企业，自发出通知之日起一年内不得再次向中心提出认证申请。

第24条 使用伪造的节能标志或冒用节能标志、转让节能标志的企业，按《中华人民共和国节约能源法》第48条的规定处罚。

第25条 通过认证的产品出厂销售时，其产品达不到认证时的各项技术经济指标的，生产企业应当负责包修、包换、包退，给用户或消费者造成经济损失或造成危害的，生产企业应当依法承担赔偿责任。

第26条 有下列情况之一时，企业和用户可向中心、管理委员会提出申诉：

（一）符合认证条件要求，但认证机构不予受理申请；

（二）对检查、检验或暂停、撤销认证证书有异议；

（三）认证机构、检验机构或其工作人员有违纪行为；

（四）认证工作违章收费；

（五）用户对获证产品有异议。

第27条 申诉调查和处理工作一般由中心的申诉监理部组织进行。对处理结果有异议的可向国家质量技术监督局提出申诉。

9 《民用建筑节能管理规定》（2000年10月1日施行，中华人民共和国建筑部令第76号）的有关条款

第4条 国家鼓励建筑节能技术进步，鼓励引进国外先进的建筑节能技术，禁止引进国外落后的建筑用能技术、材料和设备。

第6条 新建民用建筑工程项目的可行性研究报告或者设计任务书，应当包括合理用能的专题论证。依法审批的机关要依照国家的有关规定，对工程项目可行性研究报告或者设计任务书组织节能论证和评估。对不符合节能标准的项目，不得批准建设。

第7条 建设单位应当按照节能要求和建筑节能强制性委托工程项目的设计。

建设单位不得擅自修改节能设计文件。

第8条 设计单位应当依据建设单位的委托以及节能的标准和规范进行设计（以下简称节能设计），保证建筑节能设计质量。

第9条 建设行政主管部门或者其委托的设计审查单位，在进行施工图设计审查时，应当审查节能设计的内容，并签署意见。

从事建筑节能设计审查工作的设计人员，应当接受节能标准与节能技术知识的培训。

第11条　施工单位应当按照节能设计进行施工，保证工程施工质量。

第14条　国家实行建筑节能产品认证和淘汰制度。

第16条　建设单位为按照建筑节能强制性标准委托设计或者擅自修改节能设计文件的，责令改正，处20万元以上50万元以下的罚款。

第17条　设计单位未按照节能标准和规范进行设计的，应当修改设计。未进行修改的，给予警告，处10万元以上30万元以下的罚款；造成损失的，依法承担赔偿责任；两年内，累计三项工程未按照节能标准和规范设计的，责令停业整顿，降低资质等级或者吊销资质证书，对注册职业人员，可以责令停止职业一年。

第18条　对未按照节能设计进行施工的，责令改正；整改所发生的工程费用，由施工单位负责；可以给予警告，情节严重的，处工程合同价款2%以上4%以下的罚款；两年内，累计三项工程未按照符合节能设计标准要求的设计进行施工的，责令停业整顿，降低资质等级或者吊销资质证书。

第19条　建设行政主管部门在建设工程竣工验收过程中，发现达不到节能标准的，责令建设单位改正，重新组织竣工验收。

第20条　本规定的责令停业整顿、降低资质等级和吊销资质证书的行政处罚，由颁发资质证书的机关决定；其他行政处罚，由建设行政主管部门依照法定职权决定。

第2章 “中国绿色照明工程”相关文件

“中国绿色照明工程”是国家经贸委会同国家计委、科技部、建设部、国家质量技术监督局等13个部门，在“九五”期间共同组织实施的一项旨在节约电能、保护环境、改善照明质量的重点节能示范工程。工程自1996年启动以来，经过全社会的共同努力，已取得明显的社会经济和环境效益。为了使有关人士了解《“中国绿色照明工程”的实施方案》、《关于进一步推进“中国绿色照明工程”的意见》的文件精神，以及了解目前正在开展的“国家经贸委/UNDP/GEF中国绿色照明工程促进项目”的活动内容，本章将上述文件内容列载如下。

1 国家经贸委关于“中国绿色照明工程”实施方案（国经贸［1996］619号 1996年9月18日）

为认真贯彻党的十四届五中全会和八届全国人大四次会议精神，促进经济增长方式由粗放型向集约型的转变，做好“九五”时期的节能工作，结合我国照明行业和电力工业发展现状，特制定“中国绿色照明工程”实施方案。

“绿色照明”是九十年代初国际上对采用节约电能、保护环境照明系统的形象性说法。美国、英国、法国、日本等主要发达国家和部分发展中国家先后制订了“绿色照明工程”计划，取得了明显效果。照明的质量和水平已成为衡量社会现代化程度的一个重要标志，成为人类社会可持续发展的一项重要措施，受到联合国等国际组织机构的关注。

实施“中国绿色照明工程”，旨在我国发展和推广高效照明器具，逐步替代传统的低效照明电光源，节约照明用电，建立优质高效、经济舒适、安全可靠、有益环境和改善人们生活质量、提高工作效率、保护人民身心健康的照明环境，以满足国民经济各部门和人民群众日益增长的对照明质量、照明环境和减少环境污染的需要。

一、必要性和可行性

（一）必要性

目前，我国电力工业发展速度很快，但是电力供应不足和用电效率低的状况依然比较严峻，这在今后相当一段时期内将继续存在。推行终端节电技术节约电能，是改善电力负荷紧张状况的主要途径。我国照明用电量约占总发电量的10%左右，且以低效照明为主，是终端节电的主要对象之一。照明用电大都属于峰时用电，因此，照明节电具有节约电量和缓和高峰用电的双重作用。同时，我国用电浪费和电耗高的问题相当严重，是造成企业经济效益不高和污染环境的主要因素，如1995年全国电厂二氧化硫的排放量占全国总排放量的1/3，所以照明节电对提高企业经济效益。保护环境也具有重要意义。

照明节电具有良好的经济效益和社会效益。节约千瓦发电容量的投资只有新建电厂千瓦容量造价的15%～50%；用户单位节电平均成本只相当于终端电价的1/3左右，节电投资回收期平均不到一年。据测算，“九五”期间，实施“中国绿色照明工程”，可减少电力建设投资490～630亿元，扣除节电投入实际可减少社会支出300～400亿元。

（二）可行性

党的十四届五中全会和八届全国人大提出的建立在效率和节约基础之上的资源配置方式，要求转变经济增长方式，实现经济、环境和社会的可持续发展，节能节电已成为共识，为制订和实施“中国绿色照明工程”创造了良好的宏观环境。

改革开放以来，我国照明工业通过引进、开发和技术改造，产品的质量和生产能力有了很大的发展，初步形成了高效照明器具的产业规模，并成为照明器具生产大国。目前，照明器具生产企业有1000多家，电光源产品有60多个门类3500多个品种规格，灯具产品有30多个门类5000多个品种规格。1994年，电光源的年产量已达40亿只，其中白炽灯24亿只，荧光灯3亿只（含紧凑型荧光灯8000万只），灯具12亿台（件）。紧凑型荧光灯的产量已占世界产量的1/3以上，其中80%出口，高压钠灯和金属卤化物灯的质量也基本达到了世界先进水平。

我国的照明电光源以传统的低效白炽灯为主，其次是粗管荧光灯。高效照明器具，尤其是高效电光源应用不多，普及率很低。随着经济的发展，人们对居住条件和照明环境要求的不断提高，高效照明器具的需求将越来越大。

当前，推行照明节电产品存在的问题突出表现在，技术太平低，产品质量不稳定，寿命短，与国际水平差距较大；生产企业普遍规模较小，工艺落后；照明器具产品结构不合理，原材料和配件的协调发展程度差，不能适应产业化发展的要求；有关照明器具生产和使用的标准、法规和政策很不完善；照明器具市场比较混乱，低价、低质、假冒、伪劣产品对市场冲击很大等。这些问题都将在实施“中国绿色照明工程”中深入研究和解决。

二、预期目标

通过“中国绿色照明工程”的实施，促使高效照明器具的推广使用，大幅度节约照明用电，减少环境污染，促进以提高照明质量、节能降耗、保护环境为目的的照明电器新型产业的发展。

（一）节约电力。经专家测算，“九五”期间推广紧凑型荧光灯、细管型荧光灯3亿只以及其他高效照明产品，可形成终端节电220亿千瓦时的能力，可削减电网峰荷720万千瓦，相当于少建978万千瓦装机容量的电站，节约电力建设资金490～630亿元。

（二）减少环境污染。以电站节电268亿千瓦时计，到2000年可减少二氧化硫排放20万吨，二氧化碳排放740万吨。

（三）逐步建立起节电照明器具的市场推广体系，使照明节电纳入正常的市场运行轨道。

（四）大力提高节电照明器具的产品质量，完善质量标准和认证体系。

三、主要做法

实施“中国绿色照明工程”，要按照社会主义市场经济的规律，既要加强政府的宏观调控作用，完善有关标准、法规，注意政策和信息引导，又要充分发挥市场调节的基础作用，规范照明市场，注重经济分析，加强宣传培训，积极动员和引导全社会力量的参与。同时，要加强国际交流与合作，积极吸取国际上发达国家和发展中国家实施“绿色照明工程”的成功经验。通过法律的、经济的、技术的和行政的手段，逐步推进。其主要内容包括完善法规、规范市场、典型示范、重点扶持、宣传教育、国际合作等。

(一) 完善政策法规，加强宏观调控

1.对有关照明节电的法规。条例做必要的补充、修改和调整。在制订、修订有关节能法规及其实施措施时，纳入推动实施“中国绿色照明工程”的具体规定。

2.建立节电照明器具认证制度，依托现有行业的力量，依靠国家技术监督等部门做好有关节电照明器具认证工作。

(1) 完善节电照明器具的认证标准、认证方法和认证程序。

(2) 制订节电照明器具的标注方式，包括标识和效率标注。

3.研究制订有利于照明节电的鼓励政策，各地区和各行业可参照国内成功的经验和国际成功做法，研究实行可选择电价、节电和用电挂钩、节电奖励等多种经济手段，以鼓励用户主动参与照明节电活动。

4.按照共担投资风险、共享节电效益的运营新机制，推动各级节能技术服务机构参与“中国绿色照明工程”。

5.逐步建立全国绿色照明信息系统，为决策、科研、设计、生产和用户提供信息服务。

(二) 规范市场行为，鼓励公平竞争

1.不定期公布经认证的照明节电产品，对市场和消费进行引导。

2.实行节电照明器具的质量保障措施。对取得节电照明认证资格的照明器具，出厂产品要随货出具质量和使用保单；对不合格产品要无条件保证退换；严重者追究经济责任。

3.建立对照明市场的抽测监督体系。对采购、销售假冒全国伪劣照明节电产品的批发销售单位要严肃处理，从新闻曝光直至追究经济责任，从市场上驱逐劣质低效照明产品。

(三) 典型示范

国家和各地区选择适当示范项目，探索实施照明节电的有效途径，提供实施照明节电的成功经验，树立照明节电的榜样，引导和推动“中国绿色照明工程”的开展。

1.示范原则

(1) 根据本地区和本行业的特点，因地制宜、讲求实效。

(2) 既要节电又要省钱，实现社会效益和企业（用户）经济效益相统一。

(3) 具有代表性、影响力，便于进一步在全国推广。

2.示范内容

(1) 城市公用照明节电示范。

(2) 照明节电产品推广应用示范。

(3) 大型宾馆和商厦照明节电改造工程示范。

(4) 新建工程照明节电设计试点。

(四) 重点扶持

在调查、评价和认证的基础上，依靠现有基础，扶持有发展前景的照明器具生产企业的重点项目，为资源优化配置创造条件。要依靠现有基础，充分发挥行业和地方的积极性，对有一定技术基础和发展前景的照明器具生产企业，在技术引进、技术改造、技术开发等方面，尤其是在质量的关键技术上，要给予支持，促使其扩大规模，降低成本，提高产品的质量和性能。

（五）宣传教育

重点在于增强全民、全社会的照明节电意识，普及照明节电科学知识。

1. 通过电视、广播、报刊等新闻媒介，举办展览、广告，出版画册、读物等途径，向公众宣传和传递“中国绿色照明工程”的各种信息。

2. 开展经常性的有关“绿色照明工程”讲座、研讨、咨询等公益服务活动，普及照明节电知识，介绍照明节电经验，帮助照明器具生产和销售企业以及照明器具用户克服心理障碍。

3. 在北京、上海、广州等城市建立“中国绿色照明工程展示中心”，沟通照明产品生产企业、销售企业、用户之间的联系，作为科普、宣传、培训基地以及推广照明节电产品的窗口。

（六）国际合作

1. 充分利用“两种资源，两个市场”，吸引国际节电照明器具生产企业参与“中国绿色照明工程”的实施活动，以利于引进技术和设备，促进我国节电照明器具产业的发展。

2. 争取世界银行等国际金融机构的低息贷款，以及其他有关国际组织机构的资助，增强实施“中国绿色照明工程”的资金支持力量。

3. 积极开展国际交流活动，吸取适合我国特点的法制建设和市场管理的成功经验。

四、组 织 体 系

为做好项目的组织、协调和实施工作，成立“中国绿色照明工程”协调领导小组。协调领导小组由国家经贸委会同国家计委、国家科委和有关部门组成。协调领导小组下设办公室，负责实施过程中的日常事务。同时，成立专家小组，专家由“中国绿色照明工程”协调领导小组聘任，在办公室组织下开展有关条例、标准、政策、技术等咨询工作，参与宣传、推广、示范、合作等计划的研究和推动工作。

2 国家经贸委、建设部、国家质量技术监督局关于进一步推进“中国绿色照明工程”的意见（国经贸资源［2000］223号2000年3月16日）

“中国绿色照明工程”是一项利国利民、促进可持续发展的节能环保工程，是“九五”期间我国节能工作的重点之一。自1996年10月实施以来，在各地区、有关部门和企业的积极支持和配合下，开展了一系列活动，取得了明显成效，促进了照明节电工作的深入发展。一是完成用户照明节电意识和照明电器产品、元器件产品生产企业基础状况调查，摸清了照明电器行业发展及照明节电潜力的基本情况；二是制定并发布4项高效照明电器产品国家标准，组织6个品种的高效照明电器产品的监督抽查及质量分析会议，在4个城市开展质量承诺制试点活动，引导照明电器产品市场有序发展；三是组织高效照明电器产品的技术开发。项目示范及应用推广，促进了生产企业的技术进步；四是广泛开展照明节电的科普宣传、培训教育、国际交流与合作，使绿色照明工程逐步得到社会的认同和支持。抽样调查表明，仅我国内贸系统大型商厦、中小型商厦（宾馆）在用的高效照明电器产品已分别占照明装置总功率的90%、70%，取得了显著的社会节电效果。

尽管绿色照明工程取得了长足的进展，但是，仍然存在部分产品质量较差、市场不规范、高效照明电器产品推广应用力度不大，以及相关的政策法规不够完善等问题。为进一步推动中国绿色照明工程的实施和发展，现提出以下意见：

一、进一步提高认识，加强领导

1．中国绿色照明工程旨在发展和推广高效照明电器产品，节约照明用电，建立优质高效、经济舒适、安全可靠、有益环境的照明系统，满足社会对照明质量、照明环境和减少环境污染的需要。

2．绿色照明是国际社会公认的实施可持续发展战略的成功范例。照明节电是终端用电设备中节电率较高、成本效益较好的有效措施之一。我国照明用电量占全社会总用电量的10%左右，照明用电多以低效白炽灯为主，高效电光源普及率低，推广潜力很大。

3．进一步明确绿色照明工程的范畴，除推广“节能灯”（紧凑型荧光灯）外，还应推广高效荧光灯、高压钠灯和金属卤化物灯等高强度气体放电灯，以及高效照明灯具和电器附件、调光控制设备等。要将科学的照明设计引入工程设计和建设中。

4．各级经贸委、建委（厅、局）、质量技术监督局及有关政府部门，要加强对这项工作的组织领导，制定实施规划，政府部门，要加强对这项工作的组织领导，制定实施规划，采取有效措施，推进技术进步，规范产品市场，强化信息服务，增强公众的节能环保意识，促进中国绿色照明工程健康发展。

二、完善标准，制定办法，规范市场，强化监督和管理

1．加强高效照明电器产品标准和建筑照明节能设计规范的制定和完善工作。质量技术监督部门应进一步组织制定和完善高效照明电器的产品标准和能效标准，为实行高效照明电器产品的节能认证和能效标识制定奠定基础。在建筑照明节能设计规范出台前，各地可根据实际情况，制定本地区建筑照明节电设计技术要求，以保证在新建项目中采用高效照明系统。

2．各地区、有关部门要按照《中华人民共和国节约能源法》减少照明能耗和规定，制定适合本地区、本部门的绿色照明工程管理办法，促进高效照明电器产品的推广。在固定资产投资项目的可行性研究报告中应把照明系统设计纳入合理用能的专题论证，严格限制使用低效照明系统。

3．质量技术监督部门要有序地、规范地开展高效照明电器产品的国家、地方监督抽查工作，公布抽查结果，督促企业严格按标准组织生产，引导用户购买优质产品，逐步达到规范市场的目的。对在国家和地方监督抽查中质量较好的产品及生产企业，要通过宣传媒体大力宣传和推广。对在监督抽查中拒检的企业和监督抽查中产品被判不合格的生产企业，要通过新闻媒体曝光，并责令限期整改。对整改后复查仍不合格的企业，质量技术监督部门要会同当地经贸委责令其停产整顿。各地经贸委要会同有关部门根据国家和地方监督抽查的结果，制定配套的整顿高效照明电器产品市场的政策和措施。

各级质量技术监督部门要从规范生产、整顿市场、加强引导、提供服务等方面入手，会同有关部门加强对国家标准的宣传贯彻，禁止非达标产品的生产，特别要杜绝使用质量

低劣的原材料和元器件；要引导企业充实和完善检测手段，建立健全质量保证体系。各地质量技术监督部门、工商行政管理部门依法查处制售假冒伪劣产品、虚假广告和不实的产品标识的违法行为。

4. 要加快照明电器行业攻结构调整，鼓励企业通过联合、兼并、参股以及中外合资、合作生产等多种方式实现结构重组和产业升级，提高照明电器行业的整体竞争力。照明电器生产企业应根据市场需求积极调整产品结构，严格执行国家标准，积极参与产品节能认证和质量承诺制活动，牢固树立质量是企业生命的思想，努力创造国产名牌。

三、采取有效措施，加快高效照明电器产品的推广应用

1. 绿色照明工程的重点推广领域是机关学校建筑、商业建筑、体育建筑等各类公共建筑以及工业建筑和公用设施。

2. 各地区、有关部门应研究制订并实施促进高效照明电器产品推广应用的优惠政策和激励机制，对在实施绿色照明工程中有突出贡献的单位和个人，应给予表彰和奖励。

3. 要积极研究、试行高效照明电器产品的政府采购制度，扩大质量承诺制实施范围，引导、促进高效照明电器产品的大批量直销、采购活动，通过招标、投标和承诺活动，促进经国家监督抽查合格或通过节能产品认证的产品在竞争中扩大市场份额。

4. 有条件的地区和行业，要建设绿色照明示范工程，大力宣传示范项目的经验，以点带面，逐步推广，让用户真正了解使用高效照明电器产品及高效照明系统的意义，树立高效照明电器产品“既节电又省钱”的形象。

5. 要将绿色照明工程纳入综合资源规划和需求侧管理试点项目，建立、完善能源服务公司，采用“合同能源管理”的项目筹资机制，对用户实施照明系统改造。

6. 要培育、发展绿色照明的中介机构，促使其建立适应市场经济的运行机制，为推进绿色照明工程开展科研设计、项目筹资、咨询服务、信息交流和技术培训等工作。

7. 建立中国绿色照明工程实施效果追踪和评价制度。各地区、有关部门每年、应向国家经贸委中国绿色照明工程办公室报送本年度绿色照明工程的实施情况，办公室将根据各地实施情况进行宏观指导。

3 国家经贸委/联合国开发计划署（UNDP）/全球环境基金（GEF）“中国绿色照明工程促进项目”简介

一、项目背景

中国是世界上第二大能源消费国，也是世界上第二大温室气体排放国。近几年，中国的经济平均以每年近10%的速度迅速发展，每年的照明用电量也以每年近15%的速度不断递增。照明用电约占到全国总用电量的11%～14%左右，这个比例还有可能继续上升。中国电力的生产有75%以燃煤为基础，这种局面在未来的十几年里还很难改变，所以，中国的环境问题，特别是二氧化碳排放问题显得尤为重要。

中国拥有世界上最大的照明工业，1998年，中国总的灯产量近60亿只，出口量巨大，如紧凑型荧光灯出口占其产量的1/3，因此，提高中国照明行业的整体技术水平对全球绿色照明运动有重要的影响。

中国政府对节能工作非常重视，于1996年正式启动了“中国绿色照明工程”并作为

“九五”期间的重点项目。在这期间，联合国计划开发署（UNDP）对“中国绿色照明工程”项目给予了100万美元的技术援助支持。项目开展的活动主要有：1）提高公众的照明节电意识和传播有关的知识；2）中国政府对一些重要照明生产厂家进行技术改造支持；3）增强高效照明产品的生产能力；4）扩大高效照明产品的市场占有率。

为了扩大高效照明产品的生产产量和提高产品的质量水平，中国政府已投入相当的资金，如国家经贸委从1996年到1998年就给国内照明生产企业投入低息技改资金2.2亿元。此外，还拨款400万元用于照明企业的技术升级和新产品的开发。各级地方财政也给予了照明生产厂商大力的支持。

但是中国的照明产品市场仍存在一些需要克服的障碍，主要有：1）市场混乱，产品质量参差不齐，消费者很难判断产品质量的好坏；2）市场上的产品质量水平普遍不高，主要受到元器件和原材料质量水平的限制；3）对照明节电的重要性及经济性还是缺乏足够的认识；4）对初始投资高的节能项目缺乏资金的支持。

联合国计划开发署（UNDP）资助的“中国绿色照明工程”技术援助项目已接近尾声，所以中国绿色照明工程办公室在过去几年开展的许多延续性照明节电项目目前面临着一定的资金困难。为了使“中国绿色照明工程”进一步持续开展下去；克服目前照明市场仍然存在的一些障碍，“中国绿色照明工程”希望得到国际国内各个方面的进一步经费支持。

二、项目目标

本项目的目标是：

1. 通过降低照明用电节省电能，保护环境，按照明用电目前的增长速度，到2010年实现照明节电10%的目标；

2. 提高国内照明产品的整体水平；

3. 增进消费者对高效照明产品的认识和购买使用信心；

4. 建立一个持续的高效照明产品的市场，通过各类规范和标准保证照明产品使用吮能源效率的可获性。

三、项目执行活动内容

针对上面项目背景中提到的主要市场障碍，项目将研究制定高效照明产品的能效标准，组织产品认证和标识活动；将与原材料和元器件生产厂家一起促进灯管、镇流器及其他高效光源产品质量的提高，同时根据我国产品质量和市场的实际状况，建立高效照明产品的大宗购买制度。为解决消费者和建筑照明设计、安装单位对高效照明系统的信息缺乏问题，将开展一系列的宣传和培训活动。项目还将与中国正在发展的能源服务公司，包括合资能源服务公司和电力公司合作，以增强投资力度。最后，将建立整个项目的资料信息收集和项目评估的计算机系统，对项目进展情况进行定期监测和评价，以使对项目的实施做出及时调整和改进。项目设计的执行内容分别如下：

1. 制定能效标准和设计规范。

将对包括紧凑型荧光灯、HID灯和镇流器在内的六种高效照明产品制定相应的能效标准，同时，制定和完善建筑照明节电系统的设计规范和标准。

2. 组织产品认证和标识。

研究建立高效照明产品的认证、标识体系和组织体系，提高现有国家检测实验室的测试能力，解决各个国家检测实验室测试结果的一致性问题，并组织一系列有关认证和标识方面的教育和培训活动。

3. 提高高效照明产品主要原材料和元器件质量。

进行与原材料和部件有关的照明产品质量问题的调查和评估，确定有限数量的原材料和部件集中开发的技援国际合作活动计划，提高这些材料和部件的质量。可能的对象包括稀土荧光粉、玻璃管、高反射铝（用于光源）、冷轧硅钢片（用于高效磁镇流器）和用于镇流器的电子部件；同时组织国内外专家咨询和技术交流活动，研究和提出技术开发、应用和引进的政策和措施。

4. 高效照明产品的市场推广。

以促进大宗购买活动和完善市场竞争机制为主，研究和形成在全国和各省市开展大宗购买的有关优惠政策，确定潜在的大宗购买群体，如宾馆、学校、医院、连锁店、电力公司、市政、建筑和房产管理部门等，组织和设计大宗购买的招标活动。

5. 照明节电教育宣传。

帮助消费者增长高效照明有关的科学知识是中国绿色照明工程的一项长期任务，本项目将利用各类媒体，组织一系列的宣传教育活动，出版和散发一系列高效照明信息宣传的小册子、简讯、案例和技术材料，组织各种大众化和专业化培训教育活动，如组织产品展示、新闻发布会、信息交流会、研讨会和国际交流活动等。

6. 项目引资。

为了给照明改造项目提供更多的融资途径，项目将采用世界银行/全球环境基金中国节能促进项目中引入中国的节能新机制——合同能源管理办法，与能源管理公司一起共同寻求高效照明技术、项目和财务机会，探讨建立推广高效照明产品的专业能源服务公司的可能性。根据美国、欧洲、墨西哥和其他国家的经验争取电力公司也加入项目融资活动。

7. 项目评估。

建立“中国绿色照明工程”信息评价和项目跟踪的计算机系统，组织市场调查，收集国内照明市场的各类信息，监测记录“中国绿色照明工程”项目实施的进展情况，并根据市场的反馈信息及时调整和改进项目实施的行动策略。

第8篇　实践经验篇

第1章　部分省市开展“绿色照明”工作的政策性文件

自1996年9月国家经贸委下发了《中国绿色照明工程实施方案》以来，各省、市及部、委的领导非常重视，认真贯彻执行，并根据各自的特点，制订了相应组织落实方案和实施办法。本章选录了全国部分省市经贸委节能主管部门下发的关于推广“绿色照明”活动的文件内容。

1　北京市文件

北京市于1996年发布了《关于成立“北京绿色照明工程协调领导小组的通知”(1996)京经节字第456号》，经市领导同意，决定成立“北京绿色照明工程”协调领导小组和“北京绿色照明工程”协调领导小组办公室，负责制定“北京绿色照明工程”的规划并组织实施，负责协调北京市照明节电工程的有关问题。为推动绿色照明在全市的开展，北京市规划委员会专门组织制订了北京市地方标准《绿色照明技术规程》DBJ—667—2001。

2　重庆市文件

重庆市于1997年5月14日颁布了《关于实施“绿色照明工程”的通知》。通知精神主要包括有：

(1) 把实施“绿色照明工程”作为当前重庆市节能降耗、提高效率工作的一项重要工作。各级能源管理部门，要将此项工作纳入日常工作安排，各照明用电单位和个人有义务支持和参与“绿色照明工程”的活动。成立市“绿色照明”办公室，负责实施过程中的组织协调、宣传和推广等日常工作。市节能技术服务中心负责推广和技术服务工作。

(2) 积极发展高效电光源产品，对照明器具行业的生产经营情况进行全面摸底调查，并制定出改造计划和发展计划，加大企业改造力度，加快发展高效电光源产品的步伐。

(3) 规范电光源照明器具市场。当前电光源消费市场中传统的高耗能低光效照明器具还占据市场的主要份额，一些低质、伪劣、假冒商品冠以节电产品，冲击市场，严重地损害消费者利益，为保护消费者利益，从市场中驱逐劣质低效照明器具，决定：

1) 凡进入重庆市消费市场的节电照明器具，必须经市绿色照明办公室的认证。对认证合格的产品将发给《重庆市绿色照明节电产品销售许可证》。

2) 市技术监督部门将电光源产品列入重庆市重点监控产品计划，对市场中销售的商品质量进行不定期监督抽查，对生产和销售伪劣商品的企业按有关法律法规进行查处。

3）未经认证的电光源产品，生产厂家和经销商不得冠以节电标识和作为节电产品进行销售。

4）为保护消费者利益，凡经认证合格并在市场上销售的节电照明电器具，其生产厂家对出厂产品要随货出具产品质量保证卡，在承诺保证期内出现产品质量问题，要无条件保证退换。

(4) 新开工程项目照明节电管理。各级工程项目审批部门，要按照国家照明节电技术标准和规范要求，对新开工程项目（包括新建的楼堂、宾馆、商厦、市政公用设施等）的可行性论证和工程设计中的照明设计内容进行严格的审查。工程竣工后，需由市绿色照明办确认后，各级供电部门方可接电，各级节能管理部门要加强这方面工作的检查和督促。

(5) 建立示范，积极推广，有计划有步骤地分期分批淘汰目前正在使用的高能耗电光源器具。市经委从1997年起将下达“重庆市绿色照明推广应用计划”，各单位必须按计划组织实施。楼堂、宾馆、商厦、公用市政设施等单位，更换照明器具时，除特殊要求，不得再选择高能耗产品，上述单位使用的照明器具中节能灯具的使用量不得低于30%。2000年前应基本淘汰高能耗电光源产品。

(6) 加大照明节电宣传力度、加强电光源消费市场导向和技术服务工作。各级能源管理部门要把实施“绿色照明”活动作为节能宣传的重点之一。市节能技术服务中心要逐步建立起照明信息系统，为研究、设计、生产、推广、用户提供信息服务和技术服务。

(7) 制定政策、鼓励先进、努力营造一个有利于实施“绿色照明工程”的环境。因此照明节电是节电工作中一项重要内容，为鼓励照明节电，决定从年计划用电指标中切出部分指标，专门用于奖励，在实施“绿色照明工程”中评选出来的先进单位。对没有按照市里下达的“绿色照明推广应用计划”执行的单位，将按照用电定额考核办法和计划用电挂钩的办法进行处理。各用电单位可以按照照明节电量的节约价值的10%～15%，提取节能奖，市里对在活动中涌现出的先进个人将给予表彰和物质奖励。

3 甘肃省文件

为了贯彻“开发与节约并举，近期把节约放在优先地位”的能源方针，甘肃省科学技术委员会甘肃省电力工业局于1997年5月会同有关部门在广泛征求意见的基础上，制定了《甘肃省“绿色照明工程”实施意见》。实施意见的主要内容如下：

为了认真贯彻可持续发展战略，积极推进“中国绿色照明工程”计划的实施，根据国家有关部、委的指示精神，结合我省实际，经有关方面充分协商，提出如下具体意见：

(1) 任务目标

根据全国总体部署和我省实际情况，全省绿色照明工程实行整体规划、分步推行、政策领导、有效运作的原则。“九五”期间，全省预计推广使用节能灯具1500万只（套），约相当于全国推广量的5%左右；平均每年推广300万只（套）。推广工作有组织、有重点、有准备地进行。其步骤是先城市后农村；先单位后居民。对于商业、服务业即用电量大的企事业单位的楼、堂、馆、所，要作为重点对象，加大推广力度，限期完成更换任务。

(2) 主要措施

1）加强对绿色照明工程季节电照明器具的宣传。增强各级领导和社会各界的节电、节能意识，提高广大用户接受新事物的自觉性和主动性。

2）建立节电照明器具质量认可制度。并组织人力对有关生产企业及其产品进行质量检查，逐步建立起经常性的市场监督体系，以便有效地调控节能灯具的质量和价格。

3）千方百计提高节电照明器具的质量，这是推行绿色照明工程的关键所在。节电照明器具生产上，曾经存在着技术水平不高、产品质量不稳、使用寿命不长等问题，应不断总结经验，加以改进。

4）实施节电照明奖惩办法。对于积极推广使用节能灯具的单位，实行节能灯推广项目的单独核算，节电取得的效益，滚动使用于节电措施，节约电量归已，对于取得明显节电效益的企业和单位，各供电部门和各级三电办在供电和电量分配上给予优惠，每年按节电比例奖励一定的电量，对于推行节电照明持消极态度的单位将酌情在用电上给予减供和处罚。新建的楼、堂、馆、所的照明，均应采用高效节能灯具。凡无特殊理由而不使用的，供电部门不予安排用电负荷指标和接火通电。

5）抓好绿色照明工程示范工程。为了大力推行绿色照明工程，省协调领导小组拟于今年组织10个重点示范项目。凡经审批确定的重点项目，在立项、信贷等方面予以政策支持，并实行单独用电考核和节电效益跟踪检测，取得经验，逐步推广。

6）各省积极筹措资金，争取建立节电基金，支持以节电为目的的技术改造，推行绿色照明等项目。

(3) 组织领导

成立甘肃省绿色照明工程协调领导小组，负责该项工程的整体规划、年度计划、政策指导、组织协调等重大事宜。

4　宁夏回族自治区文件

宁夏回族自治区于1997年5月22日下发的关于《实施“绿色照明工程”的安排意见》内容如下：国家经贸委实施的“绿色照明工程”是大幅度节约照明用电，减少环境污染，促进经济增长方式转变的一项切实、有效的途径。根据国家经贸委《“中国绿色照明工程”实施方案》，结合我区实际情况，提出如下安排意见：

(1) 目标和任务

到2000年，全区照明用电每年要有10%～15%采用节能电器和灯具，形成社会以照明节电为主，企业以设备节电为主的节电主体。采取各种有效措施，降低高峰负荷，缩小峰谷差，提高电网用电负荷。

(2) 主要措施

1）大力宣传，提高认识。各地区、各部门要充分利用各种宣传工具和手段，大力宣传“绿色照明工程”，提高对实施“绿色照明工程”在转变经济增长方式、节约能源、提高经济效益、保护环境工作中重要意义的认识，强化全民节电意识，增强推行“绿色照明工程”的紧迫感和自觉性。

2）把住新建项目关。自1997年7月1日起，凡新上的宾馆、饭店、商场、生产企业、市政道路等项目的照明设施，必须使用高效节能灯具。项目设计、审批、建设和用电方案审批等环节要严格把关，确保新上项目实施“绿色照明工程”。

3）抓好样板示范工程。选择一个大型宾馆或商场作为照明节电改造示范工程，各厅局都要选一个企业，作为照明节电改造示范工程，自治区电力局在今年内完成局机关大楼照明节电改造，全区电力系统完成照明节电改造。通过以上示范项目，引导和推动我区“绿色照明工程”的实施。自治区经贸委将安排一部分节能降耗资金，对一些试点项目，给与资金支持。

4）分类指导，分期分批改造现有照明灯具。对现有宾馆、饭店、招待所、商场、写字楼及机关企事业单位照明灯具要限期更换成节能灯，争取利用4～5年时间，基本实现使用节能灯具。对城乡居民生活照明，采取加强宣传、政策引导，鼓励和提倡居民使用高效节能灯具。各地区、各部门都要研究制定具体实施目标和规划，分期分批对现有照明灯具进行改造，用高效、优质、节能型光源更换旧的灯具，并将实施目标和规划报自治区经贸委节电管理部门。自治区经贸委和节电管理部门将对实施“绿色照明工程”搞得比较好、完成预期目标的单位给与表彰和奖励。用户使用节能灯所节约的电力，供电部门在电力分配计划时不扣减。而对那些实施“绿色照明工程”不力，不进行节电改造的部门和企业，将采取通报批评、扣减电力分配指标、限期改造等措施。

搞好指导服务工作。各地区、部门和企业在实施绿色照明工程时，必须购置经国家公布认证的照明节电产品，坚决杜绝使用假冒伪劣照明产品。各级经贸委、技术监督部门、商业部门、建设部门等必须严格把关，保证“绿色照明工程”在我区顺利实施。

5　河北省文件

河北省有关部门于1996年5月10日颁布的《关于在全省推广节能电光源的若干规定》的主要内容是：

依据国务院《关于进一步加强节约用电的若干规定》及全国节约用电工作会议的精神，根据我省高峰缺电严重的现状，决定把照明节电作为我省节电的一项重要措施，力争经过三至五年的努力，使我省普通白炽灯与节能电光源比例达到4:1，以降低灯峰负荷60万kW，实现节电15亿kWh。为实现这个目标，现结合我省实际情况制定本规定。

（1）适用范围

凡省辖区内一切居民、机关团体，企、事业单位都应积极执行本规定。

（2）推广目标

在“九五”期间，逐年扩大推广节能电光源，到2000年全省各市（地）普通白炽灯与节能电光源比率实现4:1的目标。

具体要求：

1）“九五”期间，第一年更新改造数量不低于本地需改造量的1%，第二、三年6%～8%，第四、五年10%～15%。

2）对现有的荧光灯及灯具可更换为高效照明灯及灯具；原白炽灯灯座通用的可直接更换使用；电感镇流器更换为电子镇流器，无特殊要求，严禁使用100W以上的白炽灯。

（3）节能电光源推广分类

1）使用于写字楼、宾馆、招待所、饭店、商店、医院（以上简称楼、堂、馆、所）、居民楼等室内照明的节能白炽灯、荧光灯和紧凑型荧光灯。

2）使用于广场、厂区、车间、码头、车站、建筑工地、体育场馆等室外及公共场所的镝灯、高压钠灯、低压钠灯、金属卤化物灯和高反射率灯具。

3）电子镇流器，光控、声控、触摸延时开关灯照明节电控制装置。

（4）几项奖惩措施

1）省节电主管部门按照国家推荐的节能电光源产品目录，坚持统一质量标准，向全省统一组织、推荐国内品牌优良的节能灯具，由生产单位让利和省三电补贴后，以低于市价20%的统一价格在全省销售；在同质、同价的情况下优先选定本省产品。

2）在当地节电主管部门指定销售地点售出的产品，由生产厂家实行“三保”，即在有效使用期内保修、保换、保退，为用户解除后顾之忧。居民用户购买的节能荧光灯、紧凑型荧光灯，按“使用说明”使用2年内非人为因素损坏的，持购买凭证到原购买地点免费更换同型号产品；企、事业单位更换期为半年。

3）使用节能电光源，节约的电力、电量归己，任何部门不得削减用户的用电指标。

4）凡新建、扩建和改建的项目以及设计部门在建筑的照明设计中都应采用节能电光源。各级节电和供电部门在受理基建用电和正式用电申请时，要认真审核，严格把关，达不到要求的不得送电。

5）新上项目全部采用节能电光源的全额事业单位免于用电集资，按用户隶属关系分别由省、市节电管理部门审查并下达电力指标。

6）不按省、市（地）节电主管部门计划推广节能电光源的用电单位，视同浪费电能。分别由省对市（地）、市（地）对用户按推广缺额折算的电力、电量额度削减统配指标。

（5）加强组织领导

1）各市（地）节电主管部门要在当地经贸委领导下，负责照明节电工作的组织、实施、监督和检查；负责节能电光源和照明节电控制装置的推广及咨询服务。

2）在当地节电主管部门领导下有条件的节能技术服务中心可开展照明节电的工程设计、施工等有关工作。

3）省经贸委、省节电主管部门将配合国家经贸委和电力部实施中国绿色照明工程和跨世纪的照明节电工程。

4）全省各级经贸委、节电主管部门及供电部门都要重视开展经常性的照明节电的宣传教育工作，充分利用报纸、电台、电视台宣传照明节电的作用和意义，不断提高全民的节电意识。

5）省、市（地）分别按推广总额的2%计提劳务费，用于支付节电主管部门推广照明节电所需的销售费用和人员的奖励。

6）省节电主管部门每半年考核一次，对完成省下达计划的市（地）节电主管部门进行奖励，全年超计划完成的实行重奖。资金从三电经费中列支。

（6）市（地）节电主管部门，可结合当地实际情况制定贯彻细则，以确保落实计划，实现全省目标。

6　四川省文件

1997年8月，四川省颁布了《四川省绿色照明节电产品推广应用及质量管理办法》，其主要内容如下：

为了贯彻省经贸委“关于加快四川省绿色照明工程发展的实施意见的通知”精神，在全省范围实施绿色照明工程推广应用照明节电产品，加强对照明节电产品的质量管理和规范市场行为，特制定本管理办法。

(1) 照明节电产品种类

1) 稀土三基色紧凑型荧光灯。

2) T8ϕ26mm细管荧光灯和电子镇流器。

3) 高压钠灯、电子镇流器配套的各种金属卤化物灯、镝灯。

4) 采用电子镇流器的装饰广告霓虹灯及水晶灯饰、高压射灯。

(2) 全省推广应用的范围

1) 凡新建、改建、扩建工程的新装电光源，必须选用各种型号的照明节电产品。

2) 现有的宾馆、饭店、商厦、商品营业场所、娱乐场所，都要分期分批地在3年内应用照明节电产品。从1998年1月1日起，每年更换率不低于原用非节能灯灯量的30%。

3) 机关、学校、医院、部队、科研、设计等行业事业单位，应积极推广应用照明节电产品，争取在4年内全部应用节电灯。

4) 工矿企业生产车间、基建工地、广场、体育馆、车站、码头、仓库、堆场等，应根据不同采光要求，使用相应的高效节电新光源。

5) 自1998年1月1日起，在全省范围内除特殊需要外，禁止使用功率200W以上的白炽灯，严格禁止使用卤钨灯、汞灯。

6) 街道路灯、庭院路灯的节电潜力很大，应推广节电新光源和相配套的电子镇流器。

7) 在城乡居民中要做好照明节电的宣传引导工作，大力推广应用三基色紧凑型荧光灯和T8ϕ26mm细管荧光灯，逐步取代白炽灯。争取在“九五”期间使其全面达到30%，2010年达到80%。

8) 新装的装饰广告霓虹灯，应选用电子镇流器。在使用电感镇流器的霓虹灯，要拟定规划，在3年内全部改用电子镇流器。

(3) 照明节电产品质量及技术要求

1) 凡列入省推广应用的照明节电产品，应具备好的质量，其性能应符合国家、地方标准要求。

2) 对三基色紧凑型荧光灯及电子镇流器的性能符合四川省技术监督局DB5：/257—1996标准，保证整体的使用寿命不低于5000h，或连续使用半年时间。

3) 三基色紧凑型荧光灯及电子镇流器，在性能指标上必须满足：功率因数≥0.90；输入电流总谐波≤30%；输入电流的三次谐波≤17%；具有抗瞬时电压干扰和电磁干扰电路；产品的输入电压160～250V，环境温度55℃的特定条件下能正常工作8h。

(4) 照明节电产品的质量监督管理

为规范市场，防止伪劣产品干扰照明节电产品的推广应用，保护消费者的利益，促进生产企业提高产品质量。对全省范围推广应用的照明节电产品进行质量认证，统一发放《绿色照明标志和证书》，由省绿色照明工程协调领导小组办公室和省节能认证委员会办公室发放。

1）按照四川省节能产品推广管理办法，省内照明灯具生产企业采用自愿申请，当地节能主管部门的推荐，省节能产品认证委员会认证，符合质量标准的发放《绿色照明标志和证书》。

2）提出申请认证的企业，灯具生产能力要有一定的规模，必须具备较先进的生产技术、工艺和设备，有完善的检侧设备和检测手段；有健全的全面质量管理体系。

3）“绿色照明标志和证书”，产品有效期为一年。省绿色照明工程协调领导小组办公室和省节能产品认证委员会办公室，每年度公布获得“绿色照明标志和证书”的企业和产品名单。对于获得标志证的产品如发生质量问题，经整改后仍不合格的，予以取消其资格。

4）各级绿色照明推广管理部门，要积极配合当地技术监督部门，做好照明节电产品的质量监督工作，要及时将照明节电产品的使用情况、用户意见反映给省主管部门，作为“绿色照明标志和证书”发放、管理、推广应用的依据之一。

5）推广应用的照明节电产品使用寿命必须符合规定要求，生产企业和营销单位应认真做好售后服务，在保证时间内用户可凭购货单据调换有质量问题的节电灯具产品。

6）各地绿色照明推广部门要加大推广力度，做好当地照明节电产品的推广管理协调工作。凡发现不符合技术标准的产品，应根据有关规定，配合当地技术监督部门进行处罚、整改。要杜绝不合格产品进入市场。

(5) 推广应用的管理工作

省绿色照明协调领导小组办公室责成四川省节能协会，负责全省绿色照明节电产品的推广应用的组织实施工作，建立全省照明节电产品推广应用体系，发挥节能协会网络的作用。

(6) 奖惩措施

1）实行有奖有罚、奖罚分明的激励政策，各地绿色照明推广管理部门，要根据有关政策规定，对推广应用照明节电产品好的单位给予优惠政策，对先进单位和个人给予奖励。

2）各地新建或改扩建工程或未交付使用的建筑物、道路、在计划照明工程时，实施用具备《绿色照明标志和证书》节电灯具，设计方案报当地绿色照明推广管理部门审定，抄报省备案。照明工程实施时，应严格按照审批方案进行施工，项目竣工后由当地建设主管部门组织验收，未按本办法实施验收不合格的单位，供电部门不予接线供电，建设项目不能评优。

3）对本办法规定年限内未应用照明节电产品的单位，其多耗电量部分可根据国务院国发（1987）25号文“关于进一步加强节约用电的若干规定”的精神，企业超计划用电和逾期继续使用淘汰设备所浪费的电力，按现行电价五倍加价收费。加价收入实行财政专户管理，由各地绿色照明推广管理部门和供电部门按月上缴省财政专户。该项资金的使用，由省绿色照明工程协调领导小组办公室与省财政厅共同商定，主要用于绿色照明节电产品推广工作的宣传、管理及奖励。

第2章　部分省市和行业开展“绿色照明”工作的实践经验

“绿色照明”工程启动以来，全国上下积极响应，取得了丰硕成果。目前，我国的公众照明节电意识有了明显增强，高效的照明设计系统和照明产品得到广泛普及。随着“绿色照明”事业的发展，我国照明电器行业逐步壮大。这些成绩的取得离不开全国各省市“绿色照明”活动的积极开展。各省市、各行业主抓节能工作的政府机构和执行单位在推行“绿色照明”过程中动脑筋，想办法，制订出了针对各省市、各行业不同特点的推广措施和方案。本章着重介绍部分省市和行业在过去几年中开展绿色照明活动的实践经验，希望能对我国今后开展“绿色照明”工作起到一定的借鉴作用。

1　上海市“绿色照明工程”实践经验

上海开展“绿色照明工程”已整整七年，主要做法是：政府积极引导；规范净化市场；提高产品质量；典型示范推广；做到城市照明设施先进，照明管理一流，社会效益、环境效益和企业的经济效益相得益彰，广大市民得到绿色照明带来的实惠。

1.1　政府积极引导

节约用电、实施绿色照明工程是全社会的事情。首先，需要政府推动和宏观调控，上海市经委统一组织开展全市绿色照明工程，主要做好制定政策，完善法规、标准和宣传示范、交流等工作。

(1) 抓制定标准

从1996年开始，上海市经委先后组织专家制定了一批照明节电技术、产品和合理用电的地方标准。1996年，市技术监督局发布地方标准DB31/178—1996“照明设备合理用电标准”。此后又制定“上海市宾馆饭店合理用电标准”，“上海市照明设备合理用电标准”，“上海市电影院、影剧院合理用电标准”、“上海市整体式紧凑型荧光灯安全和性能要求”、“上海市霓虹灯用电子变压器安全及性能要求”等，从标准上对照明产品的技术指标、性能检测方法加以明确规定，对有关场所的照明用电的要求和方法作了明确规定，在技术标准上做到先行一步，为全市实施绿色照明工程创造了良好条件。

(2) 抓政策聚焦

为了扶植一批生产节电产品的骨干企业，促使其产学研相结合，提高产品技术含量，增强市场竞争力，上海市经委制定了相关扶持政策。争取从国家专项资金，并在本市节能基金中划出总量的15%和节电技改专项资金多渠道扶持企业节电项目的贴息贷款。“九五”期间，贷款总额达到6600万元，其中对上海广电飞跃照明电子器材厂、跃龙有限公司支持贴息贷款1680万元和2720万元。用于节电照明灯具技术改造及节能等荧光灯的扩大生产。

(3) 抓关键环节

一是在政府采购活动中，市政府做出规定，凡灯具一定要采构绿色照明灯具，这已成为一项制度。市政府机关事务管理局带了个好头。在建造市政府新办公大楼中，全部使用了T8型节能荧光灯，在大楼泛光照明中，同样使用了节能灯具。二是认真实施1998年市人大通过《上海市节约能源条例》，由市节能监察中心对绿色照明实行情况跟踪检查。三是在本市基本建设工程和技改项目的节能评估中都把“绿色照明”作为一项重要措施列进去。

1.2 规范净化市场

节能照明器具的推广必须走市场化运作的道路。由于我国社会主义市场经济体制确立不久，在市场运行机制方面并不完善，需要不断规范和健全。特别是灯具市场，存在着良莠不齐、假冒伪劣较多、无序竞争现象，给绿色照明工程的实施带来了阻力。为此上海充分调动社会各方面的力量，坚持不懈，创造一个规范有序的、公平竞争的、能维护有优秀产品的企业和消费者合法权益的照明器具的良好市场环境。

(1) 加强监督检查

上海灯具市场是全国性市场，节能灯品种几乎覆盖全国所有的品种，产品质量可谓参差不齐。自1997年开始，市技监局每年都对市场产品进行数十批的抽检。从这几年抽检结果来看，上海市场节能灯合格率总体呈上升趋势，比全国的合格率高出10～15个百分点。

(2) 加大处罚力度

上海的抽检分企业抽查和市场抽查两种。对抽查不合格的，除在媒体公开曝光外，还同时发出整改通知，促进企业限期整改，提高质量，对整改无果的产品则责令退出市场。

(3) 开展承诺制活动

质量可靠的节能照明器具完全可以使用户做到“节能又节钱”。为了让消费者放心，上海于1997年首先在国内开展“绿色照明产品质量承诺制”活动。上海市灯具总店是首批承诺制商厦之一，与上海波力通照明有限公司、上海飞利浦亚明照明有限公司、广东华星电实业有限公司等十余家生产一体化节能灯的名牌企业签约。同时由市计划用电办公室、市照明协会、市质检协会等有关专家组成承诺制仲裁小组。这项活动规定，凡属政府认定的“质量承诺制柜台”出售的紧凑型荧光灯，一律实行保用8个月（居民保用1年）的承诺。此项活动开展以来，效果明显，节能灯销量有所增长，并快步“飞入寻常百姓家”。

1.3 提高产品质量

(1) 搞好引进和合资

通过引进先进技术和与跨国公司合资，使上海生产的紧凑型荧光灯、高压钠灯和金卤灯等节能光源在品种和数量上与国际基本同步。目前本市出口产品比重占全部产品的40％左右，并年年有新的增长。

(2) 抓好技术升级和企业改造

近几年，市经委会同有关部门在资金上倾斜，帮助生产节能照明企业，依靠技术进步，实施技术改造，提高产品质量，增加照明品种，提升技术等级。飞利浦亚明照明有限公司前后共投资上亿元，实施改造，使优质节能灯产量从年产30万只提高到1000万只。上海光达照明有限公司通过技术开发和改造，开发成功了几十种新产品，一体化节能灯和电子镇流器产量连年大幅度增长，已被评定为上海市高新技术产业。2000年通过德国TUV公司的ISO9001质量体系认证，已与外商签订长期合作协议。

(3) 海纳百川，广泛吸收人才

上海不少照明企业和研究机构近几年从美国、日本、台湾等国家和地区引进高层次的光源研究人才，研究开发了许多新产品，部分形成了自主知识产权。

1.4 典型示范推广——推动绿色照明工程的途径

(1) 深入宣传，提高全社会节电意识

几年来，上海市依托宣传媒体，开辟专栏、专刊，并结合一年一度的节能宣传周，向广大市民广泛宣传绿色照明，做到家喻户晓。

(2) 开展试点，让用户尝到节能的甜头

上海市集中抓了中百一店、华联商厦、中电大厦、锦江宾馆、宝钢以及外滩灯光工程等试点项目。闻名全国的上海中百一店首先应用节能灯20106只，新增投资在7个月内全部收回。中电大厦也是一个成功的范例，该单位自1996年使用绿色照明，每年的节电费用20多万元。这些成功经验很快在全市得到推广。全市涉外星级酒店、大型商厦和大中型企业推行绿色照明后，节电效果十分明显。在中心城区改造中，包括人民广场、徐家汇、内环南北高架、地铁等十大工程，全部采用节能照明。上海的路灯是国内最早使用节能灯具的，至今，全市路灯绿色照明的普及率已达到97%。即使在居民生活小区，在家里、楼层过道内、电梯内，节能灯具的使用十分普遍，有些还安装了光控、声控、定时装置。人们将生活在绿色照明的氛围内。

(3) 抓好交流，提高用户使用绿色照明的自觉性

九十年代以来，上海已连续举办了近20次节能产品技术交流会和节电产品展示会，展示了节能高效的新光源及其电气产品，并在锦江饭店、国际商厦和中电大厦等单位召开节能灯和节能照明技术推广应用现场交流会。市经委组织有关部门每两年评选一批优秀节能新产品。通过这些活动，为广大用户提供了节能产品的信息和使用技术，提高了用户的信心，促进了绿色照明的推广普及。

2 浙江省"绿色照明工程"实践经验

浙江省是一个经济强省，却是一个一次能源资源拥有量相对较小的省份，能源自给率只有3%，节能是该省实现经济社会可持续发展的必然选择。该省节能主管政府部门按照"资源开发与节约并举，把节约放在首位"的指导方针，紧紧围绕国家节能工作的重点，实施"中国绿色照明工程"。通过抓组织落实、产品质量、规范市场、加强宣传等一系列措施，大力推广高效照明器具，改善照明质量，节约电能、提高能效、保护环境，有效地推进了省"中国绿色照明工程"的实施，主要做法是：

2.1 健全组织、加强领导

成立了浙江省"中国绿色照明工程协调领导小组及办公室"，从组织上确保了绿色照明工程的顺利实施。"九五"期间，省各级地区相应成立了"绿色照明工程协调领导小组"

或实施“绿色照明工程”的机构，其中有些市（县）还对节能工作人员进行了调整，将年青、工作能力强、素质高、责任心强的人员充实到节能机构和推广应用管理网络中，形成了专门的节电工作队伍和推广应用管理网络。

2.2 措施到位、目标明确

制定了“九五”期间全省照明节电工作的目标和推广应用照明节电产品的措施，充分利用当时现有的行政和经济手段相结合的方式，推进绿色照明工程的实施。每年拿出5000万度统配电量或节能专项资金用于奖励推广紧凑型节能灯等。据统计，全省“九五”期间，共推广应用紧凑型节能灯为300万只，节电2.16亿千瓦时，减排二氧化碳11.05万t，直接经济效益1.08亿元。

2.3 提高质量、规范市场

“九五”初期，针对省300多家生产节能灯和电子镇流器的企业存在规模小，生产手段落后，产品质量低劣，产品价格混乱等现状，从提升企业生产规模和档次，提高产品质量，规范市场着手，在当时国家对节能灯还没有统一标准的情况下，先后制定和颁布了浙江省DB/196—1996《普通照明用自镇流灯安全和节能技术要求》地方标准，《浙江省照明节电产品电力入网许可证执行细则》及《浙江省照明节电产品推广应用及质量监督管理实施细则》，对照明节电产品实行《浙江省照明电器产品电力入网许可证》制度。“九五”期间，浙江省在11个地市分设了54个“照明节电产品推广应用网点”。并相继为网点配置了检测设备，使用户能真正用上质量优良，性能完善，安全可靠的节能灯产品。

同时，为鼓励公平竞争，打破地区和行业保护，对照明节电产品实行质量保证或质量承诺制度，实行质量动态管理。为防止照明节电产品价格的混乱，造成不正当竞争，一些市地的销售“网点”还制定了电子节能灯、荧光灯电子镇流器的销售指导价。

“九五”期间，浙江省技术监督部门通过开展对电子镇流器，电子节能灯产品质量专项整治工作，统一了省电子节能灯生产企业的产品质量标准，使电子节能灯的质量有了明显提高。

“九五”期间，通过积极鼓励企业开展节电技术改造。全省一些绿色照明生产企业通过实施技术改造，不仅提高了产品质量，扩大了生产规模，而且在国内国外都具有很高的知名度。

2.4 加强宣传，提高认识

为了帮助企业提高产品质量。“九五”期间，浙江省有关部门多次组织产品质量、产品标准和质量管理方面的培训班；省照明协会为了帮助企业解决电子节能灯、电子镇流器元器件、原材料档次低，品质差、信息不通等困难，组织电子节能灯，电子镇流器元器件配套洽谈会。通过洽谈会的形式，加强企业之间的联系，沟通产品信息，达到减少原材料、元器件生产及销售过程中的中间环节，降低生产成本，促进产品质量提高的目的；另外，还通过技术讲座等方式，帮助企业提高产品质量和管理水平。省照明协会还利用期刊及时通报国内外“绿色照明”工作的信息，为企业决策、科研、设计、生产和用户提供信息服务，加深了专业市场和消费者对照明节电产品的质量意识，打击了低价劣质产品占据照明器具专业市场的现象。

2.5　以点带面，促进推广

“九五”初期，公众对节能灯是否能带来经济效益，认识不足。为此，浙江省通过试点示范，来推动“绿色照明工程”的实施。如：杭州大厦是杭州市目前最大的商厦，大厦从“九五”初期，实施照明节电以来，大面积采用了节能灯照明。大厦的购物中心、客房和餐厅、走道、会议室及辅助用房、办公室等全部使用了节能灯，大厦在营业额不减的情况下，连续几年能源费用大幅度下降。温州大酒店、楼外楼酒店的推广应用实例，也证明实施绿色照明工程所带来的明显的经济效益，这些试点示范，为推广工作树立了具有说服力的榜样，使节能灯推广由最初的行政强制行为，逐步转化为用户的自觉行为。

3　重庆市“绿色照明工程”实施经验

重庆市绿色照明工程的工作虽起步较晚，但从工作的起步开始政府有关部门和相关职能机构就协同并进，使整个工作的开展井井有条、每个阶段的工作都达到了预期效果。

3.1　落实组织形式，出台本地区实施绿色照明工作的管理办法

(1) 按照重庆市《关于实施“绿色照明工程”的通知》的规定，凡进入重庆市消费市场的节电照明器具，必须经市绿色照明办公室认证。照明器具生产厂家认证，应持有省级以上法定检测资格单位的测试报告，产品必须有标识和效率标注。对认证合格的产品，发给《重庆市绿色照明节电产品销售许可证》。

(2) 重庆市质量技术监督部门将电光源产品列入重庆市重点监控产品计划，对市场上销售的商品质量进行不定期监督抽查，对生产和销售假冒伪劣商品的企业按有关法律法规进行查处。

(3) 未经认证的电光源产品，生产厂家和经销商不得冠以节电标识和作为节电产品进行宣传推销。对监控后发现的假冒、伪劣产品将按有关规定进行处罚和新闻曝光，各单位不得组织购进未经认证的电光源产品。

(4) 为保护消费者利益，凡经认证合格并在市场上销售的节电照明器具，其生产厂家对出厂产品要随货出具产品质量保证卡，在承诺保证期内出现产品质量问题，要无条件保证退换。

(5) 严格新开工程项目照明节电管理。各级工程项目审批部门，要按照国家照明节电技术标准和规范要求，对新开工程项目（包括新建的楼堂、宾馆、商厦、市政公用设施等）的可行性论证和工程设计中的照明设计内容进行严格的审查。工程竣工后，需绿色照明办公室确认后，各级供电部门方可接电，各级“三电”办公室要加强这方面工作的检查和督促。

3.2　加强“绿色照明工程”的宣传力度，积极作好示范样板点和消费导向

(1) 作好大众媒体的宣传

充分利用报纸、电视、广播等大众媒体的宣传效应，开辟了电视科普知识、广播专题、报刊新闻等的宣传活动。1996年6月由市绿照办组织用户代表的四方联席座谈会。会议上四方从各自不同的层面提出了如何开展和推动本市绿色照明工程工作的进程，并明确了四方在重庆市绿色照明工程实施中各自所起的作用和应承担的责任。

(2) 绿色照明工程知识普及教育

由市绿照办牵头邀请有关电光源专家，有关生产厂家的工程技术人员先后举办了多次专题技术讲座，及现场演示，并组织编写了《“绿色照明工程”宣传资料》详细介绍了实施绿色照明工程的意义及有关电光源知识和相关产品，为宣传推广打下了坚实的基础。

(3) 合理选择示范点，以点带面全面推广

按重庆市三年普及绿色照明的计划要求（1997年绿色照明器具普及率达30%，1998年达50%，1999年达80%），每年由市经委下达推广实施计划，并对宾馆、商厦、窗口企业、重庆大型工矿企业作了重点布控，对示范点作全方位服务和必要的技术支持如：重庆江北机场在加强“绿色照明工程”宣传的基础上，细算经济账目，就更换候机楼照明一项，年节电27万kWh，节约资金8.4万元，同时提高候机楼照明环境，并且减轻了电工经常更换照明灯的工作强度，其效果极佳，它的实例对港口、铁路、车站起到了极大的推动作用。重庆路灯管理处，对重庆市的隧道、桥梁更换了全部照明（由高压钠灯、金卤灯取代了原来的汞灯）使城市道路交通更加明亮、协调，全市的灯光照明起到了整体上的升位。

(4) 职能机构全方位作好导向工作

重庆市节能技术服务中心重庆市绿色照明工程重点推广单位之一，为全市各界提供了广泛的政策、技术服务（包括电光源知识介绍、品种的选择、真伪产品的识别、经济账目的细算和售后服务工作的衔接）。为生产厂家进入重庆市场铺平道路（包括市场情况、用户需求、产品质量、售后服务各环节的全方位服务）。为政府主管部门提供了真实可靠的第一手资料，根据实施中遇到的情况及时做出合理调整和部署，使全市的“绿色照明工程”始终主线明确，推广顺利。

3.3 加强照明器具的市场监控，促进灯具照明市场的规范

(1) 做好市场调研

在“绿色照明工程”的推广中，始终存在两个关键因素：一是产品质量，二是产品价格。对于推广中社会反馈的节能灯具（主要针对节能灯），质量不稳定，价格偏高，或节能灯“省电不省钱”的意见，市绿照办作了认真分析和实地考查。发现我市灯具市场产品品种繁多，价格高低悬殊，同一品种产品有近十倍的差距。一般个体批发点经销的多是小厂生产的质量较差价格低廉的产品，而大型商场或专用灯具店出售的产品质量都能得以保证，但价格偏高，因此必须规范灯具市场。

(2) 加强市场监督执法，规范灯具市场

通过几年的推广、普及和前期的宣传、导向示范，绿色照明的推广已取得应有的效果。80%的市民对绿色照明有不同程度的了解，绿色照明普及率达80%。具体做法如下：

1) 把好市场进入关。

2000年重庆市绿色照明工作已纳入正式的市场监督管理程序。

进入重庆市场的电光源产品，必须持有省一级的法定监测部门的合格检测报告及该产品质保书和产品控制价格，在市绿照办办理《重庆市绿色照明节电产品销售许可证》。

2) 做好市场的导向工作。对质量好的产品向社会公布，几年来通过报刊公布10批，共230项产品，引导消费者合理选择使用正确的节能照明器具。

3) 把好市场的监督关组织检查，对不合格、伪劣产品通过新闻媒体曝光等。

每年由重庆市质量技术监督局下文，对全市灯具市场进行不定期的质量监督抽查，抽查结果以公告形式用报纸和文件进行公告。

对不合格的产品按市质量技术监督局有关文件进行处理，从而使全市灯具市场走向良性的市场调控监督的大环境，低质伪劣产品无市场可售，市场价格相对平稳。通过认证对国家骨干企业出售的产品随时反馈信息、促进企业提高产品质量、降低产品价格。

3.4 配合中国绿色照明工程项目办公室完成重庆地区的抽样调查报告

(1) 1999年4月受中国绿色照明工程项目办公室委托完成《重庆市绿色照明工程实施效果抽样调查报告》

经重庆市组织有关部门和专家评审评价为：

1) 重庆市绿色照明工程实施工作做得扎实，居民使用率高，使用率达88%；

2) 各行业平均使用率达36.63%；

3) 重庆市绿色照明的宣传、推广方式是成功的；

4) 重庆市实施“绿色照明工程”完成起步阶段。

(2) 1999年9月受中国绿色照明工程项目办公室委托完成《重庆市高效照明电器产品推广应用问卷调查总结报告》

3.5 实施绿色照明，打造重庆灯饰夜景名片

“灯饰工程”是重庆实施绿色照明的重头戏。

重庆是一座依山而建、两江环抱、组团式的山城、江城，独特的地理环境为夜景灯饰建设提供了得天独厚的自然条件，重庆夜景久负盛名。

夜景是重庆的品牌和城市名片，夜景可带来直接效益和间接效益。

为管理和发展好重庆的灯饰照明，市政府专门成立了灯饰协调小组，其组织操作程序如下：

(1) 灯饰工作的组织形式

为了进一步加强灯饰建设工作领导，市政府成立了由分管副市长任组长的重庆市城市灯饰建设协调小组，市政府办公厅副秘书长、市政管理委员会副主任，市建委副主任，为副组长，成员由市工商局、市规划局、市电力公司、市房管局、市公安局、市消防总队组成，办公室设在重庆市市政管理委员会照明灯饰管理处主持日常工作，主城各区设立灯饰工作领导小组。

(2) 统一规划、分期实施、逐步完善

根据重庆地形状况特点，首先作好整体规划，按山城、江城的特色，规划时就提出了“平面分区、立面分层、亮度分级、用光分类、管理中控”的基本原则，要求突出天际线、水际线，点、线、面相结合。

根据规划提出的基本原则，市灯饰办对全市进行统一部署，抓好涉及天际线、水际线的轮廓灯饰及亮度灯饰（如一棵树观景台视线内灯饰、两江游视线内灯饰），主城各区作好点、线、面的连接，各区推出特色的精品。

(3) 政策支持

为了完善全市的灯饰建设工作，2002年9月，重庆市人民政府第136号文发布了

《重庆市城市夜景灯饰管理办法》，明确灯饰管理的责任、要求及具体执行方式。

灯饰工程的资金来源，由市、区政府和企业多方筹集共同完成，对重点项目采取招商形式引进资金，政府给予第一年免收场地占用费，第二年收50%的场地占用费，第三年开始全额收取（以广告合同额的15%以内或以每平方米每年100元以内计）的优惠条件登报公开招商。

(4) 灯饰工程质量验收

灯饰工程由市灯饰办提出工程要求，工作中所需灯饰产品必须达到国家相关产品的技术要求。竣工后由市灯饰办组织有关部门作竣工验收。

几年来，重庆市灯饰建设使用了各种类型的绿色照明器具拥有十几大类（包括电缆、电线、电器开关及照明灯具，如泛光灯、大功率探照灯、节能灯、电子数码灯、三防彩色日光灯、高压钠灯、金属卤化物灯等），1997～1999年企业出资改造投入资金6400多万元，2000年政府投资1630万元，2001年政府投资3000多万元。目前已初步形成了以居家照明为背景，干道道路照明为主线，高层建筑的投射灯、轮廓灯、霓虹灯为主笔，桥梁、滨江路堡坎（护坡）灯饰为纽带，江上船舶灯饰为基点，制高点闪光灯和“空中大炮”为点缀，各方面灯饰相互陪衬的一个多层次、多侧面、立体化、动静结合，远近互衬、高低错落有致，点、线、面相连，展示“山、水、桥、路、房、船”的山城、江城特色的城市夜间景观。

4 湖南省“绿色照明工程”实践经验

湖南省“绿色照明工程”于1995年启动，1996年起全面展开。经过全省各级部门的共同努力，绿色照明工程得到了逐步推进，取得了一定的节能效果和社会效益。

4.1 宣传引路，政策配套，抓好“绿色照明工程”示范

“九五”期间，湖南省把“绿色照明工程”宣传放在重要位置，在每年的节能宣传周活动期间，广泛开展灯谜竞猜、有奖征文、展销推介、节电咨询等多种形式宣传，并多次通过湖南的报刊、杂志和电视台、广播电台以及各地市的多种媒体宣传“绿色照明工程”的意义、相关政策和典型经验，由此，提高了广大群众对“绿色照明”的认识，促进了全省绿色照明工程的实施。

在加大宣传力度的同时，还制定了《关于开展节电产品质量跟踪检测和评估认定活动的通知》、《关于推广应用节能灯具的通知》两个文件，对节能灯具的推广应用做了统一部署。1996年，针对当时存在的问题出台了《关于推广应用节能灯具管理补充规定的通知》，规定非发证的产品不得在我省推广，并确定对准许推广应用的合格节能灯具产品，实行省、地、县三级定额补贴的原则。从而使节能灯具的推广应用工作了有可靠的政策依据，有效防止了那些质次价高的伪劣灯具在省“绿色照明工程”主渠道中的流通，使广大用户收到了既省钱又节电的效果。为加快“绿色照明工程”的推广，湖南省突出抓了长沙市的长城宾馆、阿波罗商业城、小天鹅宾馆等单位“绿色照明工程”的示范。长城宾馆属三星级大型涉外宾馆，是能耗大户，投资12.4万元，将餐厅、大堂、走廊等场所全部安装节能灯1949盏，结合其他节电技术措施，年节电18.2万kWh，年节约高峰电力44.7kWh，年节约电费18.2万元，3～4年内即可收回全部投资。阿波罗商业城投资60

余万元，对商场的照明灯具进行节能技改，安装节能灯7076盏，电子镇流器9000只，使商场总负荷降低408.82kW，每月约节电费15.79万元，年减少电费开支189万元，而且还节约了商场扩大营业场所电力增容所需的费用。通过示范单位建设和典型经验推介，为节能灯具推广普及打下了良好基础。

4.2　坚持质量管理，注重服务承诺，让群众用上“放心灯”

自开展推广应用工作以来，节能灯市场曾一度受低价伪劣灯具的很大冲击，加之缺乏规范管理与质量保证依据，给用户造成了节能灯是“短命灯”，节能灯“节电不省钱”的印象。为了改变这一被动局面，让广大群众真正用上“放心灯”，在三十多家企业中选出技术力量强、资金雄厚、工作基础好，灯具制作起点高的节能灯具生产厂家予以重点扶持，通过扩大生产规模，引进先设备及专业测试仪器，加强灯具质量保证体系建设等一系列重大措施，使其逐步优化产品结构，提升产品档次，严格按照国家质检标准组织生产，全省有五家生产企业取得“节电产品推广应用许可证”，为重点保证全省节能灯市场要求奠定了基础。

为确保节能灯具的推广应用成效，在注重生产厂家产品质量的同时，也突出了抓好售后服务，双管齐下。从1995年起，委托有关单位全省统一订货，统一销售，统一补贴。1996年、1997年分别拨出节电专项资金40万元用于灯具补贴。全省实行价格、质量承诺，对产品实行三包（包使用寿命，包换，包修），因质量问题造成用户经济损失的，由经销商负责向灯具生产厂家办理赔偿手续；销售价格比市场同类产品低20%～30%。通过这些措施，使群众用上了“放心灯”。同时，对灯具市场所出现的假冒低价节能灯具进行曝光，使假冒伪劣产品逐步得到抑制，群众使用节能灯的热情逐渐增高，全省“绿色照明工程”展示出了广阔的市场前景。

4.3　积极探索，各显其招，推进“绿色照明”工程

在湖南省绿色照明工程的实施过程中，各市、州在宣传落实、销售服务、节电管理等方面各显其招，取得了不少好的工作经验，为实施“绿色照明工程”做出了贡献。岳阳电视台拍摄了《“九五”节能话题：推广节能灯》等专题片，数次在黄金时段播出，在社会上引起较大反响；常德市通过对超能耗单位加价，加价资金用于添置节能灯，改善企业内部照明条件，促使用户削减峰负荷；衡阳市注重质量跟踪信息反馈，在加强节能宣传，做好咨询服务、市场销售等工作外，还可向重点用能企业单位赠发节能灯的形式，引导社会推广应用节能灯。常德市还在农村开展“绿色照明试点乡”的工作，在该市鼎城区康家村210户农民中推广节能灯具700套，取得了减少负荷70%，节约电量75%，减少电费支出近三分之二的效果，为减轻农民电费支出办了实事，受到农民普遍欢迎。目前，该乡农民使用节能灯已形成气候，乡政府分期分批把节能灯的推广到农户家中，实现每户至少使用一套节能灯具。

湖南省电力公司为推进绿色照明工作，制定措施和办法，号召系统各单位及职工要身居电海，惜电如金，带头节电，带头使用节能灯，规定办公楼和公共场所均应逐步采用节能灯，职工宿舍做到一户一盏或一户多盏节能灯，所有供电营业窗口要成为“绿色照明”的示范窗口，全部采用节能灯，禁止使用白炽灯等低效光源。省节电办会同湖南省广播电台于1997年1月开辟“绿色照明”专栏，每周一、三、五播放有关节电知识和政策，使

“绿色照明”的宣传更加深入人心。

5 陕西省“绿色照明工程”实践经验

“九五”开始，国家经贸委启动全国范围的“绿色照明工程”。在陕西省政府的支持下，省经贸委批准成立了陕西省绿色照明推广中心，经过五年的推广工作，“九五”末在大中城市已实现50%规模的节能灯替代，大、中型企业已用金卤灯替代白炽灯或碘钨灯，大、中型集中办公室照明区普遍使用高效节能日光灯的“绿色照明”局面，为全省的节电、节能做出了应有的贡献，取得了显著的社会效益和经济效益。

5.1 组织落实、示范先行

陕西省“绿色照明工程”一经推出，立即受到各级领导重视，为了加强力量，健全组织，省经贸委经与政府有关部门协调，首先批准成立了陕西省绿色照明推广中心，具体从事绿色照明工程的推广和实施，实践证明，这一步走得相当好。紧接着，省经贸委选择了首批试点单位，在西安航空发电机公司、西安宾馆、国棉四厂、西北工业大学开始了第一批的试点工作，并取得了很好的节能效果。有这些示范单位的实例、数据，省经贸委在西航公司组织了示范工程推广大会，省及经贸委领导亲自到会作动员报告，示范单位介绍了绿色照明工程的实施情况和经济效益，使参加会议的300多家各行业、各企业产生推广“绿色照明”的积极性并启动全面试点推广工作。

5.2 大力宣传、全面推广

在试点工作取得成功后，陕西省“绿色照明”工作开始进入大力宣传、全面展开推广阶段。各行业厅（局）、公司等主管部门纷纷制定了本部门的推广计划。陕西省绿色照明推广中心邀请了全国一百多个节能灯具生产企业提供产品和技术服务，在打造市场过程中，每年节能宣传周期间和春季“科普月”中都在西安举办一次绿色照明展销会，在各中小城市如宝鸡、汉中等地组织节能政策宣传活动，尤其突出“绿色照明”知识宣传，仅在西安新城广场、钟楼广场和火车站广场三处就年年组织数十家节能灯具生产企业散发宣传资料，演示节能节电知识，向全社会宣传“绿色照明”的重大意义，增强全民节电和环保意识，很快形成了推广“绿色照明”热。

各行业主管厅局积极响应国家“绿色照明”的号召，深入组织贯彻“绿色照明工程”推广计划，通过多种形式进行宣传动员，组织各类“绿色照明”知识竞赛，仅省级竞赛就有两万余人参加。西安宏光节能灯厂在市供电局支持下，1995～2000年在户县组织“节能县”示范推广活动，向农村群众广泛宣传，销售了十万多只节能灯。

5.3 组织培训、打好基础

1996～2001年间，为宣传“绿色照明”先后举办省级培训班5期，行业、企业培训班几十期，培训人员千余人次，奠定了基层抓绿色照明工作的基础。基本做到个个企业有节能网，网网有节电员，节电员个个懂“绿色照明”的基础知识。如陕西省宝鸡有色金属加工厂，当时正与国际知名企业麦道公司谈合作事宜，由于对方对工艺的要求颇高，首次考察后就提出合作车间的照明工艺不理想，恰逢全省开始推进“绿色照明工程”，仅用一个月时间，就淘汰原来旧照明设备300余套，全部换上了高效节能的金卤灯，大大改善了照明条件，第二次外方来考察时照明工艺顺利通过。西北国棉四厂将原来使用的普通镇流器换成电子整流器，普通荧光灯管换成高效荧光灯管，仅此一项，就降低照明能耗20%以上。五年间，全省共有200多家企业进行了“绿色照明”技术改造，年节电2000万kWh，相当于节煤120万t。

5.4 面向社会、全民节电

“绿色照明”工作涉及面很广，机关、学校、居民家庭等都在广泛使用。针对这种情况，陕西省加强了横向协调和全民宣传动员工作，充分利用媒体力量宣传，1998年通过省节能中心筹资约十万元，在陕西媒体上开辟宣传专栏，组织了面向大众的节能知识竞赛，发出试卷15万份，回收2万余份，起到了极大的宣传作用。通过大力宣传教育，当时西安市场的房屋装修时以使用节能灯为时尚，形成了全民节电的大好局面。

5.5 技术改造、整顿市场

陕西省原西安灯泡厂、宝鸡灯泡厂是以生产白炽灯为主的老国有企业。随着推广“绿色照明”，市场对光源的选择有了很大的变化，这两个企业的生存遇到了强大的挑战。政府有关部门领导认为，对于企业来说，困难也是挑战，更是机遇，在企业的强烈要求下，省经贸委支持企业进行转产改造，将原西安灯泡厂改造成生产金卤灯、节能灯的西安曼森公司，宝鸡灯泡厂改造成以生产节能灯和电子镇流器的北方照明电器公司，并大力扶持和推广品牌产品，与此同时，西安无线电二厂，西安五二四厂等企业都投资建起了节能灯生产线，在销售上也投入了很大的精力。政府部门积极配套出台了有关政策，连续发布有关实施的文件精神，支持生产企业进商场设专柜、开订货会，开拓销售渠道，在西安开元、民生、秋林等知名商场都设立了节能灯专柜，许多外地企业也纷纷设立专卖店、办事处，绿色照明基本上出现了市场普及，产销两旺的好形势。省经贸委也积极向省级政府申请专项基金，准备予以补贴。

由于灯具市场的不健全，不少劣质节能灯涌入市场，随之有了“节能灯节电不节钱”，“绿色照明利国不利民”的说法，优质节能光源销售受阻，再加上补贴资金没有落实，“正规军”在“游击队”的挑战面前显得力量不足。在这种情况下，省经贸委联合省技术监督局进行了市场检查，绿色照明推广中心对市场上销售的产品进行了三次大的抽查，对产品质量进行了通报，对合格产品颁发了《节电产品推广许可证》，有力地遏制了劣质产品市场流通。另外，绿色照明推广中心还组织各大设计单位的设计人员进行绿色照明的知识普及宣传，要求对商场、宾馆和大型活动场所的照明工程必须设计使用节能光源，并帮助企业组织节能光源的选购，招标活动，西安市电信大楼、西安止园宾馆、西北大学、咸阳纺校等十余个企业都是通过招标找到了性价比较好的产品。目前，陕西省尤其是西安市、宝鸡市、汉中市的学校、机关、商场、宾馆、大型娱乐、体育运动场所和公路沿线加油站普遍使用金卤灯、节能灯和高效日光灯，居民家庭也大量淘汰了老旧白炽灯，大大改善了照明条件，节约了电能。

5.6 继续推广、任重道远

随着国家市场经济的发展，政府职能发生了大的变化，行政管理转变为政策指导，绿色照明工程的推广更多地依赖于市场竞争。为此，在陕西省节能工作“十五”规划中，要求对占年用电量320亿kWh中10%的照明用电，即约32亿kWh用电量进行传统照明方式改造，彻底更新白炽灯、普通荧光灯和汞灯，支持节能灯、高效荧光灯和金卤灯全面占领市场，要求全省更新率达到50%，节电16亿kWh，节约电费约8亿元。这个目标任重道远，因此，“绿色照明工程”“十五”期间不但不能削弱，而且要加强，这就要求政府拿出更得力的措施，推动其继续发展，将“九五”开始的“绿色照明工程”在“十五”期间发扬光大，取得更大的成绩。

6 辽宁省“绿色照明工程”实践经验

6.1 辽宁省绿色照明工作开展情况

辽宁省绿色照明工作发展总体上可以分为三个阶段。

第一阶段是从国家首倡绿色照明到1997年5月，这期间辽宁在确定绿色照明发展方向上走了不少弯路，具体表现为技术方案定位不准。众所周知，辽宁是全国基础原材料基地，工业门类比较齐全，制造业居于全国先进水平。同时又是能源生产和能源消费大省，能源消费量占全国十分之一，全省发电设备容量为1520万kW，年发电量及用电量均为600多亿kWh，全省每年节电空间为13～14亿kWh。所以工作的着眼点很自然地落在生产环节，因为当时辽宁省拥有大型照明灯具生产企业，又有能够提供荧光材料的企业，镇流器生产单位遍布省内，国家级照明检测机构有些也设在沈阳，因此在传统思维下形成的原始技术方案是以省内骨干企业为依托，覆盖多领域，做大做强，致力于培育全国绿色照明产品生产加工基地。据此辽宁省把工作重心放在如何使生产企业按构想方案实施方面，采取多种方式引导企业发展。1997年扶持一些企业用贴息贷款研制开发生产T8型节能灯管、U形节能灯及镇流器，并在省内大型商厦设立产品专柜；为了避免外埠节能灯对辽宁生产企业的冲击，设置市场准入障碍等。经过一段时间运行及综合评价，以此种方式来推进辽宁绿色照明工程是不可行的，因为辽宁省轻重工业结构的现实及转型的压力决定了电子行业在体制、融资能力及渠道、研发、技术保障体系及持续发展能力方面均存在大量问题，因而认识到了在弱势环境下强行发展是不科学的，必须从战略上做出调整，探索出一条真正适应辽宁实际的路子。

第二阶段从1997年5月起，通过及时调整了工作方式，不再苛求生产环节，重点放在市场整顿、模式推广和项目示范带动方面。首先解除节能灯具市场壁垒，因为随着市场经济的深入，市场是统一开放的，只要是有利于社会、有利于经济的无需设置准入限制。通过质量技术监督部门对流通环节加大执法力度，和多次联合检查，对于不符合国家要求的行为给予严厉制裁，目前沈阳张士灯具批发市场已成为各大节能灯具集散地，使得全省节能灯流通市场基本有序。其次在推进政府节能和市政公用建设方面发挥积极作用，利用职能优势向机关事务管理局等单位宣传国家推荐使用的产品目录，建立样板工程。

随着与世界经济的接轨，国外先进的管理模式引入中国，也有效地推动辽宁省绿色照明工作向前发展。1997年起我省利用先进的电力需求侧管理和能源合同管理方式成功地组织实施了多个绿色照明项目。辽宁省节能技术发展有限责任公司作为世界银行和全球环境基金在中国传播节能服务机制的基地，实现了能源合同管理在绿色照明领域中的有效应用，陆续实施了锦州大厦（6000支32WT5）、辽宁省国电大厦（14000支36W日光灯、1000支9W、500支11W），鞍山国际大酒店（2100支36W、2270支9W紧凑型、3000支13W紧凑型）、辽宁工学院（14000支36W、2000支9W、1000支11W）等绿色照明系统改造示范工程，总投资188万元，实现经济效益340万元，节资535万元，目前绿色照明已经成为辽宁能源合同管理模式中一条成熟的项目线。同时充分发挥电力系统行业优势，致力于电力需求侧管理在辽宁实施运用。2001年4月会同辽宁省电力公司在沈阳正式成立辽宁省电力需求侧服务中心，把国内外先进技术、先进产品引入市场内，以基层电力部门所辖为服务单元群体，营建服务新模式。绿色照明作为一项重要内容也得到了有效开展，锦州女儿河纺织厂绿色照明项目一期已经完成，使用6000支32WT5荧光灯代替9000支40WT8荧光灯，二期续建前期工作正在组织实施中。

第三阶段在形成以能源合同管理为主体的服务模式下，致力于更广阔领域开展绿色照明工作。从1999年开始辽宁省致力于绿色电源建设工作并取得了一定成绩。发展绿色电源基于以下三方面考虑。①我国目前电网运行质量不高，供电部门由于考虑到线路损失，其提供的端电压通常高于用电器的额定电压，一般超过正常值的5%～10%，这样既造成能源浪费，又大大缩短用电器寿命，使用绿色电源可以延长用电器使用寿命50%，提高经济效益20%～30%；②我国现有变压器为3相4线制，而用户则实现3相平衡，使用绿色电源可以解决电流连续平衡问题；③使用绿色电源可以稳定、改善电网质量，具有对电网谐波过滤、净化作用。辽宁省通过资本运作现在已经拥有这方面的先进技术和实体，截止到目前共实施了唐山百货、北京新东安商场、西单商场等30多个绿色电源项目，总投资1340万元，有功节电率实现12%～30%。为全国绿色照明工作起到了积极的促进作用，目前正投资21万元实施沈阳万豪皇朝大酒店绿色电源改造工程。

6.2　辽宁省绿色照明发展构想

(1) 强化能源合同管理模式在实施绿色照明工程中的应用，尤其是工业企业领域

从一定意义上讲，全国绿色照明工作已进入发展的成熟期，直观体现在全社会能动意识的普及和提高，完善的信息资源和理性的经济成本分析，使得市政工程、建筑业、商业等各领域能够完成自身的改造工作。从中可以体现出我国绿色照明工作推进的彻底性以及现有照明生产企业技术能力的升级。但是现有的政策环境对于工业企业，特别是辽宁这样的老工业基地压力很大，伴随着国家电力价格政策的调整，现有一部制电价已不能提供给企业节电改造任何积极作用，企业享受不到更大的优惠政策。而很多工业企业由于缺乏有效的资本难以完成改造，而它们恰恰又是我们经济的主体、经贸委直接的服务对象，因此下一步我们的工作重点围绕工业企业，以推进能源合同管理模式以示范项目为引导，在主要城市营建能力强大的能源合同管理体系。

(2) 积极发挥绿色电源在绿色照明体系中的积极作用

在绿色电源建设方面，辽宁省计划以每年2个项目的进度推动，到2003年辽宁省共实现10项绿色电源项目，实现投资1920万元，2006年达到16个，实现投资3200万元。

7　铁道系统“绿色照明工程”实践经验

铁路运输昼夜不停，照明遍及七万多公里的沿线车站、站场、桥梁、隧道及各运输生产单位，照明用电量除电气化牵引用电外，约占运输生产用电的30%～40%。抓好照明节电，改善铁路照明环境，不但是节能工作的一项重要内容；也是提高运输服务质量，改善铁路形象，保证运输生产安全的一项重要工作。铁路行业认真贯彻国家实施绿色照明工

程的要求，通过加强宣传，不断深化实施绿色照明工程重大意义的认识，积极探索，总结经验，克服障碍，积极推进铁路绿色照明工程的实施。

7.1 加强宣传，不断深化对实施绿色照明工程重大意义的认识

保证铁路运输安全，是关系旅客生命和国家财产不受损失的头等大事，是铁路运营管理的永恒主题。为了在铁路沿线推广高压钠灯新光源，经过反复试验，跟踪考察，消除了部分人员担心黄色光源会对机车乘务人员造成视觉干扰、影响运输安全的顾虑。证明高压钠灯光效高、透雾性好，既能节电，又能提高照度，改善照明环境，并能保证运输生产安全，于是形成一致意见。高压钠灯在铁路车站、站场和生产车间、单位得到迅速普遍采用和推广。目前铁路的主要站场、隧道、桥梁、车间大部分采用了高压钠灯。"九五"期间，采用了国家倡导的绿色照明概念，实施绿色照明工程，对提高用电效率和照明效率，节约电能，减少发电引起的二氧化碳排放等环境效果，向全路进行广泛宣传。使大家充分了解绿色照明工程的内容和实质。同时，我们在铁路车站、站场开展试点示范，如实施的无锡站绿色照明示范工程，改造前与改造后相比光源用电容量由213.03kW减少到111.82kW，用电容量减少47.5%；各部位照度大大提高：站台由改前的25lx提高到66lx，候车室由48lx提高到370lx；出口通道由40lx提高到68lx，地道由40lx提高到199lx，天桥由60lx提高到123lx，进站大厅由100lx提高到433lx；不同部位的照度提高2～4倍。通过推广高效照明光源、灯具及控制技术的实例，使各单位领导及一线生产工人了解推广新光源，既能提高照度，又能节约电力，排除认识上的担心和干扰，激发大家推广高效光源、灯具的积极性。同时还利用节能宣传周等机会，向职工发放节能灯及电子镇流器，让他们实际了解新光源的质量和节能效果。通过这些工作，使全路广大职工和干部，真正了解了实施绿色照明工程的重大意义，形成各单位和职工个人要求采用新光源的局面。

7.2 试点示范，不断摸索和总结经验，提高实施绿色照明工程的质量

为了使绿色照明工程在铁路顺利实施，尽量减少实施中失误，我们采用试点示范，逐步推进的办法。"八五"期间，为了推广高效光源，铁道部安排牡丹江、哈尔滨、宁波、广州、长沙、成都等10个车站进行照明节电示范试点。"九五"期间，为了提高绿色照明工程的质量和效果，组织在无锡、苏州、包头、昆明、大连等车站进行示范；通过采用新光源，高效灯具和照明控制技术，真正达到节约用电，改善照明条件。使推动这项工作得到基层单位的支持和配合。如过去车站库房使用白炽灯，造成用电量大，灯泡经常损坏，车站作业人员看不清货签；采用新光源后，提高了照度，改善了工作环境，方便了车站人员作业，得到基层单位和作业人员的认可。在示范试点中，不断改进和解决遇到的问题，如铁路用电负荷变化大，电压不稳，晚上8点用电高峰，电压有的仅达170V左右，造成光源不能启动，造成灭灯现象。晚上12点后，电压升高到270V左右，造成电压过高烧废灯。试点单位及时采取措施，改造照明线路，加装稳压装置，解决烧毁灯和不起辉等问题。铁路照明有一些特殊需要，如为保证消防安全、特别是消防重点单位如货物库房安全，需要加强消防指示的照明标识；根据铁路运输运载重、速度快、震动大等特点，桥梁、隧道、站台上使用的光源和灯具，还必须有一定的防震措施，不致由于列车通过时震坏光源和灯具。在隧道内用的光源和灯具，除上述要求外，防潮比较严格，不致因潮湿、

漏水，影响照明和漏电。在实施绿色照明工程的过程中，为了解决铁路照明的特殊需要，我们与科研设计单位一起开发适应铁路使用的铁路专用隧道灯、库房灯、站台灯、桥梁灯等。有的车站大厅、候车室、进出通道空间较高，采用紧凑型节能灯时，为了达到较好的照明效果，进行了重新装修，降低照明空间，达到了满意的照明效果。过去有的单位只是单纯追求节约用电，因高压钠灯价格低，光效高，主要采用高压钠灯。随着消费水平提高，逐步注意视觉环境和照明条件的改善。如广州站组织示范时，全部用高压钠灯，改造后，感到视觉效果不理想，又重新更换为金属卤化物灯，光色有较大改善。现在一些主要站台都使用金属卤化物灯，在配光和照明效果上有了较大改善。由于在实施绿色照明工程过程中，我们不断总结经验，逐步完善照明条件，受到基层单位的充分认同。于是各单位采取积极措施，筹集资金，进行旧有光源的节能技术改造，使实施绿色照明工程成为各铁路单位的自觉行动。

7.3 利用多种形式和手段，扩大绿色照明工程的推广面

实施绿色照明工程，既要有政策引导，又要有规划推动，还要有标准约束。“九五”以来，铁道部节能主管部门采用多种方式和手段，组织推动绿色照明工程的实施。一是在转发国家经贸委《关于实施绿色照明工程的实施方案》以及在1998年《关于进一步推动绿色照明工程的实施意见》中，铁道部明确要求：全路必须认真贯彻国家实施绿色照明工程的要求，所有车站、站场，工厂都必须推广使用新光源和高效灯具，都必须采用国家认证的节电光源和照明控制技术。用政府行为强化工作的推动。二是把绿色照明的内容列入铁道部的“九五”、“十五”节能和资源综合利用规划。“十五”规划中明确规定：继续推进绿色照明工程，在客车、车站、站场推广采用高效光源以及照明自动控制技术，至2005年在全路特等客站和50%的一、二等客站全部达到绿色照明工程标准。根据这个规划要求，在每年安排节能工作中把实施绿色照明作为一项重要内容进行布置，做到实施绿色照明工程有规划、有布置，使各铁路局在安排计划和投资上有依据。如济南局根据部的“十五”规划要求，对全局照明和推广新光源的情况进行调查，为推进绿色照明工程的实施，建立照明改造项目库，把需要的投资逐年进行安排。三是把绿色照明要求纳入《铁路工程节能设计规范》，在重新修订最近发布的《铁路工程节能设计规范》中把绿色照明的要求纳入规定条文，使新建工程在设计上有根据，使新建铁路工程基本达到绿色照明要求。同时采取各种手段扩大推广范围，在改扩建的大连站、昆明站、包头站由部指定为实施绿色照明工程的示范工程，要求节能部门与建设、设计、施工单位密切配合，从可行性研究、设计方案，施工等各个环节贯彻绿色照明的要求，这样既可保证实施绿色照明的资金，又可逐步培养设计施工人员推动绿色照明工程的意识。在认识提高的基础上，各单位实施绿色照明工程在资金上就能调动各方面积极性，如利用部支持试点示范、各局安排项目、基层单位自筹资金等多种手段，来保证绿色照明工程的资金投入。

7.4 引进和借鉴国内外照明新技术，不断提高绿色照明工程质量

要扩大实施绿色照明工程的影响，必须采用先进照明技术，保证照明质量。铁道部在实施绿色照明工程中积极引进国内外先进的照明和控制技术，在组织绿色照明示范工程中，请有权威的照明专家对光源配置、灯具选择、照明控制技术的运用等方面进行咨询和参加方案设计。如苏州车站、无锡车站就这样做的。根据铁路供用电、照明、信息采集、

运输特点等各种情况，不断改进和提高。上海局与生产厂家及车站使用单位共同开发的站台照明智能控制技术，经过几年的研究、开发，首先在小型车站进行试验，经过在不同车站多次实验和改进，最后达到采用技术先进的工业控制局域网与列车实时信息告示系统网络连接，实现了系统信息共享和站台照明的实时智能控制，达到节电30%，延长光源使用寿命；改变了过去灯光开闭责任到人、专人负责的人为状况，减少站台值班人员人工操作劳动强度，保证了运输生产照明，满足了服务需求和行车安全需要，获得很好的社会经济效益。上海局经过几年努力，将局管辖的特、一、二等站都实现了照明实时智能控制。我们及时总结推广上海局的经验，召开技术经验交流会，发布文件要求在其他铁路局进行推广。铁路信号光源量大面广，过去一直沿用白炽灯，目前铁路单位与有关科研机构密切合作正在研制、开发在信号、机车上使用的发光二极管，并在京秦客运专线、京沪线等线路上试用。发光二极管寿命长、故障率低、免维修、光效高、显色距离长，是铁路信号光源的发展方向。在旅客列车上，目前也正在试用各种高效的光源，使铁路绿色照明工程从应用广度和技术深度上不断发展。

7.5 提高产品质量，是推进绿色照明工程顺利实施的重要保证

实施绿色照明工程必须有高质量的产品、规范的市场作保证，这样才能得到社会的认同，调动各方面积极性，形成市场经济条件下的自觉行为。铁路行业在推广新光源初期深有体会。由于产品质量得不到应有保证造成烧毁库房事件，使新光源的推广受到一定压力。有的局在推广电子镇流器的过程中，造成春运期间光源不能起辉，车站照明中断，售后服务跟不上，影响铁路声誉。1990年为了推广节电光源，在铁道部机关专门安排投资进行光源改造，走廊采用一体化紧凑型节能灯及灯具，由于塑料灯头发热，很快烧毁，光源寿命短，产生不好影响；而房间采用细管荧光灯，使用寿命长，得到大家认可。只有质量可靠的产品，自始至终的良好服务才能推动绿色照明工程的顺利实施。国家在绿色照明工程实施方案中提出制定标准，提高产品质量，规范市场十分重要。我们期望有志于推动绿色照明的企业界同行，研究、开发出高质量的产品，为提高绿色照明工程的信誉做出努力。

8 商贸行业“绿色照明工程”实践经验

自1996年国家经贸委启动“绿色照明工程”以来，商贸行业积极组织实施，经过1996～1998年的大力宣传推广，取得了很好的节能环保效果，三年累计推广高效照明电器产品4300万只，累计节电6320kWh。

我国商贸行业推广高效照明电器产品取得了显著的成效。无论是百货商厦、连锁超市，还是宾馆饭店、酒楼茶室，照明光源基本上由原来的白炽灯和粗管径（T12）直管型荧光灯为主改为现在的以紧凑型荧光灯和细管径（T8）直管型荧光灯为主。以大型商厦为例，高效照明光源的普及率已超过90%，尤其是新建的商贸企业，除了特殊需求的照明以外，“长明灯”全部采用高效照明电器产品。中小型商贸企业的高效照明光源的普及率也已超过75%。商贸行业通过推广绿色照明不仅达到节省电费，改善经营环境的目的，而且削减了高峰负荷，减排了SO_2、CO_2等废气，从而取得可观的环境效益和社会效益。

8.1 商贸行业推广绿色照明的主要经验

（1）领导重视和支持是推广绿色照明工程的保证

从原国内贸易部领导到省市贸易厅局领导都关心绿色照明的推广，国内贸易部积极参与中国绿色照明工程协调领导小组工作，由原部计划司牵头成立了绿色照明工程领导小组，并成立绿色照明办公室设在部节能中心。

(2) 加大绿色照明的宣传与培训力度是推广绿色照明的前提

在原内贸部绿照办在国家经贸委资源节约与综合利用司和中国绿色照明工程办公室的指导下，行业节能中心利用宣传小册子在系统内分发，还组织部分大型商厦主管能源的负责人来京学习高效照明电器的有关技术知识，参观高效照明电器的生产厂家。为了提高大家对绿色照明的感性认识，行业节能中心在部机关会议室、招待所和部分职工家庭与生产厂家合作开展了示范试点。使大家对实施绿色照明工程的重要性和高效照明电器产品有进一步的了解。中心还接待了美国CNN《生活中的科学》摄制小组和国际绿色环保组织绿色照明中国摄制小组拍摄了北京百货大楼、翠薇商厦推广使用绿色照明的情况。意在宣传中国开展绿色照明、节能环保方面的情况。这一专题片已在国外播映，取得良好的宣传效果。

(3) 开展质量承诺是推广绿色照明的关键

为了配合国家经贸委中国绿照办在北京、上海、南京、郑州4市的5个商厦开设“中国绿色照明工程质量承诺制专柜”，结合商贸行业开展的“百城万店无假货”的活动，首先开始对紧凑型荧光灯为主的高效照明电器产品实行质量承诺，并向试点商厦介绍了12家规模较大并建立了质量保证体系或产品质量口碑较好的紧凑型荧光灯的生产企业。鉴于商贸行业是照明用电大户，又是销售主渠道，必须严把质量关，在国家两项节能灯性能标准正式发布的基础上配合国家经贸委中国绿照办将国家技术监督局等单位对市场的抽检结果通过中国商报予以公布。

(4) 及时交流经验，做好开展调查研究是推广绿色照明的有力措施

通过参加各种经验交流会，把行业节能中心把全国各地推广绿色照明的经验和做法引入到商贸行业，为了做好绿色照明工程实施效果的评估工作，中心受国家经贸委中国绿色照明办公室的委托，接受了联合国计划开发署UNDP项目，《中国大型商厦绿色照明调查和政策建议》和《中国内贸行业中小型商厦宾馆和餐饮业绿色照明调研和政策建议》两个调查报告。其目的是对中国大型商厦绿色照明和中小型商厦、宾馆和餐饮业绿色照明工程推广情况、效果和存在的问题进行调查分析，全面掌握内贸行业绿色照明工程的进展情况，并为有关部门提出政策建议。中心在发放大量调查表的基础上，还派人对重点地区的商业、宾馆和餐饮业进行了现场调查。其中包括：北京、上海、沈阳、抚顺、南京、杭州、无锡、西安、成都等地的35家商业企业、24家宾馆、招待所和16家餐馆、饭店。并与有关人员进行了座谈。通过调查对内贸行业推广情况有了进一步了解，为下一步推广绿色照明打下了良好基础。

(5) 商贸行业自身对绿色照明迫切的需求是推广绿色照明的动力

因为照明用电的能耗占商贸企业能源消耗的比例很大，行业节能中心在不同地区按商场、宾馆、饭店（餐饮业）各选了十个企业进行调查。商场照明用电占总用电量的64.21%，每平方米营业面积照明用电平均为136.52kWh/年；宾馆照明用电占总用电量的62.94%，每平方米营业面积照明用电平均为39.04kWh/年；饭店照明用电占总用电量的54.37%，每平方米营业面积为68.46kWh/年。一个2万多平方米营业面积的商场每天

照明用电就要1万kWh时，光电费支出就需6000～7000元人民币。因此商场使用高效照明电器的积极性很高，已经由政府部门督促、指导转变为企业的自觉行为。

8.2 商贸行业推广绿色照明的现状及特点

(1) 大型商厦广泛使用各种高效电光源

细管荧光灯是大型商厦的首选电光源，紧凑型荧光灯也进入商厦照明系统。据7家大型商厦调查，共安装细管荧光灯7.5万只，紧凑型荧光灯1万只。建筑投光灯以金属卤化物灯为主。对各种灯的功率的选择有很高的同一性，细管荧光灯为18W和36W，紧凑型荧光灯为9W、11W、13W，卤钨灯为75W，金属卤化物灯为175W、400W。品牌大都以外资和中外合资企业的产品为主。

以北京市百货大楼为例，商厦的广场、营业厅、走道和办公室等场所照明功率占照明系统总功率的比率分别为10%，80%，2%和6%。各商厦广场照明高效投光灯所占比率平均达82%；营业厅管型荧光灯占76%，紧凑型荧光灯占3%；走道管型荧光灯占63%，紧凑型荧光灯占12%；办公室100%采用了管型荧光灯。

(2) 细管荧光灯成为各企业首选的电光源

通过对调查数据分析，现场专访和与有关人员座谈，行业节能中心了解到，细管T8荧光灯是各企业最普遍采用的高效电光源，主要是由于各企业以前多采用粗管T12荧光灯作为照明光源，如今改为细管荧光灯，操作便利，经济上也易承受，经多年的发展，细管荧光灯的质量也很可靠，改造起来几乎没有什么风险。紧凑型荧光灯也逐步为一些企业所接受，其优点是，节能幅度大，替代白炽灯改造便利，大多用于商厦的营业厅，餐厅和宾馆大堂等地；其不足是，价格相对较高，外观不易与装饰性灯具配套，质量寿命不很稳定，不可调光等。在一定范围内，限制了紧凑型荧光灯的大量推广。

(3) 各商场高效照明产品销量不大

白炽灯仍是百姓主要购买的电光源，占总销售量的67.65%，物美价廉，是其畅销的主要原因，其平均售价为1.57元；紧凑型荧光灯仍不为百姓所接受，只占总销售量的7.1%，价格因数是影响百姓购买的主要原因，其平均售价为36.49元；细管荧光灯相对于粗管荧光灯，更易于被百姓接受，细管荧光灯占总销售量的12.44%，粗管荧光灯占总销售量的9.54%，两者价格较为接近，细管荧光灯质量稳定是受欢迎的原因，细管荧光灯平均售价为11.23元，粗管荧光灯平均售价为7.10元；电感镇流器销量大于电子镇流器，电感镇流器占总销量70.2%，电子镇流器占29%．推广绿色照明的工作任重道远。

(4) 商贸企业对电光源产品的质量的要求比较高

首先是安全可靠，商场因电器问题引起火灾的教训是非常深刻的；其次是寿命要长，以免由于频繁更换灯具，影响营业的正常进行；再次就是光衰要小，显色指数要高。否则因照度不够和显色误差既影响商贸企业的经营和效益，又影响消费者的购物欲望，甚至还会影响消费者的身心健康。有损企业形象。因此大部分企业都选择中外合资企业或国内重点企业的产品，尽管灯的价格较高，但是质量好。通过调查发现，不少商场使用的紧凑型荧光灯的寿命已超过1万h，细管径直管荧光灯的寿命更长。产品的质量是投资回报的基本条件，绿色照明对商贸企业而言，不仅仅是环保和节能，而且是商场环境企业文化的一部分，必须实施高质量的照明灯具。

第3章　国外“绿色照明”实践经验

“绿色照明”计划是随着全球绿色环保运动的兴起，由美国环保局最初在20个世纪90年代初发起的。它实际上是一项推广高效照明器具的照明节电的节能计划，其独特的组织运作方式和显著的社会经济效益，在全球节能环保领域产生了深远的影响。在美国“绿色照明计划”实施后不久，世界上许多发达国家和发展中国家陆续开展了类似的“绿色照明”计划活动。与此同时，国际上的一些金融机构和基金组织对高效照明项目投资也给予了极大的支持。如全球环境基金（GEF）通过世界银行和联合国开发计划署在全球资助开发了多个高效照明项目。本章着重介绍国外开展绿色照明活动的情况。

1　发达国家的“绿色照明”计划

1.1　美国环保局“绿色照明”计划

美国环保局（EPA）绿色照明项目是一个由社会和私人团体自愿参与的环境保护计划，它通过提高照明能源效率来帮助参与者节约电力费用和减少相应的污染。项目的核心是由EPA与参与单位签订理解备忘录的形式，参与单位在备忘录中承诺在5年内，将90%的照明设备更新为节能产品。EPA将为项目参与者提供信息资源和公众宣传方面的支持。该项目从1991年开始实施。

EPA绿色照明项目的首要目标是鼓励美国的各类企业和组织使用高效节能照明产品，以防止空气污染（如温室气体、酸雨、有毒气体和臭氧空洞等），固体废物以及其他发电对环境带来的不利影响等。

在项目实施时期，EPA绿色照明项目为了追求最大效果，主要关注大型组织，如“财富”杂志选出的美国最大的1000家公司等，但随着项目的深入，也开始重视一些小型公司的参与。

EPA绿色照明项目推广的典型方式是向有关单位的领导层介绍和推介理解备忘录，这样能确保企业高层对项目的支持，使设备经理更容易获得经费和其他部门的支持。

EPA绿色照明项目实施机构和志愿参与单位的领导层通过谈判，双方将签署一个理解备忘录：

备忘录中对参与单位的要求是：

（1）对本单位所有使用的照明设备进行调查；

（2）确认可以节能的所有的照明技术、设计和维护方式；

（3）通过各类方法升级照明设备的最大节能值以及EPA绿色照明项目要求达到的目标值。

EPA认为实施单位的年度回报率应大于等于20%，回报年限不少于10年。

EPA绿色照明项目实施单位同意五年内完成：

(1) 100%调查使用的照明设备；

(2) 升级90%的照明设备。

项目参与单位还同意任命一位项目实施主任，负责确保参与单位按理解备忘录的要求完成任务。为了让公众了解绿色照明。参与单位还要任命一名沟通主任，负责使雇员、股东和顾客理解绿色照明的概念。

备忘录要求在文件签署180d内开始对照明设备进行升级改造，参与单位必须：

(1) 升级450~1500m²的照明设备，EPA将提供技术支持；

(2) 编制一个所有照明设备的调查清单，包括安装地点，照明面积，调查日期和更新费用预算，EPA提供费用预算支持；

(3) 召开一个由高级管理人员主持的绿色照明实施协调会（公司中设备管理、环境维护、人力资源、战略计划、财务管理等部门都要参加），EPA可以提供材料、信息、技术培训等方面的支持。

尽管EPA不对升级照明设备提供资金支持，但它提供全面的信息渠道来克服实施过程中的障碍，如照明设备数据库、照明合同，融资渠道以及升级照明分析软件等。

通过广告、研讨会、EPA绿色照明项目标志推广和各类媒介，EPA使项目及其参与单位得到公众的认可。

EPA绿色照明实施机构将为绿色照明项目参与单位提供照明分析软件，以帮助项目参与单位进行照明情况调查，照明情况分析，选择能效最高且适用的更新照明产品。同时，EPA也将为参与单位提供有关绿色照明的各类信息和培训指导。EPA为参与单位升级照明设备提供一系列的下列信息支持：

(1) 有关高效照明及其实施方法的全面总结；

(2) 以品牌划分的照明产品测试报告；

(3) 美国电力公司高效照明折扣项目清单；

(4) 美国非电力公司组织资助的高效节能照明产品项目一览表；

(5) EPA绿色照明项目关于高效照明技术、分析技术及其相关技术工具应用的培训课程；

(6) EPA绿色照明项目信息热线，即时发布有关高效照明产品，绿色照明项目的最新信息。

EPA为每个项目参与单位委派一名财务经理，为参与单位更新照明设备提供技术和管理方面的支持。以帮助确保参与单位正确实施并报告更新照明设备的情况。

除了参与单位以外，EPA绿色照明项目还存在两类合作者：同盟者和协作者。

同盟者（1998年11月统计为592个）是电力公司，光源生产厂家，销售商，调查商以及那些愿意向其顾客推广绿色照明产品的公司等。同盟者需承担部分与项目参与者相似的任务，同时要帮助EPA发展技术支持计划。EPA不宣传同盟者的产品和服务。同盟者也不一定遵循项目的重要规定。EPA将对同盟者进行重组，促使同盟者发挥更好的作用。

协作者（1998年11月统计为302个）是那些像非政府组织、研究所或贸易协会等支持绿色照明项目的独立机构。贸易协会在确定项目参与者时非常有用，例如，医疗仪器工业协会为EPA组织了将绿照产品应用于医疗仪器设备的论坛，由协会出面推广，更容易赢得潜在参与者的信任和兴趣。

美国“绿色照明计划”经过近10年的推广实践，成绩斐然。据美国国家环保局发表的数据，截止到1997年，美国“绿色照明计划”已实现照明节电70亿度，2000年的节电目标为300亿度。如今美国绿色照明计划已不再是一个独立的高效照明环保计划，她已逐渐并入到了美国一个更大规模的“能源之星”建筑节能计划当中。“能源之星”计划的组织实施方式和“绿色照明”计划一样，即首先由自愿加入该计划的伙伴公司与美国环保局签订备忘录，以承诺的方式在一定的时间内实现对本公司的节能技术改造。只不过“能源之星计划”有五个步骤的节能改造行动。首先的一步就是实施和完成“绿色照明计划”的活动内容，其余的四个步骤还包括建筑供暖和制冷系统，办公设备，建筑围护材料等部分的节能改造。在每一个步骤的节能改造中，都要求和鼓励用户使用“能源之星”产品。为配合“能源之星”计划的开展，美国环保局制定了严格的“能源之星”产品性能标准。现已给29个类型的产品，如家电，供热制冷设备，办公设备等，共计约3400多个品种的产品授予了“能源之星”产品标签。

美国在推广高效照明技术和其他节能产品方面，除了私有部门或社会团体自愿加入的“能源之星”计划外，对于联邦政府部门还有更为严格的要求，其中一个重要措施就是所谓美国政府大宗采购计划。大宗采购是指集中零散的节能产品需求客户，按照客户提出的产品需求条件，统一由专门的组织机构进行技术招标采购，其目的在于扩大节能产品的市场容量，降低节能产品的初始价格，通过严格的技术指标标准保证产品的质量。获得“能源之星”的照明产品将在美国政府大宗采购计划中得到选用。可见，美国的“绿色照明”运动正在步入一个新的时期，由绿色照明计划作为典范而带动的更大范围的“能源之星”计划，和联邦政府大宗采购计划将在全美节能环保活动中起着非常重要的作用。

EPA绿色照明项目成果统计表　　　　表8-3-1

年限	项目参与者资金投入（百万美元）	设备更新总面积（百万m^2）	年节电总量（GWh）	年节电费用（百万美元）	年减少温室气体排放（MMTCE）
1991	17	3	75	5.4	0.02
1992	45	7	193	16	0.05
1993	160	22	563	48	0.12
1994	378	53	1400	112	0.31
1995	784	111	2900	223	0.63
1996	1100	158	4500	338	0.96
1997	1600	260	7000	514	1.4

此外，美国还制订了节能标准——《除低层居住建筑外的建筑物能耗标准》(ASHRAE/IES 90.1—1999)。早在1973年发生世界石油危机后，美国在1975年就制订了90.1标准。此后随着照明光源的发展以及其他照明设备的进步，又修订成了1980年版、1989年版和1999年版。90.1标准现已成为新建建筑物的照明设计和施工的法规和标

准的基础，并得到国际法规委员会（ICC）的批准。90.1 标准已成为较为完善和成熟的标准。美国已有 34 个州强制实施 90.1 标准，有 7 个州的州政府建筑和用州资金建设的建筑物要遵守 90.1 标准，有 4 个州暂缓使用，有个别州没有节能法规，但州政府建筑采用 90.1 标准。要求采用更多的照明控制器，关掉在不使用的建筑空间里的照明设备。这说明 90.1 标准已成为美国各州广泛遵守的标准。

90.1 标准的特点包括：

(1) 本标准适用于新建建筑，但如果改建或更换照明系统不到 50%的系统时，可不遵守此标准。

(2) 标准采用照明功率密度（*LPD*）作为建筑照明节能的评价标准，*LPD* 以 W/ft 来限定，不得大于此值。

(3) 标准要求使用更多的照明控制器，关掉人们不使用空间里的照明设备，以节约照明用电。规定了自动断电、室内外照明控制、辅助控制、串联配线的条件。

(4) 标准要求采用高光效光源和高效率灯具。

(5) 标准不规定灯具之间的距离。只要符合 *LPD* 值即可。

(6) 采用流明法的计算公式，规定各类建筑物的 *LPD*。

(7) 室内照明功率规定，对于一幢建筑物或一幢建筑物内单独测算或部分空间的照明功率容限，可用建筑面积法或逐个房间法确定。

(8) 规定了不采用室内照明功率密度的情况。

(9) 对于特定照明，规定了附加的照明功率（当用逐个房间法时），装饰照明为不大于 1.0W/ft^2；商店中的特殊的和定向的强光照明不大于 1.6W/ft^2；用于显示珠宝等精细商品为不大于 3.9W/ft^2；为消除计算机上的眩光为不大于 0.35W/ft^2，应急照明光源的最低光效为 351m/W；采用 LED 出口标志灯每面小于 5W，每面用电量为 20～40W。

(10) 规定了确定灯具瓦数的条件。

(11) 规定了室外照明功率限值。

1.2 欧盟“绿色照明”计划

在欧洲，照明耗电已占到商业建筑总电耗的三分之一，照明节电的巨大潜力尚未得到充分开发。以往的大部分欧洲国家商用建筑的照明节电计划都是由各个国家的国家级或地方级的有关节能机构或电力公司来组织实施的。尽管照明节电在欧盟节能计划中已被放到了优先考虑的位置，但以往大部分工作多集中在技术研究、示范项目和技术信息传播方面。

欧洲绿色照明计划是在 2000 年 2 月 7 日由欧盟委员会正式发起的，由欧盟委员会联合国家能源局牵头组织，该计划是一个自愿性环境保护计划，旨在进一步推进高效照明技术在商用建筑中的大规模运用。

由于过去一些商业部门对高效照明系统的有关信息了解不够全面，照明改造的投资效益也不是很明显，导致这些商业公司对高效照明系统的投资不太重视。所以，欧盟“绿色照明计划”期望那些还没有进行照明系统升级改造的欧洲商业公司和财团改变以往的观念。加入到“绿色照明计划”中来。通过这一计划使这些公司的照明改造不但有经济效益，同时也能获得在欧盟国家进行节能环保自我形象宣传的机会。按照计划的设想，人们观念中的高效照明将不再只是一个多花钱，而更是一个能赚钱的新概念。

这个计划的核心部分是由自愿参加绿色照明计划的合作伙伴，也即欧盟各成员国公共建筑的业主或公司总裁与欧盟委员会签订绿色照明计划的协议。协议中，合作伙伴的应承诺保证有三条：

（1）要对现期拥有的或长期租用的建筑物照明空间，至少有50%的部分要进行高效照明的改进，照明改造投资的内部回收率超过20%，或者将照明总耗电量减少30%以上。

（2）对新建照明工程要选择新型照明节电装置，因选择新型照明装置而维持和提升照明质量增加的额外投资其内部回收率超过20%。

（3）在参加这项计划的五年时间内，完成改进高效照明水平的工作；每年提交一份工作执行进度报告；指定一位公司经理负责人，保证这项工作计划的顺利执行。

对于合伙人所拥有的和租用的建筑物的照明技术改进，欧盟委员会并不提供实际资金，它们向合伙人提供的只是信息资源和公众的认可（如在建筑物上的嘉奖标志、给予广告宣传，包括无偿使用绿色照明的标志，受到奖励等）。

欧洲绿色照明计划也大力鼓励与照明生产相关的企业团体参加到计划中来，这些企业团体将作为支持伙伴与欧盟委员会签订绿色照明计划的协议。支持伙伴必须承诺：指定一名负责人；促进绿色照明计划，并努力实现其目标；提供欧盟委员会有关绿色照明计划的产品、技术和服务的最新信息；对用户，对高效照明实施的利益和绿色照明计划进行培训；制订一项促进绿色照明计划的具体计划。另外，还要求支持伙伴在下面4项活动中任选一个照明示范活动，1）创建一个绿色照明区域；2）在欧洲，创建至少五个大型机场或火车站的示范区；3）帮助改进高效照明水平，并在一个著名场所创建一个可视绿色照明计划展示区；4）在绿色照明计划中，每年要登记注册五家可能的客户。作为回报，支持伙伴可在他们的产品服务广告和促销材料中，可使用欧洲绿色照明计划支持伙伴的头衔，以获得到公众的认可和树立良好的环保节能形象，欧洲绿色照明计划组织流程见图8-3-1。

欧盟各国实施“绿色照明计划”所需要的照明升级改造经费均由承诺参与计划的公司自己承当，欧盟不会对任何公司给予改造补贴。但是，欧盟组织机构将提供综合的信息和咨询服务，如实施步骤和资金投入的指导、技术信息的交流和咨询、提供产品目录清单、对计划本身和参与公司进行广告及新闻媒体的大范围宣传等等。

欧盟“绿色照明计划”与美国“绿色照明计划”主要区别在于组织形式上的不同，因为欧盟不同于美国环保局和能源部，计划组织的对象不只是一个国家而是所有的欧盟国家，它需要协同欧盟各国的能源或有关机构来共同组织计划在各国的实施。所以，计划的资金投入必须按国别不同分开考虑。只有这样才可能使计划的设计者充分考虑每一国家的具体情况和不同的市场信息资料，研究制定出相应的实施策略。

1.3 日本“绿色照明”计划

根据1997年12月在京都召开的气候变化框架条约第3次缔约国会议，为防止地球变暖，应减少向地球排放的CO_2量。日本在2008～2012年间的温室气体的排放量比1990年减少6%，为了减少能源的消耗，日本于1998年对原1993年11月1日实施的《节能法》进行了修订，新的《节能法》于1999年4月1日实施。在新法中强化了与建筑有关的节能法律，增加了“饮食店铺”的照明能耗规定，降低了“饭店或旅馆”、“购物场所”

等建筑的照明能耗系数 CEC/L，由 1.2 降到 1.0。由此可见，日本随着照明光源和照明技术的发展，正在降低照明的能耗量。

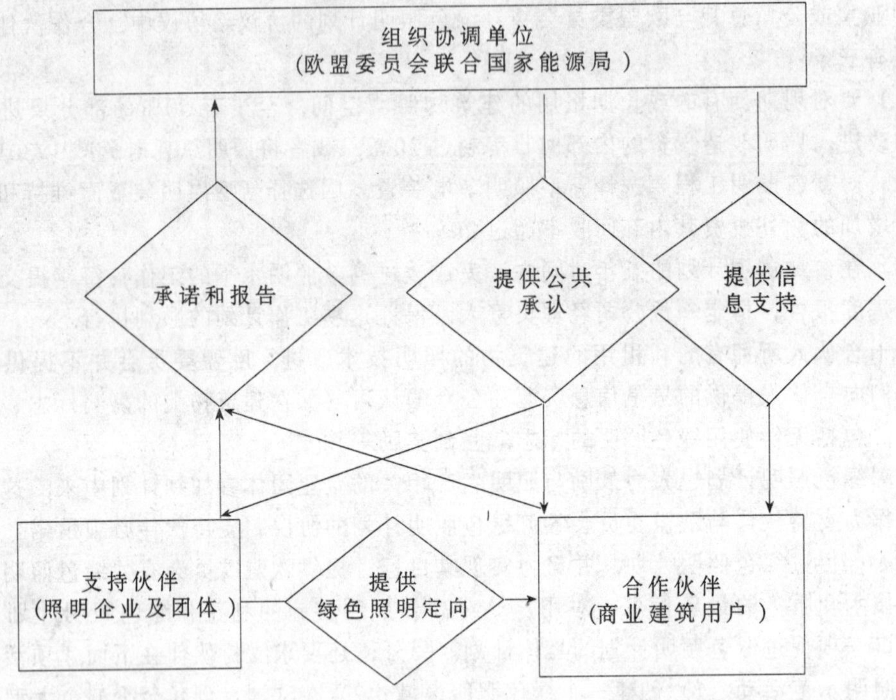

图 8-3-1　欧洲绿色照明计划组织流程示意图

因此，日本开展“绿色照明”活动，主要严格按照《节能法》的要求执行。《节能法》中对照明节电设计的特别条款是：

(1) 采用照明能耗系数（CEC/L）作为评价照明有效利用能源的判断标准，其值按下列公式计算：

CEC/L = 实际照明能耗/假定标准照明能耗 = $ET \times 10250\text{kJ}/(ES \times 10250\text{kJ})$

(2) 式中 ET 由照明设备设计功率 WT（W/m^2）、房间面积 A（m^2）、年照明点灯时间 T（h/年）和照明设备控制的修订系数 F 决定；而 ES 由标准照明的设备功率 WS（W/m^2）、房间的面积 A（m^2）、年照明点灯时间 T（h/年）、照明设备种类修正系数和照明设备的照度修正系数决定；

(3) 规定了 2000m^2以上办公楼、医院或诊疗所、学校、宾馆或旅馆、商店或饮食店六类建筑的 CEC/L 标准值和照明功率密度值（W/m^2）；

(4) 采用高效率照明器具；

(5) 采用有效利用能源效率的控制方法；

(6) 考虑维护管理的方法；

(7) 适当选择照明设备的布置，设定照度，房间形状，内装修等。

1.4　俄罗斯“绿色照明”计划

俄罗斯“绿色照明”活动主要通过制订国家标准《建筑节能量标准》和《天然采光和人工照明》等开展的。以莫斯科市为例，莫斯科市地方照明设计标准（MTCH）是对俄罗斯国家标准《天然采光和人工照明》CHИП23—05—95标准的补充和发展，它适用于新建和改建的公用事业、公共建筑、行政管理建筑以及居住建筑项目的人工照明的用电量的设计、检验和控制。不适用于住宅以及文化娱乐设施的房间的人工照明设计，不适用于有更高艺术要求的房间的照明设计，也不适用于室外建筑艺术照明、橱窗照明和广告照明以及应急照明、值班照明和警卫照明等。

本标准规定了各类房间的一般照明最大允许单位功率密度值。该标准的特点是：

(1) 对各类房间的一般人工照明应采用气体放电光源；

(2) 应考虑所选用光源的显色性以及照度分布的均匀度要求；

(3) 规定了各种光源在允许的最低显色指数时的发光效率（lm/W）；

(4) 对各类房间规定最大允许单位安装功率（W/m）；

(5) 对于未规定的公共房间、行政和辅助房间以及市政公用事业项目的房间最大允许单位安装功率，当采用俄罗斯CHИП23—05—95标准规定的照度时，不应超过按下列公式确定的单位功率密度值：

$$W \leqslant W_0 \cdot (E_{hop}/100) \cdot (K_3/1.5) \cdot (100/\eta_{CB}) \cdot (80/\eta_{NC})$$

公式中 W_0——相对于照度密度值为100lx，照度补偿系数为1.5，灯具的利用系数为100%，光源光效为80 lm/W的单位功率密度值；

E_{hop}——照度标准值（lx）；

K_3——标准的补偿系数；

η_{CB}——灯具的利用系数（%）；

η_{NC}——光源的光效（lm/W）。

2 “绿色照明”国际援助项目

2.1 世界银行/全球环境基金（GEF）墨西哥高效照明项目

墨西哥高效照明项目是世界银行/GEF支持的第一个照明项目，该项目开始于1993年，其目的是在墨西哥的两个城市的民用建筑部门推广使用高效照明产品。项目总投入达2500万美元，GEF资助墨西哥开展高效照明项目的最终目的是期望支持这个国家的电力部门开展能源需求方管理计划（DSM），而以照明改造作为一个切入口来评价在发展中国家开展能源需求方管理计划（DSM）的可能性，为有效改进电价体制，节约电力消费，减少温室气体排放摸索一定的经验。同时，探索是否可把能效投资作为一种商品投资，为今后在发达国家与发展中国家进行温室气体排放贸易建立一种模式。所以墨西哥GEF项目是由这个国家的电力公司来组织的。

项目实施过程中，推广紧凑型荧光灯的主要手段是运用大宗采购计划，即对供货商进行国际招标，从而在国际市场上拿到便宜的产品价格。另外，居民在买灯时将得到一定的补贴，剩余成本可在两年、或两年以上的时间内每月交电费时分期交付给电力公司，以便克服居民普遍感觉初始投资太高的心理障碍。在该项目执行的两年半的时间里，在推广紧凑型荧光灯方面取得了很大的进展。

2.2 全球环境基金（GEF）/国际金融组织（IFC）波兰高效照明项目（PELP）

为减少波兰能源产业部门二氧化碳及其他温室气体的排放，国际金融组织（IFC）开发了波兰高效照明项目（PELP），全球环境基金（GEF）为该计划提供了500万美元的资助。

PELP于1995年6月至1998年6月在波兰实施，它通过在波兰消费市场推广使用紧凑型荧光灯（CFL）来减少能源消耗。当时，波兰紧凑型荧光灯市场受到两个问题的困扰：一是波兰消费者对使用紧凑型荧光灯的益处认识不足；二是紧凑型荧光灯价格昂贵，比普通白炽灯贵30倍。

项目的目标分为两部分：在项目实施过程中增加紧凑型荧光灯的销售量，更重要的是刺激波兰消费者对紧凑型荧光灯的需求在长时间内持续增长。PELP项目在加强公众教育的同时，补贴制造商降低出厂价格，实现了需求增长和紧凑型荧光灯售价的降低。PELP项目以远低于其他国家的单位成本实现了紧凑型荧光灯（CFL）销售量的大幅度增长。在波兰电光源制造商、政府机构、非政府组织和其他国际组织的通力协作下，PELP在波兰的照明产品市场调动了公众使用高效产品的积极性，还创造了一个广泛认可的高效优质产品的认证标志。除进行市场改造外，PELP还包括一个小型DSM示范项目，为波兰通过改善居住照明效率来"减小峰值负荷"的战略提供数据上的支持。

(1) 波兰高效照明项目（PELP）采取的主要措施：

1）给制造商以补贴

和通常采取的直接向消费者提供折扣如优惠券等方式不同，PELP从生产厂家那里降低紧凑型荧光灯的价格。参与项目的厂商由于收到补贴而降低出厂价，将项目的补贴全部让利给分销商，消费者得到实惠。项目同时也鼓励生产商额外降低批发价格、赞助相关推广活动和产品认证的广告经费。

PELP的补贴计划比折扣券的方式能更大幅度的降低产品零售价格。因为大多数分销商和零售商都是按出厂价加一定的百分比来决定批发和零售价的，此外，波兰的增值税也是按出厂价、批发价、零售价的一定百分比分别向生产商、分销商和零售商征收的。当向制造商支付补贴来降低紧凑型荧光灯出厂价时，零售加价和增值税也会降低。例如：批发价加价比例为15%，零售价加价比例为25%，价值附加税为22%时（总升幅为出厂价的75%），向生产商提供1美元津贴可以使零售价降低1.75美元。

参与PELP项目的生产商为获得各自的补贴而相互竞争。为最大限度降低项目执行成本，生产商能够带来的节能效益越大，获得的补贴也越多。生产商有很大的自主权来决定给何种型号的紧凑型荧光灯补贴和补贴多少。这样可充分利用生产商对市场的知识来最大量的销售紧凑型荧光灯，从而实现每美元补贴的节能收益最大化。

然而，生产商必须在限期实现销售的增长。如果某个销售商不能在指定的时间内完成其津贴配额相应的销售任务，那么，这些配额将重新分配给其他更具实力的竞争者。这样，PELP保持并加强了市场竞争力，实现了紧凑型荧光灯的销售目标。

生产商是补贴发放的渠道，但他们并不直接从补贴中得利，他们间接的从低价销售更多的产品获得利益。实际操作中，生产商在第一次以较低的出厂价销售紧凑型荧光灯时先垫支补贴，然后，凭销售文件向PELP报销补贴。

PELP平均为每个紧凑型荧光灯提供的补贴是2.14美元，生产商平均对每个CFL的捐赠是1.23美元，通过增值税和分销加价比率的杠杆作用，每个CFL的零售价格下降了

5.91美元，杠杆比例约为1∶1.8。

2）对消费者进行宣传教育

PELP的公众教育计划是通过可信赖的渠道向消费者传播高效照明益处的信息，让公众了解紧凑型荧光灯补贴项目。PELP的广告不断播出自己的标识和波兰四个权威部门的推荐材料。PELP的标识应用在产品的标签和广告上，成为消费者判断高效优质光源产品的标志。PELP召开照明专业设计人员研讨会，使波兰一大学将能效问题引入照明设计课程。PELP还开展了一项得到波兰教育部认可的能效教育计划，有来自25所学校的1000人参加了学习。

3）开展DSM示范项目

PELP实施了一个照明DSM示范项目。这个项目需要在某一个地区高密度的使用紧凑型荧光灯。在项目实施前，该地区的记载显示紧凑型荧光灯的销售量很少，还未建立起零售体系。因此，示范项目需要向消费者发放一系列折扣优惠券以加强分销渠道建设并提高市场活力。项目采用招标方式从制造商处大宗采购紧凑型荧光灯。在向广大市民发放折扣优惠券的同时经过衡量，保证家庭用户获得最高回扣。市政府和市民团体也帮着推广紧凑型荧光灯。由于折扣优惠券有效期比较短，在当地引起了采购紧凑型荧光灯的热潮，短时间内，平均每个家庭购买并安装5个以上的紧凑型荧光灯。

通过在指定区域推广使用紧凑型荧光灯，0.4kV监测点的峰值功率水平下降了约15%。此外，一些被监测的家庭在安装紧凑型荧光灯后，峰值能耗需求降低了40%。紧凑型荧光灯采用了欧洲通用的不带电流品质修正电路的电子镇流器，谐波干扰在0.4kV监测点上升了10%。零线电流的增加可以忽略不计。最终分析显示，根据成本效益分析，将资金用于PELP的DSM示范项目比用于分销系统升级的性能价格比更高。

(2) 波兰高效照明项目（PELP）所取得的成果

PELP项目的津贴活动增加了紧凑型荧光灯生产商的销量和竞争力，公众教育活动使消费者对降价的紧凑型荧光灯的需求不断上升。PELP项目通过短时间的激励，将从降低价格、提高产品性能、增强消费者认知度等方面在长时期内促进紧凑型荧光灯市场的发展。

通过实施PELP项目增加的紧凑型荧光灯销量使波兰节电4.368亿度，减少二氧化碳排放529吨，平均每吨成本为7.35美元。如果考虑PELP更广范围的市场转换影响，则可节电23.2亿度，减少二氧化碳排放2794t，每吨成本仅为1.39美元。PELP的效果主要体现在：

1）项目执行前，波兰居民家庭中至少拥有一个紧凑型荧光灯的比例为1/10，项目实施一年后，该比例上升为1/3；

2）紧凑型荧光灯的销量由1994年的600 000个上升到1997年的1 600 000个；

3）97%被调查的紧凑型荧光灯购买者表示在更换灯泡时还将选购紧凑型荧光灯；

4）在1995～1996年度购买紧凑型荧光灯的消费者中，有一半是从PELP项目知道紧凑型荧光灯的；

5）到1998年项目结束时，波兰紧凑型荧光灯的售价与1995年相比下降了34%，波兰紧凑型荧光灯制造商与市场专家都认为这是PELP项目宣传推广和提供津贴推动的结果；

6）生产商为全波兰的紧凑型荧光灯分销商和零售商提供广泛的培训，使它们可获得PELP项目提供的商业机会；

7）数据显示PELP项目在近三年的时间里使波兰紧凑型荧光灯市场由成熟走向饱和。

PELP项目说明高效照明推广计划可以花费合理的成本通过私营部门来实施。PELP项目完成后，很多国家实施高效照明推广计划都采用这种模式。国际金融组织提交了费用达1500万美元的多国高效照明实施计划（ELI），全球环境基金（GEF）理事会同意了该计划，并于1998年7月签署了项目协议。ELI开始利用市场手段在很多国家实施高效照明计划，实施的国家有阿根廷、秘鲁、南非、捷克、匈牙利、拉托维亚和菲律宾。

2.3 全球环境基金（GEF）/国际金融组织（IFC）高效照明七国项目（ELI）

ELI项目是由全球环境基金（GEF）资助的私营部门组织实施的能效项目，它由国际金融组织（IFC）管理，旨在减少全球温室气体排放。项目共支持7个发展中国家（含菲律宾）开展为期3年的照明产品市场转换活动。GEF通过IFC为项目提供1730万欧元的赠款。

ELI七国项目在一定程度上吸取了前一个GEF高效照明波兰项目的经验。因在波兰GEF项目执行以前，波兰市场上已有高效照明产品如紧凑型荧光灯等产品的销售，但是价格高，产品缺乏竞争，消费者对照明节电的经济效益认识不够，所以波兰项目主要运用市场机制手段，采用技术采购招标的方式直接给予生产厂商以补贴，形成生产厂商的竞争机制，提高产品质量水平，降低产品成本生产和销售价格，扩大优质产品的市场占有率。与未开展项目前相比，波兰的高效照明产品的市场渗透率有了很大提高。因此，七国项目在吸取了波兰项目经验的基础上，即采取激励市场竞争的同时，允许各国可通过本国的咨询和非政府机构，根据本国的实际情况组织独立的和国家级的高效照明实施计划。项目中的七个国家将要开展的活动内容会有所不同，但整个项目设计的活动内容大体包括：

(1) 公众教育计划，对消费者进行高效照明经济性与环保节能信息宣传运动。

(2) 产品技术质量提高计划，为市场上销售的高效照明产品设定一定技术水平和可靠性要求。

(3) 产品的标识和宣传计划，引导消费者购买质量上乘的照明产品，维护高效照明技术的声誉。

(4) 生产厂商的激励计划，用补贴吸引生产厂商形成竞争机制，提高产品质量。为优质产品生产厂商开拓市场份额，组织联合营销活动。

(5) 资金支持计划，为克服由于节能投资初始成本高给消费者造成的心理障碍，组织专业的私人投资咨询机构进行成本分摊和效益共享活动。

(6) 市场推广计划，组织开展产品大宗采购计划，减低产品销售的单位成本，扩大产品市场容量。

(7) 政策改革计划，协调各国制订相宜的产品生产和产品进出口的优惠财税政策。

(8) 电力公司需求管理计划，鼓励各国的电力公司共同参与照明节电项目。

2.3.1 ELI项目中阿根廷实施“绿色照明”情况

阿根廷照明用电约占总用电量的26%，其中家庭照明占37%，商业和公用建筑照明占

33%，路灯照明占17%，工业照明占11%。ELI项目关注的是家庭照明和商业及公用建筑照明。阿根廷另外还有一个GEF单独的路灯照明项目，主要致力于改善该国路灯照明能效水平。ELI项目中提高家庭照明效率方面的基本策略是用紧凑型荧光灯取代白炽灯。

阿根廷家用照明光源以白炽灯为主。1994年，阿根廷共销售1.15亿个白炽灯，而紧凑型荧光灯只销售了20万只。尽管到1997年时，紧凑型荧光灯销量超过了100万只，但它在家用照明市场的影响还不明显。在商业照明领域，T8荧光灯在荧光灯市场的市场占有率为35%，比其他拉美国家的比例都高，但是，以T8荧光灯取代T12荧光灯仍然存在明显的市场障碍。

阿根廷高效照明所面临的主要障碍是：

缺少对高效照明的认识，很多顾客并不了解高效照明的节能潜力，另一方面很多潜在的顾客因缺少专业知识而无法选择最合适的手段。还有一个因素就是顾客对一些设备的性能信心不足。因此，顾客倾向购买价格最便宜的灯，而不是综合考虑到能耗的花费。在对照明质量进行选择时，他们的主要的依据产品的商标。

产品供应不足，高效照明的推广有时会因为相应照明设备的缺少而变得困难，例如高效电子镇流器，高效光源，以及基于日光和人的自动控制系统。这些产品的稀少的后果是它们的价格高于国际水平，使得产品的使用变得不经济。

产品的技术问题，公众对高效照明产品缺少信心也是有理由的。在阿根廷，有一个广为人知的启辉器质量问题，T8灯管应该比传统的T12节能，但是高效的灯管需要优质的启辉器，市场上的大多数产品的质量都不能达到这样的要求，这样，即使T8灯管不比T12灯管贵，也还是很难推广。其他产品质量问题的例子还有，宣称的几年的寿命的紧凑型荧光灯在用户那里变成了只有一两个月。

缺少合适的投资环境，阿根廷经济的一个特点就是高利率，这样，很多高效照明方面的投资并没有收益。许多国内的高效照明产品制造商也缺少投资。另一方面，一些客户群没有资金进行这方面的投资，例如各级政府部门都是根据年度预算来运作，没有可能在今年对将来的能耗节约进行投资。这样的造成的一个后果就是在公共建筑中用于推广高效照明的投资水平很低。

为在阿根廷全面铺开高效照明活动，ELI在采取行动前对阿根廷的照明市场进行了基本的供求状况的调研。技术培训和公众宣传是ELI的基础，重点是通过各种课程、讲座、研讨会等进行教育宣传和技术交流，通过ELI项目提供的节能照明手册和设计相关的公众教育活动来宣传环境保护中生态和节能的概念。

ELI在执行项目的七个国家都推出了节能照明产品标准，到2001年1月，ELI认证了参与项目的一百多种紧凑型荧光灯，生产商可以在合格产品上使用ELI的标记。在阿根廷，市场上的产品都要经过实验室测试。

ELI鼓励电力公司采用DSM方法推广高效照明产品，项目还涉及电力部门的一些法规制定部门，项目将帮助制定新的税收结构以促进高效用电，尤其是高效照明的推广。

2.3.2 ELI项目中捷克实施“绿色照明”的情况

在捷克，高效照明产品在居民家庭中使用，主要有以下几个方面的市场障碍：

(1) 电价，使用CFL的投资回收期取决于电价，这个时间对很多关注短期效果的用户来说太长了；

(2) 产品购买，在许多农村没有超市，难以买到便宜的CFL，而且农村的收入也很低；

(3) 信息不足，大多数用户虽然知道CFL，但是不了解它的节能效果，一般的销售人员也没有受过指导用户购买的培训；

(4) 灯具配套，很多现有的家用灯具并不适合使用CFL光源，有些专用灯具也较贵；

(5) 视觉效果，没有用过CFL的用户认为它们都发出一种不舒服的冷色光而且不好看；

(6) 产品质量，一些低质量的CFL虽然价格很低，但是容易未到寿命就失效。捷克有规定要求电气产品要经过相应的安全认证并标上安全等级，但对CFL还没有制定质量规范。

针对上述信息不畅问题，ELI项目在捷克指定了一些合作单位。它们拥有大量的客户信息，通过账单支付方案，以消除初投资的障碍。ELI将与这些合作单位推出DSM计划，项目将评估CFL的DSM计划的投资效果，并制定出执行计划。针对大众对CFL和配套灯具特性的认识不够，ELI在一些销售现场展示它们的照明效果以供比较。除此之外，ELI将根据分析购买者的组成和问卷调研来评估这个方法是否有效。ELI还大力推进优质产品的认证标志的使用，以此抵制一些低价低质产品的泛滥。ELI同时还和灯具厂商合作，推出CFL适用和专用的灯具。

最后，ELI鼓励一些金融援助机构对低收入人群开展提供免费CFL样品的活动。另外，免费赠送CFL也刺激了生产商的投资。

在商业和工业领域一般倾向投资于回收期不大于两年的项目。在捷克，60％的餐馆使用的光源是CFL和荧光灯管（主要是T8），电感整流器比电子镇流器普遍，新建和改造的设施则倾向于使用高效照明。在商业和工业领域推广高效照明的妨碍因素主要有：

(1) 投资回收，是否能快速收回投资是商业领域的一个主要问题，这样，低造价的措施容易被接受，而高造价的措施（如将电感镇流器更换为电子镇流器）难以施行。时间、信息和专业人员的不足也是一个制约。

(2) ESCO（节能服务公司）的声誉：ESCO的概念在照明领域还不普及，这带来了信用问题的恶性循环：这些公司因为没有知名度难以得到客户，而没有客户则又难以提高知名度。ELI将为一些“先驱”ESCO项目提供合法的支持，并且广泛宣传这些工程的结果。

公共建筑的照明一般使用最普通的光源，现在捷克的教室和医院设施普遍采用40W的T12荧光灯管和电感镇流器。教室的走廊有90％采用有2～4个荧光灯的灯具，其他的则采用白炽灯。发展高效照明的市场阻碍主要有：

(1) 照度要求低，学校的照明目前是按照捷克的健康照明要求，大多数照明改造会增加电力消耗。由于改造不能带来收益，所以节能模式不会被采用。

(2) 优先权低，公共机构只有有限的预算，现代化设备和采暖设备的购买和改造会优先考虑，而照明不是最重要的。

(3) 缺少技术知识，公共机构的人员没有受过辨别和评价高效照明的培训。

国家规定，国家预算大多规定都要求节省的开支返还给国家，这样就不可能用节省的钱回报ESCO。原则上说，规章允许公共部门参加ESCO合同，这个困难将逐渐变小。

因此，为克服公共领域推广高效照明的市场障碍，ELI将支持照明市场发展分销机构，这将有助于消除这些障碍。ELI指定了一些照明批发商和安装公司，还有一些节能组织。在市场评估阶段，ELI会和他们共同确定需求，推敲合适的工作方法，致力于促进照明节能这样一个新的产业在捷克的形成。

2.3.3　ELI项目中拉脱维亚实施“绿色照明”的情况

拉脱维亚开展绿色照明活动在ELI项目中的预算为65万美元。

在居民家用照明领域，ELI和拉脱维亚市政部门合作推出了一系列示范项目，如开展“照明日”公众教育活动，消费者拥有使用市政服务补贴支付购买节能灯的权力，在示范工程中的运用的高效照明产品将通过招标选择。示范项目将在五个城市首先实施，在总结经验的基础上再向全国推广。

在商用建筑照明领域的措施，ELI项目将推动拉脱维亚照明标准制定委员会的工作，使该国能采用欧盟的照明设计标准（用于路灯照明、工作场所和学校照明等）。ELI项目还将提供50000美元资助进行标准的宣贯活动，促进高效照明产品的使用。

ELI项目还包括对拉脱维亚建筑商、工程师、安装人员、市政决策者、小商户、教师等进行能效方面技术、经济性的培训。随着路灯照明的管理权由公用部门转到市政部门，ELI还会对安装高效节能路灯照明产品予以支持。

2.3.4　ELI项目中菲律宾实施“绿色照明”的情况

菲律宾ELI项目的预算为285万欧元，主要是通过各种方式加强消费者对高效照明产品的认识，提高高效照明产品的市场覆盖率。ELI项目的主要措施是通过加强DSM项目实施法规体系的建设和开展DSM项目以提供技术支持，消除高效照明产品市场化的障碍。

2001年4月10日，菲律宾能源规划委员会（ERC）与ELI达成协议，将共同修改和完善菲律宾DSM项目法规框架。并积极鼓励电力公司实施DSM项目。有关法规框架将明确DSM项目成本的回收体系，促进DSM项目的实施。

DSM项目是由电力公司组织实施的，因此电力公司将作为ELI项目高效照明产品市场转换的代理人，电力公司有如下责任：电力公司有责任明确DSM项目的目标并找出实现目标的适合途径；向ERC提交DSM项目实施计划和方案；向ERC汇报项目进展情况；对实施情况进行年度评估和检查。

ELI项目在菲律宾还推出了CFL租赁活动，该活动由两家电力公司负责实施，电力公司向其用户提供CFL租赁服务，每只灯每月租金约为0.35欧元，18个月为6.3欧元。这样，消费者能够从中获得收益，电力公司也可从租金中收回成本并取得回报。

菲律宾ELI项目为建立消费者高效照明意识所进行的宣传对促进高效照明市场的发展起到了重要作用。这方面的活动包括：公众教育、产品标识、媒体宣传、专业人员培训和在高校开设专业课程等。菲律宾质量标准局检测实验室（FATL）负责CFL的产品检测工作，ELI向它提供了23万欧元用以更新检测设备。IFC相信只有采用全球公认的质量标准才能确保照明市场转换取得成功。另外，菲律宾ELI项目还资助对CFL的检测，包括对假冒品的检测，以便于在消费者中开展宣传教育。

附录 “中国绿色照明工程”大事记

● 1996年5月29日，国家经贸委以国经贸厅资（1996）126号文发出《关于成立“中国绿色照明工程”协调领导小组的通知》。通知提出成立“中国绿色照明工程”协调领导小组、办公室和专家组，并公布了协调领导小组（国内10个部委、院、总会、公司）、办公室和专家组的成员。

● 1996年9月18日，国家经贸委以国经贸厅资（1996）619号文向全国印发《“中国绿色照明工程”实施方案》的通知，并正式启动实施。通知明确了实施“中国绿色照明工程”的必要性和可行性、组织体系、预期目标和主要做法，要求各地区、有关部门认真贯彻执行。

● 1996年10月，“联合国计划开发署（UNDP）中国绿色照明工程能力开发”项目获批准，该项目向中国政府提供99.5万美元的技术援助，用以支持和推动“中国绿色照明工程”的启动。

● 1996年10月7日，国家经贸委中国绿色照明工程办公室在北京成立了“中国绿色照明工程北京展示中心”。该中心是集科普、教育、宣传、推广和销售为一体的宣传展示场所。

● 1996年10月10～11日，“1996中国绿色照明国际研讨会”在北京国际会议中心召开。会议主要内容：介绍《“中国绿色照明工程”实施方案》、国家实施绿色照明的政策、措施和经验，交流高效照明产品市场开发的经验。会议期间还开展了高效照明电器产品的小型展示与技术交流活动。

● 1997年5月7～8日，“中国绿色照明工程”首次经验交流会议在北京西山饭店召开。来自全国各地的200多名代表参加了会议。国家经贸委资源司领导做了“中国绿色照明工程”1996年工作总结和1997年工作计划的报告，有6个省市的代表介绍了当地实施“绿色照明工程”的情况和经验，并进行了广泛成果交流。

● 1997年6月3日，国家技术监督局发布了中华人民共和国国家标准GB 16843—1997《单端荧光灯的安全要求》和GB 16844—1997《普通照明用自镇流灯的安全要求》两项强制性国家标准。该标准于1998年5月1日开始实施。

● 1997年9月6～8日，中国绿色照明工程办公室在北京举办了“中国绿色照明工程”第一期国际研讨培训班。这次国际研讨培训班是“中国绿色照明工程”国际交流活动的一项重要内容，有50余人参加了培训。

● 1997年10月29日，国家经贸委与国家技术监督局、中国轻工总会在北京梅地亚新闻中心共同召开了“中国绿色照明工程1997节能电光源产品质量全国统检结果新闻发布会”。会上发布了1997年对北京、上海、天津、江苏等21个省、自治区、直辖市133个企业生产的149批《普通照明用管型荧光灯》、《高压钠灯泡》、《卤钨灯》、《单端内启动荧光灯》等四种节能电光源产品质量全国统检结果：有110批合格，抽样合格率73.8%。

● 1997年11月10～11日，“1997中国绿色照明国际研讨会”在北京新世纪饭店召开。会议主要内容包括：介绍中国绿色照明工程实施进展，研讨电子镇流器的产品标准，开展提高电子镇流器可靠性的技术交流，探讨开拓电子镇流器市场的有效途径。

● 1997年12月2～4日，中国绿色照明工程办公室在北京召开了“绿色照明产品认证与质量管理国际交流研讨会”。这次会议的主题是贯彻《中华人民共和国节约能源法》，学习国内外质量管理和产品认证先进经验，进一步开展照明产品认证工作。

● 1997年12月8日，中国绿色照明工程办公室编辑、出版发行了《中国照明电器产品生产企业名录》。该名录收入的信息包括企业的基本情况、主要产品介绍、主要产品技术指标、最新的参考价。同时，收入的信息将录入中国绿色照明工程办公室照明电器产品生产企业数据库。

● 1998年4月6日，国家技术监督局发布了中华人民共和国国家标准GBT 17262—1998《单端荧光灯性能要求》和GBT 17263—1998《普通照明用自镇流灯性能要求》两项推荐性国家标准。该标准于1998年9月1日起实施。

● 1998年5月，国家经贸委中国绿色照明工程办公室决定率先在北京、上海、南京和郑州4市的5个商厦（北京展示中心、上海灯具总店、南京中央商场、郑州花园商厦和郑州百货大楼）开设“中国绿色照明工程质量承诺制”专柜，实施紧凑型荧光灯产品的“质量承诺制”活动。

● 1998年5月通过联合国计划开发署（UNDP）向全球环境基金（GEF）申请“国家经贸委/UNDP/GEF中国绿色照明工程促进项目”，于2000年8月批准，获全球环境基金（GEF）813万美元赠款。

● 1998年9月10日，中国绿色照明工程办公室和中国飞利浦照明灯具事业部为帮助中国灾区儿童重返校园和加强中国绿色照明工程宣传力度，在北京国际俱乐部召开了“情暖童心——希望工程”新闻发布会。拟在黑龙江、吉林、湖北省捐赠成立5所希望小学。

● 1998年10月8~9日，“1998中国绿色照明国际研讨会”在北京凯宾斯基饭店召开，到会代表180多人。会议主要内容：介绍中国绿色照明工程进展状况，开展节能照明灯具的技术交流，探讨提高节能照明灯具市场占有率的有效途径与推广策略等。

● 1999年2月2日，国家经贸委与国家技术监督局、国家轻工业局、中国照明电器协会在北京梅地亚新闻中心共同召开了“1998年普通照明用自镇流荧光灯国家监督抽查结果新闻发布会”。会上发布了1998年第四季度抽查了15个省市54家企业的62批产品质量抽查结果。会前，已公布了1998年荧光灯（电子）镇流器全国统检结果。

● 2000年3月16日，国家经贸委、建设部、国家质量技术监督局以国经贸资（2000）223号联合印发《关于进一步推进中国绿色照明工程的意见的通知》。通知要求：对中国绿色照明工程进一步提高认识，加强领导；完善标准，制定办法，规范市场，强化监督和管理；采取有效措施，加快高效照明电器产品的推广应用等。

● 2000年4月6日，中国绿色照明工程办公室以绿照办（2000）03号文《关于公布1999年普通照明用自镇流荧光灯产品质量国家监督抽检结果的通知》，公布了1999年第4季度抽查了12个省市40家企业的42批次产品，其中，28批次合格，产品抽样合格率为66.7%。

● 2000年6月26日，由国际金融集团（IFC）筹划、全球环境基金（GEF）融资和北京能源效率中心组织的“高效照明项目（ELI）”座谈会在北京召开。该会目的是把我国的高效照明产品向阿根廷、捷克、南非等7个国家推介和输出，加快提高这些国家高效照技术发展的步伐，推广我国高效照明器具的出口量。

● 2000年10月12日，北京电视台“荧屏连着我和你”节目，播放了“绿色照明”专题节目，向大众宣传“中国绿色照明工程”和大宗采购的意义、内容与方法，取得了较好的效果。

● 2000年10月，联合国开发计划署、中国国际经济技术交流中心、联合国经济和社会事务部在对UNDP“中国绿色照明工程能力开发项目”进行了综合评估后，出版并广泛传播了题为《中国绿色照明工程联合国开发计划署项目回顾》的文献，将该项目作为示范项目推广经验。

● 2001年9月21日，国家经贸委/联合国开发计划署（UNDP）/全球环境基金（GEF）“中国绿色照明工程促进项目”启动暨新闻发布会在北京召开。该项目获得全球环境基金赠款813万美元的支持。项目主要用于支持制定标准、开展认证、标识、技术交流和宣传培训，组织大宗或政府采购等活动，以提高照明电器生产企业的产品质量，引导和规范照明电器产品市场秩序，逐步扩大优质照明电器产品的市场份额，增强消费者采用高效节能照明系统的节电意识。项目执行期为4年。

● 2001年11月8日，中国绿色照明工程促进项目办公室和中国照明电器协会共同主办的“绿色照明、绿色奥运”专题研讨会在北京召开。会议旨在通过“中国绿色照明工程促进项目”的实施，支持北京2008年奥运，为“绿色奥运”理念的实现做出积极的贡献。

● 2002年1月19～2月2日，中国绿色照明工程促进项目“照明产品能效标准、标识”国际考察团，赴澳、日进行了为期两周的考察访问。此行主要了解国外发达国家在节能政策、及节能产品能效标准和标识工作开展的情况，学习和交流有关经验。

● 2002年5月22日，“中国绿色照明工程促进项目”协调领导小组正式成立，协调领导小组成员主要来自相关部委主抓节能工作的机构和部门，负责项目实施中有关部门间的沟通与协调，并监督项目的实施。

● 2002年6月1日，“中国绿色照明工程促进项目”项目网站www.cn-greenlights.com、www.cn-greenlights.gov.cn正式开通，网站将向社会各界及时报道项目进展情况，建立与社会各界进行项目信息交流的窗口。

● 2002年10月30日，由中央电视台第十套科技频道《绿色空间》栏目与中国绿色照明工程促进项目办公室共同合作，以介绍绿色照明为主题的6集电视宣传片《绿色照明在中国》在中央电视台播出。

● 2002年8月28日，中国绿色照明工程“大宗采购”示范项目在首钢召开现场新闻发布会，该项“绿色照明大宗采购示范项目”，为大规模开展绿色照明产品“大宗采购”活动摸索了一定的经验，并取得了较为显著的社会经济效益。

● 2002年11月6～7日，中国绿色照明工程促进项目办公室在北京召开了“中国绿色照明工程经验交流会”。国家经贸委资源节约与综合利用司领导发表了《总结经验开拓创新推动中国绿色照明工程健康发展》的重要讲话。

● 2002年12月5～6日，为进一步扩大中国绿色照明工程实施经验交流的广度和深度，继“中国绿色照明工程经验交流会”北京会议后，中国绿色照明工程促进项目办公室在厦门召开了第二次经验交流会。会议内容侧重于提高企业和用户参与绿色照明事业的积极性，探讨推广绿色照明产品的有效途径，充分发挥他们在绿色照明工程实施过程中的主力军作用。

● 2002年12月17～18日，由中国照明电器协会和中国绿色照明工程促进项目办公室共同组织的“照明电器产品质量分析会议”在深圳召开。会议目的是结合正在全国范围开展的绿色照明工程，认真分析照明产品的质量问题，全面提高照明产品的质量，使我国照明产品质量逐步向国际水平迈进。

● 2003年1月16日，中国绿色照明工程促进项目办公室于在北京召开了“DSM照明节电国际研讨会”，会议主要交流国外新型节能机制－电力需求侧管理在照明节电项目的运用经验，并探讨该机制如何在国内得到成功运用。

● 2003年2月12日至2月20日，为了解国际上尤其是北美发达国家在实验室检测方面的先进经验，中国绿色照明促进项目“实验室比对一致性”国际考察团，赴美国、加拿大进行了考察活动。此次活动主要对美国和加拿大两国在照明产品检测、能效政策、照明实验室比对设备，比对方法、程序以及检测设备、照明产品光度比对分析方法等方面进行参观考察。

● 2003年2月16日，中国绿色照明促进项目“大众媒体宣传及市场推广”国际考察团赴丹麦、德国和英国进行了为期两周的考察活动。该项考察是为了学习和借鉴欧洲各国在推广节能产品特别是高效照明产品方面的有效机制和措施，以建立适应中国市场的节能推广宣传机制。

● 2003年3月，《中国绿色照明发展报告》、《中国照明企业与产品指南》、及《绿色照明科普宣传资料系列（消费者、经销商以及生产商）》完成出版发行工作。

● 2003年4月，中国绿色照明工程促进项目完成国家两项照明产品能效标准：GB 19043—2003《普通照明用双端荧光灯能效限定值及能效等级》和GB 19044—2003《普通照明用自镇流荧光灯能效限定值及能效等级》的制订和宣贯工作。

参 考 文 献

1 （美）环保署 EPA. Lighting Upgrade Manual，1995
2 （英）Coaton.J.R，arsden.A.M. 著 . 光源与照明 . 陈大华等译 . 上海：复旦大学出版社，1999
3 周太明等著 . 电气照明设计 . 上海：复旦大学出版社，2000
4 张绍纲 . 中国建筑电气设备选型年鉴（灯具）. 北京：中国城市出版社，1998
5 张绍纲 . 新编电气工程师手册（照明）. 北京：中国水力水电出版社，1998
6 赵振民主编 . 照明工程设计手册 . 天津：天津科技出版社，1984
7 刘加平主编 . 建筑物理 . 北京：中国建筑工业出版社，2000
8 一机部第二设计院主编 . 电机工程手册（照明分册）. 北京：机械工业出版社，1979
9 中国建筑科学研究院主编 . 建筑采光设计标准 . 北京：中国建筑工业出版社，2001
10 北美照明学会（IESNA）. 照明手册（第九版）.2000
11 北京照明学会编 . 照明设计手册 . 北京：中国电力出版社，1998
12 机械工业部中机中电设计研究院主编 . 低压配电设计规范 GB 50054. 北京：中国计划出版社，1995
13 中国建筑科学研究院主编 . 工业企业照明设计标准 GB 50034. 北京：中国建筑工业出版社 .1992
14 中国航空规划设计研究院主编 . 工业和民用建筑配电设计手册（第二版）. 北京：中国电力出版社，1994
15 CIE 第一届天然光国际会议论文集 . 肖辉乾等译 . 日光建筑文集 . 北京：中国建筑工业出版社，1988
16 詹庆旋 . 建筑光环境 . 北京：清华大学出版社，1988
17 柳孝图 . 建筑物理 . 北京：中国建筑工业出版社，2000
18 日本照明学会编 . 照明手册 . 照明手册翻译组译 . 北京：中国建筑工业出版社，1985
19 （英）Derek Philips. Lighting Modern Building. Oxford：Architectural Press，2001
20 肖辉乾 . 建筑采光技术的新进展 . 建筑创作 .2002（12）
21 叶关荣等 . 潘天寿纪念馆陈列室采光自动控制系统的研究 . 照明工程学报，1993（4）
22 北美照明学会 .Lighting for Exterior Environments. IESNA—RP—33
23 （奥）Zumtobel Staff. The Light，2001
24 王谦甫主编 . 建筑电气专业设计技术措施 . 北京：中国建筑工业出版社，1998
25 （荷兰）湛·波莫，德·波尔著 . 道路照明 . 林贤光，李景色译 . 北京：轻工业出版社，1990
26 胡培生，李景色编 . 城市道路照明 . 北京：水利电力出版社，1991
27 肖辉乾 . 城市夜景照明的规划、设计和实录 . 北京：中国建筑工业出版社，2000
28 肖辉乾 . 目前城市夜景照明值得注意的几个问题 . 照明工程学报，1997（2）
29 日本照明学会编 . 景观照明の手引さ. コロナ社，1995
30 国家技术监督局质量认证办公室编 . 质量认证工作指导手册 . 北京：中国计划出版社，1992
31 （美）施蒂芬·威尔等著 . 能源效率标识与标准 . 北京：中国经济出版社，2001
32 刘源张主编 . 质量管理和质量保证系列国家标准宣贯教材 . 北京：中国标准出版社，1992
33 中国认证人员国家注册委员会主编 .ISO 14000 环境管理体系国家注册审核员基础知识适用教程 . 北

京：中国计量出版社，2000
34 灯与照明杂志社编．第九届国际电光源科技研讨会译文集．2002
35 全国照明电器信息中心编．最新照明技术资料汇编．2000
36 中国照明学会电光源专业委员会编．节能型电感镇流器设计与工艺．国际铜业协会，2000
37 全国照明电器信息中心编．电子镇流器技术资料汇编，1997
38 中国照明学会编．第二届照明灯用电器附件配套电子元器件科技研讨会专题报告文集，2000
39 北京照明学会编．新世纪照明技术发展与应用研讨会论文集，2001
40 肖辉乾．世纪之交的建筑采光与照明．照明技术与管理，2000（4）
41 肖辉乾．新世纪照明技术的预测与发展趋势．见：北京照明学会编．新世纪照明技术发展与应用研讨会论文集，2001
42 王迪译．西特科日光照明系统．见：北京照明学编．自然光与太阳能在现代照明技术中应用专题研讨会论文集，2002
43 冯文信．太阳光电系统在照明领域应用发展的探讨．见：第八届海峡两岸照明科技研究会论文集，2001
44 詹庆旋．建筑物夜景照明设计．照明技术 1993（3，4）
45 赵跃进．节能电感镇流器的能效及能效标准．见：国际铜业协会编．节能型电感镇流器在节能灯具中应用科技论文集，2001
46 黄惟俭等译．认证原则与实践．中国标准化协会
47 林若慈等．体育场馆照明工程检测与质量保证．见：中国照明学会编．首届体育场馆照明工程设计与新技术研讨会论文集，2001

图书在版编目（CIP）数据

绿色照明工程实施手册/国家经贸委/UNDP/GEF中国绿色照明工程项目办公室，中国建筑科学研究院编．—北京：中国建筑工业出版社，2003

ISBN 7-112-05955-0

Ⅰ.绿...　Ⅱ.①国...②中...　Ⅲ.建筑—照明—工程施工—技术手册　Ⅳ.TU113-62

中国版本图书馆 CIP 数据核字（2003）第 066802 号

本手册是一部实用的实施“绿色照明工程”的工具书，其内容主要包括：照明技术基础、照明标准规范、照明节能设计与应用、技术经济分析、检测与认证标识、国家有关法规政策、国内外绿色照明实践经验等。

本手册可供照明节能管理人员，照明电器生产厂家技术人员和管理人员，照明科研、设计和教学人员以及照明用户的工程管理人员参考和使用。

* * *

责任编辑：刘　江　封　毅

责任设计：彭路路

责任校对：黄　燕

绿色照明工程实施手册

国家经贸委/**UNDP**/**GEF** 中国绿色照明工程项目办公室
中　国　建　筑　科　学　研　究　院　编

*

中国建筑工业出版社出版、发行（北京西郊百万庄）

新　华　书　店　经　销

世界知识印刷厂印刷

*

开本：787×1092 毫米　1/16　印张：26　插页：4　字数：644 千字

2003 年 11 月第一版　　2003 年 11 月第一次印刷

印数：1—5000 册　　定价：**56.00** 元

ISBN 7-112-05955-0

TU·5232（11594）

本社网址：http：//www.china-abp.com.cn

网上书店：http：//www.china-building.com.cn